CELIUS A. MAGALHÃES

NAVEGUE POR BELAS PAISAGENS DO CÁLCULO

VOLUME III

EDITORA CIÊNCIA MODERNA

Navegue por Belas Paisagens do Cálculo - Volume 3

Editor: Paulo André P. Marques
Produção Editorial: Dilene Sandes Pessanha
Capa: Daniel Jara
Diagramação:
Copidesque: Equipe Ciência Moderna

FICHA CATALOGRÁFICA

MAGALHÃES, Celius Antonio.

Navegue por Belas Paisagens do Cálculo - Volume 3

Rio de Janeiro: Editora Ciência Moderna Ltda., 2024.

1. Cálculo e Equações Integrais
I — Título

ISBN: 978-65-5842-333-1 CDD 515.4

Editora Ciência Moderna Ltda.
R. Alice Figueiredo, 46 – Riachuelo
Rio de Janeiro, RJ – Brasil CEP: 20.950-150
Tel: (21) 2201-6662/ Fax: (21) 2201-6896
E-MAIL: LCM@LCM.COM.BR
WWW.LCM.COM.BR

01/24

Aos meus alunos,
que me ensinaram a escrever esse livro.

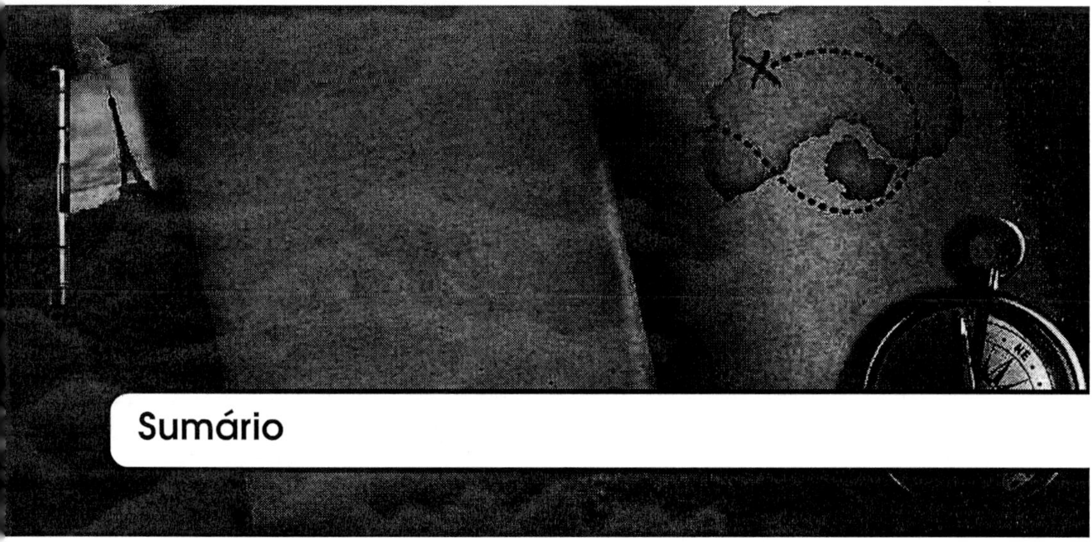

Sumário

Apresentação

da Segunda Impressão

A segunda impressão segue as mesmas orientações da primeira. O texto aborda os principais conteúdos do Cálculo Vetorial, partindo do limite em várias variáveis até alcançar os teoremas de Greem, Gauss e Stokes. Mas a abordagem difere da maneira usual, pois parte dos exemplos para introduzir a linguagem e o formalismo necessário à compreenção do conteúdo.

É uma maneira particularmente apropriada a um primeiro contato com a disciplina, pois introduz os conceitos necessários a partir de situações conhecidadas do leitor. Essas situações conhecidas são as aplicações do Cálculo na Física, na Química, na Biologia, na Economia, etc., e funcionam como âncoras para que o aluno navegue com segurança e na construção do seu conhecimento.

Esta edição inclui três novidades em relação à anterior. A primeira é a revisão cuidadosa, detalhada e profunda feita por Thiago Tomáz de Paula, revisão que incluiu tanto aspectos linguísticos como matemáticos. A segunda novidade é uma revisão, igualmente cuidadosa e profunda, feita por Gabrela Ziegler Saraiva em todas as figuras do texto. Devo ao Thiago e à Gabriela os meus mais sinceros agradecimentos.

A outra novidade é a primeira edição do Solucionário, um livro escrito por Diego Neves que inclui *todas* as soluções dos exercícios propostos neste texto. Os exercícios são, de fato, situações problemas às vezes complexas, e podem representar grandes desafios para o leitor. Daí a importância deste Solucionário, que fornece o "caminho das pedras" para se navegar até o resultado final. Agradeço igualmente ao Diego por esse complemento indispensável ao presente texto.

da Primeira Impressão

A estrutura geral dos livros didáticos em Matemática permanece a mesma desde os tempos de Euler, em particular após a publicação do seu *Introduction in Analysin Infinitorum* (Introdução à Análise dos Infinitos), livro que estabeleceu os padrões nesta área. Assim é que, de início, é apresentada uma teoria geral, abstrata, capaz de ser apreciada pelos mais refinados matemáticos, para em seguida serem apresentados os exemplos que dão suporte à teoria.

No entanto, se por um lado essa estrutura é apropriada àqueles que já têm um primeiro contato com a teoria, por outro cria uma barreira às vezes intransponível para os não iniciados. É comum, por exemplo, que os alunos dependam de professores para fazer suas leituras, pois são necessários esses guias para conduzi-los até os exemplos significativos. E, em um primeiro contato, são esses exemplos significativos a força capaz de motivar os alunos.

Recentemente, a estrutura clássica dos livros didáticos em Matemática tem sido questionada, por vários motivos. Talvez a escassez de professores, ou a demanda pelo ensino a distância. O fato é que tem aumentado a procura por livros que possam ser lidos sem o auxílio de um professor, que deem autonomia aos estudantes, que sejam capazes de motivar a partir de situações conhecidas dos leitores. Nesse sentido, uma primeira tentativa é inverter a ordem clássica: apresentar primeiro os exemplos, e isso em uma linguagem que possa ser entendida pelos iniciantes, e só então introduzir a linguagem e o formalismo próprios da disciplina. Essa é a ordem natural da aprendizagem, que parte do particular para o geral.

E essa é a ordem em que os conteúdos são aqui apresentados. Primeiro os exemplos. Claro que é uma estrutura própria para um primeiro contato, e espera-se que os alunos venham a aprimorar seus conhecimentos em situações futuras, valendo-se inclusive de livros no formato clássico. Mas o primeiro contato oferecido por esse texto é certamente um bom começo de caminhada.

O livro foi escrito a partir de notas de aulas ministradas pelo autor ao longo de vários anos, e vale registrar os agradecimentos aos ex-alunos Angélica Lorrane, Deivid Vale e Yuri Santos, que registraram as aulas em seus manuscritos e me cederam esses registros já digitalizados. Sem esses registros talvez esse livro não viesse à luz. Vale registrar ainda a valiosa contribuição dos ex-alunos Daniel Cunha, Diego Neves, Hiandra Tomasi, Pablo Santiago e Rodrigo Fischer, que enriqueceram o texto com várias sugestões e exemplos.

Vale registrar agradecimentos especiais à Editora UnB, nas pessoas de Marina Dourado e Tiago de Aguiar Rodrigues, pelo cuidado, atenção, dedicação e profissionalismo com que conduziram o processo de impressão deste texto.

Derivadas parciais

1. Espaços cartesianos

Retas no plano

De início será apresentada uma breve revisão sobre vetores e suas propriedades. Apesar de elementares, os conceitos revistos aqui serão usados de maneira sistemática durante todo o livro, e vale revê-los com cuidado.

Plano cartesiano

O plano cartesiano é o conjunto dos pares ordenados $\mathbb{R}^2 = \{(x,y);\ x \text{ e } y \in \mathbb{R}\}$, e pode ser identificado com o plano euclidiano introduzindo-se um sistema de eixos ortogonais $\mathcal{O}xy$, como ilustra a figura da esquerda abaixo. Da figura percebe-se que, a cada ponto do plano, corresponde um único par (x,y), dito as coordenadas do ponto; e reciprocamente, a cada par corresponde um único ponto. Com essa identificação diz-se que o plano euclidiano é o conjunto $\mathbb{R}^2$.

Por simplicidade, será usada a mesma notação para o ponto $P = (x,y)$ e para o vetor $P = (x,y)$, que é o segmento de reta orientado $\overrightarrow{\mathcal{O}P}$ que parte da origem $\mathcal{O} = (0,0)$ e termina em P.

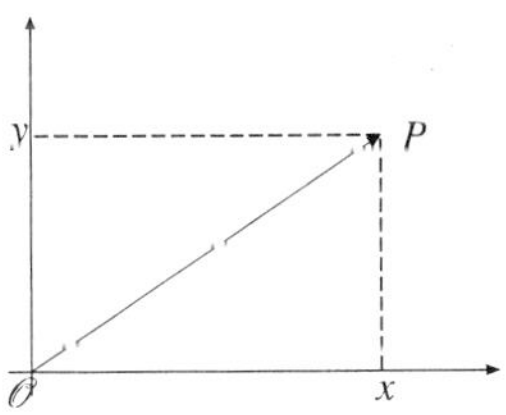

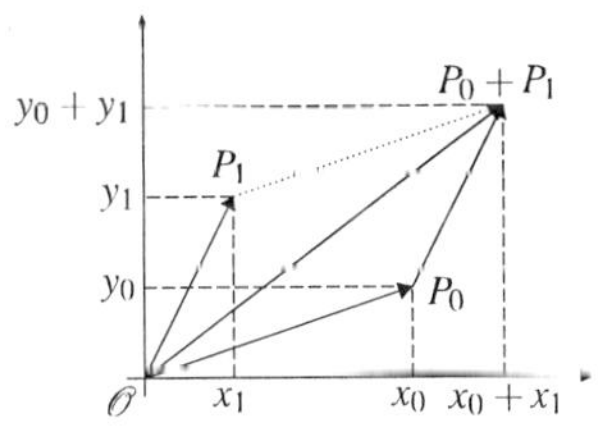

Para $P_0 = (x_0, y_0)$ e $P_1 = (x_1, y_1)$ em $\mathbb{R}^2$ e $r \in \mathbb{R}$, define-se a soma e a multiplicação por escalar por meio das igualdades

$$P_0 + P_1 = (x_0 + x_1, y_0 + y_1) \ \text{ e } \ rP_0 = (rx_0, ry_0) \tag{1.1}$$

A soma tem uma interpretação geométrica interessante, ilustrada na figura da direita acima. De fato, observe que o ponto P_1 foi obtido marcando-se, a partir da origem, uma distância x_1 ao longo do eixo $\mathcal{O}x$ e uma distância y_1 ao longo do eixo $\mathcal{O}y$. Já as coordenadas de $P_0 + P_1$ foram obtidas da seguinte forma: a partir de x_0, marca-se uma distância x_1 ao longo do eixo $\mathcal{O}x$, e a partir de y_0 marca-se uma distância y_1 ao longo do eixo $\mathcal{O}y$. Assim, $P_0 + P_1$ pode ser visto como o mesmo vetor P_1 transladado para a nova origem P_0.

Resumindo, a soma $P_0 + P_1$ corresponde a transladar o vetor P_1 para o ponto P_0. Trocando o papel entre esses pontos, obtém-se também que a soma $P_0 + P_1$ corresponde a transladar o vetor P_0 para o ponto P_1. Essa interpretação dá origem à *regra do paralelogramo*: a soma de dois vetores corresponde a uma diagonal do paralelogramo gerado por eles.

O vetor P_1, ilustrado na figura da direita da página 1 e correspondente ao segmento $\overrightarrow{\mathcal{O}P_1}$, foi identificado como o segmento $\overrightarrow{P_0(P_0+P_1)}$. Essa identificação facilita a visualização de algumas operações algébricas e, em geral, o segmento orientado $\overrightarrow{PQ}$, de origem P e extremidade em Q, será identificado com o vetor $Q - P$, de origem em $\mathcal{O}$ e extremidade em $Q - P$.

A interpretação geométrica da multiplicação por escalar é fácil: ela prolonga ou contrai o vetor, podendo alterar o seu sentido, mas não a sua direção. Isso porque, se a inclinação de $P_0 = (x_0, y_0)$ em relação ao eixo $\mathcal{O}x$ é $\frac{y_0}{x_0}$, então a inclinação de $rP_0 = (rx_0, ry_0)$ em relação ao mesmo eixo também é $\frac{ry_0}{rx_0} = \frac{y_0}{x_0}$. A figura da esquerda abaixo ilustra os casos em que $r < 0$ e $0 < r < 1$.

Em particular, para $r = -1$, obtém-se que o vetor $-P_1 = (-1)P_1 = (-x_1, -y_1)$ tem a mesma direção, mas sentido oposto ao de P_1.

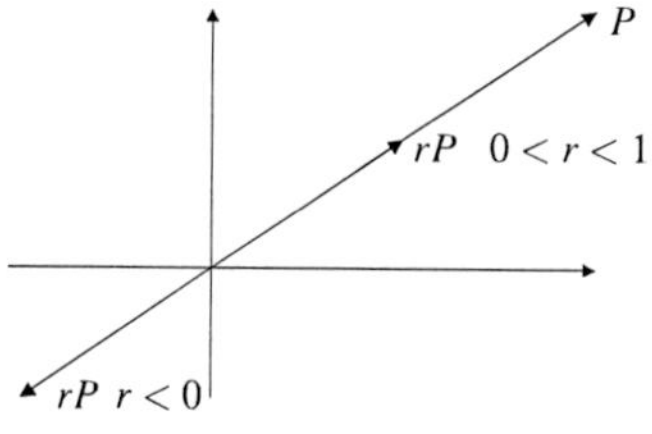

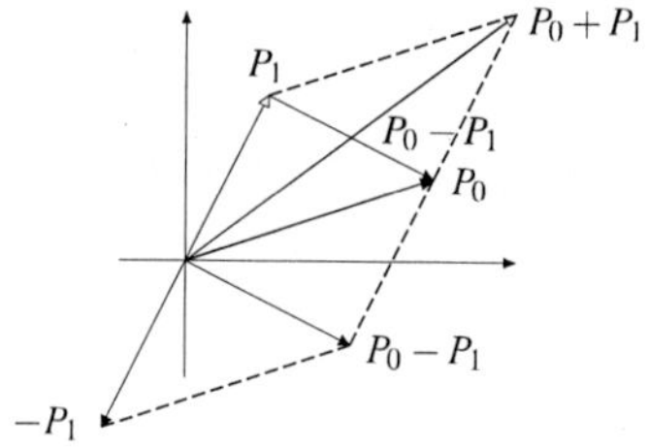

Agora a diferença $P_0 - P_1$ pode ser melhor interpretada, diferença entendida como a soma $P_0 + (-P_1)$. Observe na figura da direita acima que $P_0 - P_1$ é uma diagonal do paralelogramo gerado por P_0 e $-P_1$, e esse paralelogramo é congruente àquele gerado por P_0 e P_1. Assim, $P_0 - P_1$ pode ser identificado com o segmento $\overrightarrow{P_1P_0}$, de origem em P_1 e extremidade em P_0.

Após essas interpretações, a regra do paralelogramo fica como a seguir.

Regra do paralelogramo: no paralelogramo gerado por dois vetores, a diagonal que contém a origem representa a soma, e a outra diagonal representa a diferença entre os vetores.

Apesar de simples, essa regra desempenha um papel importante no estudo de vetores, como ilustram os próximos exemplos.

■ **Exemplo 1.1** Determine a equação paramétrica da reta L que passa por $P_0 = (x_0, y_0)$ e tem a direção do vetor $Q = (a, b)$. ■

Solução. De acordo com a próxima figura, um ponto $P = (x, y)$ está sobre a reta se, e somente se, $P - P_0$ tem a mesma direção do vetor Q. De outra forma, tem-se $P \in L \Leftrightarrow P - P_0 = t\,Q$ para algum $t \in \mathbb{R}$. Assim, a condição necessária e suficiente para que o ponto esteja sobre a reta é que

$$P = (x, y) = P_0 + t\,Q = (x_0, y_0) + t(a, b) = (x_0 + ta, y_0 + tb). \qquad \square$$

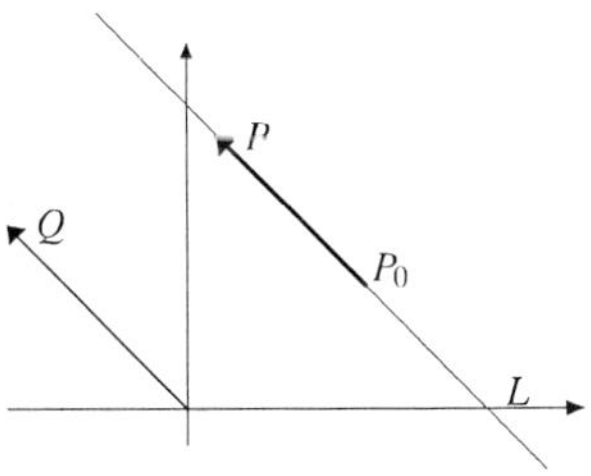

Esta equação é dita paramétrica porque descreve a reta em termos do parâmetro t. É uma forma conveniente por se adaptar com facilidade em dimensões maiores.

Além disso, no caso do $\mathbb{R}^2$, ela coincide com a maneira usual de descrever retas, colocando uma variável em termos da outra.

De fato, se a e b são não nulos, das igualdades $x = x_0 + ta$ e $y = y_0 + ty$ obtém-se que $t = \frac{x - x_0}{a} = \frac{y - y_0}{b}$, de onde segue-se a conhecida fórmula $y - y_0 = \frac{b}{a}(x - x_0)$.

■ **Exemplo 1.2** Obtenha a equação paramétrica da reta que passa por $P_1 = (x_1, y_1)$ e por $P_0 = (x_0, y_0)$. ■

Solução. De acordo com a figura, a reta tem a direção do vetor $Q = P_1 - P_0$, e com essa escolha o exemplo fica reduzido ao caso anterior. Assim,

$$P = (x, y) \in L \Leftrightarrow P - P_0 = tQ = t(P_1 - P_0)$$

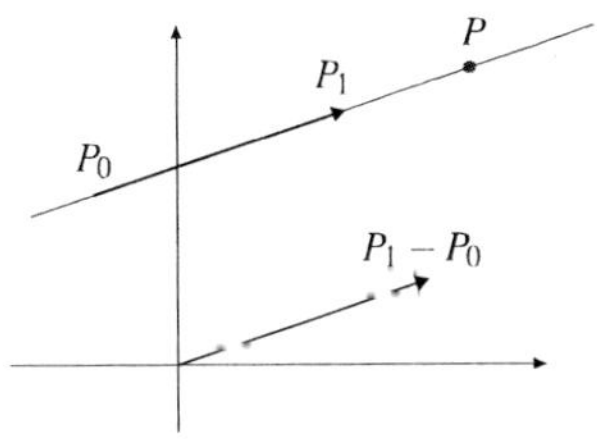

para algum $t \in \mathbb{R}$. Equivalentemente, a condição para que o ponto esteja sobre a reta é que

$$P = P(t) = P_0 - t\,P_0 + t\,P_1 = (1 - t)P_0 + t\,P_1 \qquad \square$$

A expressão $P(t) = (1 - t)P_0 + t\,P_1$ é conhecida como a combinação convexa entre P_0 e P_1. Isso porque ela parametriza o segmento de reta com origem em $P(0) = P_0$ e extremidade em $P(1) = P_1$.

Distância no plano

Além de direção e sentido, os vetores têm normas (ou módulos), que são as medidas de seus comprimentos. O cálculo faz uso do Teorema de Pitágoras.

Definição 1.1 A norma de $P = (x,y)$ é definida como sendo o número

$$\|P\| = \sqrt{x^2 + y^2}$$

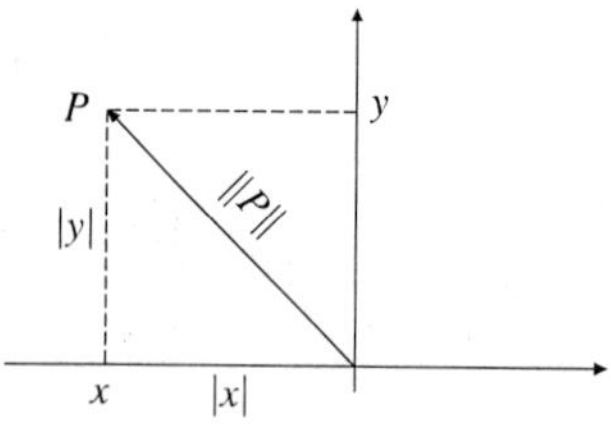

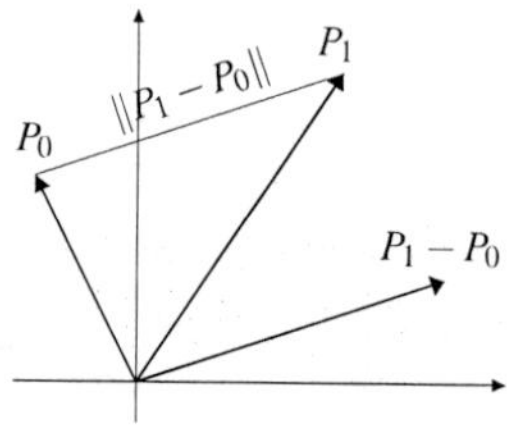

A norma é a distância do ponto à origem. Mais geralmente, como ilustrado acima, a distância entre P_0 e P_1 é a norma $\|P_1 - P_0\|$, pois o segmento $\overrightarrow{P_0P_1}$ está identificado com o vetor $P_1 - P_0$.

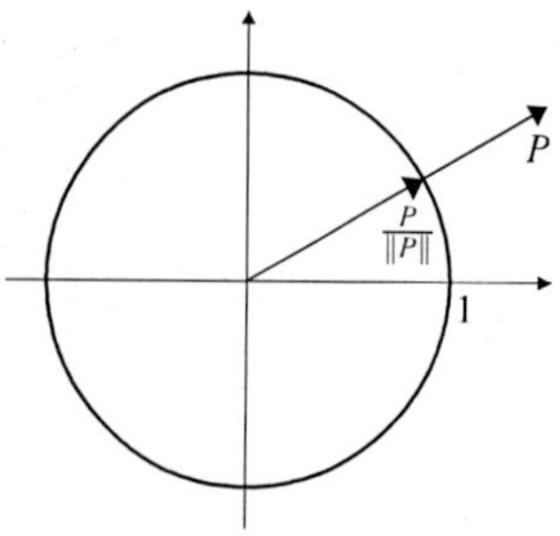

Uma propriedade importante da norma é a homogeneidade, no sentido de que, para $r > 0$, a norma de rP é igual a r vezes a norma de P. De fato, tem-se que

$$\|rP\| = \sqrt{(rx)^2 + (ry)^2} = |r|\,\sqrt{x^2 + y^2} = |r|\|P\|$$

Em consequência, se $P \neq \mathcal{O}$, então $\frac{1}{\|P\|}P = \frac{P}{\|P\|}$ é um vetor de norma um (vetor unitário) na mesma direção e sentido de P. Isso segue-se da homogeneidade, uma vez que $\|\frac{P}{\|P\|}\| = \frac{1}{\|P\|}\|P\| = 1$. Observe o uso interessante do vetor unitário no próximo exemplo.

■ **Exemplo 1.3** Descreva a força de atração gravitacional com que a Terra atrai um satélite que se desloca ao longo do plano que contém o equador. ■

Solução. Introduza um sistema de coordenadas $\mathcal{O}xy$ no plano que contém o equador de modo que a origem $\mathcal{O}$ coincida com o centro de massa da Terra. Sejam m a massa e $P = (x,y)$ a posição do centro de massa do satélite. Veja a figura.

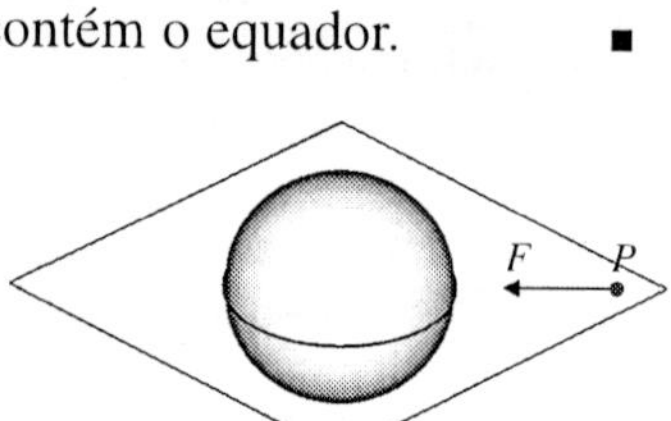

Sejam ainda G a constante gravitacional, M a massa e $F = F(P)$ a força com que a Terra atrai o satélite.

Com essa notação, é claro que o vetor unitário na direção e sentido da força é $\frac{F(P)}{\|F(P)\|}$. Por outro lado, das leis da gravitação, a força tem a direção da linha que une os centros de massa, e atua no sentido de P para $\mathscr{O}$. Ora! O vetor unitário nessa mesma direção e sentido é $-\frac{P}{\|P\|}$, e portanto $\frac{F(P)}{\|F(P)\|} = -\frac{P}{\|P\|}$. Assim, $F(P) = -\|F(P)\|\frac{P}{\|P\|}$, e resta apenas determinar a intensidade da força.

Mas a intensidade é conhecida e dada por $\|F(P)\| = \frac{GMm}{\|P\|^2}$. Daí segue-se que

$$F(P) = -\frac{GMm}{\|P\|^2}\frac{P}{\|P\|} = -\frac{GMmP}{\|P\|^3} = -\frac{GMm}{(x^2+y^2)^{3/2}}(x,y) \qquad (1.2)$$

□

■ **Exemplo 1.4** No mesmo sistema $\mathscr{O}xy$ do exemplo anterior, suponha que uma nave espacial parta do ponto $P_0 = (3,0)$ e siga em linha reta até alcançar o ponto $P_1 = (0,4)$. Determine o ponto da trajetória em que a força gravitacional tem intensidade máxima. ■

Solução. O primeiro passo é parametrizar o seguimento entre P_0 e P_1 usando a equação paramétrica $P(t) = (1-t)P_0 + tP_1 = (3(1-t), 4t)$ com $t \in [0,1]$.

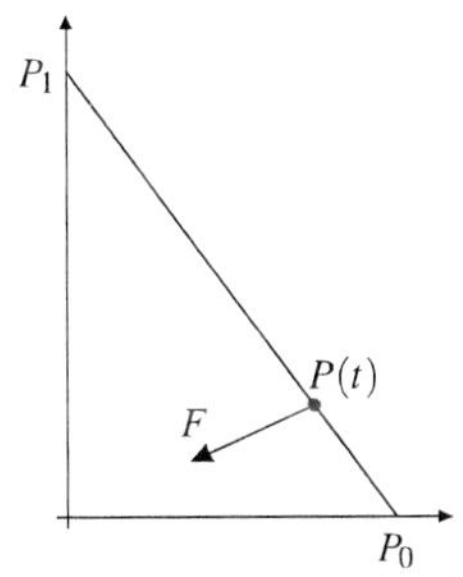

O segundo passo é notar que, em razão da expressão da força em (1.2), a intensidade é máxima se a distância for mínima. Assim, o problema é minimizar a função $\|P(t)\|$. Equivalentemente, o problema é minimizar a função $g(t) = \|P(t)\|^2 = 9(1-t)^2 + 16t^2$. Derivando e igualando a zero, obtém-se que

$$0 = g'(t) = 2[16t - 9(1-t)] = 2[25t - 9]$$

Logo, o único ponto crítico é $t_0 = 9/25$, que claramente é o ponto de mínimo de $g(t)$. Assim, a intensidade da força é máxima no ponto $P(t_0) = (1-t_0)P_0 + t_0P_1 = \frac{12}{25}(4,3)$. □

Ortogonalidade

Além da soma e da multiplicação por escalar, pode ser definida uma terceira operação em $\mathbb{R}^2$, conhecida como o produto escalar (ou produto interno).

Como motivação, considere a questão de decidir se $P_0 = (x_0, y_0)$ e $P_1 = (x_1, y_1)$ são ortogonais. Por Pitágoras, eles são ortogonais se, e somente se,

$$\|P_1 - P_0\|^2 = \|P_1\|^2 + \|P_0\|^2$$

Veja a figura. Usando as coordenadas, segue-se que os vetores são ortogonais se, e somente se,

$$
\begin{aligned}
&(x_1 - x_0)^2 + (y_1 - y_0)^2 = (x_1^2 + y_1^2) + (x_0^2 + y_0^2) \\
&\iff -2x_1x_0 - 2y_1y_0 = 0 \\
&\qquad \iff x_0x_1 + y_0y_1 = 0
\end{aligned}
$$

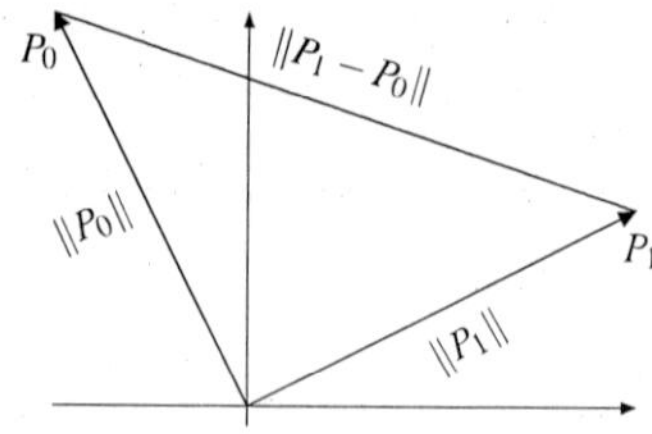

Resumindo, para decidir sobre a ortogonalidade, basta calcular $x_0x_1 + y_0y_1$. Essa expressão é exatamente o produto escalar, conforme a definição a seguir.

Definição 1.2 O produto escalar entre os vetores $P_0 = (x_0, y_0)$ e $P_1 = (x_1, y_1)$ é definido como sendo o número $\langle P_0, P_1 \rangle = x_0x_1 + y_0y_1$.

Com essa notação, os vetores P_0 e P_1 são ortogonais se, e somente se, $\langle P_0, P_1 \rangle = 0$. Além disso, não é difícil verificar que o produto escalar tem as seguintes propriedades.

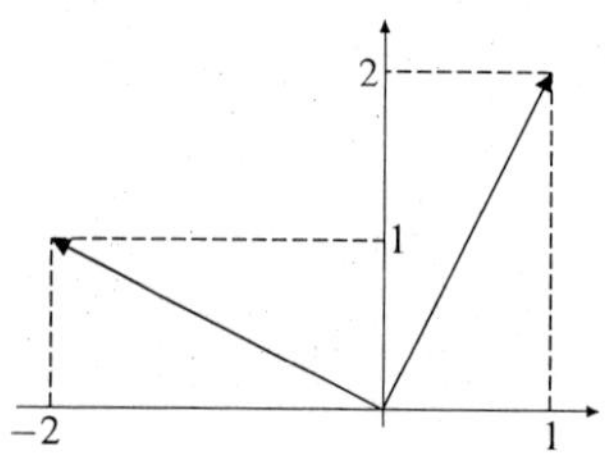

Propriedades: Para P_0, P_1 e P_2 em $\mathbb{R}^2$ e $r \in \mathbb{R}$, tem-se

1. $\langle P_0, P_0 \rangle = \|P_0\|^2$
2. $\langle P_0, P_1 \rangle = \langle P_1, P_0 \rangle$
3. $\langle rP_0, P_1 \rangle = r\langle P_0, P_1 \rangle, \forall r \in \mathbb{R}$
4. $\langle P_0, P_1 + P_2 \rangle = \langle P_0, P_1 \rangle + \langle P_0, P_2 \rangle$

■ **Exemplo 1.5** Determine a direção ortogonal ao vetor $P_0 = (1, 2)$. ■

Solução. Veja a figura acima. Deve-se escolher um vetor $P_1 = (a, b)$ de modo que $\langle P_0, P_1 \rangle = a + 2b = 0$, isto é, de modo que $a = -2b$. Com $b = 1$, por exemplo, obtém-se que $P_1 = (-2, 1)$ é um vetor ortogonal a P_0. De fato, $P(t) = tP_1 = (-2t, t)$ é a equação paramétrica da reta pela origem que tem a direção ortogonal a P_0. Em geral, o vetor $P_1 = (-y_0, x_0)$ é ortogonal a $P_0 = (x_0, y_0)$. □

■ **Exemplo 1.6** Resolver o **Exemplo 1.4** usando o produto escalar. ■

Solução. Com a notação do exemplo, a nave segue na direção do vetor $P_1 - P_0$, que sai de P_0 e vai para P_1. Ora! Por Pitágoras, a distância $\|P(t)\|$ será mínima no ponto $t = t_0$ em que $P(t_0)$ for ortogonal ao vetor $P_1 - P_0 = (-3, 4)$. Veja a figura. Impondo a condição de ortogonalidade, obtém-se

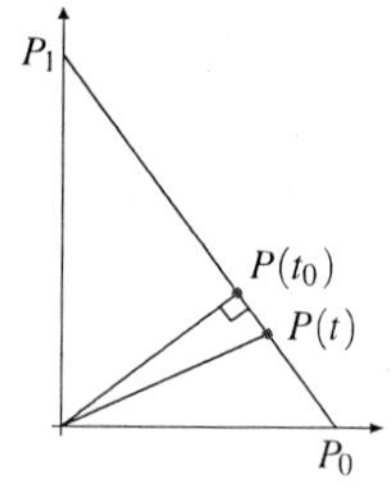

$$0 = \langle P(t), P_1 - P_0\rangle = \langle (3(1-t), 4t), (-3, 4)\rangle = 16t - 9(1-t) = 25t - 9$$

que é exatamente a mesma condição obtida no **Exemplo 1.4** usando a derivada. Logo, a solução é a mesma $t = t_0 = 9/25$. □

■ **Exemplo 1.7** Sejam $\mathscr{C}$ o círculo unitário de equação $x^2 + y^2 = 1$ e $P_0 = (a, b)$ um ponto de $\mathscr{C}$. Determinar a equação da reta tangente a $\mathscr{C}$ por P_0. ■

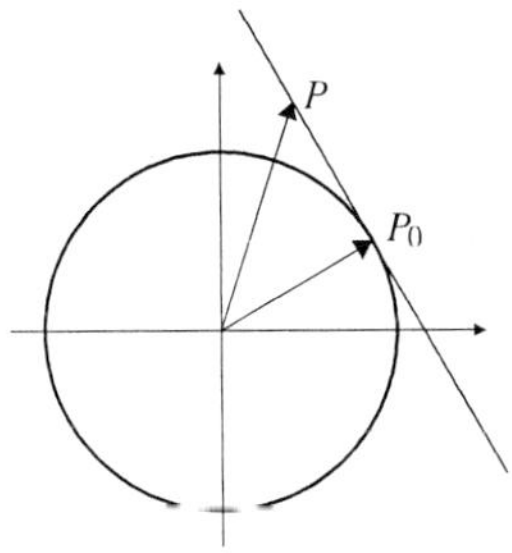

Solução. A propriedade importante é que a reta tangente é ortogonal ao vetor posição, como ilustra a figura ao lado. Assim, $P = (x, y)$ é um ponto da reta tangente se, e somente se, $P - P_0$ é ortogonal a P_0. Assim, usando as propriedades do produto escalar, P é um ponto da reta tangente se, e somente se,

$$0 = \langle P - P_0, P_0\rangle - \langle P, P_0\rangle - \langle P_0, P_0\rangle = ax + by - 1$$

onde foi usado que $\langle P_0, P_0\rangle = \|P_0\|^2 = 1$, pois $P_0 \in \mathscr{C}$. Assim, a equação é

$$ax + by = 1$$ □

Retas e planos no espaço

O objetivo agora é mostrar como as noções introduzidas no plano podem ser generalizadas de maneira natural para o espaço. De fato, são noções bastante abrangentes e podem ser generalizadas para dimensões ainda maiores.

Espaço cartesiano

O espaço cartesiano é o conjunto $\mathbb{R}^3 = \{(x, y, z);\ x, y \text{ e } z \in \mathbb{R}\}$, de triplas ordenadas, e pode ser identificado com o espaço euclidiano introduzindo-se um sistema de eixos ortogonais $\mathscr{O}xyz$, como ilustra a figura da esquerda abaixo. Como no plano, a cada ponto do espaço está associada uma única tripla (x, y, z), dita as coordenadas do ponto. E, reciprocamente, a cada tripla corresponde um único ponto do espaço. Assim, diz-se que o espaço é o conjunto $\mathbb{R}^3$.

Por simplicidade, será usada a mesma notação para o ponto $P = (x, y, z)$, de coordenadas x, y e z, e para o vetor $P = (x, y, z)$, que é o segmento de reta orientado $\overrightarrow{\mathscr{O}P}$, que parte da origem $\mathscr{O}$ e termina no ponto P.

Para $P_0 = (x_0, y_0, z_0)$ e $P_1 = (x_1, y_1, z_1)$ em $\mathbb{R}^3$ e $r \subset \mathbb{R}$, define-se a soma e a multiplicação por escalar por meio das igualdades

$$P_0 + P_1 = (x_0 + x_1, y_0 + y_1, z_0 + z_1) \quad \text{e} \quad rP_0 = (rx_0, ry_0, rz_0) \tag{1.3}$$

Essas operações são análogas às do plano. Em particular, vale a

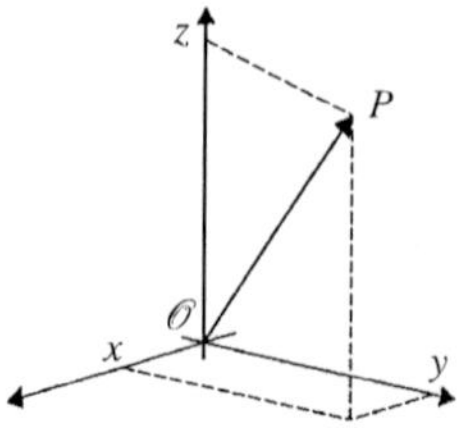

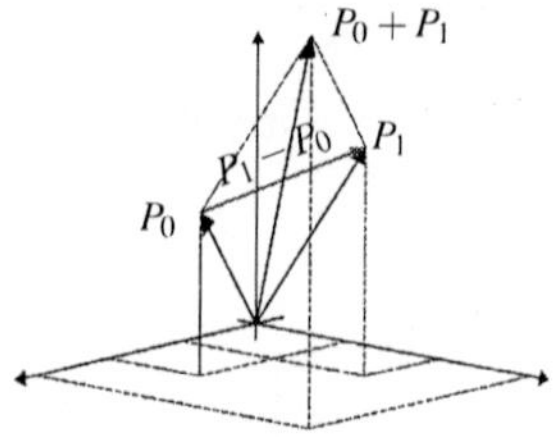

Regra do paralelogramo: no paralelogramo gerado por dois vetores, a diagonal que contém a origem representa a soma, e a outra diagonal representa a diferença entre os vetores.

Na figura da direita acima, o vetor $P_1 - P_0$ foi identificado como o segmento $\overrightarrow{P_0P_1}$. Essa identificação facilita a visualização de algumas operações algébricas e, em geral, o segmento orientado $\overrightarrow{PQ}$ será identificado com o vetor $Q - P$, de origem em $\mathcal{O}$ e extremidade em $Q - P$. Veja como essas operações podem ser usadas para descrever retas no espaço.

■ **Exemplo 1.8** Determine a equação paramétrica da reta L, que passa por $P_0 = (x_0, y_0, z_0)$ e tem a direção do vetor $Q = (a, b, c)$. ■

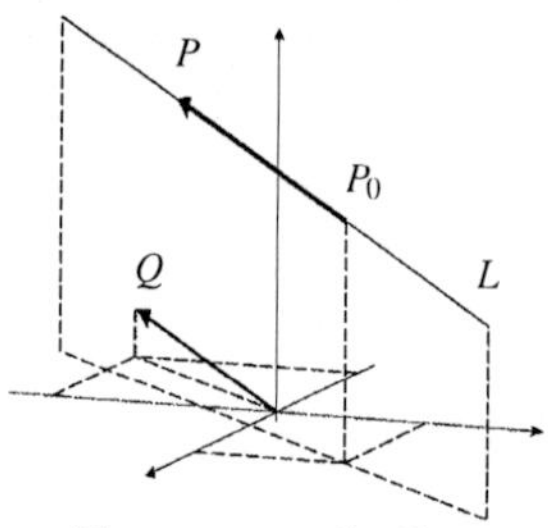

Solução. Como no caso do plano, tem-se que $P \in L \Leftrightarrow P - P_0 = tQ$ para algum $t \in \mathbb{R}$ $\Leftrightarrow P = P(t) = P_0 + tQ$. Em termos de coordenadas, essa condição é

$$P(t) = (x(t), y(t), z(t)) = (x_0 + ta, y_0 + tb, z_0 + tc)$$

□

Esse exemplo ilustra uma das vantagens da equação paramétrica. Ela tem a mesma forma tanto no plano como no espaço, e nesse sentido ela é mais geral do que as outras formas de descrever retas.

■ **Exemplo 1.9** Determine a equação paramétrica da reta L que passa pelos pontos $P_1 = (x_1, y_1, z_1)$ e $P_0 = (x_0, y_0, z_0)$. ■

Solução. Basta escolher o vetor direção como sendo $Q = P_1 - P_0$, o que reduz esse exemplo ao caso anterior. Assim, $P = (x, y, z) \in L \Leftrightarrow P - P_0 = t(P_1 - P_0)$ para algum $t \in \mathbb{R}$. Equivalentemente, a condição para que o ponto esteja sobre a reta é

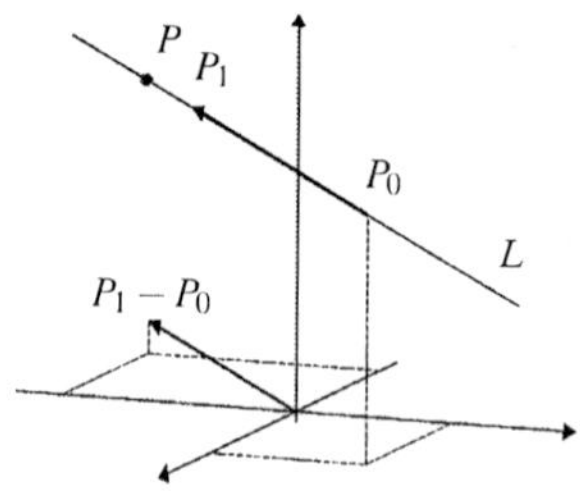

$$P = P(t) = P_0 - tP_0 + tP_1 = (1 - t)P_0 + tP_1$$ □

Como no caso do plano, para $0 \leq t \leq 1$ a expressão $P(t) = (1-t)P_0 + tP_1$ é conhecida como a combinação convexa entre os pontos P_0 e P_1. Isso porque ela parametriza o segmento de reta que une os pontos $P(0) = P_0$ e $P(1) = P_1$.

Distância no espaço

O comprimento d de um vetor em $\mathbb{R}^3$ é calculado usando Pitágoras duas vezes. Assim, conforme a figura abaixo, por Pitágoras tem-se que $d^2 = c^2 + z^2$, onde c é a hipotenusa do triângulo de lados $|x|$ e $|y|$. Usando Pitágoras mais uma vez, obtém-se que $c^2 = x^2 + y^2$, e, portanto, $d^2 = x^2 + y^2 + z^2$. Esse número é a norma (ou módulo) do vetor, conforme a próxima definição.

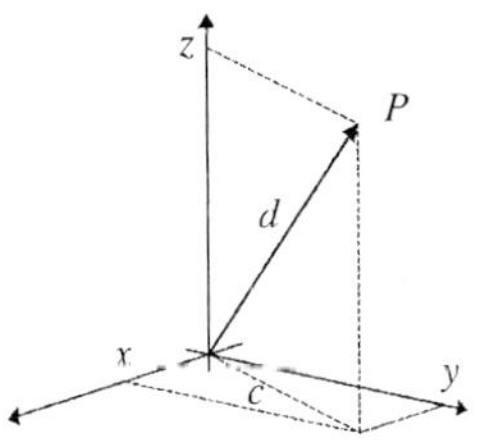

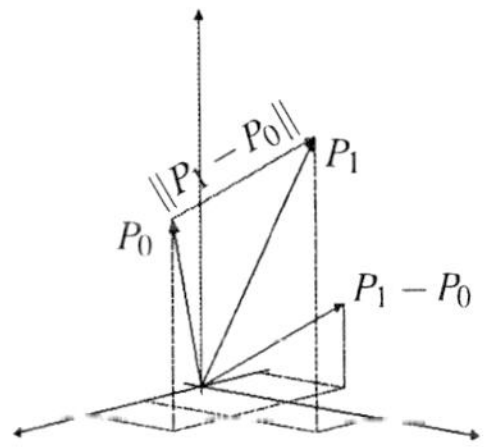

Definição 1.3 A norma de $P = (x, y, z)$ é definida por $\|P\| = \sqrt{x^2 + y^2 + z^2}$.

A figura da direita acima ilustra como calcular a distância entre os pontos P_0 e P_1: como o segmento $\overrightarrow{P_0P_1}$ está identificado com o vetor $P_1 - P_0$, basta calcular o comprimento desse último. Assim, a distância entre eles é $\|P_1 - P_0\|$.

Como no caso do plano, a norma é homogênea, no sentido de que

$$\|rP\| = \sqrt{(rx)^2 + (ry)^2 + (rz)^2} = |r| \sqrt{x^2 + y^2 + z^2} = |r| \|P\|$$

Em consequência, se $P \neq \mathcal{O}$, então $\|\frac{P}{\|P\|}\| = \frac{1}{\|P\|}\|P\| = 1$. Assim, $\frac{P}{\|P\|}$ é um vetor unitário na mesma direção e sentido de P. Veja como o vetor unitário é usado no exemplo a seguir.

■ **Exemplo 1.10** Descreva a força com que uma carga pontual $+q_0$, situada na origem $\mathcal{O}$ e de sinal positivo, atrai uma outra carga pontual $-q$, situada no ponto P e de sinal negativo. ■

Solução. Indique por $P = (x, y, z)$ as coordenadas de P, por K a constante de Coulomb ($K \approx 9 \times 10^9$ no sistema MKSA) e por $F = F(P)$ a força de atração.

Com essa notação, é claro que o vetor unitário na direção e sentido da força é dado por $\frac{F(P)}{\|F(P)\|}$. Por outro lado, a força tem a direção da linha que une os pontos $\mathcal{O}$ e P, e atua no sentido de P para $\mathcal{O}$. Ora! O vetor unitário com essa direção e sentido é $-\frac{P}{\|P\|}$.

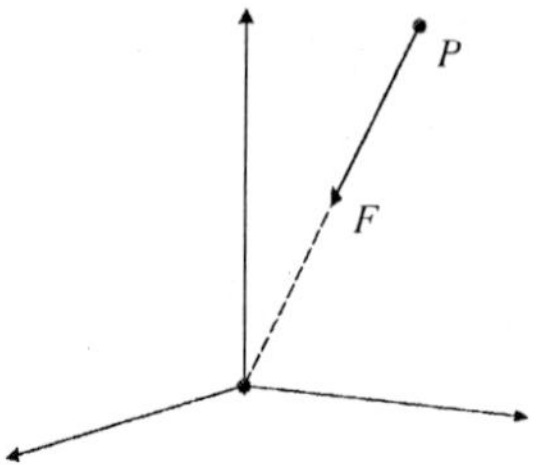

Daí se segue que $\frac{F(P)}{\|F(P)\|} = -\frac{P}{\|P\|}$, e, portanto, $F(P) = -\|F(P)\|\frac{P}{\|P\|}$. Como a intensidade é dada pela lei de Coulomb $\|F(P)\| = \frac{Kq_0q}{\|P\|^2}$, obtém-se finalmente

$$F(P) = -\frac{Kq_0q}{\|P\|^2}\frac{P}{\|P\|} = -\frac{Kq_0q}{\|P\|^3}P$$

$$= -\frac{Kq_0q}{(x^2+y^2+z^2)^{3/2}}(x,y,z) \quad \square$$

■ **Exemplo 1.11** Com a notação do exemplo acima, suponha que $-q$ move-se de $P_0 = (2,-1,1)$ a $P_1 = (1,1,3)$ ao longo de uma reta. Neste caso, determine o ponto de intensidade máxima da força de atração entre as cargas. ■

Solução. O primeiro passo é obter a parametrização $P(t) = (1-t)P_0 + tP_1$, $0 \le t \le 1$, do segmento que une os dois pontos. Ao longo desse segmento, a intensidade da força de atração é dada por $\|F(P(t))\| = \frac{Kq_0q}{\|P(t)\|^2}$. É claro então que o máximo da intensidade corresponde ao mínimo de $\|P(t)\|^2$. Para o mínimo, observe que

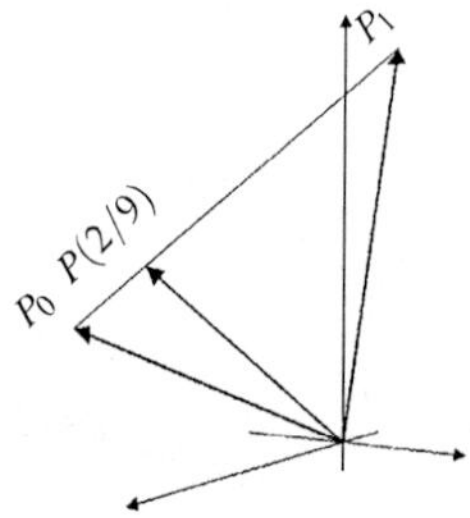

$$P(t) = (1-t)(2,-1,1) + t(1,1,3) = (2-t, -1+2t, 1+2t)$$

e portanto $\|P(t)\|^2 = (2-t)^2 + (-1+2t)^2 + (1+2t)^2$.

Calculando a derivada e igualando a zero, obtém-se que o mínimo corresponde a $t = 2/9$. Daí se segue que a intensidade máxima da força é alcançada no ponto $P(2/9) = (7/9)(2,-1,1) + (2/9)(1,1,3) = (16/9, -5/9, 13/9)$ $\square$

Ortogonalidade

Agora, o produto escalar entre os vetores $P_0 = (x_0, y_0, z_0)$ e $P_1 = (x_1, y_1, z_1)$ é definido por $\langle P_0, P_1\rangle = x_0x_1 + y_0y_1 + z_0z_1$ e tem as seguintes porpriedades:

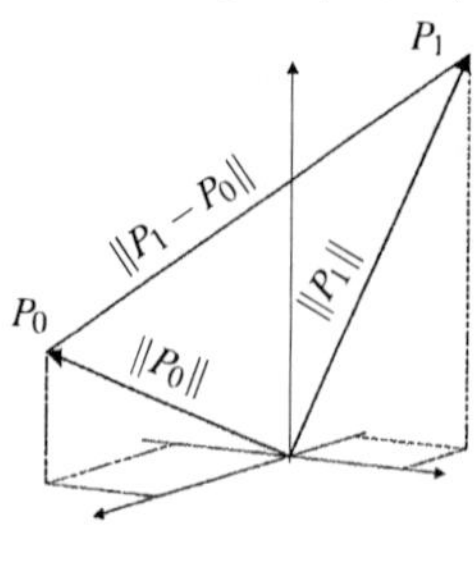

Propriedades: Para P_0, P_1 e P_2 em $\mathbb{R}^3$ e $r \in \mathbb{R}$, tem-se

1. $\langle P_0, P_0\rangle = \|P_0\|^2$
2. $\langle P_0, P_1\rangle = \langle P_1, P_0\rangle$
3. $\langle rP_0, P_1\rangle = r\langle P_0, P_1\rangle$
4. $\langle P_0, P_1 + P_2\rangle = \langle P_0, P_1\rangle + \langle P_0, P_2\rangle$

As propriedades são fáceis de serem verificadas, e são inteiramente análogas àquelas do produto escalar no plano.

Também como antes, o produto escalar caracteriza a ortogonalidade. De fato, como ilustra a figura acima, por Pitágoras tem-se que $P_0 = (x_0, y_0, z_0)$ e $P_1 = (x_1, y_1, z_1)$ são ortogonais se, e somente se, $\|P_1 - P_0\|^2 = \|P_1\|^2 + \|P_0\|^2$. Usando as coordenadas, obtém-se que os vetores são ortogonais se, e só se,

$$(x_1 - x_0)^2 + (y_1 - y_0)^2 + (z_1 - z_0)^2 = (x_1^2 + y_1^2 + z_1^2) + (x_0^2 + y_0^2 + z_0^2)$$

Simplificando, essa igualdade equivale a $\langle P_0, P_1\rangle = x_1x_0 + y_1y_0 + z_1z_0 = 0$, e o produto escalar de fato caracteriza a ortogonalidade.

O próximo exemplo ilustra como o produto escalar está relacionado com a descrição de planos no espaço, relação que será sistematizada logo adiante.

■ **Exemplo 1.12** Sejam $\mathbb{S}$ a esfera de equação $x^2 + y^2 + z^2 = 1$ e $P_0 = (a, b, c)$ um ponto de $\mathbb{S}$. Descreva o plano tangente a $\mathbb{S}$ no ponto P_0. ■

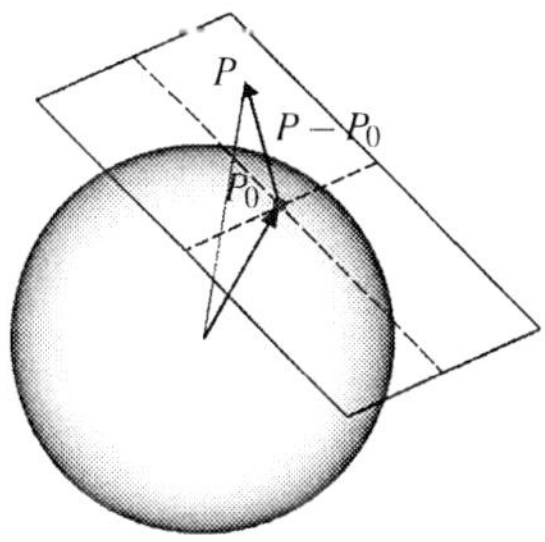

Solução. Como no caso do círculo, a propriedade importante é que o plano tangente é ortogonal ao vetor posição, como ilustra a figura ao lado. Assim, $P = (x, y, z)$ é um ponto do plano tangente se, e somente se, $P - P_0$ é ortogonal a P_0.

Equivalentemente, usando as propriedades do produto escalar, P é um ponto do plano tangente se, e somente se,

$$0 = \langle P - P_0, P_0\rangle = \langle P, P_0\rangle - \langle P_0, P_0\rangle = ax + by + cz - 1$$

onde foi usado que $\langle P_0, P_0\rangle = \|P_0\|^2 = 1$, pois $P_0 \in \mathbb{S}$. □

Planos no espaço

Mais geralmente, considere o plano $\mathscr{P}$ que passa por $P_0 = (x_0, y_0, z_0)$ e é ortogonal ao vetor $\mathbf{n} = (a, b, c)$.

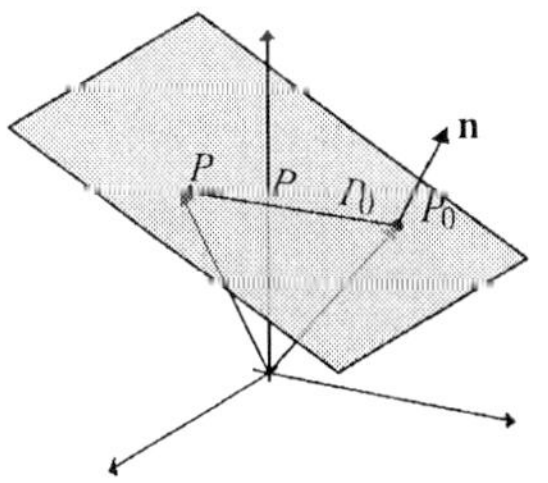

De acordo com o mesmo argumento usado acima, um ponto $P = (x, y, z)$ está no plano se, e somente se, $P - P_0$ é ortogonal ao vetor $\mathbf{n}$. Assim, $P \in \mathscr{P} \Leftrightarrow \langle P - P_0, \mathbf{n}\rangle = 0$. Equivalentemente, o ponto $P \in \mathscr{P}$ se, e somente se,

$$0 = \langle P - P_0, \mathbf{n}\rangle = \langle P, \mathbf{n}\rangle - \langle P_0, \mathbf{n}\rangle = ax + by + cz - d$$

onde $d = \langle P_0, \mathbf{n}\rangle$ é constante. Diz-se que $ax + by + cz = d$ é a equação do plano.

Vale notar que os coeficientes de x, y e z são exatamente as coordenadas do vetor ortogonal. Os exemplos a seguir ilustram o uso desta equação.

■ **Exemplo 1.13** Descreva o plano $\mathscr{P}_0$ de equação $2x - y + 3z = 6$. ■

Solução. O plano tem vetor ortogonal $\mathbf{n} = (2, -1, 3)$. Além disso, escolhendo-se $y = z = 0$, obtém-se que $P_0 = (3, 0, 0)$ é um ponto do plano, como ilustra a figura da esquerda abaixo. Assim, o plano passa por $P_0 = (3, 0, 0)$ e é ortogonal a $\mathbf{n} = (2, -1, 3)$. Pode-se escolher também $x = z = 0$, ou então $x = y = 0$, e concluir que $P_1 = (0, -6, 0)$ e $P_2 = (0, 0, 2)$ são pontos do plano. □

■ **Exemplo 1.14** Descreva o plano $\mathscr{P}_1$ de equação $2x + 3y = 6$. ■

Solução. O vetor $\mathbf{n} = (2, 3, 0)$ é ortogonal ao plano, que passa por $P_0 = (3, 0, 0)$ e $P_1 = (0, 2, 0)$. Veja a figura do meio abaixo. Como $\mathbf{n}$ é horizontal, $\mathscr{P}_1$ é vertical, e não corta o eixo $\mathscr{O}z$. □

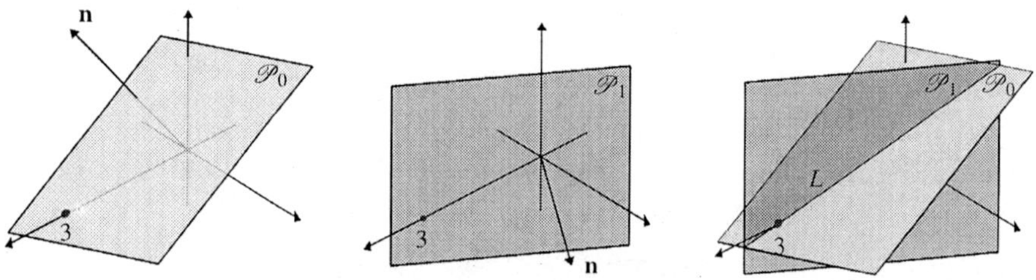

■ **Exemplo 1.15** Determine uma equação paramétrica para a reta L de interseção entre os planos $\mathscr{P}_0$ e $\mathscr{P}_1$ dos exemplos acima. ■

Solução. Para que $P = (x, y, z)$ esteja na reta, as suas coordenadas devem satisfazer às equações dos dois planos. Assim, x, y e z são soluções do sistema

$$\begin{cases} 2x - \ \ y + 3z = 6 \\ 2x + 3y \qquad\ \ = 6 \end{cases}$$

Escolhendo $y = t$ como parâmetro, $t \in \mathbb{R}$, e resolvendo o sistema, obtém-se que L pode ser parametrizada por

$$P(t) = (3 - (3/2)t, t, (4/3)t) = (3, 0, 0) + t(-3/2, 1, 4/3)$$

Assim, L passa por $(3, 0, 0)$ e tem a direção do vetor $(-3/2, 1, 4/3)$, como ilustra a figura da direita acima. □

Projeção ortogonal

Além da equação do plano, outra aplicação importante do produto escalar é a projeção ortogonal.

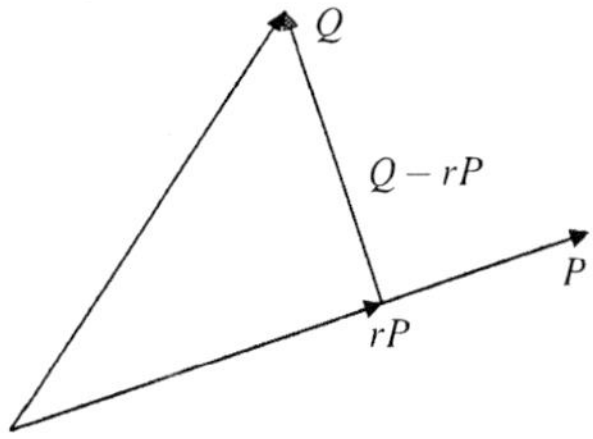

Considere $P \neq \mathscr{O}$ e Q em $\mathbb{R}^3$. De acordo com a figura ao lado, deve existir um único $r \in \mathbb{R}$ com a propriedade de que $Q - rP$ seja ortogonal a P. E, de fato, tem-se que $Q - rP$ é ortogonal a P se, e somente se,

$$0 = \langle Q - rP, P\rangle = \langle Q, P\rangle - r\langle P, P\rangle$$

Isolando r, obtém-se que $r = \frac{\langle Q,P\rangle}{\|P\|^2}$ é o único número que faz com que $Q - rP$ seja ortogonal a P. Isso sugere a

Definição 1.4 Para $P \neq \mathscr{O}$, o vetor rP, com $r = \frac{\langle Q,P\rangle}{\|P\|^2}$, é a projeção ortogonal de Q sobre P.

Usando as propriedades do produto escalar obtém-se que

$$rP = \frac{\langle Q,P\rangle}{\|P\|^2}P = \frac{\langle Q,P\rangle}{\|P\|}\frac{P}{\|P\|} = \left\langle Q, \frac{P}{\|P\|}\right\rangle \frac{P}{\|P\|}$$

onde $\frac{P}{\|P\|}$ é o vetor unitário na direção e sentido de P. Daí segue-se que

$$\|rP\| = \left|\left\langle Q, \frac{P}{\|P\|}\right\rangle\right|$$

Outro fato importante é que o sinal de r determina o sentido da projeção em relação ao vetor P. Assim, rP tem o mesmo sentido de P se $r > 0$, e sentido contrário se $r < 0$. O caso $r = 0$ corresponde à ortogonalidade entre os vetores. Veja as figuras abaixo

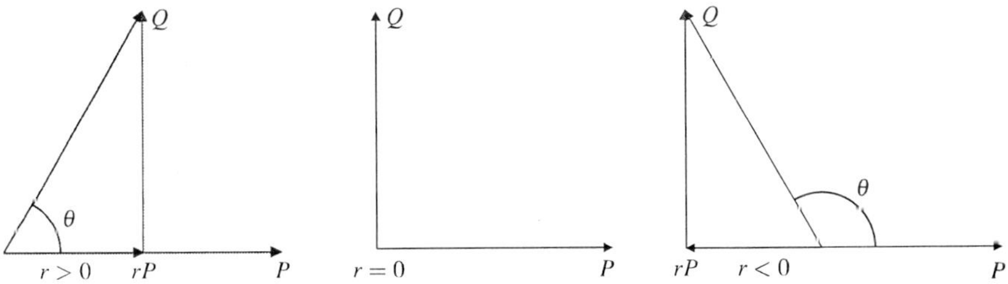

Um caso especial ocorre quando $\|P\| = 1$. Nesse caso, tem-se $r = \langle Q, P\rangle$ e $\|rP\| = |\langle Q, P\rangle|$, o que é mais uma interpretação geométrica interessante para o produto escalar. Outra interpretação está no cálculo do ângulo entre dois vetores quaisquer, como a seguir.

■ **Exemplo 1.16** Verifique que, se θ é o ângulo entre P e Q, $0 \leq \theta \leq \pi$, então

$$\cos(\theta) = \frac{\langle P, Q\rangle}{\|P\|\|Q\|}.$$

■

Solução. Acompanhe por meio das figuras acima. Suponha, de início, que $r = \frac{\langle Q,P \rangle}{\|P\|^2} > 0$. Então, o ângulo θ entre os vetores é tal que

$$\cos(\theta) = \frac{\text{cateto adjacente}}{\text{hipotenusa}} = \frac{\|rP\|}{\|Q\|} = \frac{|\langle Q,P \rangle|}{\|P\|\|Q\|}$$

pois $\|rP\| = |\langle Q, \frac{P}{\|P\|} \rangle|$. Além disso, como $r > 0$, tem-se também $\langle Q,P \rangle > 0$, e, portanto, $|\langle Q,P \rangle| = \langle Q,P \rangle$. Daí se segue que $\cos(\theta) = \frac{\langle P,Q \rangle}{\|P\|\|Q\|}$, como foi dito.

O caso $r < 0$ é análogo. Basta usar o mesmo argumento com o ângulo $\pi - \theta$, lembrar da igualdade $\cos(\theta) = -\cos(\pi - \theta)$ e que também $\langle Q,P \rangle < 0$. O caso $r = 0$ é trivial, pois $\langle P,Q \rangle = 0$ e $\theta = \pi/2$. Logo, $\cos(\theta) = 0 = \frac{\langle P,Q \rangle}{\|P\|\|Q\|}$.
□

■ **Exemplo 1.17** Calcule o ângulo entre os planos $\mathscr{P}_0$ e $\mathscr{P}_1$ vistos acima. ■

Solução. Os planos têm equações $2x - y + 3z - 6 = 0$ e $2x + 3y - 6 = 0$, e o ângulo entre eles é, por definição, o ângulo entre os seus vetores normais, que são $\mathbf{n}_0 = (2,-1,3)$ e $\mathbf{n}_1 = (2,3,0)$. Daí que $\langle \mathbf{n}_0, \mathbf{n}_1 \rangle = 1$, $\| \mathbf{n}_0 \| = \sqrt{14}$ e $\| \mathbf{n}_1 \| = \sqrt{13}$. Assim, o ângulo θ entre os planos é tal que

$$\cos(\theta) = \frac{1}{\sqrt{14}\sqrt{13}} \implies \theta = \arccos(\frac{1}{\sqrt{14}\sqrt{13}}) \approx 1,497 \text{ rad}$$

Os planos são então quase ortogonais, uma vez que $\pi/2 \approx 1,571$. □

O produto escalar tem aplicações na Física, como ilustrado a seguir.

■ **Exemplo 1.18** Calcule o trabalho realizado pela força constante $F = (a,b,c)$ sobre uma partícula que se desloca em linha reta da origem $\mathscr{O}$ até o ponto P. ■

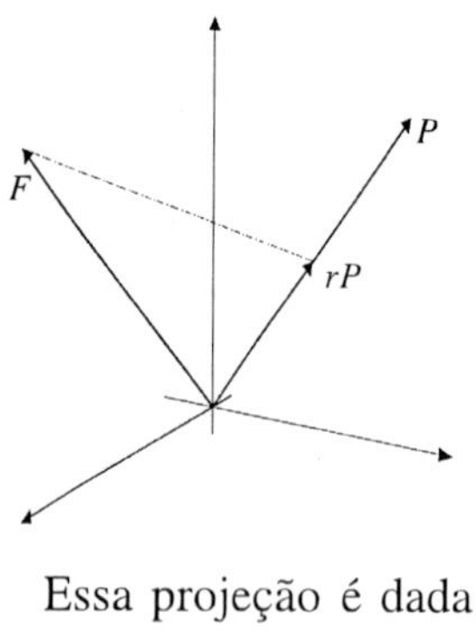

Solução. No caso unidimensional, em que a força é um número, o trabalho é igual ao produto da força pelo deslocamento. A força é considerada positiva se tem o mesmo sentido do deslocamento, e negativa caso contrário.

No caso tridimensional, é necessário calcular a projeção da força sobre a direção do deslocamento, como ilustra a figura ao lado.

Essa projeção é dada pelo vetor $rP = \langle F, \frac{P}{\|P\|} \rangle \frac{P}{\|P\|}$, e a intensidade dessa componente é $\|rP\| = |\langle F, \frac{P}{\|P\|} \rangle|$. Para considerar o sinal, a força na direção do deslocamento é dada por $F_d = \langle F, \frac{P}{\|P\|} \rangle$.

Agora a situação está semelhante ao caso unidimensional, em que a força é um número cujo sinal indica o sentido em relação ao deslocamento. O trabalho W pode ser calculado como o produto da força F_d pelo deslocamento $\|P\|$:

$$W = F_d \|P\| = \left\langle F, \frac{P}{\|P\|} \right\rangle \|P\| = \langle F, P \rangle$$

Surpresa! O trabalho W é exatamente o produto escalar $\langle F, P \rangle$, o que é mais uma bonita interpretação física deste produto. □

Exercícios

1) Considere um fio infinito ao longo do eixo $\mathscr{O}z$ percorrido no sentido positivo por uma corrente elétrica estacionária. Em um ponto $P = (x,y)$ do plano $\mathscr{O}xy$, a corrente gera um campo magnético $B(P)$ que tem a direção e o sentido ilustrados na figura abaixo. Pode-se mostrar que, no domínio $D = \{(x,y) \in \mathbb{R}^2;\ y > 0\}$, o campo é dado por $B(P) = (f_x(P), f_y(P))$, onde $f(x,y) = K\arctan(x/y)$ é a função potencial e $K > 0$ é uma constante. Julgue os itens a seguir

C | E a) O conjunto $C_{\pi/4} = \{(x,y) \in D; f(x,y) = \pi/4\}$, uma curva equipotencial do campo, corresponde a uma semirreta que parte da origem.

C | E b) Para y fixo, a derivada $f_x(x,y) = \frac{d}{dx}K\arctan(x/y)$ é dada por $f_x(x,y) = Ky/(x^2+y^2)$.

C | E c) A intensidade $\|B(P)\| = \sqrt{f_x(P)^2 + f_y(P)^2}$ do campo B é constante ao longo de semirretas que partem da origem.

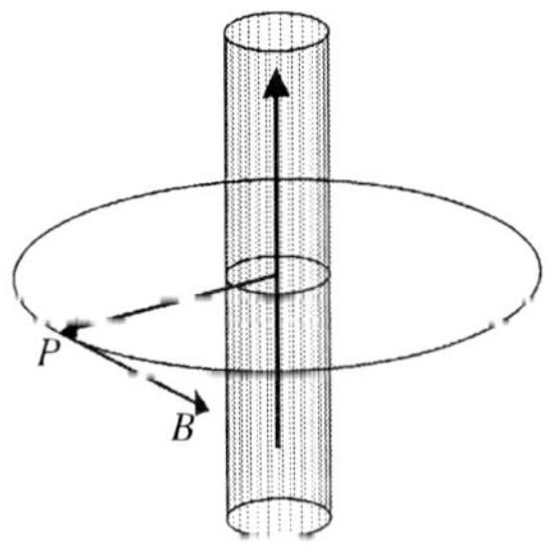

C | E d) O vetor unitário $U(P) = B(P)/\|B(P)\|$, que determina a direção e o sentido do campo, é dado por $U(P) = (-x/\sqrt{x^2+y^2}, y/\sqrt{x^2+y^2})$.

C | E e) O ângulo θ entre P e $B(P)$ é tal que $\cos(\theta) > 0$.

2) A distância de ponto ao plano, estudada em geometria analítica, pode ser obtida por meio das noções de distância e ortogonalidade vistas na seção 1. De fato, para o plano $\mathscr{P}$ de equação $ax + by + cz + d = 0$ e um ponto $P_0 = (x_0, y_0, z_0) \notin \mathscr{P}$, a distância de P_0 a $\mathscr{P}$ é igual a $\|P - P_0\|$, onde P é o único ponto do plano tal que $P - P_0$ é ortogonal ao plano. Veja a figura abaixo.

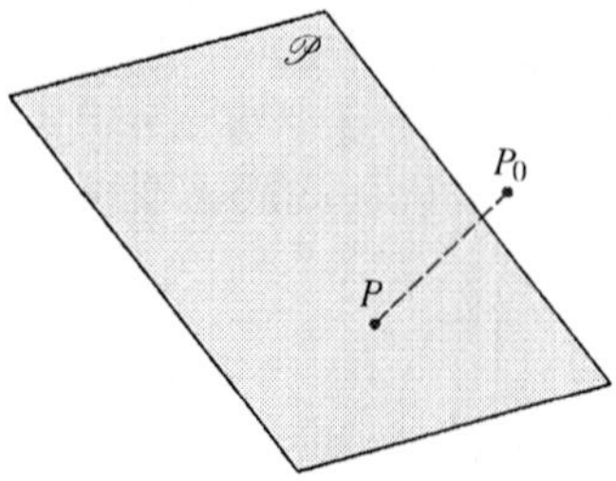

a) Justifique a afirmação de que $P - P_0$ é ortogonal ao plano se, e somente se, $P - P_0 = k(a,b,c)$ para algum $k \in \mathbb{R}$.

b) A igualdade $P - P_0 = k(a,b,c)$ corresponde a um sistema de três equações nas três incógnitas x, y e z. Escreva cada uma dessas equações separadamente.

c) Multiplique uma das equações acima por a, outra por b e outra por c. A seguir, usando a equação do plano, verifique que a constante k pode ser expressa apenas em termos das coordenadas de P_0 e das constantes a, b, c e d.

d) Verifique que, se P satisfaz as condições do item a), então $\|P - P_0\|^2$ pode ser expresso em termos das contantes k, a, b, c e d.

e) Use o item anterior para calcular a distância de P_0 ao plano $\mathscr{P}$.

3) O paraboloide $\mathscr{P}$ de foco $F = (0,0,1)$ e plano diretor $z = -1$ é o gráfico da função $f\colon \mathbb{R}^2 \to \mathbb{R}$ dada por $f(x,y) = (1/4)(x^2 + y^2)$. Uma propriedade importante do paraboloide é que o ponto $P_0 = (x_0, y_0, z_0) \in \mathscr{P}$ é equidistante do foco F e do ponto Q_0, em que $Q_0 = (x_0, y_0, -1)$ é a projeção ortogonal de P_0 sobre o plano diretor, conforme ilustra a figura abaixo. Pode-se mostrar que o plano tangente a $\mathscr{P}$ no ponto $P_0 \in \mathscr{P}$ tem equação $z = f(x_0, y_0) + (x_0/2)(x - x_0) + (y_0/2)(y - y_0)$.

a) Verifique a afirmação de que P_0 é equidistante de F e Q_0.

b) Conclua que os ângulos $P_0\widehat{Q_0}F$ e $P_0\widehat{F}Q_0$ são iguais.

c) Obtenha a equação da reta N, que é ortogonal a $\mathscr{P}$ em P_0.

d) Justifique a afirmação de que N é paralela à reta pelos pontos F e Q_0.

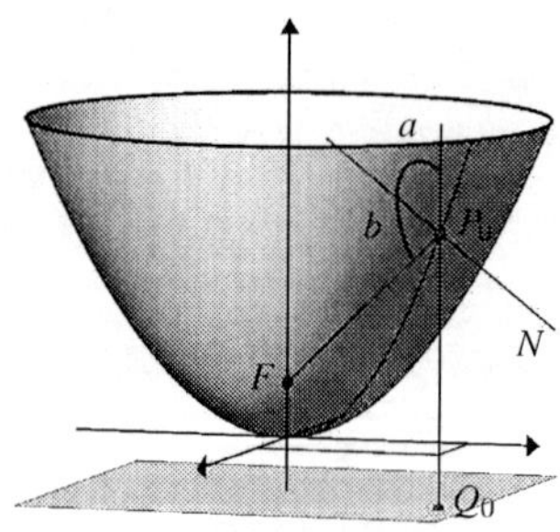

e) Justifique o fato de os ângulos a e b indicados na figura serem iguais.

4) Uma bonita aplicação do produto escalar está no cálculo da área A do paralelogramo gerado por $P = (a,b)$ e $Q = (c,d)$. Para esse cálculo deve-se multiplicar o comprimento da base pela altura h do paralelogramo, altura que depende do ângulo θ entre os vetores. Veja a figura abaixo.

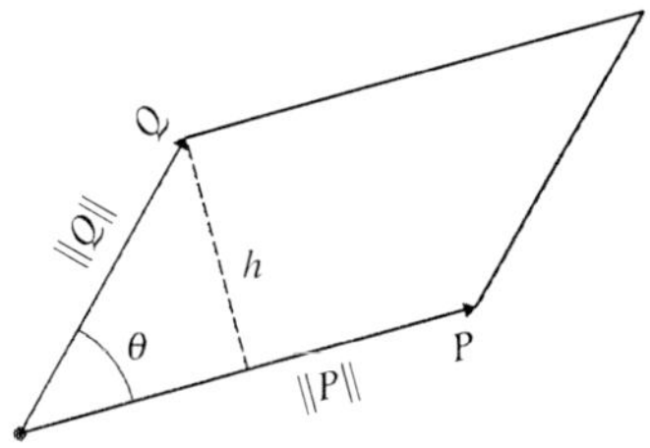

a) Expresse h em termos de Q e do $\operatorname{sen}(\theta)$.

b) Obtenha a expressão de A^2 em temos de P, Q e do $\cos(\theta)$.

c) Use a igualdade $\langle P, Q\rangle = \|P\|\|Q\|\cos(\theta)$ para expressar A^2 em termos apenas das coordenadas a, b, c e d dos vetores P e Q.

d) Conclua que A pode ser expressa como o determinante de uma matriz 2×2.

e) Use o item anterior para calcular a área do triângulo de vértices $P = (0,2)$, $Q = (2,1)$ e $R = (3,3)$.

2. Limite e continuidade

Funções de várias variáveis

Depois dos vetores o passo seguinte é o estudo das funções de várias variáveis, cujos domínios são subconjuntos de $\mathbb{R}^2$ ou $\mathbb{R}^3$. O objetivo é fazer para essas funções o mesmo estudo feito anteriormente para funções de uma variável.

Primeiras definições

Considere o problema de descrever o relevo de uma região, como ilustra a figura ao lado. O primeiro passo é introduzir um sistema de eixos $\mathcal{O}xyz$ e identificar a região com um subconjunto $D \subset \mathbb{R}^2$. Com essa identificação, a cada ponto $(x,y) \in D$ corresponde uma única altura z, altura que depende do ponto (x,y). A dependência de z em relação a (x,y) é uma função e indicada por $z = f(x,y)$.

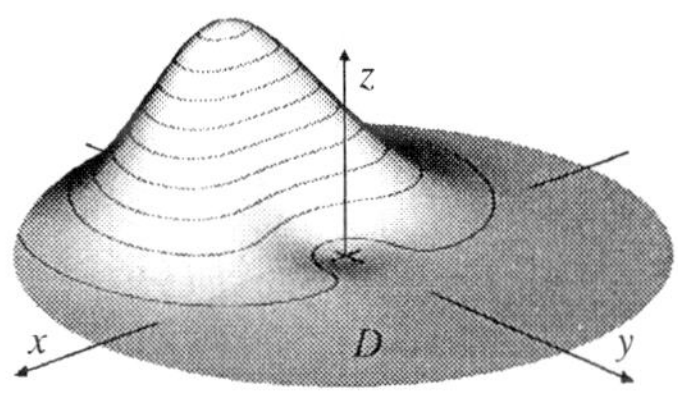

A superfície que descreve o relevo, isto é, a "casquinha" que separa a terra do ar, é o gráfico da função. Matematicamente, o gráfico é o conjunto

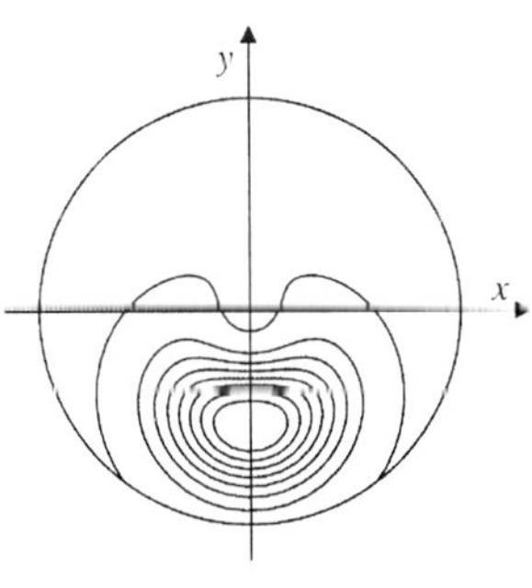

$$G(f) = \{(x,y,z) \in \mathbb{R}^3;\ (x,y) \in D \text{ e } z = f(x,y)\}$$

Em Cartografia, em que os mapas são planos, é comum indicar o relevo por meio das curvas de nível. Grosso modo, essas curvas correspondem a projetar, sobre o plano $\mathcal{O}xy$, as linhas pretas que aparecem na figura acima.

Essas linhas pretas indicam os pontos sobre o gráfico que estão a uma mesma altura. Assin, as curvas de nível correspondem aos pontos do domínio nos quais a altura é constante. A figura acima ilustra as curvas de nível de f.

O interessante é que, olhando apenas para as curvas de nível, percebe-se que existe um "morro" no terceiro e quarto quadrantes. Matematicamente, a curva de nível no nível k é o conjunto

$$C_k(f) = \{(x,y) \in D;\ f(x,y) = k\}$$

Em geral, uma função f, definida em $D \subset \mathbb{R}^2$ e com valores em $\mathbb{R}$, é uma regra que, a cada ponto $(x,y) \in D$, associa um único $z = f(x,y) \in \mathbb{R}$. Usa-se o símbolo $f\colon D \to \mathbb{R}$ para indicar a função juntamente com o seu domínio D e o seu contradomínio $\mathbb{R}$.

Para o caso geral, tanto o gráfico quanto as curvas de nível são definidos da mesma forma que se fez no exemplo estudado acima, e cada um tem uma interpretação própria dependendo da interpretação da função f. Por exemplo, se f é a temperatura de uma chapa $D \subset \mathbb{R}^2$, isto é, $f(x,y)$ é a temperatura do ponto $(x,y) \in D$, então o gráfico representa as mudanças da temperatura ao longo da chapa. Ainda nesse exemplo, uma curva de nível representa os pontos da chapa que estão a uma mesma temperatura, e é dita uma isoterma da chapa.

■ **Exemplo 2.1** Esboce as curvas de nível e o gráfico de $f(x,y) = \frac{1}{2}(4 - x - 3y)$ com $(x,y) \in \mathbb{R}^2$. ■

Solução. É claro que a curva de nível, no nível $k \in \mathbb{R}$, é o conjunto

$$\begin{aligned} C_k(f) &= \{(x,y) \in \mathbb{R}^2;\ f(x,y) = k\} \\ &= \{(x,y) \in \mathbb{R}^2;\ x + 3y = 4 - 2k\} \end{aligned}$$

que representa um reta no plano $\mathscr{O}xy$ de vetor normal $\mathbf{n} = (1,3)$. Como o vetor normal é o mesmo para todas as retas, segue-se que as curvas de nível são retas paralelas. Em particular, para o nível $k = 0$, a reta passa por $(4,0)$ e $(0,4/3)$, como ilustra a figura da esquerda abaixo.

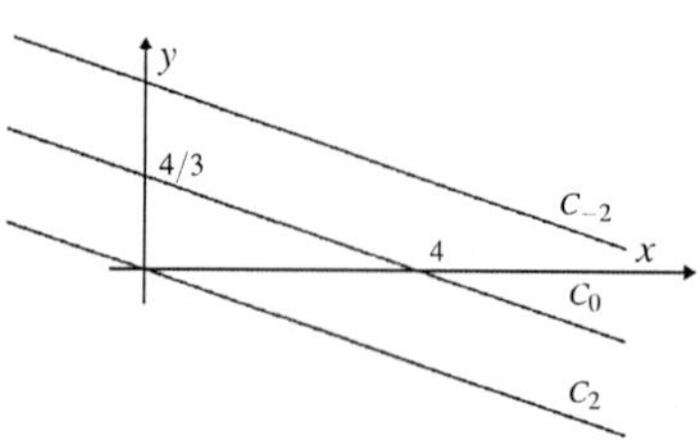

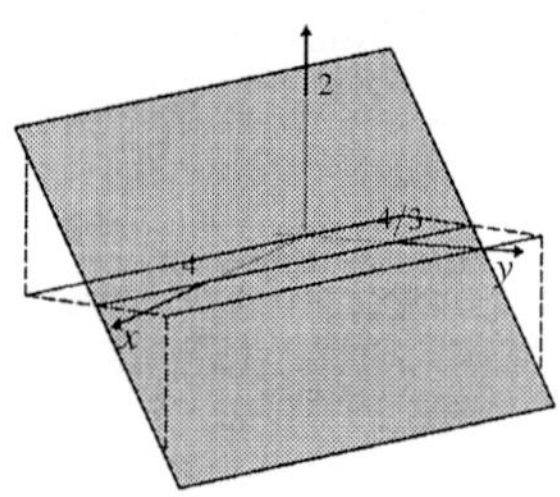

Em relação ao gráfico, tem-se que

$$\begin{aligned} G(f) &= \{(x,y,z) \in \mathbb{R}^3;\ (x,y) \in \mathbb{R}^2 \text{ e } z = f(x,y)\} \\ &= \{(x,y,z) \in \mathbb{R}^3;\ x + 3y + 2z - 4 = 0\} \end{aligned}$$

representa o plano que passa por $(4,0,0)$, $(0,4/3,0)$ e $(0,0,2)$. Este resultado é coerente com as curvas de nível, como ilustra a figura da direita acima. □

■ **Exemplo 2.2** Obtenha a expressão da função $f\colon \mathbb{R}^2 \to \mathbb{R}$ cujo gráfico corresponde à rotação da parábola $z = y^2$ em torno do eixo $\mathcal{O}z$. ■

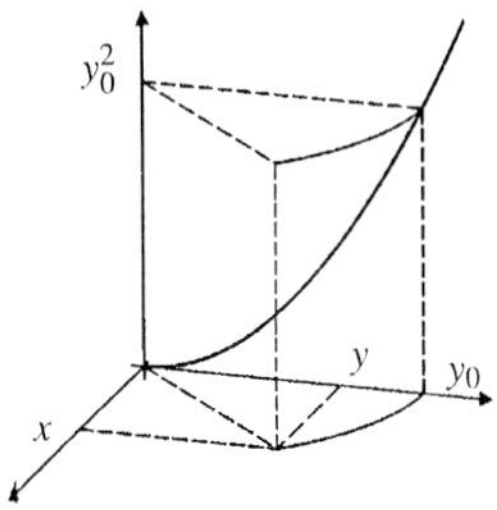

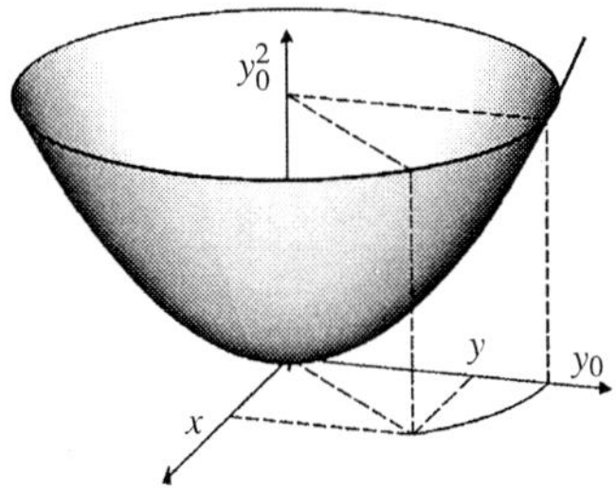

Solução. Nas figuras acima, a da esquerda ilustra a parábola juntamente com um ponto $y_0 > 0$ e sua imagem $z_0 = y_0^2$. Para rotacionar em torno de $\mathcal{O}z$, deve-se ter o seguinte: sempre que o ponto (x,y) for tal que $\sqrt{x^2+y^2} = y_0$, então $f(x,y) = y_0^2$. Veja a figura de novo. Substituindo o valor de y_0, deve-se ter que $f(x,y) = y_0^2 = (\sqrt{x^2+y^2})^2 = x^2+y^2$, sendo esta a expressão procurada.

Dito de outra maneira, assim como a parábola, a cada ponto (x,y) a função f deve associar o quadrado de sua distância à origem. Como a distância à origem é $\sqrt{x^2+y^2}$, obtém-se que $f(x,y) = (\sqrt{x^2+y^2})^2 = x^2+y^2$. Veja a figura da direita.

Como verificação, as curvas de nível de $f(x,y) = x^2+y^2$ são círculos centrados na origem, o que é uma característica dos gráficos de rotação. Além disso, ao longo do eixo $\mathcal{O}y$, tem-se que $f(0,y) = y^2$ é a parábola original. □

■ **Exemplo 2.3** Esboce as curvas de nível e o gráfico da função $f\colon D \to \mathbb{R}$, onde $D = \{(x,y) \in \mathbb{R}^2;\ x^2+y^2 \le \pi^2\}$ e $f(x,y) = \cos(\sqrt{x^2+y^2}) + 1$. ■

Solução. Começando com as curvas de nível, tem-se que

$$\begin{aligned} C_k(f) = \{(x,y) \in D;\ f(x,y) = k\} &= \{(x,y) \in D;\ \cos(\sqrt{x^2+y^2}) = k-1\} \\ &= \{(x,y) \in D;\ \sqrt{x^2+y^2} = \arccos(k-1)\} \end{aligned}$$

isto é, $C_k(f)$ é um círculo de centro na origem e raio $\arccos(k-1)$. A figura da esquerda abaixo ilustra alguns desses círculos. Para $k=0$, tem-se $\arccos(-1) = \pi$ (pois $\cos(\pi) = -1$), e, portanto, o nível zero corresponde ao círculo de raio π. Já para $k=2$, o maior nível, tem-se $\arccos(1) = 0$ (pois $\cos(0) = 1$), e, portanto, nesse nível está apenas a origem $(0,0)$.

Como as curvas de nível são círculos, o gráfico da função é certamente de rotação, e resta saber como é o perfil do gráfico ao longo de um dos eixos.

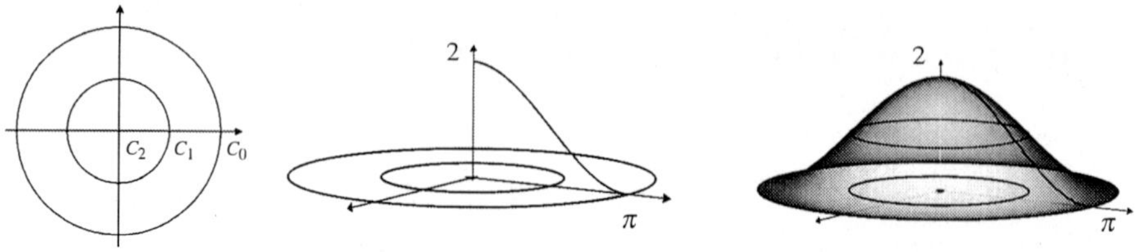

Por exemplo, ao longo do eixo $\mathscr{O}y$, a função é $f(0,y) = \cos(|y|) + 1$, cujo gráfico está ilustrado na figura do meio acima. Coletando essas informações, o gráfico da função pode ser ilustrado como na figura da direita. □

■ **Exemplo 2.4** Esboce as curvas de nível e o gráfico de $f(x,y) = y^2 - x^2$ com $(x,y) \in \mathbb{R}^2$. ■

Solução. Este é um exemplo diferente, em que o gráfico não é de rotação. Começando com as curvas de nível, tem-se que

$$C_k(f) = \{(x,y) \in \mathbb{R}^2;\ f(x,y) = k\} \ = \ \{(x,y) \in \mathbb{R}^2;\ y^2 - x^2 = k\}$$

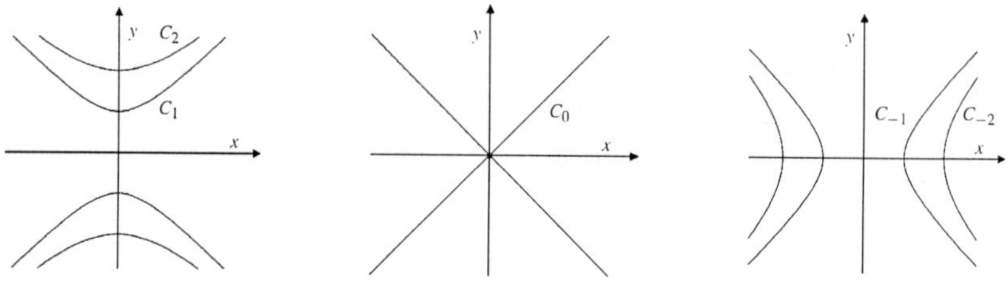

de onde se segue que essas curvas são hipérboles de assíntotas $y = \pm x$. Essas hipérboles cortam o eixo $\mathscr{O}y$ se $k > 0$, e o eixo $\mathscr{O}x$ se $k < 0$. Se $k = 0$, as curvas são exatamente as retas $y = \pm x$. As figuras acima ilustram esses casos.

Para visualizar o gráfico, pode-se ainda cortá-lo por planos verticais que contêm o eixo $\mathscr{O}z$. Por exemplo, a interseção do gráfico com o plano $\mathscr{O}yz$ é a parábola $f(0,y) = y^2$, com concavidade voltada para cima.

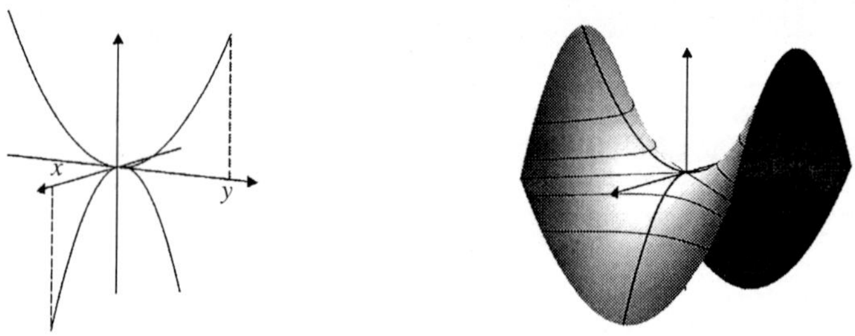

Já a interseção com o plano $\mathscr{O}xz$ é a parábola $f(x,0) = -x^2$, com concavidade voltada para baixo. Veja as figuras acima. Juntamente com as curvas de nível, essas informações fornecem um esboço do gráfico, como ilustrado acima. Em razão da sua forma, esse gráfico é conhecido como uma “sela”. □

Lembrando: abertos e fechados da reta

O próximo passo é distinguir entre domínios abertos e fechados do plano e, para isso, vale lembrar como são os abertos e fechados da reta.

A importância de um intervalo $I \subset \mathbb{R}$ ser aberto ou fechado é que essas características têm reflexos importantes no comportamento das funções nele definidas. Por exemplo, a função $g\colon (0,\infty) \to \mathbb{R}$, dada por $g(x) = \ln(x)$, é tal que $\lim_{x\to 0^+} g(x) = -\infty$. Diz-se que a função se torna ilimitada em vizinhança de $x_0 = 0$. Isso ocorre em razão de o intervalo $I = (0,\infty)$ ser aberto, e a função não estar definida em $x_0 = 0$.

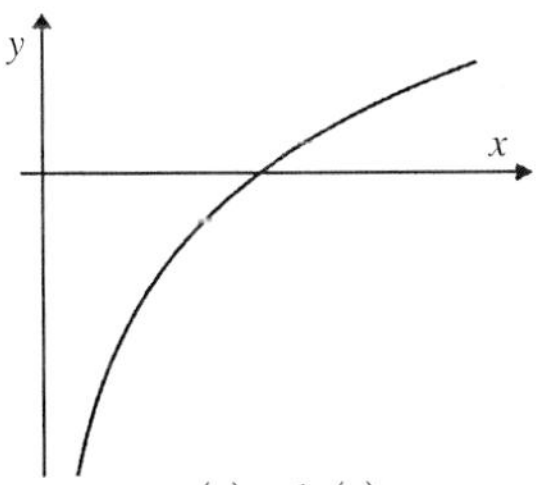

$g(x) = \ln(x)$

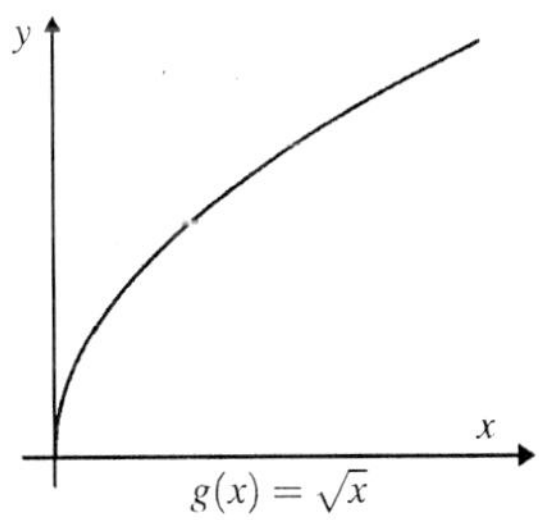

$g(x) = \sqrt{x}$

Situação diferente ocorre com a função $g\colon [0,\infty) \to \mathbb{R}$, dada por$g(x) = \sqrt{x}$. Nesse caso, $\lim_{x\to 0^+} g(x) = 0$. Isso porque o intervalo $I = [0,\infty)$ é fechado, e a função está definida em $x_0 = 0$. Diz-se então que a função é limitada em vizinhança de $x_0 = 0$. Assim, ser limitada ou não em vizinhança de um ponto está relacionado com o domínio ser fechado ou aberto.

Para entender melhor essas questões, o próximo passo é introduzir a noção de ponto interior. Um ponto x_0 é dito interior a um intervalo I se existe $\delta > 0$ tal que $(x_0 - \delta, x_0 + \delta) \subset I$. O intervalo $I(x_0,\delta) = (x_0 - \delta, x_0 + \delta)$ é dito uma vizinhança de x_0 e, com essa notação, o ponto x_0 é interior se existe uma vizinhança de x_0 toda contida no intervalo.

Com essa notação é fácil caracterizar os intervalos abertos: são aqueles em que todos os pontos são interiores! Por exemplo, $I = (0,\infty)$ é um intervalo aberto, pois todos os seus pontos são interiores; também são abertos os intervalos da forma $I = (a,b)$, com $a < b$.

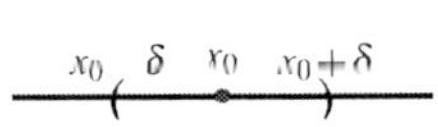

Vizinhança $I(x_0,\delta)$

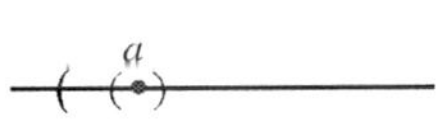

Ponto interior

Ponto de fronteira

A fronteira do intervalo $I = (a,b)$ é o conjunto $\partial I = \{a,b\}$, constituído dos pontos extremos do intervalo. Em termos de vizinhanças, os pontos de fronteira podem ser caracterizados da seguinte maneira: $x_0 \in \partial I$ se, e somente se, qualquer vizinhança $I(x_0, \delta)$ de x_0 inclui pontos de I e de fora de I. Observe que, sendo I aberto, os seus pontos são todos interiores, e, portanto, $I \cap \partial I = \emptyset$.

Um intervalo I é fechado se inclui a sua fronteira, isto é, se $\partial I \subset I$. Por exemplo, $I = [0, \infty)$ é fechado, pois a sua fronteira é apenas o ponto $\partial I = \{0\}$ que está no intervalo. Também são fechados os intervalos da forma $I = [a, b]$.

Finalmente, observe que um intervalo não é, necessariamente, aberto ou fechado. Por exemplo, $I = [a, b)$ não é aberto, pois inclui o ponto a, que não é interior; e não é fechado, pois não inclui o ponto de fronteira b.

Abertos e fechados do plano

As mesmas noções da reta se aplicam aos abertos e fechados do plano.

Por exemplo, considere a função $f(x,y) = \ln(y^2 - x^2)$ definida no domínio

$$D = \{(x,y) \in \mathbb{R}^2;\ 0 < y^2 - x^2\} = \{(x,y) \in \mathbb{R}^2;\ |x| < |y|\}$$

que não inclui as retas $y = \pm x$. Veja a figura abaixo. Como $\lim_{t \to 0^+} \ln(t) = -\infty$, segue-se que a função $f(x,y)$ se torna ilimitada quando o ponto $(x,y) \in D$ se aproxima de uma dessas reta.

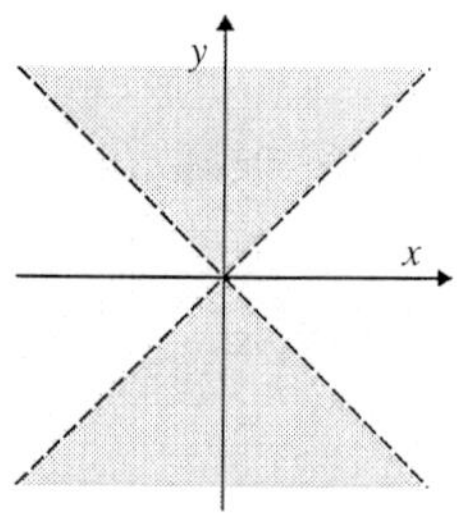

A situação é diferente com a função $g(x,y) = \sqrt{y^2 - x^2}$ definida no domínio $\{(x,y) \in \mathbb{R}^2;\ |x| \leq |y|\}$, que agora inclui as retas $y = \pm x$. Nesse caso, a função g permanece limitada quando o ponto $(x,y) \in D$ se aproxima de uma dessas retas.

De acordo com as definições a seguir, o domínio de f é um conjunto aberto, enquanto o da g é fechado, e essa diferença no domínio explica, em parte, a diferença de comportamento entre as duas funções.

Definição 2.1 A bola de centro em $P_0 \in \mathbb{R}^2$ e raio $\delta > 0$ é o conjunto

$$B(P_0, \delta) = \{P \in \mathbb{R}^2;\ \|P - P_0\| < \delta\}$$

Escolhendo $\delta > 0$ pequeno, a bola $B(P_0, \delta)$ inclui os pontos próximos de P_0, isto é, pontos que estão a uma distância de P_0 menor do que δ. É comum referir-se a essas bolas como vizinhanças do ponto P_0. A próxima definição usa bolas para caracterizar um ponto interior, uma noção que será importante ao longo de todo o livro. Observe a analogia com o caso da reta.

Definição 2.2 P_0 é ponto interior a um conjunto $D \subset \mathbb{R}^2$ se existe $\delta > 0$ tal que $B(P_0, \delta) \subset D$.

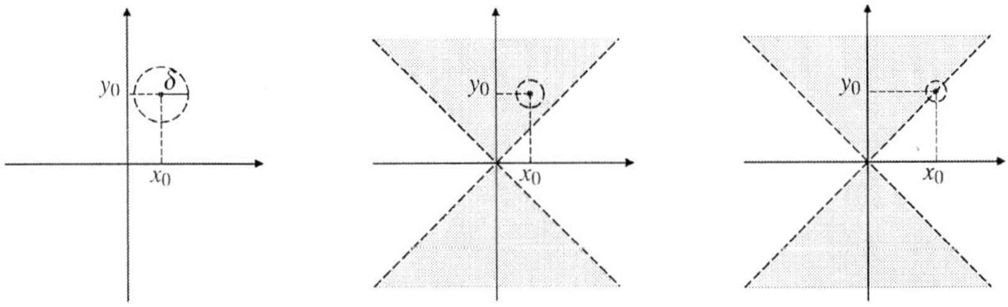

A bola $B(P_0, \delta)$ Ponto interior Ponto de fronteira

Por exemplo, se $P_0 = (x_0, y_0)$ é um ponto tal que $0 < x_0 < y_0$, então P_0 é ponto interior ao conjunto $D = \{(x,y) \in \mathbb{R}^2;\ |x| < |y|\}$. De fato, indicando por $d > 0$ a distância de P_0 à reta $y = x$, basta escolher $\delta = d/2$ para se ter que $B(P_0, \delta) \subset D$. Veja a figura do meio acima. Em geral, conjuntos definidos por desigualdades estritas são conjuntos abertos.

Definição 2.3 P_0 é ponto de fronteira de um conjunto $D \subset \mathbb{R}^2$ se, para todo $\delta > 0$, a bola $B(P_0, \delta)$ contém pontos de fora e de dento do conjunto.

Por exemplo, se $P_0 = (x_0, y_0)$ é um ponto tal que $0 < x_0 = y_0$, então P_0 é ponto de fronteira do conjunto $D = \{(x,y) \in \mathbb{R}^2;\ |x| < |y|\}$. Com efeito, nesse caso não importa quão pequeno seja $\delta > 0$, a bola $B(P_0, \delta)$ sempre terá pontos $P = (x, y)$ do conjunto (com $x < y$) e pontos de fora do conjunto (com $x > y$). Veja a figura da direita acima.

Definição 2.4 A fronteira, ou bordo, de $D \subset \mathbb{R}^2$ é o conjunto

$$\partial D = \{P \in \mathbb{R}^2;\ P \text{ é ponto de fronteira de } D\}$$

No exemplo em estudo, do conjunto $D = \{(x,y) \in \mathbb{R}^2;\ |x| < |y|\}$, é claro que a fronteira é o conjunto das duas retas $y = \pm x$, isto é, $\partial D = \{(x,y) \in \mathbb{R}^2;\ y = x \text{ ou } y = -x\}$. Observe que $D \cap \partial D = \emptyset$, e, portanto, os pontos de fronteira não estão no conjunto. De acordo com a próxima definição, essa propriedade caracteriza os conjuntos abertos.

Definição 2.5 Um conjunto $D \subset \mathbb{R}^2$ é aberto se todos os seus pontos são interiores.

É claro que, se todos os pontos são interiores, o conjunto não contém ponto de fronteira, e, portanto, $D \cap \partial D = \emptyset$. A situação oposta, em que $\partial D \subset D$, caracteriza os conjuntos fechados, de acordo com a definição a seguir.

Definição 2.6 Um conjunto $D \subset \mathbb{R}^2$ é fechado se inclui a sua fronteira.

É o caso do conjunto $D = \{(x,y) \in \mathbb{R}^2;\ |x| \leq |y|\}$, cuja fronteira são as duas retas $y = \pm x$. É claro então que $\partial D \subset D$.

Um conjunto não é, necessariamente, aberto ou fechado. Entre ser aberto ($D \cap \partial D = \emptyset$) e ser fechado ($\partial D \subset D$), existe a situação intermediária em que uma parte da fronteira está no conjunto e a outra parte não. Nesse caso, o conjunto nem é aberto nem é fechado.

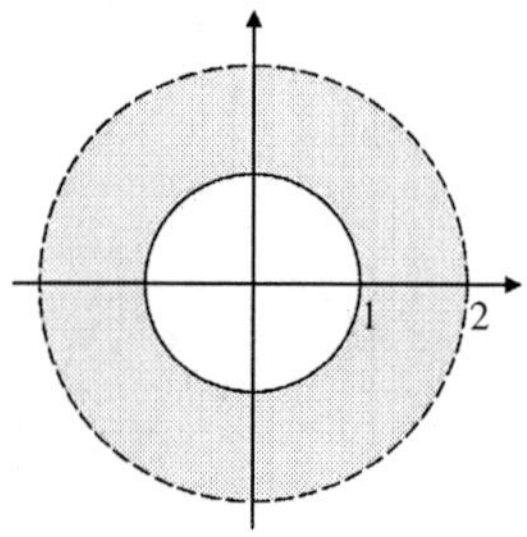

Por exemplo, considere o anel

$$D = \{P \in \mathbb{R}^2;\ 1 \leq \|P\| < 2\}$$

que está ilustrado ao lado. É claro que a fronteira é a união dos dois círculos $\partial D = C_1 \cup C_2$, onde $C_1 = \{P \in \mathbb{R}^2;\ \|P\| = 1\}$ e $C_2 = \{P \in \mathbb{R}^2; \|P\| = 2\}$.

Assim, D não é aberto, pois inclui os pontos de fronteira de C_1; e também não é fechado, pois não inclui os pontos da fronteira de C_2.

Limites

Aproximações são um tema central em Cálculo. Aproximar números por frações; gráficos por retas tangentes; áreas por áreas de triângulos... A ideia é aproximar objetos pouco conhecidos por objetos bem conhecidos, e o problema é saber se essas aproximações podem ser tornadas tão boas quanto se queira. Esse passo, de tornar as aproximações tão boas quanto se queira, é a ideia central de limite, uma ideia que permeia toda a Matemática.

Lembrando: limites em uma variável

Como motivação, considere o problema de fabricar um comprimido que tenha o raio $r_0 > 0$ e a altura $h_0 > 0$ como medidas ideais, com volume ideal $V_0 = \pi r_0^2 h_0$. No entanto, toda fabricação inclui erros, tanto no raio quanto na altura. Se o volume real for muito menor do que o ideal, o comprimido pode não ter o efeito esperado; se muito maior, pode ser prejudicial à saúde.

O problema do fabricante é então o de controlar os erros no raio e na altura de modo que o erro no volume não exceda a uma margem de tolerância dada.

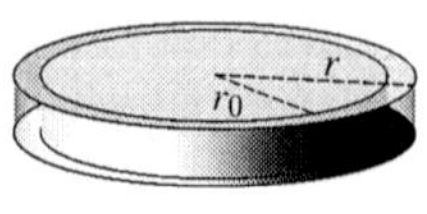

Erro em r_0

Para fixar ideias, suponha que não haja erros na altura, de forma que o erro no volume decorra apenas do erro no raio. Nesse caso, se $r > 0$ é o raio real, então o volume correspondente é a função $V(r) = \pi r^2 h_0$, com $V(r_0) = V_0$.

O erro no raio é $|r - r_0|$, e o do volume é $|V(r) - V_0| = \pi h_0 |r^2 - r_0^2|$, e é claro que o segundo erro depende do primeiro.

Suponha agora que o erro no volume deve ser menor que uma margem de tolerância , digamos $\varepsilon > 0$, que pode ser arbitrariamente pequeno. Assim, deve-se ter que $|V(r) - V_0| < \varepsilon$. Nesse caso, o problema do fabricante é determinar uma margem de segurança $\delta > 0$ de modo que, se o erro no raio for inferior a δ, isto é, se $|r - r_0| < \delta$, então o erro no volume está dentro da margem de tolerância. Resumindo, dado $\varepsilon > 0$, deve-se encontrar $\delta > 0$ tal que

$$|r - r_0| < \delta \Longrightarrow |V(r) - V_0| < \varepsilon \qquad (2.1)$$

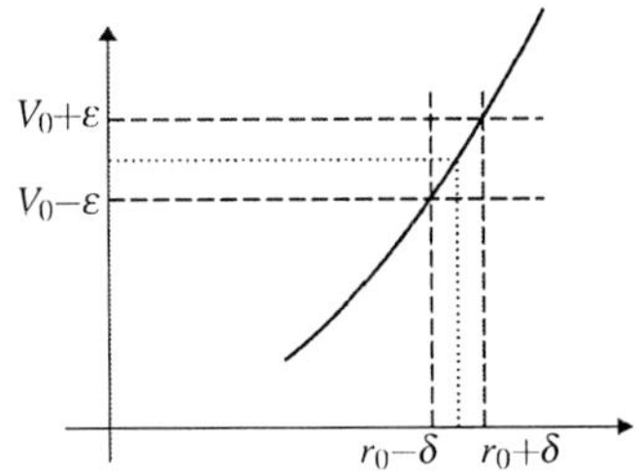

Para simplificar um pouquinho, suponha que o erro no raio não seja muito grande, por exemplo, que $|r - r_0| \le \frac{1}{2}r_0$. Isso significa que, em qualquer caso, o erro é menor ou igual à metade do raio ideal. Com essa hipótese tem-se que

$$|r + r_0| = |r - r_0 + 2r_0| \le |r - r_0| + 2r_0 \le \frac{5}{2}r_0, \qquad (2.2)$$

e daí segue-se que

$$|V(r) - V(r_0)| = \pi h_0 |r^2 - r_0^2| = \pi h_0 |r + r_0||r - r_0| \le \pi h_0 \frac{5}{2} r_0 |r - r_0| \qquad (2.3)$$

Pronto! Isso já responde ao problema do fabricante: dado $\varepsilon > 0$, basta escolher $\delta < \frac{2\varepsilon}{\pi h_0 5 r_0}$. De fato, com essa escolha, e da desigualdade acima, tem-se

$$|r - r_0| < \delta \Longrightarrow |V(r) - V_0| < \pi h_0 \frac{5}{2} r_0 \delta < \varepsilon \qquad (2.4)$$

De acordo com a próxima definição, o que se fez acima foi mostrar que $\lim_{r \to r_0} V(r) = V_0$.

Definição 2.7 Tem-se que $\lim_{r \to r_0} V(r) = V_0$ se, dado $\varepsilon > 0$, existe $\delta > 0$ tal que

$$|r - r_0| < \delta \implies |V(r) - V_0| < \varepsilon$$

Em palavras, essa definição equivale a dizer que $V(r)$ pode ser tornado tão próximo de V_0 quanto se queira (o valor de $\varepsilon > 0$ pode ser tão pequeno quanto se queira), desde que r esteja suficientemente próximo de r_0 ($|r - r_0| < \delta$, com $\delta > 0$ suficientemente pequeno).

Limites em várias variáveis

A definição de limite, dada acima no caso de função de uma variável, é praticamente a mesma para funções de duas ou mais variáveis.

Para ilustrar essa afirmação, considere mais uma vez o exemplo do comprimido, mas agora supondo que o volume $V(r, h)$ seja função do raio $r > 0$ e da altura $h > 0$. Como antes, suponha que r_0 e h_0 sejam as medidas ideais, de modo que o volume ideal é $V(r_0,h_0) = \pi r_0^2 h_0$. Os erros nas medidas são $|r-r_0|$ e $|h-h_0|$, e o correspondente erro no volume é $|V(r,h)-V(r_0,h_0)|$.

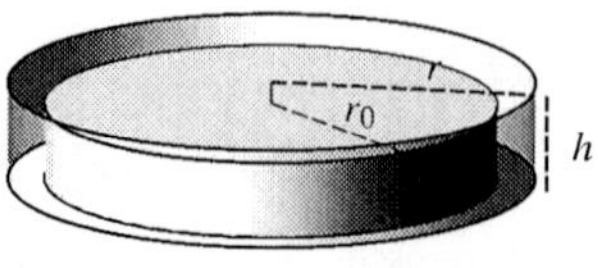

Erros em r_0 e h_0

Suponha novamente que o erro no volume deve ser menor que a margem de tolerância $\varepsilon > 0$, isto é, que $|V(r,h) - V(r_0,h_0)| < \varepsilon$. Nesse caso, o problema do fabricante agora é determinar uma margem de segurança $\delta > 0$ de modo que, se os erros no raio e na altura forem inferiores a δ, isto é, se $|r-r_0| < \delta$ e $|h-h_0| < \delta$, então o erro no volume está dentro da margem de tolerância.

Resumindo, dado $\varepsilon > 0$, deve-se encontrar $\delta > 0$ tal que

$$|r-r_0| < \delta \text{ e } |h-h_0| < \delta \Longrightarrow |V(r,h)-V(r_0,h_0)| < \varepsilon \tag{2.5}$$

A ideia é tratar separadamente as variáveis r e h, argumentando da seguinte maneira: para comparar $V(r,h)$ com $V(r_0,h_0)$, primeiro compara-se $V(r,h)$ com $V(r,h_0)$, mantendo r fixo e variando apenas h; em seguida, compara-se $V(r,h_0)$ com $V(r_0,h_0)$, mantendo h_0 fixo e variando apenas r.

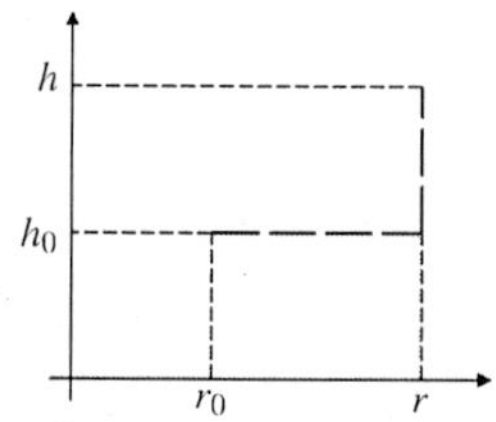

Essa ideia, conhecida como o "argumento da esquina" e ilustrada na figura acima, pode ser implementada por meio da desigualdade

$$\begin{aligned} |V(r,h)-V(r_0,h_0)| &= |V(r,h)-V(r,h_0)+V(r,h_0)-V(r_0,h_0)| \\ &\leq |V(r,h)-V(r,h_0)|+|V(r,h_0)-V(r_0,h_0)| \end{aligned} \tag{2.6}$$

Suponha agora, como anteriormente, que o erro no raio não seja muito grande, por exemplo, que $|r-r_0| \leq \frac{1}{2}r_0$. Com essa estimativa, pode-se argumentar como em (2.3) para obter que

$$|V(r,h_0)-V(r_0,h_0)| \leq \pi h_0 \frac{5}{2} r_0 |r-r_0|. \tag{2.7}$$

Além disso, da hipótese de que o erro no raio não seja muito grande, segue-se que $|r| = |r-r_0+r_0| \leq |r-r_0|+|r_0| \leq \frac{3}{2}r_0$ e, usando essa estimativa, obtém-se

$$|V(r,h)-V(r,h_0)| = \pi|r^2h-r^2h_0| = \pi r^2|h-h_0| \leq \pi\frac{9}{4}r_0^2|h-h_0| \tag{2.8}$$

Finalmente, substituindo (2.7) e (2.8) em (2.6), obtém-se

$$\begin{aligned} |V(r,h)-V(r_0,h_0)| &\leq \pi h_0 \frac{5}{2} r_0|r-r_0| + \pi\frac{9}{4}r_0^2|h-h_0| \\ &\leq \pi K(|r-r_0|+|h-h_0|) \end{aligned} \tag{2.9}$$

onde a constante K é, por exemplo, a soma $K = h_0\frac{5}{2}r_0 + \frac{9}{4}r_0^2$.

Pronto! Isso já responde ao problema do fabricante: dado $\varepsilon > 0$, basta escolher $\delta < \frac{\varepsilon}{2\pi K}$. De fato, com essa escolha, e da desigualdade acima, tem-se

$$|r - r_0| < \delta \text{ e } |h - h_0| < \delta \Longrightarrow |V(r,h) - V(r_0,h_0)| \leq \pi K(\delta + \delta) < \varepsilon \quad (2.10)$$

De acordo com a próxima definição, o que se fez acima foi mostrar que $\lim\limits_{(r,h)\to(r_0,h_0)} V(r,h) = V(r_0,h_0)$.

Definição 2.8 Tem-se que $\lim\limits_{(r,h)\to(r_0,h_0)} V(r,h) = V(r_0,h_0)$ se, dado $\varepsilon > 0$, existe $\delta > 0$ tal que

$$|r - r_0| < \delta \text{ e } |h - h_0| < \delta \Longrightarrow |V(r,h) - V(r_0,h_0)| < \varepsilon$$

Agora fica mais claro que a definição de limite é praticamente a mesma em uma, duas ou mais variáveis. Em qualquer caso, dada uma margem de tolerância ε na imagem, deve-se determinar uma margem de segurança δ no domínio de modo que, se todas as variáveis estiverem dentro da margem de segurança, então a margem de tolerância será atendida.

A semelhança entre os casos de uma ou mais variáveis pode ser melhor percebida se for introduzida a distância entre os pontos $P = (r,h)$ e $P_0 = (r_0,h_0)$.

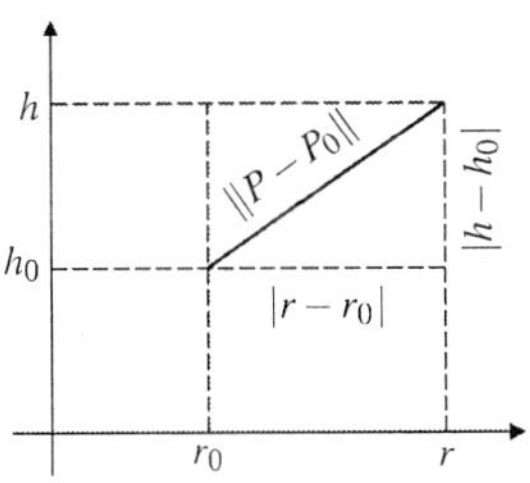

De fato, como

$$||P - P_0|| = \sqrt{|r - r_0|^2 + |h - h_0|^2} \quad (2.11)$$

tem-se que $||P - P_0||$ é pequeno se, e somente se, $|r - r_0|$ e $|h - h_0|$ são pequenos. Usando esse fato, segue-se que a **Definição 2.8** é equivalente a

Definição 2.9 Tem-se que $\lim_{P\to P_0} V(P) = V(P_0)$ se, dado $\varepsilon > 0$, existe $\delta > 0$ tal que

$$||P - P_0|| < \delta \Longrightarrow |V(P) - V(P_0)| < \varepsilon$$

Agora sim, comparando-se as definições 2.7 e 2.9, percebe-se que, conceitualmente, elas são as mesmas. A diferença é apenas em relação à distância, igual ao módulo $|r - r_0|$ no caso de uma variável e igual à norma $||P - P_0||$ no caso de duas variáveis. É claro que a definição será a mesma no caso de três ou mais variáveis, e não será necessário aprender nada de novo.

O próximo exemplo usa limites para estudar o comportamento de uma função na vizinhança de um ponto que não está no domínio.

■ **Exemplo 2.5** Decida quanto à existência do limite $\lim_{P\to P_0} f(P)$ no caso em que $P_0 = (0,0)$ e $f(x,y) = \dfrac{3x^3}{x^2+2y^2}$ está definida no domínio $D = \mathbb{R}^2 \setminus \{P_0\}$ ($\mathbb{R}^2$ menos o ponto P_0). ■

Solução. A dificuldade é que, à medida que (x,y) se aproxima de $(0,0)$, o denominador se aproxima de zero e a função poderia tornar-se ilimitada.

Uma forma de descobrir o comportamento da função é estudá-la ao longo de retas que passam por P_0. Por exemplo, ao longo do eixo $\mathscr{O}x$, a função é $f(x,0) = 3x^3/x^2 = 3x$, e, portanto, $f(x,0) \to 0$ quando $x \to 0$. Analogamente ao longo do eixo $\mathscr{O}y$. Também ao longo das retas $y = mx$, com $m \in \mathbb{R}$, tem-se que $f(x,mx) = 3x/(1+2m^2) \to 0$ quando $x \to 0$.

Esse comportamento sugere que $\lim_{P\to P_0} f(P) = 0$. E, de fato, tem-se que

$$|f(P) - 0| = \left|\frac{3x^3}{x^2+2y^2} - 0\right| = 3|x|\frac{x^2}{x^2+2y^2} \le 3|x| \tag{2.12}$$

pois $\frac{x^2}{x^2+2y^2} \le 1$. Mais ainda, como $|x| \le \sqrt{x^2+y^2} = \|P\| = \|P - P_0\|$, da desigualdade acima segue-se que

$$|f(P) - 0| \le 3|x| \le 3\|P - P_0\| \tag{2.13}$$

Logo, dado $\varepsilon > 0$, basta escolher $\delta = \varepsilon/3$ para se ter

$$P \in D \text{ e } \|P - P_0\| < \delta \Longrightarrow |f(P) - 0| \le 3\|P - P_0\| < \varepsilon$$

De acordo com a **Definição 2.9** isso mostra que $\lim_{P\to P_0} f(P) = 0$. A figura ao lado ilustra o gráfico da função. □

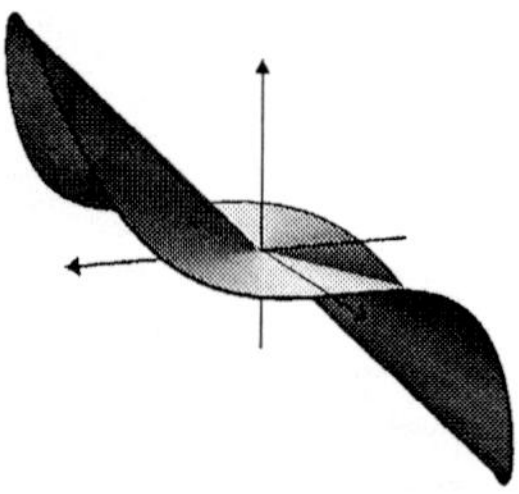

■ **Exemplo 2.6** Decida quanto à existência do limite $\lim_{P\to P_0} f(P)$ no caso em que $P_0 = (0,0)$ e a função é $f(x,y) = \dfrac{-xy}{x^2+y^2}$ definida em $D = \mathbb{R}^2 \setminus \{P_0\}$. ■

Solução. Observe que a função é identicamente nula tanto ao longo do eixo $\mathscr{O}x$ quanto do eixo $\mathscr{O}y$, uma vez que $f(x,0) = f(0,y) = 0$ para quaisquer $x \neq 0$ e $y \neq 0$. Assim, para que exista o limite, o valor de $f(x,y)$ deve estar próximo de 0 para todos os pontos (x,y) próximos de $(0,0)$.

Mas, ao longo da reta $y = x$, a função é constante e igual a $f(x,x) = -1/2$. Isso significa que existem pontos tão próximos de $(0,0)$ quanto se queira nos quais a função fica longe de 0, e a conclusão é que o limite não existe!

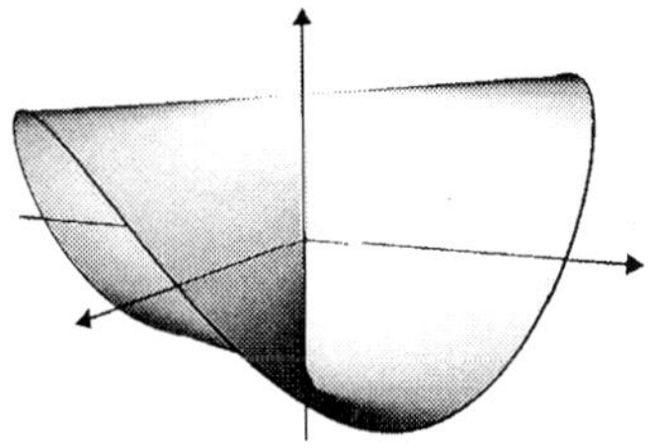

Em geral, ao longo da reta $y = mx$, a função é constante e igual a $f(x,mx) = -m/2$.

Como esse valor depende da inclinação m da reta, segue-se que não existe $\lim_{P\to P_0} f(P)$. Esse comportamento pode ser percebido no gráfico da função, ilustrado acima. □

O que de fato foi usado no **Exemplo 2.6** é o seguinte: ao longo de retas distintas, a função tem limites distintos, e, portando, não existe o limite $\lim_{P\to P_0} f(P)$. É claro que esse critério pode ser usado em outros exemplos, e não é necessário que sejam retas, podendo ser escolhidos quaisquer dois caminhos que passam pelo ponto P_0. Isso fornece um critério para a não existência do limite.

Regra dos dois caminhos: Se, ao longo de dois caminhos distintos que passam por P_0, a função f tem limites distintos, então não existe o limite $\lim_{P\to P_0} f(P)$.

Em geral, no estudo de um limite $\lim_{P\to P_0} f(P)$, o primeiro passo é estudar a função ao longo de retas que passam por P_0. Se $P_0 = (x_0, y_0)$, essas retas são da forma $y = y_0 + m(x - x_0)$, e deve-se estudar se existem os limites em uma variável $\lim_{x\to x_0} f(x, y_0 + m(x - x_0))$. Se um desses limites não existe, ou se existem mas dependem da inclinação m da reta, então não existe o limite $\lim_{P\to P_0} f(P)$. Caso todos esses limites existam e sejam todos iguais, vale tentar outros caminhos, como parábolas, raízes, ou outros quaisquer caminhos. Se forem encontrados dois caminhos com limites distintos, então o limite $\lim_{P\to P_0} f(P)$ não existe.

Mas, atenção: se, ao longo de todos os caminhos tentados, os limites existem e são iguais, isso *não* significa que o limite $\lim_{P\to P_0} f(P)$ exista. De fato, sempre se pode escolher um caminho diferente dos já tentados e, ao longo do qual, a função pode ter limite diferente. Esta situação está ilustrada abaixo.

■ **Exemplo 2.7** Decida quanto à existência do limite $\lim_{P\to P_0} f(P)$ no caso em que $P_0 = (0,0)$ e a função é $f(x,y) = \dfrac{2x^2y}{x^4+y^2}$ definida em $D = \mathbb{R}^2\backslash\{P_0\}$. ■

Solução. Tem-se que $f(x,0) = f(0,y) = 0$ para quaisquer $x \neq 0$ e $y \neq 0$, e, portanto, a função se anula ao longo dos eixos. Também ao longo das retas $y = mx$ tem-se que

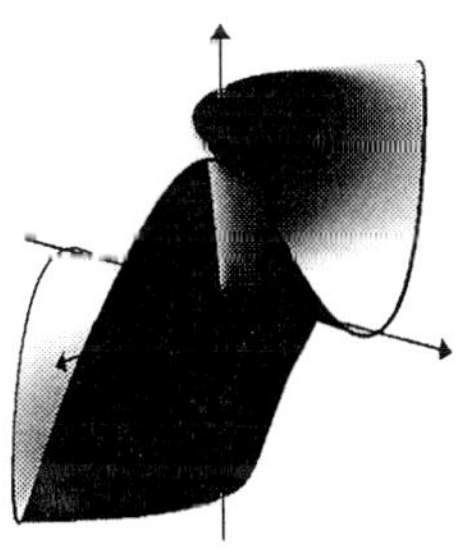

$$\lim_{x\to 0} f(x,mx) = \lim_{x\to 0} \frac{2x^2(mx)}{x^4+(mx)^2} = \lim_{x\to 0} \frac{2mx}{x^2+m^2} = 0.$$

Assim, ao longo de todas as retas, o limite existe e é igual a zero.

Mas não se pode concluir daí que o limite exista! De fato, ao longo da parábola $y = x^2$, tem-se que (ver o gráfico acima)

$$\lim_{x\to 0} f(x,x^2) = \lim_{x\to 0} \frac{2x^2(x)^2}{x^4+(x^2)^2} = 1.$$

Da regra dos dois caminhos segue-se então que não existe $\lim_{P\to P_0} f(P)$. □

De uma maneira geral, estudar a função ao longo de caminhos, usando o limite em uma variável, é importante para mostrar que o limite não existe, como na regra dos dois caminhos.

No entanto, estudar a função ao longo de caminhos não ajuda muito para mostrar que o limite existe. Pode acontecer de o limite ser igual ao longo de vários caminhos, e parecer que o limite em duas variáveis existe. No entanto, como não se conhecem "todos" os caminhos, pode existir algum outro caminho em que o limite é diferente! Assim, para mostrar que o limite existe, deve-se usar a definição. Pode-se ainda usar as propriedades do limite, como indicado na próxima seção.

Limite e continuidade

Por séculos, desde a Grecia Antiga (450 a.C.), a noção de limite foi confundida com ideias vagas sobre quantidades infinitamente grandes ou pequenas. Foi só recentemente que Weierstrass (1815–1897) propôs a noção moderna de limite que, em vista do desafio histórico, é uma solução extremamente simples. No entanto, como não podia deixar de ser, é também extremamente sofisticada e, em um primeiro momento, difícil de perceber toda a sua importância.

Limites

A definição de Weierstrass ficou conhecida como a tecnologia dos $\varepsilon's$ & $\delta's$, e não é difícil perceber por quê. Veja a definição a seguir.

Definição 2.10 Sejam $f\colon D \to \mathbb{R}$ e $P_0 \in \mathbb{R}^2$ um ponto dado. Tem-se que $\lim_{P\to P_0} f(P) = L$ se, dado $\varepsilon > 0$ qualquer, existe $\delta > 0$ tal que

$$P \in D \ \text{ e } \ 0 < \|P - P_0\| < \delta \Longrightarrow |f(P) - L| < \varepsilon$$

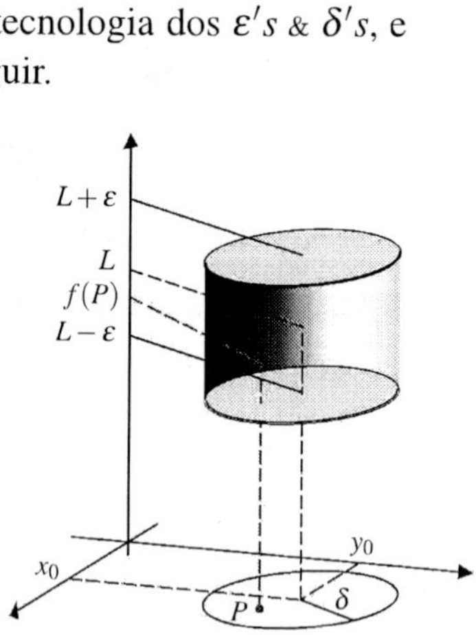

Em palavras, dada a margem de tolerância $\varepsilon > 0$, deve existir uma margem de segurança $\delta > 0$ com a propriedade de que, se o ponto P estiver dentro da margem de segurança ($P \in B(P_0, \delta)$, com $P \neq P_0$), então a imagem $f(P)$ está dentro da margem de tolerância ($|f(P) - L| < \varepsilon$).

Nesse caso, restringindo o domínio à bola $B(P_0, \delta)$ menos o ponto P_0, o gráfico da função deve estar no cilindro ilustrado na figura acima.

O impressionante é que essa definição seja o esteio fundamental de todo o Cálculo. Desde a continuidade, passando pela diferenciabilidade e integração, e chegando até à convergência de séries, essa definição é "a" ideia central.

Para se avaliar a sua importância, considere o seguinte problema. Suponha que f e g sejam funções tais que, à medida que P se aproxima de P_0, $f(P)$ se aproxima de L e $g(P)$ se aproxima de M. Então, é intuitivo que $f(P)+g(P)$ se aproxima de $L+M$. É intuitivo, mas pode-se fazer uma demonstração desse fato sem usar a intuição? A resposta é sim, desde que se use a definição de limite de Weierstrass!

■ **Exemplo 2.8** Use a definição para mostre que, se $\lim_{P\to P_0} f(P) = L$ e $\lim_{P\to P_0} g(P) = M$, então $\lim_{P\to P_0}[f(P)+g(P)] = L+M$. ■

Solução. Deve-se mostrar que, dado $\varepsilon > 0$, existe $\delta > 0$ tal que

$$0 < \|P-P_0\| < \delta \Longrightarrow |[f(P)+g(P)]-[L+M]| < \varepsilon \tag{2.14}$$

A observação importante é que

$$|(f(P)+g(P))-(L+M)| = |(f(P)-L)+(g(P)-M)| \leq |f(P)-L|+|g(P)-M|$$

Logo, para que o lado esquerdo acima seja pequeno, basta que o lado direito seja também pequeno. Mas o lado direito está relacionado com as hipóteses de que os limites de f e g existam separadamente. Com efeito, dessas hipóteses, dado $\varepsilon/2$ existem δ_1 e δ_2 tais que

$$0 < \|P-P_0\| < \delta_1 \Longrightarrow |f(P)-L| < \frac{\varepsilon}{2} \quad \text{e} \quad 0 < \|P-P_0\| < \delta_2 \Longrightarrow |g(P)-L| < \frac{\varepsilon}{2}$$

Basta agora escolher δ como sendo o menor entre δ_1 e δ_2. Isso porque, nesse caso, se $0 < \|P-P_0\| < \delta$, então $0 < \|P-P_0\| < \delta_1$ e $0 < \|P-P_0\| < \delta_2$, e, portanto, $|f(P)-L| < \varepsilon/2$ e $|g(P)-M| < \varepsilon/2$. Daí se segue que

$$\begin{aligned} 0 < \|P-P_0\| < \delta \Longrightarrow |(f(P)+g(P))-(L+M)| &< |f(P)-L|+|g(P)-M| \\ &< \frac{\varepsilon}{2}+\frac{\varepsilon}{2} = \varepsilon \end{aligned}$$

Isso mostra que, dado $\varepsilon > 0$, existe δ satisfazendo a **Definição 2.10**, e, portanto, o limite da soma é mesmo a soma dos limites. □

Apesar de simples, esse exemplo ilustra a possibilidade de se fazer demonstrações sem a intuição. E é claro que, em situações mais complexas, essa possibilidade faz toda a diferença! Com ideias semelhantes pode-se demostrar as outras propriedades enunciadas a seguir.

Propriedades do limite: Suponha que $\lim_{P\to P_0} f(P) = L$ e $\lim_{P\to P_0} g(P) = M$. Então

i) $\lim_{P\to P_0} [f(P)+g(P)] = L+M$;

ii) $\lim_{P\to P_0} f(P)g(P) = LM$;

iii) $\lim_{P\to P_0} \dfrac{1}{f(P)} = \dfrac{1}{L}$ se $L \neq 0$.

Essas propriedades podem ser usadas se o limite poder ser decomposto na soma, produto ou quocientes de limites mais simples, como a seguir.

▪ **Exemplo 2.9** Decida quanto à existência do $\lim_{P\to P_0} h(P)$ no caso em que $P_0 = (2,1)$ e a função é $h(x,y) = \dfrac{3x^3}{x^2+2y^2}$ definida em $D = \mathbb{R}^2 \setminus \{(0,0)\}$. ▪

Solução. A função h é um quociente entre dois polinômios, cada um deles sendo a soma e o produto de funções ainda mais simples. Por exemplo, a função $(x,y) \mapsto 3x^3$ pode ser decomposta no produto $3x^3 = (3x)(x)(x)$, com fatores fáceis de se estudar. Assim, pode-se usar a definição para mostrar que $\lim_{P\to P_0} 3x = 6$. De fato,

$$|3x-6| = 3|x-2| = 3\sqrt{(x-2)^2} \leq 3\sqrt{(x-2)^2+(y-1)^2} = 3\|P-P_0\|.$$

Logo, dado $\varepsilon > 0$, basta escolher $\delta = \varepsilon/3$ para se ter que

$$0 < \|P-P_0\| < \delta \Longrightarrow |3x-6| \leq 3\|P-P_0\| < \varepsilon.$$

Isso mostra que $\lim_{P\to P_0} 3x = 6$, como foi dito.

Analogamente mostra-se que $\lim_{P\to P_0} x = 2$. Desses limites e da propriedade *ii*), segue-se que

$$\lim_{P\to P_0} (3x)(x)(x) = (6)(2)(2) = 24.$$

Usando os mesmos argumentos para a função $(x,y) \mapsto x^2+2y^2$, segue-se que

$$\lim_{P\to P_0} (x^2+2y^2) = \lim_{P\to P_0} x^2 + \lim_{P\to P_0} 2y^2 = (2)(2)+2(1)(1) = 6.$$

Finalmente, usando as propriedades *ii*) e *iii*), segue-se que

$$\lim_{P\to P_0} h(P) = \lim_{P\to P_0} \frac{3x^3}{x^2+2y^2} = \frac{24}{6} = 4.$$

□

Continuidade

O limite acima coincide com o valor da função no ponto P_0, uma vez que

$$h(P_0) = h(2,1) = \frac{3 \cdot 2^3}{2^2 + 2 \cdot 1^2} = \frac{24}{6} = 4$$

Essa propriedade, de que o limite coincide com o valor da função no ponto, é dita continuidade da função, de acordo com a definição a seguir.

Definição 2.11 A função $f\colon D \to \mathbb{R}$ é contínua em $P_0 \in D$ se $\lim_{P\to P_0} f(P) = f(P_0)$. Se for contínua em todos os pontos de D, a função é dita contínua em D.

A continuidade é um dos conceitos fundamentais do Cálculo e está intimamente ligada aos problemas de otimização, como se verá logo a seguir.

Da definição de continuidade e das propriedades do limite, segue-se que a soma e o produto de funções contínuas são contínuos. Por exemplo, todo polinômio em duas variáveis dá origem a uma função contínua em todos os pontos do $\mathbb{R}^2$. Também o quociente de funções contínuas é contínuo nos pontos em que o denominador não se anula. Nos pontos em que o denominador se anula, o quociente pode ou não ser contínuo, como ilustrado a seguir.

■ **Exemplo 2.10** Determine os pontos de continuidade de $h\colon \mathbb{R}^2 \to \mathbb{R}$ dada por

$$h(x,y) = \begin{cases} \dfrac{3x^3}{x^2+2y^2} & \text{se } (x,y) \neq (0,0) \\ 0 & \text{se } (x,y) = (0,0). \end{cases}$$

■

Solução. A menos da origem $\mathscr{O} = (0,0)$, essa é a mesma função estudada no exemplo anterior. Assim, de maneira análoga ao que já foi feito, mostra-se que, se $P_0 = (x_0, y_0) \neq \mathscr{O}$, então

$$\lim_{P\to P_0} h(P) = \frac{3x_0^3}{x_0^2 + 2y_0^2} = h(P_0)$$

e a função é contínua nesses pontos.

Na origem, foi visto no **Exemplo 2.5** da seção anterior que $\lim_{P\to\mathscr{O}} h(P) = 0$. Como $h(\mathscr{O}) = 0$, segue-se que a função é também contínua nesse ponto. Assim, a função é contínua em todos os pontos do seu domínio. □

Nesse exemplo, se fosse escolhido um valor $h(\mathscr{O}) \neq 0$, então existiria o limite $\lim_{P\to\mathscr{O}} h(P)$, mas a função não seria contínua nesse ponto. Pode acontecer também de o limite não existir, como no caso da função

$$h(x,y) = \begin{cases} \dfrac{2x^2y}{x^4+y^2} & \text{se } (x,y) \neq (0,0) \\ 0 & \text{se } (x,y) = (0,0). \end{cases}$$

Nesse caso, como visto no **Exemplo 2.7** da seção anterior, não existe o limite $\lim_{P\to\mathcal{O}} h(P)$, e, portanto, a função não é contínua nesse ponto. Aqui, o valor de $h(\mathcal{O}) = 0$ não é importante: a função continuaria a ser descontínua nesse ponto qualquer que fosse a escolha de $h(\mathcal{O})$.

Continuidade e otimização

Um problema interessante de otimização consiste em determinar o maior valor assumido por uma dada função $f\colon D \to \mathbb{R}$. Dito de outra forma, deve-se obter um ponto $P_0 \in D$ com a propriedade de que $f(P) \leq f(P_0)$ para todo $P \in D$. Um ponto assim é dito ponto de máximo absoluto.

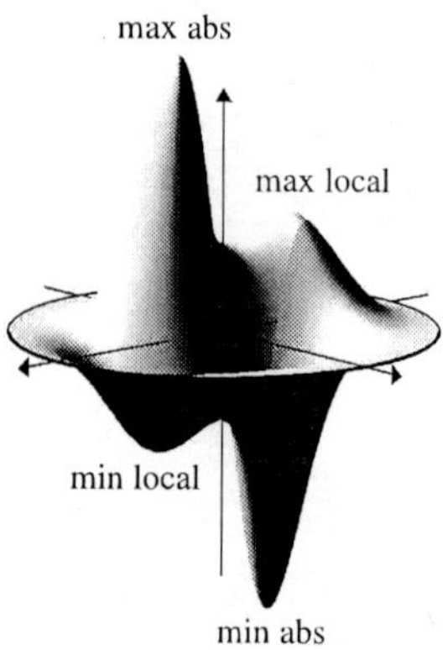

Outros pontos de interesse são os de máximo local, que são aqueles pontos P_0 em que a função assume o maior valor entre todos os pontos P próximos a P_0. Assim, P_0 é ponto de máximo local se existe $\delta > 0$ com a propriedade de que $f(P) \leq f(P_0)$ para todo $P \in D \cap B(P_0, \delta)$.

Analogamente se definem pontos de mínimo absoluto e de mínimo local. Por exemplo, um ponto $P_1 \in D$ é de mínimo absoluto se $f(P_1) \leq f(P)$ para todo $P \in D$. Já o ponto P_1 é de mínimo local se, para algum $\delta > 0$, tem-se que $f(P_1) \leq f(P)$ para todo $P \in D \cap B(P_0, \delta)$. Veja a figura ao lado.

Esses pontos especiais podem ou não existir, dependendo tanto da função quanto de seu domínio. Veja os exemplos a seguir.

A função $f\colon \mathbb{R}^2 \to \mathbb{R}$ dada por $f(x,y) = x^2 + y^2$ não tem máximo absoluto. Isso porque podem ser escolhidos pontos $P \in \mathbb{R}^2$ tão afastados da origem quanto se queira, e, portanto, $f(P) = \|P\|^2$ pode ser tornado tão grande quanto se queira. Isso mostra que, se o domínio for ilimitado, a função pode não ter máximo absoluto. Veja o gráfico ao lado.

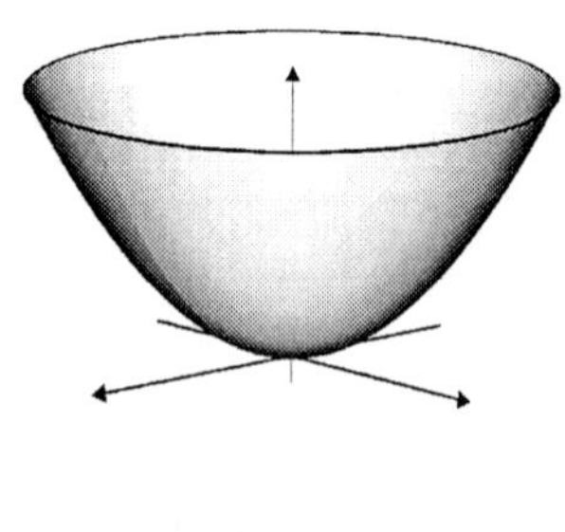

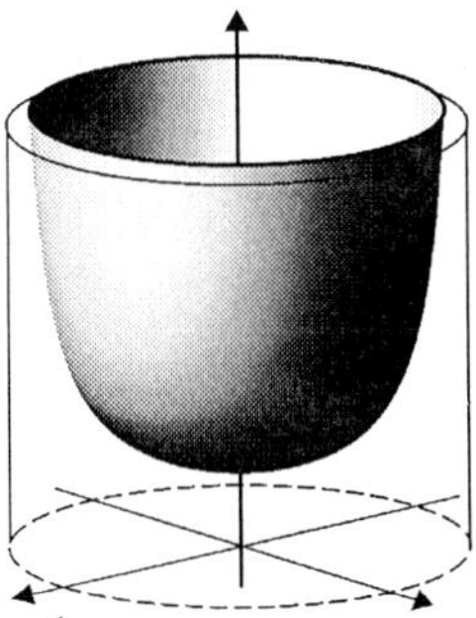

Mesmo se limitado, o ponto de máximo pode não existir se o domínio não for fechado. É o caso da função

$$g(P) = \frac{1}{1 - \|P\|^2}$$

definida em $D = \{P \in \mathbb{R}^2; \|P\| < 1\}$. Veja gráfico ao lado. É claro que o domínio é limitado, mas podem ser tomados pontos $P \in D$ com $1 - \|P\|^2$ tão próximo de zero quanto se queira, e, portanto, $g(P) = \frac{1}{1-\|P\|^2}$ pode ser tornado tão grande quanto se queira.

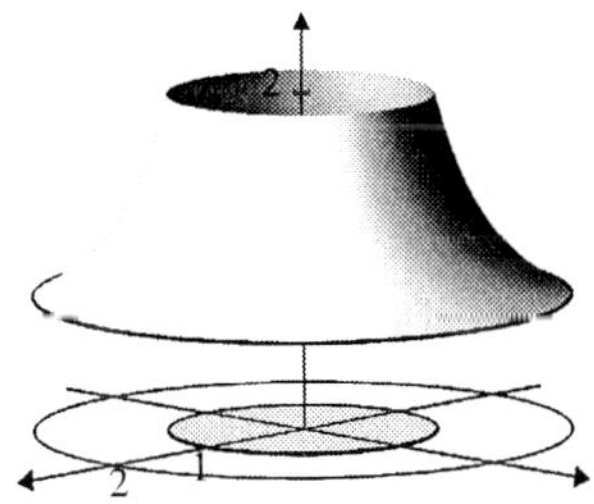

Outra questão importante para a otimização é a continuidade. Mesmo que o domínio seja fechado e limitado, o ponto de máximo pode não existir se a função não for contínua. Por exemplo, no domínio $D = \{P \in \mathbb{R}^2; \|P\| \leq 2\}$, que é fechado e limitado, a função

$$h(P) = \begin{cases} 0 & \text{se } \|P\| \leq 1 \\ \dfrac{2}{\|P\|^2} & \text{se } 1 < \|P\| \leq 2. \end{cases}$$

não tem ponto de máximo absoluto (ver gráfico acima). De fato, tem-se que $h(P) \leq 2$ e, escolhendo-se $1 < \|P\| \approx 1$, obtém-se que a função assume valores tão próximos de 2 quanto se queira. Mas não existe $P_0 \in D$ com a propriedade de que $h(P_0) = 2$, e portanto a função não possui ponto de máximo absoluto. É claro aqui que o problema é a falta de continuidade da função.

Pode-se mostrar, entretanto, que, se uma função não tem ponto de máximo absoluto, então ocorre um dos motivos mencionados acima, isto é, o domínio não é limitado ou não é fechado, ou então a função não é contínua em seu domínio. Esse é o conteúdo do surpreendente

Teorema 2.1 Suponha $D \subset \mathbb{R}^2$ fechado e limitado e $f: D \to \mathbb{R}$ uma função contínua. Então existem P_0 e P_1 em D tais que

$$f(P_1) \leq f(P) \leq f(P_0) \quad \text{para todo } P \in D.$$

É difícil imaginar a variedade de situações possíveis para as funções de duas variáveis. Além da diversidade de relações entre o ponto e imagem, deve-se considerar que os domínios podem assumir as mais variadas formas. No entanto, quaisquer que sejam os casos, apenas as três condições acima (domínio fechado e limitado e função contínua) são suficientes para assegurar a existência tanto de máximo como de mínimo absolutos. Esse é mesmo um resultado surpreendente, e ponto de partida de uma grande área da Matemática conhecida como Cálculo das Variações.

Resta ainda um porém. Com as hipóteses do teorema, ele garante a existência de máximos e mínimos absolutos, mas não faz referência em como encontrar esses pontos! Nesse sentido ele não é um resultado construtivo. Isso se deve à forma com que o teorema é demonstrado, por *reductio ad absurdum* (redução ao absurdo): supõe-se que o máximo ou o mínimo não existam, e chega-se a um absurdo. Conclui-se assim que tanto o máximo como o mínimo existem, mas é claro que não se tem a menor ideia de onde eles podem estar.

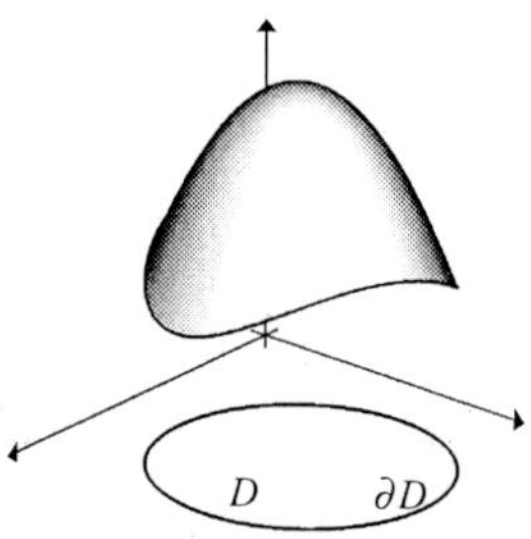

Por exemplo, a função cujo gráfico está ilustrado ao lado está definida em um conjunto fechado e limitado, e é também contínua. Logo, de acordo com o teorema, ela tem um ponto de máximo e um ponto de mínimo absolutos. Pelo gráfico, já se pode antecipar que o mínimo está na fronteira ∂D e o máximo está no interior do domínio D. Mas como encontrar as coordenadas precisas desses pontos?

Bem, esse é outro problema, que será resolvido por meio das derivadas parciais. E este é o assunto do próximo capítulo.

Exercícios

1) A figura abaixo ilustra o gráfico da pressão $P(t,v) = 10t/v$ de um gás em um recipiente de temperatura t e volume v, com $(t,v) \in (0,10) \times (0,10)$. Nesse caso, as curvas de nível de $P(t,v)$ são ditas isobáricas do gás; a função $g(t) = P(t,v_0)$ fornece a pressão a um volume constante v_0 e $h(v) = P(t_0,v)$ fornece a pressão a uma temperatura constante t_0. Julgue os itens a seguir.

C | E a) As curvas isobáricas do gás são segmentos de retas.

C | E b) À temperatura constante, a pressão é inversamente proporcional ao volume

C | E c) O gráfico da função $g(t)$ é um arco de hipérbole.

C | E d) Para $t_0 \in (0,10)$, existe o limite $\lim_{(t,v)\to(t_0,0)} P(t,v)$.

C | E e) Não existe o limite $\lim_{(t,v)\to(0,0)} P(t,v)$.

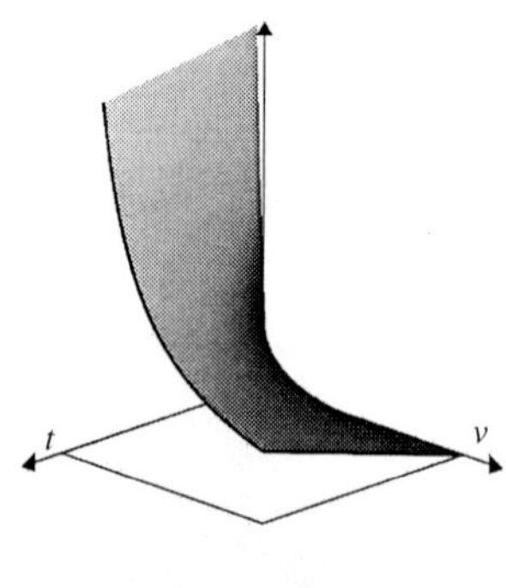

2) Indique por $P_0 = (0,0)$ a origem do plano $\mathcal{O}xy$ e por $P = (x,y)$ um ponto genérico. Indique ainda por $f\colon \mathbb{R}^2 \to \mathbb{R}$ a função $f(x,y) = \sqrt{|xy|}$, cujo gráfico está ilustrado abaixo.

a) Esboce as curvas de nível de f nos níveis 0, 1 e 2.

b) Esboce os gráficos das funções $g(x) = f(x,x)$ e $h(x) = f(x,-x)$.

c) Use a desigualdade $(|x| - |y|)^2 \geq 0$ para estimar o valor de $f(x,y)$ em termos da distância $\sqrt{x^2+y^2}$.

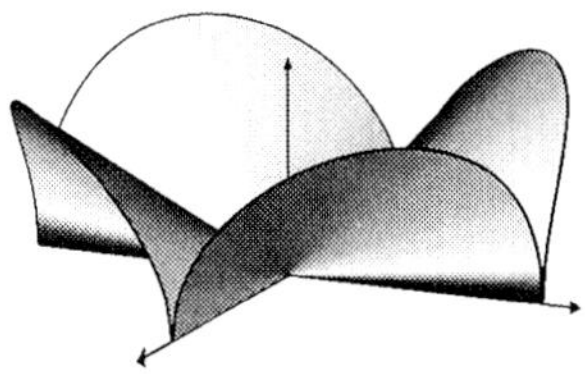

d) Enuncie a definição do limite $\lim_{P\to P_0} f(P) = L$.

e) Use os itens anteriores para verificar se f é contínua em P_0.

3) Suponha que a chapa $D = (0,\infty)\times(0,\infty)$ tenha temperatura dada pela funçao $T(x,y) = \frac{30}{\pi}\arctan(y/x)$. Nesse caso, o calor flui na direção e sentido do vetor $F(x,y) = (-T_x(x,y), -T_y(x,y))$, em que as derivadas parciais são dadas por $T_x(x,y) = \frac{30}{\pi}\frac{-y}{x^2+y^2}$ e $T_y(x,y) = \frac{30}{\pi}\frac{x}{x^2+y^2}$. A figura abaixo ilustra o campo F.

a) Para $y_0 > 0$, calcule $\lim_{(x,y)\to(0,y_0)} T(x,y)$ usando as propriedades do limite.

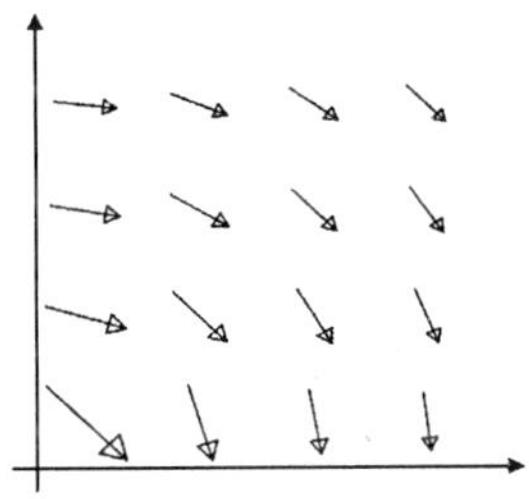

b) Esboce as curvas de nível (isotermas) de $T(x,y)$ nos níveis $30/6$ e $30/4$, identificando cada uma dessas curvas.

c) Justifique o fato de que não existe $\lim_{(x,y)\to(0,0)} T(x,y)$.

d) Determine o vetor unitário $U(x,y)$ na direção e sentido do fluxo do calor a partir do ponto (x,y). Em seguida, esboce o vetor $U(1,1)$.

e) Verifique que $U(x,y)$ é tangente ao círculo de centro na origem que passa por $(x,y) \in D$. Isso significa que não há fluxo de calor através desses círculos.

4) Suponha que a temperatura da chapa $D = \{(x,y) \in \mathbb{R}^2; x^2+y^2 < 1 \text{ e } y > 0\}$ seja dada por $T(x,y) = \frac{20}{\pi}\arctan\left(\frac{2y}{1-x^2-y^2}\right)$, cujo gráfico está ilustrado abaixo.

a) Verifique que as isotermas são arcos de círculos com centros no eixo $\mathcal{O}y$ e passam pelos pontos $(-1,0)$ e $(1,0)$.

b) Esboce a isoterma de temperatura igual a 5.

c) Use o item a) para verificar que não existe $\lim_{P \to (1,0)} T(P)$.

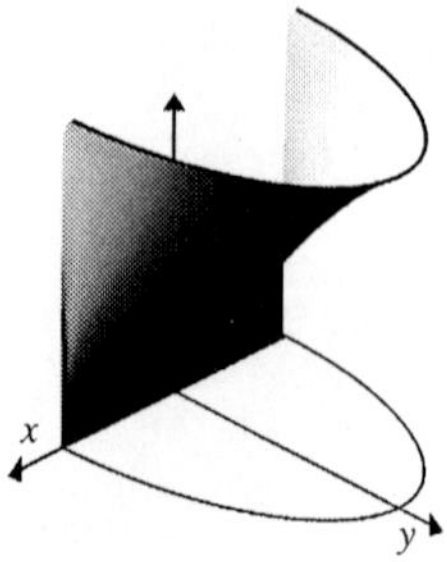

d) Use as propriedades do limite para decidir quanto à existência do limite $\lim_{P \to P_0} T(P)$ no caso em que $P_0 = (x_0, y_0)$ é tal que $x_0^2 + y_0^2 = 1$ e $y_0 > 0$.

e) Da mesma forma, estude a existência do limite $\lim_{P \to P_0} T(P)$ no caso em que $P_0 = (x_0, 0)$ e $|x_0| < 1$.

3. Diferenciabilidade

Derivadas parciais

Uma ideia importante no estudo de funções de várias variáveis é, a menos de uma, fixar todas as demais. Com isso, o estudo fica reduzido ao caso de uma variável, e é possível usar tudo o que já se sabe sobre derivada de funções de uma variável. É essa a ideia por trás das derivadas parciais.

Definição e interpretação geométrica

Sejam $f: D \to \mathbb{R}$ uma função e $P_0 = (x_0, y_0)$ um ponto interior a D, isto é, $B(P_0, \delta) \subset D$ para algum $\delta > 0$. Seja ainda $P(t) = P_0 + t(0,1) = (x_0, y_0 + t)$ uma parametrização da reta por P_0 e paralela ao eixo $\mathcal{O}y$. Como P_0 é interior, o ponto $P(t)$ está no domínio D se $|t|$ é pequeno, e fica definida a composta $f(P(t))$.

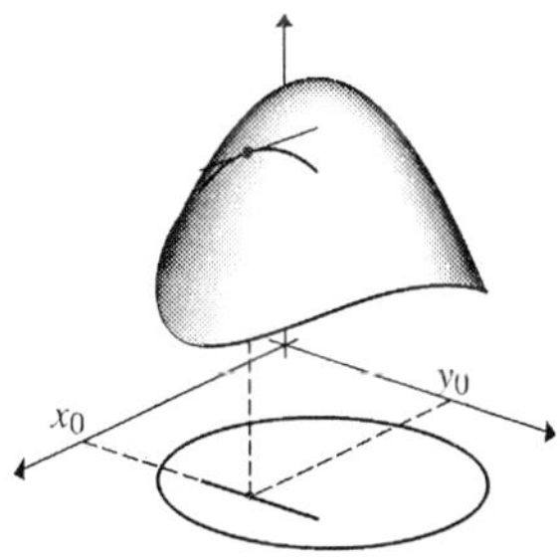

Essa composta é função de uma variável, e já se sabe como derivá-la, por exemplo. A figura ao lado ilustra a reta $P(t)$ (no plano $\mathcal{O}xy$) e o gráfico da função composta (curva acima da reta $P(t)$ contida no gráfico da f).

> **Definição 3.1** Caso exista, a derivada parcial de f em relação a y no ponto P_0 é dada por
>
> $$f_y(P_0) = \frac{d}{dt} f(P(t))\Big|_{t=0} = \lim_{t \to 0} \frac{f(x_0, y_0 + t) - f(x_0, y_0)}{t}$$

Assim, $f_y(P_0)$ é a inclinação da reta tangente ao gráfico de $f(P(t))$ no instante $t = 0$, e é claro que esse número é importante no estudo da função f.

Veja a figura acima. Podem ser usadas outras notações, como por exemplo

$$f_y(P_0) = \frac{\partial}{\partial y} f(P_0) = \partial_y f(P_0) = D_y f(P_0) = D_2 f(P_0)$$

Analogamente define-se a derivada parcial com respeito a x como sendo

$$f_x(P_0) = \lim_{t\to 0} \frac{f(x_0+t, y_0) - f(x_0, y_0)}{t}$$

e são usadas as notações $f_x(P_0) = \frac{\partial}{\partial x} f(P_0) = \partial_x f(P_0) = D_x f(P_0) = D_1 f(P_0)$.

■ **Exemplo 3.1** Calcule as derivadas parciais da função $f\colon \mathbb{R}^2 \to \mathbb{R}$ dada por $f(x,y) = x^2 + y^2$ em um ponto genérico $P_0 = (x_0, y_0)$. ■

Solução. Começando com a derivada parcial em relação a y, tem-se que

$$f_y(x_0,y_0) = \lim_{t\to 0} \frac{f(x_0, y_0+t) - f(x_0, y_0)}{t} = \lim_{t\to 0} \frac{x_0^2 + (y_0+t)^2 - x_0^2 - y_0^2}{t}$$

$$= \lim_{t\to 0} \frac{y_0^2 + 2y_0 t + t^2 - y_0^2}{t} = \lim_{t\to 0} \frac{2y_0 t + t^2}{t} = 2y_0$$

□

A interpretação geométrica desta derivada está ilustrada na figura abaixo, derivada que é negativa se $y_0 < 0$, é nula se $y_0 = 0$ e é positiva se $y_0 > 0$.

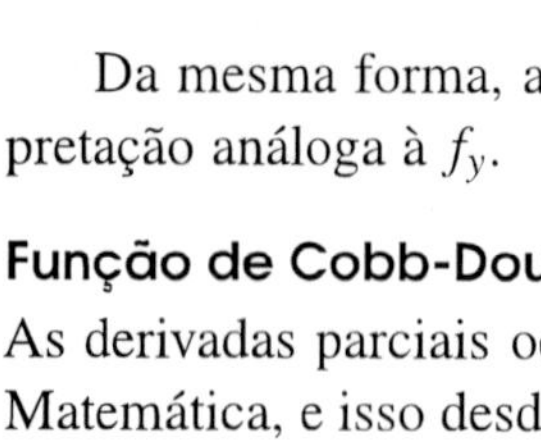

É claro que, em um ponto arbitrário $P = (x,y)$, a derivada é $f_y(P) = 2y$, valor obtido apenas derivando a expressão $f(x,y) = x^2 + y^2$ em relação a y (e mantendo x fixo). Essa é a ideia das derivadas parciais: são fáceis de calcular, por serem as derivadas ordinárias em uma variável.

Da mesma forma, a derivada com respeito a x é $f_x(x,y) = 2x$ e tem interpretação análoga à f_y.

Função de Cobb-Douglas

As derivadas parciais ocupam um lugar de destaque tanto na Física como na Matemática, e isso desde meados do século XVIII. Mais recentemente, muitas outras áreas têm buscado modelar seus problemas usando a Matemática, e fazem uso exaustivo das derivadas parciais. É o caso da Economia, com a função de produção de Cobb-Douglas. Charles Cobb e Paul Douglas usaram um modelo matemático para descrever o produto interno americano, e os resultados foram tão bons que o modelo passou a ser usado em muitas outras situações.

Para descrever o modelo, considere, primeiro, o caso em que a produção $g(x)$ de uma indústria seja função do número x de horas trabalhas. Em geral, em uma indústria, x assume valores muito grandes e, comparado com ele, o número 1 é próximo de zero. Assim

$$\frac{g(x+1)-g(x)}{1} \approx \lim_{t \to 0} \frac{g(x+t)-g(x)}{t} = g'(x) \tag{3.1}$$

De fato, os economistas assumem que $g(x+1)-g(x) = g'(x)$, o que fornece uma interpretação interessante para a derivada: é o aumento correspondente na produção caso o número de horas seja aumentado em uma unidade. Devido a essa interpretação, a derivada $g'(x)$ é conhecida como a produtividade marginal do trabalho. Os economistas estudam essa derivada para saber se vale a pena aumentar o número de horas trabalhadas em uma indústria.

Uma forma de estudar a produtividade marginal é compará-la com a produtividade média $g(x)/x$, que é o total da produção dividido pelo total de horas trabalhadas. No modelo proposto por Cobb-Douglas, uma quantidade é proporcional à outra, isto é, supõe-se que

$$g'(x) = \alpha \frac{g(x)}{x}. \tag{3.2}$$

Essa é uma maneira interessante de modelar problemas, por meio de equações diferenciais. No caso, por uma equação diferencial ordinária, pois é a derivada ordinária em relação a uma única variável. A equação (3.2) pode ser escrita na forma $g'(x)/g(x) = \alpha/x$, que, integrada, resulta em $\ln(g(x)) = \ln(x^{\alpha}) + k$. Finalmente, tomando a exponencial, obtém-se que

$$g(x) = Kx^{\alpha}$$

para alguma constante $K > 0$. Assim, como consequência do modelo proposto pela equação (3.2), a função $g(x)$ deve ser necessariamente da forma acima.

Mas por que essas observações estão relacionadas com funções de duas variáveis? Porque, em uma indústria, os gastos estão classificados segundo duas categorias: a quantidade x de trabalho e a quantidade y de capital usadas na produção. Nesse caso, a produção é uma função $f(x,y)$ de duas variáveis, e vale a interpretação feita acima, isto é:

i) $f_x(x,y) =$ produtividade marginal do trabalho;

ii) $f_y(x,y) =$ produtividade marginal do capital.

O modelo de Cobb-Douglas faz as mesmas hipóteses usadas acima, e isso em cada uma das variáveis separadamente. De fato, o modelo supõe que

$$f_x(x,y) = \alpha \frac{f(x,y)}{x} \quad \text{e} \quad f_y(x,y) = \beta \frac{f(x,y)}{y} \tag{3.3}$$

Estas são equações diferencias parciais, por envolverem as derivadas parciais. Entretanto, são equações muito simples e, comparando com o que se fez acima, não é difícil perceber que as soluções agora são da forma

$$f(x,y) = Kx^{\alpha}y^{\beta}$$

Esta é a função de Cobb-Douglas, que ilustra bem o uso das derivadas parciais em áreas distintas da Matemática e da Física. Essa função será estudada em detalhes no capítulo 5, em conexão com os multiplicadores de Lagrange.

Derivadas segundas

As derivadas parciais podem ou não existir. Por exemplo, a função $f(x,y) = \sqrt{x^2+y^2}$, definida em $\mathbb{R}^2$, tem derivadas parciais em $(x,y) \neq (0,0)$, onde

$$f_x(x,y) = \frac{x}{\sqrt{x^2+y^2}} \quad \text{e} \quad f_y(x,y) = \frac{y}{\sqrt{x^2+y^2}}.$$

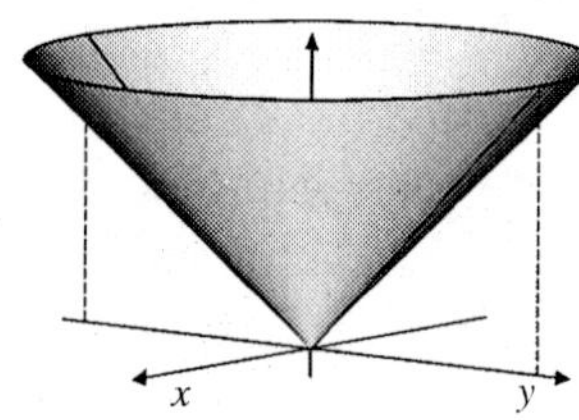

No entanto, na origem $(0,0)$, não existe o limite

$$\lim_{t\to 0} \frac{f(0,0+t)-f(0,0)}{t} = \lim_{t\to 0} \frac{|t|}{t}$$

e, portanto, a função não tem derivada parcial com respeito a y nesse ponto. Veja o grafico da função na figura acima.

Se $f\colon D \to \mathbb{R}$ tem derivada parcial com respeito a y em todos os pontos de D, então fica definida a função $f_y\colon D \to \mathbb{R}$. Nesse caso pode-se perguntar pelas derivadas parciais de f_y, ditas as derivadas parciais segundas. Essas derivadas são indicadas por $(f_y)_x = f_{yx}$ e $(f_y)_y = f_{yy}$. Analogamente para a derivada parcial f_x. A figura abaixo ilustra a relação entre essas derivadas.

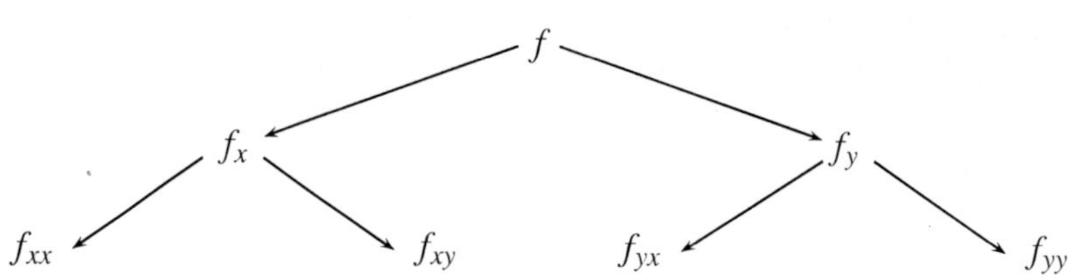

■ **Exemplo 3.2** Calcule as derivadas parciais segundas da função $f(x,y) = x^y$, com $x > 0$ e $y \in \mathbb{R}$. ■

Solução. A função pode ser escrita na forma $f(x,y) = \mathrm{e}^{y\ln(x)}$, com derivadas

$$f_x(x,y) = \mathrm{e}^{y\ln(x)}\frac{y}{x} = x^y\frac{y}{x} = yx^{y-1} \quad \text{e} \quad f_y(x,y) = \mathrm{e}^{y\ln(x)}\ln(x) = x^y\ln(x)$$

definidas para $x > 0$ e $y \in \mathbb{R}$. Pode-se então estudar as derivadas de f_x:

$$f_{xx}(x,y) = y(y-1)x^{y-2} \quad \text{e} \quad f_{xy}(x,y) = (y)_y x^{y-1} + y(x^{y-1})_y = x^{y-1} + yx^{y-1}\ln(x)$$

Já as derivadas de f_y são dadas por

$$f_{yx}(x,y) = (x^y)_x \ln(x) + x^y(\ln(x))_x = yx^{y-1}\ln(x) + x^{y-1}$$

$$f_{yy}(x,y) = (x^y)_y \ln(x) = x^y \ln^2(x) \qquad \square$$

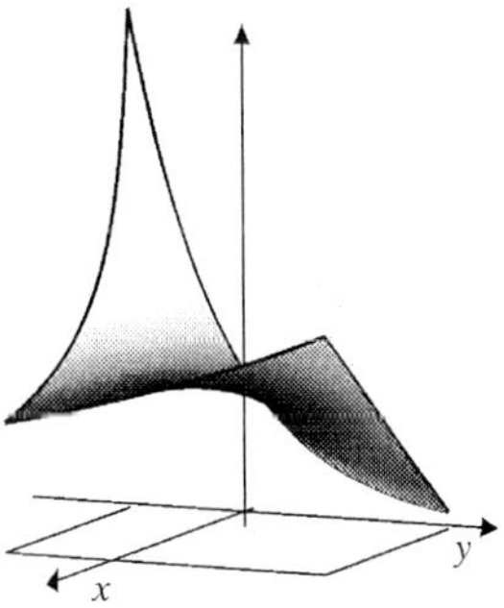

De acordo com o gráfico ao lado, a função $f(x,y) = x^y$ é bastante assimétrica em relação às variáveis x e y. No entanto, apesar dessa assimetria, parece curioso o fato de as derivadas parciais mistas coincidirem, isto é, que $f_{xy}(x,y) = f_{yx}(x,y)$. De acordo com o próximo teorema, cuja demonstração pode ser encontrada nos bons livros de Cálculo, isso não é uma coincidência, mas uma consequência da continuidade das derivadas.

Teorema 3.1 Sejam $f\colon D \to \mathbb{R}$ e $P_0 \in D$ um ponto tal que $B(P_0,\delta) \subset D$ para algum $\delta > 0$. Se as funções f_x, f_y e f_{xy} existem em $B(P_0,\delta)$ e, além disso, são funções *contínuas* nessa bola, então existe $f_{yx}(P_0)$ e $f_{yx}(P_0) = f_{xy}(P_0)$.

A igualdade entre as derivadas parciais mistas será muito usada a seguir. É necessário, entretanto, verificar com cuidado as hipóteses do teorema, pois existem casos em que essas derivadas não coincidem. Esse é o conteúdo do

■ **Exemplo 3.3** Seja $f\colon \mathbb{R}^2 \to \mathbb{R}$ dada por

$$f(x,y) = \begin{cases} \dfrac{xy(x^2-y^2)}{x^2+y^2} & \text{se } (x,y) \neq (0,0) \\ 0 & \text{se } (x,y) = (0,0). \end{cases}$$

a) Calcule $f_x(0,y)$ e $f_y(x,0)$ usando a definição de derivada parcial.

b) Use o item anterior para verificar que $f_{xy}(0,0) \neq f_{yx}(0,0)$ ■

Solução. *a)* Usando a definição, obtém-se que

$$f_x(0,y) = \lim_{t\to 0} \frac{f(0+t,y) - f(0,y)}{t} = \lim_{t\to 0} \frac{y(t^2-y^2)}{t^2+y^2} = -y$$

e

$$f_y(x,0) = \lim_{t\to 0} \frac{f(x,0+t)-f(x,0)}{t} = \lim_{t\to 0} \frac{x(x^2-t^2)}{x^2+t^2} = x$$

b) Usando o item anterior, segue-se que

$$f_{xy}(0,0) = \lim_{t\to 0} \frac{f_x(0,0+t)-f_x(0,0)}{t} = \lim_{t\to 0} \frac{-t}{t} = -1$$

e

$$f_{yx}(0,0) = \lim_{t\to 0} \frac{f_y(0+t,0)-f_y(0,0)}{t} = \lim_{t\to 0} \frac{t}{t} = 1$$

o que mostra que as derivadas parciais mistas são de fato distintas. □

O resultado desse exemplo pode ser explicado por meio dos gráficos das funções f, f_x e f_{xy}, ilustrados nas figuras abaixo. Dos gráficos percebe-se que as funções f e f_x são contínuas em toda uma vizinhança da origem. No entanto, a função f_{xy} apresenta uma forte descontinuidade na origem, e portanto a função f não satisfaz as hipóteses do **Teorema 3.1**.

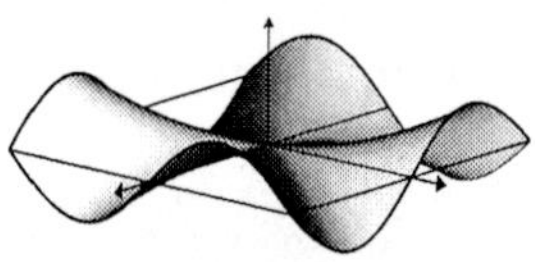

Gráfico de f

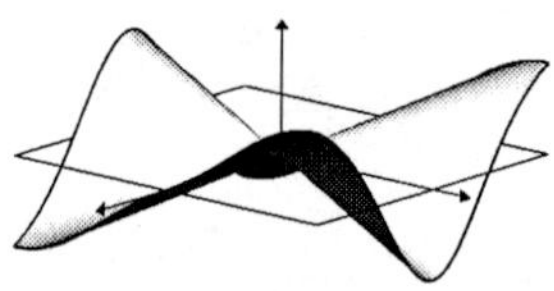

Gráfico de f_x

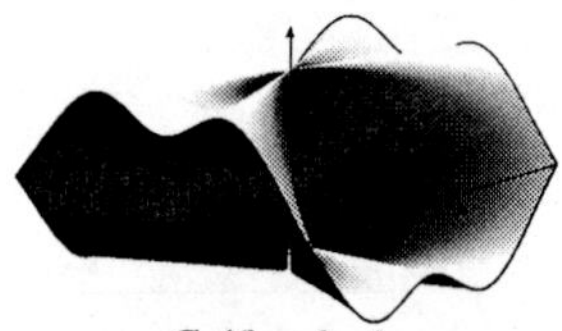

Gráfico de f_{xy}

Vale notar uma analogia curiosa entre os casos de uma e várias variáveis.

No caso de uma função de uma variável $g(x)$, os pontos críticos x_0 são aqueles para os quais $g'(x_0) = 0$. Além disso, esses pontos podem ser classificados como de mínimo ou máximo local de acordo com o sinal da derivada segunda: x_0 é de mínimo local se $g''(x_0) > 0$, e de máximo local se $g''(x_0) < 0$.

No caso de funções de duas variáveis $f(x,y)$, os pontos críticos (x_0,y_0) são aqueles para os quais $f_x(x_0,y_0) = f_y(x_0,y_0) = 0$. A pergunta natural agora é se as derivadas segundas podem ser usadas para classificar esses pontos como de mínimo ou de máximo local. Para isso, o primeiro passo é organizar as derivadas parciais de acordo com a matriz Hessiana

$$H_f(x,y) = \begin{bmatrix} f_{xx}(x,y) & f_{xy}(x,y) \\ f_{yx}(x,y) & f_{yy}(x,y) \end{bmatrix}$$

Nas hipóteses do teorema acima, essa matriz é simétrica, o que facilita muito o seu estudo. Por exemplo, sendo simétrica, ela certamente tem dois autovalores reais λ_1 e λ_2. Pode-se mostrar então o seguinte critério: o ponto crítico (x_0,y_0) é de mínimo local se $\lambda_1 > 0$ e $\lambda_2 > 0$, e de máximo local se $\lambda_1 < 0$ e $\lambda_2 < 0$. Esse fato é curioso por estabelecer um paralelo interessante entre os casos de funções de uma e de duas variáveis.

Diferenciabilidade

Já se conhece a importância de estudar a reta tangente ao gráfico de uma função de uma variável. O análogo dessa reta para funções de duas variáveis é o plano tangente. Para compreender bem o que significa esse plano, vale fazer uma leitura apropriada de como a reta tangente é obtida.

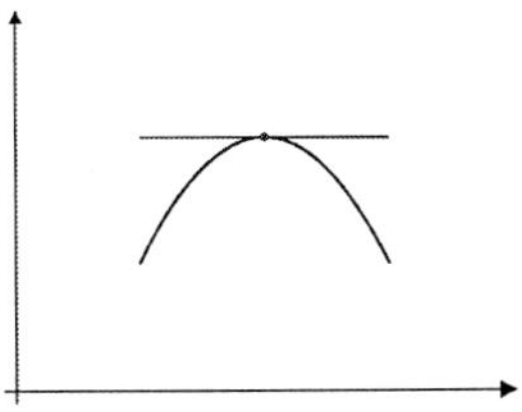 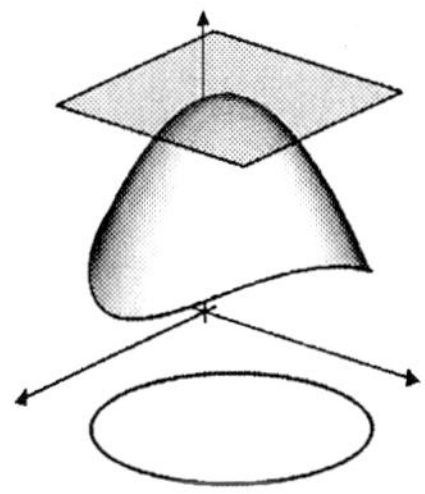

Lembrando: infinitésimos

Uma observação simples, mas importante, é que o quociente p/q é uma comparação de tamanho entre o número p relativamente ao número q. Por exemplo, os números $p = 2 \times 10^{-2}$ e $q = 10^{-2}$ são ambos pequenos se comparados com a unidade 1, e, no entanto, o quociente é $p/q = 2$ não é pequeno, isto é, p não é pequeno se comparado a q. Como outro exemplo, os números $p = 2 \times 10^{-5}$ e $q = 10^{-2}$ são pequenos se comparados com a unidade 1 e, além disso, p é muito menor do que q, uma vez que o quociente $p/q = 2 \times 10^{-3}$ é pequeno.

Esta observação sugere uma definição interessante. Suponha que se queira comparar o tamanho de duas funções $p(t)$ e $q(t)$, onde $q(t)$ é conhecida e se torna cada vez menor à medida que $t \to t_0$, isto é, $\lim_{t \to t_0} q(t) = 0$. Suponha ainda que exista o limite

$$\lim_{t \to t_0} \frac{p(t)}{q(t)} = l$$

Nesse caso, se $l \neq 0$, então $p(t) \approx lq(t)$ para valores de $t \approx t_0$. Assim, $p(t)$ e $q(t)$ são pequenos e comparáveis, uma vez que um é múltiplo do outro. Mas, se $l = 0$, além de $p(t)$ ser pequeno, ele é muito, muito menor do que $q(t)$: é infinitamente menor do que $q(t)$! Isso justifica a

Definição 3.2 Suponha que $\lim_{t \to t_0} q(t) = 0$. Se $p(t)$ é tal que

$$\lim_{t \to t_0} \frac{p(t)}{q(t)} = 0$$

então $p(t)$ é dito um infinitésimo em relação a $q(t)$ quando $t \to t_0$.

É uma definição simples, de fácil entendimento. E, no entanto, ela é a chave para se compreender o significado de diferenciabilidade, tanto em uma como em várias variáveis.

▪ **Exemplo 3.4** Suponha $t_0 \neq 0$ um número dado e seja $q(t) = t - t_0$. Verifique se as funções $p_1(t) = (t-t_0)^2$ e $p_2(t) = t^2 - t_0^2$ são infinitésimos em relação a $q(t)$ quanto $t \to t_0$. ▪

Solução. Começando com a função $p_1(t)$, tem-se que

$$\lim_{t\to t_0} \frac{p_1(t)}{q(t)} = \lim_{t\to t_0} \frac{(t-t_0)^2}{t-t_0} = \lim_{t\to t_0} t - t_0 = 0$$

e, portanto, $p_1(t)$ é um infinitésimo em relação a $q(t)$ quanto $t \to t_0$. Já em relação a $p_2(t)$, usando a decomposição $t^2 - t_0^2 = (t+t_0)(t-t_0)$, obtém-se que

$$\lim_{t\to t_0} \frac{p_2(t)}{q(t)} = \lim_{t\to t_0} \frac{t^2-t_0^2}{t-t_0} = \lim_{t\to t_0} t + t_0 = 2t_0 \neq 0$$

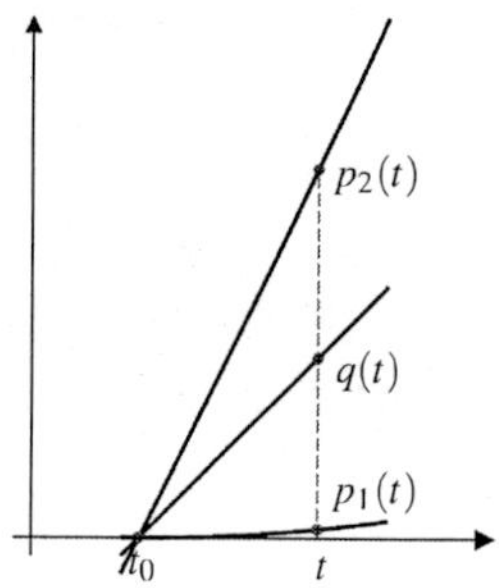

e assim $p_2(t)$ não é um infinitésimo em relação a $q(t)$ quanto $t \to t_0$.

A diferença entre as duas funções pode ser percebida por meio da figura ao lado, que ilustra os gráficos dessas funções para valores de t próximos a t_0. Apesar de p_2 ser pequeno, o seu tamanho é quase o dobro de q. Por outro lado, p_1 é também pequeno, mas é infinitamente menor do que q. □

Aprecie a importância dos infinitésimos na noção de derivada, a seguir!

Lembrando: diferenciabilidade em uma variável

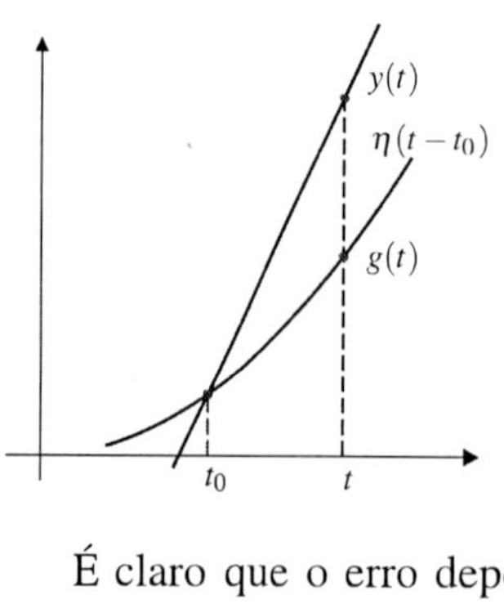

Sejam $I \subset \mathbb{R}$ um intervalo e $g\colon I \to \mathbb{R}$ uma função dada. Sejam ainda $t_0 \in I$ um ponto interior e $y(t) = g(t_0) + a(t-t_0)$ a equação da reta que passa por $(t_0, g(t_0))$ e tem inclinação a, conforme a figura. Caso a função $g(t)$ seja aproximada pela reta $y(t)$, então

$$\eta(t-t_0) = g(t) - y(t) = g(t) - [g(t_0) + a(t-t_0)]$$

é o erro nessa aproximação.

É claro que o erro depende da inclinação a, e uma forma de estimá-lo é comparar com a distância entre t e t_0. Comparando, obtém-se

$$\frac{|\eta(t-t_0)|}{|t-t_0|} = \left|\frac{g(t)-[g(t_0)+a(t-t_0)]}{t-t_0}\right| = \left|\frac{g(t)-g(t_0)}{t-t_0} - a\right|$$

Suponha agora $g(t)$ derivável e $y(t)$ a reta tangente, isto é, que $a = g'(t_0)$. Nesse caso, usando a definição de derivada, o erro $\eta(t-t_0)$ é tal que

$$\lim_{t\to t_0} \frac{|\eta(t-t_0)|}{|t-t_0|} = \lim_{t\to t_0} \left|\frac{g(t)-g(t_0)}{t-t_0} - g'(t_0)\right| = 0 \qquad (3.4)$$

Surpresa! Se for escolhida a reta tangente para aproximar a função, então o erro $\eta(t-t_0)$ é um infinitésimo em relação à distância $t-t_0$ quanto $t \to t_0$.

Além disso, o que é mais surpreendente, vale também a volta, no seguinte sentido: suponha que a reta $y(t) = g(t_0) + a(t-t_0)$ seja escolhida de modo que o erro $\eta(t-t_0) = g(t) - y(t)$ seja um infinitésimo em relação a $t - t_0$ quanto $t \to t_0$. Então, dos cálculos acima, tem-se que

$$\lim_{t\to t_0} \left|\frac{g(t)-g(t_0)}{t-t_0} - a\right| = \lim_{t\to t_0} \frac{|\eta(t-t_0)|}{|t-t_0|} = 0$$

Assim, $a = \lim_{t\to t_0} \frac{g(t)-g(t_0)}{t-t_0}$ é a derivada e $y(t) = g(t_0) + a(t-t_0)$ é a reta tangente. Logo, a reta tangente é a única que faz com que o erro seja um infinitésimo.

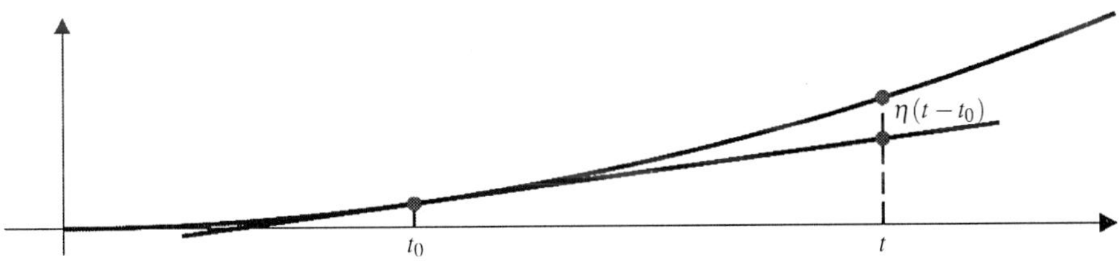

Resumindo, pode-se dizer o seguinte: a função $g(t)$ é derivável em t_0 se, e somente se, existe $a \in \mathbb{R}$ tal que o erro $\eta(t-t_0) = g(t) - [g(t_0) + a(t - t_0)]$ seja um infinitésimo em relação a $t - t_0$ quanto $t \to t_0$. Nesse caso a é necessariamente igual à derivada $g'(t_0)$.

O próximo exemplo ilustra essa caracterização da reta tangente.

■ **Exemplo 3.5** Verifique que $g(t) = t^2$, $t \in \mathbb{R}$, é derivável em $t_0 = 2$. ■

Solução. A equação da reta por $(t_0, g(t_0)) = (2,4)$ de inclinação a é $y(t) = 4 + a(t-2)$. Logo, o erro em se aproximar a função por essa reta é

$$\begin{aligned}\eta(t-2) &= g(t) - y(t) = t^2 - 4 - a(t-2) \\ &= (t+2)(t-2) - a(t-2) = (t-2)(t+2-a)\end{aligned}$$

Daí segue-se que $\frac{\eta(t-2)}{t-2} = t+2-a$. É claro agora que existe $a=4$ tal que o erro $\eta(t-t_0)$ é um infinitésimo em relação a $t-2$ quando $t \to 2$, isto é, tal que

$$\lim_{t\to 2} \frac{|\eta(t-2)|}{|t-2|} = \lim_{t\to 2} |t+2-4| = 0,$$

Assim, a função é derivável em $t_0 = 2$ e, claro, a derivada é $g'(2) = 4$. □

Diferenciabilidade em várias variáveis

A discussão no caso de uma variável é um ótimo modelo para se compreender o caso de duas variáveis. De fato, conceitualmente, os dois casos são idênticos!

As perguntas agora são as seguintes: dado um domínio $D \subset \mathbb{R}^2$, uma função $f\colon D \to \mathbb{R}$ e um ponto $P_0 = (x_0, y_0)$ interior a D, o que significa um plano ser tangente ao gráfico de f no ponto $(x_0, y_0, f(x_0, y_0))$? Uma vez respondida essa pergunta, como obter a equação desse plano?

Ora! Como no caso de uma variável, a ideia é aproximar a função por um plano, e isso de forma que o erro na aproximação seja o menor possível. A equação genérica de um plano por $(x_0, y_0, f(x_0, y_0))$ é da forma $z(x,y) = f(x_0,y_0) + a(x-x_0) + b(y-y_0)$, onde a e b são quaisquer dois números dados. Usando a notação $P = (x,y)$, se a função $f(P)$ for aproximada por esse plano, o erro $\eta(P-P_0)$ nessa aproximação é

$$\eta(P-P_0) = f(P) - z(P) = f(P) - [f(P_0) + a(x-x_0) + b(y-y_0)]$$

Do que já se sabe sobre infinitésimos, a próxima definição é bem natural. O nome *diferenciável* é usado para distinguir essa definição do caso em que a função é *derivável* (tem derivada parcial) em relação a uma de suas variáveis.

Definição 3.3 A função $f\colon D \to \mathbb{R}$ é diferenciável em um ponto $P_0 = (x_0, y_0)$ interior a D se existem a e b em $\mathbb{R}$ tais que o erro

$$\eta(P-P_0) = f(P) - [f(P_0) + a(x-x_0) + b(y-y_0)]$$

tem a propriedade de que $\lim_{P\to P_0} \dfrac{|\eta(P-P_0)|}{\|P-P_0\|} = 0$.

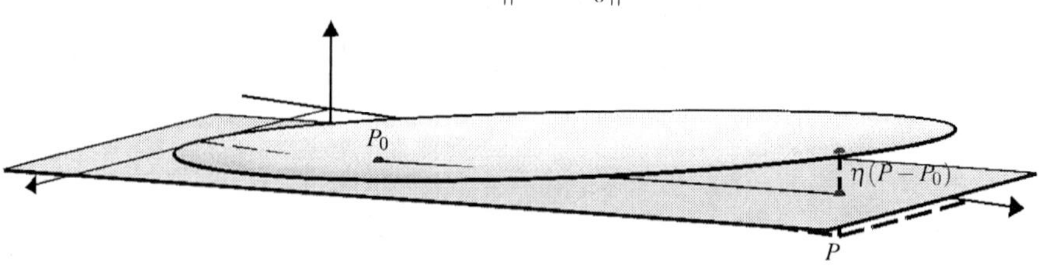

Se a função é diferenciável, então ela pode ser escrita na forma

$$f(P) = z(P) + \eta(P - P_0) = f(P_0) + a(x - x_0) + b(y - y_0) + \eta(P - P_0) \quad (3.5)$$

onde o erro é muito pequeno se comparado com a distância $||P - P_0||$. Nesse caso, o plano $z(P) = f(P_0) + a(x - x_0) + b(y - y_0)$ é uma boa aproximação para a função, e é dito o plano tangente ao gráfico de f no ponto $(x_0, y_0, f(x_0, y_0))$. O plano $z(P)$ é dito ainda a aproximação de primeira ordem de f no ponto P_0.

No caso de uma variável, para uma função ser diferenciável ela tem que ser contínua. De acordo com o próximo resultado, isso é também verdade para funções de duas variáveis.

Lema 3.1 Se f é diferenciável em P_0, então ela é contínua nesse ponto. ∎

Demonstração. Da equação (3.5) tem-se que $f(P) = z(P) + \eta(P - P_0)$, onde é claro que $\lim_{P \to P_0} z(P) = f(P_0)$. Como $\eta(P - P_0)$ é um infinitésimo, tem-se que

$$\lim_{P \to P_0} |\eta(P - P_0)| = \lim_{P \to P_0} \frac{|\eta(P - P_0)|}{||P - P_0||} ||P - P_0|| = 0$$

Desses dois limites segue-se que

$$\lim_{P \to P_0} f(P) = \lim_{P \to P_0} [z(P) + \eta(P - P_0)] = f(P_0)$$

e, portanto, f é contínua em P_0 □

O próximo ponto é em relação aos números a e b que determinam o plano $z(P)$. Também como no caso de uma variável, eles ficam unicamente determinados pela condição de diferenciabilidade.

Lema 3.2 Suponha f diferenciável em $P_0 = (x_0, y_0)$. Então f tem as derivadas parciais nesse ponto, e o plano tangente tem equação

$$z(P) = f(P_0) + f_x(P_0)(x - x_0) + f_y(P_0)(y - y_0)$$ ∎

Demonstração. Como f é diferenciável, existem a e b em $\mathbb{R}$ tais que o plano

$$z(P) = f(P_0) + a(x - x_0) + b(y - y_0)$$

faz com que o erro $\eta(P - P_0) = f(P) - z(P)$ seja um infinitésimo. Escolhendo o ponto P na forma $P = (x_0, y)$, que está sobre uma reta paralela ao eixo $\mathcal{O}y$ (veja a figura ao lado), tem-se que $||P - P_0|| = |y - y_0|$ e

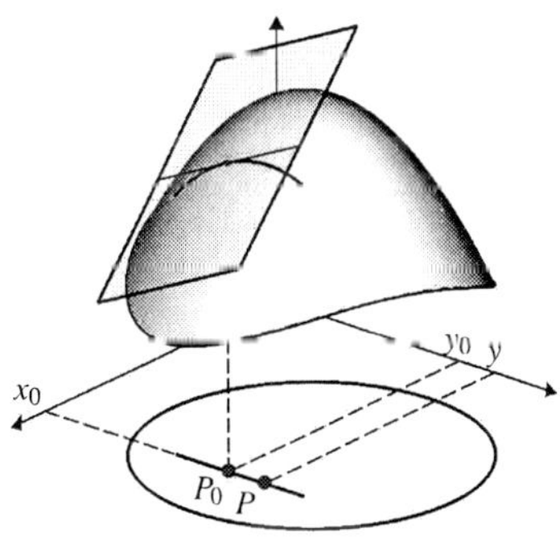

$$\eta(P-P_0) = f(x_0,y) - z(x_0,y) = f(x_0,y) - [f(x_0,y_0) + b(y-y_0)]$$
$$= f(x_0,y) - f(x_0,y_0) - b(y-y_0)$$

Daí se segue que

$$\frac{|\eta(P-P_0)|}{\|P-P_0\|} = \left|\frac{f(x_0,y)-f(x_0,y_0)}{y-y_0} - b\right|$$

Finalmente, como o erro é um infinitésimo, tem-se que

$$\lim_{y\to y_0}\left|\frac{f(x_0,y)-f(x_0,y_0)}{y-y_0} - b\right| = \lim_{P\to P_0}\frac{|\eta(P-P_0)|}{\|P-P_0\|} = 0$$

Isso mostra que f tem derivada parcial em relação a y e $f_y(P_0) = b$. Analogamente, f tem a derivada parcial em relação a x e $f_x(P_0) = a$. □

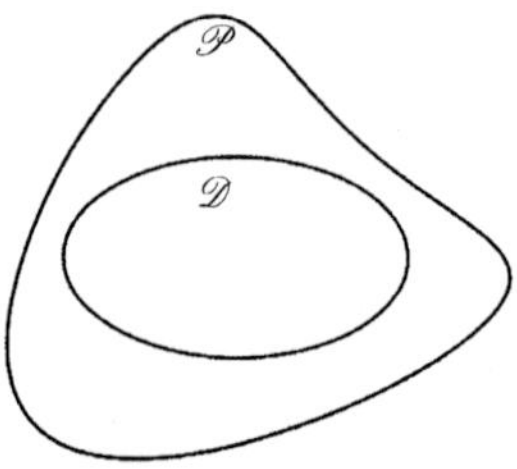

Este lema é um resultado sobre inclusão de conjuntos, como ilustra a figura ao lado. Indicando por $\mathscr{D}$ o conjunto das funções diferenciáveis em P_0 e por $\mathscr{P}$ o conjunto das funções que têm derivadas parciais nesse ponto, o lema afirma que $\mathscr{D} \subset \mathscr{P}$.

Assim, por exemplo, se uma função não tem derivadas parciais, ela não é diferenciável.

Mas pode acontecer de a função ter derivadas parciais, e, mesmo assim, não ser diferenciável. Essas situações estão ilustradas nos próximos exemplos.

■ **Exemplo 3.6** Verifique se a função $f\colon \mathbb{R}^2 \to \mathbb{R}$, $f(x,y) = x^2 + y^2$ é diferenciável em um ponto genérico $P_0 = (x_0,y_0)$. ■

Solução. Já foi visto que f tem as derivadas parciais, que são dadas por $f_x(P_0) = 2x_0$ e $f_y(P_0) = 2y_0$. Daí se segue que o candidato a plano tangente tem equação

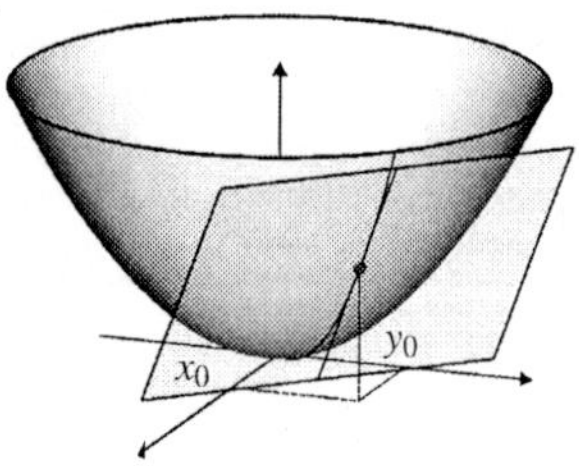

$$z(P) = f(P_0) + f_x(P_0)(x-x_0) + f_y(P_0)(y-y_0)$$
$$= x_0^2 + y_0^2 + 2x_0(x-x_0) + 2y_0(y-y_0)$$

Resta ainda verificar se o erro $\eta(P-P_0) = f(P) - z(P)$ é de fato um infinitésimo em relação à distância $\|P-P_0\|$. Ora! O erro é dado por

$$\eta(P-P_0) = x^2 + y^2 - [x_0^2 + y_0^2 + 2x_0(x-x_0) + 2y_0(y-y_0)]$$
$$= x^2 - x_0^2 - 2x_0(x-x_0) + y^2 - y_0^2 - 2y_0(y-y_0)$$
$$= (x^2 - 2x_0x + x_0^2) + (y^2 - 2y_0y + y_0^2)$$
$$= (x-x_0)^2 + (y-y_0)^2 = \|P-P_0\|^2$$

e é claro agora que $\lim_{P\to P_0} \dfrac{\eta(P-P_0)}{\|P-P_0\|} = \lim_{P\to P_0} \|P-P_0\| = 0$.

Assim, o erro é mesmo um infinitésimo, e, portanto, a função é diferenciável em P_0. Por exemplo, se $P_0 = (1,1)$, então o plano tangente ao gráfico de f nesse ponto tem equação $z = 2 + 2(x-1) + 2(y-1) = 2x + 2y - 2$. □

■ **Exemplo 3.7** Verifique se $f(x,y) = \sqrt{|xy|}$ é diferenciável em $P_0 = (0,0)$. ■

Solução. Como a raiz não é derivável na origem, pode-se imaginar que f não tenha derivadas parciais em P_0. Mas, da definição de derivada, obtém-se que

$$f_y(P_0) = \lim_{t\to 0} \frac{f(0,0+t) - f(0,0)}{t} = \lim_{t\to 0} \frac{0}{t} = 0$$

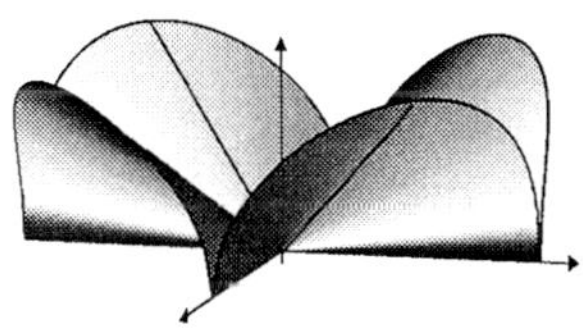

Esse resultado pode ser percebido a partir do gráfico da função, ilustrado ao lado, uma vez que $f(0,y) = 0$ para todo $y \in \mathbb{R}$. Analogamente obtém-se que $f_x(P_0) = 0$.

Como as derivadas parciais e a função se anulam em P_0, segue-se que o candidato a plano tangente é o plano $\mathcal{O}xy$, de equação $z(P) = 0$. Resta verificar se, com esse candidato, o erro $\eta(P-P_0) = f(P) - z(P)$ é de fato um infinitésimo. Ora! Como $\|P-P_0\| = \|P\|$ e $z(P) = 0$, segue-se que

$$\frac{\eta(P-P_0)}{\|P-P_0\|} = \frac{f(P)}{\|P\|} = \frac{\sqrt{|xy|}}{\sqrt{x^2+y^2}} = \begin{cases} 0 & \text{se } x = 0 \\ \frac{1}{\sqrt{2}} & \text{se } x = y \end{cases}$$

Assim, para $P \to P_0$, o quociente $\eta(P-P_0)/\|P-P_0\|$ tem limites distintos ao longo das retas $x = 0$ e $x = y$. Da regra dos dois caminhos, segue-se que não existe $\lim_{P\to P_0} \frac{\eta(P-P_0)}{\|P-P_0\|}$, e, portanto, a função *não* é diferenciável em P_0. □

Em resumo, se uma função é diferenciável, então ela tem as derivadas parciais, e é fácil obter a equação do plano tangente. No entanto, como ilustra o exemplo acima, a função pode ter derivadas parciais e não ser diferenciável. Esse fato é natural, uma vez que as derivadas parciais dão informações ao longo de duas retas, e isso não é suficiente para caracterizar o plano tangente.

Critério de diferenciabilidade

A verificação da diferenciabilidade por meio da definição é trabalhosa, e vale procurar maneiras de simplificar essa tarefa. A seguir será visto um critério apenas suficiente para a diferenciabilidade. Mesmo não sendo equivalente à definição, é um critério prático e muito conveniente.

Continuidade das derivadas parciais

A continuidade das derivadas parciais é um fator importante para a diferenciabilidade. Para ilustrar esse fato, considere o problema de verificar se a função

$$f(x,y)=\begin{cases}\dfrac{x^2y}{x^2+y^2} & ,\text{se } (x,y)\neq(0,0)\\[2mm] 0 & ,\text{se } (x,y)=(0,0)\end{cases}$$

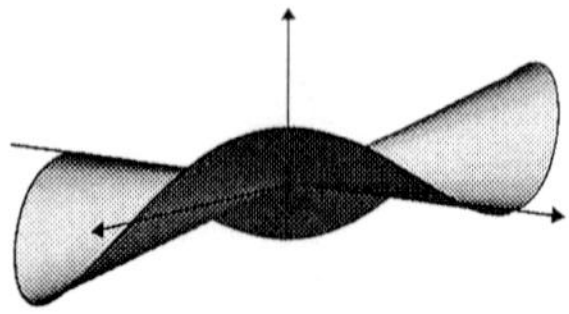

é diferenciável em $P_0=(0,0)$. Veja o gráfico de f ao lado.

Como $f(0,y)=0$ para todo y, segue-se que existe a derivada parcial $f_y(0,0)=0$. Analogamente, $f_x(0,0)=0$. Assim, o candidato a plano tangente é o plano $\mathscr{O}xy$, e o erro na aproximação da função por esse plano é $\eta(P-P_0)=f(P)$. Segue-se então que

$$\frac{\eta(P-P_0)}{\|P-P_0\|}=\frac{f(P)}{\|P\|}=\begin{cases}\dfrac{1}{\sqrt{2}} & ,\text{se } y=x>0\\[2mm] 0 & ,\text{se } x=0\end{cases}$$

Assim, não existe $\lim\limits_{P\to P_0}\frac{\eta(P-P_0)}{\|P-P_0\|}$, e, portanto f não é diferenciável em P_0.

Este é mais um exemplo em que a existência das derivadas parciais não basta para a diferenciabilidade. Para entender melhor esse exemplo, pode-se estudar o comportamento das derivadas parciais não só em P_0, mas também nos pontos próximos a ele. Então, calculando, obtém-se que

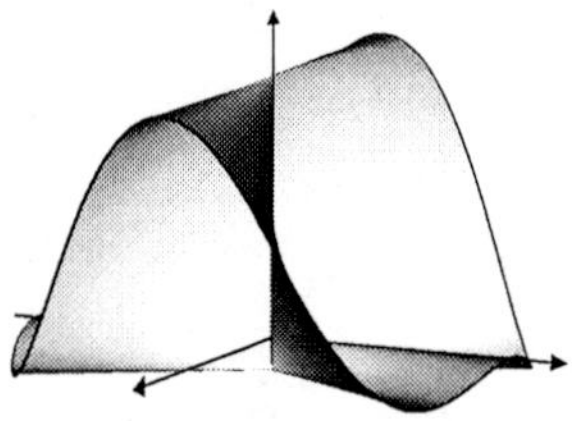

$$f_y(x,y)=\begin{cases}\dfrac{x^2(x^2-y^2)}{(x^2+y^2)^2} & ,\text{se } (x,y)\neq(0,0)\\[2mm] 0 & ,\text{se } (x,y)=(0,0)\end{cases}$$

Em particular, ao longo dos caminhos $y=0$ e $x=0$, essa derivada é dada por (veja o gráfico de f_y acima)

$$f_y(x,y)=\begin{cases}1 & ,\text{se } x\neq 0 \text{ e } y=0\\ 0 & ,\text{se } x=0\end{cases}$$

Da regra dos dois caminhos, segue-se que não existe o limite $\lim_{P\to P_0}f_y(P)$, e, portanto, a derivada f_y não é contínua em P_0. Essa falta de continuidade de f_y explica, em parte, o fato de a função f não ser diferenciável no ponto P_0. Esse é o conteúdo das próximas seções.

Lembrando: teorema do valor médio

O teorema será usado a seguir, e vale lembrá-lo rapidamente. Considere uma função $g\colon [a,b] \to \mathbb{R}$ que é contínua no fechado $[a,b]$ e derivável no aberto (a,b). Então, o número $\frac{g(b)-g(a)}{b-a}$ é a inclinação da reta que passa pelos pontos $(a,g(a))$ e $(b,g(b))$, e o Teorema do Valor Médio (TVM) afirma que essa inclinação é igual à inclinação da tangente $g'(c)$ em algum ponto c entre a e b.

Assim, como ilustra a figura,

$$\frac{g(b)-g(a)}{b-a} = g'(c) \quad \text{para algum } c \text{ entre } a \text{ e } b$$

Equivalentemente, o TVM afirma que

$$g(b)-g(a) = g'(c)(b-a) \quad \text{para algum } c \text{ entre } a \text{ e } b$$

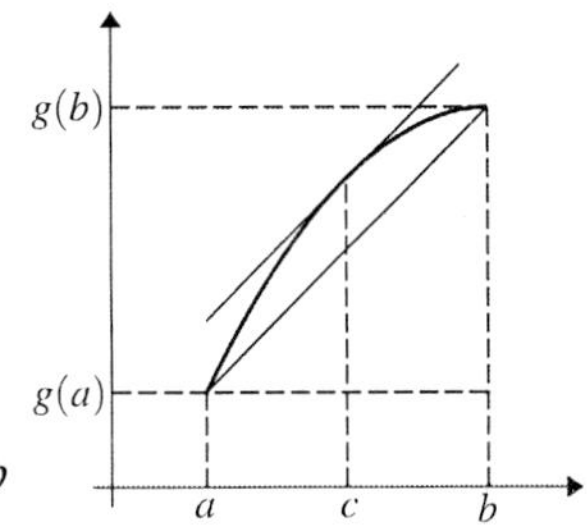

Voltando às funções de duas variáveis, considere uma função $f\colon D \to \mathbb{R}$ e um ponto $P_0 = (x_0, y_0)$ tal que $B(P_0, \delta) \subset D$ para algum $\delta > 0$. Suponha que f_x e f_y existam em todos os pontos de $B(P_0, \delta)$ e que $P = (x,y) \in B(P_0, \delta)$.

Então, a diferença $f(x,y) - f(x_0,y_0)$ pode ser estudada usando o TVM e o "argumento da esquina".

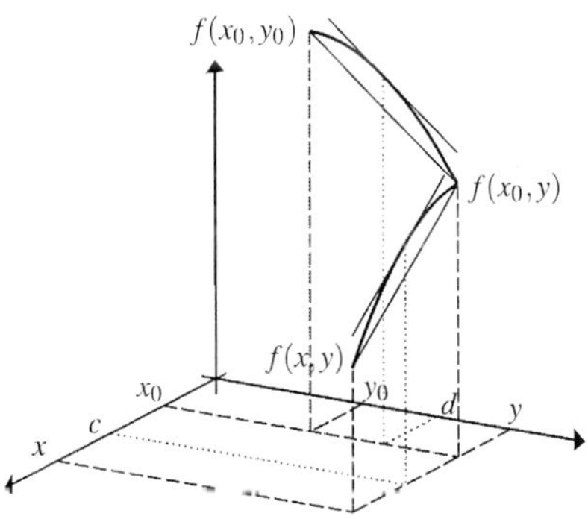

Com efeito, somando e subtraindo o valor de $f(x_0,y)$, obtém-se

$$f(x,y) - f(x_0,y_0) = [f(x,y) - f(x_0,y)] + [f(x_0,y) - f(x_0,y_0)] \tag{3.6}$$

onde uma das variáveis permanece fixa em cada um dos colchetes. Por exemplo, o primeiro colchete, com y fixo, refere-se à variação da função $g(x) = f(x,y)$, cuja derivada é $g'(x) = f_x(x,y)$.

Pode-se então usar o TVM para obter (ver figura acima)

$$f(x,y) - f(x_0,y) = g(x) - g(x_0) = g'(c)(x-x_0) = f_x(c,y)(x-x_0)$$

para algum número c entre x e x_0. De forma análoga, o segundo colchete refere-se à variação da função $h(y) = f(x_0,y)$, cuja derivada é $h'(y) = f_y(x_0,y)$. Pode-se então usar o TVM para obter

$$f(x_0,y) - f(x_0,y_0) = h(y) - h(y_0) = h'(d)(y-y_0) = f_y(x_0,d)(y-y_0)$$

para algum d entre y e y_0. Substituindo essas igualdades em (3.6), obtém-se

$$\begin{aligned} f(x,y)-f(x_0,y_0) &= [f(x,y)-f(x_0,y)]+[f(x_0,y)-f(x_0,y_0)] \\ &= f_x(c,y)(x-x_0)+f_y(x_0,d)(y-y_0) \end{aligned} \tag{3.7}$$

Essa igualdade será usada com $P=(x,y)\to P_0=(x_0,y_0)$, e, portanto, $x\to x_0$ e $y\to y_0$. Como o número c está entre x e x_0 e o número d entre y e y_0, segue-se que também $c\to x_0$ e $d\to y_0$. Assim, $(c,d)\to(x_0,y_0)$ quando $P\to P_0$.

Critério de diferenciabilidade

Agora sim, têm-se as ferramentas para abordar o critério de diferenciabilidade.

Considere uma função $f\colon D\to\mathbb{R}$ e um ponto $P_0=(x_0,y_0)$ tal que $B(P_0,\delta)\subset D$ para algum $\delta>0$. Como anteriormente, suponha que as derivadas f_x e f_y existam em todos os pontos da bola $B(P_0,\delta)$. Foi visto que apenas a existência dessas derivadas não garante que a função seja diferenciável em P_0. Ora! O que mais, além da própria definição, garantiria a diferenciabilidade?

Neste sentido, como existem as derivadas parciais, o candidato a plano tangente tem equação

$$z(P)=z(x,y)=f(P_0)+f_x(P_0)(x-x_0)+f_y(P_0)(y-y_0)$$

e o erro na aproximação da função por esse plano é

$$\begin{aligned} \eta(P-P_0) &= f(P)-z(P) \\ &= f(x,y)-f(x_0,y_0)-f_x(P_0)(x-x_0)-f_y(P_0)(y-y_0) \end{aligned} \tag{3.8}$$

Nessa igualdade, a diferença $f(x,y)-f(x_0,y_0)$ já foi estudada acima, e pode-se usar (3.7) para obter que

$$\begin{aligned} \eta(P-P_0) &= f(x,y)-f(x_0,y_0)-f_x(P_0)(x-x_0)-f_y(P_0)(y-y_0) \qquad (3.9) \\ &= f_x(c,y)(x-x_0)+f_y(x_0,d)(y-y_0)-f_x(P_0)(x-x_0)-f_y(P_0)(y-y_0) \\ &= [f_x(c,y)-f_x(x_0,y_0)](x-x_0)+[f_y(x_0,d)-f_y(x_0,y_0)](y-y_0) \end{aligned}$$

para algum c entre x e x_0 e algum d entre y e y_0.

A função será diferenciável em P_0 se, e somente se, $\lim\limits_{P\to P_0}\frac{\eta(P-P_0)}{\|P-P_0\|}=0$. Ora! Dividindo a igualdade acima por $\|P-P_0\|$, obtém-se

$$\begin{aligned} \frac{\eta(P-P_0)}{\|P-P_0\|} &= [f_x(c,y)-f_x(x_0,y_0)]\frac{(x-x_0)}{\|P-P_0\|} \\ &\quad+[f_y(x_0,d)-f_y(x_0,y_0)]\frac{(y-y_0)}{\|P-P_0\|} \end{aligned} \tag{3.10}$$

onde $\frac{|x-x_0|}{\|P-P_0\|} \leq 1$ e $\frac{|y-y_0|}{\|P-P_0\|} \leq 1$. Dessas desigualdades e da desigualdade triangular, obtém-se que

$$\frac{|\eta(P-P_0)|}{\|P-P_0\|} \leq |f_x(c,y)-f_x(x_0,y_0)|+|f_y(x_0,d)-f_y(x_0,y_0)| \qquad (3.11)$$

Agora é fácil entender as hipóteses do teorema a seguir!

Teorema 3.2 Suponha $f\colon D \to \mathbb{R}$ uma função e P_0 um ponto tal que $B(P_0,\delta) \subset D$ para algum $\delta > 0$. Suponha ainda que existam as derivadas parciais f_x e f_y em $B(P_0,\delta)$ e que sejam funções *contínuas*. Então f é diferenciável em P_0.

Demonstração. Por hipótese, as funções f_x e f_y são contínuas, e, portanto,

$$\lim_{P\to P_0} f_x(P) = f_x(P_0) \quad \text{e} \quad \lim_{P\to P_0} f_y(P) = f_y(P_0)$$

Além disso, como observado logo abaixo de (3.7), o par (c,d) que aparece em (3.11) é tal que $(c,d) \to (x_0,y_0)$ quando $P=(x,y) \to P_0 = (x_0,y_0)$. Usando então (3.11), segue-se que

$$0 \leq \lim_{P\to P_0} \frac{|\eta(P-P_0)|}{\|P-P_0\|} \leq \lim_{P\to P_0} [|f_x(c,y)-f_x(x_0,y_0)|+|f_y(x_0,d)-f_y(x_0,y_0)|]$$

$$= |f_x(x_0,y_0)-f_x(x_0,y_0)|+|f_y(x_0,y_0)-f_y(x_0,y_0)| = 0$$

Isso mostra que $\lim_{P\to P_0} \frac{\eta(P-P_0)}{\|P-P_0\|} = 0$, e, portanto, f é diferenciável em P_0. □

Como ilustra o exemplo a seguir, o critério de diferenciabilidade em termos da continuidade das derivadas parciais é muito fácil de ser usado.

■ **Exemplo 3.8** Sejam $D = \{(x,y); y > 0\}$ e $f(x,y) = -\arctan(x/y)$ para $(x,y) \in D$. Verifique que f é diferenciável em um ponto genérico $P_0 = (x_0,y_0) \in D$. ■

Solução. A verificação direta da diferenciabilidade, usando a definição, seria trabalhosa nesse caso, e vale usar o teorema acima. Nesse sentido, é claro que

$$f_x(x,y) = \frac{-1}{1+(\frac{x}{y})^2}\,\frac{1}{y} = \frac{-y}{x^2+y^2}$$

e já foi visto anteriormente que $\lim_{(x,y)\to(x_0,y_0)} y = y_0$ e que $\lim_{(x,y)\to(x_0,y_0)} (x^2+y^2) = x_0^2+y_0^2$. Como $y_0 > 0$, pode-se usar as propriedades do limite para concluir que

$$\lim_{P\to P_0} f_x(P) = \frac{\displaystyle\lim_{(x,y)\to(x_0,y_0)} -y}{\displaystyle\lim_{(x,y)\to(x_0,y_0)} (x^2+y^2)} = \frac{-y_0}{x_0^2+y_0^2} = f_x(P_0).$$

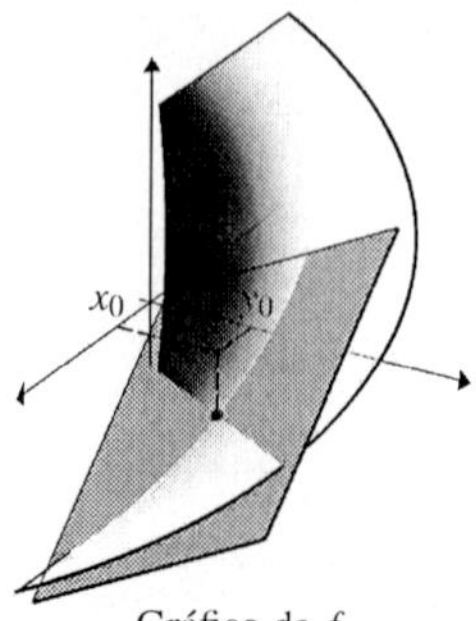

Gráfico de f

e portanto f_x é contínua em P_0.
Analogamente para $f_y(x,y) = \dfrac{x}{x^2+y^2}$. Da continuidade dessas derivadas e do **Teorema 3.2**, segue-se que a função é diferenciável em P_0. □

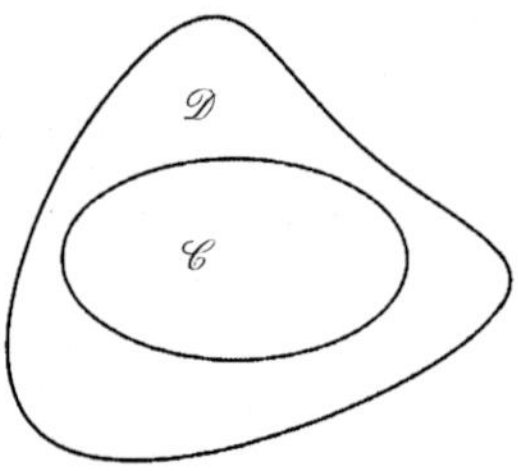

Cabe um observação importante sobre o **Teorema 3.2**. Ele é um resultado sobre inclusão de conjuntos. Se $\mathscr{C}$ é o conjunto das funções com derivadas parciais contínuas e $\mathscr{D}$ o das funções diferenciáveis, então $\mathscr{C} \subset \mathscr{D}$. Mas, como ilustra o exemplo abaixo, existem funções em $\mathscr{D}$ que não estão em $\mathscr{C}$.

■ **Exemplo 3.9** Verifique se $f(x,y) = (xy)^{2/3}$ é diferenciável em $P_0 = (0,0)$. ■

Solução. Calculando, obtém-se que

$$f_y(x,y) = \begin{cases} \frac{2}{3}\left(\frac{x^2}{y}\right)^{1/3} & \text{, se } x \neq 0 \text{ e } y \neq 0 \\ 0 & \text{, se } x = 0 \end{cases}$$

Assim, ao longo dos caminhos $y = x^2$ e $x = 0$ que passam por P_0, tem-se que $f_y(x,x^2) = 2/3$ e $f_y(0,y) = 0$. Logo, da regra dos dois caminhos, não existe o limite $\lim_{P\to P_0} f_y(P)$, e, portanto, f_y não é contínua em P_0. Essa falta de continuidade pode ser percebida pelo gráfico da função f_y, ilustrado abaixo juntamente com a curva ao longo da qual a função é constante.

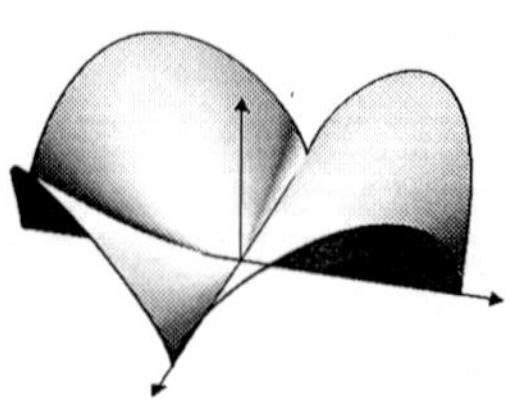
Gráfico de f

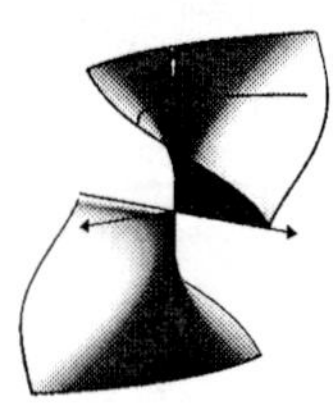
Gráfico de f_y

Isso mostra que o **Teorema 3.2** não se aplica. Mas, ainda assim, a função pode ser diferenciável. E, de fato, como $f(P_0) = f_x(P_0) = f_y(P_0) = 0$, o candidato a plano tangente é o plano $\mathscr{O}xy$. Logo, o erro na aproximação de f por esse plano é $\eta(P-P_0)=f(P)$. Usando agora a desigualdade $|xy|\leq\frac{1}{2}(x^2+y^2)$ $=\frac{1}{2}\|P\|^2$ obtém-se que

$$0\leq\frac{|\eta(P-P_0)|}{\|P-P_0\|}=\frac{|f(P)|}{\|P\|}=\frac{|xy|^{2/3}}{\|P\|}\leq\frac{(\frac{1}{2}\|P\|^2)^{2/3}}{\|P\|}=\left(\frac{1}{2}\right)^{2/3}\|P\|^{1/3}$$

Passando o limite com $P\to P_0$ nesta desigualdade, segue-se que $\lim_{P\to P_0}\frac{\eta(P-P_0)}{\|P-P_0\|}=0$, e, portanto, a função é diferenciável em P_0. □

Vale uma pequena reflexão do que foi feito até aqui. Anteriormente, a noção de plano tangente era conhecida apenas para algumas superfícies, como a esfera. Em seguida, foi introduzida uma outra noção de tangência usando infinitésimos, noção que pode ser aplicada a muitas outras superfícies. É natural então perguntar: nos casos em que se pode comparar, essa nova noção coincide com a anterior? Como esperado, a resposta é sim, e esse é o conteúdo do **Exemplo 3.10**.

■ **Exemplo 3.10** Sejam $D=\{(x,y);x^2+y^2<1\}$ e $f(x,y)=\sqrt{1-x^2-y^2}$ para $(x,y)\in D$. Verifique que f é diferenciável em qualquer $P_0=(x_0,y_0)\in D$, e que o plano tangente nesse ponto é ortogonal ao vetor posição $(x_0,y_0,f(x_0,y_0))$. ■

Solução. O gráfico de f é o hemisfério superior da esfera de raio 1, conforme a figura abaixo, e já se sabe que o plano tangente é ortogonal ao vetor posição. Resta então verificar que esse mesmo resultado é obtido por meio do novo conceito de tangência, usando os infinitésimos.

E, de fato, calculando, obtém-se que $f_x(x,y)=\frac{-x}{\sqrt{1-x^2-y^2}}$. Como $P_0\in D$, tem-se que $1-x_0^2-y_0^2>0$ e, usando as propriedades do limites, segue-se que

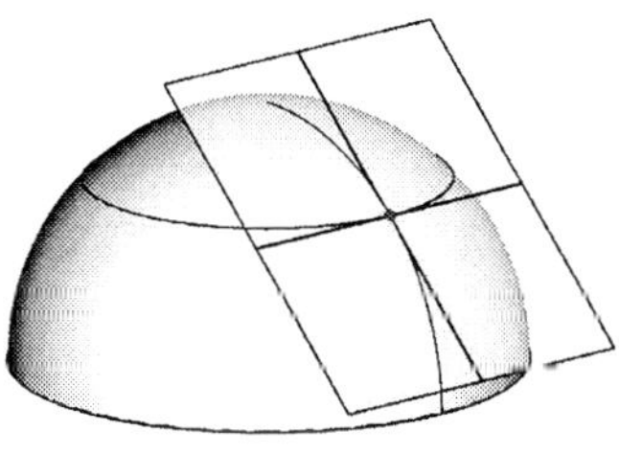

$$\lim_{P\to P_0}f_x(P)=\frac{-x_0}{\sqrt{1-x_0^2-y_0^2}}=f_x(P_0)$$

o que mostra que f_x é contínua em P_0. Analogamente para f_y. Usando o **Teorema 3.2**, segue se que f é diferenciável em P_0 e

$$z=f(P_0)+f_x(P_0)(x-x_0)+f_y(P_0)(x-y_0)\tag{3.12}$$

é a equação do plano tangente. Para verificar que esse plano é ortogonal ao vetor posição, observe que $f_x(P_0)=-x_0/z_0$ e $f_y(P_0)=-y_0/z_0$, onde $z_0=f(P_0)$. Substituindo esses valores em (3.12), segue-se que $z=z_0-\frac{x_0}{z_0}(x-x_0)-\frac{y_0}{z_0}(y-y_0)$. Finalmente, multiplicando por z_0, a equação do plano tangente é

$$x_0x+y_0y+z_0z=x_0^2+y_0^2+z_0^2=1$$

cujo vetor ortogonal é o vetor posição (x_0, y_0, z_0), como esperado! □

Aproximações por diferenciais

Se $f\colon D \to \mathbb{R}$ é diferenciável em $P_0 \in D$, então ela pode ser escrita na forma

$$f(P) = f(P_0) + f_x(P_0)(x - x_0) + f_y(P_0)(y - y_0) + \eta(P - P_0)$$

onde η é um infinitésimo, isto é, $\lim_{P \to P_0} \frac{\eta(P-P_0)}{\|P-P_0\|} = 0$. Isso significa que, para pontos P próximos a P_0, o erro $\eta(P - P_0)$ é muito menor do que a distância $\|P - P_0\|$. Para pontos próximos a P_0, pode-se então usar a aproximação

$$f(P) - f(P_0) \approx f_x(P_0)(x - x_0) + f_y(P_0)(y - y_0)$$

em que o lado direito é dito a diferencial da função no ponto P_0, e a aproximação é dita por diferenciais. Como ilustra os próximos exemplos, essa aproximação é bastante apropriada em várias situações.

■ **Exemplo 3.11** Estime o erro na área de uma chapa retangular decorrente de erros máximos de 1 % em um dos lados e de 2 % no outro. ■

Solução. Para $x > 0$ e $y > 0$, indique por $A(x, y) = xy$ a área da chapa de lados de medidas x e y. Indicando por x_0 e y_0 as medidas ideais, supor erros máximos de 1 % e 2 % corresponde a supor que $|x - x_0| < \frac{1}{100}x_0$ e $|y - y_0| < \frac{2}{100}y_0$.

É claro que as derivadas parciais $A_x(x, y) = y$ e $A_y(x, y) = x$ são funções contínuas, e, portanto, a função é diferenciável.

De acordo com a figura abaixo, tem-se que

$$A(x, y) - A(x_0, y_0) = y_0(x - x_0) + x_0(y - y_0) + (y - y_0)(x - x_0)$$

onde $y_0 = A_x(x_0, y_0)$ e $x_0 = A_y(x_0, y_0)$. Assim, tem-se que

$$A(x, y) - A(x_0, y_0) = A_x(x_0, y_0)(x - x_0) + A_y(x_0, y_0)(y - y_0) + (y - y_0)(x - x_0)$$

Dessa última igualdade e da definição do erro, obtém-se que $\eta(P - P_0) = (y - y_0)(x - x_0)$. Além disso, das estimativas dos erros nas medidas dos lados segue-se que

$$\begin{aligned} |\eta(P - P_0)| &= |(y - y_0)(x - x_0)| \\ &< \frac{1}{100}x_0 \frac{2}{100}y_0 = \frac{2/100}{100}x_0 y_0 \end{aligned}$$

o que corresponde a $0,02\%$ da área.

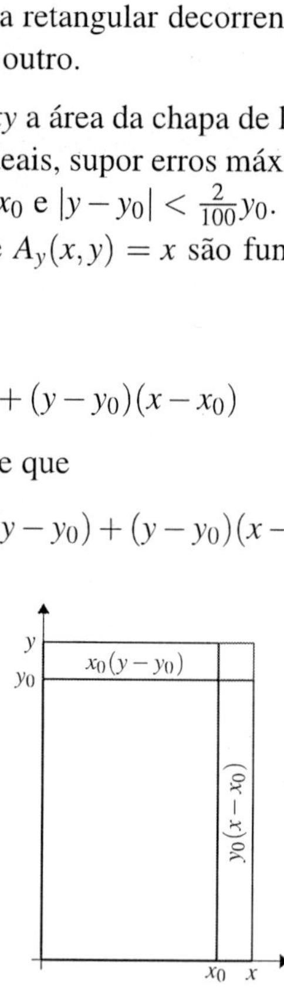

Esse valor está fora do grau de precisão das medidas e incluí-lo nos cálculos não traz uma melhor estimativa para o erro. Assim, pode-se aproximar pela diferencial, e obter a estimativa

$$\begin{aligned}|A(x,y)-A(x_0,y_0)| &\approx |y_0(x-x_0)+x_0(y-y_0)|\\ &< \frac{1}{100}x_0y_0+\frac{2}{100}y_0x_0=\frac{3}{100}A(x_0,y_0)\end{aligned}$$

Isso mostra que, a menos de um fator que pode ser desconsiderado, o erro na área corresponde à soma dos erros nas medidas dos lados. □

A área é função simétrica das medidas dos lados, o que permite um estimativa também simétrica do erro na área: ele é a soma dos erros dos lados. O **Exemplo 3.12** ilustra uma situação em que o erro é mais sensível em relação a uma das variáveis.

▪ **Exemplo 3.12** A resistência elétrica R de um fio de comprimento x e diâmetro y é $R(x,y)=kx/y^2$, onde $k>0$ é constante. Use diferenciais para estimar o erro em R decorrente de erros máximos de $2\,\%$ em x e de $3\,\%$ em y. ▪

Solução. Seja $D=\{(x,y);\ x>0 \text{ e } y>0\}$ o domínio natural da função R. Indique ainda por (x_0,y_0) as medidas ideais e por (x,y) a medidas reais do fio. De acordo com o enunciado, deve-se ter que $|x-x_0|<\frac{2}{100}x_0$ e $|y-y_0|<\frac{3}{100}y_0$.

É claro que as derivadas parciais

$$R_x(x,y)=k/y^2 \ \text{ e } \ R_y(x,y)=-2kx/y^3$$

são contínuas no domínio D, e, portanto, R é uma função diferenciável. Aproximando pela diferencial, obtém-se que

$$\begin{aligned}R(x,y)-R(x_0,y_0) &\approx R_x(x_0,y_0)(x-x_0)+R_y(x_0,y_0)(y-y_0)\\ &= \frac{k}{y_0^2}(x-x_0)-\frac{2kx_0}{y_0^3}(y-y_0)\end{aligned}$$

Usando agora as estimativas dos erros, segue-se que

$$\begin{aligned}|R(x,y)-R(x_0,y_0)| &\leq \left|\frac{k}{y_0^2}(x-x_0)\right|+\left|\frac{2kx_0}{y_0^3}(y-y_0)\right|\\ &< \left|\frac{k}{y_0^2}\frac{2}{100}x_0\right|+\left|\frac{2kx_0}{y_0^3}\frac{3}{100}y_0\right|\\ &= \left|\frac{2}{100}\frac{kx_0}{y_0^2}\right|+\left|2\frac{3}{100}\frac{kx_0}{y_0^2}\right| = \left(\frac{2}{100}+2\frac{3}{100}\right)R(x_0,y_0)\end{aligned}$$

Isso significa que o erro na resistência é menor do que o erro no comprimento mais duas vezes o erro no diâmetro. É claro que essa diferença de sensibilidade no erro decorre do fato de que a resistência é diretamente proporcional ao comprimento e inversamente proporcional ao quadrado do diâmetro, diferença que está refletida nas derivadas R_x e R_y. □

Exercícios

1) Indique por $P = (x,y)$ um ponto de $\mathbb{R}^2$, por $P_0 = (0,0)$ a origem e considere o problema de determinar os valores de $\alpha > 0$ para os quais a função $f(x,y) = |xy|^{\alpha}$ é diferenciável em P_0. A figura abaixo ilustra o gráfico de f para um valor específico de α. Julgue os itens a seguir, e, se necessário, use a estimativa $|xy| \leq \frac{1}{2}(x^2+y^2)$.

C | E a) Dada uma margem de tolerância $\varepsilon > 0$, basta escolher a margem de segurança $\delta = (2\varepsilon^{1/\alpha})^{1/2}$ para se ter que $|f(P) - f(P_0)| < \varepsilon$ sempre que $\|P - P_0\| < \delta$.

C | E b) Para $\alpha > 0$, a função f não tem as derivadas parciais em P_0.

C | E c) Para $0 < \alpha < 1$, as derivadas parciais de f não são contínuas em P_0.

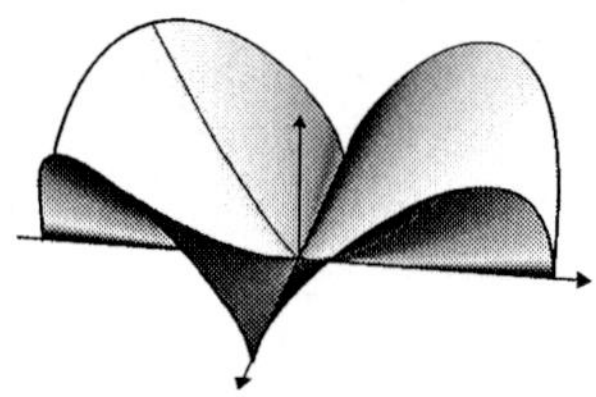

C | E d) Para $0 < \alpha < 1/2$, não existe o $\lim\limits_{P \to P_0} f(P)/\|P\|$.

C | E e) Para $\alpha > 1/2$, a função f não é diferenciável em P_0.

2) O período t de um pêndulo de comprimento s é dado por $t = 2\pi\sqrt{s/g}$, e essa fórmula pode ser usada para calcular uma aproximação da aceleração g da gravidade nas proximidades da Terra. Para isso, indique por s_0 o comprimento e por t_0 o período do pêndulo, e por s e t as medidas dessas quantidades feitas por aparelhos que estão sujeitos a pequenos erros.

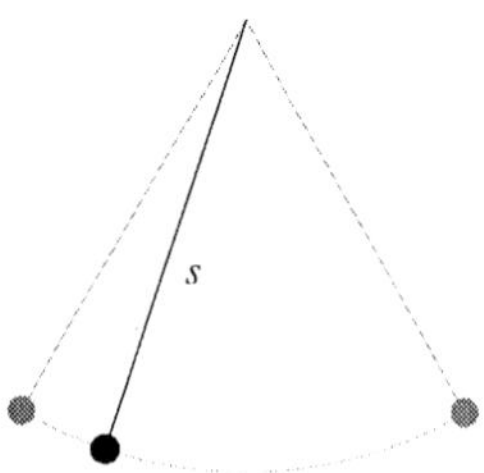

a) Obtenha a expressão de $g = g(s,t)$ como função das variáveis s e t.

b) Justifique a afirmação de que $g(s,t)$ é diferenciável no domínio $s > 0$ e $t > 0$.

c) Obtenha a aproximação de $g(s,t)$ usando diferenciais em torno do ponto (s_0,t_0).

d) Estime o erro percentual na medida de $g(s,t)$ supondo erros máximos de $0,5\%$ em s e de $0,25\%$ em t.

e) Supondo que os erros percentuais máximos em s e t sejam iguais, determine esse erro para que o erro percentual em $g(s,t)$ não exceda a $0,6\%$.

3) Considere um sistema de eixos $\mathcal{O}xyz$ de origem $\mathcal{O}$ no centro da Terra. Nesse sistema, se um satélite está no ponto P, a força $F(P)$ com que a Terra atrai o satélite tem direção e sentido dados pelo vetor unitário $U = -P/\|P\|$. Além disso, se as massas da Terra e do satélite são M e m, a intensidade da força é diretamente proporcional ao produto dessas massas e inversamente proporcional ao quadrado da distância $\|P\|$, com constante de proporcionalidade G. Segundo os itens abaixo, a função $f(P) = a/\|P\|$ está estreitamente relacionada com a força F.

a) Obtenha a expressão da força $F(P)$.

b) Calcule a derivada f_x e obtenha f_y e f_z por simetria.

c) Verifique que, escolhendo a apropriadamente, se tem $F(P) = (f_x(P), f_y(P), f_z(P))$. Nesse caso, f é dita uma função potencial para a força F.

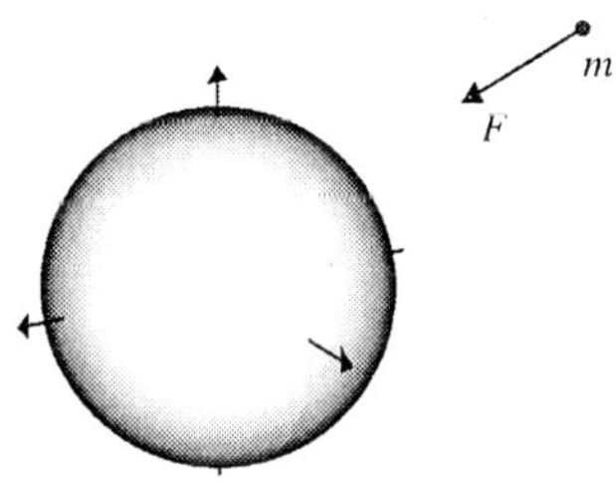

d) Calcule a derivada segunda f_{xx} e obtenha as outras derivadas f_{yy} e f_{zz} por simetria.

e) Verifique que f satisfaz à equação de Laplace $f_{xx} + f_{yy} + f_{zz} = 0$.

4) Suponha que a chapa retangular $D = \{(x,y) \in \mathbb{R}^2;\ x \in (0,10) \text{ e } y \in (0,10)\}$ tenha temperatura $f(x,y) = y^2 - x^2$. As linhas de fluxo da chapa são aquelas por onde o calor flui, e são curvas ortogonais às curvas de nível de f. O surpreendente é que as linhas de fluxo são as curvas de nível de uma outra função $g(x,y)$, dita a função conjugada de $f(x,y)$. A menos de constante aditiva, essa nova função é definida pelas igualdades $g_x = f_y$ e $g_y = -f_x$.

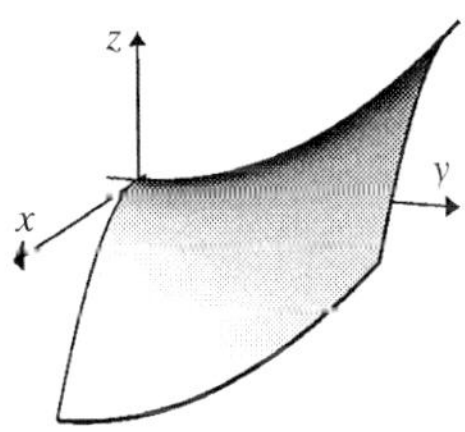

a) Esboce as curvas de nível de f nos níveis $k = -1$, $k = 0$ e $k = 1$.

b) Integre a igualdade $g_x = f_y$ na variável x, notando que a constante de integração $d = d(y)$ pode depender de y.

c) Derive o resultado do item anterior na variável y, compare com a igualdade $g_y = -f_x$ e determine a função $d(y)$ a menos de constante.

d) Esboce a curva de nível de g no nível $c = 1$ supondo a constante nula.

e) Justifique o fato de que as linhas de fluxo são as curvas de nível de $g(x,y)$.

4. Regra da cadeia

Foto: James Deann

Regra da cadeia I

A regra da cadeia é tão importante para uma quanto para duas ou mais variáveis. Além de facilitar os cálculos, ela é um importante instrumento de investigação teórica. Por exemplo, as incríveis propriedades do gradiente $\nabla f = (f_x, f_y)$ são todas consequências imediatas dessa regra.

Lembrando: regra da cadeia em uma variável

Considere as funções deriváveis $h\colon I \to \mathbb{R}$ e $g\colon J \to \mathbb{R}$ onde I e J são intervalos abertos da reta. Indique por t uma variável em I, por x uma variável em J e suponha que $h(t) \in J$ para todo $t \in I$. Nesse caso, fica definida a composta $g \circ h\colon I \to \mathbb{R}$, onde $(g \circ h)(t) = g(h(t))$.

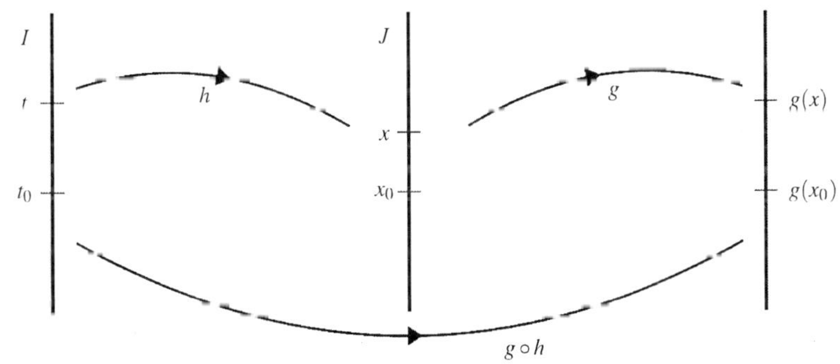

Sendo h e g deriváveis, é natural perguntar pela derivada da composta $g \circ h$. Nesse sentido, dado $t_0 \in I$, suponha que $h(t) \neq h(t_0)$ para todo t suficientemente próximo de t_0. Então, pode-se dividir por $h(t)-h(t_0)$ e obter que

$$\frac{(g\circ h)(t)-(g\circ h)(t_0)}{t-t_0}=\frac{g(h(t))-g(h(t_0))}{t-t_0}=\frac{g(h(t))-g(h(t_0))}{h(t)-h(t_0)}\frac{h(t)-h(t_0)}{t-t_0}$$
$$=\frac{g(x)-g(x_0)}{x-x_0}\frac{h(t)-h(t_0)}{t-t_0} \tag{4.1}$$

onde foi usada a notação $x=h(t)$ e $x_0=h(t_0)$ para indicar que esses números estão no intervalo J. Ora! Sendo derivável, h é contínua, e assim $x=h(t)\to h(t_0)=x_0$ quando $t\to t_0$. Daí se segue que $\frac{g(x)-g(x_0)}{x-x_0}\to g'(x_0)$ quando $t\to t_0$. Logo, passando ao limite com $t\to t_0$ em (4.1), obtém-se

$$(g\circ h)'(t_0)=g'(x_0)h'(t_0)=g'(h(t_0))h'(t_0)$$

Esta é a regra da cadeia, que relaciona a derivada da composta $g\circ h$ com as derivadas de g e de h. Grosso modo, a regra diz que a derivada da composta é o produto das derivadas, o que facilita o estudo das funções compostas. Veja o exemplo a seguir.

▪ **Exemplo 4.1** Esboce o gráfico da função $\operatorname{sen}^2(t)$ para $t\in[0,2\pi]$. ▪

Solução. A função é uma composta $\operatorname{sen}^2(t)=(\operatorname{sen}(t))^2=g(h(t))$, onde $g(x)=x^2$ e $h(t)=\operatorname{sen}(t)$. Como $g'(x)=2x$ e $h'(t)=\cos(t)$, da regra da cadeia segue-se que

$$(g\circ h)'(t)=g'(h(t))h'(t)=2\operatorname{sen}(t)\cos(t).$$

Assim, os pontos críticos da composta são aqueles para os quais $g'(h(t))=2\operatorname{sen}(t)$ se anula ou $h'(t)=\cos(t)$ se anula. Calculando, os pontos críticos no aberto $(0,2\pi)$ são $\pi/2$, π e $3\pi/2$.

Outra consequência interessante da regra da cadeia é que o sinal da derivada $(g\circ h)'$, que determina a monotonicidade da função, depende do produto dos sinais de $g'(h(t))$ e de $h'(t)$. A tabela a seguir inclui o estudo do sinal dessas funções.

Sinal \ Intervalo	$(0,\frac{\pi}{2})$	$(\frac{\pi}{2},\pi)$	$(\pi,\frac{3\pi}{2})$	$(\frac{3\pi}{2},2\pi)$
$g'(h(t))$	+	+	−	−
$h'(t)$	+	−	−	+
$(g\circ h)'(t))$	+	−	+	−

Da tabela e dos valores de $(g\circ h)(0)=(g\circ h)(\pi)=0$ e $(g\circ h)(\pi/2)=(g\circ h)(3\pi/2)=1$, o gráfico é como ao lado.

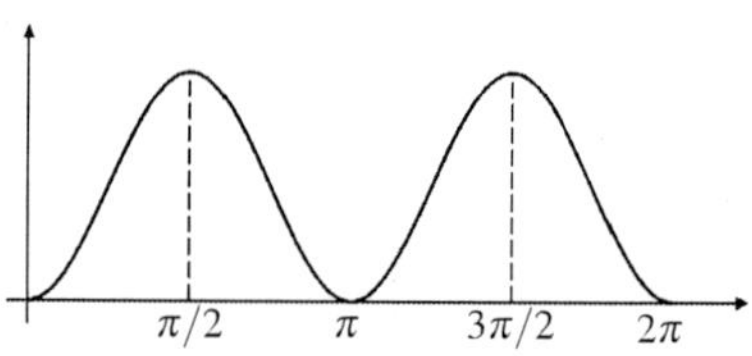

□

Regra da cadeia em várias variáveis

A ideia é adaptar os argumentos acima para as funções de duas variáveis.

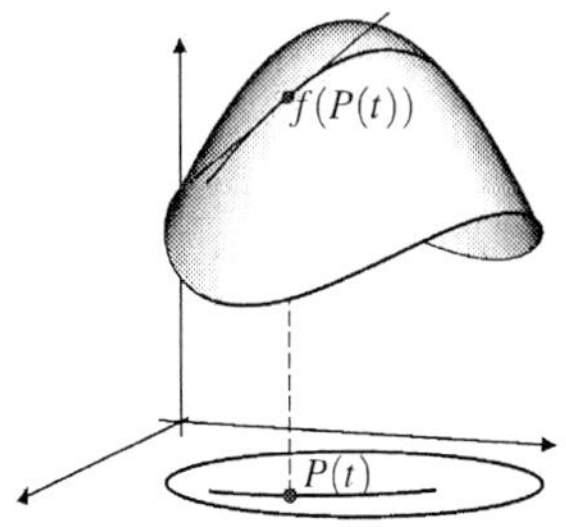

Suponha então D um domínio aberto, $f\colon D \to \mathbb{R}$ uma função diferenciável e $P\colon (a,b) \to \mathbb{R}^2$ uma função derivável tal que $P(t) = (x(t), y(t)) \in D$ para todo t em (a,b). Fica então definida a composta $f \circ P\colon (a,b) \to \mathbb{R}$, onde

$$(f \circ P)(t) = f(P(t)) = f(x(t), y(t))$$

e é natural perguntar pela derivada $(f \circ P)'(t)$. Veja a figura ao lado.

Escolha $t_0 \in (a,b)$ e indique por $P_0 = (x(t_0), y(t_0)) = (x_0, y_0)$. Então, como f é diferenciável em P_0, segue-se que

$$f(x,y) - f(x_0,y_0) = f_x(P_0)(x - x_0) + f_y(P_0)(y - y_0) + \eta(P - P_0),$$

onde $\lim_{P \to P_0} \frac{\eta(P-P_0)}{\|P-P_0\|} = 0$. Além disso, como $P(t)$ é derivável, segue-se que

$$\lim_{t \to t_0} \frac{P(t) - P(t_0)}{t - t_0} = \lim_{t \to t_0} \left(\frac{x(t) - x(t_0)}{t - t_0}, \frac{y(t) - y(t_0)}{t - t_0} \right) = (x'(t_0), y'(t_0)).$$

Dessas igualdades obtém-se

$$\begin{aligned} \frac{f(P(t)) - f(P(t_0))}{t - t_0} &= f_x(P_0)\frac{x(t) - x(t_0)}{t - t_0} + f_y(P_0)\frac{y(t) - y(t_0)}{t - t_0} \\ &\quad + \frac{\eta(P(t) - P(t_0))}{t - t_0} \end{aligned} \tag{4.2}$$

Suponha agora que $P(t) \neq P(t_0)$ para todo t suficientemente próximo de t_0. Pode-se então multiplicar e dividir por $\|P(t) - P(t_0)\|$ para obter que

$$\begin{aligned} \lim_{t \to t_0} \left| \frac{\eta(P(t) - P(t_0))}{t - t_0} \right| &= \lim_{t \to t_0} \left(\frac{|\eta(P(t) - P(t_0))|}{\|P(t) - P(t_0)\|} \frac{\|P(t) - P(t_0)\|}{|t - t_0|} \right) \\ &= \lim_{t \to t_0} \left(\frac{|\eta(P(t) - P(t_0))|}{\|P(t) - P(t_0)\|} \right) \lim_{t \to t_0} \left(\frac{\|P(t) - P(t_0)\|}{|t - t_0|} \right) \\ &= 0 \times \|P'(t_0)\| = 0 \end{aligned}$$

onde foi usado o fato de que $P(t) \to P(t_0)$ quanto $t \to t_0$, pois $P(t)$ é derivável, e, portanto, contínuo. Finalmente, passando o limite em (4.2), obtém-se que $f \circ P$ é derivável em t_0 e

$$\frac{d}{dt}(f \circ P)(t_0) = \lim_{t \to t_0} \frac{f(P(t)) - f(P(t_0))}{t - t_0} = f_x(P(t_0))x'(t_0) + f_y(P(t_0))y'(t_0)$$

De fato, mesmo sem a hipótese de que $P(t) \neq P(t_0)$, pode-se demonstrar o

Teorema 4.1 — Regra da cadeia. Suponha $D \subset \mathbb{R}^2$ aberto e $f\colon D \to \mathbb{R}$ diferenciável. Suponha ainda $P\colon (a,b) \to \mathbb{R}^2$ derivável com $P(t) = (x(t), y(t)) \in D$ para todo $t \in (a,b)$. Então a composta $(f \circ P)(t)$ é derivável e

$$\frac{d}{dt}(f \circ P)(t) = f_x(P(t))x'(t) + f_y(P(t))y'(t)$$

Em termos das coordenadas $(x(t), y(t))$, a regra da cadeia escreve-se como

$$\frac{d}{dt}f(x(t), y(t)) = f_x(x(t), y(t))x'(t) + f_y(x(t), y(t))y'(t)$$

e uma forma de lembrar desta regra é escrevê-la, muito abreviadamente, como

$$\frac{d}{dt}f = f_x\frac{dx}{dt} + f_y\frac{dy}{dt}$$

■ **Exemplo 4.2** Determine os valores mínimo e máximo da função $f(x,y) = x^2 - xy + y^2$ ao longo do círculo $\mathscr{C}$ de equação $x^2 + y^2 = 1$. ■

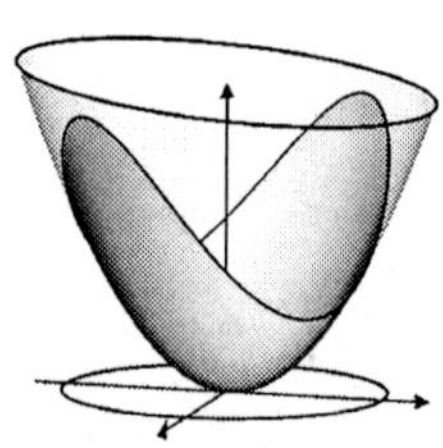

Solução. A figura ao lado ilustra o gráfico da função f, o círculo $\mathscr{C}$ no plano $\mathscr{O}xy$ e a restrição de f ao longo desse círculo. Da figura percebe-se que a restrição tem dois pontos de mínimo e dois pontos de máximo.

Para determinar esses pontos, o primeiro passo é notar que o círculo pode ser parametrizado por $P(t) = (\cos(t), \mathrm{sen}(t))$, com $t \in [0, 2\pi]$, e o valor da função no ponto $P(t)$ é dado pela composta $(f \circ P)(t) = f(P(t))$.

Para derivar essa composta, calculam-se primeiro as derivadas parciais $f_x(x,y) = 2x - y$ e $f_y(x,y) = -x + 2y$. Então, da regra da cadeia segue-se que

$$\begin{aligned}\frac{d}{dt}(f \circ P)(t) &= f_x(P(t))x'(t) + f_y(P(t))y'(t)\\ &= (2\cos(t) - \mathrm{sen}(t))(-\mathrm{sen}(t)) + (-\cos(t) + 2\,\mathrm{sen}(t))\cos(t)\\ &= \mathrm{sen}^2(t) - \cos^2(t)\end{aligned}$$

Daí se segue que os pontos críticos da composta são aqueles para os quais $\operatorname{sen}(t) = \pm\cos(t)$, isto é, $t = \pi/4 + k\pi/2$ com $k = 0,1,2,3$. Nesses pontos tem-se

$$f(P(\pi/4)) = f(P(\pi/4+\pi)) = \frac{1}{2} \text{ e } f(P(\pi/4+\pi/2)) = f(P(\pi/4+3\pi/2)) = \frac{3}{2}.$$

e daí se segue que o valor mínimo da composta é $1/2$ e o máximo é $3/2$. □

A rigor, nem seria necessária a regra da cadeia nesse exemplo, uma vez que a expressão da composta é $f(P(t)) = 1 - \cos(t)\operatorname{sen}(t)$, e essa função pode ser derivada sem muita cerimônia. No entanto, como indicado a seguir, a regra da cadeia tem uma interpretação geométrica que faz dela um importante instrumento de investigação teórica.

Interpretação geométrica

Para isso, o primeiro passo é dar um nome para o vetor formado pelas derivadas parciais. Ele é conhecido como o vetor gradiente de f e denotado por

$$\nabla f(x,y) = (f_x(x,y), f_y(x,y)).$$

Com essa notação, a derivada $\frac{d}{dt}(f \circ P)(t) = f_x(P(t))x'(t) + f_y(P(t))y'(t)$ pode ser vista como o produto escalar entre o vetor gradiente $\nabla f(P(t)) = (f_x(P(t)), f_y(P(t)))$ e o vetor velocidade $P'(t) = (x'(t), y'(t))$. De fato, a regra da cadeia escreve-se como

$$\frac{d}{dt}(f \circ P)(t) = \langle (f_x(P(t)), f_y(P(t))), (x'(t), y'(t)) \rangle = \langle \nabla f(P(t)), P'(t) \rangle$$

em que o produto escalar que aparece no lado direito tem interpretações geométricas importantes. Veja como uma dessas interpretações é usada a seguir.

▪ **Exemplo 4.3** Resolver o **Exemplo 4.2** usando a interpretação geométrica da regra da cadeia. ▪

Solução. Já foi calculado o gradiente $\nabla f(x,y) = (2x - y, -x + 2y)$. Além disso, se (x,y) é um ponto do círculo $\mathscr{C}$ de equação $x^2 + y^2 = 1$, então o vetor tangente a $\mathscr{C}$ neste ponto tem a direção do vetor ortogonal $(y, -x)$.

Feitas essas observações, procede-se como no **Exemplo 4.2**, procurando pontos críticos da composta $(f \circ P)(t)$, onde $P(t)$ é uma parametrização de $\mathscr{C}$. Ora! Da interpretação geométrica, em um ponto crítico t desta composta, deve-se ter

$$0 = \frac{d}{dt}(f \circ P)(t) = \langle \nabla f(P(t)), P'(t) \rangle$$

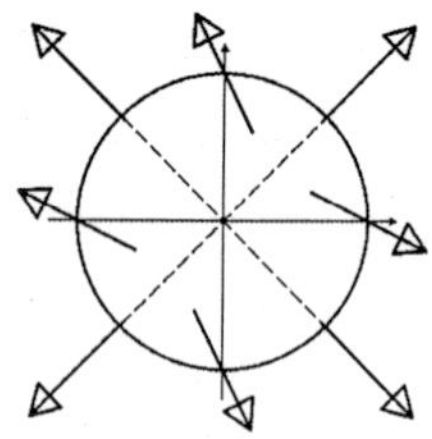

onde $P'(t)$ é tangente a $\mathscr{C}$ no ponto $P(t)$. Daí se segue que $\nabla f(P(t))$ é ortogonal a $\mathscr{C}$ no ponto $P(t)$. Assim, geometricamente falando, os pontos críticos da restrição são aqueles para os quais o gradiente ∇f é ortogonal a $\mathscr{C}$, e essa condição geométrica pode ser verificada mesmo sem a parametrização $P(t)$!

Veja a figura acima, que ilustra o círculo juntamente com alguns vetores gradiente. Basta então procurar os pontos $(x,y) \in \mathscr{C}$ para os quais o gradiente $\nabla f(x,y)$ é ortogonal ao vetor tangente ao círculo. Como o tangente tem a direção do vetor $(y,-x)$, basta procurar os pontos $(x,y) \in \mathscr{C}$ para os quais $\nabla f(x,y)$ é ortogonal a $(y,-x)$. Calculando, essa condição é equivalente a

$$0 = \langle \nabla f(x,y), (y,-x) \rangle = \langle (2x-y, -x+2y), (y,-x) \rangle = x^2 - y^2$$

Assim, os pontos críticos da restrição são as interseções das retas $y^2 = x^2$ com o círculo, interseções que são os pontos (a,a), $(a,-a)$, $(-a,a)$ e $(-a,-a)$, onde $a = \sqrt{2}/2$. Finalmente, calculando a função nesses pontos, chega-se ao mesmo resultado do **Exemplo 4.2.** □

Gradiente e curva de nível

Outra consequência da regra da cadeia é uma bonita relação entre o gradiente e as curvas de nível.

▪ **Exemplo 4.4** Seja C_1 a curva de nível 1 da função $f(x,y) = y^2 - x^2$. Determine a equação da reta L tangente a C_1 no ponto $P_0 = (2, \sqrt{5}) \in C_1$. ▪

Solução. Um ponto $(x,y) \in C_1$ se, e somente se, $f(x,y) = y^2 - x^2 = 1$. Isolando y nessa igualdade, obtém-se que $|y| = \sqrt{1+x^2}$. Escolhendo $x(t) = t$ e $y(t) = \sqrt{1+t^2}$, obtém-se uma parametrização $P(t) = (x(t), y(t))$ da parte de cima da curva C_1. Com efeito, ao longo de $P(t)$, tem-se que

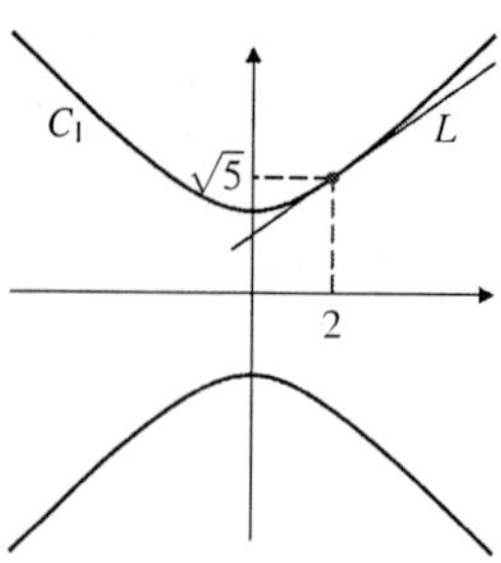

$$f(P(t)) = f(t, \sqrt{1+t^2}) = (\sqrt{1+t^2})^2 - t^2 = 1$$

Além disso, no ponto $t = 2$, tem-se que $P(2) = (2, \sqrt{5}) = P_0$ é o ponto no qual se quer calcular a equação da reta tangente L. Veja a figura. Ora! Como $f(P(t)) = 1$ para todo t, segue-se que

$$0 = \frac{d}{dt} f(P(t)) = \langle \nabla f(P(t)), P'(t) \rangle$$

Logo, o gradiente $\nabla f(P(t))$ é ortogonal ao vetor $P'(t)$. Como $P'(t)$ é tangente a C_1 no ponto $P(t)$, segue-se que $\nabla f(P(t))$ é ortogonal a C_1 no ponto $P(t)$.

Em particular, $\nabla f(P(2)) = \nabla f(P_0)$ é ortogonal a C_1 no ponto P_0. Usando o vetor ortogonal, segue-se que $P = (x,y)$ está na reta L se, e somente se,

$$0 = \langle \nabla f(P_0), P - P_0 \rangle$$

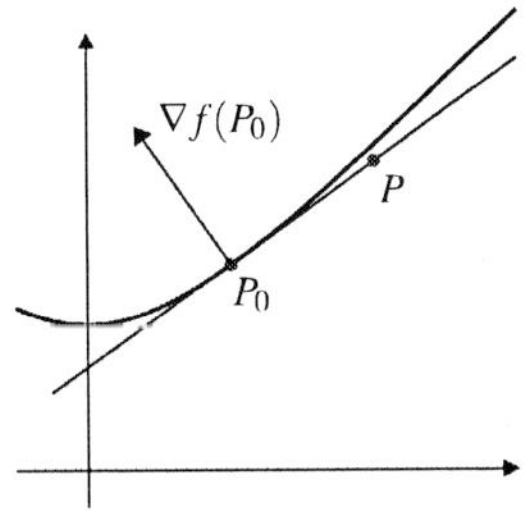

Veja a figura ao lado. De forma mais explícita, como $f(x,y) = y^2 - x^2$, o gradiente dessa função é $\nabla f(x,y) = (-2x, 2y)$. Assim, em termos das coordenadas do ponto $P_0 = (2, \sqrt{5})$, o vetor ortogonal é $\nabla f(P_0) = (-4, 2\sqrt{5})$ e a equação da reta L é

$$0 = \langle (-4, 2\sqrt{5}), (x-2, y-\sqrt{5}) \rangle = -4x + 2\sqrt{5}y - 2$$

Equivalentemente, a equação é $\sqrt{5}y - 2x = 1$. □

Essa propriedade, de que o gradiente é ortogonal às curvas de nível, vale em geral, e é mais uma consequência importante da regra da cadeia.

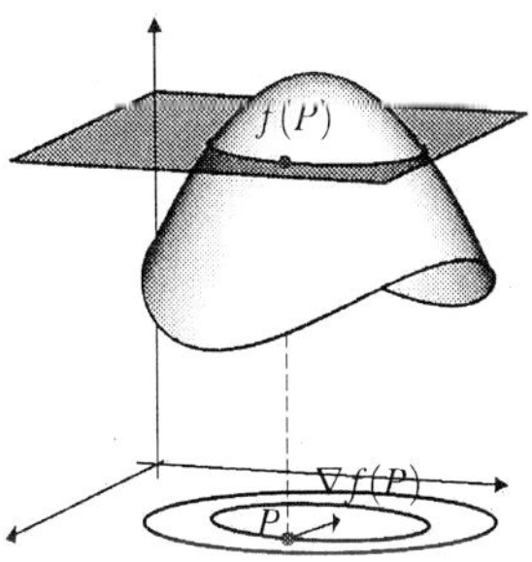

De fato, dada uma função diferenciável $f\colon D \to \mathbb{R}$, o conjunto $C_k = \{(x,y) \in D; f(x,y) = k\}$ é a curva de nível de f no nível k. Logo, se $P(t) = (x(t), y(t))$ é uma parametrização de C_k, com $t \in (a,b)$, então $f(P(t)) = f(x(t), y(t)) = k$ para todo $t \in (a,b)$, e da regra da cadeia segue-se que

$$0 = \frac{d}{dt} f(P(t)) = \langle \nabla f(P(t)), P'(t) \rangle.$$

Assim, $\nabla f(P(t))$ é ortogonal a $P'(t)$ para todo $t \in (a,b)$. Como $P'(t)$ é tangente a C_k no ponto $P(t)$, segue-se que $\nabla f(P(t))$ é ortogonal a C_k em $P(t)$.

Abreviadamente diz-se que o gradiente ∇f é ortogonal à curva de nível C_k, entendendo que a ortogonalidade se verifica em cada ponto da curva.

▪ **Exemplo 4.5** Esboce alguns vetores do campo magnético $B = \nabla f$ associado ao potencial $f(x,y) = \arctan(x/y)$ definido em $D = \{(x,y) \in \mathbb{R}^2;\ y > 0\}$. ▪

Solução. O primeiro fato a notar é que as curvas de nível do potencial são semirretas pela origem, uma vez que essas curvas são dadas por

$$C_k = \{(x,y) \in D;\ f(x,y) = k\} = \{(x,y) \in D;\ x/y = \tan(k)\}$$

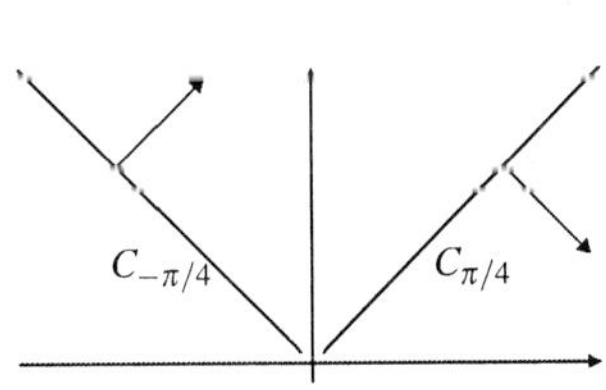

Por exemplo, as curvas $C_{\pm\pi/4}$ são as semirretas $x = \pm y$ com $y > 0$, que estão ilustradas ao lado. Ora! O campo $B = \nabla f$ é ortogonal às curvas de nível, e daí já se tem a direção. Para saber o sentido, deve-se olhar o sinal das coordenadas.

Então, calculando, não é difícil ver que o campo magnético é dado por

$$B(x,y) = (f_x(x,y), f_y(x,y)) = \left(\frac{y}{x^2+y^2}, \frac{-x}{x^2+y^2} \right)$$

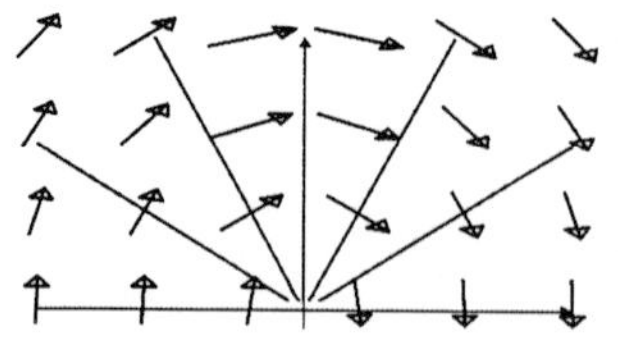

Daí se segue que, no primeiro quadrante, a primeira coordenada é positiva, enquanto que a segunda é negativa. Já no segundo quadrante as duas coordenadas são positivas. Logo, o campo deve ser como o ilustrado na figura acima.

A figura ao lado ilustra várias curvas de nível juntamente com mais alguns vetores do campo. □

Regra da cadeia II

A regra da cadeia tem ainda duas outras aplicações. Uma é em relação às derivadas direcionais, com as quais é possível determinar a direção de maior crescimento. Outra é uma demonstração da lei de conservação da energia mecânica.

Derivada direcional

As derivadas parciais são as inclinações das retas tangentes ao gráfico de uma função ao longo dos eixos coordenados. E ao longo de uma outra reta qualquer, qual a inclinação desse gráfico? Essa pergunta pode ser respondida com a derivada direcional, cuja interpretação é exatamente esta, a de fornecer a inclinação do gráfico da função ao longo de uma reta dada. Assim, as derivadas direcionais são uma extensão natural das derivadas parciais.

A derivada direcional é definida como segue. Seja $f\colon D \to \mathbb{R}$ e $P_0 = (x_0, y_0)$ um ponto tal que $B(P_0, \delta) \subset D$ para algum $\delta > 0$. Escolhida uma direção $v = (a,b)$, considere a reta $P(t) = P_0 + tv$ $= (x_0 + at, y_0 + bt)$, que passa por P_0 e tem a direção v. Assim, se $|t|$ for pequeno, então $P(t) \in B(P_0, \delta) \subset D$, e fica definida a composta

$$f(P(t)) = f(x_0 + at, y_0 + bt)$$

que representa a restrição da função f ao longo da reta $P(t)$. Veja a figura ao lado.

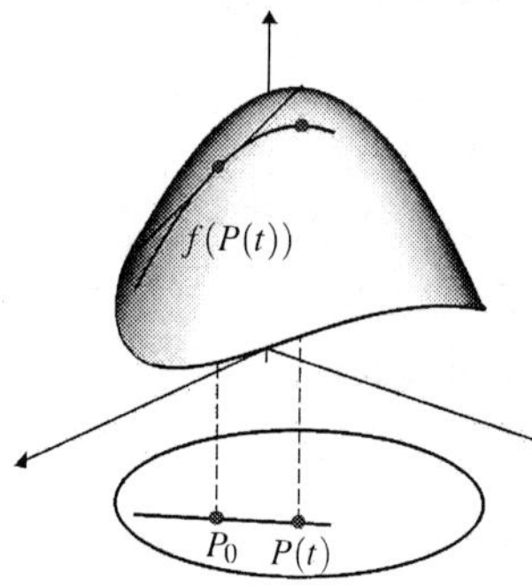

Definição 4.1 Caso exista, a derivada direcional de f no ponto P_0 e na direção v é o limite

$$f_v(P_0) = \frac{d}{dt} f(P(t))\Big|_{t=0} = \lim_{t\to 0} \frac{f(x_0+at, y_0+bt) - f(x_0, y_0)}{t}$$

Para $v = (1,0)$, a reta é $P(t) = (x_0+t, y_0)$, e, portanto, a derivada direcional

$$f_v(P_0) = \lim_{t\to 0} \frac{f(x_0+t, y_0) - f(x_0, y_0)}{t}$$

é a derivada parcial $f_x(P_0)$. Da mesma forma $f_v(P_0) = f_y(P_0)$ no caso em que $v = (0,1)$. Assim, as derivadas direcionais são uma generalização das parciais.

Assim como as parciais, as derivadas direcionais podem ou não existir. Podem inclusive não existir em todas as direções, como ilustrado a seguir.

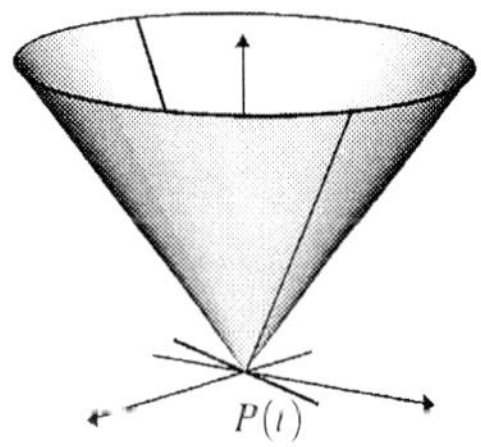

■ **Exemplo 4.6** Determine as direções em que a função $f\colon \mathbb{R}^2 \to \mathbb{R}$, $f(x,y) = \sqrt{x^2+y^2}$, tem derivada direcional no ponto $P_0 = (0,0)$. ■

Solução. Considere uma direção $v = (a,b)$ com $\|v\| \neq 0$. A reta por P_0 e na direção v tem equação $P(t) = P_0 + tv = (at, bt)$, e daí que

$$\frac{f(P(t)) - f(P(0))}{t} = \frac{\sqrt{(at)^2 + (bt)^2}}{t} = \frac{|t|\sqrt{a^2+b^2}}{t}.$$

onde $\sqrt{a^2+b^2} = \|v\| \neq 0$. Ora! Como não existe o limite $\lim_{t\to 0} |t|/t$, não existe também a derivada direcional $f_v(P_0)$. Conclui-se então que a função não tem derivada direcional em todas as direções. □

■ **Exemplo 4.7** Determine as direções em que a função $f\colon \mathbb{R}^2 \to \mathbb{R}$, $f(x,y) = \sqrt{|xy|}$, tem derivada direcional no ponto $P_0 = (0,0)$. ■

Solução. Novamente, seja $P(t) = P_0 + tv = (at, bt)$ a reta por P_0 e na direção $v = (a,b)$ com $\|v\| \neq 0$. Então

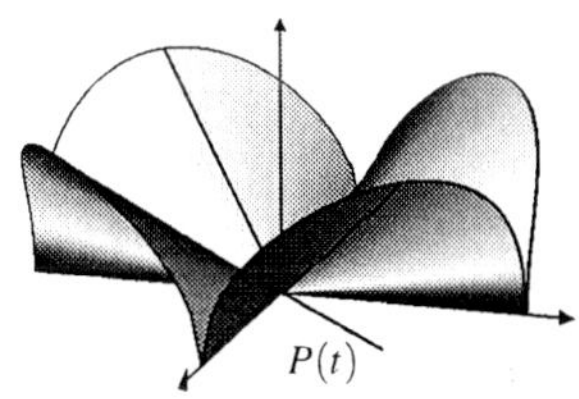

$$\frac{f(P(t)) - f(P(0))}{t} = \frac{\sqrt{|(at)(bt)|}}{t} = \frac{|t|\sqrt{|ab|}}{t}.$$

Como no exemplo anterior, a função não tem derivada direcional nos casos em que $\sqrt{|ab|} \neq 0$, pois não existe o limite $\lim_{t\to 0} |t|/t$.

No entanto, pode-se ter $\sqrt{|ab|} = 0$ com $\|v\| \neq 0$. Basta escolher, por exemplo, $v = (1,0)$. Neste caso, o quociente $\frac{f(P(t))-f(P(0))}{t}$ se anula identicamente, e, portanto, existe a derivada $f_v(P_0) = 0$. Esta é a derivada parcial $f_x(P_0)$, uma vez que a direção é $v = (1,0)$. Analogamente obtém-se $f_v(P_0) = f_y(P_0) = 0$ para $v = (0,1)$. Esse exemplo ilustra o caso em que as derivadas direcionais podem existir em algumas direções e não em outras. □

■ **Exemplo 4.8** Determine as direções em que $f\colon \mathbb{R}^2 \to \mathbb{R}$ tem derivada direcional em $P_0 = (0,0)$, onde $f(P) = \dfrac{2x^2y}{x^4+y^2}$ para $P = (x,y) \neq P_0$ e $f(P_0) = 0$.
■

Solução. De novo, seja $P(t) = P_0 + tv = (at, bt)$ a reta por P_0 na direção $v \neq (0,0)$. Então

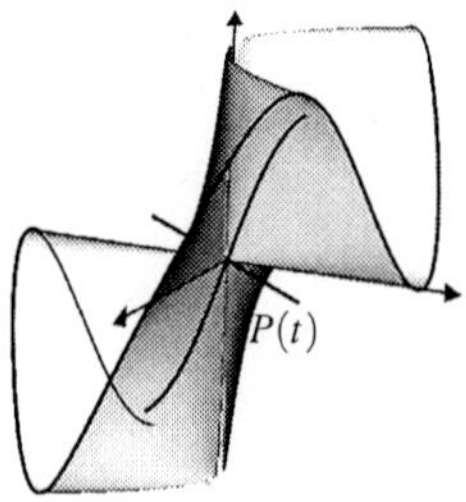

$$\frac{f(P(t)) - f(P(0))}{t} = \frac{1}{t}\,\frac{2(at)^2(bt)}{[(at)^4 + (bt)^2]} = \frac{2a^2b}{a^4t^2 + b^2}.$$

e deve-se considerar os casos em que $b = 0$ e $b \neq 0$. No primeiro caso, em que $b = 0$, o quociente $\frac{f(P(t))-f(P(0))}{t}$ se anula identicamente, e, portanto, existe a derivada $f_v(P_0) = 0$.

No segundo caso, com $b \neq 0$, também existe a derivada direcional, igual a

$$f_v(P_0) = \lim_{t\to 0} \frac{f(P(t)) - f(P(0))}{t} = \lim_{t\to 0} \frac{2a^2b}{a^4t^2 + b^2} = \frac{2a^2}{b}.$$

Assim, a função tem derivada direcional em todas as direções. □

Esse exemplo é chocante! A mesma função foi estudada no **Exemplo 2.7** da **Seção 2**, e, usando a regra dos dois caminhos, foi visto lá que ela nem é contínua em P_0. Assim, em um determinado ponto, a função pode ter derivadas direcionais em todas as direções e, apesar disso, não ser contínua no ponto. Não sendo contínua, ela também não é diferenciável.

Deste exemplo conclui-se que a existência das derivadas direcionais não implica diferenciabilidade. No entanto, de acordo com o próximo resultado, vale a implicação contrária.

> **Teorema 4.2** Se f é diferenciável em P_0, então, neste ponto, ela tem derivada direcional em qualquer direção $v = (a,b)$ e $f_v(P_0) = f_x(P_0)\,a + f_y(P_0)\,b$.

Demonstração. Esta é uma consequência simples da regra da cadeia. De fato, indicando por $P(t) = P_0 + tv$ a reta por P_0 na direção v, $f_v(P_0)$ é a derivada da composta $f(P(t))$ em $t = 0$. Ora! É claro que $P(t)$ é derivável com $P'(0) = v$. Como f é diferenciável em $P_0 = P(0)$, da regra da cadeia segue-se que a composta $f(P(t))$ é derivável em $t = 0$ e, além disso, a derivada é

$$\begin{aligned} f_v(P_0) = \frac{d}{dt} f(P(t))\Big|_{t=0} &= \langle \nabla f(P(0)), P'(0) \rangle \qquad (4.3) \\ &= \langle \nabla f(P_0), v \rangle = f_x(P_0)a + f_y(P_0)b \end{aligned}$$

□

Ótimo! Nos pontos em que a função é diferenciável, ela também tem derivada direcional em qualquer direção. Além disso, a derivada direcional é dada por um produto escalar! Isso é interessante porque o produto escalar pode ser interpretado em termos da projeção ortogonal.

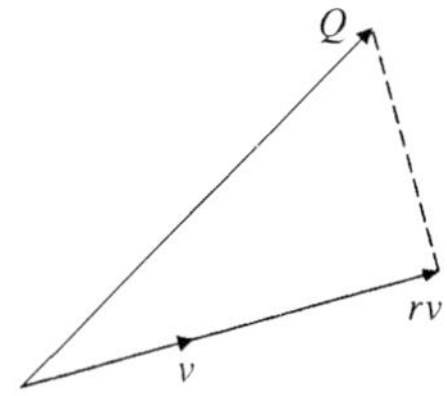

Vale, então, lembrar que a projeção ortogonal do vetor $Q = (c,d)$ sobre o vetor $v = (a,b)$, com $\|v\| \neq 0$, é dada por rv, onde $r = \langle Q, v\rangle / \|v\|^2$. Mais explicitamente, a projeção ortogonal é dada por

$$rv = \frac{\langle Q, v\rangle}{\|v\|^2} v = \left\langle Q, \frac{v}{\|v\|} \right\rangle \frac{v}{\|v\|}$$

No caso em que a v é um vetor unitário, isto é, em que $\|v\| = 1$, a projeção é dada por $rv = \langle Q, v\rangle v$, onde $|r| = |\langle Q, v\rangle|$ é o comprimento da projeção. Em particular, no caso em que $Q = \nabla f(P_0) \neq (0,0)$, de (4.3) segue-se que

$$|f_v(P_0)| = |\langle \nabla f(P_0), v\rangle| = \text{comprimento da projeção de } \nabla f(P_0) \text{ sobre } v$$

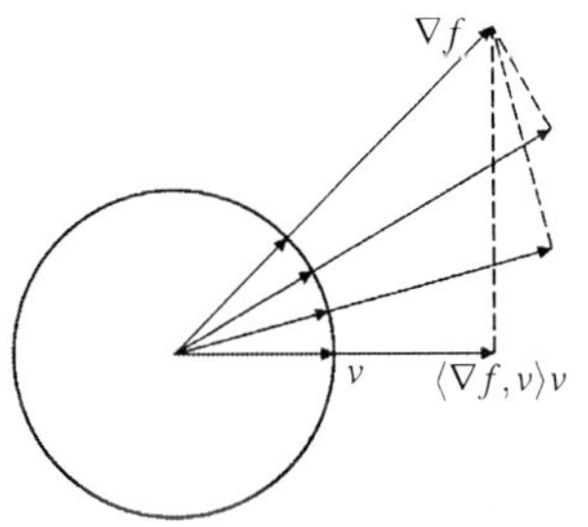

Com essa interpretação, e com o auxilio da figura, segue-se que, entre todas as direções v com $\|v\| = 1$, o maior valor de $f_v(P_0)$ é obtido quando se escolhe v na direção de $\nabla f(P_0)$!

Como $f_v(P_0)$ é também a inclinação do gráfico da função ao longo da reta por P_0 e na direção v, segue-se que a direção do gradiente é a de maior inclinação.

Dito de outra maneira, no ponto P_0 o gradiente $\nabla f(P_0)$ aponta na direção de maior crescimento da função. Essa justificativa geométrica pode ser demonstrada analiticamente como segue.

Lema 4.1 Supor f diferenciável em P_0 com $\|\nabla f(P_0)\| \neq 0$. Então a direção $w = \dfrac{\nabla f(P_0)}{\|\nabla f(P_0)\|}$ é tal que $f_v(P_0) \leq f_w(P_0)$ para toda direção v com $\|v\| = 1$.

■

Demonstração. Como $w = \nabla f(P_0)/\|\nabla f(P_0)\|$, é claro que

$$f_w(P_0) = \langle \nabla f(P_0), w\rangle = \frac{\langle \nabla f(P_0), \nabla f(P_0)\rangle}{\|\nabla f(P_0)\|} = \|\nabla f(P_0)\| \tag{4.4}$$

Por outro lado, para uma direção v com $\|v\|=1$, da igualdade acima tem-se que

$$f_v(P_0) = \langle \nabla f(P_0), v\rangle = \|\nabla f(P_0)\|\|v\|\cos(\theta) \leq \|\nabla f(P_0)\| = f_w(P_0) \tag{4.5}$$

onde θ é o ângulo entre v e $\nabla f(P_0)$, o que demonstra o lema. □

O exemplo a seguir é uma aplicação interessante do **Lema 4.1**, em que as linhas de fluxo do calor são as linhas ao longo das quais o calor flui.

- **Exemplo 4.9** Determine as linhas de fluxo do calor para a chapa $D = \{(x,y); x^2+y^2 < 1 \text{ e } y > 0\}$ com temperatura $T(x,y) = \frac{20}{\pi} \arctan\left(\frac{2y}{1-x^2-y^2}\right)$. ■

Solução. O primeiro passo é estudar as curvas de nível $C_k = \{(x,y) \in D\colon\ T(x,y) = k\}$, que são as isotermas da chapa. Indicando por $c = \tan(\frac{k\pi}{20})$, é fácil concluir que C_k é um arco do círculo $x^2 + (y+1/c)^2 = 1 + 1/c^2$, de centro no ponto $(0, -1/c)$ e raio $\sqrt{1+1/c^2}$.

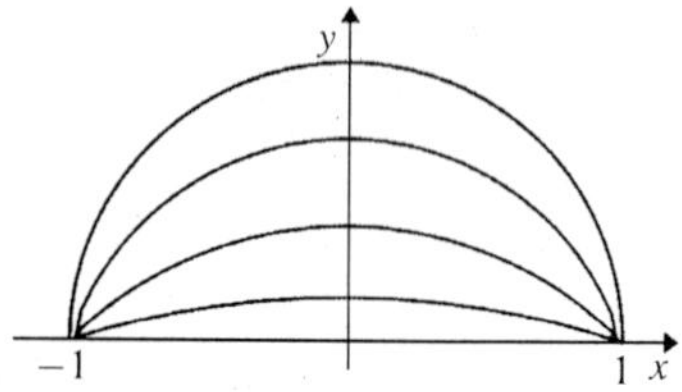

Todos esses círculos passam por $(1,0)$ e $(-1,0)$, conforme a figura acima.

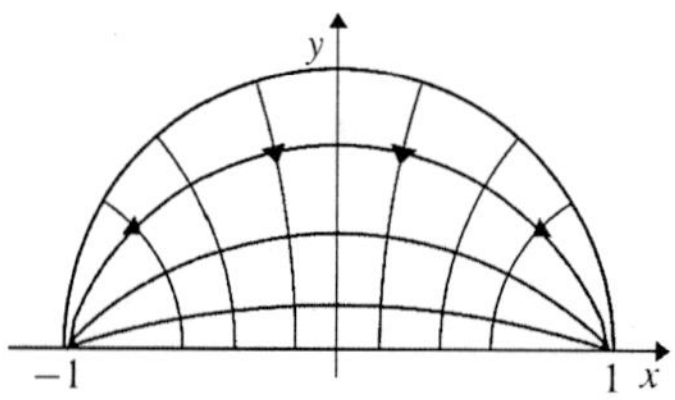

Ora! Em cada ponto $P \in D$, o calor flui na direção da menor temperatura, e pelo **Lema 4.1** essa direção é $-\nabla T(P)$, isto é, a direção contrária à de maior crescimento. Além disso, o gradiente é ortogonal à curva de nível.

Assim, as linhas de fluxo são aquelas ortogonais às isotermas, conforme a figura acima.

Veja o gráfico da função temperatura ilustrado ao lado. De lá percebe-se que a temperatura é alta em pontos perto do arco de círculo, e baixa em pontos perto do eixo $\mathcal{O}x$. O calor flui então da maior para a menor temperatura, ao longo de linhas que são ortogonais às isotermas.

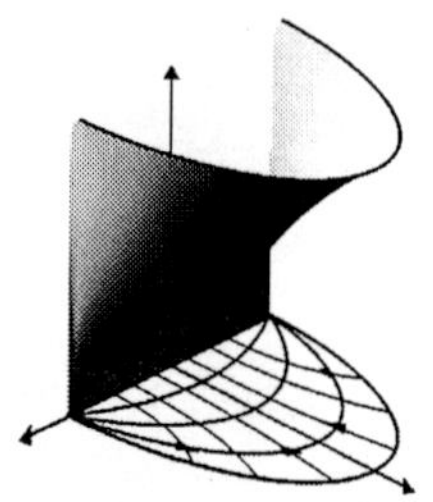

□

Este exemplo ilustra bem como as propriedades do gradiente podem ser usadas em estudos de termodinâmica.

Forças conservativas

A regra da cadeia pode ser usada no estudo de algumas leis de conservação.

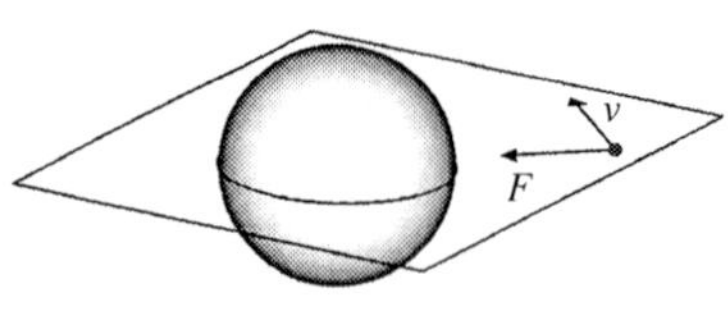

Por exemplo, considere a força gravitacional com que a Terra atrai um satélite que está em órbita. Escolha um sistema de coordenadas $\mathcal{O}xy$ em que o centro de massa da Terra está na origem.

Sejam $P = (x,y)$ a posição do satélite, M a massa da Terra, m a massa do satélite e $F(P)$ a força gravitacional com que a Terra atrai o satélite.

Segundo as leis de Newton, a intensidade da força é $\|F(P)\| = \frac{GMm}{\|P\|^2}$, a direção é aquela que liga os centros de massa e o sentido é do satélite para a Terra. Assim, a força $F(P)$ tem a direção e sentido do vetor unitário $U(P) = \frac{-P}{\|P\|}$ e sua expressão é $F(P) = \|F(P)\|\, U(P) = \frac{GMm}{\|P\|^2}\frac{-P}{\|P\|} = -\frac{GMm}{\|P\|^3}\,P$.

Em termos das coordenadas $P = (x,y)$ do ponto P, a força escreve-se como

$$F(x,y) = -\frac{GMm}{(\sqrt{x^2+y^2})^3}(x,y) = \left(\frac{-GMm\,x}{(x^2+y^2)^{3/2}}, \frac{-GMm\,y}{(x^2+y^2)^{3/2}}\right)$$

Com essa notação, percebe-se uma igualdade impressionante: a função

$$f(P) = \frac{GMm}{\|P\|} = GMm\,(x^2+y^2)^{-1/2}$$

é tal que

$$f_x(x,y) = \frac{-1}{2}GMm\,(x^2+y^2)^{-3/2}\,(2x) = \frac{-GMm\,x}{(x^2+y^2)^{3/2}}$$

Assim, f_x é a primeira coordenada do campo F! Analogamente, f_y é a segunda coordenada. Daí que a força F é igual ao gradiente da função f, isto é,

$$F(x,y) = (f_x(x,y), f_y(x,y)) = \nabla f(x,y)$$

Como será visto a seguir, essa igualdade é o motivo de fundo pelo qual a força gravitacional é conservativa. A partir dela é possível mostrar que a f fornece o trabalho realizado pela força F ao longo de uma trajetória. Além disso, como o trabalho e a energia potencial tem sinais contrários, se o satélite está no ponto $P = (x,y)$, então a sua energia potencial é $E_P(x,y) = -f(x,y)$.

A energia total é a soma $E_C(x,y) + E_P(x,y)$ das energias cinética e potencial. Em relação à energia cinética, indicando por $P(t) = (x(t), y(t))$ a posição do satélite no instante t, a velocidade vetorial é $P'(t) = (x'(t), y'(t))$, a velocidade escalar é $v(t) = \|P'(t)\|$ e a energia cinética é

$$E_C(P(t)) = \frac{1}{2}mv(t)^2 = \frac{1}{2}m\|P'(t)\|^2 = \frac{1}{2}m(x'(t)^2 + y'(t)^2)$$

■ **Exemplo 4.10** Com a notação acima, verifique que a energia total $\mathscr{E}(t) = E_C(P(t)) + E_P(P(t))$ se conserva, isto é, que $\mathscr{E}(t)$ não depende de t. ■

Solução. Basta que a derivada $\mathscr{E}'(t)$ seja nula. E, de fato, derivando obtém-se

$$\begin{aligned}\frac{d}{dt}E_C(P(t)) &= \frac{1}{2}m(2x'(t)x''(t) + 2y'(t)y''(t)) \\ &= \langle (mx''(t), my''(t)), (x'(t), y'(t)) \rangle = \langle mP''(t), P'(t) \rangle\end{aligned}$$

onde $P''(t) = (x''(t), y''(t))$ é o vetor aceleração do satélite.

Por outro lado, a energia potencial $E_P(P(t)) = -f(P(t))$ é uma composta, com derivada dada pela Regra da Cadeia. Assim, usando que $\nabla f = F$, obtém-se

$$\frac{d}{dt}E_P(P(t)) = \langle -\nabla f(P(t)), P'(t)\rangle = \langle -F(P(t)), P'(t)\rangle$$

Agora é hora de usar mais uma das leis de Newton, a que afirma que a força é igual a massa vezes a aceleração. No caso em questão, essa lei assegura que $F(P(t)) = mP''(t)$. Usando essa lei e somando as derivadas acima, obtém-se

$$\begin{aligned}\frac{d}{dt}\mathscr{E}(t) &= \frac{d}{dt}E_C(P(t)) + \frac{d}{dt}E_P(P(t)) \\ &= \langle mP''(t), P'(t)\rangle + \langle -F(P(t)), P'(t)\rangle = \langle mP''(t) - F(P(t)), P'(t)\rangle = 0\end{aligned}$$

Isso mostra que $\mathscr{E}'(t)$ se nula, e, portanto, $\mathscr{E}(t)$ é independente do parâmetro t, o que significa que a energia total se conserva ao longo da trajetória. □

Não há nada de muito particular em relação à força gravitacional. O importante é que a força F seja o gradiente $F = \nabla f$ de alguma função f, que é dita a função potencial do campo. Se esse for o caso, o mesmo argumento mostra que a energia total é conservada, e a força é dita conservativa.

Exercícios

1) Considere o problema de comparar a média aritmética $(x_0 + y_0)/2$ com a média geométrica $\sqrt{x_0 y_0}$ dos números não negativos x_0 e y_0. Nesse sentido, sejam $f(x,y) = xy$, $c = x_0 + y_0$ e $P\colon [a,b] \to \mathbb{R}^2$, $P(t) = (x(t), y(t))$, uma parametrização regular do segmento de reta entre os pontos $P(a) = (c,0)$ e $P(b) = (0,c)$, conforme a figura. Julgue os itens a seguir.

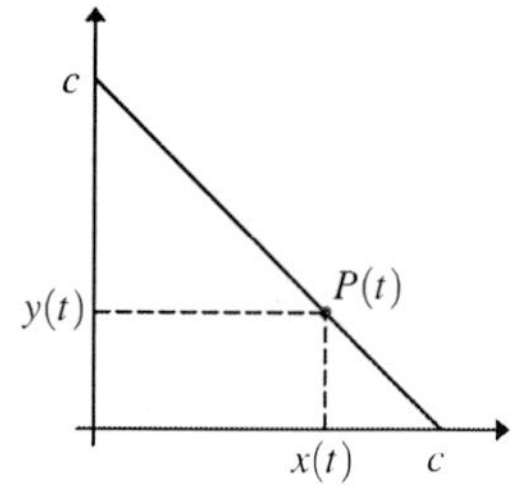

C | E a) Tem-se necessariamente que $x(t) + y(t) = c$.

C | E b) $P(t) \neq (x_0, y_0)$ para todo $t \in [a,b]$.

C | E c) $f(P(t))$ assume o valor mínimo em algum ponto interior ao intervalo $[a,b]$.

C | E d) Em um ponto crítico t_0 de $f(P(t))$, tem-se que $x(t_0) \neq y(t_0)$.

C | E e) a média aritmética é maior ou igual à média geométrica.

2) Considere uma distribuição de carga ao longo de $\mathscr{O}z$ com densidade constante $\delta = 1$. No domínio $D = \{(x,y); y > 0\}$ e para $K > 0$, a distribuição gera um campo elétrico que é o gradiente $E(x,y) = -\nabla f(x,y)$ da função $f(x,y) =$

$-K\ln(x^2+y^2)$. Suponha que uma partícula de massa m e carga 1 se desloca ao longo da trajetória $P(t) = (x(t), y(t))$ sujeita apenas ao campo E. Nesse caso, E é a resultante das forças sobre a partícula e vale a lei de Newton $E(P(t)) = mP''(t)$. Com essa notação, $\mathscr{E}(t) = (m/2)\|P'(t)\|^2 + f(P(t))$ é a energia total da partícula no tempo t.

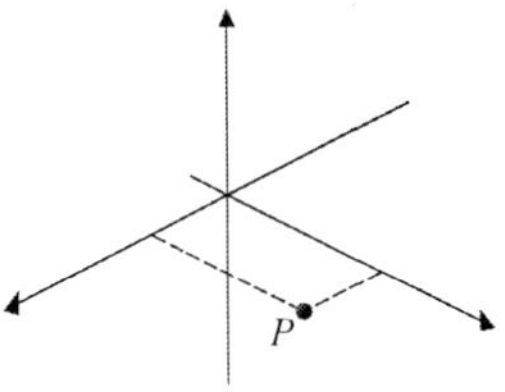

a) Calcule as derivadas $f_x(P)$ e $f_y(P)$.

b) Calcule a norma $\|E(P)\|$ e o vetor unitário $U(P)$ na direção e sentido do campo em um ponto genérico $P = (x,y) \in D$.

c) Esboce o vetor $U(P)$ e a curva de nível de f por um ponto genérico $P \in D$.

d) Verifique que a energia total é conservada, isto é, que $d\mathscr{E}(t)/dt \equiv 0$.

e) Use o item anterior para verificar que, se a partícula estiver se movendo sobre uma curva de nível de f, então $\|P'(t)\|$ é constante.

3) Sabe-se que, para funções de uma variável, uma limitação na derivada implica limitação da própria função, e um fato semelhante pode ser mostrado para funções de duas variáveis. Para isso, sejam $R > 0$, $D = \{P \in \mathbb{R}^2; \|P\| \leq R\}$ e $f\colon D \to \mathbb{R}$ uma função diferenciável com $|f_x(P)| \leq 6$ e $|f_y(P)| \leq 8 \quad \forall\, P \in D$. Dados P_1 e P_2 em D, considere o caminho $P(t) = P_1 + t(P_2 - P_1)$ e a função $g(t) = f(P(t))$. Segundo o Teorema do Valor Médio, tem-se $g(1) - g(0) = g'(c)$ para $c \in (0,1)$. Se necessário, use a desigualdade $|\langle u,v\rangle| \leq \|u\|\|v\| \;\forall\, u,v \in \mathbb{R}^2$.

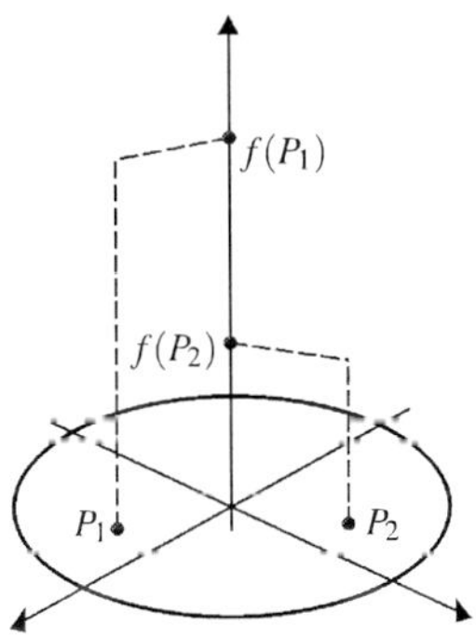

a) Obtenha $K_0 > 0$ tal que $\|\nabla f(P)\| \leq K_0$ para todo $P \in D$.

b) Obtenha a expressão de $g(1) - g(0)$ em termos de f e dos pontos P_1 e P_2.

c) Obtenha a expressão da derivada $g'(t)$ em termos das derivadas parciais de f e dos pontos P_1 e P_2.

d) Obtenha uma constante K_1 tal que

$$\|f(P_1) - f(P_2)\| \leq K_1\|P_1 - P_2\| \;\forall\, P_1, P_2 \in D$$

e) Obtenha $L > 0$ tal que a imagem de f esteja contida em um intervalo de comprimento L.

4) Seja $u(x)$ a solução do problema de valor de contorno

$$-u''(x) = f(x), \quad x \in (0,1), \qquad u(0) = u(1) = 0. \tag{4.6}$$

que modela a temperatura da barra $[0,1]$ sujeita a uma fonte interna de calor $f(x)$. A solução pode ser escrita na forma $u(x) = g(x,x) + h(x,x)$, onde

$$g(x,y) = \int_0^x (1-y)tf(t)\,dt \quad \text{e} \quad h(x,y) = \int_x^1 y(1-t)f(t)\,dt.$$

É uma forma conveniente, pois permite relacionar as propriedades de $f(x)$ e $u(x)$.

a) Use o teorema fundamental do Cálculo para calcular as derivadas parciais das funções $g(x,y)$ e $h(x,y)$.

b) Use a regra da cadeia para calcular a derivada da composta $g(x,x)$.

c) Calcule agora a derivada da composta $h(x,x)$ e obtenha a expressão de $u'(x)$.

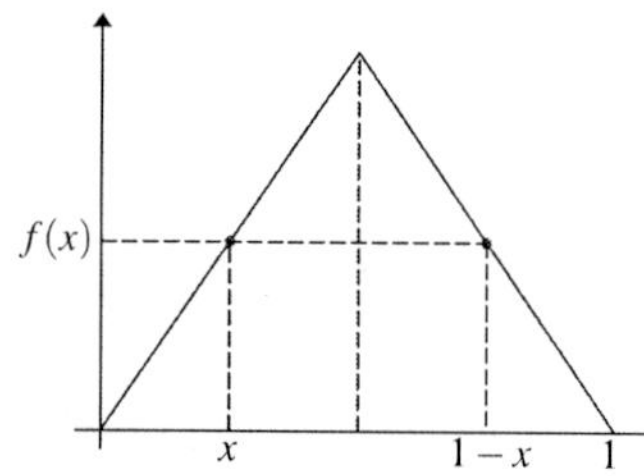

d) Calcule $u''(x)$ e verifique que $u(x)$ é solução do problema (4.6).

e) Suponha que $f(x)$ tem a simetria $f(1-x) = f(x)$. Use a mudança de variável $t = 1-s$ para mostrar que $u(x)$ tem a mesma simetria.

5. Máximos e mínimos

Problemas de máximos e mínimos

Partindo do princípio de que a luz percorre o caminho de tempo mínimo, Fermat (1607-1665) demonstrou a lei de Snell, conhecida na época apenas como uma lei experimental. A partir daí muitos outros princípios de mínimo foram formulados para explicar outros fenômenos. Essas pesquisas deram origem à área da Matemática conhecida hoje como Cálculo das Variações, área inteiramente dedicada ao estudo de problemas de máximos e mínimos.

Lembrando: máximos e mínimos em uma variável

Não há nada de novo em problemas de máximos e mínimos em várias variáveis. As ideias são as mesmas usadas em uma variável, e vale lembrar este caso.

Suponha $I \subset \mathbb{R}$ um intervalo e $g\colon I \to \mathbb{R}$ uma função dada. Um problema interessante é o de verificar se a função tem um ponto de máximo absoluto, isto é, um ponto $x_0 \in I$ com a propriedade de que $g(x) \leq g(x_0)$ para todo $x \in I$. O valor $g(x_0)$ é dito, então, o valor máximo da função. Analogamente para os pontos de mínimo absoluto.

Outros pontos de interesse são os de máximo local. Indicando por $I_\varepsilon = (x_0 - \varepsilon, x_0 + \varepsilon)$ uma vizinhança de x_0, este ponto é de máximo local se existe $\varepsilon > 0$ com a propriedade de que $g(x) \leq g(x_0)$ para todo $x \in I_\varepsilon \cap I$.

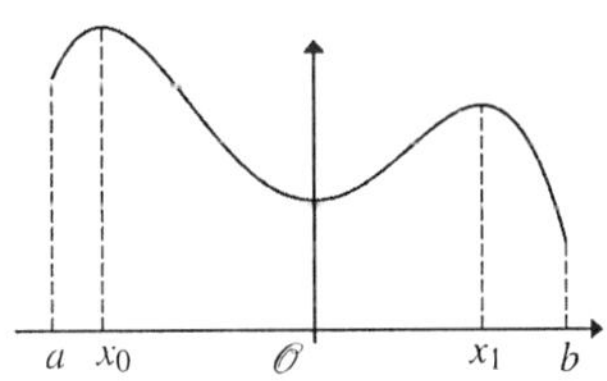

Assim, um ponto de máximo local é um ponto de máximo absoluto restrita a alguma vizinhança $I_\varepsilon \cap I$. Analogamente para os pontos de mínimo local.

Na figura acima, a origem é de mínimo local, enquanto que x_0 e x_1 são de máximo local. De fato, x_0 é ponto de máximo absoluto. Esses pontos são interiores ao intervalo $I = [a,b]$ e, supondo que a função seja derivável, a derivada se anula em todos esses três pontos. Isso ilustra a importância da derivada na pesquisa de pontos de máximo e mínimo.

No entanto, a é também de mínimo local, mas a derivada lateral correspondente não se anula nesse ponto! Mesma observação para o ponto b, que é de mínimo absoluto. Assim, nos pontos do bordo $\partial I = \{a,b\}$, as derivadas laterais não são de muita ajuda. O que se pode dizer com certeza é o seguinte:

Lema 5.1 Supor $g\colon I \to \mathbb{R}$ derivável e x_0 um ponto de máximo (ou mínimo) local. Supor ainda x_0 um ponto *interior* de I. Então $g'(x_0) = 0$. ■

Demonstração. Suponha x_0 máximo local. Como x_0 é interior, existe $\varepsilon > 0$ tal que $(x_0 - \varepsilon, x_0 + \varepsilon) \subset I$ e $g(x) \leq g(x_0)$ para todo $x \in (x_0 - \varepsilon, x_0 + \varepsilon)$.

Assim, $g(x) - g(x_0) \leq 0$ para todo $x \in (x_0 - \varepsilon, x_0 + \varepsilon)$, mas o sinal de $x - x_0$ depende de x ser menor ou maior do que x_0. De fato, tem-se que

$$\frac{g(x)-g(x_0)}{x-x_0} \geq 0 \;\; \forall\, x \in (x_0-\varepsilon, x_0) \quad \text{e} \quad \frac{g(x)-g(x_0)}{x-x_0} \leq 0 \;\; \forall\, x \in (x_0, x_0+\varepsilon)$$

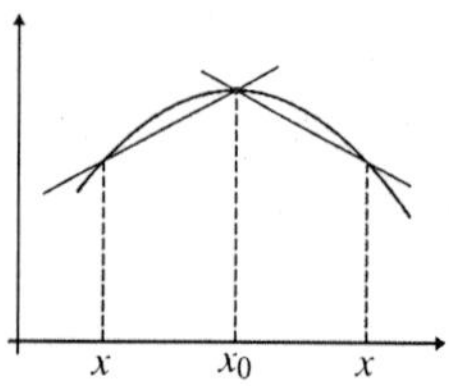

Veja a figura ao lado. Ora! Como g é derivável, as derivadas laterais são iguais, de onde se segue que

$$0 \leq \lim_{x\to x_0^-} \frac{g(x)-g(x_0)}{x-x_0} = g'(x_0) = \lim_{x\to x_0^+} \frac{g(x)-g(x_0)}{x-x_0} \leq 0$$

e, portanto, $g'(x_0) = 0$. Analogamente se x_0 for mínimo local. □

O lema explica o fato de que, em pontos de mínimo que estão no bordo, a derivada lateral correspondente pode não ser nula. A explicação é que nestes pontos só é possível calcular uma das derivadas laterais, e são necessárias as duas para concluir que a derivada se anula.

Os pontos *interiores* onde a derivada se anula são ditos *pontos críticos*. Segundo o lema, esses são candidatos a pontos de máximo ou de mínimo. No entanto, como o critério da derivada não pode ser usado nos pontos do bordo, esse pontos devem ser tratados em separado.

O **Exemplo 5.1**, a seguir, fornece um roteiro para se determinar máximos e mínimos absolutos de uma função contínua definida em um intervalo fechado e limitado. De acordo com o **Teorema 2.1**, da **Seção 2**, as condições de domínio fechado e limitado e função contínua são suficientes para garantir a existência de máximos e mínimos absolutos. Assim, o problema não é saber *se* eles existem, mas sim *onde* eles estão. O interessante aqui é que os mesmos passos podem ser usados na determinação de máximos e mínimos em várias variáveis.

O exemplo considera o percurso de um raio de luz que parte do ponto $A_1 = (0,3)$ que está no ar, incide na superfície da água no ponto $P = (x,0)$ e alcança o ponto $A_2 = (L,-3)$ dentro da água, conforme a figura ao lado. Indique por c_1 a velocidade da luz no ar, por c_2 a velocidade da luz na água e por $k = c_1/c_2$ o índice de refração.

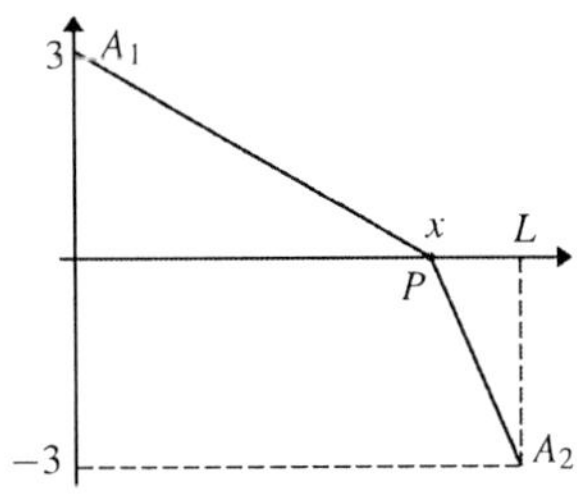

É claro que o tempo de percurso depende tanto das velocidades c_1 e c_2 como também do ponto de incidência $P = (x,0)$, e o problema está em determinar x para que o tempo de percurso seja mínimo.

■ **Exemplo 5.1** Suponha $L = 4+9/4$, $k = 4/3$ e use o princípio do tempo mínimo de Fermat para determinar o ponto x de incidência do raio de luz. ■

Solução. Indique por d_1 a distância entre A_1 e P e por d_2 a distância entre P e A_2. Então o tempo T_1 gasto pela luz para fazer o percurso de A_1 a P é tal que $T_1 c_1 = d_1$, e analogamente $T_2 c_2 = d_2$ para o tempo T_2 entre P e A_2. Assim, o tempo total é $T = T_1 + T_2 = d_1/c_1 + d_2/c_2$. Em termos da coordenada x, tem-se que $d_1 = \sqrt{x^2+3^2}$ e $d_2 = \sqrt{(L-x)^2+3^2}$, e, portanto, $T = T(x)$, onde

$$T(x) = \frac{1}{c_1}\sqrt{x^2+3^2} + \frac{1}{c_2}\sqrt{(L-x)^2+3^2} = \frac{1}{c_1}\left(\sqrt{x^2+3^2} + k\sqrt{(L-x)^2+3^2}\right)$$

Segundo o princípio de Fermat, o caminho efetivamente percorrido pela luz é aquele que minimiza o tempo T. Assim o problema está reduzido a se determinar o mínimo absoluto da função T definida no intervalo $I = [0,L]$. Como a função é contínua e o intervalo é fechado e limitado, a existência de mínimos já está garantida, e o problema é o de determinar onde esse ponto está. Para isso, basta seguir os passos abaixo.

1° Passo: Determinar os pontos críticos interiores ao intervalo I.

Calculando a derivada, obtém-se

$$T'(x) - \frac{1}{c_1}\left(\frac{x}{\sqrt{x^2+3^2}} - k\frac{(L-x)}{\sqrt{(L-x)^2+3^2}}\right)$$

de onde se segue que os pontos críticos são as soluções da equação

$$\frac{x}{\sqrt{x^2+3^2}} = k\frac{(L-x)}{\sqrt{(L-x)^2+3^2}} \tag{5.1}$$

Essa equação é um pouquinho trabalhosa de resolver. Mas, com um pouco de paciência, elevando ao quadrado ambos os lados, usando os valores $L = 4+9/4$ e $k = 4/3$ e simplificando, obtém-se que a equação é equivalente a

$$\begin{aligned} 0 &= 112x^4 - 1400x^3 + 5383x^2 - 28800x + 90000 \\ &= (x-4)(112x^3 - 952x^2 + 1575x - 22500) \end{aligned}$$

onde o polinômio cúbico não tem raízes no intervalo $[0,L]$. Assim, o único ponto crítico interior ao intervalo I é o ponto $x = 4$.

2° Passo: Determinar o mínimo da função no bordo de I.

Com $L = 4 + 9/4$ e $k = 4/3$, os valores da função no bordo $\partial I = \{0, L\}$ são

$$T(0) = \frac{1}{c_1}\left(3 + k\sqrt{L^2+3^2}\right) \approx \frac{12,24}{c_1} \quad \text{e} \quad T(L) = \frac{1}{c_1}\left(\sqrt{L^2+3^2} + 3k\right) \approx \frac{10,93}{c_1}$$

Logo, no bordo, o mínimo é assumido em $x = L$ e o máximo em $x = 0$.

3° Passo: Determinar o mínimo absoluto da função no intervalo I.

No interior de I, o único candidato a máximo ou mínimo é o ponto crítico $x = 4$. Deve-se então comparar o valor da função nesse ponto com os valores da função no bordo. Calculando, obtém-se que $T(4) = 10/c_1$, e, portanto,

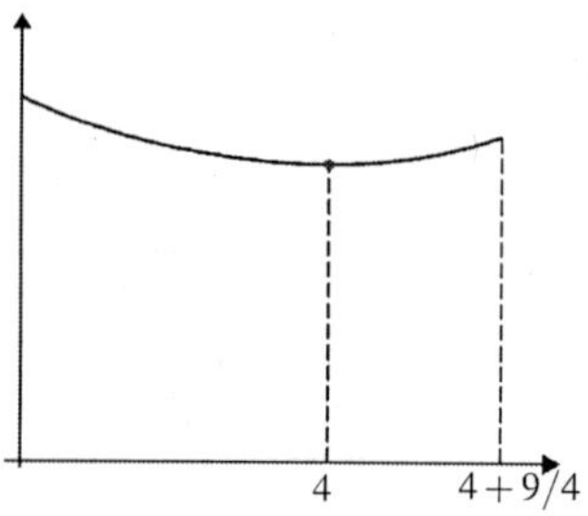

$$T(4) < T(L) < T(0)$$

Desta comparação segue-se finalmente que o ponto crítico $x = 4$ é de mínimo absoluto e o ponto do bordo $x = 0$ é de máximo absoluto. De outra forma, o tempo mínimo de percurso é aquele em que o ponto de incidência é $P = (4,0)$, e esse é o percurso efetivo da luz.

Com essas informações, e estudando o sinal da derivada $T'(x)$, não é difícil perceber que o gráfico da função $T(x)$ é como ilustrado na figura acima. □

Veja agora como Fermat demostrou a lei de Snell. De (5.1) e da notação da figura ao lado, os pontos críticos de $T(x)$ são tais que

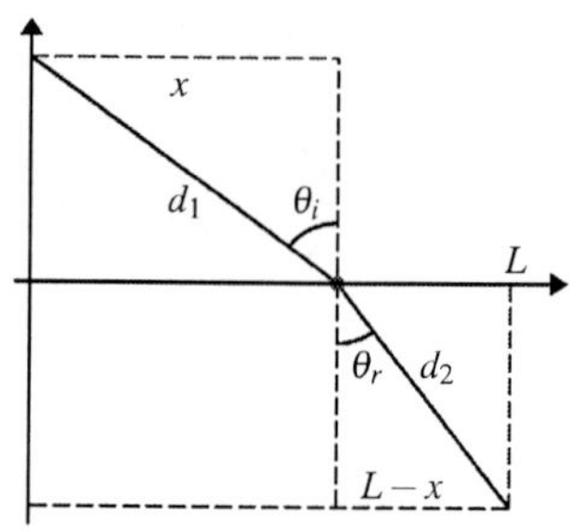

$$\frac{x}{d_1} = k\frac{L-x}{d_2} = \frac{c_1}{c_2}\frac{L-x}{d_2}$$

Indique por θ_i o ângulo de incidência e por θ_r é o ângulo de refração, conforme a figura.

Então, ainda da figura, tem-se que $x/d_1 = \text{sen}(\theta_i)$ e $(L-x)/d_2 = \text{sen}(\theta_r)$. Segue-se que os pontos críticos de $T(x)$ são aqueles para os quais

$$\frac{\text{sen}(\theta_i)}{\text{sen}(\theta_r)} = \frac{c_1}{c_2},$$

que é exatamente a lei de Snell.

O surpreendente aqui é que a lei de Snell é puramente experimental e pertence ao mundo físico. Já o princípio de Fermat é puramente teórico e pertence ao mundo das ideias. Assim, o princípio de Fermat estabelece uma inesperada ponte entre esses dois mundos.

Máximos e mínimos em várias variáveis

O modelo agora segue de perto o caso de uma variável estudado acima.

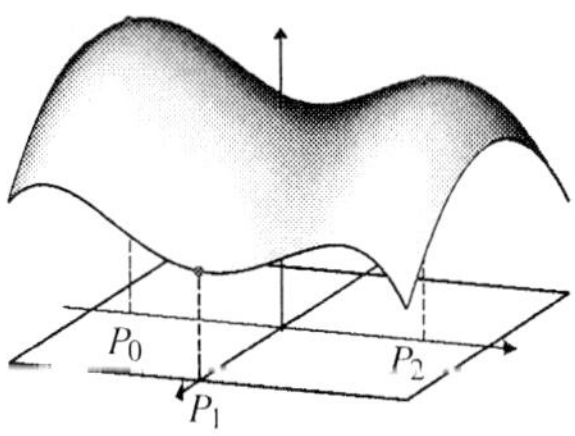

Suponha $f\colon D \to \mathbb{R}$ uma função dada, onde $D \subset \mathbb{R}^2$. O problema é o de verificar se a f tem um ponto de máximo absoluto, isto é, um ponto $P_0 \in D$ com a propriedade de que $f(P) \leq f(P_0)$ para todo $P \in D$. O valor $f(P_0)$ é dito, então, o valor máximo da função. Veja a figura ao lado. Analogamente para os pontos de mínimo absoluto.

Outros pontos de interesse são os de máximo local. Indicando por $B(P_0, \varepsilon)$ a bola de centro P_0 e raio ε, este ponto é de máximo local se existe $\varepsilon > 0$ tal que $f(P) \leq f(P_0)$ para todo $P \in B(P_0, \varepsilon) \cap D$. Assim, um ponto de máximo local é um ponto de máximo absoluto para a função f restrita a alguma vizinhança de P_0. Por exemplo, na figura acima o ponto P_2 é de máximo local. Analogamente para os pontos de mínimo local.

Ainda na figura acima, tanto P_0 como P_2 são pontos interiores a D, e, supondo que a função seja diferenciável, os planos tangentes são horizontais nesses pontos. Equivalentemente, as derivadas parciais se anulam nesses pontos.

Essas observações ilustram a importância das derivadas parciais na pesquisa de pontos de máximo e mínimo.

No entanto, no ponto P_1, que é de mínimo local, o plano tangente não é horizontal! De fato, como $P_1 \in \partial D$, não se pode nem falar em plano tangente nesse ponto. Assim, nos pontos do bordo ∂D, as derivadas parciais não são de muita ajuda. O que se pode dizer com certeza é o seguinte.

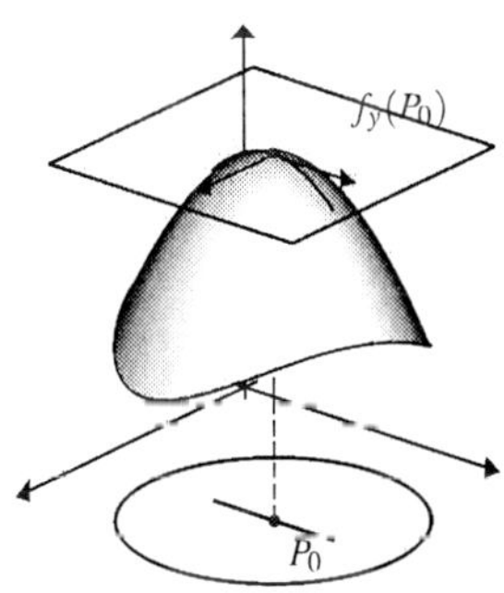

Lema 5.2 Supor $f\colon D \to \mathbb{R}$ uma função diferenciável e P_0 um ponto de máximo (ou mínimo) local. Supor ainda P_0 um ponto *interior* de D. Então $f_x(P_0) = f_y(P_0) = 0$. ■

Demonstração. Suponha $P_0 = (x_0, y_0)$ ponto de máximo local. Como P_0 é interior, existe $\varepsilon > 0$ tal que $B(P_0, \varepsilon) \subset D$ e, além disso, $f(P) \leq f(P_0)$ para todo $P \in B(P_0, \varepsilon)$. Em particular $f(x_0, y) \leq f(x_0, y_0)$ para todo $y \in (y_0 - \varepsilon, y_0 + \varepsilon)$.

Assim, y_0 é ponto de máximo local da função $h(y) = f(x_0, y)$, e, do **Lema 5.1**, conclui-se que $h'(y_0) = f_y(x_0, y_0) = 0$. Analogamente, $f_x(x_0, y_0) = 0$. □

Os pontos *interiores* ao domínio D onde as duas derivadas parciais se anulam são ditos *pontos críticos* da função $f\colon D \to \mathbb{R}$.

O **Exemplo 5.2**, abaixo, segue o mesmo roteiro do **Exemplo 5.1** para obter os pontos de máximo e mínimo absolutos de uma função contínua definida em um domínio fechado e limitado. Vale repetir que, de acordo com o **Teorema 2.1** da **Seção 2**, a existência dos máximos e mínimos já estão garantidas, e o problema é o de saber onde esses pontos estão.

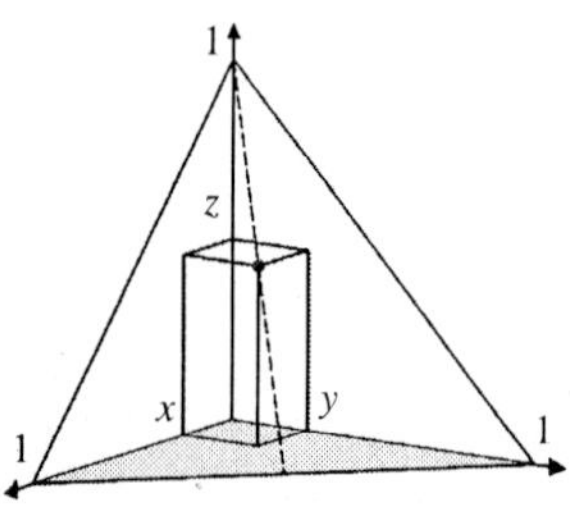

■ **Exemplo 5.2** Entre os paralelepípedos de lados $x \geq 0$, $y \geq 0$ e $z \geq 0$, com (x, y, z) sobre o plano de equação $x + y + z = 1$, determine aqueles de maior e de menor área lateral. ■

Solução. O paralelepípedo tem área total (soma das áreas das seis faces) igual a (veja a figura) $A = 2[xy + xz + yz] = 2[xy + (x + y)z]$.

Como (x, y, z) está sobre o plano, segue-se que $z = z(x, y) = 1 - x - y$ é uma função de (x, y) e, portanto, a área é também uma função de (x, y), dada por

$$A(x, y) = 2[xy + (x + y)z(x, y)] = 2[xy + (x + y)(1 - x - y)].$$

O domínio de A é o conjunto $D = \{(x, y); x \geq 0,\ y \geq 0 \text{ e } z = 1 - x - y \geq 0\}$, pois a medidas devem ser não negativas.

Agora o problema está reduzido a se determinar o máximo e o mínimo absoluto da função contínua A definida no domínio fechado e limitado D. Para isso, basta seguir os passos abaixo.

1° Passo: Determinar os pontos críticos interiores ao domínio D.

Calculando as derivadas parciais, obtém-se

$$A_x(x, y) = 2(1 - 2x - y) \quad \text{e} \quad A_y(x, y) = 2(1 - 2y - x)$$

Resolvendo o sistema $A_x(x, y) = A_y(x, y) = 0$, obtém-se que $x = y = 1/3$. Além disso, $(1/3, 1/3)$ é interior a D, uma vez que $1 - 1/3 - 1/3 = 1/3 > 0$. Assim, o único ponto crítico interior é o ponto $(x, y) = (1/3, 1/3)$.

2° Passo: Determinar o máximo e o mínimo da função no bordo de D.

De acordo com a figura ao lado, o bordo de D é a união de três segmentos: $\partial D = L_1 \cup L_2 \cup L_3$.

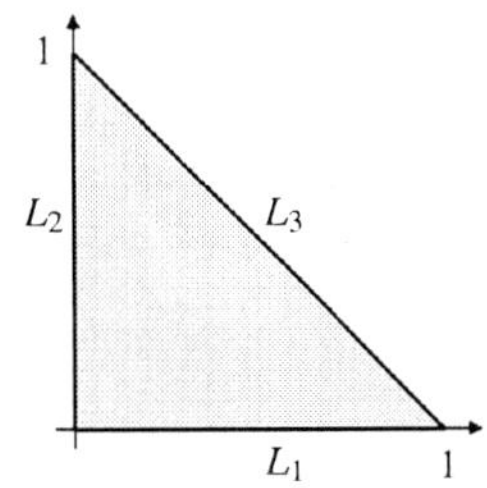

Em $L_1 = \{(x,0);\ 0 \leq x \leq 1\}$ tem-se que $A(x,0) = 2x(1-x)$ é uma parábola de raízes $x = 0$ e $x = 1$. Daí segue-se que, para todo $x \in [0,1]$, tem-se $0 = A(0,0) \leq A(x,0) \leq A(1/2,0) = 1/2$. Veja a figura da esquerda abaixo.

Em $L_2 = \{(0,y);\ 0 \leq y \leq 1\}$ o mesmo argumento mostra que $A(0,0) \leq A(0,y) \leq A(0,1/2) = 1/2$ para todo $y \in [0,1]$.

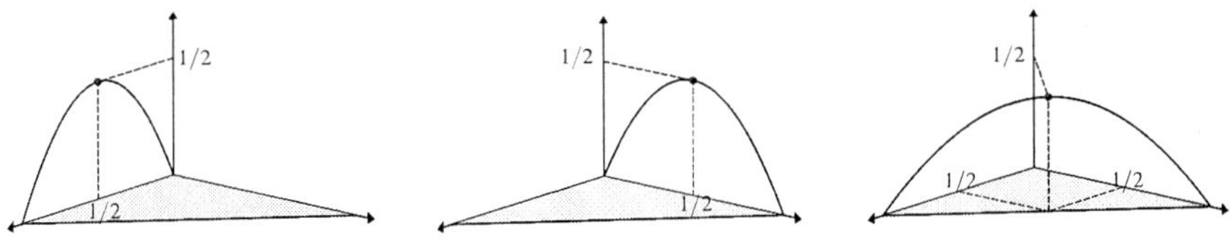

Em $L_3 = \{(x,1-x);\ 0 \leq x \leq 1\}$ obtém-se também que $0 = A(0,0) \leq A(x,1-x) \leq A(1/2,1/2) = 1/2$ para todo $x \in [0,1]$. Veja as figuras acima

Desses resultados segue-se que, ao longo do bordo ∂D, o valor mínimo é $A(0,0) = 0$ e o valor máximo é $A(1/2,0) = A(0,1/2) = A(1/2,1/2) = 1/2$.

3° Passo: Determinar o máximo e o mínimo absoluto da função em D.

No interior o único candidato a máximo ou mínimo é o ponto crítico $(1/3,1/3)$. Deve-se, então, comparar o valor da função nesse ponto com os valores da função no bordo. Calculando, obtém-se que $A(1/3,1/3) = 2/3$, e, portanto,

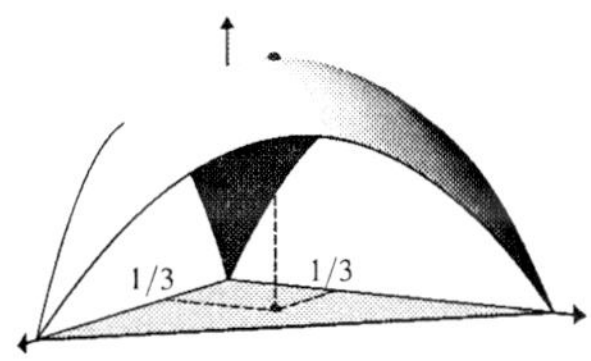

$$A(0,0) < A(1/2,0) < A(1/3,1/3)$$

Desta comparação segue-se finalmente que o ponto crítico $(1/3,1/3)$ é o ponto de máximo absoluto. Já o ponto de mínimo absoluto é o ponto do bordo $(0,0)$. De outra forma, o paralelepípedo de área máxima tem lados $x = y = z = 1/3$, e o de área mínima tem lados $x = y = 0$ e $z = 1$. Veja o gráfico acima. □

O próximo exemplo ilustra o fato de que pequenas alterações nos dados do problema podem causar grandes alterações nos resultados.

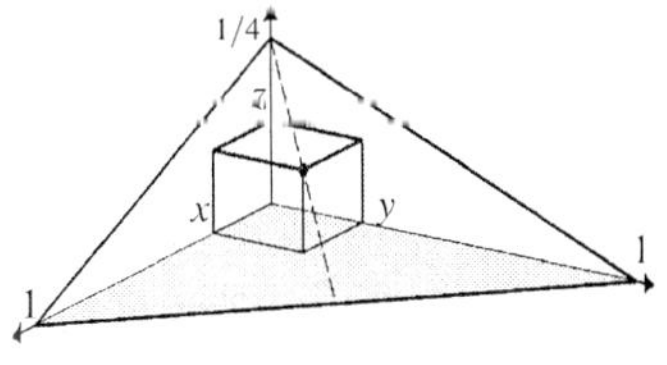

■ **Exemplo 5.3** Mesmo problema do exemplo anterior, mas supondo agora que o o ponto (x,y,z) esteja sobre o plano de equação $x+y+4z = 1$. ■

Solução. É claro que a área total continua sendo $A = 2[xy + (x+y)z]$. A mudança está em que, como o ponto (x,y,z) está sobre o plano $x+y+4z=1$, a expressão de z em função de (x,y) é agora $z(x,y) = \frac{1}{4}(1-x-y)$.

Assim, a área total é agora a função

$$A(x,y) = 2[xy + (x+y)z(x,y)] = 2\left[xy + \frac{1}{4}(x+y)(1-x-y)\right]$$

com o mesmo domínio $D = \{(x,y); x \geq 0,\ y \geq 0 \text{ e } z = \frac{1}{4}(1-x-y) \geq 0\}$ do exemplo anterior. A figura acima ilustra um paralelepípedo e o domínio D.

Seguem-se agora os mesmos passos do exemplo anterior.

1° Passo: Determinar os pontos críticos interiores ao domínio D.

Calculando as derivadas parciais, obtém-se

$$A_x(x,y) = \frac{1}{2}(1-2x+2y) \quad \text{e} \quad A_y(x,y) = \frac{1}{2}(1-2y+2x)$$

Mas, agora, o sistema $A_x(x,y) = A_y(x,y) = 0$ não tem solução! Assim, a função não tem ponto crítico, e o máximo e o mínimo devem estar sobre o bordo ∂D.

2° Passo: Determinar o máximo e o mínimo da função no bordo de D.

O domímio e o bordo $\partial D = L_1 \cup L_2 \cup L_3$ são os mesmos do exemplo anterior. Como antes, o valor da função em L_1 é $A(x,0) = \frac{1}{2}x(1-x)$, que é uma parábola de raízes $x=0$ e $x=1$. Daí se segue que $0 = A(0,0) \leq A(x,0) \leq A(1/2,0) = 1/8$ para todo $x \in [0,1]$.

Em L_2 obtém-se que $0 = A(0,0) \leq A(0,y) \leq A(0,1/2) = 1/8$ para todo $y \in [0,1]$. Veja as figuras a seguir.

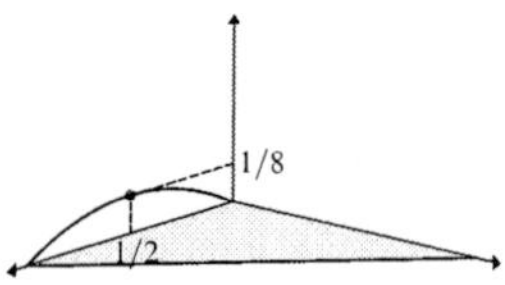

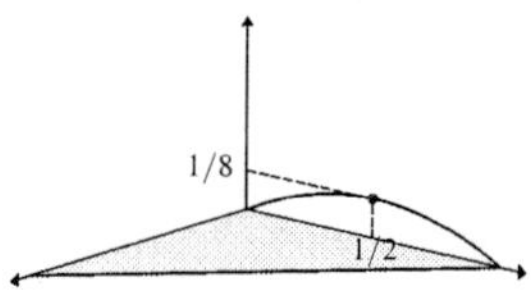

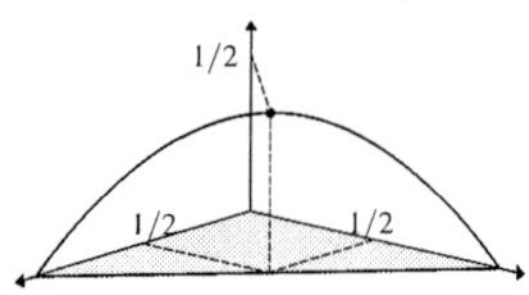

Já em L_3, em que $z=0$, obtém-se exatamente a expressão anterior, isto é, $0 = A(0,0) \leq A(x,1-x) \leq A(1/2,1/2) = 1/2$ para todo $x \in [0,1]$.

Desses resultados segue-se que, ao longo do bordo ∂D, o valor mínimo da função é $A(0,0) = 0$ e o valor máximo é $A(1/2,1/2) = 1/2$.

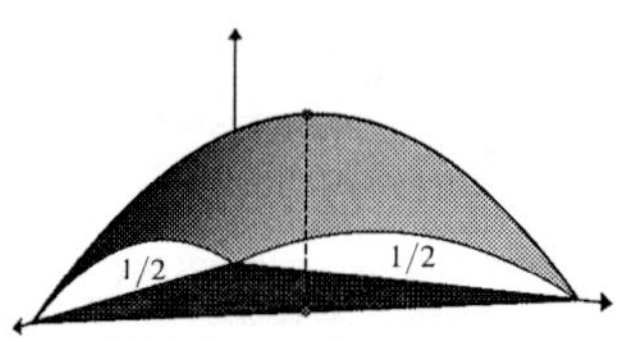

3° Passo: Determinar o máximo e o mínimo absoluto da função no domínio D.

Como não existem pontos críticos, os máximo e mínimo da função estão sobre o bordo e já foram obtidos no passo anterior. Segue-se que, agora, o paralelepípedo de área máxima tem lados $x=y=1/2$ e $z=0$, e o de área mínima tem lados $x=y=0$ e $z=1/4$. Veja o gráfico da nova função A acima. □

Neste exemplo, a função A é contínua e o domínio é fechado e limitado, o que garante a existência de máximo e mínimo. No entanto, não deixa de ser estranho falar que "o paralelepípedo de área máxima tem lados $x = y = 1/2$ e $z = 0$", porque, a rigor, isso não é um paralelepípedo, e sim um retângulo!

Para evitar esse problema, a função A deveria ser considerada no domínio aberto $\mathring{D} = \{(x,y); x > 0, y > 0 \text{ e } 1 - x - y > 0\}$. Mas aí aparece outro problema: nesse domínio, a função não tem nem máximo nem mínimo! De fato, em relação ao máximo, dado qualquer paralelepípedo com lados positivos, exite um outro com lados também positivos e com área maior do que o primeiro: basta escolher os lados como sendo $x = y = 1/2 - \delta$ com $\delta > 0$ suficientemente pequeno. Mesma observação em relação ao mínimo.

Isso ilustra o caso em que, mesmo não sendo inteiramente natural, vale primeiro estudar o problema em um domínio fechado e limitado, garantindo a existência de solução. Em seguida, as soluções podem ser analisadas no contexto natural do problema.

Multiplicadores de Lagrange

Em muitos casos é interessante determinar o máximo ou o mínimo de uma função restrita a um subconjunto de seu domínio. Por exemplo, em uma chapa com temperatura conhecida, determinar o máximo da temperatura ao longo de uma curva sobre a chapa. Nesse caso o método mais indicado é o dos multiplicadores de Lagrange, como apresentado a seguir.

Máximo com restrições orçamentárias

A Economia tem bons exemplos de problemas de máximo com restrições.

Por exemplo, suponha que a produção de um determinado bem seja modelada pela função de produção de Cobb-Douglas $f(x,y)$, introduzida na **Seção 3**. Neste modelo a variável x é o número de unidades de trabalho, y é o número de unidades de capital e $f(x,y)$ é a produção correspondente. A expressão de $f(x,y)$ foi obtida a partir das equações

$$f_x(x,y) = \alpha \frac{f(x,y)}{x} \quad \text{e} \quad f_y(x,y) = \beta \frac{f(x,y)}{y} \tag{5.2}$$

a primeira das quais supõe que a produtividade marginal $f_x(x,y)$ seja proporcional à produtividade média $\frac{f(x,y)}{x}$ do trabalho. Analogamente em relação ao capital na segunda equação.

A partir de (5.2), conclui-se que a função de Cobb-Douglas é da forma

$$f(x,y) = Kx^{\alpha}y^{\beta} \quad \text{onde } K > 0 \text{ é constante.}$$

Essa função tem a propriedade (desejável!) de ser crescente tanto na variável x como na variável y, e os expoentes α e β espelham a forma com que o trabalho e o capital influenciam a produção. Assim, se $\alpha > \beta$, o trabalho influencia mais a produção do que o capital, e o bem é dito intensivo em trabalho. Se $\alpha < \beta$, o bem é dito intensivo em capital.

Outra propriedade interessante é que, se $\alpha + \beta = 1$, então a função é homogênea de grau um, no sentido de que, para todo $t \geq 0$, a função satisfaz

$$f(tx,ty) = K(tx)^{\alpha}(ty)^{\beta} = t^{\alpha+\beta}Kx^{\alpha}y^{\beta} = tf(x,y)$$

Em particular, para $t = 2$, a igualdade $f(2x,2y) = 2f(x,y)$ significa que a produção é dobrada se forem dobrados tanto o trabalho quanto o capital. Esse caso é conhecido como o de retornos constantes de escala, e será o caso estudado aqui, isto é, supõe-se que $\alpha + \beta = 1$.

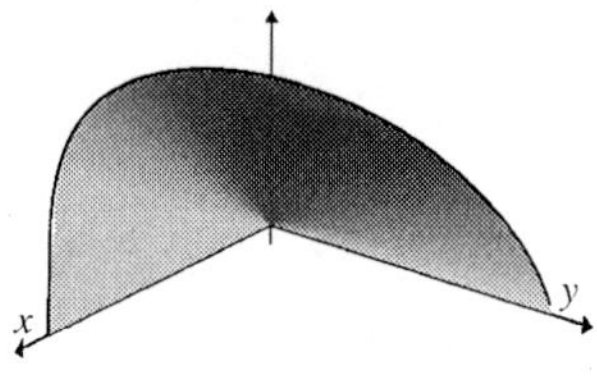

A figura acima ilustra o gráfico da função $f(x,y)$ no caso homogêneo e no domínio natural $x \geq 0$ e $y \geq 0$.

A homogeneidade tem uma consequência interessante. O que se procura é maximizar a produção, isto é, obter um ponto de máximo (x_0, y_0), em que $f(x_0, y_0)$ seja o maior possível. Ora, sendo homogênea, a função não tem esse ponto! De fato, basta escolher $t > 1$ para se ter que $f(tx_0, ty_0) = tf(x_0, y_0) > f(x_0, y_0)$. Assim, a produção é maior em (tx_0, ty_0) do que em (x_0, y_0), e, portanto, o ponto de máximo não existe.

Esta conclusão é bem natural do ponto de vista econômico: aumentando-se os recursos de (x_0, y_0) para (tx_0, ty_0), a produção também aumenta de $f(x_0, y_0)$ para $tf(x_0, y_0)$. Dito de outra maneira, é sempre possível aumentar a produção se for possível aumentar os recursos.

No entanto, é claro que os recursos são limitados e não podem ser aumentados indefinidamente, e é aí que entram as restrições.

Uma restrição importante é a de custos fixos, no sentido a seguir. Sejam a e b os custos de uma unidade de trabalho e de uma unidade de capital, respectivamente. Então, se foram usados x unidades de trabalho e y unidades de capital, o custo correspondente é $g(x,y) = ax + by$. Agora sim faz sentido estudar o

Problema: Calcule o máximo de $f(x,y)$ com restrição de custos fixos $g(x,y) = k$.

Dito de outra forma, o problema agora é, a partir de uma quantidade fixa de k unidades monetárias, como distribuir esse recurso entre x unidades de trabalho e y unidades de capital de forma a maximizar a produção final.

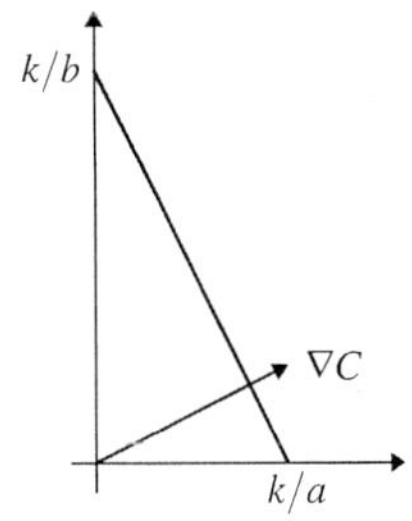

A restrição $g(x,y) = k$ corresponde a supor que o ponto (x,y) está sobre a curva de nível $C_k = \{(x,y);\ g(x,y) = k\}$ da função $g(x,y)$. Não é difícil perceber que, no primeiro quadrante, essa curva corresponde ao segmento de reta que liga os pontos $(k/a,0)$ e $(0,k/b)$. Além disso, o gradiente da função $g(x,y)$ é o vetor constante $\nabla g(x,y) = (a,b)$, que é ortogonal a C_k em todos os pontos desta curva.

A figura acima ilustra tanto a curva como o vetor gradiente.

A notação $f\big|_{C_k}$ é usada para indicar que a função $f(x,y)$ esta restrita a C_k. A figura ao lado ilustra o gráfico da função $f(x,y)$ juntamente com a curva de nível C_k (no plano $\mathscr{O}xy$). Ilustra ainda o gráfico da restrição $f\big|_{C_k}$, que é uma curva acima de C_k e contida no gráfico de $f(x,y)$.

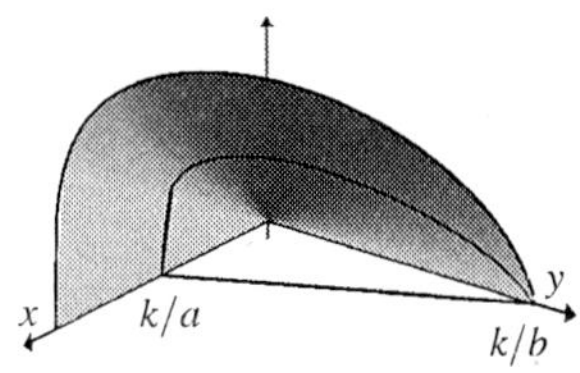

Pela figura percebe-se que, agora sim, o problema de determinar o máximo da função $f\big|_{C_k}$ certamente tem solução, e o próximo passo é o de buscar maneiras de se determinar esse ponto de máximo.

Neste sentido, indique por $P(t) = (x(t),y(t))$ uma parametrização da curva C_k, com t em algum intervalo $[c,d]$. Por exemplo, da igualdade $ax+by = k$ que define C_k, tem-se que $y = (k-ax)/b$, e pode-se escolher a parametrização $P(t) = (x(t),y(t)) = (t,(k-at)/b)$ com $t \in [0,k/a]$. Pode-se também escolher a combinação convexa entre os pontos $(k/a,0)$ e $(0,k/b)$, que é a parametrização $P(t) = (x(t),y(t)) = ((1-t)k/a, tk/b)$ com $t \in [0,1]$. Em qualquer caso, o vetor velocidade $P'(t) = (x'(t),y'(t))$ é tangente à curva C_k, e, portanto, ortogonal ao gradiente $\nabla g(P(t)) = (a,b)$.

Com uma parametrização $P(t)$ de C_k, $t \in [c,d]$, a restrição $f\big|_{C_k}$ corresponde à função composta $p(t) = f(P(t)) = f(x(t),y(t))$, que avalia a função f sobre a curva de nível C_k. É claro então que os pontos críticos de $p(t)$, isto é, os pontos $t \in (c,d)$ para os quais $p'(t) = 0$, são pontos importantes para a solução do problema. Até aqui nada de muito novo.

A novidade está em que a derivada $p'(t)$ tem uma interpretaçao geométrica curiosa. De fato, usando a regra da cadeia, obtém-se que

$$p'(t) = \frac{d}{dt} f(P(t)) = \langle \nabla f(P(t)), P'(t) \rangle \tag{5.3}$$

Assim, $p'(t)$ é o produto escalar entre o gradiente $\nabla f(P(t))$ e o vetor velocidade $P'(t)$. Em particular, em um ponto crítico, em que $p'(t) = 0$, esse produto escalar se anula, e, portanto, $\nabla f(P(t))$ é ortogonal a $P'(t)$. Ora, como

$P'(t)$ é também ortogonal a $\nabla g(P(t))$ em todos os pontos de C_k, segue-se que, nesse ponto crítico, o vetor $\nabla f(P(t))$ é um múltiplo de $\nabla g(P(t))$.

Então, em um ponto crítico de $p(t)$, tem-se que $\nabla f(P(t)) = \lambda \nabla g(P(t))$ para algum $\lambda \in \mathbb{R}$. Resumindo, os pontos críticos P de $f\big|_{C_k}$ são soluções do sistema

$$\begin{cases} \nabla f(P) = \lambda \nabla g(P) \\ g(P) = k \end{cases} \tag{5.4}$$

e o número λ é dito o *multiplicador de Lagrange*. Esse método de se obter os pontos críticos é dito, então, o Método dos Multiplicadores de Lagrange. O curioso é que não é necessário parametrizar a curva C_k para obter os pontos críticos. A parametrização foi importante para se chegar ao sistema, mas não é usada para obter os pontos críticos.

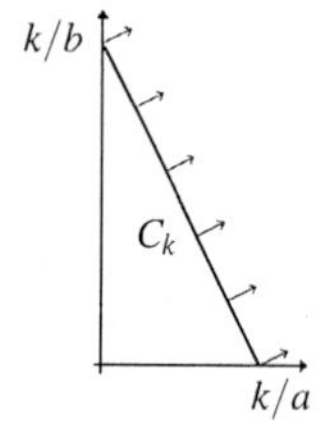

direções de ∇g

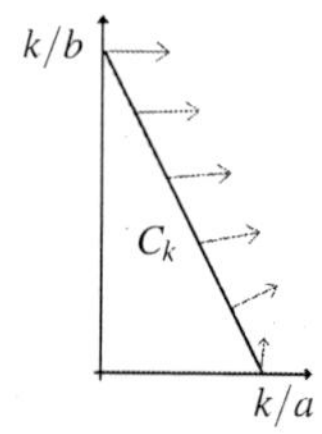

direções de ∇f

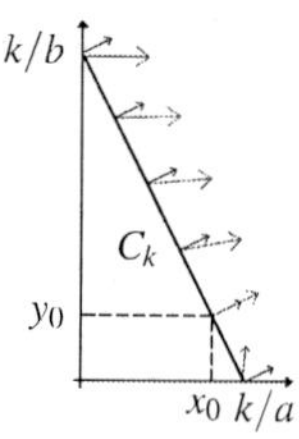

direções de ∇g e de ∇f

A figura da esquerda acima ilustra o campo de direções do gradiente ∇g, a do meio ilustra o campo de direções do gradiente ∇f e a da direita ilustra os dois campos simultaneamente.

Acompanhe, na figura do meio, o movimento do vetor ∇f ao longo da curva C_k. Perto do ponto $(k/a, 0)$ do eixo $\mathcal{O}x$, o vetor ∇f é quase vertical e, à medida que avança ao longo de C_k, ele se torna cada vez mais inclinado, até se tornar praticamente horizontal perto do ponto $(0, k/b)$ do eixo $\mathcal{O}y$. Entre o inicial e o final, certamente existe um ponto em que ∇f é ortogonal a C_k, ponto que está indicado como (x_0, y_0) na figura da direita. Segundo o que foi visto, este é um ponto crítico de $f\big|_{C_k}$, e, neste ponto, ∇f é um múltiplo de ∇g.

Assim, conhecendo-se os campos ∇f e ∇g, é possível obter os pontos críticos de $f\big|_{C_k}$ apenas por inspeção. Para uma solução analítica, o sistema em (5.4) escreve-se como

$$\begin{cases} f_x(x,y) = \lambda g_x(x,y) \\ f_y(x,y) = \lambda g_y(x,y) \\ g(x,y) = k \end{cases} \tag{5.5}$$

onde $\lambda \neq 0$, pois ∇f não se anula. Assim, dividindo-se a primeira equação pela segunda, obtém-se

$$\frac{f_x(x,y)}{f_y(x,y)} = \frac{g_x(x,y)}{g_y(x,y)} = \frac{a}{b}$$

onde foi usado que $\nabla g(x,y) = (a,b)$. Agora, da equação (5.2), segue-se que

$$\frac{f_x(x,y)}{f_y(x,y)} = \frac{\alpha f(x,y)/x}{\beta f(x,y)/y} = \frac{\alpha y}{\beta x}$$

Das duas últimas equações segue-se que $ax/\alpha = by/\beta$. Finalmente, usando a condição de custos fixos $g(x,y) = ax + by = k$ e que $\alpha + \beta = 1$, obtém-se que os pontos críticos de $f\big|_{C_k}$ são os pontos $x = \alpha k/a$ e $y = \beta k/b$.

Para se obter o máximo, deve-se ainda comparar o valor da função no ponto crítico com os valores nos extremos $(k/a, 0)$ e $(0, k/b)$ da curva C_k. Mas é claro que o valor de $f(x,y) = Kx^{\alpha}y^{\beta}$ no ponto crítico é positivo, enquanto que os valores nos pontos extremos são $f(k/a,0) = f(0,k/b) = 0$. Assim, o ponto crítico é de fato o ponto de máximo de $f\big|_{C_k}$.

Como exemplo, considere o caso em que $\alpha = 4/5$ e $\beta = 1/5$, e, portanto, $f(x,y) = Kx^{4/5}y^{1/5}$ é uma função de produção intensiva em trabalho, pois $\alpha > \beta$. Considere ainda que o custo de uma unidade de trabalho seja $a = 10$ e de uma unidade de capital seja $b = 5$, de modo que a função custo é $g(x,y) = 10x + 5y$. Neste caso, além de ser intensiva em trabalho, o custo do trabalho é o dobro do capital, e deve-se gastar muito em trabalho para se produzir o bem.

E, de fato, se forem aplicados $k = 100$ unidades monetárias, deve-se gastar $x = \alpha k/a = 8$ unidades de trabalho e $y = \beta k/b = 4$ unidades de capital para se maximizar a produção. O custo do trabalho é então $10x = 80$ e o do capital é $5y = 20$. Assim, apenas 20% dos recursos devem ser aplicados em capital.

Multiplicadores de Lagrange

No exemplo anterior foi importante que $\nabla g(x,y) = (a,b) \neq (0,0)$ para todos os pontos da curva C_k. Isso porque, sendo não nulo, o gradiente determina uma direção ortogonal a C_k. Foi isso que permitiu concluir que, em um ponto crítico de $f\big|_{C_k}$, o gradiente ∇f é um múltiplo de ∇g.

Situação diferente acontece com $g(x,y) = y^2 - x^2$, cujas curvas de nível estão ilustradas abaixo.

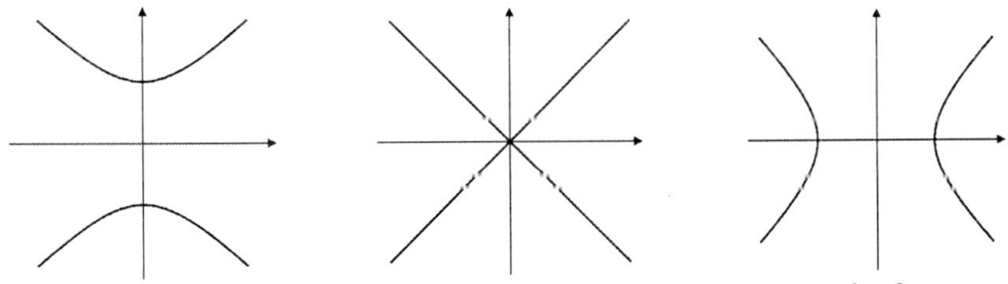

$k > 0$ $k = 0$ $k < 0$

O gradiente de g é $\nabla g(x,y) = (-2x, 2y)$, que só se anula na origem $(0,0)$. Assim, em um nível $k \neq 0$, como a curva C_k não passa pela origem, segue-se que $\nabla g(x,y) \neq (0,0)$ para todo $(x,y) \in C_k$. Nesse caso k é dito um nível regular.

Já no nível $k = 0$, C_k inclui a origem, e $\nabla g(0,0) = (0,0)$. Assim, nesse ponto, C_k não tem uma direção ortogonal, e $k = 0$ é dito um nível crítico.

Em geral, definem-se nível regular e nível crítico como a seguir.

Definição 5.1 Para $g\colon D \to \mathbb{R}$ de classe C^1, o nível $k \in \mathbb{R}$ é regular se $\nabla g(x,y) \neq (0,0)$ para todo ponto $(x,y) \in C_k = \{(x,y) \in D;\ g(x,y) = k\}$. Se $\nabla g(x,y) = (0,0)$ para algum $(x,y) \in C_k$, então k é um nível crítico de g.

Agora sim pode-se enunciar o

Teorema 5.1 — Multiplicadores de Lagrange. Supor $f, g\colon D \to \mathbb{R}$ de classe C^1 e $k \in \mathbb{R}$ um nível regular de g. Então os pontos críticos de $f\big|_{C_k}$ são as soluções do sistema

$$\begin{cases} f_x(x,y) = \lambda g_x(x,y) \\ f_y(x,y) = \lambda g_y(x,y) \\ g(x,y) = k \end{cases} \tag{5.6}$$

A demonstração desse teorema foi feita no exemplo anterior, e usa basicamente a equação (5.3). Vale enfatizar que não é necessário parametrizar C_k para obter os pontos críticos. Outro fato importante é que o sistema (5.6) tem três equações e três incógnitas (x, y e λ), e é razoável de ser resolvido.

Distância de ponto a curva

Como outro exemplo, considere o problema de calcular a distância do ponto $P_0 = (2,0)$ à curva de equação $y^2 - x^2 = 1$. Essa curva corresponde à curva de nível C_1 da função $g(x,y) = y^2 - x^2$, curva ilustrada abaixo junto com P_0.

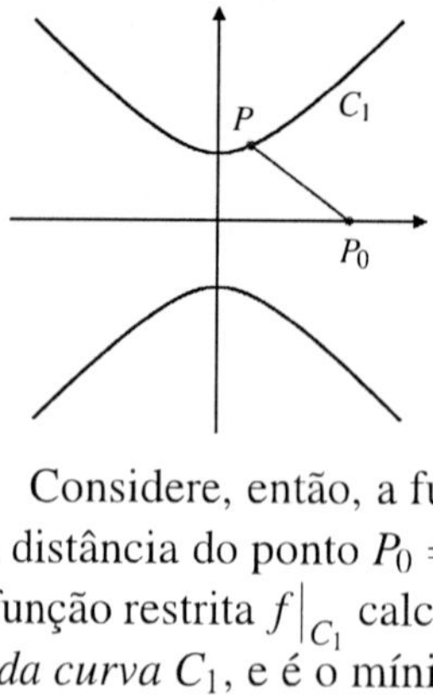

A distância de P_0 à curva C_1 é, por definição, a menor das distâncias entre P_0 e um ponto genérico P da curva C_1. Para evitar a raiz quadrada, é mais conveniente trabalhar com o quadrado da distância. É claro que, se for obtido o mínimo do quadrado, basta extrair a raiz para se ter o mínimo da distância.

Considere, então, a função $f(x,y) = (x-2)^2 + y^2$, que calcula o quadrado da distância do ponto $P_0 = (2,0)$ a um ponto genérico $P = (x,y)$ de $\mathbb{R}^2$. Assim, a função restrita $f\big|_{C_1}$ calcula o quadrado da distância de P_0 a um ponto genérico P *da curva* C_1, e é o mínimo dessa restrição que se está procurando.

O primeiro passo é calcular os pontos críticos de $f\big|_{C_1}$. Como no exemplo anterior, é possível ter uma ideia dos pontos críticos apenas por inspeção.

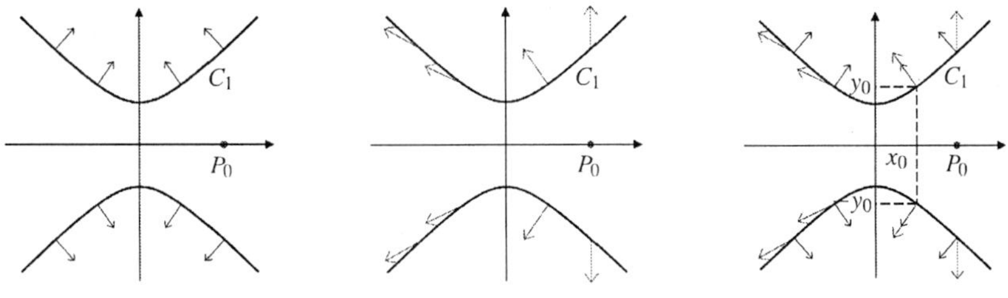

direções de ∇g direções de ∇f direções de ∇g e de ∇f

Acompanhe, na figura do meio, o movimento do vetor ∇f ao longo da curva C_1. Para $x < 0$, o vetor ∇f é quase horizontal e, à medida que avança ao longo do eixo $\mathscr{O}x$, ele se torna cada vez mais vertical. Entre um extremo e outro, certamente existe um ponto em que ∇f é ortogonal a C_1, ponto que está indicado como $(x_0, \pm y_0)$ na figura da direita. Deve-se então encontrar dois pontos críticos, um no ramo superior e outro no ramo inferior de C_1. É claro que, nesses pontos, o vetor ∇f é um múltiplo de ∇g, e esse multiplo é que é o multiplicador de Lagrange do problema.

Para a solução analítica, como $\nabla g(x,y) = (-2x, 2y)$ e $\nabla f(x,y) = (2(x-2), 2y)$, o sistema (5.6) escreve-se como

$$\begin{cases} 2(x-2) = -\lambda 2x \\ 2y = \lambda 2y \\ y^2 - x^2 = 1 \end{cases}$$

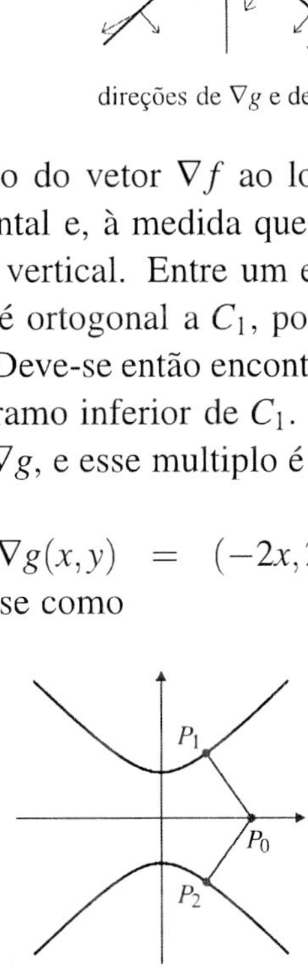

É claro que $y \neq 0$, e, da segunda equação, obtém-se que $\lambda = 1$. Substituindo esse valor na primeira equação, obtém-se que $x = 1$.

Finalmente, usando a terceira equação, obtém-se que $y = \pm\sqrt{2}$. Assim, os pontos críticos de $f\big|_{C_1}$ são $P_1 = (1, \sqrt{2})$ e $P_2 = (1, -\sqrt{2})$. A figura acima ilustra os pontos P_1 e P_2, e de lá é claro que são pontos de mínimo. Como $f(P_1) = f(P_2) = 3$, obtém-se que a distância de P_0 à curva C_1 é $\sqrt{3}$.

Exercícios

1) Para funções de uma variável $g(t)$, se $g'(0) = 0$ e $g''(0) > 0$, então $t = 0$ é mínimo local. Se usado para funções de várias variáveis, esse critério conduz a alguns resultados surpreendentes, como mostra o exemplo da função $f(x,y) = (y - 3x^2)(y - x^2)$. Para isso, dada uma direção $v = (a,b)$, indique por $g(t) = f(tv)$ a restrição de f ao longo desta direção. Julgue os itens a seguir.

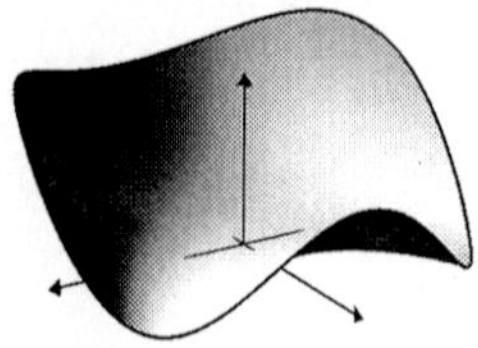

C | E a) Estudando as derivadas parciais, conclui-se que f é diferenciável na origem.

C | E b) Usando a regra da cadeia, obtém-se que, para alguma direção v, $t = 0$ não é ponto crítico da função $g(t)$.

C | E c) Calculando $g''(t)$, conclui-se que, para alguma direção v, $t = 0$ não é ponto de mínimo local de $g(t)$.

C | E d) Ao longo da curva $(t, 2t^2)$, a função f tem um máximo local em $t = 0$.

C | E e) A origem $(0,0)$ é ponto de mínimo local da função f.

2) Considere o problema de determinar o paralelepípedo de maior volume que pode ser inscrito no elipsoide $\mathscr{E}$ de equação $\frac{x^2}{a^2} + \frac{y^2}{b^2} + \frac{z^2}{c^2} = 1$, onde a, b e c são constantes positivas. Para isso, seja $D = \{(x,y); x \geq 0, y \geq 0 \text{ e } \frac{x^2}{a^2} + \frac{y^2}{b^2} \leq 1\}$.

a) Para cada $(x,y) \in D$, determine $z = z(x,y) \geq 0$ de forma que o paralelepípedo retângulo de lados $2x$, $2y$ e $2z$ esteja inscrito no elipsoide $\mathscr{E}$.

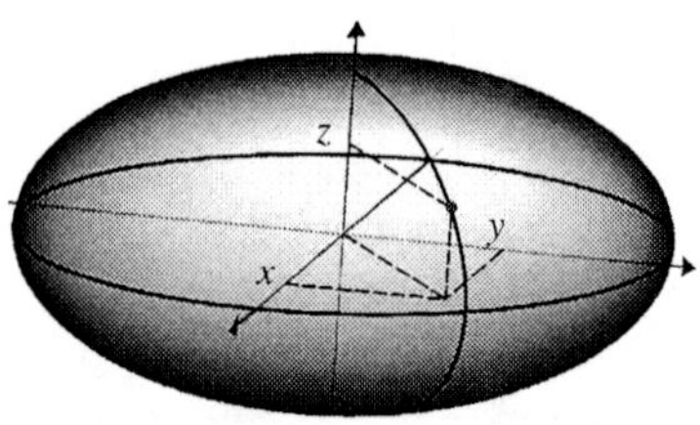

b) Defina agora a função $V : D \to \mathbb{R}$ que fornece o volume do paralelepípedo acima.

c) Justifique a afirmação de que o máximo de V é assumido no interior de D, e, portanto, é um ponto crítico.

d) Calcule os pontos críticos de V.

e) Usando os itens anteriores, determine os lados do paralelepípedo de maior volume que pode ser inscrito no elipsoide, justificando a sua resposta.

3) Considere a situação em que uma calha deve ser fabricada a partir de uma chapa de metal de largura igual a L m. A figura abaixo ilustra uma seção transversal da calha, que é simétrica e com três lados retos. Observe que a área A da seção transversal é uma função $A = A(s, \theta)$ das medidas s e θ indicadas na figura, e o domínio dessa função é o conjunto $D = [0, L/2] \times [0, \pi/2]$. Como a vazão é proporcional à área da seção transversal, o problema consiste em escolher os valores de s e θ que maximizam esta área.

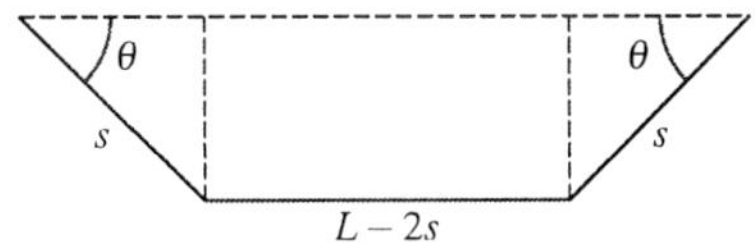

a) Obtenha a expressão da função $A(s,\theta)$.

b) Esboce o bordo ∂D do domínio D.

c) Determine o valor máximo de $A(s,\theta)$ sobre o bordo ∂D.

d) Calcule os pontos críticos de $A(s,\theta)$ que são interiores a D.

e) Determine os valores de s e θ que maximizam a área da seção transversal.

4) Suponha que um tronco de árvore tenha seção transversal elítica de semieixos a e b. Introduzindo o sistema $\mathcal{O}xy$ como na figura, considere o problema de determinar as dimensões da viga de maior resistência que pode ser extraída do tronco, onde a resistência é proporcional à largura $l = 2x$ e ao quadrado da altura $h = 2y$ da viga. Para as funções $f(x,y) = k(2x)(2y)^2$ e $g(x,y) = \frac{x^2}{a^2} + \frac{y^2}{b^2}$, definidas no domínio $D = \{(x,y);\ x \geq 0 \text{ e } y \geq 0\}$, o problema corresponde a determinar o máximo da restrição $f\big|_C$, onde C é a curva de nível 1 de g.

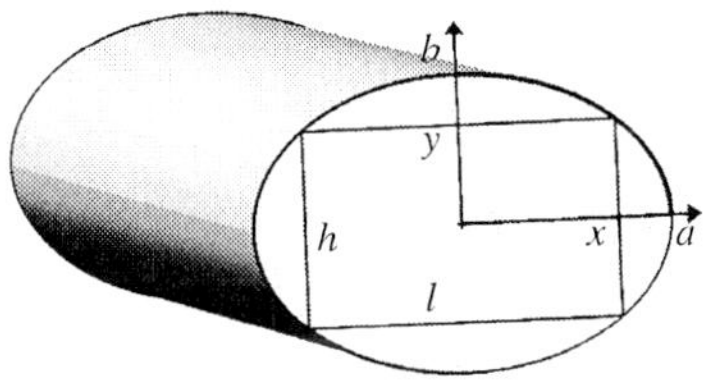

a) Justifique a afirmação de que $f\big|_C$ tem pontos de máximo e de mínimo absolutos.

b) Calcule os gradientes $\nabla f(x,y)$ e $\nabla g(x,y)$.

c) Obtenha o sistema que fornece os pontos críticos de $f\big|_C$.

d) Verifique se $f\big|_C$ tem pontos críticos.

e) Obtenha as dimensões da viga de maior resistência, justificando a resposta.

II Integrais múltiplas

6. Integrais duplas

Integrais em duas variáveis

As integrais simples são usadas para medir área, centro de massa, temperatura média de barras etc. As integrais duplas são uma generalização natural dessas medidas para volume, centro de massa e temperatura média de chapas etc.

Lembrando: integração em uma variável

Vale começar do início, com a integral em uma variável. Assim, suponha que, até o momento, só se conheça a área de retângulos, que é o produto da base pela altura. A partir daí, como calcular, por exemplo, a área A abaixo do gráfico da função $g\colon [0,2] \to \mathbb{R}$ dada por $g(x) = 1 + x^2$?

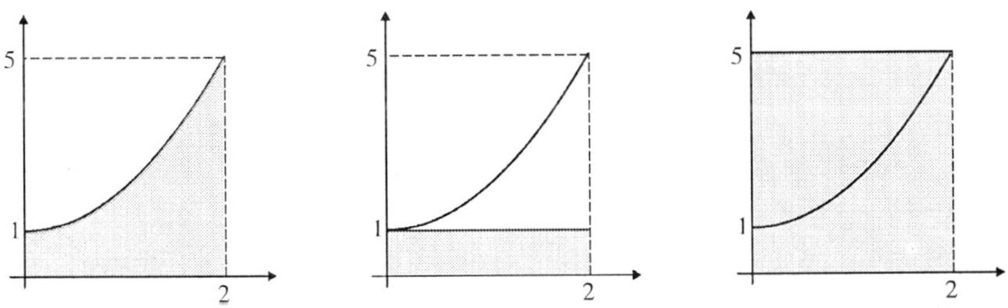

A área A — O retângulo menor — O retângulo maior

O problema, claro, é que o gráfico de g não é uma reta, e a área não pode ser calculada diretamente. No entanto, ela pode ser aproximada observando o seguinte: como a função é crescente, tem-se que $g(0) \leq g(x) \leq g(2)$ para todo $x \in [0,2]$. Logo, a área A está entre as áreas de dois retângulos, o menor de base 2 e altura $g(0)$ e o maior de base 2 e altura $g(2)$. Daí se segue que

$$2 = 2 \times 1 = 2 \times g(0) \leq A \leq 2 \times g(2) = 2 \times 5 = 10 \qquad (6.1)$$

Veja as figuras acima. Bem, concluir que a área A está entre 2 e 10 não chega a ser emocionante! No entanto, o importante é que esse é o primeiro passo de aproximações cada vez melhores.

O segredo está em dividir o domínio em intervalos menores, e aplicar o passo acima em cada um desses pequenos intervalos. Por exemplo, considere a partição $0 < 1 < 2$ do intervalo $[0,2]$.

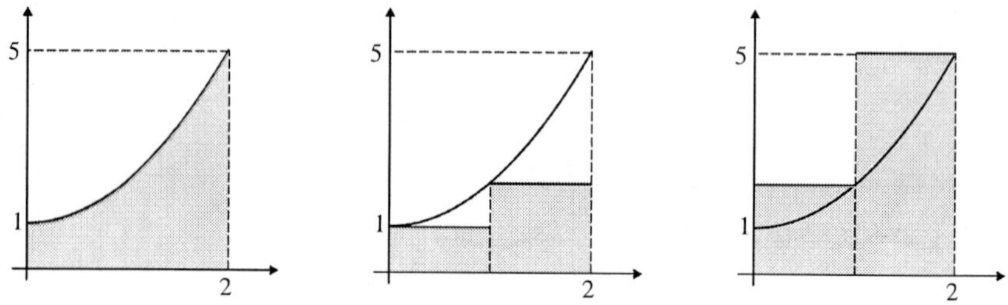

A área A — Uma soma inferior — Uma soma superior

Então, como g é crescente, tem-se $g(0) \leq g(x) \leq g(1)$ para $x \in [0,1]$ e $g(1) \leq g(x) \leq g(2)$ para $x \in [1,2]$. Com o auxilio das figuras acima, segue-se que

$$3 = g(0) \times 1 + g(1) \times 1 \leq A \leq g(1) \times 1 + g(2) \times 1 = 7 \qquad (6.2)$$

Ótimo. Já melhorou em relação à aproximação anterior. Além disso, repetindo-se esses passos, as aproximações ficam cada vez melhores.

O lado esquerdo das desigualdades (6.1) e (6.2) é dito uma soma inferior da função g, por calcular aproximações à menor da área A. Como no caso acima, passando do valor 2 para o 3, essas somas aumentam com o aumento do número de partições do intervalo.

O lado direito das desigualdades (6.1) e (6.2) é dito uma soma superior da função g, por calcular aproximações à maior da área A. Também como no caso acima, passando do valor 10 para o 7, essas somas diminuem com o aumento do número de partições do intervalo.

Esta é uma boa maneira de calcular aproximações, por meio das somas inferiores e superiores. As primeiras aumentam e as segundas diminuem, e a área está sempre entre elas.

No entanto, as somas inferiores e superiores apresentam um problema prático importante. É necessário saber o mínimo e o máximo da função em cada subintervalo do domínio. No exemplo anterior isso foi fácil porque a função é crescente: o mínimo ocorre no lado esquerdo e o máximo no lado direito de cada subintervalo.

Mas isso não seria tão fácil, por exemplo, para a função cujo gráfico está ilustrado abaixo.

A figura mostra uma soma inferior, e percebe-se que, dependendo da partição do domínio, não é tarefa fácil determinar o valor mínimo da função em cada subintervalo.

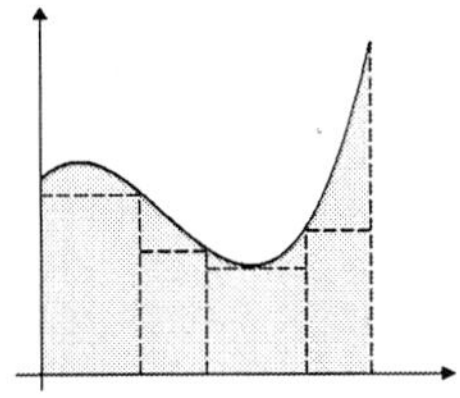

Somas de Riemann

O problema com essas somas pode ser contornado com as somas de Riemann.

Considere então uma partição $\mathscr{P} = \{0 = x_0 < x_1 < \cdots < x_{m-1} < x_m = 2\}$ de $[0,2]$. Para cada $i \in 1,2,\ldots,m$ escolhe-se um ponto $s_i \in [x_{i-1},x_i]$. Com essas escolhas, e com a mesma função g acima, forma-se a soma de Riemann

$$SR(g,\mathscr{P}) = \sum_{i=1}^{m} g(s_i)\Delta x_i$$

onde $\Delta x_i = x_i - x_{i-1}$ é o comprimento de $[x_{i-1},x_i]$. Cada termo desta soma representa a área de um retângulo de altura $g(s_i)$ e base Δx_i, e a soma dessas áreas é uma aproximação para a área A.

As figuras a seguir ilustram essas somas no caso da partição $0 < 1 < 2$ e com duas escolhas diferentes dos s_i's. De lá percebe-se que, se forem escolhidos $s_1 = 0$ e $s_2 = 1$, então a soma de Riemann coincide com a soma inferior. Analogamente, se forem escolhidos $s_1 = 1$ e $s_2 = 2$, então a soma coincide com a soma superior.

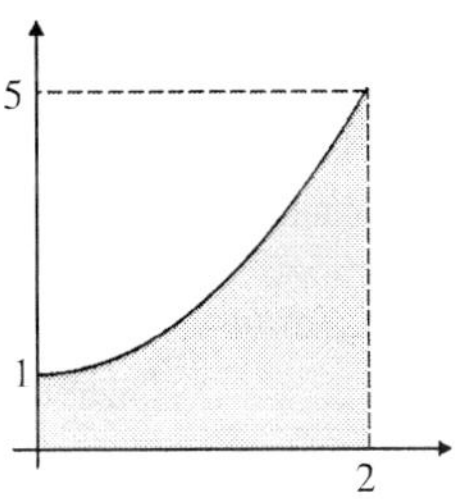

A área A

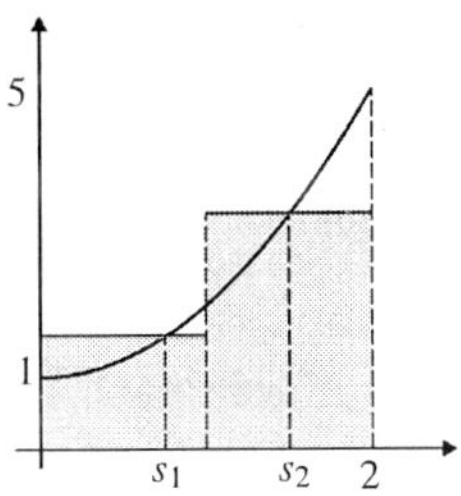

Uma soma de Riemann

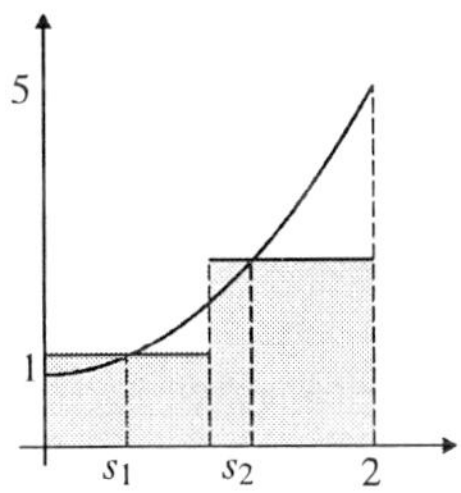

Outra soma de Riemann

Assim, as somas inferiores e superiores são casos particulares das somas de Riemann. É claro que são casos particulares importantes porque, para cada partição $\mathscr{P}$, a soma inferior é o menor e a soma superior o maior valor que as somas de Riemann podem assumir. Em particular, uma soma de Riemann qualquer está entre a soma inferior e a superior.

Daí se segue que também as somas de Riemann se aproximam da área à medida que se aumenta o número de pontos da partição. De fato, o que é importante não é aumentar esse número, mas diminuir os tamanhos Δx_i. O que se quer é que todos esses tamanhos diminuam. Para isso, define-se a norma da partição $\mathscr{P} = \{0 = x_0 < x_1 < \cdots < x_{m-1} < x_m = 2\}$ por

$$\|\mathscr{P}\| = \text{maior dos comprimentos } \Delta x_i \text{ com } i = 1, 2, ..., m$$

É claro que, se $\|\mathscr{P}\|$ diminui, então todos os comprimentos Δx_i também diminuem, e pode-se finalmente definir a integral como sendo o limite

$$\int_0^2 g(x)dx = \lim_{\|\mathscr{P}\| \to 0} SR(g, \mathscr{P})$$

Esta é a definição, e dela decorrem todas as propriedades da integral. Por exemplo, é fácil deduzir da definição que a integral de uma soma é a soma das integrais, pois essa propriedade é válida para as somas de Riemann. A definição permite também calcular boas aproximações para a integral.

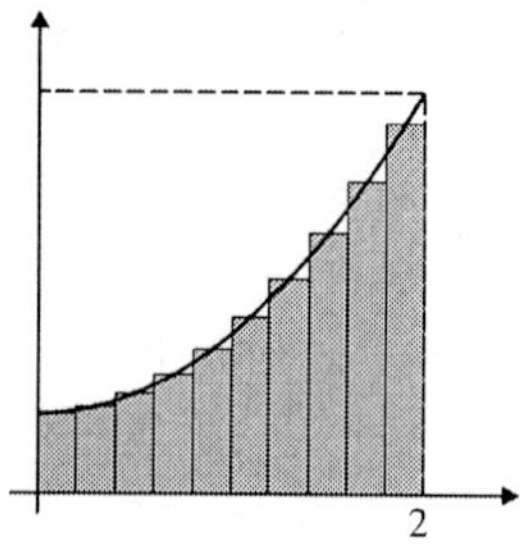

De fato, conforme a figura ao lado, obtém-se uma boa aproximação para a área A dividindo o intervalo $[0, 2]$ em 10 subintervalos e escolhendo os $s_i{}'s$ como sendo os pontos médios desses intervalos. Neste caso o valor da soma é

$$SR(g, \mathscr{P}) = \sum_{i=1}^{10} g(s_i)\Delta x_i = 4,660 \qquad (6.3)$$

Teorema fundamental do Cálculo

As somas de Riemann, ou equivalentes, já eram conhecidas dos antigos gregos, que calcularam a área do círculo com ideias semelhantes. A novidade do Cálculo é que a integral pode ser calculada de uma forma indireta, mais fácil que a definição. Para isso, é importante lembrar o

Teorema 6.1 — do Valor médio. Se $G(x)$ é contínua em $[a, b]$ e derivável em (a, b), então existe $s \in (a, b)$ tal que

$$\frac{G(b) - G(a)}{b - a} = G'(s)$$

A figura a seguir ilustra o significado geométrico do teorema. Ele afirma que a inclinação da reta por $(a, G(a))$ e $(b, G(b))$ é igual à inclinação da tangente ao gráfico em algum ponto $s \in (a, b)$. A igualdade pode ainda ser escrita como

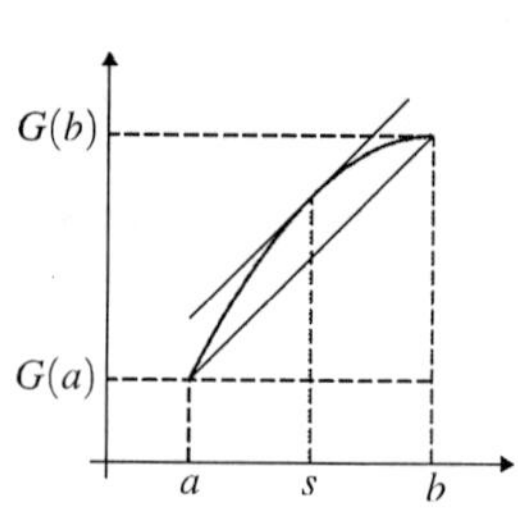

$$G(b) - G(a) = G'(s)(b - a)$$

e ser interpretada como uma proporcionalidade entre a diferença $G(b) - G(a)$ (no eixo $\mathcal{O}y$) e a diferença $b - a$ (no eixo $\mathcal{O}x$).

O surpreendente é que esse teorema faz uma ponte extremamente elegante entre as derivadas e as integrais. E não só elegante, mas revela um vínculo profundo entre essas duas ideias.

Com efeito, suponha G uma primitiva de $g(x) = 1 + x^2$, isto é, $G'(x) = g(x)$. Por exemplo, pode-se escolher $G(x) = x + x^3/3$, mas poderia ser qualquer outra primitiva. Então, do **Teorema 6.1**, existe algum $s \in [0,2]$ tal que

$$G(2) - G(0) = G'(s)(2-0) = g(s)(2-0)$$

Veja que igualdade interessante. No gráfico de $G(x)$, ela significa uma proporção entre os tamanhos $G(2) - G(0)$ e $2 - 0$. Já no gráfico de $g(x)$, ela significa uma área retangular, de base $2 - 0$ e altura $g(s)$. Esta situação está ilustrada na coluna do meio da figura a seguir.

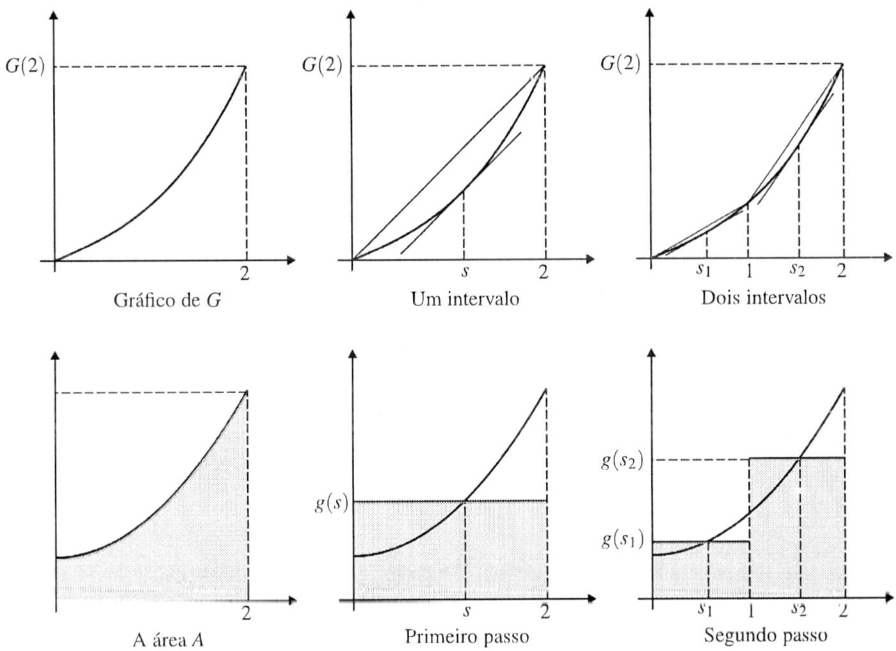

Acompanhe agora a terceira coluna, que ilustra o **Teorema 6.1** nos subintervalos da partição $0 < 1 < 2$. Assim, existem $s_1 \in [0,1]$ e $s_2 \in [1,2]$ tais que

$$\begin{aligned}
G(2) - G(0) &= G(2) - G(1) + G(1) - G(0) \\
&= G'(s_2)(2-1) + G'(s_1)(1-0) \\
&= g(s_2)(2-1) + g(s_1)(1-0) = g(s_2)\Delta x_2 + g(s_1)\Delta x_1
\end{aligned}$$

em que o último termo é uma soma de Riemann da função g. O truque usado acima, de somar e subtrair $G(1)$, é conhecido como soma telescópica.

Ora! Dada a partição $\mathscr{P} = \{0 = x_0 < x_1 < \cdots < x_{m-1} < x_m = 2\}$ de $[0,2]$, pode-se somar e subtrair $G(x_i)$ e concluir que existem $s_i \in [x_{i-1}, x_i]$ tais que

$$G(2) - G(0) = \sum_{i=1}^{m} G(x_i) - G(x_{i-1}) = \sum_{i=1}^{m} G'(s_i)\Delta x_i = \sum_{i=1}^{m} g(s_i)\Delta x_i$$

Resumindo: para cada partição $\mathscr{P}$ de $[0,2]$, existem $s_i \in [x_{i-1}, x_i]$ tais que

$$G(2) - G(0) = \sum_{i=1}^{m} g(s_i)\Delta x_i = SR(g, \mathscr{P})$$

Agora fica claro que, passando ao limites com $\|\mathscr{P}\| \to 0$, obtém-se o

Teorema 6.2 — Fundamental do Cálculo. Se $g\colon [a,b] \to \mathbb{R}$ é contínua com primitiva G, então

$$\int_a^b g(x)\, dx = G(b) - G(a)$$

Em particular, como $G(x) = x + x^3/3$ é uma primitiva de $g(x) = 1 + x^2$, segue-se que a área A sob o gráfico de g no intervalo $[0,2]$ é

$$\int_0^2 g(x)\, dx = G(2) - G(0) = 2 + 2^3/3 \approx 4,66667$$

Ótimo. Esse é o valor exato da área. Comparando com (6.3), percebe-se que aquela aproximação já é muito boa. No entanto, o teorema fundamental não só calcula áreas, mas estabelece uma relação inesperada entre áreas e derivadas, e essa é a grande novidade do Cálculo.

Integração em duas variáveis

Suponha que, até o momento, só se conheça a integral de funções de uma variável. A partir daí, como calcular, por exemplo, o volume V abaixo do gráfico da função $f\colon D \to \mathbb{R}$, onde $D = [0,2] \times [0,2]$ e $f(x,y) = 1 + x^2 + y^2$?

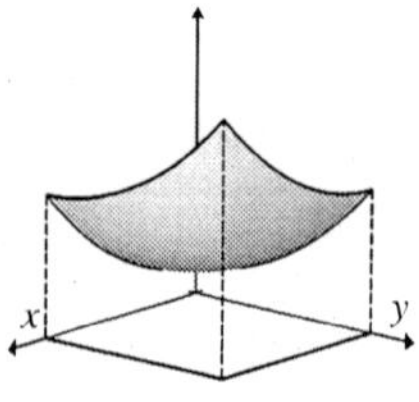

O volume V

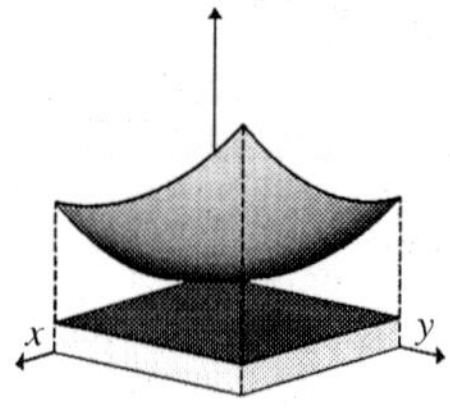

O paralelepípedo menor

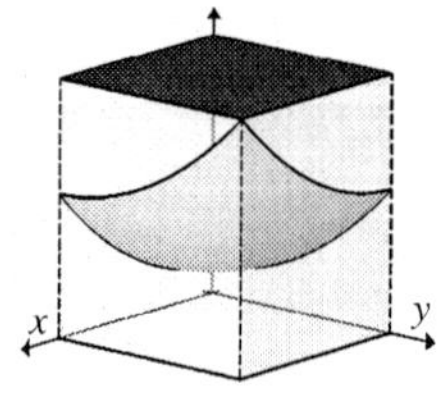

O paralelepípedo maior

O problema, claro, é que o gráfico de f não é um plano, e o volume V não pode ser calculado imediatamente. No entanto, ele pode ser aproximado notando que $f(0,0) \leq f(x,y) \leq f(2,2)$ para todo $(x,y) \in D$. Logo, o volume está entre os volumes de dois paralelepípedos, o menor de base 2×2 e altura $f(0,0)$ e o maior de mesma base e altura $f(2,2)$. Veja as figuras acima. Daí que

$$4 = 2 \times 2 \times f(0,0) \leq V \leq 2 \times 2 \times f(2,2) = 36$$

Bem, de novo, concluir que o volume V está entre 4 e 36 não parece muito animador! Mas agora já se sabe que o segredo está em dividir o domínio em retângulos menores, como ilustram as figuras a seguir, e aplicar o passo anterior em cada um desses pequenos retângulos.

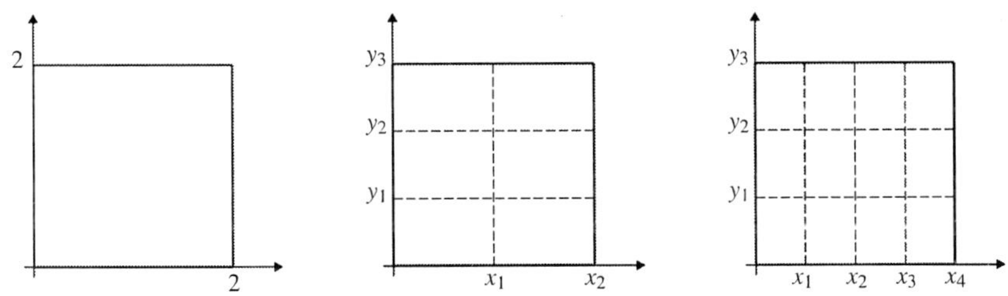

Em geral, sejam $\mathscr{P}_1 = \{0 = x_0 < x_1 < \cdots < x_{m-1} < x_m = 2\}$ uma partição de $[0,2]$ ao longo do eixo $\mathscr{O}x$ e $\mathscr{P}_2 = \{0 = y_0 < y_1 < \cdots < y_{n-1} < y_n = 2\}$ uma partição de $[0,2]$ ao longo do eixo $\mathscr{O}y$, e indique por $\Delta x_i = x_i - x_{i-1}$ e $\Delta y_j = y_j - y_{j-1}$ os comprimentos dos respectivos intervalos.

A partição $\mathscr{P} = \mathscr{P}_1 \times \mathscr{P}_2$ do domínio D corresponde a fazer o produto cartesiano dos intervalos $R_{ij} = [x_{i-1}, x_i] \times [y_{j-1}, y_j]$, obtendo retângulos R_{ij} de áreas $\Delta x_i \Delta y_j$. A norma desta partição é, por definição, o número

$$\|\mathscr{P}\| = \sqrt{\|\mathscr{P}_1\|^2 + \|\mathscr{P}_2\|^2}$$

de modo que $\|\mathscr{P}\| \to 0$ se, e somente se, $\|\mathscr{P}_1\| \to 0$ e $\|\mathscr{P}_2\| \to 0$.

Correspondente à partição $\mathscr{P}$, podem ser definidas a soma inferior, a soma superior, ou mesmo uma soma de Riemann qualquer. Essas últimas são mais fáceis e, para isso, devem ser escolhidos $s_i \in [x_{i-1}, x_i]$ e $t_j \in [y_{j-1}, y_j]$. Com essas escolhas a soma de Riemann correspondente é

$$SR(f, \mathscr{P}) = \sum_{j=1}^{n} \sum_{i=1}^{m} f(s_i, t_j) \Delta x_i \Delta y_j$$

onde os termos da soma são volumes de paralelepípedos de altura $f(s_i, t_j)$ e área da base $\Delta x_i \Delta y_j$. A soma, então, é uma aproximação para o volume V.

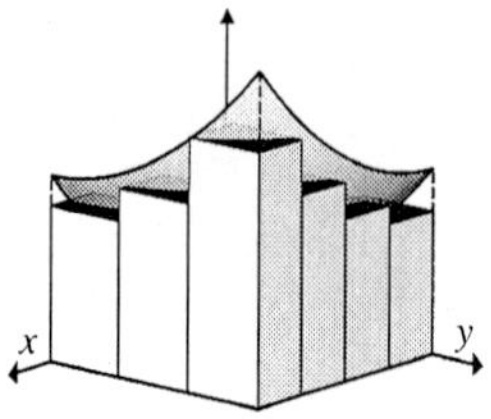

A figura ao lado ilustra essa soma no caso das partições $\mathscr{P}_1 = 0 < 1/2 < 1 < 3/2 < 2$ e $\mathscr{P}_2 = 0 < 2/3 < 4/3 < 2$ e com (s_i, t_j) sendo o centro do retângulo R_{ij}. Neste caso, $\Delta x_i = 1/2$ e $\Delta y_j = 2/3$ para todo i e j, e a aproximação correspondente para o volume é

$$SR(f, \mathscr{P}) = \sum_{j=1}^{3} \sum_{i=1}^{4} f(s_i, t_j) \Delta x_i \Delta y_j \approx 14,44 \tag{6.4}$$

Exatamente como antes, define-se a integral dupla de f sobre D por

$$\iint_D f(x,y)\, dxdy = \lim_{\|\mathscr{P}\| \to 0} SR(f, \mathscr{P})$$

Desta definição seguem todas as propriedades da integral dupla, o que será visto na seção 6. No entanto, também como no caso de uma variável, a definição não é uma maneira prática de calcular a integral dupla, e vale procurar maneiras alternativas de se fazer esse cálculo.

Integrais iteradas

As integrais duplas podem ser calculadas, e de maneira mais fácil que a definição, por meio das integrais iteradas, como indicado a seguir.

Para isso, considere a partição $\mathscr{P} = \mathscr{P}_1 \times \mathscr{P}_2$ como definida anteriormente, onde $\mathscr{P}_1$ é uma partição de $[0,2]$ ao longo de $\mathscr{O}x$ e $\mathscr{P}_2$ uma partição de $[0,2]$ ao longo de $\mathscr{O}y$. A soma de Riemann correspondente pode ser organizada na forma

$$\sum_{j=1}^{n} \sum_{i=1}^{m} f(s_i, t_j) \Delta x_i \Delta y_j = \sum_{j=1}^{n} \left(\sum_{i=1}^{m} f(s_i, t_j) \Delta x_i \right) \Delta y_j \tag{6.5}$$

Isso corresponde a, primeiro, fixar j e somar em i de 1 a m. Em seguida, somar os resultados em j de 1 a n. Organizada desta forma, a soma interna $\sum_{i=1}^{m} f(s_i, t_j) \Delta x_i$ é uma soma de Riemann da função de uma variável $g(x) = f(x, t_j)$. Muito interessante, pois já se sabe tudo sobre funções de uma variável!

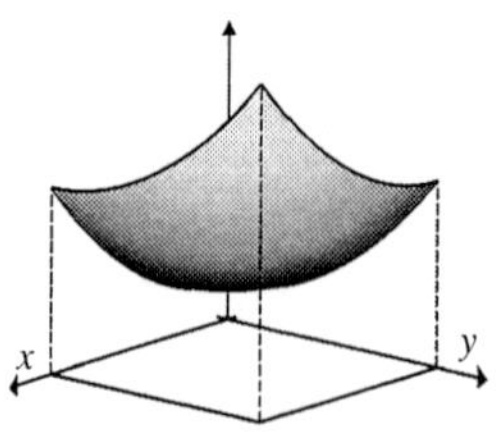

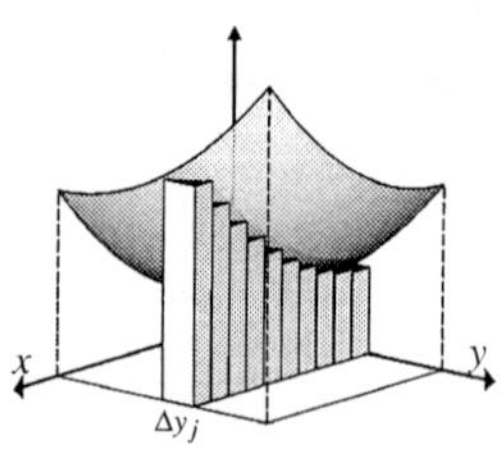

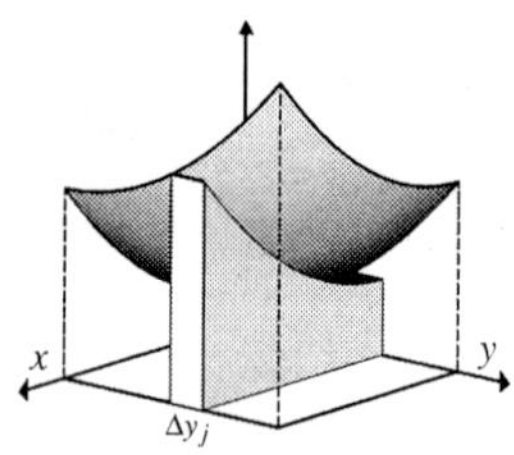

De fato, para j fixo, cada termo $\left(\sum_{i=1}^{m} f(s_i,t_j)\Delta x_i\right)\Delta y_j$ de (6.5) é o volume de um sólido formado por paralelepípedos, de largura Δy_j e laterais que são aproximações da área abaixo do gráfico da função $g(x) = f(x,t_j)$. Veja a figura do meio acima.

Passando o limite com $\|\mathscr{P}_1\| \to 0$, obtém-se o sólido que está ilustrado na figura da direita acima, de volume

$$\left(\lim_{\|\mathscr{P}_1\|\to 0} \sum_{i=1}^{m} f(s_i,t_j)\Delta x_i\right)\Delta y_j = \left(\int_0^2 f(x,t_j)\,dx\right)\Delta y_j = A(t_j)\Delta y_j$$

onde foi usada a notação $A(y) = \int_0^2 f(x,y)\,dx$, que é a área abaixo do gráfico da função $g(x) = f(x,y)$. Esta é a área da seção transversal pelo ponto $(0,y)$.

Assim, como $\|\mathscr{P}\| \to 0$ se, e só se, $\|\mathscr{P}_1\| \to 0$ e $\|\mathscr{P}_2\| \to 0$, segue-se que

$$\begin{aligned}\iint_D f(x,y)\,dxdy &= \lim_{\|\mathscr{P}\|\to 0} \sum_{j=1}^{n}\sum_{i=1}^{m} f(s_i,t_j)\Delta x_i\Delta y_j \\ &= \lim_{\|\mathscr{P}_2\|\to 0} \sum_{j=1}^{n}\left(\lim_{\|\mathscr{P}_1\|\to 0} \sum_{i=1}^{m} f(s_i,y_j)\Delta x_i\right)\Delta y_j \\ &= \lim_{\|\mathscr{P}_2\|\to 0} \sum_{j=1}^{n} A(t_j)\Delta y_j\end{aligned}$$

Ora! O último termo é o limite das somas de Riemann da função $A(y)$. Por definição, este limite é a integral da função $A(y)$ no intervalo $[0,2]$, e, portanto,

$$\iint_D f(x,y)\,dxdy = \int_0^2 A(y)\,dy = \int_0^2\left(\int_0^2 f(x,y)\,dx\right)dy$$

Surpresa! A integral dupla pode ser calculada por meio de duas integrais simples. Calcula-se a integral da função $f(x,y)$ na variável x para se obter a área da seção transversal; em seguida, integram-se essas áreas para se obter o volume. Essa forma de calcular, integrando uma integral, é conhecida como integrais iteradas.

No exemplo em estudo, em que $f(x,y) = 1 + x^2 + y^2$, tem-se que

$$\begin{aligned}\iint_D f(x,y)\,dxdy &= \int_0^2\left(\int_0^2 (1 + x^2 + y^2)\,dx\right)dy \\ &= \int_0^2 \left(2 + 2^3/3 + 2y^2\right)dy = 44/3 \approx 14,6667\end{aligned}$$

Esse é o valor exato do volume. Novamente, comparando com (6.4), percebe-se que aquela aproximação já é muito boa. Mas é claro que, além de obter o valor exato, as integrais iteradas são mais fáceis nesse caso. De fato, as integrais iteradas têm implicações teóricas que não são fáceis de ser obtidas diretamente das somas de Riemann, e daí a importância dessas integrais.

Propriedades da integral

Depois de introduzidas as ideias principais, agora será feito um estudo mais cuidadoso da integral dupla, incluindo os detalhes das principais propriedades. Será visto inclusive um exemplo curioso, de uma função que não é integrável.

Primeiras definições

A partir das motivações introduzidas anteriormente, o interesse agora é estudar as propriedades da integral dupla de uma função $f\colon D \to \mathbb{R}$ definida em um domínio retangular $D = [a,b] \times [c,d]$.

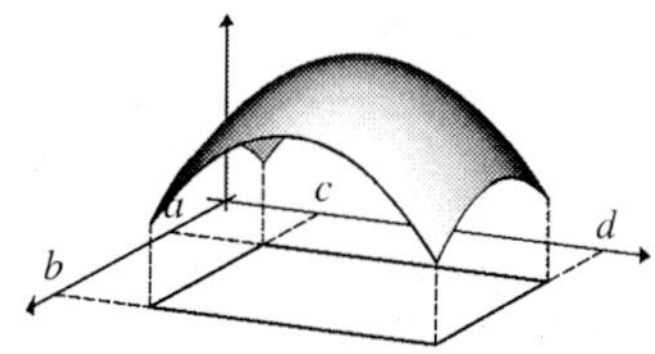

Para isso, o primeiro passo é definir as somas de Riemann correspondentes. Sejam, então, $\mathscr{P}_1 = \{a = x_0 < x_1 < \cdots < x_{m-1} < x_m = b\}$ uma partição de $[a,b]$ e $\mathscr{P}_2 = \{c = y_0 < y_1 < \cdots < y_{n-1} < y_n = d\}$ uma partição de $[c,d]$, e indique por $\Delta x_i = x_i - x_{i-1}$ e $\Delta y_j = y_j - y_{j-1}$ os comprimentos respectivos.

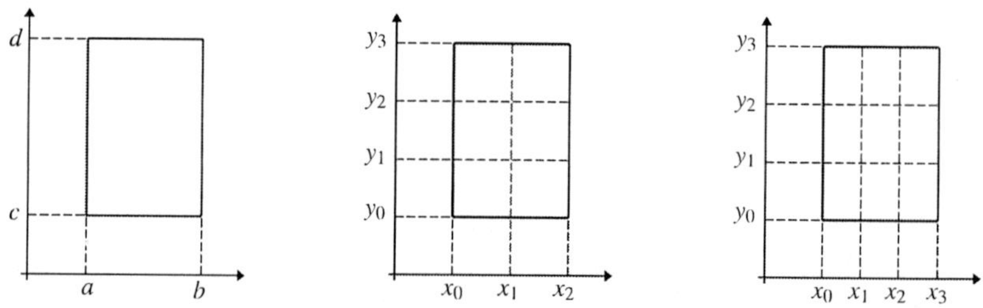

A partição produto $\mathscr{P} = \mathscr{P}_1 \times \mathscr{P}_2$ do domínio D corresponde a fazer o produto cartesiano dos intervalos $R_{ij} = [x_{i-1}, x_i] \times [y_{j-1}, y_j]$, obtendo retângulos R_{ij} de áreas $\Delta x_i \Delta y_j$. As figuras acima ilustram algumas dessas partições.

A norma $\|\mathscr{P}_1\|$ de $\mathscr{P}_1$ é o maior dos comprimentos Δx_i, e analogamente para $\mathscr{P}_2$. A partir daí, define-se a norma de $\mathscr{P}$ como sendo $\|\mathscr{P}\| = \sqrt{\|\mathscr{P}_1\|^2 + \|\mathscr{P}_2\|^2}$, de modo que $\|\mathscr{P}\| \to 0$ se, e só se, $\|\mathscr{P}_1\| \to 0$ e $\|\mathscr{P}_2\| \to 0$. Escolhem-se agora pontos $s_i \in [x_{i-1}, x_i]$ e $t_j \in [y_{j-1}, y_j]$ e forma-se a soma de Riemann

$$SR(f, \mathscr{P}) = \sum_{j=1}^{n} \sum_{i=1}^{m} f(s_i, t_j) \Delta x_i \Delta y_j$$

onde $f(s_i,t_j)\Delta x_i\Delta y_j$ é o volume de um paralelepípedo de altura $f(s_i,t_j)$ e base $\Delta x_i\Delta y_j$. Veja a figura abaixo. Pode-se agora definir a integral como a seguir.

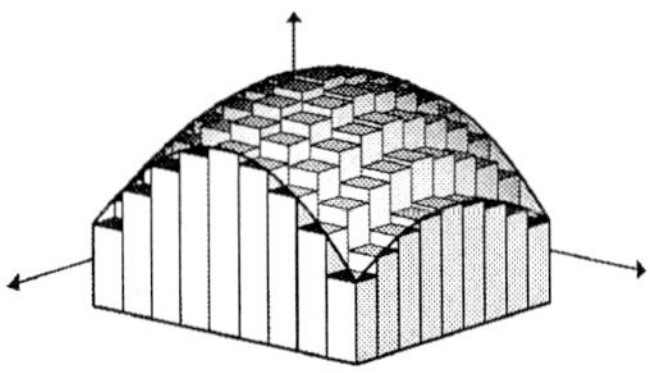

Definição 6.1 A função $f\colon D\to\mathbb{R}$ é integrável em D se existe o limite

$$\iint_D f(x,y)\,dxdy = \lim_{\|\mathscr{P}\|\to 0} SR(f,\mathscr{P})$$

que é dito a integral dupla de f sobre D

Essa definição pode parecer estranha, pois toda função deveria ser integrável. Mas o surpreendente é que existem funções que não são integráveis, isto é, função para as quais o limite acima não existe! Isso será visto a seguir.

A partir da definição, o próximo passo é estudar as propriedades da integral dupla. Como tanto as simples como as duplas são definidas por meio do limite das somas de Riemann, espera-se que as integrais duplas tenham as mesmas propriedades que as simples. É esse de fato o caso, como pode ser visto com o

Teorema 6.3 Suponha $f,g\colon D\to\mathbb{R}$ funções integráveis e seja $k\in\mathbb{R}$. Então $f+g$, kf e $|f|$ são também integrais e, além disso,

1) $\iint\limits_D [f(x,y)+g(x,y)]\,dxdy = \iint\limits_D f(x,y)dxdy + \iint\limits_D g(x,y)dxdy$
2) $\iint\limits_D kf(x,y)dxdy = k\iint\limits_D f(x,y)dxdy$
3) $\iint\limits_D f(x,y)dxdy \le \iint\limits_D g(x,y)dxdy \;\; se \;\; f(x,y)\le g(x,y) \;\; \forall (x,y)\in D$
4) $\left|\iint\limits_D f(x,y)dxdy\right| \le \iint\limits_D |f(x,y)|dxdy$

Demonstração. Essas propriedades são quase imediatas. Veja a seguir:

1) para cada termo da soma de Riemann de $f+g$, tem-se que

$$[f(s_i,t_j)+g(s_i,t_j)]\Delta x_i\Delta y_j = f(s_i,t_j)\Delta x_i\Delta y_j + g(s_i,t_j)\Delta x_i\Delta y_j$$

de onde se segue que $SR(f+g,\mathscr{P}) = SR(f,\mathscr{P})+SR(g,\mathscr{P})$. Em seguida, basta usar que o limite de uma soma é a soma dos limites;
2) segue de que $SR(kf,\mathscr{P}) = k\,SR(f,\mathscr{P})$ e das propriedades do limite;
3) se $f(x,y)\le g(x,y)$, então $SR(f,\mathscr{P})\le SR(g,\mathscr{P})$ para toda partição $\mathscr{P}$, e essa desigualdade é mantida passando-se ao limite.

4) a demonstração de que $|f|$ é integrável é longa e não será feita aqui. Assumindo esse fato, da definição das somas de Riemann, tem-se que

$$|SR(f,\mathscr{P})| = \left|\sum_{j=1}^{n}\sum_{i=1}^{m} f(s_i,t_j)\Delta x_i \Delta y_j\right| \le \sum_{j=1}^{n}\sum_{i=1}^{m} |f(s_i,t_j)|\Delta x_i \Delta y_j$$

$$= SR(|f|,\mathscr{P})$$

e basta novamente usar as propriedades do limite. □

Como no caso das integrais simples, essas propriedades facilitam muito a manipulação com as integrais duplas, e é curioso notar que elas seguem direto da definição. No fundo, as propriedades são das próprias somas de Riemann.

Integrais iteradas

As somas de Riemann são fundamentais para se definir a integral dupla, e daí obter as propriedades acima. São também fundamentais para se obter a relação da integral dupla com as integrais iteradas, que é a maneira efetiva de cálculo.

Suponha, então, que f seja contínua. Organizando as somas de Riemann de uma maneira especial, obtém-se que

$$SR(f,\mathscr{P}) = \sum_{j=1}^{n}\sum_{i=1}^{m} f(s_i,t_j)\Delta x_i \Delta y_j = \sum_{j=1}^{n}\left(\sum_{i=1}^{m} f(s_i,t_j)\Delta x_i\right)\Delta y_j$$

em que o número $\left(\sum_{i=1}^{m} f(s_i,t_j)\Delta x_i\right)\Delta y_j$ corresponde ao volume do sólido ilustrado na figura ao lado. Ora! Para j fixo, $\sum_{i=1}^{m} f(s_i,t_j)\Delta x_i$ é uma soma de Riemann da função de uma variável $g(x) = f(x,t_j)$, soma correspondente à partição $\mathscr{P}_1 = \{a = x_0 < x_1 < \cdots < x_{m-1} < x_m = b\}$.

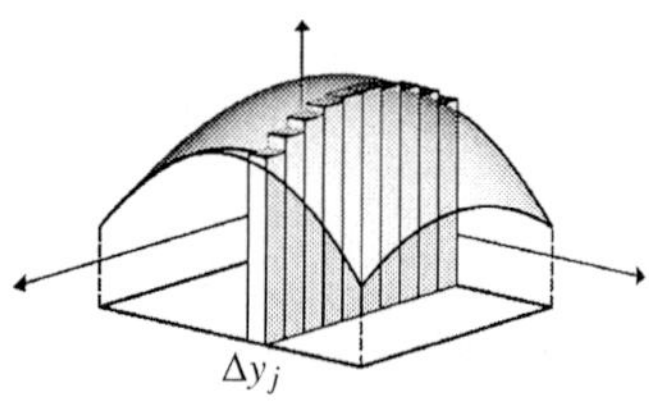

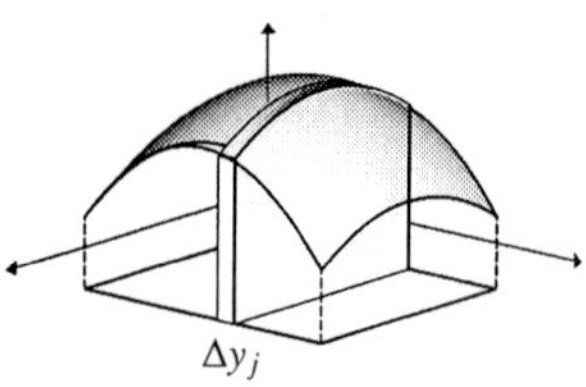

Passando ao limite com $\|\mathscr{P}_1\| \to 0$, segue que

$$\lim_{\|\mathscr{P}_1\|\to 0}\left(\sum_{i=1}^{m} f(s_i,t_j)\Delta x_i\right)\Delta y_j = \left(\int_a^b f(x,t_j)\,dx\right)\Delta y_j$$

$$= A(t_j)\Delta y_j$$

onde foi usada a notação $A(y) = \int_a^b f(x,y)\,dx$ para indicar a integral da função $g(x) = f(x,y)$, integral que é a área da seção transversal pelo ponto (a,y).

A figura acima ilustra o sólido de volume $A(t_j)\Delta y_j$. Somando esses volumes, obtém-se que $\sum_{j=1}^{n} A(t_j)\Delta y_j$ é uma soma de Riemann da função $A(y)$

correspondente à partição $\mathscr{P}_2 = \{c = y_0 < y_1 < \cdots < y_{n-1} < x_n = d\}$. Finalmente, lembrando que a partição $\mathscr{P} = \mathscr{P}_1 \times \mathscr{P}_2$ é tal que $\|\mathscr{P}\| \to 0$ se, e somente se, $\|\mathscr{P}_1\| \to 0$ e $\|\mathscr{P}_2\| \to 0$, obtém-se que

$$\begin{aligned}\iint_D f(x,y)\,dxdy &= \lim_{\|\mathscr{P}\|\to 0} SR(f,\mathscr{P}) = \lim_{\|\mathscr{P}_2\|\to 0} \sum_{j=1}^{n} \left(\lim_{\|\mathscr{P}_1\|\to 0} \sum_{i=1}^{m} f(s_i,t_j)\Delta x_i \right) \Delta y_j \\ &= \lim_{\|\mathscr{P}_2\|\to 0} \sum_{j=1}^{n} A(t_j)\Delta y_j = \int_c^d A(y)\,dy = \int_c^d \left(\int_a^b f(x,y)\,dx \right) dy\end{aligned}$$

Esta é a relação entre as integrais duplas e as integrais iteradas. Integra-se primeiro em uma variável e, em seguida, integra-se o resultado na outra.

É claro que as somas de Riemann podem também ser organizadas na forma

$$SR(f,\mathscr{P}) = \sum_{j=1}^{n} \sum_{i=1}^{m} f(s_i,t_j)\Delta x_i \Delta y_j = \sum_{i=1}^{m} \left(\sum_{j=1}^{n} f(s_i,t_j)\Delta y_j \right) \Delta x_i$$

onde, para i fixo, $\sum_{j=1}^{n} f(s_i,t_j)\Delta y_j$ é uma soma de Riemann da função $h(y) = f(s_i,y)$. Logo, repetindo o mesmo argumento, é claro que se pode primeiro integrar na variável y e, em seguida, na variável x. Esses argumentos justificam o

> **Teorema 6.4** Suponha $D = [a,b] \times [c,d]$ e $f\colon D \to \mathbb{R}$ uma função *contínua*. Então f é integrável em D e, além disso,
>
> $$\iint_D f(x,y)\,dxdy = \int_c^d \left(\int_a^b f(x,y)\,dx \right) dy = \int_a^b \left(\int_c^d f(x,y)\,dy \right) dx$$

■ **Exemplo 6.1** Calcule a integral da função $f(x,y) = 2 - x - y$ no domínio $D = [0,1] \times [0,1]$. ■

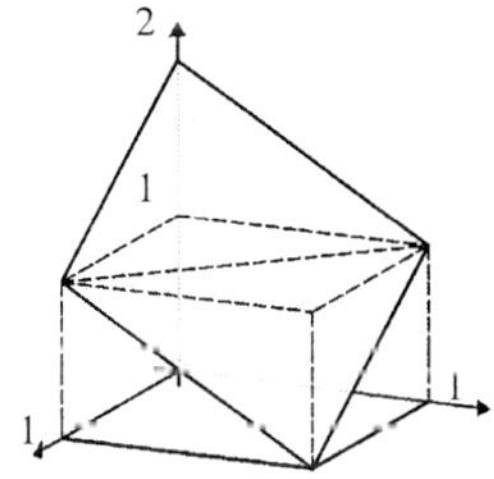

Solução. Como a integral corresponde ao volume abaixo do gráfico da função, ilustrado ao lado, da figura percebe-se que a integral deve ser igual a 1. Isso porque, se retirar o que está acima do plano $z = 1$ e colocar abaixo desse plano, obtém-se um cubo de aresta 1. E, de fato, a integral

$$\int_0^1 f(x,y)\,dx = \int_0^1 (2-x-y)dx = \left(2x - \frac{x^2}{2} - yx\right)\Big|_0^1 = \frac{3}{2} - y$$

calcula a área da seção transversal pelo ponto $(0,y)$. Por exemplo, da figura é claro que, para $y = 0$, a área da seção transversal é $1 + 1/2 = 3/2$ (área de um quadrado de lado 1 mais a área de um triângulo retângulo de lados iguais a 1).

Usando o teorema acima, segue-se que a integral dupla da função f é

$$\iint_D f(x,y)\,dxdy = \int_0^1 \left(\int_0^1 f(x,y)\,dx\right) dy = \int_0^1 \left(\frac{3}{2} - y\right) dy$$
$$= \left(\frac{3}{2}y - \frac{y^2}{2}\right)\Big|_0^1 = 1$$

que é o resultado esperado. □

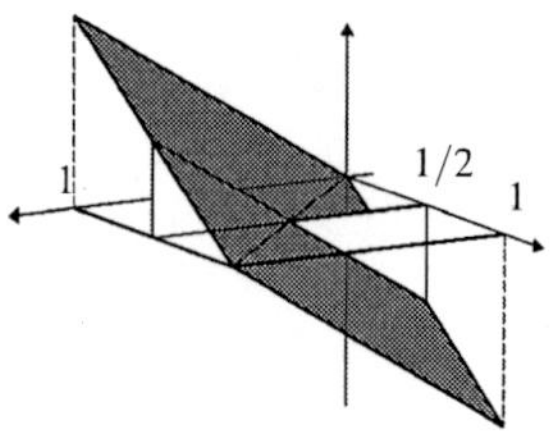

■ **Exemplo 6.2** Calcule a integral da função $f(x,y) = x - y$ no domínio $D = [0,1] \times [0,1]$. ■

Solução. O exemplo é semelhante ao anterior. A diferença é que, agora, a função assume valores negativos, conforme ilustra a figura, e vale interpretar a integral nesse caso.

A ideia é muito simples: nas somas de Riemann, o termo $f(s_i,t_j)\Delta x_i \Delta y_j$ corresponde ao volume de um paralelepípedo nos casos em que $f(s_i,t_j)$ é positivo; já nos casos em que $f(s_i,t_j)$ é negativo, o temos $f(s_i,t_j)\Delta x_i \Delta y_j$ corresponde a um volume com o sinal trocado! Como a soma considera todos esses termos, inclusive com o sinal, um valor pode cancelar o outro.

O resultado é então um "volume líquido", isto é, o volume que está acima do plano $z = 0$ menos o volume que está abaixo desse plano.

A partir desta interpretação, e consultando a figura acima, percebe-se que a função é positiva na região em que $x > y$, e negativa na região em que $y > x$. De fato, f é antissimétrica em relação à reta $y = x$, isto é, $f(y,x) = -f(x,y)$. Assim, espera-se que a integral seja zero, pois os volumes acima e abaixo do plano $z = 0$ são iguais. E, com efeito, a integral

$$\int_0^1 f(x,y)\,dx = \int_0^1 (x-y)dx = \left(\frac{x^2}{2} - yx\right)\Big|_0^1 = \frac{1}{2} - y$$

calcula a "área líquida" da seção transversal pelo ponto $(0,y)$. Por exemplo, como ilustrado na figura, essa integral se anula para $y = 1/2$ uma vez que, nesse ponto, a área acima do plano $z = 0$ é igual à área abaixo desse plano.

Usando novamente o **Teorema 6.4**, segue-se que a integral dupla é igual a

$$\iint_D f(x,y)\,dxdy = \int_0^1 \left(\int_0^1 f(x,y)\,dx\right) dy = \int_0^1 \left(\frac{1}{2} - y\right) dy$$
$$= \left(\frac{1}{2}y - \frac{y^2}{2}\right)\Big|_0^1 = 0$$

que é o resultado esperado. □

No **Teorema 6.4** foi incluída a condição de a função ser contínua. Sem essa condição as coisas podem ficar bem complicadas, como ilustra o **Exemplo 6.3**.

■ **Exemplo 6.3** Verifique se $f\colon D \to \mathbb{R}$ é integrável, onde $D = [0,1] \times [0,1]$ e

$$f(x,y) = \begin{cases} 0 & \text{, se } (x,y) = (0,0) \\ \dfrac{x-y}{(x+y)^3} & \text{, se } (x,y) \neq (0,0) \end{cases}$$

■

Solução. O domínio é o mesmo do exemplo anterior, e a função é também antissimétrica em relação à reta $y = x$. Assim, a expectativa é de que a integral seja zero.

No entanto, ao contrário do exemplo anterior, agora a função não é contínua! Veja o gráfico da função ao lado.

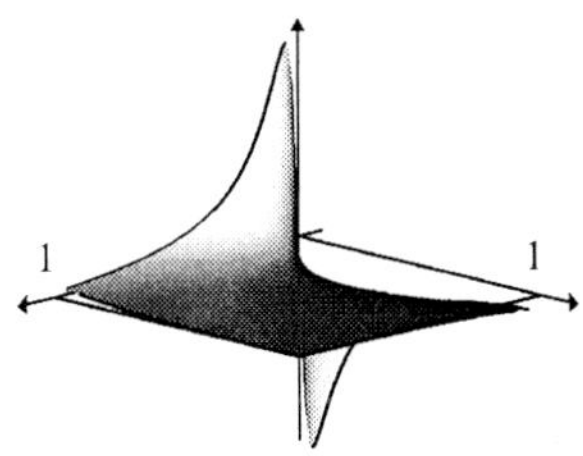

Do gráfico percebe-se que a função é descontinua em $P_0 = (0,0)$, uma vez que $f(x,0) = 1/x^2 \to \infty$ com $x \to 0$, enquanto que $f(0,y) = -1/y^2 \to -\infty$ com $y \to 0$. Logo, não existe o limite $\lim\limits_{P \to P_0} f(P)$, e a função não é contínua em P_0.

Apesar disso, as integrais iteradas podem ser calculadas, como a seguir. Usando a substituição $u = x + y$, segue-se que $x - y = u - 2y$, e, portanto,

$$\frac{x-y}{(x+y)^3} = \frac{u-2y}{u^3} = u^{-2} - 2yu^{-3}.$$

Logo, como $du = dx$, tem-se que

$$\int_0^1 f(x,y)\,dx = \int_y^{1+y} (u^{-2} - 2yu^{-3})du = (-u^{-1} + yu^{-2})\Big|_y^{1+y} = \frac{-1}{(1+y)^2}$$

Integrando esse resultado na variável y, obtém-se

$$\int_0^1 \left(\int_0^1 f(x,y)\,dx \right) dy = \int_0^1 -(1+y)^{-2}\,dy = (1+y)^{-1}\Big|_0^1 = -\frac{1}{2} \qquad (6.6)$$

Bem, essa não é uma boa notícia, pois a expectativa era de que a integral fosse zero. Pior ainda, se for invertida a ordem de integração, um argumento análogo ao anterior mostra que

$$\int_0^1 \left(\int_0^1 f(x,y)\,dy \right) dx = \int_0^1 (1+x)^{-2}\,dx = -(1+x)^{-1}\Big|_0^1 = \frac{1}{2} \qquad (6.7)$$

A diferença entre as integrais iteradas em (6.6) e (6.7) enfatiza a suspeita de que a função não deve ser integrável em seu domínio! Se fosse, essas integrais iteradas deveriam ser iguais.

Para mostrar que, de fato, a função não é integrável, deve-se verificar que não existe o limite das somas de Riemann. Para isso, suponha que o intervalo $[0,1]$ ao longo do eixo $\mathscr{O}x$ seja dividido em m partes iguais pelos pontos x_i, e que se escolha s_i como sendo o ponto médio do intervalo $[x_{i-1}, x_i]$. Analogamente, suponha que o intervalo $[0,1]$ ao longo do eixo $\mathscr{O}y$ seja dividido em n partes iguais pelos pontos y_j e que se escolha t_j como sendo o ponto médio do intervalo $[y_{j-1}, y_j]$.

Neste caso, e com o auxilio de um computador, as somas de Riemann

$$SR(f,\mathscr{P}) = \sum_{j=1}^{n}\sum_{i=1}^{m} f(s_i, y_j)\Delta x_i \Delta y_j$$

podem ser calculadas para vários valores de m e n. Por exemplo, fixado $n = 10$ e escolhendo-se sucessivamente $m = 10$, $m = 20$, $m = 30$ e $m = 40$, obtêm-se os resultados:

	$m = 10$	$m = 20$	$m = 30$	$m = 40$
$n = 10$	$0,00$	$-0,27$	$-0,38$	$-0,42$

Esses valores explicam o resultado da integral iterada em (6.6). Integrar primeiro na variável x corresponde a escolher uma quantidade maior de pontos no eixo $\mathscr{O}x$ do que no eixo $\mathscr{O}y$, e, procedendo dessa forma, as somas tendem ao valor em (6.6), que é de $-0,50$.

Invertendo a ordem, fixando por exemplo $m = 10$ e escolhendo-se sucessivamente $n = 10$, $n = 20$, $n = 30$ e $n = 40$, obtêm-se os resultados:

	$n = 10$	$n = 20$	$n = 30$	$n = 40$
$m = 10$	$0,00$	$0,27$	$0,38$	$0,42$

Esses últimos valores explicam o resultado da integral iterada em (6.7). Integrar primeiro na variável y corresponde a escolher uma quantidade maior de pontos no eixo $\mathscr{O}y$ do que no eixo $\mathscr{O}x$, e, procedendo dessa forma, as somas tendem ao valor em (6.7), que é de $0,50$.

Pode-se agora usar a "regra dos dois caminhos": escolhendo-se partições com mais pontos no eixo $\mathscr{O}x$, as somas de Riemann se aproximam de $-0,5$; escolhendo-se partições com mais pontos no eixo $\mathscr{O}y$, as somas de Riemann se aproximam de $0,5$. Como esses valores são distintos, não existe o limite $\lim_{\|\mathscr{P}\|\to 0} SR(f,\mathscr{P})$, isto é, a função não é integrável. □

Domínios R_x e R_y

Um exercício conhecido, relacionado às integrais simples, é o de calcular a área de regiões limitadas pelos gráficos de duas funções. Veja a figura ao lado. Esse tipo de região é importante no contexto das integrais duplas, tanto que recebem um nome especial: regiões ou domínios na forma R_x.

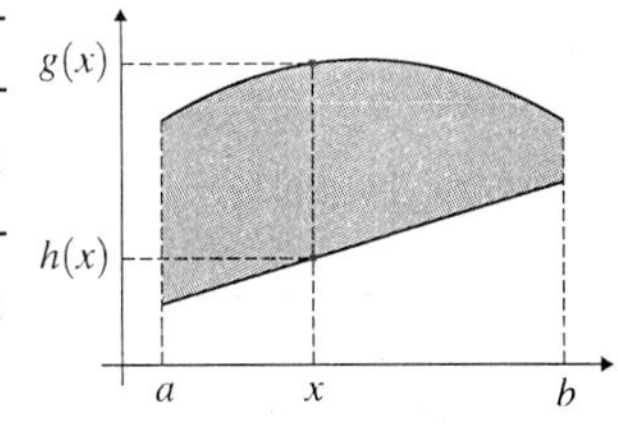

Primeiro exemplo

Suponha que, até o momento, só se conheça a integral de funções definidas em retângulos. A partir daí, e com a, b e $c > 0$ constantes, como calcular o volume V abaixo do gráfico da função $f(x,y) = ax + by + c$ definida no disco unitário $D = \{(x,y);\ x^2 + y^2 \leq 1\}$?

O problema, claro, é que o domínio não é um retângulo, e o volume não pode ser calculado imediatamente. No entanto, a partir do gráfico da função ilustrado abaixo, pode-se inferir o que segue.

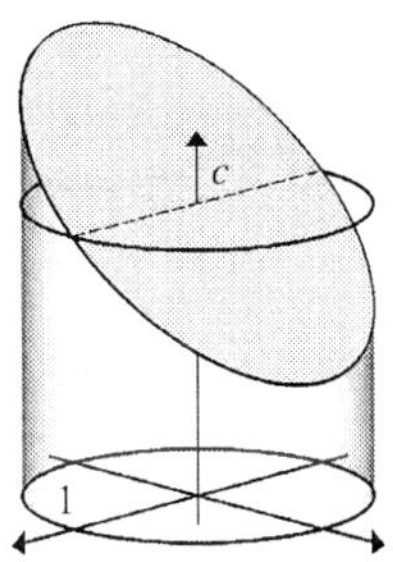

A área do disco unitário (o domínio) é $A = \pi$; se $a = b = 0$, o gráfico da função é um plano horizontal pelo ponto $(0,0,c)$, e o volume é $V = A \times$ altura = πc; se $a \neq 0$ ou $b \neq 0$, o gráfico da função é um plano inclinado pelo ponto $(0,0,c)$, mas o que se retira abaixo do plano $z = c$ é o que se acrescenta acima desse plano. Assim, em qualquer caso, o volume deve ser igual a $V = \pi c$.

Para de fato calcular o volume, desse e de outros exemplos, a ideia é usar o que já se sabe para o caso de domínios retangulares. Nesse sentido, o domínio D pode ser incluído no retângulo $\widehat{D} = [-1,1] \times [-1,1]$, e pode-se definir uma nova função $\hat{f} \colon \widehat{D} \to \mathbb{R}$ dada por

$$\hat{f}(x,y) = \begin{cases} f(x,y) & \text{, se } (x,y) \in D \\ 0 & \text{, se } (x,y) \notin D \end{cases}$$

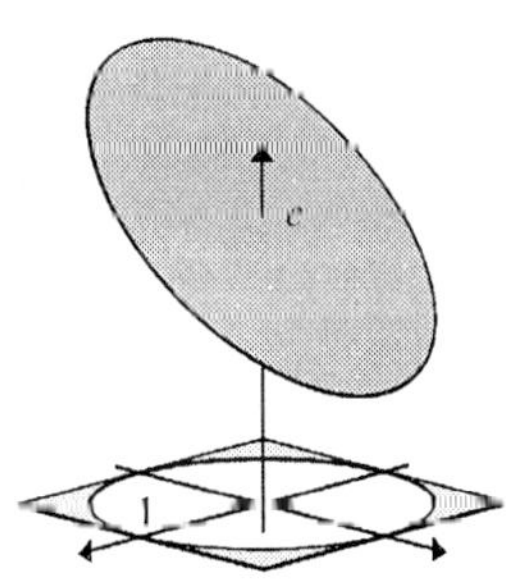

A figura ao lado ilustra o gráfico de $\hat{f}$. Ela coincide com f no domínio D, e se anula fora dele. Assim, é claro que os volumes abaixo dos gráficos de f e de $\hat{f}$ são os mesmos. A vantagem é que $\hat{f}$ está definida em um retângulo, e pode-se usar as integrais iteradas, como visto anteriormente.

Supondo então que $\hat{f}$ seja integrável, tem-se que

$$V = \iint_{\widehat{D}} \hat{f}(x,y)\,dxdy = \int_{-1}^{1}\left(\int_{-1}^{1} \hat{f}(x,y)\,dy\right)dx \tag{6.8}$$

e o problema fica reduzido ao cálculo de uma integral iterada, o que é muito bom!

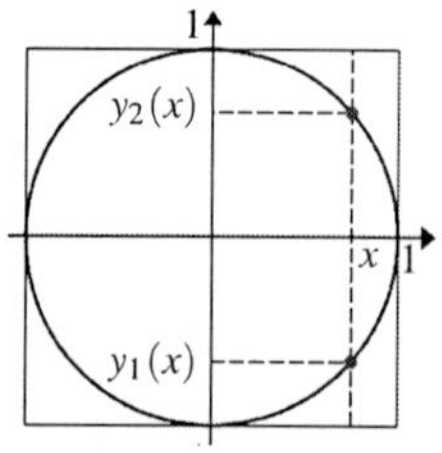

Vale ressaltar que o disco D é limitado pela circunferência $x^2+y^2=1$, de onde se segue que $|y|=\sqrt{1-x^2}$. Daí se conclui que D é a região limitada pelos gráficos das funções $y_1(x)=-\sqrt{1-x^2}$ e $y_2(x)=\sqrt{1-x^2}$, conforme ilustra a figura ao lado. De fato, D pode ser descrito na forma

$$D=\{(x,y)\in\mathbb{R}^2;\ -1\le x\le 1 \text{ e } y_1(x)\le y\le y_2(x)\} \tag{6.9}$$

e por isso D é dito uma região do tipo R_x, que é uma região entre os gráficos de duas funções na variável x.

Da figura acima segue-se ainda que, para cada $x\in[-1,1]$ ao longo do eixo $\mathscr{O}_x$, o intervalo $[-1,1]$ ao longo do eixo $\mathscr{O}_y$ pode ser decomposto na forma

$$[-1,1]=[-1,y_1(x))\cup[y_1(x),y_2(x)]\cup(y_2(x),1].$$

Essa decomposição é importante porque a função $\hat{f}$ se anula nos intervalos $[-1,y_1(x))$ e $(y_2(x),1]$, uma vez que eles não estão contidos no domínio D. Volte a olhar o gráfico de $\hat{f}$ acima. Destas observações segue-se que

$$\begin{aligned}\int_{-1}^{1}\hat{f}(x,y)\,dy &= \int_{-1}^{y_1(x)}\hat{f}(x,y)\,dy+\int_{y_1(x)}^{y_2(x)}\hat{f}(x,y)\,dy+\int_{y_2(x)}^{1}\hat{f}(x,y)\,dy\\ &= \int_{y_1(x)}^{y_2(x)}\hat{f}(x,y)\,dy\end{aligned}$$

e, substituindo esse resultado em (6.8), obtém-se que

$$V=\iint_{\widehat{D}}\hat{f}(x,y)\,dxdy=\int_{-1}^{1}\left(\int_{-1}^{1}\hat{f}(x,y)\,dy\right)dx=\int_{-1}^{1}\left(\int_{y_1(x)}^{y_2(x)}\hat{f}(x,y)\,dy\right)dx$$

O lado direito desta igualdade só inclui pontos que estão na região D, onde $\hat{f}$ coincide com f. Assim, pode-se "tirar o chapéu" e obter que

$$V=\int_{-1}^{1}\left(\int_{y_1(x)}^{y_2(x)}f(x,y)\,dy\right)dx \tag{6.10}$$

Ótimo! Como no caso de retângulos, o volume V pode ser calculado com integrais iteradas. A diferença é que, na integral da variável y, os extremos de integração são as funções $y_1(x)$ e $y_2(x)$, conforme (6.9).

Já foi visto que o valor esperado do volume é $V = \pi c$, o mesmo de um cilindro de área da base π e altura c. Esse valor pode agora ser comparado com a expressão de V em (6.10). Para isso, lembrando das expressões de f, y_1 e y_2, segue-se que

$$\int_{y_1(x)}^{y_2(x)} f(x,y)\,dy = \int_{y_1(x)}^{y_2(x)} (ax+by+c)\,dy = \left(axy + \frac{b}{2}y^2 + cy\right)\Big|_{y_1(x)}^{y_2(x)}$$
$$= 2ax\sqrt{1-x^2} + 2c\sqrt{1-x^2}$$

e, substituindo esse resultado em (6.10), obtém-se

$$V = \int_{-1}^{1}\left(\int_{y_1(x)}^{y_2(x)} f(x,y)\,dy\right)dx = \int_{-1}^{1}\left(2ax\sqrt{1-x^2} + 2c\sqrt{1-x^2}\right)dx \quad (6.11)$$

Essa última integral pode ser calculada a partir dos gráficos das funções $h(x) = x\sqrt{1-x^2}$ e $g(x) = \sqrt{1-x^2}$, conforme figuras a seguir.

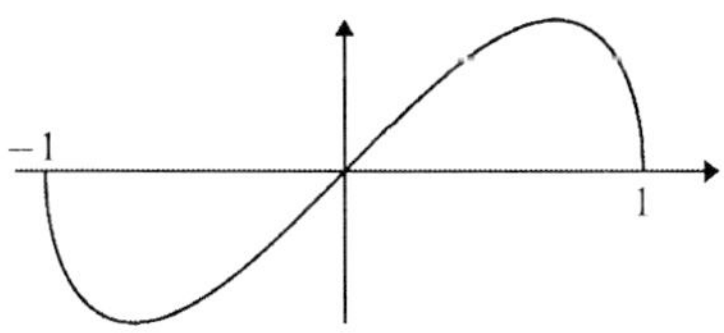

$h(x) = x\sqrt{1-x^2}$

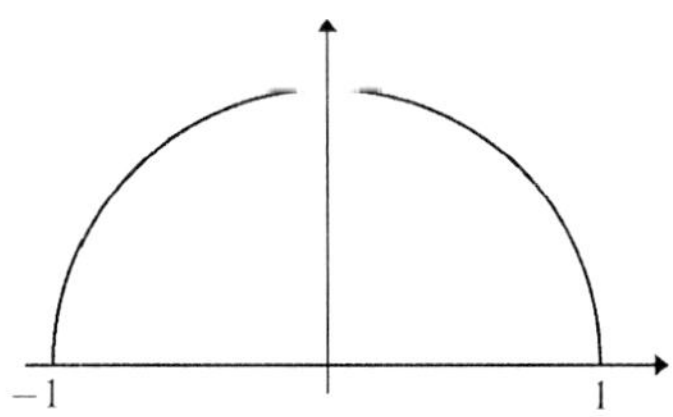

$g(x) = \sqrt{1-x^2}$

Com efeito, a partir do gráfico de h, conclui-se que $\int_{-1}^{1} h(x)\,dx = 0$, pois esta é uma função ímpar, isto é, $h(-x) = -h(x)$. O gráfico de g é uma semicircunferência, e, portanto, $\int_{-1}^{1} g(x)\,dx = \pi/2$, igual à metade da área do disco de raio 1. Usando esses resultados, obtém-se o valor esperado, isto é,

$$V = \int_{-1}^{1}\left(2ax\sqrt{1-x^2} + 2c\sqrt{1-x^2}\right)dx = 2c\frac{\pi}{2} = \pi c$$

Caso geral

Em geral, um domínio $D \subset \mathbb{R}^2$ está na forma R_x se for um domínio limitado acima e abaixo por gráficos de funções deriváveis na variável x. De outra forma, indicando as funções por $y_1(x)$ e $y_2(x)$, com $x \in [a,b]$, o domínio D está na forma R_x se puder ser descrito na forma (veja a figura ao lado).

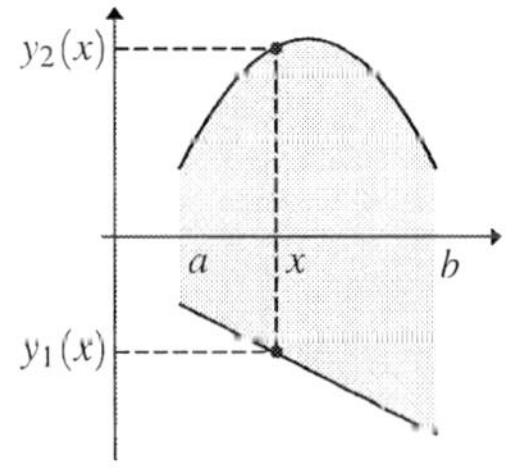

$$D = \{(x,y) \in \mathbb{R}^2;\ a \le x \le b \ \text{ e } \ y_1(x) \le y \le y_2(x)\} \quad (6.12)$$

Por exemplo, foi visto acima que o disco $x^2+y^2 \leq 1$ é um domínio R_x, em que as funções são $y_1(x) = -\sqrt{1-x^2}$ e $y_2(x) = \sqrt{1-x^2}$ com $x \in [-1,1]$.

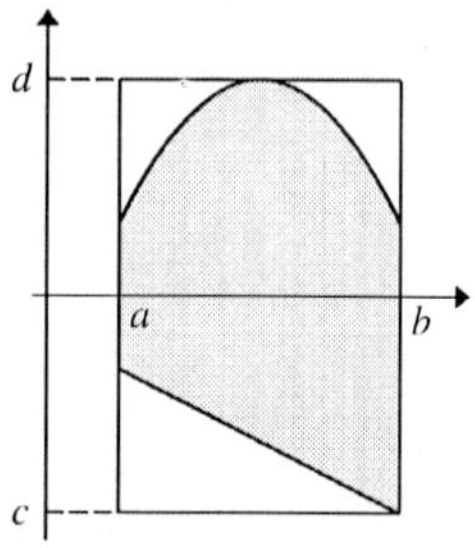

Considere agora $f\colon D \to \mathbb{R}$ uma função dada, e suponha que $D \subset \mathbb{R}^2$ seja um domínio R_x. Então, mesmo nesse caso geral, seguindo os passos do exemplo anterior pode-se definir o que seja a integral dupla de f sobre D.

De fato, como ilustra a figura ao lado, se D é da forma R_x, existem constantes c e d tais que D está contido no retângulo $\widehat{D} = [a,b] \times [c,d]$.

Como no exemplo anterior, define-se então a função $\hat{f}\colon \widehat{D} \to \mathbb{R}$ por

$$\hat{f}(x,y) = \begin{cases} f(x,y) & , \text{ se } (x,y) \in D \\ 0 & , \text{ se } (x,y) \notin D \end{cases}$$

Assim, $\hat{f}$ coincide com f no domínio D, e se anula fora dele. O interessante é que $\hat{f}$ está definida em um retângulo, e pode-se usar o que já é conhecido nesse caso. A partir dessas observações, a definição a seguir é bastante natural.

Definição 6.2 A função f é integrável em D se $\hat{f}$ for integrável em $\widehat{D}$ e, nesse caso, define-se

$$\iint_D f(x,y)\,dxdy = \iint_{\widehat{D}} \hat{f}(x,y)\,dxdy$$

Uma vantagem dessa definição é que a integral de f tem as mesmas propriedades da integral de $\hat{f}$, propriedades que já foram estudadas anteriormente e podem ser usadas sem cerimônia! Outra vantagem é em relação ao cálculo da integral. De fato, para cada $x \in [a,b]$, $\hat{f}$ se anula nos intervalos $[c, y_1(x))$ e $(y_2(x), d]$, conforme ilustra a figura abaixo.

Logo, se $\hat{f}$ for integrável e sua integral puder ser calculada iteradamente, então

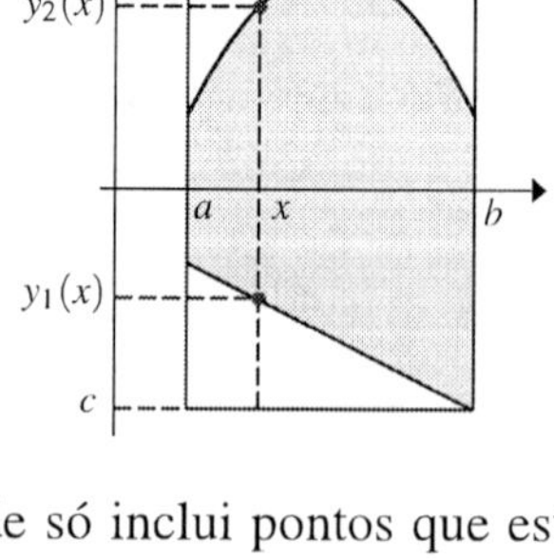

$$\begin{aligned}\iint_{\widehat{D}} \hat{f}(x,y)\,dxdy &= \int_a^b \left(\int_c^d \hat{f}(x,y)\,dy \right) dx \\ &= \int_a^b \left(\int_{y_1(x)}^{y_2(x)} \hat{f}(x,y)\,dy \right) dx\end{aligned}$$

Além disso, o lado direito da última igualdade só inclui pontos que estão em D, onde $\hat{f}$ e f coincidem. Daí se pode "tirar o chapéu" e concluir que

$$\iint_D f(x,y)\,dxdy = \iint_{\widehat{D}} \hat{f}(x,y)\,dxdy$$
$$= \int_a^b \left(\int_{y_1(x)}^{y_2(x)} \hat{f}(x,y)\,dy \right) dx = \int_a^b \left(\int_{y_1(x)}^{y_2(x)} f(x,y)\,dy \right) dx$$

A conclusão é que, como no caso de retângulos, a integral de f sobre D pode ser calculada por meio de integrais iteradas. A diferença é que, na integral da variável y, os extremos de integração são as funções $y_1(x)$ e $y_2(x)$, conforme a expressão em (6.12). Esses passos justificam o

Teorema 6.5 Se D é R_x e $f: D \to \mathbb{R}$ é contínua, então f é integrável e

$$\iint_D f(x,y)\,dxdy = \int_a^b \left(\int_{y_1(x)}^{y_2(x)} f(x,y)\,dy \right) dx$$

Antes do próximo exemplo, vale introduzir os domínios R_y. De fato, não há nada de particular na escolha de x como variável independente.

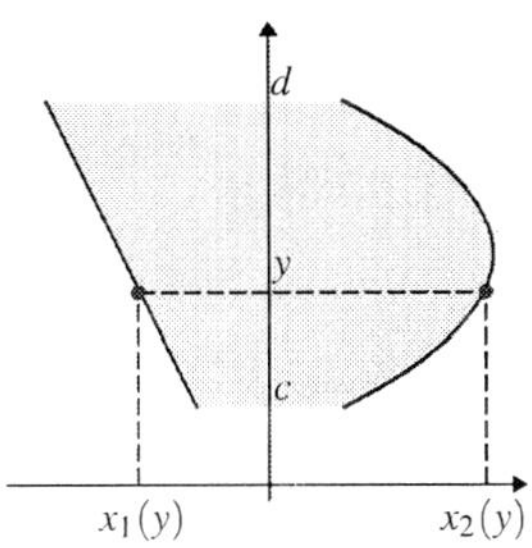

Dependendo do caso, é mais conveniente escolher y como variável independente, o que dá origem aos domínios R_y.

Assim, $D \subset \mathbb{R}^2$ está na forma R_y se for limitado à esquerda e à direita por gráficos de funções deriváveis na variável y. De outra forma, e indicando as funções por $x_1(y)$ e $x_2(y)$, D está na forma R_y se puder ser descrito como (veja a figura ao lado)

$$D = \{(x,y) \in \mathbb{R}^2;\ c \leq y \leq d \ \text{ e } \ x_1(y) \leq x \leq x_2(y)\}$$

Seguindo os passos anteriores, pode-se agora enunciar o

Teorema 6.6 Se D é R_y e $f: D \to \mathbb{R}$ é contínua, então f é integrável e

$$\iint_D f(x,y)\,dxdy = \int_c^d \left(\int_{x_1(y)}^{x_2(y)} f(x,y)\,dx \right) dy$$

■ **Exemplo 6.4** Calcule a integral da função $f: D \to \mathbb{R}$ onde D é o triângulo de vértices $(0,0)$, $(2,0)$ e $(0,1)$ e $f(x,y) = y$. ■

Solução. As figuras abaixo ilustram o domínio e o gráfico da função.

Como a função é maior ou igual a zero, a integral corresponde ao volume abaixo do gráfico. Além disso, esse volume é igual ao de um tetraedro em que a área da base é $A = (2 \times 1)/2 = 1$ e a altura é $H = 1$. Segue-se que $V = (A \times H)/3 = 1/3$, e esse é o valor esperado da integral.

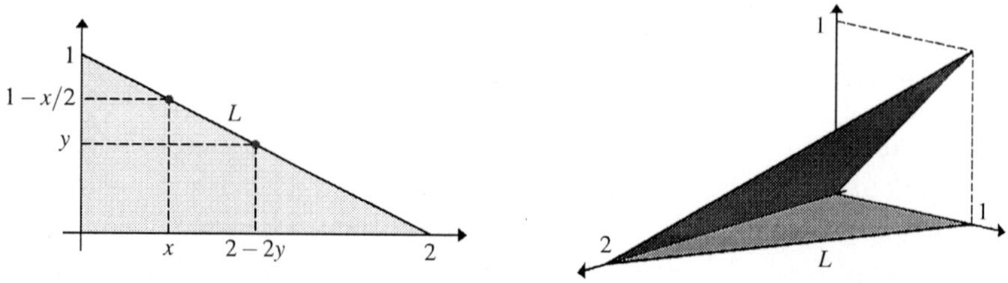

Para o cálculo, da figura percebe-se que o domínio está tanto na forma R_x como na forma R_y e, para ilustrar, os cálculos serão feitos na forma R_y.

É claro que D é limitado pelos eixos coordenados e pela reta L que passa por $(0,1)$ e $(2,0)$. A equação dessa reta é $x+2y=2$ e, isolando x, obtém-se $x=2-2y$. Consultando a figura, percebe-se então que D pode ser escrito como

$$D = \{(x,y) \in \mathbb{R}^2;\ 0 \leq y \leq 1 \ \text{ e } \ 0 \leq x \leq 2-2y\}$$

Usando essa descrição, obtém-se o valor esperado, isto é,

$$\iint_D f(x,y)\,dxdy = \int_0^1 \left(\int_0^{2-2y} y\,dx\right) dy = \int_0^1 \left(yx\Big|_0^{2-2y} \right) dy$$

$$= \int_0^1 y(2-2y)\,dy = \left(y^2 - \frac{2}{3}y^3\right)\Big|_0^1 = 1 - \frac{2}{3} = \frac{1}{3} \qquad \square$$

Até aqui os domínios são tanto R_x quanto R_y, e não é muito diferente fazer os cálculos usando-se uma forma ou outra. No entanto, como ilustra o próximo exemplo, isso não é sempre assim. Há situações em que uma escolha apropriada facilita muito os cálculos. Veja o próximo exemplo.

■ **Exemplo 6.5** Calcule $\iint_D f(x,y)\,dxdy$, onde $f(x,y) = \sqrt{y}\,\text{sen}(x\sqrt{y})$ e D é o domínio limitado por baixo pela parábola $y = x^2$, por cima pela reta $y = \pi/2$ e pela esquerda pelo eixo $\mathcal{O}y$. ■

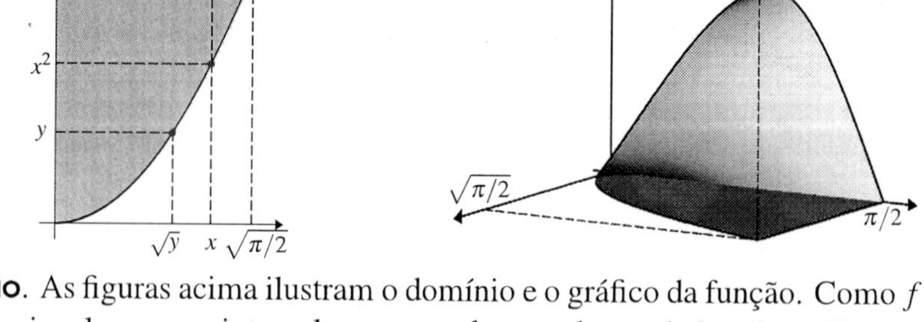

Solução. As figuras acima ilustram o domínio e o gráfico da função. Como f é maior ou igual a zero, a integral corresponde ao volume abaixo do gráfico. No entanto, agora não é possível obter um valor esperado, e o único instrumento para o cálculo do volume é mesmo a integral.

Da figura segue-se que D é da forma R_x, e pode ser descrito como

$$D = \{(x,y) \in \mathbb{R}^2;\ 0 \leq x \leq \sqrt{\pi/2} \ \text{e} \ x^2 \leq y \leq \pi/2\}$$

Assim, a integral pode ser escrita como

$$\iint_D f(x,y)\,dxdy = \int_0^{\sqrt{\pi/2}} \left(\int_{x^2}^{\pi/2} \sqrt{y}\,\text{sen}(x\sqrt{y})\,dy \right) dx$$

Ora! Tentando resolver a integral na variável y, percebe-se que ela é terrível!! Essa é daquelas que qualquer um quer evitar! No entanto, resta ainda tentar o cálculo com a forma R_y. Para isso, consultando novamente a figura anterior, segue-se que D pode ser descrito na forma

$$D = \{(x,y) \in \mathbb{R}^2;\ 0 \leq y \leq \pi/2 \ \text{e} \ 0 \leq x \leq \sqrt{y}\}$$

Assim, a integral pode também ser escrita como

$$\iint_D f(x,y)\,dxdy = \int_0^{\pi/2} \left(\int_0^{\sqrt{y}} \sqrt{y}\,\text{sen}(x\sqrt{y})\,dx \right) dy$$

Ora! Tentando resolver a integral na variável x, percebe-se que ela é trivial!! Essa é daquelas que qualquer um quer calcular! Basta usar a substituição $u = x\sqrt{y}$, uma vez que $du = \sqrt{y}\,dx$, e portanto $\sqrt{y}\,\text{sen}(x\sqrt{y})\,dx = \text{sen}(u)\,du$. Usando essa substituição, segue-se que

$$\iint_D f(x,y)\,dxdy = \int_0^{\pi/2} \left(\int_0^{\sqrt{y}} \sqrt{y}\,\text{sen}(x\sqrt{y})\,dx \right) dy = \int_0^{\pi/2} \left(\int_0^{y} \text{sen}(u)\,du \right) dy$$

$$= \int_0^{\pi/2} (1 - \cos(y))\,dy = \pi/2 - 1$$

□

Exercícios

1) Considere o tetraedro limitado pelos planos coordenados e pelo plano

$$\frac{x}{a} + \frac{y}{b} + \frac{z}{c} = 1,$$

em que a, b e c são constantes positivas. Como ilustra a figura, o tetraedro corresponde à região abaixo do gráfico de uma função $f\colon D \to \mathbb{R}$, onde D pode ser descrito na forma $D = \{(x,y); x \in I \text{ e } g_1(x) \leq y \leq g_2(x)\}$ com $I \subset \mathbb{R}$ um intervalo e funções apropriadas $g_1, g_2\colon I \to \mathbb{R}$. Julgue os itens a seguir.

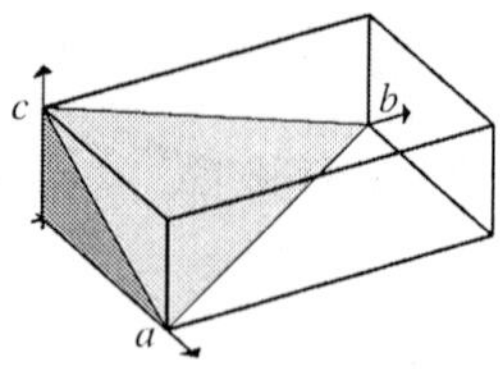

C | E a) O intervalo I é dado por $I = [0, b]$.

C | E b) A função g_2 é dada por $g_2(x) = \frac{a}{b}(a - x)$.

C | E c) A função f é dada por
$f(x,y) = \frac{c}{ab}(ab - bx - ay)$.

C | E d) Calculando, obtém-se que $\int_{g_1(x)}^{g_2(x)} f(x,y)\,dy = \frac{cb}{2a^2}(a-x)^2$.

C | E e) Dos itens anteriores segue-se que o volume do tetraedro é um terço do volume do paralelepípedo de lados a, b e c.

2) Seja D a chapa triangular de vértices em $(0,0)$, $(0,\sqrt{\pi})$ e $(\sqrt{\pi},\sqrt{\pi})$ com densidade $\delta \colon D \to \mathbb{R}$ dada por $\delta(x,y) = 2\operatorname{sen}(y^2)$.

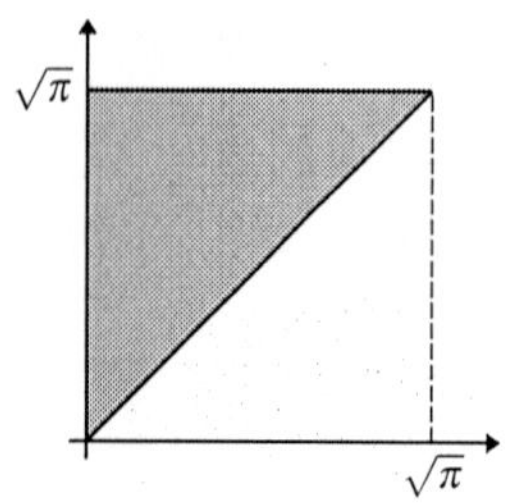

a) Determine por inspeção os valores máximo e mínimo de δ.

b) Descreva D na forma R_x.

c) Descreva D na forma R_y.

d) Calcule a massa M de D.

e) Calcule a densidade média de D e compare com os valores do item a).

3) De acordo com a figura, a função $f(x,y) = \dfrac{x-y}{(x+y)^3}$ apresenta uma forte descontinuidade na origem. Assim, ela será integrável em $D = [0,1] \times [0,1]$ caso exista o

$$\lim_{\substack{\delta \to 0 \\ \varepsilon \to 0}} \int_{\delta}^{1} \int_{\varepsilon}^{1} f(x,y)\,dxdy$$

Para verificar esse fato, considere as funções

$$h(y,\varepsilon) = \int_{\varepsilon}^{1} f(x,y)\,dx \text{ e } H(\varepsilon,\delta) = \int_{\delta}^{1} h(y,\varepsilon)\,dy$$

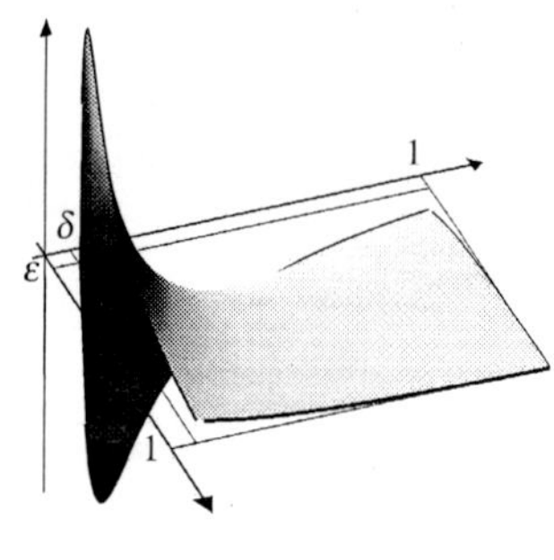

a) Calcule a expressão de $h(y,\varepsilon)$.

b) Calcule a expressão de $H(\varepsilon,\delta)$.

c) Calcule o limite $\lim_{\varepsilon \to 0} H(\varepsilon,\varepsilon)$

d) Calcule o limite $\lim_{\varepsilon \to 0} H(\varepsilon,2\varepsilon)$

e) Decida se a função f é integrável em D.

4) Em integrais iteradas, uma escolha adequada da ordem de integração pode facilitar muito os cálculos. Por exemplo, considere a região $\mathscr{D}$ limitada pelas

curvas $y+1=0$, $y^2+x-4=0$ e $x+\sqrt{4-y^2}=0$, como ilustrado a seguir, e indique por $\mathscr{A}$ a sua área.

Se necessário, use $\int \sqrt{4-t^2}\,dt = 2\,\text{arcsen}(\frac{1}{2}t) + \frac{1}{2}t\sqrt{4-t^2} + k$.

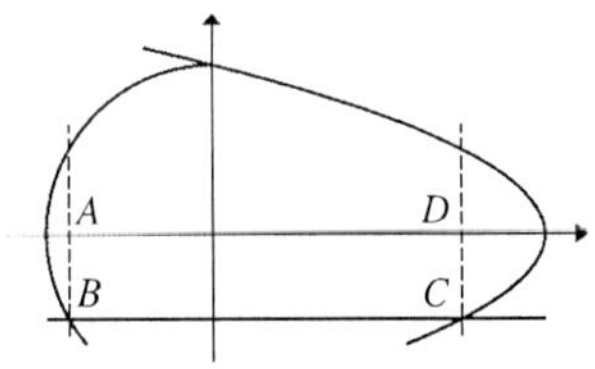

a) Identifique as três curvas e determine as coordenadas dos pontos $A=(a_1,a_2)$, $B=(b_1,b_2)$, $C=(c_1,c_2)$ e $D=(d_1,d_2)$ indicados na figura.

b) A região $\mathscr{D}$ pode ser dividida em quatro regiões do tipo R_x, com x nos intervalos $[a_1,b_1]$, $[b_1,0]$, $[0,c_1]$ e $[c_1,d_1]$. Descreva essas regiões.

c) Use o item anterior para calcular a área $\mathscr{A}$.

d) Observe que $\mathscr{D}$ é também uma região R_y, e descreva $\mathscr{D}$ nesta forma.

e) Do item anterior, a área $\mathscr{A}$ pode ser calculada por meio de uma única integral. Proceda a esse cálculo e compare com o resultado do item c).

7. Mudança de variáveis em 2D

Aplicações da integral

Como em uma variável, a integral múltipla tem aplicações nas mais diversas áreas. Aqui será ilustrado como essa integral pode ser aplicada ao cálculo de áreas e volumes, de médias ponderadas, de massa, de centro de massa e momento de inércia.

Lembrando: aplicações da integral simples

Uma aplicação interessante é o cálculo de médias. No caso de n números $y_1, y_2, \ldots, y_n$, a média é dada por $M_n = \frac{1}{n}\sum_{i=1}^{n} y_i$. Mas, dada uma função $f\colon [a,b] \to \mathbb{R}$, como calcular a média dos infinitos números $f(x)$ com $x \in [a,b]$?

A resposta está na integral. De fato, suponha que a função seja integrável. Para cada $n \in \mathbb{N}$ escolha $\Delta x = \frac{b-a}{n}$ e defina os números $x_0 = a$, $x_1 = a + \Delta x$, $x_2 = a + 2\Delta x$, $\ldots$, $x_n = a + n\Delta x = b$. Esses números determinam a partição $\{x_0, x_1, \ldots, x_n\}$ de $[a,b]$, que fica dividido em n partes iguais de comprimento Δx. Nesse caso, a média dos números $f(x_1), f(x_2), \ldots, f(x_n)$ é dada por

$$\overline{f}_n = \frac{1}{n}\sum_{i=1}^{n} f(x_i) = \sum_{i=1}^{n} f(x_i)\frac{1}{n}$$

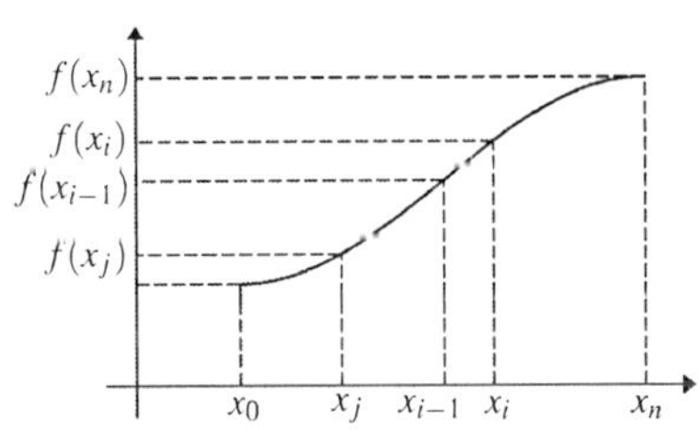

Além disso, da escolha $\Delta x = \frac{b-a}{n}$ segue-se que $\frac{1}{n} = \frac{\Delta x}{b-a}$, que, substituída na igualdade acima, fornece

$$\overline{f}_n = \sum_{i=1}^{n} f(x_i)\frac{\Delta x}{b-a} = \frac{1}{b-a}\sum_{i=1}^{n} f(x_i)\Delta x.$$

Surpresa! $\sum_{i=1}^{n} f(x_i)\Delta x$ é uma soma de Riemann correspondente à partição $\{x_0, x_1, \ldots, x_n\}$, e já se sabe que existe o limite dessas somas com $n \to \infty$, pois a função é integrável. Isto é interessante uma vez que, escolhendo-se n cada vez maior, está-se calculando a média de uma quantidade cada vez maior de termos $f(x_i)$. Passando o limite com $n \to \infty$, espera-se obter a média de *todos* os termos $f(x)$. Isso justifica definir a média da função f no intervalo $[a,b]$ por

$$\overline{f} = \lim_{n\to\infty} \frac{1}{b-a} \sum_{i=1}^{n} f(x_i)\Delta x = \frac{1}{b-a} \int_a^b f(x)\,dx$$

A integral faz o papel de *somar* todos os números $f(x)$, soma que fica divida pelo comprimento $b-a$ do intervalo $[a,b]$. Aliás, o comprimento é a aplicação mais simples da integral, uma vez que

$$\int_a^b dx = b-a = \text{ comprimento do intervalo } [a,b] \tag{7.1}$$

Usando essa igualdade a média $\overline{f}$ pode ser escrita como

$$\overline{f} = \frac{\int_a^b f(x)\,dx}{\int_a^b dx} \tag{7.2}$$

e nessa forma ela pode ser generalizada para funções de mais de uma variável. Antes disso, porém, vale ressaltar uma curiosa interpretação geométrica da média, ilustrada na figura a seguir. Para isso, multiplicando-se a média pelo comprimento do intervalo, obtém-se

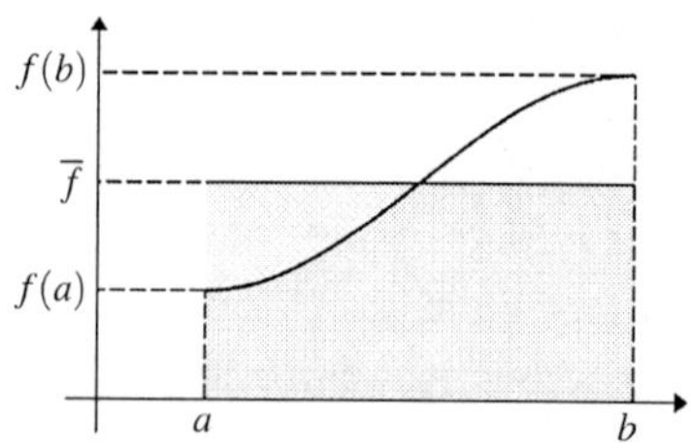

$$\int_a^b f(x)\,dx = \overline{f}(b-a).$$

onde o lado esquerdo é a área abaixo do gráfico da função, e o lado direito é a área de um retângulo de base $(b-a)$ e altura $\overline{f}$.

Essa é a interpretação geométrica da média $\overline{f}$: ela é a altura que faz com que a área do retângulo seja igual à área abaixo do gráfico da função!

Mais geralmente, pode-se definir a média ponderada de uma função como segue. Suponha que o peso seja uma função $p(x) \geq 0$ com $\int_a^b p(x)\,dx > 0$. Seguindo novamente a média ponderada finita como exemplo, define-se

$$\overline{f}_p = \frac{\int_a^b f(x)p(x)\,dx}{\int_a^b p(x)\,dx} \tag{7.3}$$

como sendo a média ponderada de f com peso p. Veja o próximo exemplo.

■ **Exemplo 7.1** Compare a média da função $f(x) = x$, com $x \in [0,1]$, com a média ponderada da mesma função com peso $p(x) = 1+x$. ■

Solução. O gráfico da função está ilustrado ao lado, e do gráfico é claro que a média da função é exatamente a metade do intervalo $[0,1]$. E, de fato, calculando, obtém-se

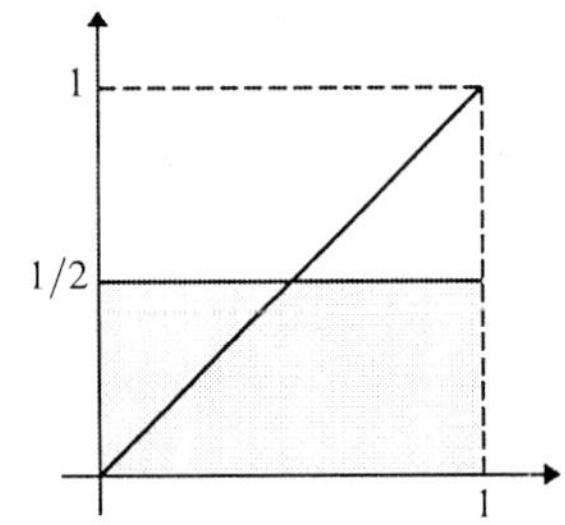

$$\overline{f} = \frac{1}{1-0}\int_0^1 f(x)\,dx = \int_0^1 x\,dx = \frac{1}{2}x^2\Big|_0^1 = \frac{1}{2}$$

Em relação à média ponderada, o peso $p(x)$ aumenta com o valor de x, e os pontos próximos de 1 têm peso maior do que os pontos que estão próximos de 0. Assim, a média ponderada deve estar deslocada para a direita, e ser maior do que $1/2$. E, de fato, calculando, obtém-se

$$\int_0^1 f(x)p(x)\,dx = \int_0^1 x(1+x)\,dx = \frac{5}{6} \quad \text{e} \quad \int_0^1 p(x)\,dx = \int_0^1 (1+x)\,dx = \frac{3}{2}$$

Daí se segue que a média ponderada é dada por

$$\overline{f}_p = \frac{\int_a^b f(x)p(x)\,dx}{\int_a^b p(x)\,dx} = \frac{2}{3}\frac{5}{6} = \frac{5}{9}$$

o que confirma que a média ponderada é mesmo maior do que a média. □

Médias em várias variáveis

Com as adaptações óbvias, a situação em duas variáveis é idêntica ao que se fez acima. Por exemplo, análogo à (7.1), se $D \subset \mathbb{R}^2$ é um domínio R_x ou R_y, então

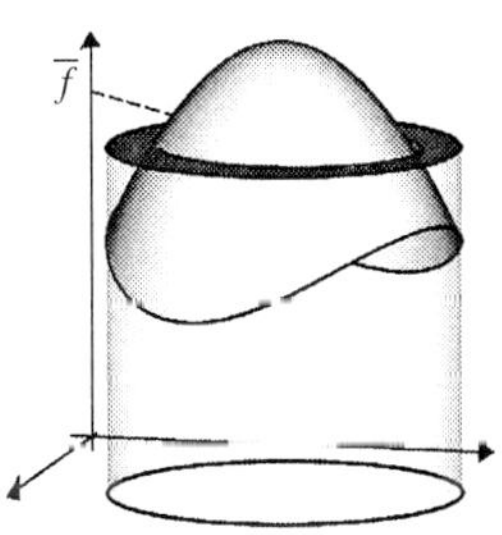

$$\iint_D dxdy = \text{área do domínio } D$$

É claro também que, se $f\colon D \to \mathbb{R}$ é integrável, então a sua média é dada por

$$\overline{f} = \frac{\iint_D f(x,y)\,dxdy}{\iint_D dxdy}$$

que é análogo à equação em (7.2). Conforme a figura acima, essa média tem a mesma interpretação geométrica vista anteriormente, uma vez que

$$\iint_D f(x,y)\,dxdy = \overline{f}\iint_D dxdy$$

onde o lado esquerdo representa o volume abaixo do gráfico, e o lado direito representa o volume de um sólido de área da base $\iint_D dxdy$ e de altura $\overline{f}$.

Sobre a média ponderada com peso $p(x,y)$, seguindo (7.3) ela é dada por

$$\overline{f}_p = \frac{\iint_D f(x,y)\,p(x,y)\,dxdy}{\iint_D p(x,y)\,dxdy}$$

■ **Exemplo 7.2** Calcule a média da função $f(x,y) = y$ definida no triângulo de vértices em $(0,0)$, $(2,0)$ e $(0,1)$. ■

Solução. A figura ao lado ilustra o gráfico da função juntamente com sua média. A função já foi estudada no **Exemplo 6.4** do capítulo anterior. Lá foi visto que o domínio pode ser descrito na forma R_y por

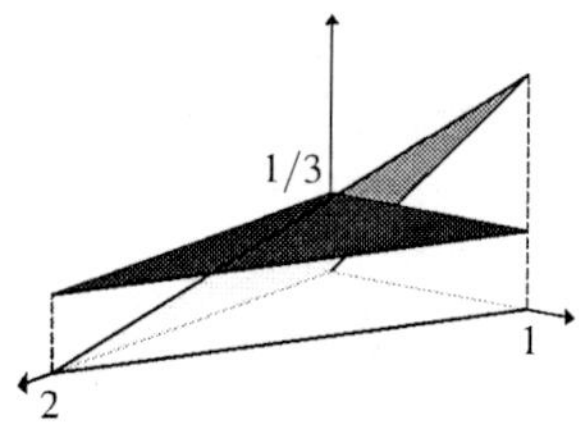

$$D = \{(x,y) \in \mathbb{R}^2;\ 0 \le y \le 1 \ \text{ e } \ 0 \le x \le 2-2y\}$$

e que a integral é $\iint_D f(x,y)\,dxdy = 1/3$. Logo, para a média está faltando apenas a área de D, que é dada por

$$\iint_D dxdy = \int_0^1 \left(\int_0^{2-2y} dx \right) dy = \int_0^1 (2-2y)dy = (2y-y^2)\Big|_0^1 = 1.$$

Esse é o valor esperado para a área, uma vez que D é um triângulo de base 2 e altura 1. Desses cálculos segue-se que a média é igual a

$$\overline{f} = \frac{\iint_D f(x,y)\,dxdy}{\iint_D dxdy} = \frac{1}{3}$$

□

Massa de uma chapa

O cálculo da massa de uma chapa é outra aplicação da integral dupla. Nesse sentido, suponha que um domínio $D \subset \mathbb{R}^2$ represente uma chapa de área A e massa m. Então a densidade superficial média da chapa é $\delta_0 = \frac{m}{A}$. Em particular, se δ_0 for conhecida, então a massa é dada por $m = \delta_0 \times A$.

Essa igualdade é importante nos casos em que a chapa é homogênea, e a densidade é constante. Mas, se não for homogênea, então a densidade pode variar de um ponto para outro.

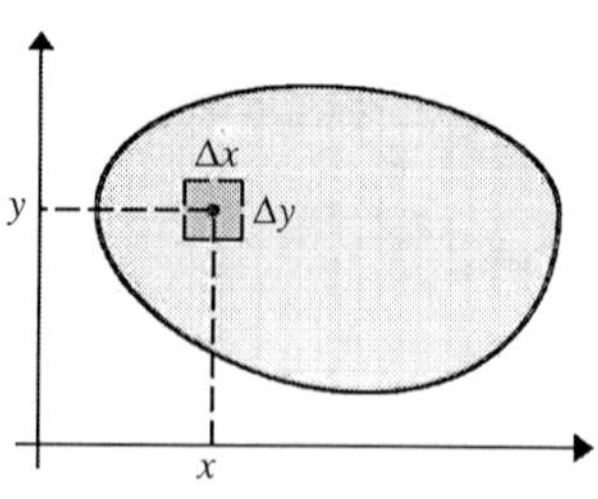

Para considerar essas variações, pode-se calcular a densidade média em regiões cada vez menores em torno de um ponto, o que dá origem ao conceito de densidade "no ponto".

Para tornar clara essa ideia, considere um ponto $P = (x,y)$ da chapa e um retângulo de centro em P e lados Δx e Δy como ilustra a figura ao lado.

É claro que o retângulo tem área $\Delta x \Delta y$. Assim, se Δm for a massa, a densidade média desse retângulo e a densidade em $P = (x, y)$ são definidas por

$$\text{densidade média} = \frac{\Delta m}{\Delta x \Delta y} \quad \text{e} \quad \delta(x,y) = \lim_{\Delta x, \Delta y \to 0} \frac{\Delta m}{\Delta x \Delta y}$$

Essa é uma definição natural, em que a densidade no ponto é o limite das densidades médias quando a área tende a zero. É uma definição semelhante à da velocidade instantânea, definida como o limite das velocidades médias quando o tempo tende a zero.

Suponha agora que se conheça a função densidade $\delta(x,y)$. Então, se Δx e Δy forem pequenos, da definição segue-se que

$$\delta(x,y) \approx \frac{\Delta m}{\Delta x \Delta y} \quad \text{e portanto} \quad \Delta m \approx \delta(x,y)\Delta x \Delta y$$

De outra forma, a massa infinitesimal Δm pode ser aproximada pela densidade $\delta(x,y)$ no ponto $P = (x,y)$ vezes a área $\Delta x \Delta y$ do retângulo, aproximação tão melhor quanto menor forem Δx e Δy. Usando as somas de Riemann, daí se segue que a massa total é dada por

$$m = \iint_D \delta(x,y)\, dxdy$$

Essa é outra bonita aplicação da integral dupla, em que são somadas todas as massas infinitesimais $\delta(x,y)\, dxdy$ com $(x,y) \in D$. Daqui se segue uma conclusão óbvia, porém interessante: a densidade média δ_0 é exatamente a média da função densidade! De fato, basta observar que

$$\delta_0 = \frac{m}{A} = \frac{\iint_D \delta(x,y)\, dxdy}{\iint_D dxdy} = \text{média da função } \delta(x,y)$$

Além disso, se a densidade for constante $\delta(x,y) = \delta_0$, então a massa é

$$m = \iint_D \delta_0\, dxdy = \delta_0 \iint_D dxdy = \delta_0 \times A$$

que coincide com o caso homogêneo visto acima.

A próxima seção inclui vários exemplos do cálculo de massa.

Centro de massa

Grosso modo, o centro de massa é o ponto em que, se pendurada a partir dele, a chapa permanece na horizontal, não se inclinando para um lado ou para outro.

Para explicar melhor, considere uma única partícula de massa m situada a uma distância x da origem de um eixo orientado. O momento de massa é definido por

momento de massa $= mx$

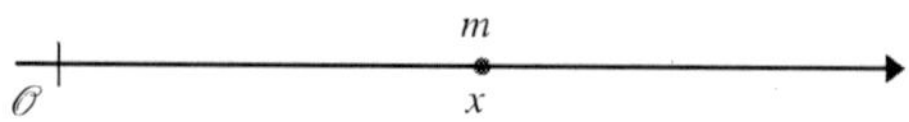

Se for multiplicado pela aceleração g da gravidade, então mg é a força peso e o momento de massa fica igual a $(mg)x$, que é o torque em relação à origem. Assim, o momento de massa é um múltiplo do torque e uma medida do quanto a partícula força o eixo em relação à origem.

A observação importante é que, se a origem for transladada para o ponto x, então o momento de massa correspondente se anula, e a partícula está em equilíbrio: não força o eixo para um lado ou para o outro. O ponto x é dito então o centro de massa. De outra forma, o centro de massa é o ponto em que, em relação a ele, o momento de massa se anula.

Considere agora o caso de duas partículas de massas m_1 e m_2 que estão localizadas a distâncias x_1 e x_2 da origem, respectivamente. O momento de massa deste sistema é a soma dos momentos de massa de cada uma das partículas, e é dado por

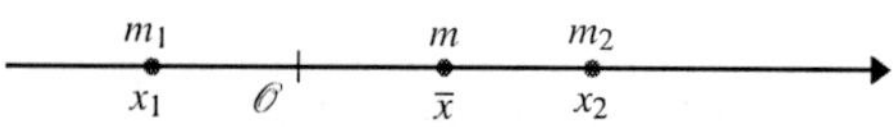

momento de massa $= m_1x_1 + m_2x_2$

A ideia agora é reduzir esse caso ao anterior, de uma única partícula. Suponha então que essa única partícula tenha massa $m = m_1 + m_2$. A pergunta é: qual a distância da origem a que essa partícula deve estar para que ela tenha o mesmo momento de massa das outras duas partículas? A resposta é bem simples: indicando por $\overline{x}$ a distância procurada, deve-se ter que $m_1x_1 + m_2x_2 = m\overline{x} = (m_1 + m_2)\overline{x}$, de onde se segue que

$$\overline{x} = \frac{m_1x_1 + m_2x_2}{m_1 + m_2}$$

Em relação ao ponto $\overline{x}$, a partícula de massa m tem momento de massa nulo, e isso é também verdade para as outras duas partículas, uma vez que os momentos de massa são os mesmos. Resumindo, em relação ao ponto $\overline{x}$, o sistema de duas partículas tem momento de massa nulo, e o ponto $\overline{x}$ é dito o centro de massa.

Vale notar que a expressão de $\overline{x}$ é a média ponderada das distâncias x_1 e x_2, média ponderada pelas massas m_1 e m_2. Por exemplo, se $m_1 = m_2$, então o centro de massa é o ponto médio entre x_1 e x_2, isto é, $\overline{x} = \frac{1}{2}(x_1 + x_2)$. O próximo exemplo mostra que esse é também o caso para uma distribuição contínua de massa.

■ **Exemplo 7.3** Suponha que $[a,b]$ corresponda a uma barra de densidade linear constante $\delta(x) = \delta_0$. Verifique que o centro de massa é $\overline{x} = \frac{1}{2}(a+b)$. ■

Solução. Adaptando os argumentos anteriores, não é difícil perceber que a massa infinitesimal em torno de um ponto x da barra é $dm = \delta(x)\,dx$. Além disso, o correspondente momento de massa em relação à origem é $x\,dm = x\,\delta(x)\,dx$. Daí se segue que a massa total m, o momento de massa M e o centro de massa $\overline{x}$ são dados respectivamente por

$$m = \int_a^b \delta(x)\,dx, \quad M = \int_a^b x\,\delta(x)\,dx \ \text{ e } \ \overline{x} = \frac{M}{m} = \frac{\int_a^b x\,\delta(x)\,dx}{\int_a^b \delta(x)\,dx}$$

Como no caso das partículas, $\overline{x}$ é igual ao momento de massa dividido pela massa total. É ainda igual à média ponderada das distâncias x, média ponderada pela densidade $\delta(x)$. Ora! No caso particular em que $\delta(x) = \delta_0$ é constante, é claro que $m = \int_a^b \delta(x)\,dx = \delta_0(b-a)$ e

$$M = \int_a^b x\,\delta(x)\,dx = \frac{1}{2}\delta_0(b^2 - a^2) = \frac{1}{2}\delta_0(b+a)(b-a)$$

e, portanto, $\overline{x} = \frac{M}{m} = \frac{1}{2}(b+a)$ é mesmo o ponto médio da barra. □

Considere agora o caso de uma chapa $D \subset \mathbb{R}^2$ com densidade $\delta(x,y)$. O centro de massa é agora um ponto $C = (\overline{x}, \overline{y})$ do plano, e deve-se calcular as duas coordenadas.

Para isso, a ideia é calcular o momento de massa em relação a cada um dos eixos $\mathcal{O}x$ e $\mathcal{O}y$ separadamente.

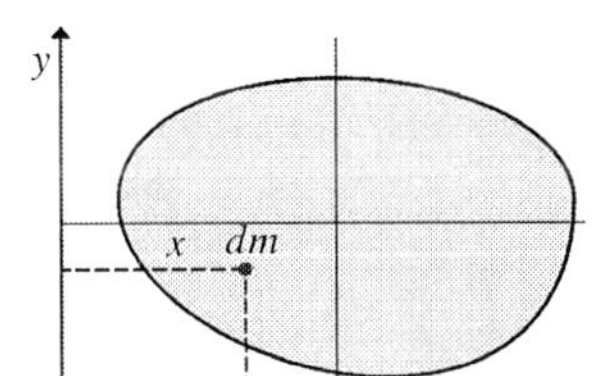

Começando com o momento em relação a $\mathcal{O}y$, dado um ponto $P = (x,y) \in D$, a massa infinitesimal em torno desse ponto é $dm = \delta(x,y)\,dxdy$. Assim, o momento de massa $dM_y(x,y)$ desta partícula em relação ao eixo $\mathcal{O}y$ é dado por

$$\begin{aligned} dM_y(x,y) &= \text{distância ao eixo } \mathcal{O}y \times \text{massa} \\ &= x\,dm = x\,\delta(x,y)\,dxdy \end{aligned}$$

uma vez que a distância de $P = (x,y)$ ao eixo $\mathcal{O}y$ é o próprio x.

Somando esses momentos, o momento em relação ao eixo $\mathcal{O}y$ é dado por

$$M_y = \iint_D x\,\delta(x,y)\,dxdy$$

Suponha agora que toda a massa da chapa esteja concentrada em uma única partícula, isto é, uma única partícula de massa $m = \iint_D \delta(x,y)\,dxdy$. A pergunta agora é a mesma anterior: a que distância $\overline{x}$ do eixo $\mathcal{O}y$ essa partícula deve ser colocada para que ela tenha o mesmo momento de massa M_y da chapa? A resposta é bem simples: deve-se ter que

$$\iint_D x\,\delta(x,y)\,dxdy = \overline{x}\iint_D \delta(x,y)\,dxdy, \quad \text{e, portanto,} \quad \overline{x} = \frac{\iint_D x\,\delta(x,y)\,dxdy}{\iint_D \delta(x,y)\,dxdy}.$$

Assim, transladando o eixo $\mathcal{O}y$ para o ponto $\overline{x}$, o momento de massa da partícula em relação a este novo eixo é nulo, e o mesmo é verdade para o momento de massa da chapa. O ponto $\overline{x}$ é dito então a coordenada x do centro de massa. Como antes, $\overline{x}$ é uma média ponderada das distâncias x, média ponderada pela função densidade $\delta(x,y)$. Mesmas observações para $\overline{y}$, que de forma análoga é dado por

$$\overline{y} = \frac{\iint_D y\,\delta(x,y)\,dxdy}{\iint_D \delta(x,y)\,dxdy}$$

■ **Exemplo 7.4** Calcule o centro de massa da chapa D corresponde ao triângulo de vértices em $(-\sqrt{3},0)$, $(\sqrt{3},0)$ e $(0,3)$ e densidade $\delta(x,y) = \delta_0$. ■

Solução. A chapa é um triângulo equilátero, cujos lados medem $2\sqrt{3}$ e a altura é 3. Portanto, a área é $3\sqrt{3}$. Além disso, é sabido nesse caso que o centro de massa está a um terço da altura, isto é, que $\overline{y} = 1$. Isso pode ser verificado como segue.

Descrevendo a chapa como um domínio R_y, obtém-se que

$$D = \{(x,y) \in \mathbb{R}^2;\ 0 \le y \le 3 \ \text{ e } \ \frac{-1}{\sqrt{3}}(3-y) \le x \le \frac{1}{\sqrt{3}}(3-y)\}$$

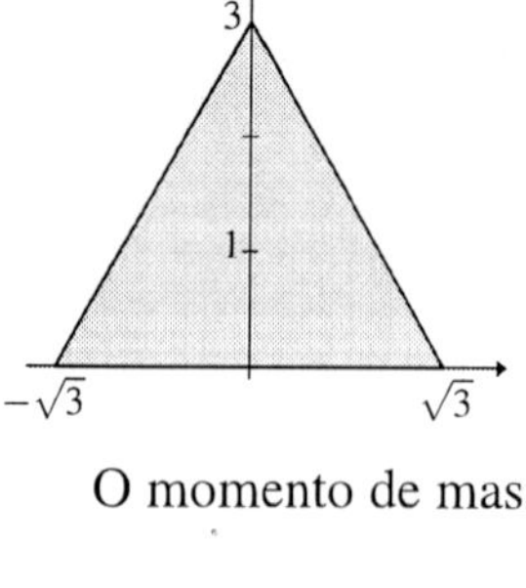

Daí se segue que, como esperado, a massa da chapa é dada por

$$m = \iint_D \delta_0\,dxdy = \delta_0 \int_0^3 \left(\int_{\frac{-1}{\sqrt{3}}(3-y)}^{\frac{1}{\sqrt{3}}(3-y)} dx \right) dy$$

$$= \delta_0 \int_0^3 \frac{2}{\sqrt{3}}(3-y)\,dy = 3\sqrt{3}\,\delta_0$$

O momento de massa em relação ao eixo $\mathcal{O}y$ é nulo, uma vez que

$$M_y = \iint_D x\,\delta(x,y)\,dxdy = \int_0^3 \left(\int_{\frac{-1}{\sqrt{3}}(3-y)}^{\frac{1}{\sqrt{3}}(3-y)} x\,\delta_0\,dx \right) dy = \delta_0 \int_0^3 0\,dy = 0$$

e, portanto, $\overline{x} = M_y/m = 0$.

Já em relação a $\mathcal{O}x$, o momento de massa é dado por

$$M_x = \iint_D y\,\delta(x,y)\,dxdy = \int_0^3 \left(\int_{\frac{-1}{\sqrt{3}}(3-y)}^{\frac{1}{\sqrt{3}}(3-y)} y\,\delta_0\,dx \right) dy$$

$$= \delta_0 \frac{2}{\sqrt{3}} \int_0^3 (3y - y^2)\,dy = 3\sqrt{3}\,\delta_0$$

Daí se segue que $\bar{y} = M_x/m = 1$. Finalmente, o centro de massa da chapa é o ponto $C = (\bar{x},\bar{y}) = (0,1)$, como esperado. □

Mudança de variável I

A mudança de variável é uma ferramenta indispensável no estudo das integrais, e tanto simples como múltiplas. A intenção geral dessas mudanças é simplificar o integrando. No entanto, no caso da integral múltipla, é também importante simplificar a geometria do domínio, pois ela interfere diretamente no cálculo da integral.

Lembrando: mudança nas integrais simples

O melhor é começar com uma situação conhecida, que é a mudança de variável nas integral simples.

Como exemplo, considere a função $f(x) = \sqrt{R^2 - x^2}$, com $R > 0$ e $x \in [-R,R]$, e o problema de calcular

$$\int_{-R}^{R} f(x)\,dx = \int_{-R}^{R} \sqrt{R^2 - x^2}\,dx.$$

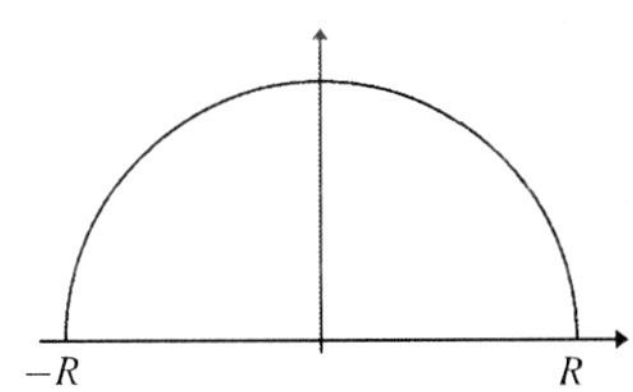

A integral deve ser igual a $\pi R^2/2$, que é a metade da área do disco de raio R, uma vez que o gráfico da função f é o semicírculo superior de mesmo raio.

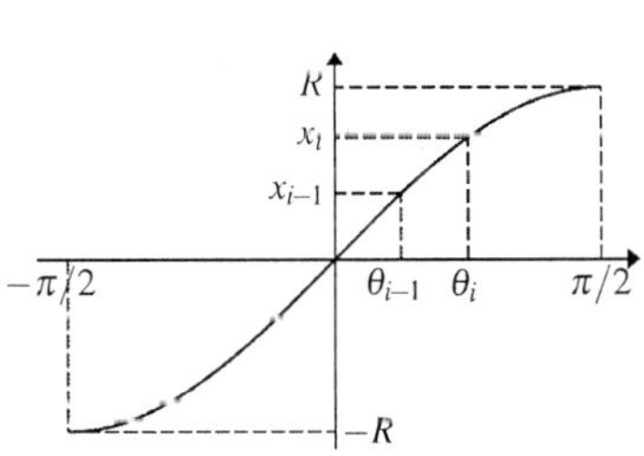

No entanto, o integrando $\sqrt{R^2 - x^2}$ não é muito simpático, e as identidades trigonométricas sugerem que ele pode ficar mais amigável com a mudança $x = g(\theta) = R\,\mathrm{sen}(\theta)$. Para que x permaneça no intervalo $[-R,R]$, pode-se escolher θ no intervalo $[-\pi/2,\pi/2]$. Veja a figura ao lado.

Assim, a mudança é $g\colon [-\pi/2,\pi/2] \to [-R,R]$, com $g(\theta) = R\,\mathrm{sen}(\theta)$.

Para implementar essa mudança é necessário olhar para as somas de Riemann, pois todas as propriedades da integral são consequências dessas somas.

Considere a partição $-\pi/2 = \theta_0 < \theta_1 < \theta_2 \cdots < \theta_n = \pi/2$ do intervalo $[-\pi/2, \pi/2]$, e indique por $x_i = g(\theta_i)$ as respctivas imagens. O passo importante é comparar os tamanhos do domínio $\Delta\theta_i = \theta_i - \theta_{i-1}$ com os respectivos tamanhos da imagem $\Delta x_i = x_i - x_{i-1}$, e para isso basta olhar para a derivada

$$\lim_{\Delta\theta \to 0} \frac{g(\theta_{i-1} + \Delta\theta) - g(\theta_{i-1})}{\Delta\theta} = g'(\theta_{i-1})$$

De fato, como $\frac{g(\theta_{i-1}+\Delta\theta)-g(\theta_{i-1})}{\Delta\theta} \approx g'(\theta_{i-1})$ se $\Delta\theta$ for pequeno, basta multiplicar por $\Delta\theta$ para obter que

$$g(\theta_{i-1} + \Delta\theta) - g(\theta_{i-1}) \approx g'(\theta_{i-1})\Delta\theta.$$

Usando essa aproximação com $\Delta\theta = \Delta\theta_i$, tem-se que $\theta_{i-1} + \Delta\theta_i = \theta_i$, e obtém-se a aproximação

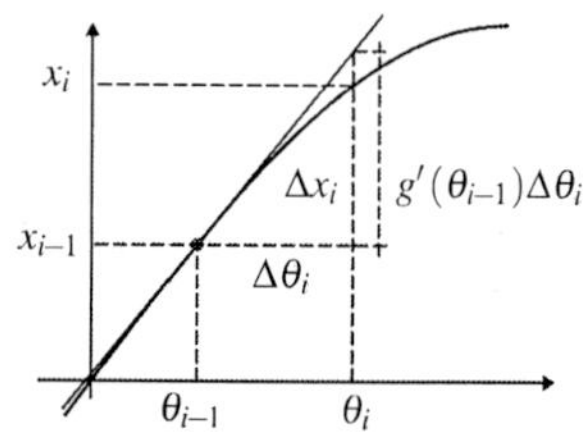

$$\begin{aligned} \Delta x_i = x_i - x_{i-1} &= g(\theta_i) - g(\theta_{i-1}) \\ &\approx g'(\theta_{i-1})\Delta\theta_i \end{aligned} \tag{7.4}$$

aproximação tanto melhor quanto menor for $\Delta\theta_i$. Veja a figura acima.

É isso o que é importante, que os tamanhos Δx_i e $\Delta\theta_i$ possam ser comparados por meio da derivada $g'(\theta_{i-1})$.

A aproximação $\Delta x_i \approx g'(\theta_{i-1})\Delta\theta_i$ é muitas vezes abreviada como $dx = g'(\theta)\,d\theta$, igualdade muito popular nos cursos de cálculo de uma variável.

Ótimo, a parte difícil, de comparação entre Δx_i e $\Delta\theta_i$, está pronta, e pode-se passar ao estudo das integrais propriamente ditas. Nesse sentido, a pergunta agora é: seria possível escolher uma função (simpática!) $h(\theta)$ de maneira que

$$\int_{-\pi/2}^{\pi/2} h(\theta)\,d\theta = \int_{-R}^{R} f(x)\,dx\ ?$$

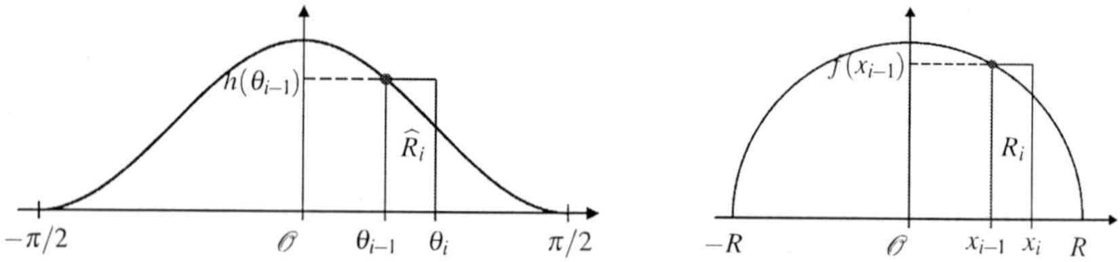

A figura ilustra a pergunta, cuja resposta é mais fácil do que parece. De fato, como g é crescente, a partição $\widehat{\mathscr{P}} = \{\frac{-\pi}{2} = \theta_0 < \theta_1 < \theta_2 \cdots < \theta_n = \frac{\pi}{2}\}$ de $[\frac{-\pi}{2}, \frac{\pi}{2}]$ induz a uma partição $\mathscr{P} = \{-R = x_0 < x_1 \cdots < x_n = R\}$ do intervalo $[-R, R]$. Além disso, com a notação da figura acima, a área de R_i é

$f(x_{i-1}) \times \Delta x_i$. Assim, usando a aproximação $\Delta x_i \approx g'(\theta_{i-1})\Delta\theta_i$ e que $x_{i-1} = g(\theta_{i-1})$, a área de R_i pode ser escrita em termos de θ como

$$f(x_{i-1}) \times \Delta x_i \approx f(g(\theta_{i-1})) \times [g'(\theta_{i-1})\Delta\theta_i] = [f(g(\theta_{i-1}))g'(\theta_{i-1})] \times \Delta\theta_i$$

Ora! Usando novamente a notação da figura, basta escolher a função $h(\theta) = f(g(\theta))g'(\theta)$ para se ter que a área de $\widehat{R}_i$ esteja próxima da área de R_i, aproximação tão melhor quanto menor forem os $\Delta\theta_i$. Essa é a escolha de $h(\theta)$ que faz com que as área de $\widehat{R}_i$ e de R_i sejam próximas.

É também a escolha que faz com que as integrais sejam iguais. Isso porque, em termos das somas de Riemann, as aproximações acima correspondem a

$$\begin{aligned} SR(f,\mathscr{P}) = \sum_{i=1}^{n} f(x_{i-1}) \times \Delta x_i &\approx \sum_{i=1}^{n} [f(g(\theta_{i-1}))g'(\theta_{i-1})] \times \Delta\theta_i \\ &= \sum_{i=1}^{n} h(\theta_{i-1}) \times \Delta\theta_i = SR(h,\widehat{\mathscr{P}}) \end{aligned}$$

É claro agora que, passando o limite com a $\|\widehat{\mathscr{P}}\| \to 0$, obtém-se que

$$\int_{-R}^{R} f(x)\,dx = \int_{-\pi/2}^{\pi/2} h(\theta)\,d\theta = \int_{-\pi/2}^{\pi/2} f(g(\theta))g'(\theta)\,d\theta$$

que é a conhecida fórmula de mudança de variáveis para as integrais simples.

Ótimo, mas h é uma função simpática? Sim, com certeza, uma vez que $g'(\theta) = R\cos(\theta)$ é positivo no intervalo $(-\pi/2, \pi/2)$ e, portanto,

$$\begin{aligned} h(\theta) = f(g(\theta))g'(\theta) &= \sqrt{R^2 - R^2\,\mathrm{sen}^2(\theta)}\,R\cos(\theta) \\ &= R^2|\cos(\theta)|\cos(\theta) = R^2\cos^2(\theta) \end{aligned}$$

Além disso, da identidade $\cos^2(\theta) = \frac{1}{2}(1+\cos(2\theta))$, obtém-se finalmente

$$\int_{-R}^{R} f(x)\,dx = \int_{-\pi/2}^{\pi/2} R^2\cos^2(\theta)\,d\theta = \frac{1}{2}R^2 \int_{-\pi/2}^{\pi/2} (1+\cos(2\theta))\,d\theta = \frac{1}{2}R^2\pi$$

que é o valor esperado para a integral.

Área de paralelogramos

A versão 2D da fórmula de mudança de variável faz uso do cálculo da área de um paralelogramo, e vale lembrar rapidamente como esse cálculo é feito.

Considere o paralelogramo gerado pelos vetores não nulos $P = (a,b)$ e $Q = (c,d)$, como ilustra a figura, que tem base $\|P\|$ e altura $h = \|Q\|\,\mathrm{sen}(\theta)$, onde θ é o ângulo entre os vetores. Daí se segue que a área A do paralelogramo é $A = base \times altura = \|P\|\|Q\|\,\mathrm{sen}(\theta)$. Essa área pode ser expressa apenas em termos das coordenadas de P e Q, como segue.

Lembrando da identidade $\langle P, Q\rangle = \|P\|\|Q\|\cos(\theta)$, obtém-se que

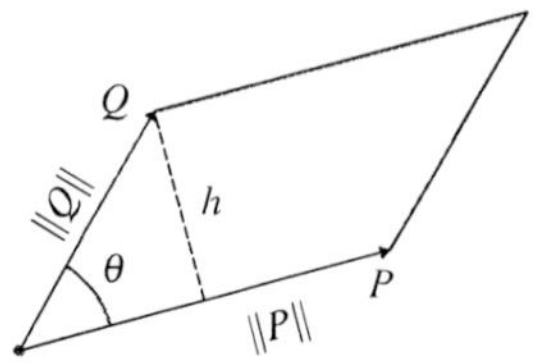

$$\begin{aligned} A^2 &= \|P\|^2\|Q\|^2\operatorname{sen}^2(\theta) = \|P\|^2\|Q\|^2(1-\cos^2(\theta)) \\ &= \|P\|^2\|Q\|^2 - \|P\|^2\|Q\|^2\cos^2(\theta) \\ &= \|P\|^2\|Q\|^2 - \langle P, Q\rangle^2 \end{aligned}$$

Usando as coordenadas dos vetores e cancelando alguns termos, obtém-se a surpreendente igualdade

$$\begin{aligned} A^2 &= (a^2+b^2)(c^2+d^2) - (ac+bd)^2 \\ &= (ad)^2 - 2(ad)(bc) + (bc)^2 = (ad-bc)^2 = \left(\det\begin{bmatrix} a & b \\ c & d \end{bmatrix}\right)^2 \end{aligned}$$

que envolve o determinante da matriz cujas linhas são exatamente as coordenadas dos vetores P e Q. Assim,

$$A = \left|\det\begin{bmatrix} a & b \\ c & d \end{bmatrix}\right|$$

o que é uma bonita interpretação geométrica do determinante.

Coordenadas polares

A área do disco pode ser calculada com uma substituição trigonométrica. Para o volume da esfera, serão usadas as coordenadas polares, como a seguir.

As relações entre as coordenadas cartesianas (x,y) e as polares (r,θ) são

$$x = r\cos(\theta) \quad \text{e} \quad y = r\operatorname{sen}(\theta),$$

cuja interpretação geométrica está ilustrada na figura abaixo.

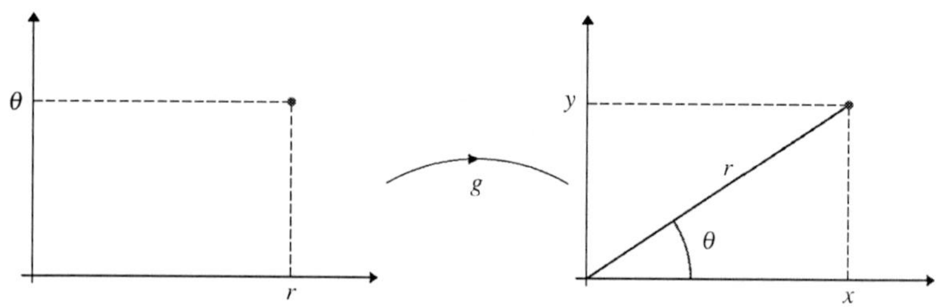

A coordenada r é o raio, e é a distância do ponto (x,y) até a origem, uma vez que $x^2+y^2 = r^2(\cos^2(\theta)+\operatorname{sen}^2(\theta)) = r^2$. Já θ é o ângulo entre o vetor (x,y) e o eixo $\mathscr{O}x$, uma vez que $y/x = (r\operatorname{sen}(\theta))/(r\cos(\theta)) = \tan(\theta)$.

No entanto, para que seja de fato uma mudança de coordenada, os valores de (x,y) e (r,θ) devem ser escolhidos de modo que a função

$$g(r,\theta) = (x(r,\theta), y(r,\theta)) = (r\cos(\theta), r\,\mathrm{sen}(\theta))$$

seja bijetiva com inversa contínua. Uma escolha usual para o domínio é $\widehat{D} = \{(r,\theta); r > 0 \text{ e } 0 < \theta < 2\pi\}$ e, para o contradomínio, $D = g(\widehat{D})$. Neste caso, D excluí o semieixo positivo $S_0 = \{(x,0); x \geq 0\}$, mas essa exclusão garante que a cada $(r,\theta) \in \widehat{D}$ corresponde um único $(x,y) \in D$, e vice-versa. Além disso, a passagem de uma coordenada para a outra se faz continuamente.

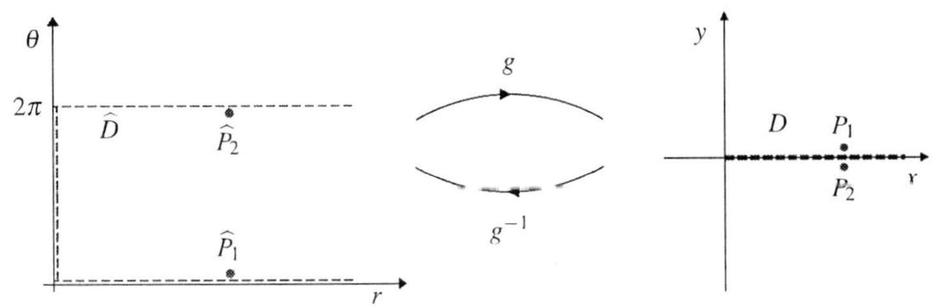

A figura acima ilustra as imagens $g(\widehat{P_1}) = P_1$ e $g(\widehat{P_2}) = P_2$ com as respectivas transformações inversas $g^{-1}(P_1) = \widehat{P_1}$ e $g^{-1}(P_2) = \widehat{P_2}$. Da figura percebe-se a importância de excluir os ângulos $\theta = 0$ e $\theta = 2\pi$ do domínio $\widehat{D}$: se fossem incluídos, a transformação inversa g^{-1} não seria contínua ao longo do semieixo positivo $S_0 = \{(x,0); x \geq 0\}$.

■ **Exemplo 7.5** Considere o disco $B = \{(x,y); x^2 + y^2 \leq R^2\}$ de centro na origem e raio $R > 0$ e o semieixo positivo $S_0 = \{(x,0); x \geq 0\}$. Descreva o conjunto $D_d = B \backslash S_0$ (o disco menos o semieixo) em coordenadas polares, isto é, determine $\widehat{D}_d \subset \widehat{D}$ tal que $g(\widehat{D}_d) = D_d$. ■

Solução. A necessidade de excluir o semieixo S_0 é para que o conjunto D_d esteja na imagem da mudança $g(r,\theta)$. A figura a seguir ilustra a situação.

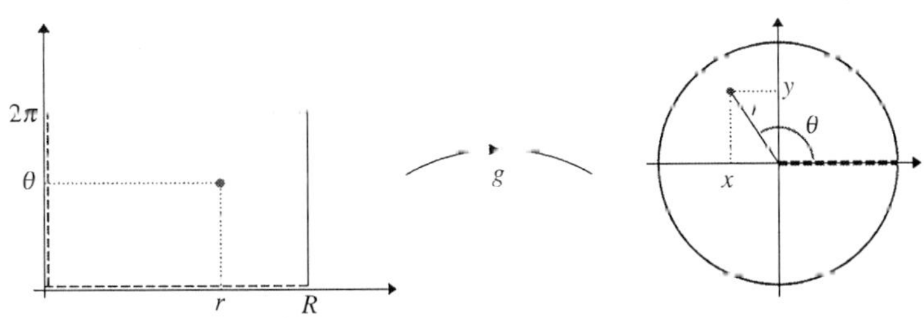

Da figura acima é claro que $g(r,\theta) = (x,y) \subset D_d$ se, e só se, $0 < r \leq R$ e $0 < \theta < 2\pi$. Assim, $D_d = g(\widehat{D}_d)$, onde $\widehat{D}_d = \{(r,\theta); 0 < r \leq R \text{ e } 0 < \theta < 2\pi\}$. Nesse caso, diz-se que $\widehat{D}_d$ "é" o conjunto D_d em coordenadas polares. □

Esse exemplo ilustra uma das vantagens das coordenadas polares: a menos da exclusão de um semieixo, o disco D_d é descrito por meio do retângulo $\widehat{D}_d$ e, em termos de integrais, o retângulo é bem mais simples que o disco. Essa simplificação será importante a seguir.

Outro aspecto a ser notado é as curvas coordenadas. Uma dessas curvas corresponde a, por exemplo, fixar $\theta = \theta_0$ e considerar a curva

$$P_1(r) = g(r, \theta_0) = (x(r, \theta_0), y(r, \theta_0)) = (r\cos(\theta_0), r\,\mathrm{sen}(\theta_0))$$

na variável r. A imagem dessa curva é um raio que parte da origem e forma um ângulo θ_0 com a horizontal, conforme a figura a seguir.

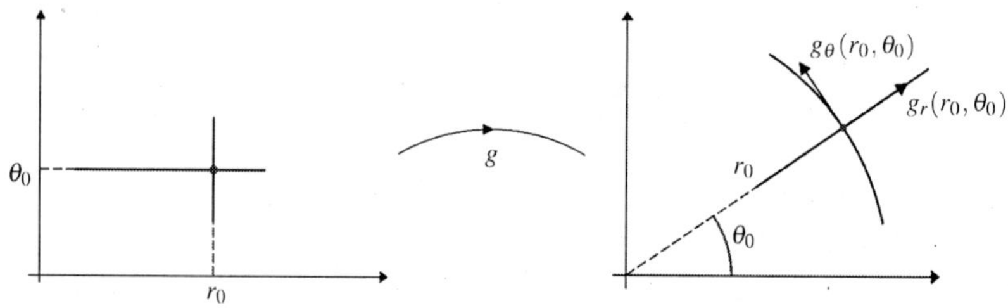

Em um ponto $r_0 > 0$, o vetor velocidade da curva P_1 é dado por

$$\begin{aligned} P_1'(r_0) &= \lim_{\Delta r \to 0} \frac{P_1(r_0 + \Delta r) - P_1(r_0)}{\Delta r} = \lim_{\Delta r \to 0} \frac{g(r_0 + \Delta r, \theta_0) - g(r_0, \theta_0)}{\Delta r} \\ &= \lim_{\Delta r \to 0} \left(\frac{x(r_0 + \Delta r, \theta_0) - x(r_0, \theta_0)}{\Delta r}, \frac{y(r_0 + \Delta r, \theta_0) - y(r_0, \theta_0)}{\Delta r} \right) \\ &= (x_r(r_0, \theta_0), y_r(r_0, \theta_0)) = (\cos(\theta_0), \mathrm{sen}(\theta_0)) \end{aligned}$$

onde x_r e y_r são as derivadas parciais em relação a r. É usual denotar esse vetor velocidade com a notação $P_1'(r_0) = g_r(r_0, \theta_0) = (x_r(r_0, \theta_0), y_r(r_0, \theta_0))$ para indicar a derivada parcial de $g(r, \theta)$ na variável r. Com essa notação tem-se

$$g_r(r_0, \theta_0) = \lim_{\Delta r \to 0} \frac{g(r_0 + \Delta r, \theta_0) - g(r_0, \theta_0)}{\Delta r} \tag{7.5}$$

Analogamente, para $r = r_0$ fixo, pode-se considerar a curva coordenada

$$P_2(\theta) = g(r_0, \theta) = (x(r_0, \theta), y(r_0, \theta)) = (r_0\cos(\theta), r_0\,\mathrm{sen}(\theta))$$

na variável θ, cuja imagem é o círculo de raio r_0 e centro na origem, conforme ilustra a figura anterior. De forma semelhante ao que se fez anteriormente, obtém-se que o vetor velocidade desta curva em um ponto θ_0 é dado por

$$P_2'(\theta_0) = g_\theta(r_0, \theta_0) = (x_\theta(r_0, \theta_0), y_\theta(r_0, \theta_0)) = (-r_0\,\mathrm{sen}(\theta_0), r_0\cos(\theta_0))$$

As curvas coordenadas e seus respectivos vetores velocidades serão usados na comparação entre áreas, a ser vista na próxima seção.

Comparação entre áreas

Como no caso de uma variável, um passo importante para a mudança de coordenadas polares é a comparação entre o tamanho de uma pequena região $\widehat{R}$ do domínio com o tamanho da sua imagem R. A figura ilustra essas regiões.

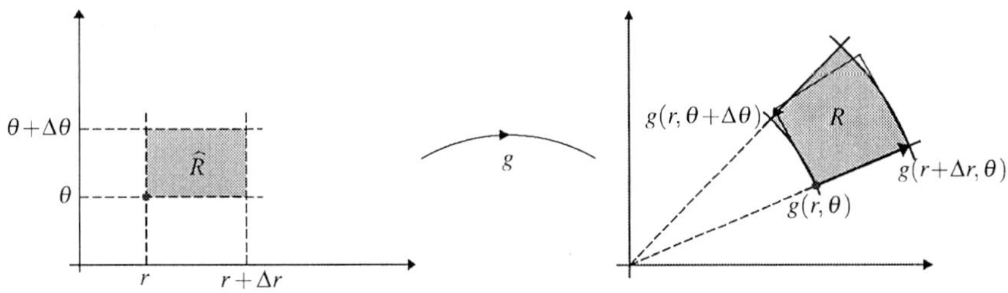

Assim, para o retângulo $\widehat{R}=[r,r+\Delta r]\times[\theta,\theta+\Delta\theta]$, a questão é comparar sua área com a área da sua imagem $R=g(\widehat{R})$, onde $g(r,\theta)=(x(r,\theta),y(r,\theta))$ é a mudança de coordenadas polares.

Com o auxílio da figura acima, a área da região R pode ser aproximada pela área do paralelogramo gerado pelos vetores $g(r+\Delta r,\theta)-g(r,\theta)$ e $g(r,\theta+\Delta\theta)-g(r,\theta)$. Por outro lado, da igualdade em (7.5) segue-se que, se Δr for pequeno, então pode-se usar a aproximação

$$\frac{g(r_0+\Delta r,\theta_0)-g(r_0,\theta_0)}{\Delta r}\approx g_r(r_0,\theta_0)$$

Logo, multiplicando por Δr, obtém-se que

$$g(r+\Delta r,\theta)-g(r,\theta)\approx g_r(r,\theta)\Delta r=(x_r(r,\theta)\Delta r,\ y_r(r,\theta)\Delta r)$$

Analogamente, se $\Delta\theta$ for pequeno, então

$$g(r,\theta+\Delta\theta)-g(r,\theta)\approx g_\theta(r,\theta)\Delta\theta=(x_\theta(r,\theta)\Delta\theta,\ y_\theta(r,\theta)\Delta\theta)$$

Destas aproximações, e do cálculo de área de paralelogramos obtido na seção anterior, segue-se que (veja a figura acima)

$$\begin{aligned}
\text{área de } R &\approx \text{área do paralelogramo gerado pelos vetores}\\
&\qquad (x_r(r,\theta)\Delta r,\ y_r(r,\theta)\Delta r)\ \text{ e }\ (x_\theta(r,\theta)\Delta\theta,\ y_\theta(r,\theta)\Delta\theta)\\
&=\left|\det\begin{bmatrix} x_r(r,\theta)\Delta r & y_r(r,\theta)\Delta r\\ x_\theta(r,\theta)\Delta\theta & y_\theta(r,\theta)\Delta\theta\end{bmatrix}\right|\\
&=\left|\det\begin{bmatrix} x_r(r,\theta) & y_r(r,\theta)\\ x_\theta(r,\theta) & y_\theta(r,\theta)\end{bmatrix}\right|\Delta r\Delta\theta\\
&=|J_g(r,\theta)|\,\text{área de } \widehat{R}
\end{aligned}$$

onde $J_g(r,\theta)$ é conhecido como o determinante jacobiano da mudança de coordenadas. Lembrando que $x(r,\theta) = r\cos(\theta)$ e $y(r,\theta) = r\operatorname{sen}(\theta)$, um cálculo rápido mostra que $J(r,\theta) = r$.

Esta é a comparação que se estava procurando: a área da imagem é aproximadamente a área do domínio multiplicada pelo determinante jacobiano. Esta comparação faz, para as integrais múltiplas, o mesmo papel que a comparação em (7.4) faz para as integrais simples, e é fundamental para a fórmula de mudança de variáveis nas integrais duplas, a ser obtida na próxima seção.

Fórmula de mudança de variáveis

Com as coordenadas polares, pode-se fazer um paralelo entre o cálculo da área do disco, como no início da seção, e o cálculo do volume da esfera, como feito a seguir.

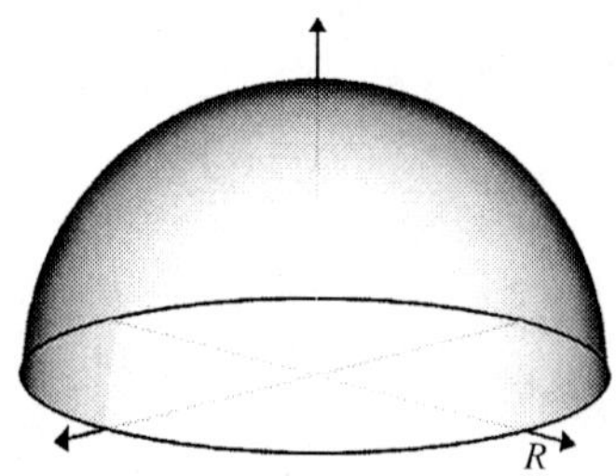

Considere a função $f(x,y) = \sqrt{R^2 - x^2 - y^2}$ definida no disco $B = \{(x,y);\ x^2 + y^2 \leq R^2\}$, com $R > 0$. O gráfico de f é o hemisfério superior da esfera de raio R, e, portanto, a integral

$$\iint_B f(x,y)\,dxdy = \iint_B \sqrt{R^2 - x^2 - y^2}\,dxdy.$$

deve ser igual a $\frac{2}{3}\pi R^3$, que é a metade do volume da esfera. No entanto, o integrando $\sqrt{R^2 - x^2 - y^2}$ não é muito simpático, e as identidades trigonométricas sugerem que ele pode ficar mais amigável com uma mudança de coordenadas.

Considere então as coordenadas polares $g\colon \widehat{B} \to B$ definida no retângulo $\widehat{B} = \{(r,\theta); 0 < r \leq R \text{ e } 0 < \theta < 2\pi\}$. A rigor, e de acordo com o **Exemplo 7.5**, a imagem $g(\widehat{B})$ não é todo o disco B, pois exclui o semieixo $S_0 = \{(x,0); x \geq 0\}$. No entanto, por ser apenas uma linha, S_0 pode ser excluído sem prejuízo para o cálculo da integral. Com essa notação a pergunta importante é: seria possível escolher uma função (simpática!) $h(r,\theta)$ de modo que

$$\iint_{\widehat{B}} h(r,\theta)\,drd\theta = \iint_B f(x,y)\,dxdy\ ? \tag{7.6}$$

As figuras abaixo ilustram a pergunta, cuja resposta é mais fácil do que parece. A figura da esquerda ilustra o sólido $\widehat{P}$, cuja base é o retângulo $\widehat{R} = [r, r+\Delta r] \times [\theta, \theta + \Delta\theta]$ e cuja altura é a função a ser escolhida $h(r,\theta)$. A figura da direita ilustra o sólido P, cuja base é a imagem $R = g(\widehat{R})$ e cuja altura é $f(x,y)$, onde $(x,y) = g(r,\theta)$.

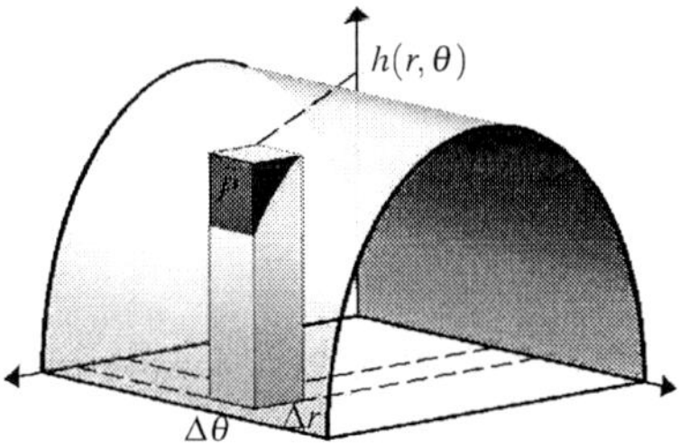

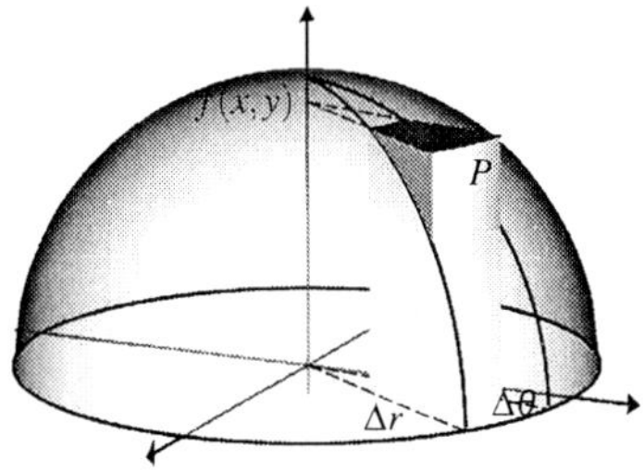

Em relação aos volumes de $\widehat{P}$ e P, como área de $R \approx |\det J(r,\theta)|\Delta r\Delta\theta$, o volume de P pode ser descrito em termos das variáveis r e θ na forma

$$\begin{aligned} f(x,y) \times \text{área de } R &\approx f(g(r,\theta)) \times [|\det J(r,\theta)|\Delta r\Delta\theta] \\ &= [f(g(r,\theta))|\det J(r,\theta)|] \times \Delta r\Delta\theta \end{aligned} \tag{7.7}$$

Ora! Basta então escolher a função $h(r,\theta) = f(g(r,\theta))|J(r,\theta)|$ para se ter que o volume de $\widehat{P}$ seja aproximadamente igual ao volume de P, aproximação tão melhor quanto menor forem Δr e $\Delta\theta$. Essa é a escolha que faz com que os volumes de $\widehat{P}$ e de P sejam próximos.

É também a escolha de $h(r,\theta)$ que faz com que as integrais em (7.6) sejam iguais. De fato, com partições $\widehat{\mathscr{P}_1} = \{0 = r_0 < r_1 < r_2 \cdots < r_m = R\}$ e $\widehat{\mathscr{P}_2} = \{0 = \theta_0 < \theta_1 < \theta_2 \cdots < \theta_n = 2\pi\}$, constrói-se a partição produto $\widehat{\mathscr{P}} = \widehat{\mathscr{P}_1} \times \widehat{\mathscr{P}_2}$ do retângulo $\widehat{B}$, que corresponde à união de todos os sub-retângulos $\widehat{R}_{ij} = [r_{i-1}, r_i] \times [\theta_{j-1}, \theta_j]$.

Por sua vez, a partição $\widehat{\mathscr{P}}$ induz uma outra partição $\mathscr{P}$ da imagem $g(\widehat{B})$, que corresponde à união de todas as sub-regiões $R_{ij} = g(\widehat{R}_{ij})$.

Usando a aproximação em (7.7) com a notação $\Delta r_i = r_i - r_{i-1}$ e $\Delta\theta_j = \theta_j - \theta_{j-1}$, e indicando por $(x_{i-1}, y_{j-1}) = g(r_{i-1}, \theta_{j-1})$, a relação entre as somas de Riemann dessas partições é

$$\begin{aligned} SR(f,\mathscr{P}) &= \sum_{i=1}^{m}\sum_{j=1}^{n} f(x_{i-1}, y_{j-1}) \times \text{área de } R_{ij} \\ &\approx \sum_{i=1}^{m}\sum_{j=1}^{n} f(g(r_{i-1}, \theta_{j-1}))|J(r_{i-1}, \theta_{j-1})| \times \Delta r_i\Delta\theta_j \\ &= \sum_{i=1}^{m}\sum_{j=1}^{n} h(r_{i-1}, \theta_{j-1}) \times \Delta r_i\Delta\theta_j = SR(h, \widehat{\mathscr{P}}) \end{aligned}$$

É claro agora que, passando o limite com $\|\widehat{\mathscr{P}}\| \to 0$, obtém-se que

$$\iint_B f(x,y)\,dxdy = \iint_{\widehat{B}} h(r,\theta)\,drd\theta = \iint_{\widehat{B}} f(g(r,\theta))|J(r,\theta)|\,drd\theta$$

que é a fórmula de mudança de variáveis para as integrais duplas. Essa é uma fórmula importante, e será usada ao longo de todo o restante do texto.

Ótimo, mas h é uma função simpática? Sim, com certeza, pois

$$h(r,\theta) = f(g(r,\theta))|J(r,\theta)| = \sqrt{R^2 - r^2(\cos^2(\theta) + \operatorname{sen}^2(\theta))}\; r = \sqrt{R^2 - r^2}\; r$$

onde foi usado que $|J(r,\theta)| = r$. Além disso, como $\widehat{B}$ é um retângulo, usando a mudança $u = R^2 - r^2$, obtém-se finalmente

$$\begin{aligned}\iint_B f(x,y)\,dxdy &= \iint_{\widehat{B}} \sqrt{R^2 - r^2}\; r\,drd\theta = \int_0^{2\pi} \left(\int_0^R \sqrt{R^2 - r^2}\; r\,dr \right) d\theta \\ &= \int_0^{2\pi} \left(\frac{1}{2} \int_0^{R^2} u^{1/2}\,du \right) d\theta = \int_0^{2\pi} \left(\frac{1}{3} R^3 \right) d\theta = \frac{2}{3}\pi R^3\end{aligned}$$

que é o valor esperado para a integral.

Mudança de variável II

Depois das primeiras motivações, é hora de olhar com detalhes para a fórmula de mudança de variáveis. Será visto que ela é bastante geral, que pode ser aplicada em várias de situações, e capaz de realizar "mágicas" inacreditáveis!

Coordenadas polares

Foi visto que, para $r > 0$ e $0 < \theta < 2\pi$, a relação das coordenadas polares (r,θ) com as coordenadas cartesianas $(x,y) = (x(r,\theta), y(r,\theta))$ é dada por

$$g(r,\theta) = (x(r,\theta), y(r,\theta)) = (r\cos(\theta), r\operatorname{sen}(\theta))$$

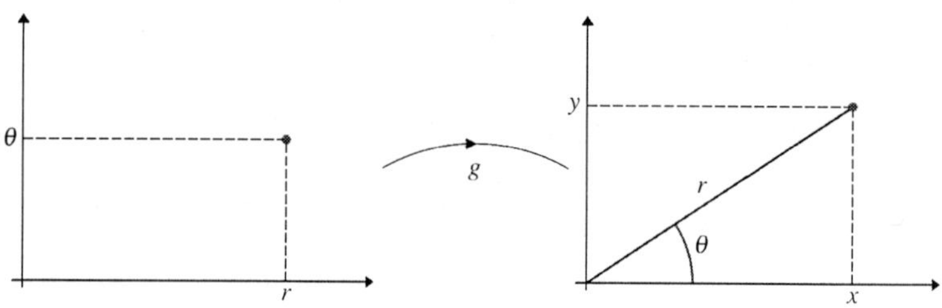

Foi introduzido o jacobiano $J_g(r,\theta) = \det \begin{bmatrix} x_r(r,\theta) & y_r(r,\theta) \\ x_\theta(r,\theta) & y_\theta(r,\theta) \end{bmatrix} = r$, que é o fator de comparação entre áreas de pequenas figuras dos planos $\mathscr{O}r\theta$ e $\mathscr{O}xy$.

A partir das coordenadas polares, a fórmula de mudança de variáveis foi introduzida na seção anterior usando o cálculo do volume da esfera como exemplo. Para isso, foi escolhido o retângulo $\widehat{D} = (0,R) \times (0,2\pi)$ em coordenadas polares, cuja imagem $D = g(\widehat{D})$ é o disco de raio R menos a parte não negativa do eixo $\mathscr{O}x$. Usando somas de Riemann e o jacobiano $J_g(r,\theta)$, foi visto que vale a igualdade

$$\iint_D f(x,y)\,dxdy = \iint_{\widehat{D}} f(g(r,\theta))|J_g(r,\theta)|\,drd\theta \tag{7.8}$$

onde $f(x,y) = \sqrt{R^2 - x^2 - y^2}$ é a função cujo gráfico é o hemisfério superior da esfera de raio R, e, portanto, a integral acima é a metade do volume desta esfera.

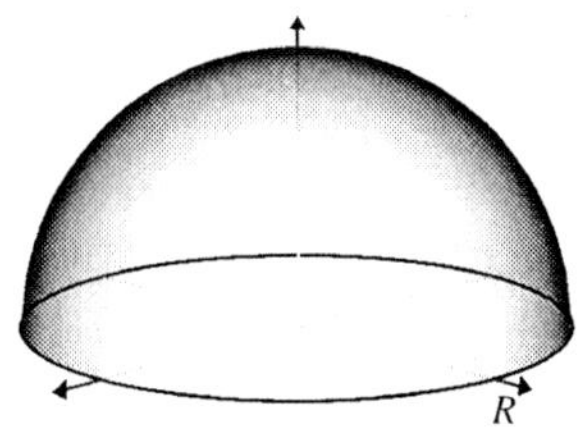

A igualdade em (7.8) é a fórmula de mudança de variável aplicada a este exemplo.

O importante é que, como visto anteriormente, a integral do lado esquerdo é muito difícil, enquanto que a do lado direito é muito fácil de ser calculada.

Mais adiante será visto que a fórmula (7.8) pode ser aplicada a uma variedade de situações. Antes, porém, vale ilustrar o uso dessa fórmula no caso em que $\widehat{D}$ nao é um retângulo.

■ **Exemplo 7.6** Calcule a densidade média da chapa D limitada pelo círculo $x^2 + y^2 = 4y$ com densidade $\delta(x,y) = \sqrt{x^2 + y^2}$ ■

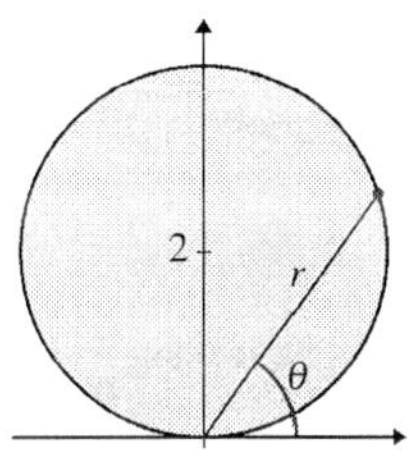

Solução. Completando quadrado, a equação $x^2 + y^2 = 4y$ é equivalente a

$$4 = 4 - 4y + y^2 + x^2 = (y-2)^2 + x^2,$$

cujo gráfico é o círculo de raio 2 e centro $(0,2)$.

Agora já se pode inferir que a densidade média deve estar entre 2 e 4. Isso porque a chapa é mais leve na origem, em que $\delta(0,0) = 0$. A partir desse ponto, a densidade aumenta com a distância do ponto à origem, alcançando o valor máximo no ponto $(0,4)$ em que a densidade é $\delta(0,4) = 4$. Além disso, a região da chapa com densidade maior que 2 tem área maior do que a região com densidade menor que 2. Assim, o valor médio da densidade deve ser maior do que 2.

Para verificar essa expectativa, o próximo passo é descrever D em coordenadas polares. Para isso, substituindo $r^2 = x^2 + y^2$ e $y = r\,\mathrm{sen}(\theta)$ na equação $x^2 + y^2 = 4y$, obtém-se que $r = 4\,\mathrm{sen}(\theta)$. Com o auxílio da figura abaixo, segue-se então que D é descrito como

$$\widehat{D} = \{(r,\theta);\ 0 < \theta < \pi \ \text{ e } \ 0 < r < 4\,\mathrm{sen}(\theta)\}$$

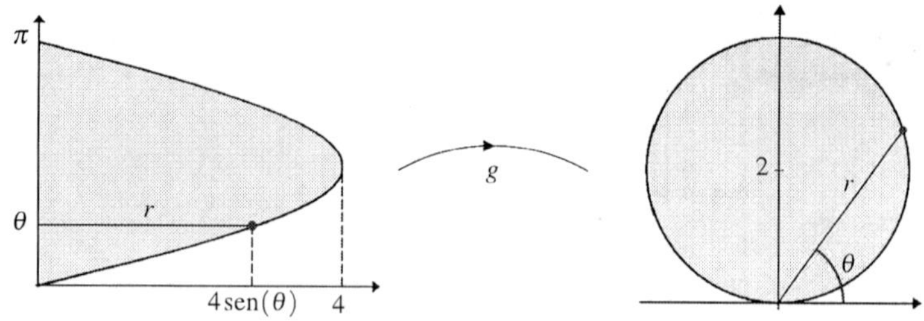

A figura acima ilustra a relação entre $\widehat{D}$ e D. Usando essa descrição de $\widehat{D}$, e a fórmula de mudança de variável, a massa M da chapa é igual a

$$
\begin{aligned}
M &= \iint_D \delta(x,y)\,dxdy = \iint_{\widehat{D}} \delta(r\cos(\theta), r\operatorname{sen}(\theta))\; r\,dr\,d\theta \\
&= \int_0^{\pi}\left(\int_0^{4\operatorname{sen}(\theta)} r^2\,dr\right)d\theta = \int_0^{\pi}\left(\frac{4^3}{3}\operatorname{sen}^3(\theta)\right)d\theta \\
&= \frac{4^3}{3}\int_0^{\pi}(1-\cos^2(\theta))\operatorname{sen}(\theta)d\theta = \frac{4^3}{3}\int_{-1}^{1}(1-u^2)du = \frac{4^3}{3}\frac{4}{3} = \frac{256}{9}
\end{aligned}
$$

Finalmente, como a área de D é $A = \pi 2^2$, a densidade média da chapa é igual a $\delta_0 = \frac{M}{A} = \frac{64}{9\pi} \approx 2,26$, valor que está de acordo com a expectativa inicial. □

Caso geral

Indique por (u,v) as coordenadas de um domínio $\widehat{D}$ e por (x,y) as coordenadas de outro domínio D. Uma função $g\colon \widehat{D} \to D$ é uma regra que a cada $(u,v) \in \widehat{D}$ associa-se um único $(x,y) = g(u,v) \in D$. Nesse caso, as coordenadas $x = x(u,v)$ e $y = y(u,v)$ são funções de (u,v), e a função g é indicada por $g(u,v) = (x(u,v), y(u,v))$.

Definição 7.1 A função $g\colon \widehat{D} \to D$ é uma mudança de variável se for bijetiva com inversa contínua, as funções $x(u,v)$ e $y(u,v)$ forem diferenciáveis e, além disso, $J_g(u,v) \neq 0$ para todo $(u,v) \in \widehat{D}$, onde

$$
J_g(u,v) = \det\begin{bmatrix} x_u(u,v) & y_u(u,v) \\ x_v(u,v) & y_v(u,v) \end{bmatrix}
$$

A condição de continuidade da inversa é para que seja possível tanto ir de $\widehat{D}$ para D como também voltar de D para $\widehat{D}$ de forma contínua.

■ **Exemplo 7.7** Seja D a chapa no primeiro quadrante limitada pelas retas $y = x$ e $y = 4x$ e pelas hipérboles $xy = 1$ e $xy = 9$. Use uma mudança de coordenadas para descrever D em termos de um domínio retangular. ■

Solução. A primeira observação é que y/x é constante ao longo das retas e xy é constante ao longo das hipérboles. Assim, uma escolha natural seria $y/x = u$ e $xy = v$. Isso porque, por exemplo, a hipérbole $xy = 1$ corresponderia à reta $v = 1$ no plano $\mathcal{O}uv$, e analogamente para os outros casos. Segue-se que o domínio $\widehat{D}$ seria um retângulo no plano $\mathcal{O}uv$.

No entanto, por facilidade, as escolhas mais convenientes são $y/x = u^2$ e $xy = v^2$, com $u > 0$ e $v > 0$. De fato, nesse caso, as expresões x e y como funções de u e v são $x = v/u$ e $y = uv$. Além disso, as retas $y/x = 1$ e $y/x = 4$ no plano $\mathcal{O}xy$ correspondem às retas $u = 1$ e $u = 2$ no plano $\mathcal{O}uv$, e as hipérboles $xy = 1$ e $xy = 9$ correspondem às retas $v = 1$ e $v = 3$. Veja a figura.

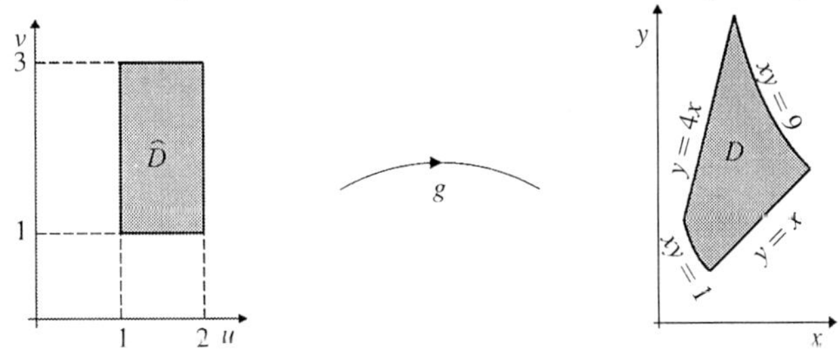

Assim, com $\widehat{D} = [1,2] \times [1,3]$, a função $g\colon \widehat{D} \to D$, $g(u,v) = (v/u, uv)$, é bijetiva com jacobiano

$$J_g(u,v) = \det \begin{bmatrix} x_u(u,v) & y_u(u,v) \\ x_v(u,v) & y_v(u,v) \end{bmatrix} = \det \begin{bmatrix} -v/u^2 & v \\ 1/u & u \end{bmatrix} = -\frac{2v}{u}$$

que não se anula para $(u,v) \in D$.

É também claro que as funções $x(u,v) = v/u$ e $y(u,v) = uv$ são diferenciáveis em $\widehat{D}$ e que a função inversa $g^{-1}\colon D \to \widehat{D}$, $g^{-1}(x,y) = (\sqrt{y/x}, \sqrt{xy})$, é contínua. Isso conclui a verificação de que g é uma mudança de coordenadas que descreve D em termos de um domínio retangular $\widehat{D}$. □

Voltando ao caso geral, a condição de que $J_g(u,v)$ não se anule em $\widehat{D}$ é para que seja possível comparar áreas do domínio com áreas da imagem.

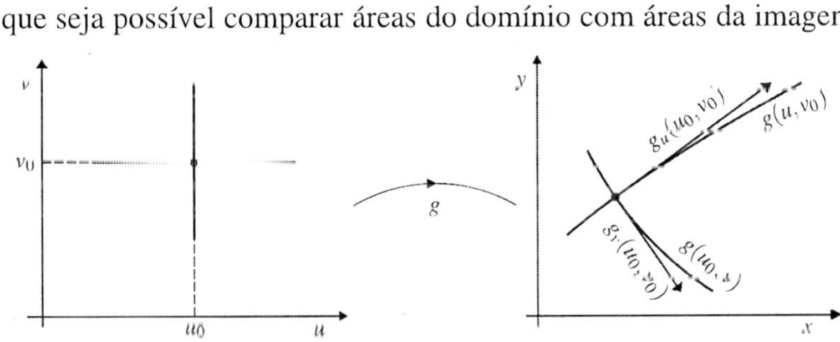

A comparação é feita por meio dos vetores velocidades das curvas coordenadas $u \mapsto g(u, v_0)$ (com v_0 fixo) e $v \mapsto g(u_0, v)$ (com u_0 fixo). A figura acima ilustra essas curvas. Ilustra também os respectivos vetores velocidade, que são

$$g_u(u_0,v_0)=\lim_{\Delta u\to 0}\frac{g(u_0+\Delta u,v_0)-g(u_0,v_0)}{\Delta u} \tag{7.9}$$

$$g_v(u_0,v_0)=\lim_{\Delta v\to 0}\frac{g(u_0,v_0+\Delta v)-g(u_0,v_0)}{\Delta v}$$

Considere agora um pequeno retângulo $\widehat{R}=[u,u+\Delta u]\times[v,v+\Delta v]$ no domínio $\widehat{D}$ e indique por $R=g(\widehat{R})$ a sua imagem, conforme a figura a seguir.

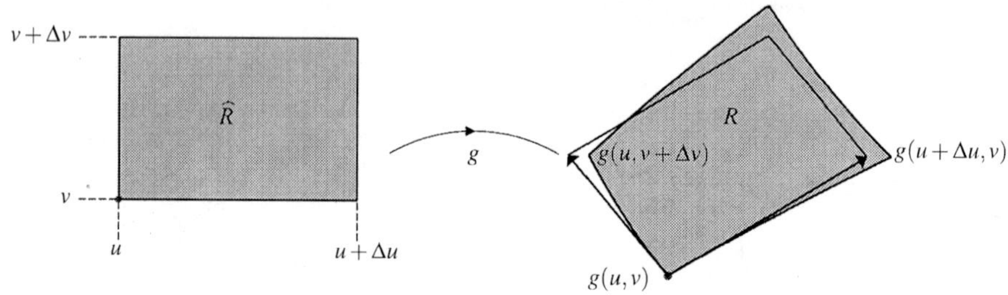

Com o auxílio da figura, a área de R pode ser aproximada pela área do paralelogramo gerado pelos vetores $g(u+\Delta u,v)-g(u,v)$ e $g(u,v+\Delta v)-g(u,v)$. Além disso, se Δu e Δv forem pequenos, das definições em (7.9) segue-se que

$$g(u+\Delta u,v)-g(u,v)\approx g_u(u,v)\,\Delta u \quad \text{e} \quad g(u,v+\Delta v)-g(u,v)\approx g_v(u,v)\,\Delta v$$

Segue-se então que a área de R pode ser aproximada pela área do paralelogramo gerado por

$$g_u(u,v)\,\Delta u=(x_u(u,v)\Delta u,y_u(u,v)\Delta u) \quad \text{e} \quad g_v(u,v)\,\Delta v=(x_v(u,v)\Delta v,y_v(u,v)\Delta v)$$

Ora! Essa área é o módulo do determinante da matriz cujas linhas são esses vetores, isto é,

$$\text{Área de } R\approx\left|\det\begin{bmatrix} x_u(u,v)\Delta u & y_u(u,v)\Delta u\\ x_v(u,v)\Delta v & y_v(u,v)\Delta v\end{bmatrix}\right|$$

$$=\left|\det\begin{bmatrix} x_u(u,v) & y_u(u,v)\\ x_v(u,v) & y_v(u,v)\end{bmatrix}\right|\Delta u\Delta v=|J_g(u,v)|\Delta u\Delta v \tag{7.10}$$

Resumindo, tem-se que Área de $R\approx|J_g(u,v)|$Área de $\widehat{R}$, e essa aproximação justifica a importância do jacobiano $J_g(u,v)$ não se anular em $\widehat{D}$, para não prejudicar a comparação entre áreas. Além disso, essa aproximação é o passo-chave para se deduzir a fórmula de mudança de variáveis.

■ **Exemplo 7.8** Com a mudança do exemplo anterior, compare as áreas de $R_1=g(\widehat{R}_1)$ e $R_2=g(\widehat{R}_2)$, onde $\widehat{R}_1=[1,\ 1{,}1]\times[1,\ 1{,}1]$ e $\widehat{R}_2=[1,\ 1{,}1]\times[2{,}9,\ 3]$ ■

Solução. A mudança é $g(u,v)=(v/u,uv)$ com $J_g(u,v)=-2v/u$.

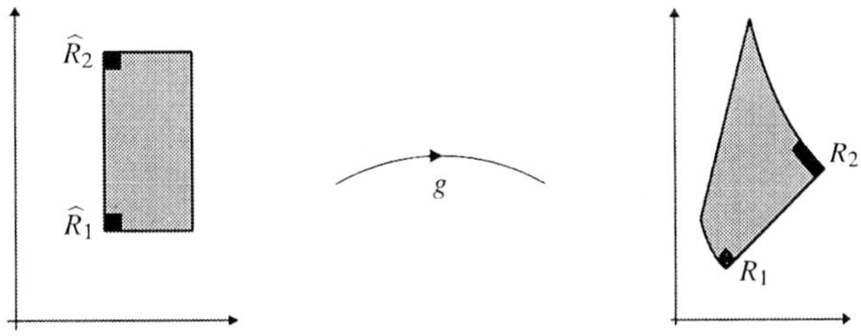

O quadrado $\widehat{R}_1$ corresponde ao ponto $(1,1)$ com lados $\Delta u = \Delta v = 0{,}1$. Como $J_g(1,1) = -2$, segue-se que área de $R_1 \approx |J_g(1,1)|\Delta u \Delta v = 2 \cdot 0{,}1 \cdot 0{,}1 = 0{,}02$. Já o quadrado $\widehat{R}_2$ corresponde ao ponto $(1, 2{,}9)$ com lados $\Delta u = \Delta v = 0{,}1$. Como $J_g(1, 2{,}9) = -5{,}8$, segue-se que área de $R_2 \approx |J_g(1, 2{,}9)|\Delta u \Delta v = 5{,}8 \cdot 0{,}1 \cdot 0{,}1 = 0{,}058$.

Assim, apesar de as áreas de $\widehat{R}_1$ e $\widehat{R}_2$ serem iguais, a área de $R_2 = g(\widehat{R}_2)$ é quase o triplo da área de $R_1 = g(\widehat{R}_1)$. Isso ilustra o quanto as mudanças podem alterar as áreas. □

Fórmula de mudança de coordenadas

Com a notação da seção anterior, em que $g\colon \widehat{D} \to D$ é uma mudança de coordenadas genérica, suponha que $f\colon D \to \mathbb{R}$ seja integrável. Suponha ainda que, apesar de integrável, seja importante procurar maneiras de simplificar o cálculo da integral. Nesse sentido, uma pergunta interessante é: seria possível escolher uma função simpática $h(u,v)$ de maneira que

$$\iint_{\widehat{D}} h(u,v)\,dudv = \iint_D f(x,y)\,dxdy \text{ ?}$$

Essa pergunta é a mesma da seção anterior e, como antes, tem uma resposta afirmativa. De fato, nas figuras abaixo, a da esquerda ilustra o sólido $\widehat{P}$, cuja base é o retângulo $\widehat{R} = [u, u+\Delta u] \times [v, v+\Delta v]$ e cuja altura é a função a ser escolhida $h(u,v)$. A figura da direita ilustra o sólido P, cuja base é a imagem $R = g(\widehat{R})$ e cuja altura é $f(x,y)$, onde $(x,y) = g(u,v)$.

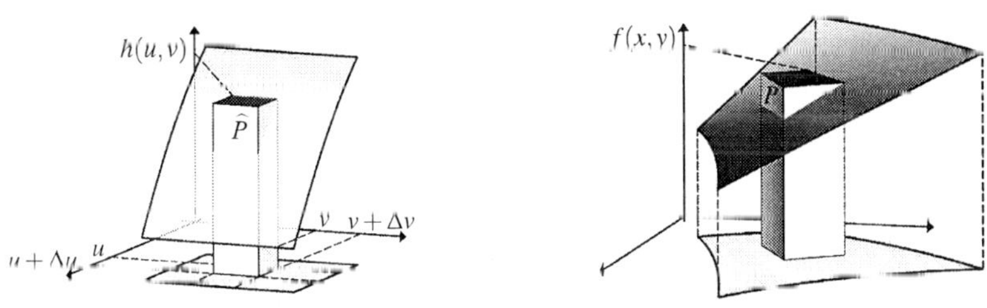

Da comparação entre áreas obtida em (7.10) segue-se que o volume de P

pode ser descrito em termos das variáveis u e v na forma

$$\begin{aligned} f(x,y)\times \text{área de } R &\approx f(g(u,v))\times [|\det J_g(u,v)|\Delta u\Delta v] \\ &= [f(g(u,v))|\det J_g(u,v)|]\times \Delta u\Delta v. \end{aligned} \tag{7.11}$$

Ora! Basta então escolher a função $h(u,v)=f(g(u,v))|J_g(u,v)|$ para se ter que o volume de $\widehat{P}$ seja aproximadamente igual ao volume de P, aproximação tão melhor quanto menor forem Δu e Δv. Essa é a escolha que faz com que os volumes de $\widehat{P}$ e de P sejam próximos.

É também a escolha que faz com que as integrais sejam iguais. De fato, seja $\widehat{\mathscr{P}}$ uma partição de $\widehat{D}$ que consiste da união de todos os sub-retângulos da forma $\widehat{R}_{ij}=[u_{i-1},u_i]\times[v_{j-1},v_j]$. A partição $\widehat{\mathscr{P}}$ induz outra partição $\mathscr{P}$ da imagem $g(\widehat{D})$, que corresponde à união de todas as sub-regiões $R_{ij}=g(\widehat{R}_{ij})$.

Usando a aproximação em (7.10) com $\Delta u_i=u_i-u_{i-1}$ e $\Delta v_j=v_j-v_{j-1}$, e indicando por $(x_{i-1},y_{j-1})=g(u_{i-1},v_{j-1})$, a relação entre as somas de Riemann dessas partições é

$$\begin{aligned} SR(f,\mathscr{P}) &= \sum_{i=1}^{m}\sum_{j=1}^{n} f(x_{i-1},y_{j-1})\times \text{área de } R_{ij} \\ &\approx \sum_{i=1}^{m}\sum_{j=1}^{n} f(g(u_{i-1},v_{j-1}))|J_g(u_{i-1},v_{j-1})|\times \Delta u_i\Delta v_j \\ &= \sum_{i=1}^{m}\sum_{j=1}^{n} h(u_{i-1},v_{j-1})\times \Delta u_i\Delta v_j = SR(h,\widehat{\mathscr{P}}) \end{aligned}$$

É claro agora que, passando o limite com $\|\widehat{\mathscr{P}}\|\to 0$, obtém-se que

$$\iint_D f(x,y)\,dxdy = \iint_{\widehat{D}} h(u,v)\,dudv = \iint_{\widehat{D}} f(g(u,v))|J(u,v)|\,dudv$$

que é a fórmula de mudança de variáveis para as integrais duplas. Essa fórmula abre a possibilidade de, escolhendo-se criteriosamente a mudança g, fazer com que a integral do lado direito seja mais fácil de calcular do que a do lado esquerdo. Veja o próximo exemplo.

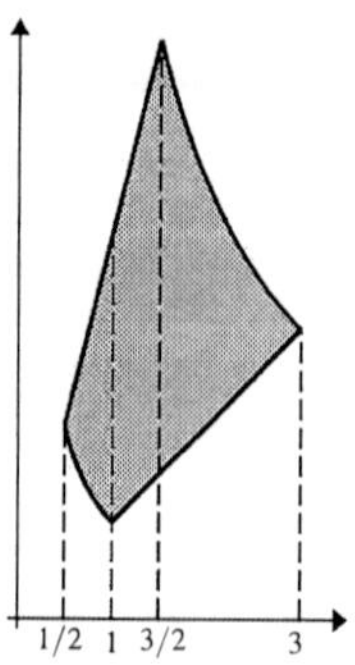

Exemplo 7.9 Seja D a chapa do **Exemplo 7.7**. Calcule o centro de massa da chapa supondo que ela tenha densidade $\delta(x,y)=\sqrt{y/x}$. ■

Solução. A figura ilustra novamente a chapa D, que é a união de três domínios na forma R_x. Assim, um cálculo direto seria longo e trabalhoso, pois seria necessário o cálculo de três integrais, e cada uma delas deveria ser dividida em outras três partes.

Vale então usar a mudança $g: \widehat{D} \to D$ do **Exemplo 7.7**, onde $\widehat{D} = [1,2] \times [1,3]$ e $g(u,v) = (v/u, uv)$ com $J_g(u,v) = -2v/u$. Assim, lembrando que $y/x = u^2$ e usando que $\delta(x,y) = \sqrt{y/x}$, segue-se que $\delta(g(u,v))|J_g(u,v)| = u\frac{2v}{u} = 2v$.

Daqui, e da fórmula de mudança de variáveis, obtém-se que a massa é

$$M = \iint_D \delta(x,y)\,dxdy = \iint_{\widehat{D}} \delta(g(u,v))|J_g(u,v)|\,dudv$$

$$= \iint_{\widehat{D}} 2v\,dudv = \int_1^3 \left(\int_1^2 2v\,du\right) dv = \int_1^3 2v\,dv = v^2\Big|_1^3 = 8$$

Como $x = v/u$, o momento de massa em relação a $\mathcal{O}y$ é

$$M_y = \int_D x\delta(x,y)\,dxdy = \iint_{\widehat{D}} \frac{v}{u} 2v\,dudv$$

$$= \int_1^3 \left(\int_1^2 \frac{2v^2}{u}\,du\right) dv = \ln(2) \int_1^3 2v^2\,dv = 2\ln(2)\frac{26}{3}$$

Analogamente, como $y = uv$, o momento de massa em relação a $\mathcal{O}x$ é

$$M_x = \int_D y\delta(x,y)\,dxdy = \iint_{\widehat{D}} uv2v\,dudv$$

$$= \int_1^3 \left(\int_1^2 2uv^2\,du\right) dv = 3\int_1^3 v^2\,dv = 26$$

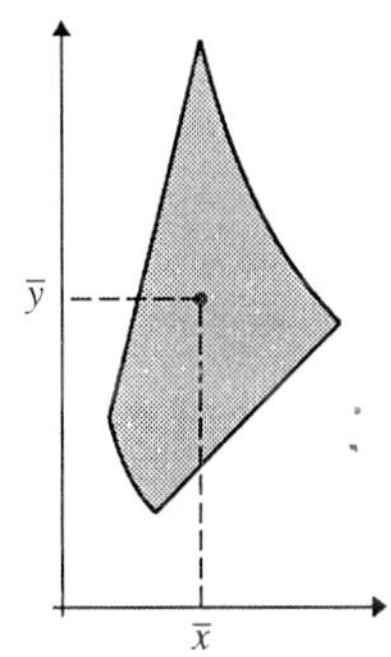

Destes cálculos segue-se que as coordenadas $\overline{x}$ e $\overline{y}$ do centro de massa da chapa são dadas por

$$\overline{x} = \frac{M_y}{M} \approx 1,50 \text{ e } \overline{y} = \frac{M_x}{M} = 3,25$$

O ponto $(\overline{x}, \overline{y})$ está ilustrado acima juntamente com a chapa D, e da ilustração conclui-se que os cálculos estão bem coerentes. □

Exercícios

1) Considere a chapa D limitada pela elipse $x^2 - xy + y^2 = 2$, conforme figura, e suponha que D tenha densidade $\delta(x,y) = x^2 - xy + y^2$. Indique por M a massa e por $C = (\overline{x}, \overline{y})$ o centro de massa de D. Escolhendo $a > 0$ e $b > 0$ apropriados, a mudança $(x,y) = g(u,v) = (au - bv, au + bv)$ transforma D em um disco unitário $\widehat{D}$ nas variáveis u e v. Julgue os itens a seguir.

C | E a) O jacobiano $J_g(u,v)$ não depende das variáveis u e v.

C | E b) Nas novas variáveis tem-se que $M = \iint_{\widehat{D}} (a^2u^2 + 3b^2v^2)\,dudv$.

C | E c) As escolhas apropriadas são $a = \sqrt{2/3}$ e $b = \sqrt{2}$.

C | E d) Calculando, obtém-se que $M > 2\pi$.

C | E e) O centro de massa é tal que $\overline{x} > \overline{y}$.

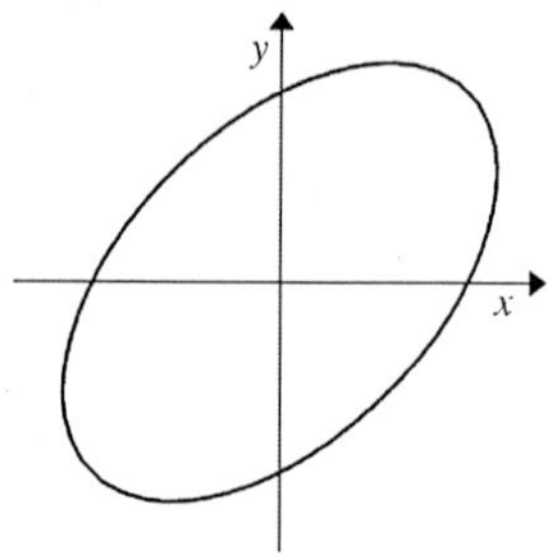

2) Seja $D \subset \mathbb{R}^2$ a chapa no primeiro quadrante limitada pelas parábolas $y = x^2$, $y = 8x^2$ e pelas hipérboles $xy = 1$, $xy = 27$, e com densidade $\delta(x,y) = (y/x^2)^{1/3}$ kg/m^2. Definindo as variáveis $u > 0$ e $v > 0$ tais que $x = u/v$ e $y = u^2v$, obtém-se uma mudança de variáveis $g\colon \widehat{D} \to D$, onde $\widehat{D}$ é tal que $g(\widehat{D}) = D$.

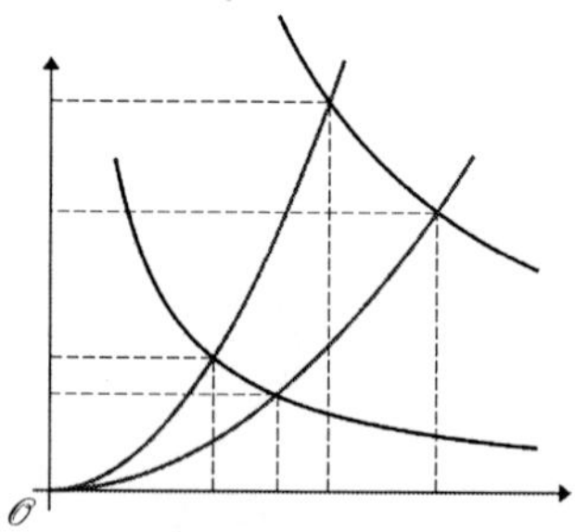

a) A partir do esboço da chapa ao lado, determine as coordenadas de todos os pontos de interseção das curvas que limitam a região.

b) Do item anterior, obtenha a e b tais que $a \leq y \leq b$ para todo $(x,y) \in D$.

c) Descreva do domínio $\widehat{D}$.

d) Calcule a massa M de D.

e) Calcule agora a coordenada $\overline{y}$ do centro de massa de D e verifique se o resultado está de acordo com aqueles do item b).

3) Em um sistema $\mathcal{O}xy$ em que o Sol está na origem $\mathcal{O}$, indique por $P(t) = (x(t), y(t))$ a posição da Terra no tempo t, e por $x(t) = r(t)\cos(\theta(t))$ e $y(t) = r(t)\,\text{sen}(\theta(t))$ as coordenadas polares de $P(t)$. Indique ainda por $A(\alpha)$ a área varrida pelo raio vetor da Terra entre os ângulos 0 e α, conforme figura. Como a gravidade é uma força central, pode-se mostrar que o momento angular é conservado, isto é, que $r^2(t)\theta'(t) = K$, onde $K \neq 0$ é uma constante.

a) Justifique a afirmação de que a função $\theta = \theta(t)$ tem inversa $t = t(\theta)$, e, portanto, o raio $r(t)$ pode ser expresso em função do ângulo θ, isto é, $r(t) = r(t(\theta)) = r(\theta)$.

b) Usando as variáveis r e θ, obtenha a expressão da função $A(\alpha)$ em termos de uma integral no intervalo $[0, \alpha]$.

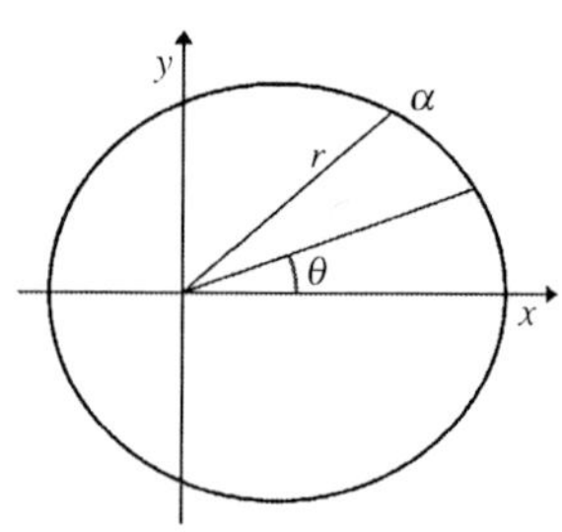

c) Supondo que $\alpha = \theta(t)$, obtenha a expressão da comporta $A(\alpha) = A(\theta(t))$.

d) A função $A(t) = A(\theta(t))$ fornece a área varrida pelo raio vetor em termos do tempo t. Calcule a derivada $A'(t)$ dessa função.

e) Usando o item anterior, conclua que $A(t)$ pode ser expressa apenas em termos dos dados fornecidos no enunciado. Em seguida, use essa expressão para demonstrar a 2ª Lei de Kepler: o raio vetor da Terra varre áreas iguais em tempos iguais.

4) Um modelo para estimar o volume de um lago é assumir que a sua superfície seja limitada pela elipse $\frac{x^2}{a^2} + \frac{y^2}{b^2} = 1$ e que a profundidade em cada ponto (x, y) da superfície seja dada pela função $p(x,y) = H\cos\left(\frac{\pi}{2}\sqrt{\frac{x^2}{a^2} + \frac{y^2}{b^2}}\right)$, em que H é a profundidade máxima. Uma vez estimado o volume, a profundidade média é a razão entre o volume e a área da superfície do lago.

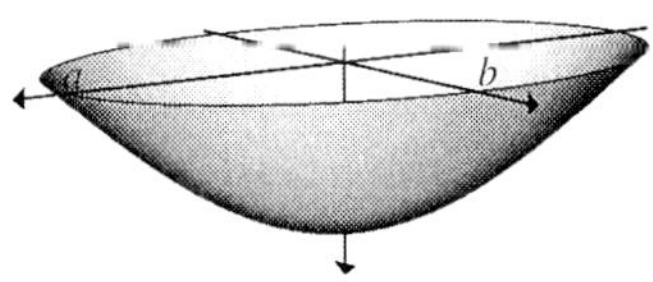

a) Expresse o volume V do lago por meio de uma integral dupla.

b) Use uma mudança de variáveis para transformar a integral do item anterior em uma integral sobre um disco de raio um.

c) Calcule o volume do lago usando o item b).

d) Calcule a área A da superfície do lago.

e) Verifique que a profundidade média é independente das constantes a e b.

8. Integrais triplas

Integrais em três variáveis

A motivação usual de áreas e volumes deixa de ser natural para as integrais triplas. Isso porque, para funções de três variáveis, a região abaixo do gráfico está em $\mathbb{R}^4$ e não pode ser visualizada, o que prejudica a motivação. Daí ter sido escolhida uma motivação diferente, como a seguir.

Pressão atmosférica

A pressão atmosférica em um ponto da superfície da Terra corresponde à pressão que a coluna de ar imediatamente acima deste ponto exerce sobre ele. A pressão, por sua vez, corresponde ao peso da coluna de ar por unidade de área.

A pressão atmosférica padrão é 101.325 N/m^2. Assim, indicando por $g \approx 9,8$ m/s^2 a aceleração da gravidade, a coluna de ar acima de um metro quadrado exerce sobre ele uma força de $F = 101.325$ N, e a massa dessa coluna é $F/g \approx 10.340$ kg.

Um estudo detalhado requer o cálculo da massa de regiões da atmosfera. O interessante desse cálculo é que a densidade varia enormemente, e principalmente com a altitude. Por exemplo, na superfície da Terra, o volume de 1 m^3 de ar tem massa de $1,2$ kg. Já a uma altitude de 10.000 m a massa deste mesmo volume é de $0,41$ kg, uma redução de quase $2/3$ da massa original.

A atmosfera alcança 100.000 m, e modelar a densidade nesta extensão é difícil. Mas, até 30.000 m, a densidade pode ser modelada como segue.

Considere a região Q de 1 m^2 de base e com altura de 30.000 m, isto é,

$$Q = \{(x,y,z); 0 \leq x \leq 1, 0 \leq y \leq 1 \ \text{ e } \ 0 \leq z \leq 30.000\}$$

Um bom modelo para a densidade dessa região é o polinômio $\delta(x,y,z) = a - bz + cz^2 - dz^3$, em unidades de kg/m^3 e com coeficientes dados por $a = 1,2$, $b = 1,096 \times 10^{-4}$, $c = 0,342 \times 10^{-8}$ e $d = 0,036 \times 10^{-12}$. A figura a seguir ilustra a variação da densidade com a altitude, de onde se percebe que ela decresce rapidamente de $\delta(0,0,0) = 1,2$ para $\delta(0,0,30.000) \approx 0,02$.

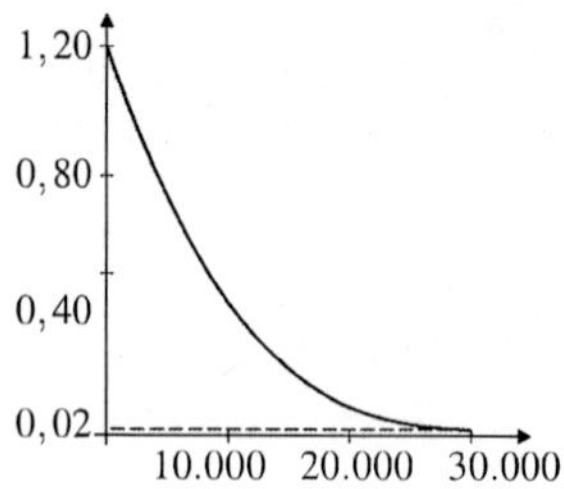

O problema é o de calcular a massa de Q com essa densidade variável. A dificuldade, claro, é que a densidade não é constante, e a massa M não pode ser calculada imediatamente.

Em uma primeira estimativa, ela pode ser aproximada notando que, como o volume é de 30.000 m^3 e $0,02 \leq \delta(x,y,z) \leq 1,20$, segue-se que

$$600 = 0,02 \times 30.000 \leq M \leq 1,20 \times 30.000 = 36.000$$

Bem, essa estimativa não chega a ser emocionante! Mas, como antes, o segredo está em dividir Q em paralelepípedos menores, e aplicar o passo acima em cada um desses pequenos paralelepípedos. Veja as figuras a seguir.

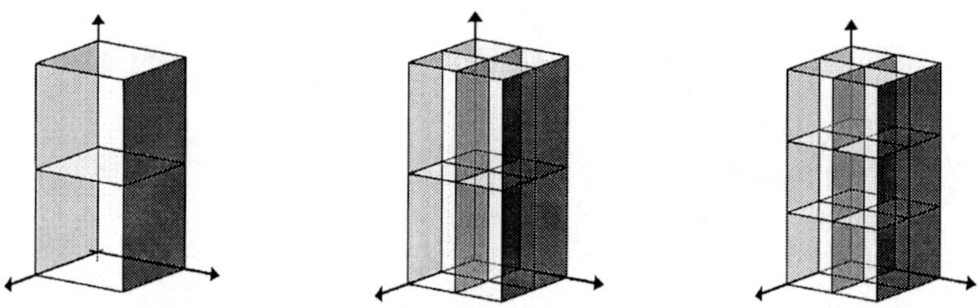

Em geral, sejam $\mathscr{P}_1 = \{0 = x_0 < x_1 < \cdots < x_{m-1} < x_m = 1\}$ uma partição de $[0,1]$ ao longo de $\mathscr{O}x$; $\mathscr{P}_2 = \{0 = y_0 < y_1 < \cdots < y_{n-1} < y_n = 1\}$ uma partição de $[0,1]$ ao longo de $\mathscr{O}y$; e $\mathscr{P}_3 = \{0 = z_0 < z_1 < \cdots < z_{k-1} < z_p = 30.000\}$ uma partição de $[0,30.000]$ ao longo de $\mathscr{O}z$.

Indique por $\Delta x_i = x_i - x_{i-1}$, $\Delta y_j = y_j - y_{j-1}$ e $\Delta z_k = z_k - z_{k-1}$ os comprimentos dos respectivos intervalos, e lembre-se de que a norma $\|\mathscr{P}_1\|$ da partição $\mathscr{P}_1$ é o maior dos comprimentos Δx_i, e analogamente para $\mathscr{P}_2$ e $\mathscr{P}_3$.

A partição $\mathscr{P} = \mathscr{P}_1 \times \mathscr{P}_2 \times \mathscr{P}_3$ do domínio Q corresponde a fazer o produto cartesiano $R_{ijk} = [x_{i-1}, x_i] \times [y_{j-1}, y_j] \times [z_{k-1}, z_k]$, obtendo paralelepípedos R_{ijk} de volumes $\Delta x_i \Delta y_j \Delta z_k$. A norma dessa partição é o número

$$\|\mathscr{P}\| = \sqrt{\|\mathscr{P}_1\|^2 + \|\mathscr{P}_2\|^2 + \|\mathscr{P}_3\|^2}$$

de modo que $\|\mathscr{P}\| \to 0$ se, e somente se, $\|\mathscr{P}_1\| \to 0$, $\|\mathscr{P}_2\| \to 0$ e $\|\mathscr{P}_3\| \to 0$.

Resta ainda escolher pontos $s_i \in [x_{i-1}, x_i]$, $t_j \in [y_{j-1}, y_j]$ e $u_k \in [z_{k-1}, z_j]$, e com eles montar a soma de Riemann correspondente, que é dada por

$$SR(\delta, \mathscr{P}) = \sum_{j=1}^{n} \sum_{i=1}^{m} \sum_{k=1}^{p} \delta(s_i, t_j, u_k) \Delta x_i \Delta y_j \Delta z_k \tag{8.1}$$

Os termos dessa soma representam a massa de paralelepípedos de densidade $\delta(s_i, t_j, u_k)$ e volume $\Delta x_i \Delta y_j \Delta z_k$. Logo, a soma $SR(\delta, \mathscr{P})$ é uma aproximação para a massa total de Q, aproximação tão melhor quanto menor for a norma da partição $\mathscr{P}$.

Matematicamente falando, as somas acima em nada diferem das somas de Riemann das integrais duplas, e está-se lidando essencialmente com o mesmo objeto, com as mesmas propriedades. Ao invés de um significado geométrico, agora o significado é físico, mas um significado tão importante quanto antes.

Como nas outras integrais, a integral tripla é definida como sendo o

$$\iiint_Q \delta(x, y, z)\, dxdydz = \lim_{\|\mathscr{P}\| \to 0} SR(\delta, \mathscr{P})$$

Esse limite de fato existe, e por construção é exatamente a massa da região Q! Falta agora como calcular esse limite, o que será feito na próxima seção.

Integrais iteradas

Como as duplas, as integrais triplas podem ser calculadas por meio das integrais iteradas. De fato, considerando a partição $\mathscr{P} = \mathscr{P}_1 \times \mathscr{P}_2 \times \mathscr{P}_3$ anterior, e reorganizando a soma em (8.1), obtém-se

$$\sum_{j=1}^{n} \sum_{i=1}^{m} \sum_{k=1}^{p} \delta(s_i, t_j, u_k) \Delta x_i \Delta y_j \Delta z_k = \sum_{j=1}^{n} \sum_{i=1}^{m} \left(\sum_{k=1}^{p} \delta(s_i, t_j, u_k) \Delta z_k \right) \Delta x_i \Delta y_j \tag{8.2}$$

o que corresponde a, primeiro, fixar os índices i e j e somar em k, e só depois somar em i e j. Organizada nesta forma, a soma interna $\sum_{k=1}^{p} \delta(s_i, t_j, u_k) \Delta z_k$ é uma soma de Riemann da função de uma variável $g(z) = \delta(s_i, t_j, z)$. Assim, passando ao limite com $\|\mathscr{P}_3\| \to 0$, obtém-se que

$$\begin{aligned}\left(\lim_{\|\mathscr{P}_3\| \to 0} \sum_{k=1}^{p} \delta(s_i, t_j, u_k) \Delta z_k \right) \Delta x_i \Delta y_j &= \left(\int_0^{30.000} \delta(s_i, t_j, z)\, dz \right) \Delta x_i \Delta y_j \\ &= G(s_i, t_j) \Delta x_i \Delta y_j\end{aligned}$$

onde foi usada a notação $G(x, y) = \int_0^{30.000} \delta(x, y, z)\, dz$.

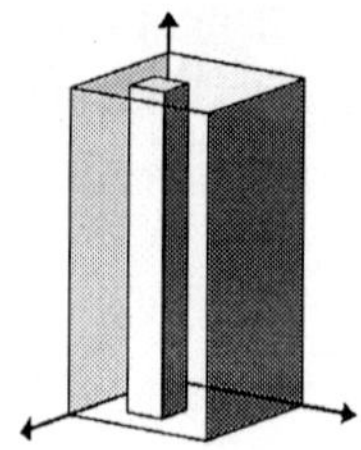

O termo $G(s_i,t_j)\Delta x_i \Delta y_j$ é uma aproximação para a massa da coluna de ar que está sobre o retângulo $[x_{i-1},x_i]\times[y_{j-1},y_j]$ e de altura igual à do sólido Q, conforme ilustra a figura ao lado.

O próximo passo é somar essas aproximações, passo que, surpreendentemente, resulta em uma soma de Riemann de $G(x,y)$! De fato, até aqui se tem que

$$\lim_{\|\mathscr{P}_3\|\to 0} \sum_{j=1}^{n}\sum_{i=1}^{m}\left(\sum_{k=1}^{p}\delta(s_i,t_j,u_k)\Delta z_k\right)\Delta x_i\,\Delta y_j$$

$$=\sum_{j=1}^{n}\sum_{i=1}^{m}\left(\lim_{\|\mathscr{P}_3\|\to 0}\sum_{k=1}^{p}\delta(s_i,t_j,u_k)\Delta z_k\right)\Delta x_i \Delta y_j$$

$$=\sum_{j=1}^{n}\sum_{i=1}^{m}\left(\int_0^{30.000}\delta(x_i,y_j,z)\,dz\right)\Delta x_i \Delta y_j=\sum_{j=1}^{n}\sum_{i=1}^{m}G(x_i,t_j)\Delta x_i \Delta y_j \qquad (8.3)$$

onde (8.3) é uma soma de Riemann de $G(x,y)$ associada à partição $\mathscr{P}_1\times\mathscr{P}_2$ do domínio $D=[0,1]\times[0,1]$, soma que está relacionada com a integral dupla. Assim, como $\|\mathscr{P}\|\to 0$ se, e só se, $\|\mathscr{P}_1\times\mathscr{P}_2\|\to 0$ e $\|\mathscr{P}_3\|\to 0$, segue-se que

$$\iiint_Q \delta(x,y,z)\,dxdydz=\lim_{\|\mathscr{P}\|\to 0}\sum_{j=1}^{n}\sum_{i=1}^{m}\sum_{k=1}^{p}\delta(s_i,t_j,u_k)\Delta x_i\,\Delta x_i\,\Delta y_j$$

$$=\lim_{\|\mathscr{P}_1\times\mathscr{P}_2\|\to 0}\sum_{j=1}^{n}\sum_{i=1}^{m}\left(\lim_{\|\mathscr{P}_3\|\to 0}\sum_{k=1}^{p}\delta(s_i,y_j,u_k)\Delta z_k\right)\Delta x_i\,\Delta y_j$$

$$=\lim_{\|\mathscr{P}_1\times\mathscr{P}_2\|\to 0}\sum_{j=1}^{n}\sum_{i=1}^{m}G(s_i,t_j)\Delta x_i\,\Delta y_j=\iint_D G(x,y)\,dxdy$$

Essa igualdade torna muito fácil o cálculo das integrais triplas: basta calcular a integral simples em uma das variáveis para reduzir o problema à situação conhecida de uma integral dupla.

No exemplo em estudo, em que $\delta(x,y,z)=a-bz+cz^2-dz^3$, tem-se que

$$\int_0^{30.000}\delta(x,y,z)\,dz=\left(az-\frac{1}{2}bz^2+\frac{1}{3}cz^3-\frac{1}{4}dz^4\right)\Big|_0^{3\times 10^4}$$

$$=\left(a-\frac{1}{2}bz+\frac{1}{3}cz^2-\frac{1}{4}dz^3\right)z\,\Big|_0^{3\times 10^4}$$

$$=\left(a-\frac{3}{2}b\times 10^4+\frac{3^2}{3}c\times 10^8-\frac{3^3}{4}d\times 10^{12}\right)3\times 10^4$$

Usando os valores de $a = 1,2$, $b = 1,096 \times 10^{-4}$, $c = 0,342 \times 10^{-8}$ e $d = 0,036 \times 10^{-12}$ dados no início da seção, obtém-se que

$$\int_0^{30.000} \delta(x,y,z)\,dz = \left(1,2 - \frac{3}{2}1,096 + \frac{3^2}{3}0,342 - \frac{3^3}{4}0,036\right) 3 \times 10^4 = 10.170$$

Finalmente, como $D = [0,1] \times [0,1]$ tem área 1, a massa M da região Q é

$$M = \iiint_Q \delta(x,y,z)\,dxdydz = \iint_D \left(\int_0^{30.000} \delta(x,y,z)\,dz\right) dxdy$$
$$= \iint_D 10.170\,dxdy = 10.170$$

Esse valor deve ser comparado com a massa de 10.340 kg de toda a coluna de ar sobre um m^2. Além de próximo, o valor acima é menor do que o valor total, o que é perfeitamente coerente. Isso indica que o modelo é muito bom!

Caso geral

Em geral, a integral tripla é definida de forma semelhante à integral dupla, por meio das somas de Riemann, e segue os mesmos passos já feitos anteriormente.

Considere então a região $Q = [a_1, a_2] \times [b_1, b_2] \times [c_1, c_2]$, que é o produto cartesiano de três intervalos, conforme ilustra a figura abaixo.

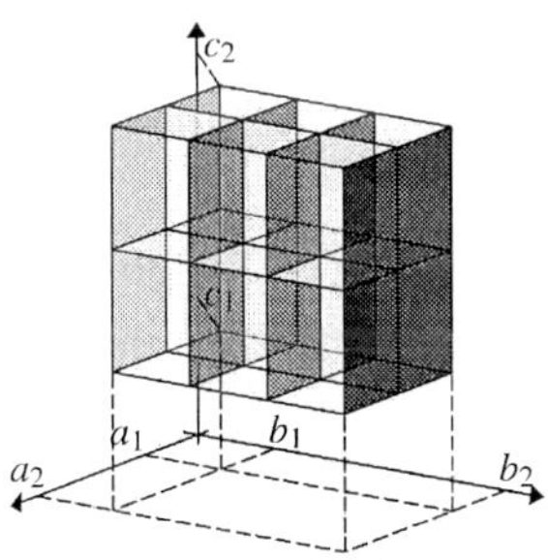

Escolha partições de $[a_1, a_2]$, $[b_1, b_2]$ e $[c_1, c_2]$ dadas, respectivamente por $\mathscr{P}_1 = \{a_1 = x_0 < x_1 < \cdots < x_{m-1} < x_m = a_2\}$; $\mathscr{P}_2 = \{b_1 = y_0 < y_1 < \cdots < y_{n-1} < y_n = b_2\}$; e $\mathscr{P}_3 = \{c_1 = z_0 < z_1 < \ldots < z_{k-1} < z_p = c_2\}$.

Como antes, indique por $\Delta x_i = x_i - x_{i-1}$, $\Delta y_j = y_j - y_{j-1}$ e $\Delta z_k = z_k - z_{k-1}$ os comprimentos dos respectivos intervalos.

Vale repetir que a norma $\|\mathscr{P}_1\|$ da partição $\mathscr{P}_1$ é o maior dos comprimentos Δx_i, e analogamente para $\mathscr{P}_2$ e $\mathscr{P}_3$.

A partição $\mathscr{P} = \mathscr{P}_1 \times \mathscr{P}_2 \times \mathscr{P}_3$ do domínio Q corresponde a fazer o produto cartesiano $R_{ijk} = [x_{i-1}, x_i] \times [y_{j-1}, y_j] \times [z_{k-1}, z_k]$, obtendo paralelepípedos R_{ijk} de volumes $\Delta x_i \Delta y_j \Delta z_k$. A figura anterior ilustra os paralelepípedos. A norma dessa partição é o número $\|\mathscr{P}\| = \sqrt{\|\mathscr{P}_1\|^2 + \|\mathscr{P}_2\|^2 + \|\mathscr{P}_3\|^2}$, de modo que $\|\mathscr{P}\| \to 0$ se, e somente se, $\|\mathscr{P}_1\| \to 0$, $\|\mathscr{P}_2\| \to 0$ e $\|\mathscr{P}_3\| \to 0$.

Suponha agora que seja dada uma função $f\colon Q \to \mathbb{R}$ e que se queira definir a integral dessa função sobre a região Q. O primeiro passo é definir as somas de

Riemann, para o que é necessário escolher pontos $s_i \in [x_{i-1}, x_i]$, $t_j \in [y_{j-1}, y_j]$ e $u_k \in [z_{k-1}, z_j]$. Com essas escolhas a soma é

$$SR(f, \mathscr{P}) = \sum_{j=1}^{n} \sum_{i=1}^{m} \sum_{k=1}^{p} f(s_i, t_j, u_k) \Delta x_i \Delta y_j \Delta z_k$$

Finalmente pode-se agora definir

Definição 8.1 A função $f\colon Q \to \mathbb{R}$ é integrável se existe o limite

$$\iiint_Q f(x,y,z)\, dxdydz = \lim_{\|\mathscr{P}\| \to 0} SR(f, \mathscr{P})$$

Esta definição é idêntica à da integral dupla, e, portanto, as integrais dupla e tripla têm as mesmas propriedades. Essa é mais uma vantagem da semelhança entre essas integrais.

Em relação à integrabilidade, assim como no caso de duas variáveis, existem funções de três variáveis que não são integráveis. No entanto, de acordo com o próximo resultado, a continuidade é suficiente para a integrabilidade.

Teorema 8.1 Se $f\colon Q \to \mathbb{R}$ é contínua, então f é integrável sobre Q e

$$\iiint_Q f(x,y,z)\, dxdydz = \iint_D \left(\int_{c_1}^{c_2} f(x,y,z)\, dz \right) dxdy$$

onde D é o retângulo $D = [a_1, a_2] \times [b_1, b_2]$.

Ótimo! Como a dupla, a integral tripla pode ser calculada iteradamente, e isso decorre apenas de organizar adequadamente as somas de Riemann, como indicado na seção anterior.

Agora pode-se fazer várias aplicações. A primeira é quase óbvia, e diz que o volume da região Q é a integral $\iiint_Q dxdydz$. Para isso basta notar que, como o retângulo $D = [a_1, a_2] \times [b_1, b_2]$ tem área $(a_2 - a_1)(b_2 - b_1)$, segue-se que

$$\begin{aligned} \iiint_Q dxdydz &= \iint_D \left(\int_{c_1}^{c_2} dz \right) dxdy \\ &= \iint_D (c_2 - c_1) dxdy = (a_2 - a_1)(b_2 - b_1)(c_2 - c_1) \end{aligned}$$

que é o volume de Q. Outra aplicação é a média que, como antes, é dada por

$$\overline{f} = \frac{\iiint_Q f(x,y,z)\, dxdydz}{\iiint_Q dxdydz}$$

Vale ainda para médias ponderadas, como é o caso do centro de massa. De fato, se $\delta\colon Q \to \mathbb{R}$ é a densidade, então a coordenada $\overline{x}$ do centro de massa é a média das distâncias dos pontos $P=(x,y,z)\in Q$ ao plano $\mathcal{O}yz$, média ponderada pela densidade, isto é,

$$\overline{x}=\frac{\iiint_Q x\,\delta(x,y,z)\,dxdydz}{\iiint_Q \delta(x,y,z)dxdydz}$$

Volta à pressão atmosférica

Como ilustração, pode-se agora voltar ao estudo da pressão atmosférica e calcular a densidade média da região Q cuja massa já foi calculada nas seções anteriores. Como o volume é 30.000 m^3 e a massa é 10.170 kg, a densidade média é

$$\overline{\delta}=\frac{\iiint_Q \delta(x,y,z)\,dxdydz}{\iiint_Q dxdydz}=\frac{10.170}{30.000}=0,339$$

o que significa que, em média, um metro cúbico da região Q tem massa de aproximadamente 340 g. Outro cálculo interessante é o do exemplo a seguir.

■ **Exemplo 8.1** Calcule o centro de massa $C=(\overline{x},\overline{y},\overline{z})$ da região Q. ■

Solução. Como visto acima, a coordenada $\overline{x}$ é dada por

$$\begin{aligned}\overline{x}&=\frac{1}{M}\iiint_Q x\,\delta(x,y,z)\,dxdydz=\frac{1}{M}\iint_D\left(\int_0^{30.000}x\,\delta(x,y,z)\,dz\right)dxdy\\&=\frac{1}{M}\iint_D 10.170x\,dxdy=\int_0^1\left(\int_0^1 x\,dx\right)dy=\frac{1}{2}\end{aligned}$$

o que sem dúvida é o valor esperado. Também é claro que $\overline{y}=1/2$.

O valor de $\overline{z}$ é mais interessante. É claro que $\overline{z}$ deve ser menor do que a metade da altura de Q. Além disso, como a densidade diminui muito com a altura, $\overline{z}$ deve ser muito menor do que a metade, e é curioso saber quão menor ele é. Para isso, usando os valores dos coeficientes a, b, c e d, primeiro é preciso calcular a integral

$$\begin{aligned}\int_0^{30.000} z\,\delta(x,y,z)\,dz&=\left(\frac{1}{2}az^2-\frac{1}{3}bz^3+\frac{1}{4}cz^4-\frac{1}{5}dz^5\right)\Bigg|_0^{3\times 10^4}\\&=\left(\frac{1}{2}a-\frac{1}{3}bz+\frac{1}{4}cz^2-\frac{1}{5}dz^3\right)z^2\Bigg|_0^{3\times 10^4}\\&=\left(\frac{1}{2}1,2-1,096+\frac{3^2}{4}0,342-\frac{3^3}{5}0,036\right)3^2\times 10^8\\&=0,7119\times 10^8\end{aligned}$$

Agora sim, o valor de $\overline{z}$ pode ser calculado e é dado por

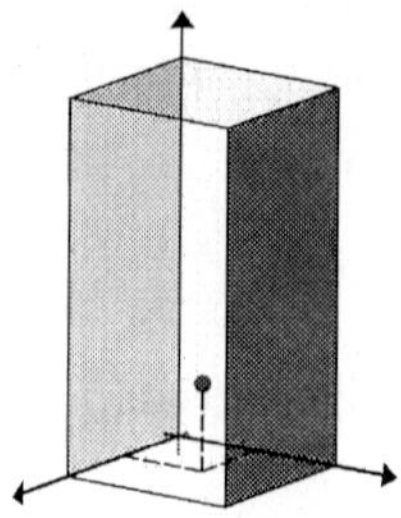

$$\begin{aligned}\overline{z} &= \frac{1}{M}\iiint_Q z\,\delta(x,y,z)\,dxdydz\\ &= \frac{1}{M}\iint_D\left(\int_0^{30.000} z\,\delta(x,y,z)\,dz\right)dxdy\\ &= \frac{1}{M}\iint_D 0,7119\times 10^8\,dxdy = \frac{0,7119\times 10^8}{1,0170\times 10^4} = 7.000\end{aligned}$$

Esse valor é surpreendentemente pequeno: menor do que um quarto da altura. Isto é mais um indicativo de que a densidade decresce mesmo muito rápido. A figura acima ilustra a posição relativa do centro de massa. □

Domínios R_{xy}, R_{xz} e R_{yz}

Os domínios R_{xy} desempenham, para as integrais triplas, o mesmo papel que os domínios R_x desempenham para as integrais duplas. São maneiras de descrever os domínios de forma a calcular as integrais triplas usando integrais iteradas.

Primeiro exemplo

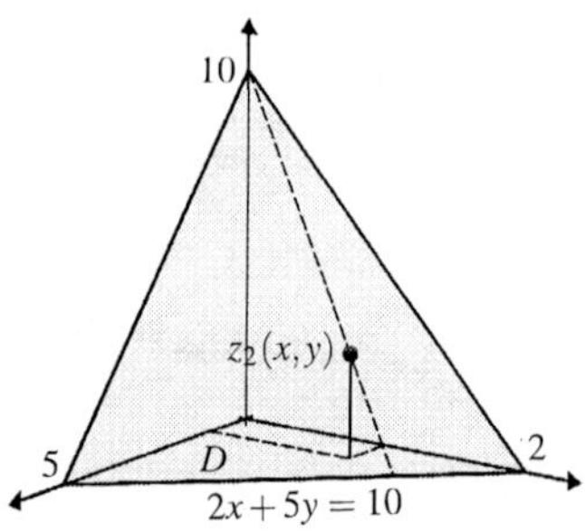

Considere o sólido Q no primeiro octante limitado pelo plano $\mathscr{P}$ de equação $2x+5y+z=10$, conforme figura, e com densidade constante δ_0.

O plano $\mathscr{P}$ intercepta o plano $\mathscr{O}xy$ ao longo da reta $2x+5y=10$, e indique por D o triângulo no plano $\mathscr{O}xy$ limitado por essa reta e pelos eixos.

Então, o sólido Q pode ser descrito como a região entre os gráficos das funções $z_1(x,y)=0$ e $z_2(x,y)=10-2x-5y$. De fato, Q pode ser descrito como

$$Q=\{(x,y,z)\in\mathbb{R}^3;\ (x,y)\in D \text{ e } z_1(x,y)\le z\le z_2(x,y)\}.$$

Por esse motivo a região Q é dita da forma R_{xy}, em que o intervalo de variação de z depende das variáveis independentes (x,y).

Como Q tem densidade δ_0 e é fácil calcular seu volume, é também fácil calcular a sua massa M, e isso sem integrais. Mas, para o centro de massa, a integral é inevitável. Por exemplo, a coordenada $\overline{x}$ do centro de massa seria dada por $\overline{x}=\frac{1}{M}\iiint_Q x\,\delta_0\,dxdydz$ caso já se soubesse calcular integrais triplas.

O problema fica então reduzido a calcular essas integrais, e é claro que é importante usar o que já se sabe sobre integrais triplas em paralelepípedos.

Considere então o paralelepípedo $\widehat{Q}=[0,5]\times[0,2]\times[0,10]$ ilustrado na figura abaixo,e com densidade $\widehat{\delta}:\widehat{Q}\to\mathbb{R}$ dada por

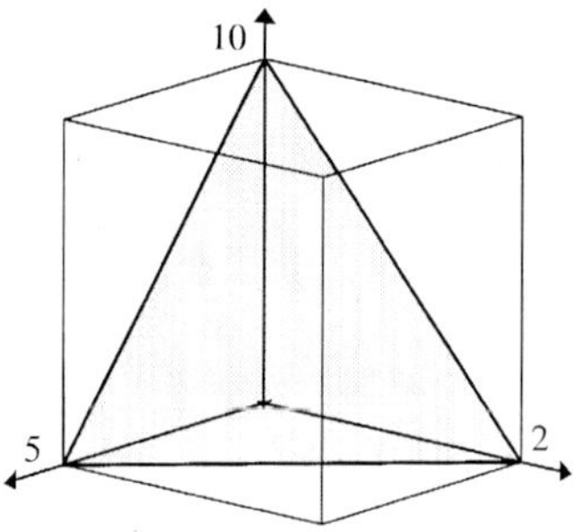

$$\widehat{\delta}(x,y,z) = \begin{cases} \delta_0, & \text{se } (x,y,z) \in Q \\ 0, & \text{se } (x,y,z) \notin Q \end{cases}$$

É claro que $Q \subset \widehat{Q}$. Além disso, eles têm a mesma densidade nos pontos em comum, e a densidade de $\widehat{Q}$ se anula fora de Q.

Assim, os dois sólidos têm as mesmas propriedades. Mas o bom é que, sendo um paralelepípedo, já se sabe como calcular integrais triplas sobre $\widehat{Q}$.

Por exemplo, como os momentos de massa de Q e $\widehat{Q}$ são os mesmos, pode-se definir o momento de massa M_{yz} de Q em relação ao plano $\mathcal{O}yz$ como sendo

$$M_{yz} = \iiint_Q x\,\delta_0\,dxdydz = \iiint_{\widehat{Q}} x\,\widehat{\delta}(x,y,z)\,dxdydz$$

pois a integral do lado direito é conhecida, e pode ser calculada como segue.

Indique por $\widehat{D} = [0,5] \times [0,2]$ a base de $\widehat{Q}$, e observe que a base D do sólido Q é tal que $D \subset \widehat{D}$. Além disso, com o auxílio da figura acima, é fácil ver que a densidade se anula fora de D, e essa região pode ser desconsiderada na integral. Usando então integrais iteradas, o que pode ser feito em $\widehat{Q}$, daí se segue que

$$M_{yz} = \iint_{\widehat{D}} \left(\int_0^{10} x\,\widehat{\delta}(x,y,z)dz \right) dxdy = \iint_D \left(\int_0^{10} x\,\widehat{\delta}(x,y,z)dz \right) dxdy$$

Na integral interna do lado direito, para cada $(x,y) \in D$ fixo, z varia de 0 a 10, passando pelo gráfico da função $z_2(x,y)$.

Mas a densidade também se anula se $z > z_2(x,y)$, conforme ilustra a figura, e daí se segue que

$$\begin{aligned} M_{yz} &= \iint_D \left(\int_0^{10} x\,\widehat{\delta}(x,y,z)dz \right) dxdy \\ &= \iint_D \left(\int_0^{z_2(x,y)} x\,\widehat{\delta}(x,y,z)dz \right) dxdy \end{aligned}$$

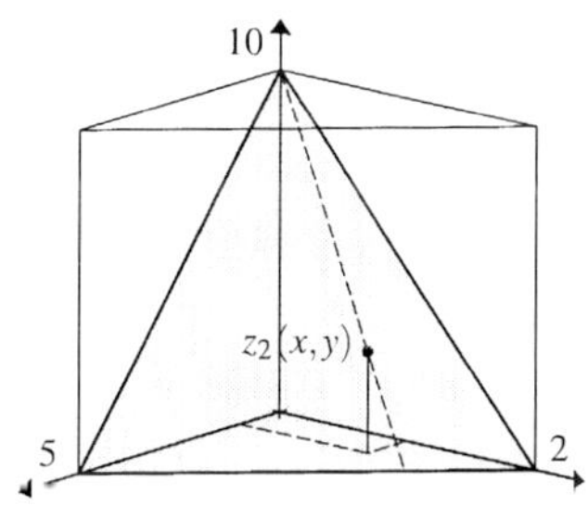

Finalmente, a última integral do lado direito só inclui pontos de Q, onde a densidade $\widehat{\delta}$ é constante e igual a δ_0. Chega-se assim à conclusão de que

$$\begin{aligned} M_{yz} &= \iiint_Q x\,\delta_0\,dxdydz = \iiint_{\widehat{Q}} x\,\widehat{\delta}(x,y,z)\,dxdydz \\ &= \iint_D \left(\int_0^{z_2(x,y)} x\,\widehat{\delta}(x,y,z)dz \right) dxdy = \iint_D \left(\int_0^{z_2(x,y)} x\,\delta_0\,dz \right) dxdy \end{aligned}$$

O resultado final é que, sendo Q uma região R_{xy} da forma

$$Q = \{(x,y,z) \in \mathbb{R}^3;\ (x,y) \in D \ \text{ e } \ z_1(x,y) \leq z \leq z_2(x,y)\}$$

as integrais sobre essa região podem ser calculadas iteradamente como

$$\iiint_Q x\,\delta_0\,dxdydz = \iint_D \left(\int_{z_1(x,y)}^{z_2(x,y)} x\,\delta_0\,dz \right) dxdy$$

Perfeito! Agora já se pode calcular as integrais necessárias para se obter o centro de massa. Lembrando a expressão de $z_2(x,y) = 10 - 2x - 5y$, obtém-se

$$\iiint_Q x\,\delta_0\,dxdydz = \iint_D \left(\int_0^{z_2(x,y)} x\,\delta_0\,dz \right) dxdy = \delta_0 \iint_D x(10-2x-5y)\,dxdy$$

Já o domínio D, limitado pelos eixos e pela reta $2x+5y=10$, é da forma $D = \{(x,y) \in \mathbb{R}^2;\ 0 \leq x \leq 5 \ \text{ e } \ 0 \leq y \leq (10-2x)/5\}$, e daí se segue que

$$\begin{aligned}\iiint_Q x\,\delta_0\,dxdydz &= \delta_0 \iint_D x(10-2x-5y)\,dxdy \\ &= \delta_0 \int_0^5 \left(\int_0^{(10-2x)/5} x(10-2x-5y)\,dy \right) dx \\ &= \frac{2}{5}\delta_0 \int_0^5 x(5-x)^2\,dx = \frac{125}{6}\delta_0\end{aligned}$$

Finalmente, como o volume de Q é $V = (\text{área da base} \times \text{altura})/3 = 50/3$, segue-se que a massa é $M = \delta_0 V = 50\delta_0/3$ e a coordenada $\overline{x}$ é dada por

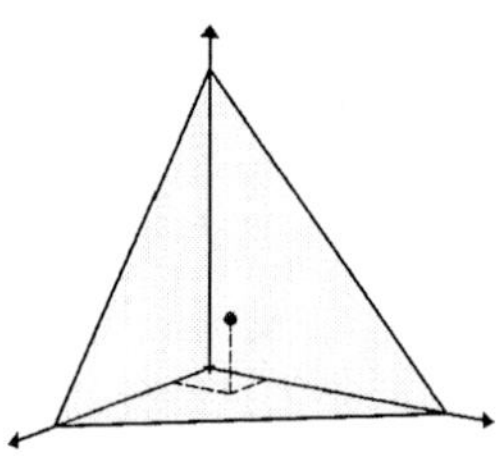

$$\overline{x} = \frac{1}{M} \iiint_Q x\,\delta_0\,dxdydz = \frac{3}{50}\frac{125}{6} = \frac{5}{4}$$

Cálculos análogos mostram que $\overline{y} = 1/2$ e $\overline{z} = 5/2$. A figura ao lado ilustra a posição relativa do centro de massa.

Veja que, em razão da geometria do sólido, o centro de massa está mais próximo da origem do que se podia imaginar de início.

Caso geral

O caso geral segue de perto as ideias introduzidas anteriormente. De fato, uma região $Q \subset \mathbb{R}^3$ é dita na forma R_{xy} se existe um domínio $D \subset \mathbb{R}^2$ e funções $z_i\colon D \to \mathbb{R}$, $i = 1,2$, tais que Q pode ser descrita na forma

$$Q = \{(x,y,z) \in \mathbb{R}^3;\ (x,y) \in D \ \text{ e } \ z_1(x,y) \leq z \leq z_2(x,y)\}$$

A figura ilustra a definição. Abreviadamente diz-se que Q é uma região entre dois gráficos.

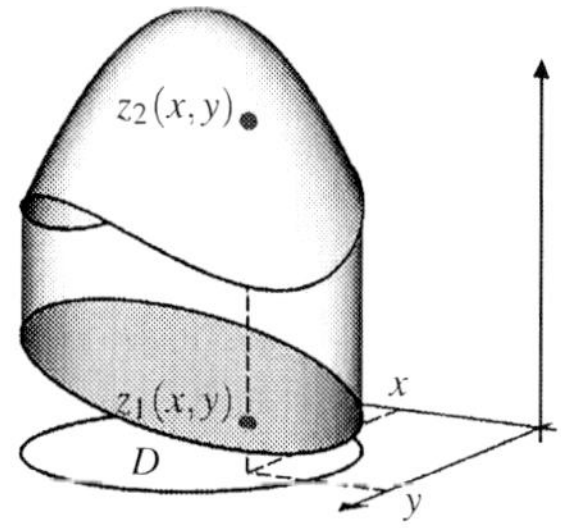

Não há nada de muito especial em relação às coordenadas x e y, e definições análogas valem para regiões da forma R_{xz} e R_{yz}. A regra é que o subíndice indica as variáveis independentes, e a outra é a variável dependente.

Considere agora a questão de definir a integral de uma função $f\colon Q \to \mathbb{R}$. Para isso escolhe-se um paralelepípedo $\widehat{Q} = [a_1, a_2] \times [b_1, b_2] \times [c_1, c_2]$ de modo que $Q \subset \widehat{Q}$ e define-se uma nova função $\widehat{f}\colon \widehat{Q} \to \mathbb{R}$ por

$$\widehat{f}(x,y,z) = \begin{cases} f(x,y,z), & \text{se } (x,y,z) \in Q \\ 0, & \text{se } (x,y,z) \notin Q \end{cases}$$

Tanto f como $\widehat{f}$ têm as mesmas propriedades, com a diferença de que $\widehat{f}$ está definida em um paralelepípedo. Como já se sabe calcular integrais em paralelepípedos, faz sentido a definição

Definição 8.2 A função f é integrável sobre Q se $\widehat{f}$ for integrável sobre $\widehat{Q}$ e, nesse caso,

$$\iiint_Q f(x,y,z)\,dxdydz = \iiint_{\widehat{Q}} \widehat{f}(x,y,z)\,dxdydz$$

O próximo resultado é bastante razoável e a sua demonstração segue essencialmente os mesmos passos apresentados na seção anterior.

Teorema 8.2 Se $Q \subset \mathbb{R}^3$ é da forma R_{xy} e $f\colon Q \to \mathbb{R}$ é contínua, então f é integrável sobre Q e, além disso,

$$\iiint_Q f(x,y,z)\,dxdydz = \iint_D \left(\int_{z_1(x,y)}^{z_2(x,y)} f(x,y,z)\,dz \right) dxdy$$

Analogamente para os casos em que Q é da forma R_{xz} ou R_{yz}.

Esse teorema é uma ótima notícia, pois diz que uma integral tripla pode ser reduzida a uma integral dupla por meio de uma integral iterada. É de se esperar que esse padrão valha para dimensões maiores, e pode-se imaginar que uma integral em quatro dimensões possa ser reduzida a uma integral tripla por meio de uma integral iterada! Argumentos como esse são muito usados em Estatística, onde o número de variáveis em geral é grande.

Uma vez definida a integral, todas as aplicações a ela associadas seguem naturalmente. Por exemplo, é claro que o volume de Q é a integral $V = \iiint_Q dxdydz$. Também pode ser calculada a média e a média ponderada de funções definidas em Q. Os próximos exemplos ilustram esses casos.

■ **Exemplo 8.2** Calcule o centro de massa do hemisfério Q supondo densidade constante δ_0, onde $Q = \{(x,y,z) \in \mathbb{R}^3;\ x^2+y^2+z^2 \leq R^2 \text{ e } z \geq 0\}$ e $R > 0$. ■

Solução. Indicando por $D = \{(x,y) \in \mathbb{R}^2;\ x^2+y^2 \leq R^2\}$ o disco de raio R, é claro que o hemisfério é a região entre os gráficos das funções $z_1(x,y) = 0$ e $z_2(x,y) = \sqrt{R^2-x^2-y^2}$. Logo, Q é uma região R_{xy} e pode ser descrita como

$$Q = \{(x,y,z) \in \mathbb{R}^3;\ (x,y) \in D \text{ e } 0 \leq z \leq \sqrt{R^2-x^2-y^2}\}$$

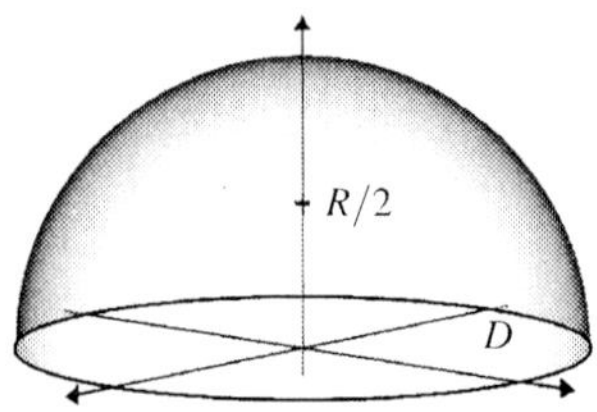

Em relação ao centro de massa $(\overline{x}, \overline{y}, \overline{z})$, como o hemisfério é homogêneo, é claro que $\overline{x} = \overline{y} = 0$. Já em relação a $\overline{z}$, como o hemisfério tem uma maior quantidade de massa abaixo do plano $z = R/2$, espera-se que $\overline{z} < R/2$. Veja a figura ao lado.

E, de fato, calculando o momento M_{xy} em relação ao plano $\mathcal{O}xy$, obtém-se

$$\begin{aligned} M_{xy} &= \iiint_Q z\,\delta_0\,dxdydz = \delta_0 \iint_D \left(\int_0^{\sqrt{R^2-x^2-y^2}} z\,dz \right) dxdy \\ &= \frac{1}{2}\delta_0 \iint_D (R^2-x^2-y^2)\,dxdy \end{aligned}$$

Ora! Já se conhecem as mudanças de coordenadas para as integrais duplas. Usando então as coordenadas polares, segue-se que

$$\begin{aligned} M_{xy} &= \frac{1}{2}\delta_0 \iint_D (R^2-x^2-y^2)\,dxdy \\ &= \frac{1}{2}\delta_0 \int_0^{2\pi} \left(\int_0^R (R^2-r^2)r\,dr \right) d\theta = \frac{1}{4}\pi R^4 \delta_0 \end{aligned}$$

Finalmente, como a massa do hemisfério é $M = \frac{2}{3}\pi R^3 \delta_0$, segue-se que $\overline{z} = M_{xy}/M = \frac{3}{8}R$. Como $\frac{3}{8} < \frac{4}{8} = \frac{1}{2}$, a expectativa inicial, de que o centro de massa estaria abaixo da metade do raio, estava correta. Veja a figura ao lado. □

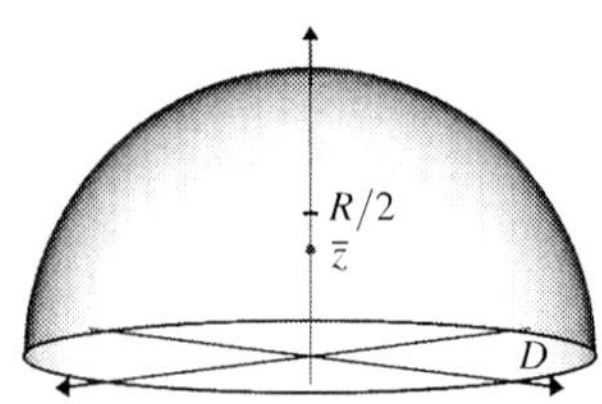

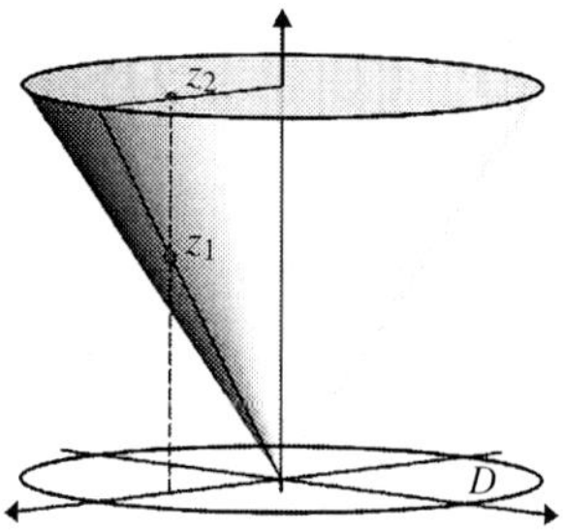

■ **Exemplo 8.3** Calcule o centro de massa do cone Q de raio da base $R > 0$, altura $H > 0$ e densidade constante $\delta_0 > 0$. ■

Solução. Novamente, é claro que o cone é a região entre os gráficos das funções $z_1(x,y) = \frac{H}{R}\sqrt{x^2+y^2}$ e $z_2(x,y) = H$ definidas no disco D de raio R. Veja a figura ao lado. Assim, o cone é uma região R_{xy} e pode ser descrita na forma

$$Q = \{(x,y,z) \in \mathbb{R}^3;\ (x,y) \in D \text{ e } \frac{H}{R}\sqrt{x^2+y^2} \le z \le H\}$$

Como no caso do hemisfério, por simetria é claro que $\overline{x} = \overline{y} = 0$. O cálculo da coordenada $\overline{z}$ é mais interessante. Calculando o momento de massa M_{xy} em relação ao plano $\mathscr{O}xy$, obtém-se que

$$\begin{aligned} M_{xy} &= \iiint_Q z\,\delta_0\,dxdydz = \delta_0 \iint_D \left(\int_{\frac{H}{R}\sqrt{x^2+y^2}}^{H} z\,dz \right) dxdy \\ &= \frac{\delta_0}{2}\frac{H^2}{R^2} \iint_D (R^2 - x^2 - y^2)\,dxdy \end{aligned}$$

Em seguida, usando mais uma vez as coordenadas polares, segue-se que

$$\begin{aligned} M_{xy} &= \frac{\delta_0}{2}\frac{H^2}{R^2} \iint_D (R^2 - x^2 - y^2)\,dxdy \\ &= \frac{\delta_0}{2}\frac{H^2}{R^2} \int_0^{2\pi} \left(\int_0^R (R^2 - r^2) r\,dr \right) d\theta = \frac{1}{4}\pi H^2 R^2 \delta_0 \end{aligned}$$

Como o volume é $V = \frac{1}{3}\pi R^2 H$ e o sólido é constante, a sua massa é $M = \frac{1}{3}\pi R^2 H \delta_0$. Logo, a coordenada $\overline{z}$ é igual a $\overline{z} = \frac{M_{xy}}{M} = \frac{3}{4}H$. □

Vale observar é que $\overline{z} > H/2$, o que está de acordo com o fato de o cone ter uma maior quantidade de massa acima do plano $z = H/2$. Veja a figura abaixo. Vale outra observação bastante curiosa: $\overline{z}$ não depende de R! De outra forma, e olhando de novo a figura, a altura $\overline{z}$ não se altera com a mudança do raio.

Assim, fixada a altura H, chega-se à conclusão surpreendente de que $\overline{z} = \overline{z}(R)$ é uma função descontínua da variável R!

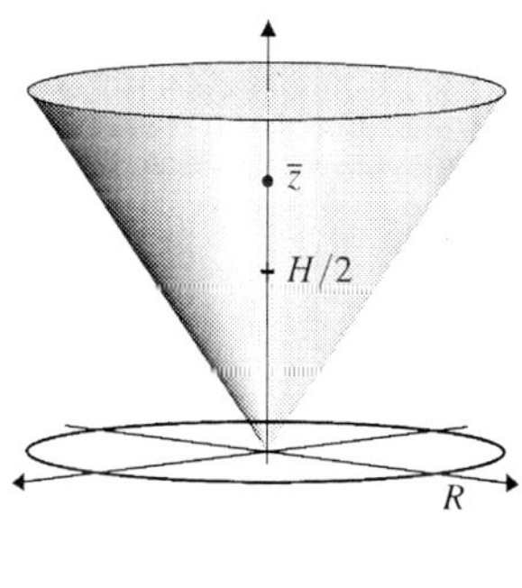

Com efeito, o caso em que $R = 0$ corresponde ao de um fio homogêneo de comprimento H, cujo centro de massa é $H/2$, e, portanto, $\overline{z}(0) = H/2$. Assim, a função $\overline{z}(R)$ é dada por

$$\bar{z}(R) = \begin{cases} \frac{3}{4}H, & \text{se } R > 0 \\ \frac{1}{2}H, & \text{se } R = 0 \end{cases}$$

O gráfico dessa função está ilustrado ao lado, e esse é mesmo um fato surpreendente.

■ **Exemplo 8.4** Calcule o centro de massa do sólido Q de densidade δ_0 que é limitado pelas superfícies $y = 4 - x^2$, $y = 2 - x$, $z = 4 + x^2$ e $z = 0$. ■

Solução. As superfícies estão ilustradas nas figuras abaixo

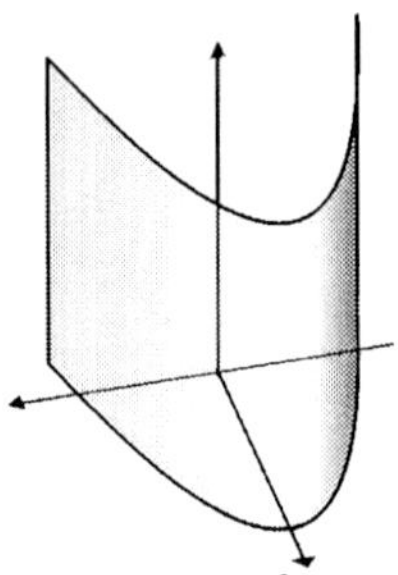

$y = 4 - x^2$

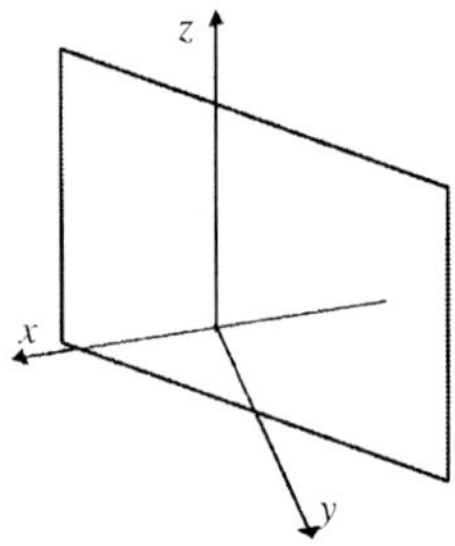

$y = 2 - x$

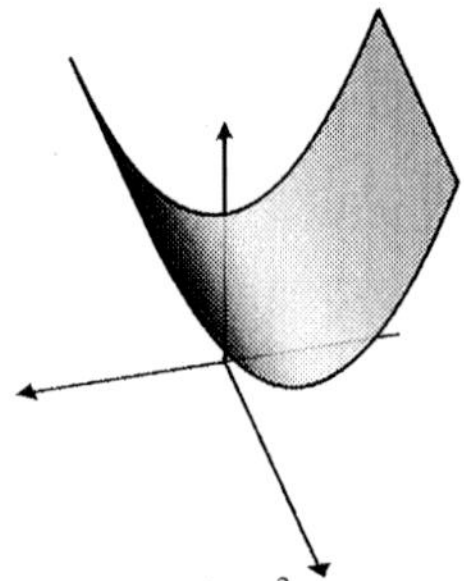

$z = 4 + x^2$

O primeiro passo é descrever o sólido em uma das três formas possíveis. Para isso observe que a equação $y = 4 - x^2$, que corresponde a uma parábola no plano $\mathcal{O}xy$, no espaço corresponde a um cilindro parabólico, como ilustra a figura da esquerda acima. Da mesma forma para as equações $y = 2 - x$ e $z = 4 + x^2$, que correspondem às outras figuras.

Duas primeiras figuras percebe-se que aquelas superfícies determinam uma região no plano $\mathcal{O}xy$, região que está ilustrada na figura da esquerda abaixo. Indicando por D essa região, ela pode ser descrita como segue: as curvas $y = 2 - x$ e $y = 4 - x^2$ se interceptam nos pontos $x = -1$ e $x = 2$; como a reta está abaixo da parábola no intervalo $[-1, 2]$, segue-se que D é da forma $D = \{(x, y) \in \mathbb{R}^2;\ -1 \leq x \leq 2 \text{ e } 2 - x \leq y \leq 4 - x^2\}$. Veja a figura do meio a seguir.

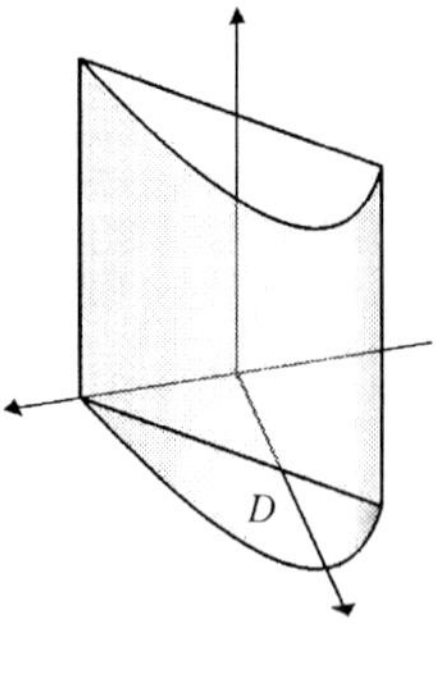

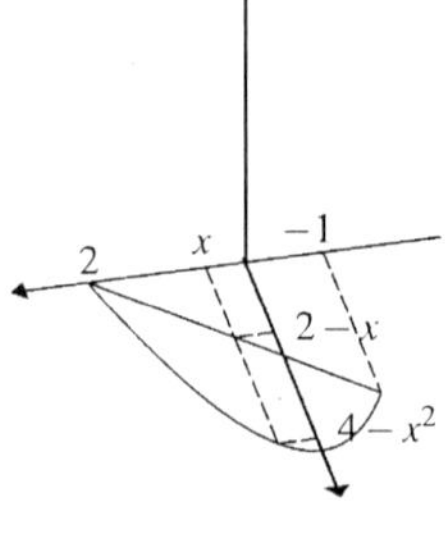

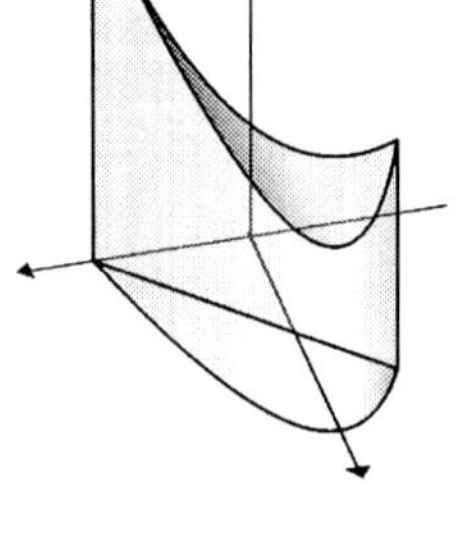

Finalmente, acrescentando a superfície $z = 4 + x^2$, o sólido Q tem o aspecto ilustrado na figura da direita acima, e pode ser descrito como

$$Q = \{(x,y,z) \in \mathbb{R}^3;\ (x,y) \in D \ \text{e} \ 0 \leq z \leq 4 + x^2\}$$

Pronto! Com essa descrição a massa do sólido é dada por

$$M = \iiint_Q \delta_0 \, dxdydz = \iint_D \left(\int_0^{4+x^2} \delta_0 \, dz \right) dxdy = \delta_0 \iint_D (4 + x^2)\, dxdy$$

$$= \delta_0 \int_{-1}^{2} \left(\int_{2-x}^{4-x^2} (4 + x^2)\, dy \right) dx = \delta_0 \int_{-1}^{2} (4 + x^2)(2 + x - x^2)\, dx = \frac{423}{20}\delta_0$$

O restante dos cálculos é semelhante. Por exemplo,

$$\overline{x} = \frac{1}{M} \iiint_Q x\,\delta_0 \, dxdydz = \frac{1}{M} \iint_D \left(\int_0^{4+x^2} x\,\delta_0 \, dz \right) dxdy$$

$$= \frac{1}{M}\delta_0 \int_{-1}^{2} x(4 + x^2)(2 + x - x^2)\, dx = \frac{252}{423} \approx 0,5957$$

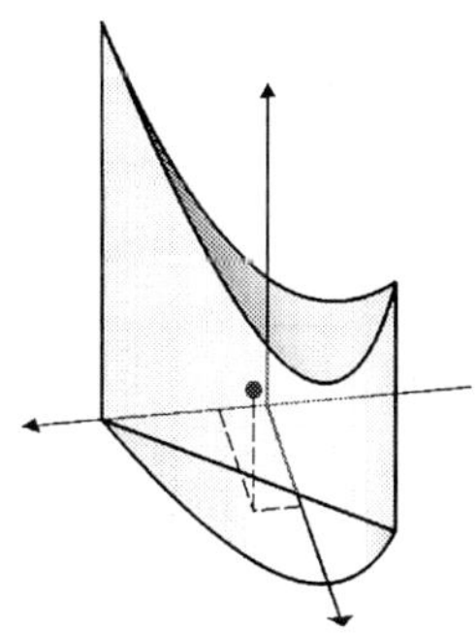

Da mesma forma para as outras coordenadas, cujos valores são $\overline{y} \approx 2,2796$ e $\overline{z} \approx 2,4225$. □

A figura ao lado ilustra a posição do centro de massa, e de lá percebe-se que os cálculos estão bem razoáveis.

Momento de inércia

Uma das aplicações da integral tripla é o momento de inércia, com o qual se pode explicar, por exemplo, porque é importante balancear os pneus de um carro. Pode-se ainda explicar o silencioso dos celulares, bem como calcular a energia cinética de rotação da Terra em torno de seu eixo!

Primeiras noções

O momento de inércia está relacionado ao movimento de rotação de um sólido em torno de um eixo, e, para entendê-lo bem, vale comparar com o movimento linear.

Considere então o movimento de uma partícula de massa m ao longo de uma reta, partícula que está sujeita a uma força F, conforme a figura.

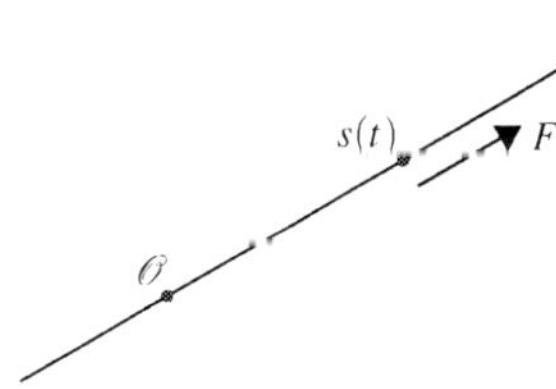

Indique por $s(t)$ a posição, por $v(t) = s'(t)$ a velocidade e por $a(t) = v'(t)$ a aceleração da partícula no tempo t. De acordo com as leis de Newton, essas quantidades estão relacionadas pela equação $F = ma$, ou ainda por $m = F/a$.

Assim, para uma dada força, a massa é inversamente proporcional à aceleração. Se a aceleração for grande, a massa será pequena, e vice-versa. Dito de outra forma, a massa é a capacidade de a partícula resistir à aceleração: quanto maior a resistência à aceleração, maior a massa.

Já no movimento circular, aparece um fator novo, que é a distância da partícula ao eixo de rotação. Considere então uma partícula de massa m girando com raio r em torno de um eixo, partícula que está sujeita a uma força tangencial F. Veja a figura a seguir.

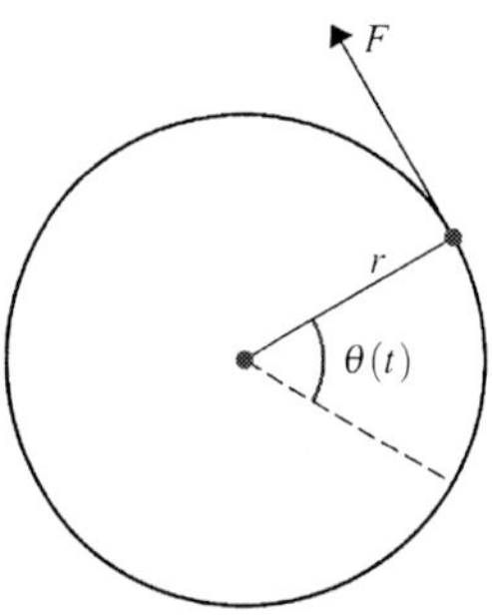

A distância funciona como um "braço de alavanca" e interfere no efeito que a força provoca no movimento da partícula. De fato, o efeito da força depende do torque que ela gera, torque que é dado por $T = rF$.

Indique por $\theta(t)$ o ângulo, por $\omega(t) = \theta'(t)$ a velocidade angular e por $\alpha(t) = \omega'(t)$ a aceleração angular da partícula no tempo t. Com essa notação, o momento de inércia I é definido pela equação

$$T = I\alpha, \quad \text{ou ainda por} \quad I = T/\alpha$$

Assim, para o movimento de rotação, o momento de inércia desempenha o mesmo papel que a massa para o movimento linear. Em particular, vale a interpretação de que I é a capacidade da partícula resistir à aceleração angular: quanto maior a resistência à aceleração angular, maior o momento de inércia.

Agora, o espaço percorrido pela partícula é um arco de círculo dado por $s(t) = r\theta(t)$. Derivando essa igualdade, segue-se que também $v(t) = r\omega(t)$, e daí que $a(t) = r\alpha(t)$. Isso permite escrever o momento de inércia em termos das quantidades lineares. De fato, isolando I da igualdade $rF = T = I\alpha = Ia/r$ e usando que $F/a = m$, obtém-se que

$$I = r^2F/a = r^2m$$

A interpretação dessa igualdade é que a capacidade da partícula resistir à aceleração angular depende tanto da massa da partícula quanto do quadrado de sua distância ao eixo de rotação. Segue-se que I é mais sensível a mudanças em r do que em m.

Assim como a massa está relacionada com a energia cinética dos movimentos lineares, também o momento de inércia está relacionado com a energia cinética de rotação. De fato, se uma partícula de massa m tem velocidade escalar $v(t)$, então a sua energia cinética é $K(t) = mv^2(t)/2$. Se a partícula gira com raio r em torno de um eixo com velocidade angular $\omega(t)$, então a sua velocidade escalar é $v(t) = r\omega(t)$ e a sua energia cinética é

$$K(t) = \frac{1}{2}mv^2(t) = \frac{1}{2}m(r\omega(t))^2 = \frac{1}{2}(r^2m)\omega^2(t) = \frac{1}{2}I\omega^2(t) \tag{8.4}$$

Essa igualdade enfatiza, mais uma vez, que o momento de inércia desempenha, para os movimentos circulares, o mesmo papel que a massa desempenha para os movimentos lineares.

Quantidade de movimento angular

Outro paralelo interessante entre a massa e o momento de inércia está no cálculo das quantidades de movimento, tanto linear quanto angular.

Para os movimentos lineares, a quantidade de movimento é definida por $ms'(t)$, onde m é a massa e $s'(t)$ a velocidade. A força $F(t)$ é então definida como a taxa de variação da quantidade de movimento, isto é, $F(t) = \frac{d}{dt}(ms'(t))$. Em particular, a quantidade de movimento se conserva se a força for nula.

Para os movimentos circulares, os análogos da massa m, da velocidade $s'(t)$ e da força F são o momento de inércia $I = mr^2$, a velocidade angular $\theta'(t)$ e o torque T. Assim, por analogia, $I\theta'(t) = mr^2\theta'(t)$ é a quantidade de movimento angular, e o torque é definido como a taxa de variação dessa quantidade, isto é, $T(t) = \frac{d}{dt}(mr^2\theta'(t))$. Assim, a quantidade de movimento angular deve ser conservada nos casos em que o torque for nulo.

Um caso particular importante em que o torque se anula é o da força de atração gravitacional, como no estudo a seguir.

Considere então um sistema de coordenadas $\mathcal{O}xy$ em que o Sol está na origem. Nesse sistema, se a Terra está no ponto $P = (x, y)$, a força com que o Sol atrai a Terra é

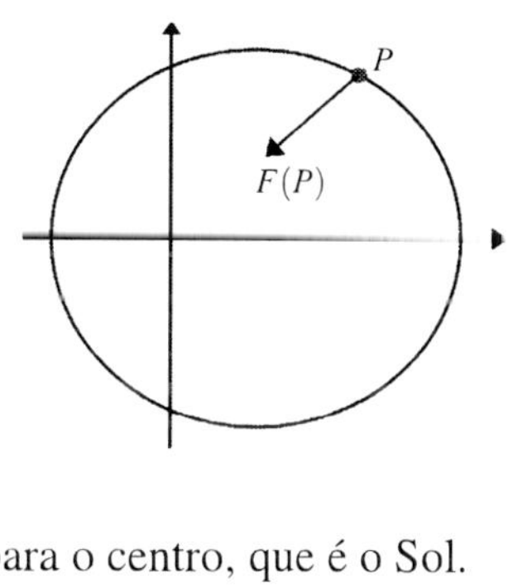

$$F(P) = -\frac{GMm}{\|P\|^2}\frac{P}{\|P\|}$$

onde M e m são as massas dos planetas e G é a constante gravitacional.

Essa força é dita central porque está direcionada para o centro, que é o Sol.

Suponha, então, que $P(t) = (x(t), y(t))$ seja uma parametrização da órbita da Terra e indique por $x(t) = r(t)\cos(\theta(t))$ e $y(t) = r(t)\operatorname{sen}(\theta(t))$ as coordenadas polares do ponto $P(t)$. Então $\|P(t)\| = r(t)$ é a distância entre os planetas,

$U(t) = P(t)/\|P(t)\| = (\cos(\theta(t)), \text{sen}(\theta(t)))$ é o vetor unitário na direção e sentido de $P(t)$ e a expressão da força é $F(P(t)) = -GMmU(t)/r^2(t)$.

O que se quer é mostrar que a quantidade de movimento angular $mr^2(t)\theta'(t)$ se conserva. Equivalentemente, o que se quer é mostrar que a derivada

$$\frac{d}{dt}(mr^2(t)\theta'(t)) = m\left[2r(t)r'(t)\theta'(t) + r^2(t)\theta''(t)\right] \tag{8.5}$$

é identicamente nula. Para isso, calculando, obtém-se que

$$\begin{aligned} x'(t) &= r'(t)\cos(\theta(t)) - r(t)\,\text{sen}(\theta(t))\theta'(t) \\ y'(t) &= r'(t)\,\text{sen}(\theta(t)) + r(t)\cos(\theta(t))\theta'(t) \end{aligned}$$

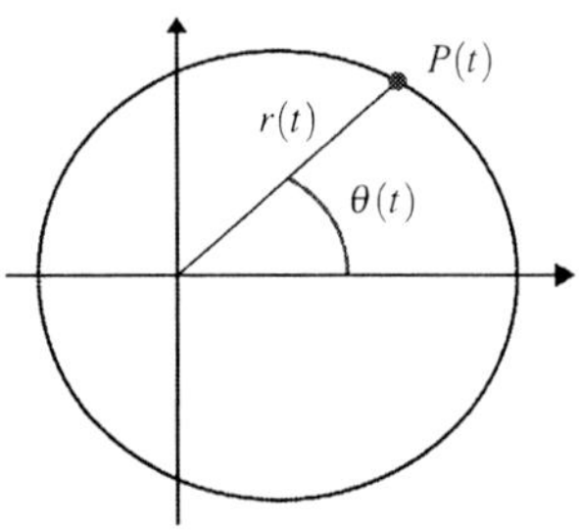

Com essas igualdades o vetor velocidade pode ser escrito na forma

$$P'(t) = (x'(t), y'(t)) = r'(t)U(t) + r(t)\theta'(t)V(t)$$

onde $U(t) = (\cos(\theta(t)), \text{sen}(\theta(t)))$ é como definido acima e $V(t) = (-\text{sen}(\theta(t)), \cos(\theta(t)))$. Uma conta rápida mostra que esses dois vetores são unitários e ortogonais, isto é,

$$\|U(t)\| = \|V(t)\| = 1 \;\text{ e }\; \langle U(t), V(t)\rangle = 0 \tag{8.6}$$

Um cálculo análogo, e com um pouquinho de paciência, mostra que

$$P''(t) = (x''(t), y''(t)) = \left[r''(t) - r(t)\theta'(t)^2\right]U(t) + \left[2r'(t)\theta'(t) + r(t)\theta''(t)\right]V(t)$$

onde o coeficiente de $V(t)$ é muito interessante: de acordo com (8.5), e a menos da massa, ele é a derivada $\frac{d}{dt}(mr^2(t)\theta'(t))$, derivada que deve ser nula. E, de fato, da expressão da força e da lei de Newton $mP''(t) = F(P(t))$ segue-se que

$$\begin{aligned} -\frac{GMm}{r^2(t)}U(t) &= F(P(t)) = mP''(t) \\ &= m\left[r''(t) - r(t)\theta'(t)^2\right]U(t) + m\left[2r'(t)\theta'(t) + r(t)\theta''(t)\right]V(t) \end{aligned}$$

Fazendo o produto escalar desta igualdade com $V(t)$ e usando (8.6) obtém-se

$$m\left[2r'(t)\theta'(t) + r(t)\theta''(t)\right] = 0$$

De acordo com (8.5), isso mostra que a derivada da quantidade de movimento angular se anula, e, portanto, ela se conserva. Essa propriedade é o principal ingrediente para o estudo da 2ª Lei de Kepler, como visto adiante.

Momento de inércia de barras

Uma vez conhecido o momento de inércia de uma partícula, pode-se usar argumentos infinitesimais para calcular o momento de inércia de barras, de chapas ou mesmo de sólidos, e isso de maneira relativamente simples.

No caso de uma barra, suponha que ela gire em torno de um eixo perpendicular, que a densidade linear $\delta(x)$ só dependa da posição x, com $x \in [a,b]$, e indique por $r(x)$ a distância de x ao eixo de rotação.

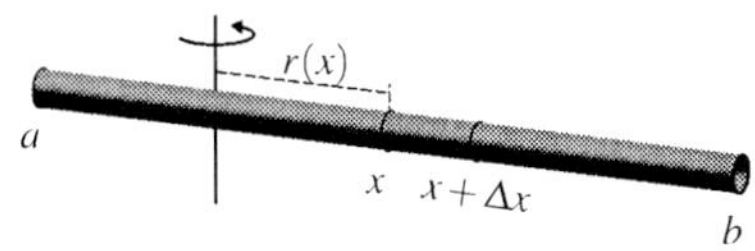

Veja a figura acima. A parte da barra que está no intervalo $[x, x+\Delta x]$, com Δx pequeno, está aproximadamente a uma distância $r(x)$ do eixo de rotação. Como a densidade é linear, a massa desse intervalo é aproximadamente $\Delta m \approx \delta(x)\Delta x$, e, portanto, o momento de inércia correspondente é $\Delta I \approx r^2(x)\delta(x)\Delta x$, aproximação tão melhor quanto menor for Δx. Assim, já se pode calcular o momento de inércia de cada elemento infinitesimal da barra.

Considere agora uma partição $\mathscr{P} = \{a = x_0 < x_1 < \cdots < x_n = b\}$ do intervalo $[a,b]$, e indique por $\Delta x_i = x_i - x_{i-1}$ o comprimento de cada intervalo $[x_{i-1}, x_i] = [x_{i-1}, x_{i-1} + \Delta x_i]$. Como visto acima, o momento de inércia de cada um desses intervalos é $r^2(x_{i-1})\delta(x_{x-1})\Delta x_i$, e o momento de inércia total I da barra pode ser aproximado pela soma de Riemann

$$I \approx \sum_{i=1}^{n} r^2(x_{i-1})\delta(x_{i-1})\Delta x_i$$

Finalmente, passando o limite com $\|\mathscr{P}\| \to 0$, o momento de inércia é igual a

$$I = \int_a^b r^2(x)\delta(x)\,dx$$

o que é mais uma bonita aplicação da integral. Uma maneira resumida de entender essa igualdade é assim: $\delta(x)\,dx$ é a massa e $dI(x) = r^2(x)\delta(x)\,dx$ é o momento de inércia do ponto x; a integral representa então a soma de todos esses momentos infinitesimais, resultando no momento de inércia total. É claro que isso é apenas um resumo, mas representa bem o processo de construção das somas de Riemann.

O momento de inércia será calculado em relação a um eixo perpendicular e passando por algum ponto da barra. Abreviadamente, diz-se que o momento é em relação a esse ponto.

■ **Exemplo 8.5** Para o intervalo $[0,2]$ com densidade constante δ_0, calcule a energia cinética de rotação em torno de $\bar{x} = 1$ com velocidade angular ω_0. ■

Solução. Esse é fácil! Como a distância de um ponto $x \in [0,2]$ ao eixo de rotação é $r(x) = |x-1|$, segue-se que o momento de inércia é dado por

$$I = \int_0^2 r^2(x)\delta_0\, dx = \int_0^2 (x-1)^2\delta_0\, dx = \frac{2}{3}\delta_0$$

Usando a relação entre o momento de inércia e a energia cinética vista em (8.4), segue-se que a energia é dada por $K = \frac{1}{2}I\omega_0^2 = \frac{1}{3}\delta_0\omega_0^2$ □

Neste exemplo o ponto $\overline{x} = 1$ é o centro de massa do intervalo. De acordo com o próximo resultado, conhecido como o Teorema dos Eixos Paralelos, o momento aumentaria se fosse calculado em relação a qualquer outro ponto.

Teorema 8.3 — Eixos paralelos. Suponha que $\overline{I}$ seja o momento de inércia de uma barra em relação ao seu centro de massa e I o momento em relação a um outro ponto. Então $I = \overline{I} + d^2M$, onde d é a distância entre os eixos e M é a massa da barra.

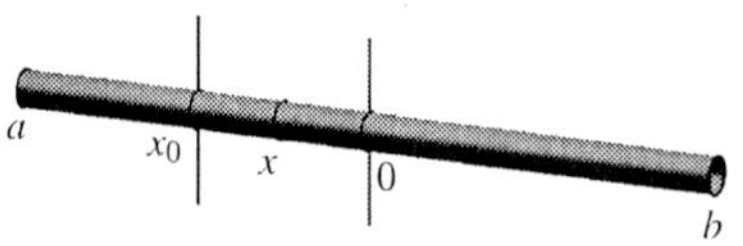

Demonstração. Fazendo uma translação, se necessário, pode-se supor que o centro de massa seja a origem $\overline{x} = 0$. Nessas coordenadas, suponha que a barra corresponda ao intervalo $[a,b]$ com densidade $\delta(x)$.

Então, como a distância de $x \in [a,b]$ ao eixo de rotação em torno de $\overline{x} = 0$ é $\overline{r}(x) = |x|$, segue-se que $\overline{r}^2(x) = x^2$ e

$$M = \int_a^b \delta(x)\, dx, \quad \overline{x} = \frac{1}{M}\int_a^b x\delta(x)\, dx = 0 \ \text{ e } \ \overline{I} = \int_a^b x^2\delta(x)\, dx$$

Por outro lado, se I é calculado em relação ao ponto x_0, então a distância de $x \in [a,b]$ a esse eixo é $r_0(x) = |x - x_0|$. Daí se segue que $r_0^2(x) = (x-x_0)^2$ e

$$\begin{aligned} I &= \int_a^b (x-x_0)^2\delta(x)\, dx = \int_a^b (x^2 - 2x_0x + x_0^2)\delta(x)\, dx \\ &= \int_a^b x^2\delta(x)\, dx - 2x_0\int_a^b x\delta(x)\, dx + x_0^2\int_a^b \delta(x)\, dx = \overline{I} + d^2M \end{aligned}$$

Foi usado acima que $d = |x_0|$ é a distância entre os dois eixos e que a integral $\int_a^b x\delta(x)\, dx$ se anula, pois o centro de massa é $\overline{x} = 0$. □

■ **Exemplo 8.6** Repita o Exemplo 8.5 supondo rotação em torno de $x_0 = 1/2$. ■

Solução. Do **Exemplo 8.5**, a barra tem massa $M = 2\delta_0$ e o momento em torno do centro de massa $\overline{x} = 1$ é $\overline{I} = \frac{2}{3}\delta_0$. Como a distância entre $\overline{x}$ e x_0 é $d = \frac{1}{2}$, do teorema acima segue-se que o momento em torno de x_0 é

$$I = \overline{I} + d^2 M = \frac{2}{3}\delta_0 + \frac{1}{4}2\delta_0 = \frac{7}{6}\delta_0$$

A nova energia cinética é então $K = \frac{1}{2}I\omega_0^2 = \frac{7}{12}\delta_0\omega_0^2$. □

Momento de inércia de chapas

Não há muito mais o que fazer, pois as principais ideias já foram introduzidas.

Com efeito, considere uma chapa $D \subset \mathbb{R}^2$ de densidade $\delta(x,y)$ girando em torno de um eixo L perpendicular à chapa, e indique por $r(x,y)$ a distância de (x,y) ao eixo L.

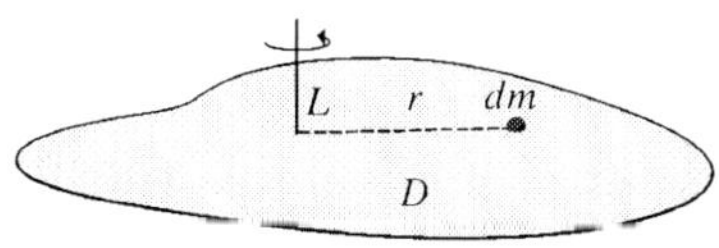

De forma abreviada, a massa do ponto (x,y) é $dm = \delta(x,y)\,dxdy$, e o momento de inércia correspondente é $dI = r^2(x,y)dm = r^2(x,y)\delta(x,y)\,dxdy$. Somando-se os momentos de todos os pontos da chapa, obtém-se que o momento de inércia total é dado por

$$I = \iint_D r^2(x,y)\delta(x,y)\,dxdy$$

Esta expressão pode ser usada, por exemplo, para calcular a energia cinética de um pneu. Um pneu típico de um carro de passeio tem massa de cerca de $m_0 = 13,8$ kg e raio $r_0 = 0,3$ m. Fazendo as conversões necessárias, a velocidade de 60 km/h corresponde aproximadamente à velocidade angular do pneu de $\omega_o = 55,6$ rad/s.

■ **Exemplo 8.7** Calcule a energia cinética do pneu descrito acima supondo que ele seja um disco de densidade constante. ■

Solução. Pode-se supor que o pneu seja o disco D de raio r_0 e centro na origem. Como a massa é m_0 e a área é $A = \pi r_0^2$, pode-se supor que D tenha densidade constante $\delta_0 = m_0/A$. Como D gira em torno de seu centro, a distância de um ponto (x,y) ao eixo de rotação é $r(x,y) = \sqrt{x^2+y^2}$. Assim, usando coordenadas polares e a expressão $\delta_0 = m_0/(\pi r_0^2)$, o momento de inércia é

$$I = \iint_D (x^2+y^2)\delta_0\,dxdy = \delta_0\int_0^{2\pi}\left(\int_0^{r_0} r^3\,dr\right)d\theta = \frac{\pi}{2}\delta_0 r_0^4 = \frac{1}{2}m_0 r_0^2$$

Finalmente, se D gira com velocidade angular ω_0, a sua energia cinética é $K = \frac{1}{2}I\omega_0^2$. Substituindo os valores dados obtém-se que $K \approx 959,87$ J. □

Como uma observação, se o carro passa de 60 km/h para 80 km/h, a velocidade angular passa de $55,6$ rad/s para $74,1$ rad/s, e a energia cinética de $959,87$ J para $1.704,9$ J. Assim, um aumento de 33% na velocidade acarreta um aumento de mais de 77% na energia cinética!

O teorema dos eixos paralelos vale para chapas. Indicando por M a massa, por $\bar{I}$ o momento em torno do eixo $\bar{L}$ pelo centro de massa, por I o momento em torno de um outro eixo L e por d a distância entre os eixos, obtém-se que $I = \bar{I} + d^2M$. Em particular, $\bar{I}$ é o menor momento de inércia da chapa.

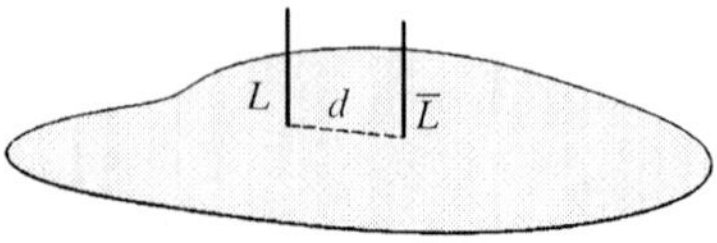

Esse teorema explica por que é importante balancear os pneus de um carro. Balancear significa fazer com que o centro de massa coincida com o centro geométrico.

Assim, um pneu balanceado tem o menor momento possível. Suponha agora que, nos pneus da frente, um esteja balanceado e o outro não. O que não está tem momento de inércia maior do que o outro, pois gira em torno de um eixo que está fora do centro de massa. Logo, esse pneu tem uma maior resistência à aceleração angular, e o carro "puxa" para o lado deste pneu.

Momento de inércia de sólidos

Para o momento de inércia de sólidos basta adaptar os argumentos anteriores.

Considere então $Q \subset \mathbb{R}^3$ de densidade $\delta(x,y,z)$ girando em torno do eixo L, e indique por $r(x,y,z)$ a distância de um ponto $(x,y,z) \in Q$ ao eixo L.

Usando novamente uma linguagem abreviada (veja figura abaixo), a massa do ponto (x,y,z) é $dm = \delta(x,y,x)\,dxdydz$, e o momento de inércia correspondente é $dI = r^2(x,y,z)\delta(x,y,z)\,dxdydz$. Somando-se os momentos de todos os pontos do sólido, obtém-se que o momento de inércia total é dado por

$$I = \iiint_Q r^2(x,y,z)\delta(x,y,z)\,dxdydz$$

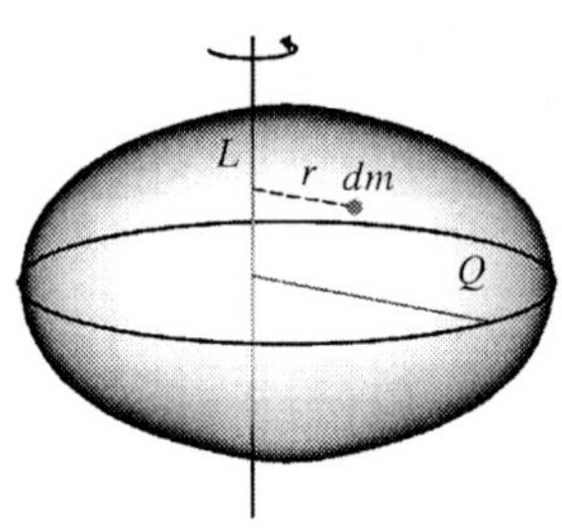

Muitas vezes é necessário minimizar o momento de inércia. Já no caso dos silenciosos dos celulares, o importante é maximizar esse momento. De fato, a vibração do silencioso é obtida por meio da rotação de uma cunha em torno de um eixo que gera o maior momento possível.

■ **Exemplo 8.8** Calcule o momento de inércia da cunha ilustrada abaixo supondo densidade $\delta_0 = 1$ g/cm^3, ângulo central de $\theta_0 = \pi/6$ rad, raio de $r_0 = 1/2$ cm e altura de $z_0 = 1/5$ cm. ■

Solução. Introduza um sistema de eixos como na figura, em que L é o eixo $\mathscr{O}z$, e indique por Q a região ocupada pela cunha. Nesse sistema, a distância de um ponto $(x,y,z) \in Q$ ao eixo de rotação é $r(x,y,z) = \sqrt{x^2+y^2}$, e, portanto,

$$I = \iiint_Q (x^2+y^2)\delta_0 \, dxdydz$$

Veja que o eixo L foi escolhido de forma a maximizar o momento de inércia.

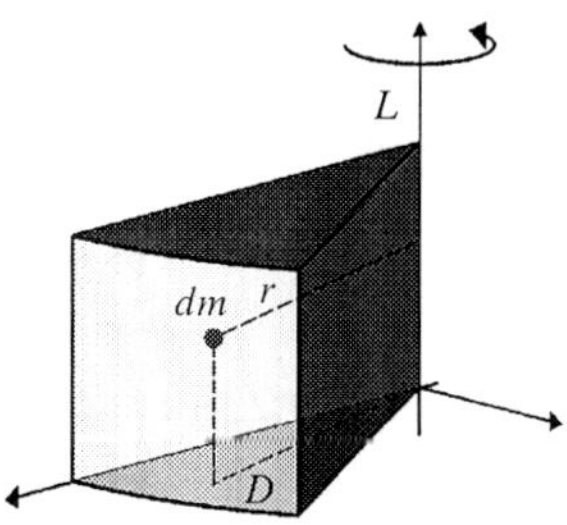

Indique por D o setor circular ilustrado na figura. Com essa notação, a cunha é a região $Q = \{(x,y,z) \in \mathbb{R}^3;\ (x,y) \in D \text{ e } 0 \le z \le z_0\}$. Logo,

$$\begin{aligned} I &= \iint_D \left(\int_0^{z_0} (x^2+y^2)\delta_0 \, dz \right) dxdy \\ &= \iint_D (x^2+y^2) z_0 \delta_0 \, dxdy \end{aligned}$$

Em polares, D é o retângulo $\widehat{D} = \{(r,\theta);\ 0 < r < r_0 \text{ e } 0 < \theta < \theta_0\}$, e daí segue-se que

$$I = \iint_D (x^2+y^2) z_0 \delta_0 \, dxdy = \int_0^{\theta_0} \left(\int_0^{r_0} r^2 z_0 \delta_0 r \, dr \right) d\theta dz = \frac{1}{4}\theta_0 z_0 \delta_0 r_0^4$$

É curioso que I depende de r_0^4, e, portanto, é muito sensível em relação a essa variável. Finalmente, substituindo os valores, segue-se que $I = \frac{\pi}{480}$. □

O momento de inércia pode ser usado tanto para se entender os silenciosos dos celulares como para estudar a energia cinética de rotação da Terra!

■ **Exemplo 8.9** Calcule a energia cinética de rotação da Terra em torno de seu eixo supondo raio $R = 6.380$ km e densidade $\delta_0 = 5.200$ kg/m^3. ■

Solução. Primeiro o momento de inércia.

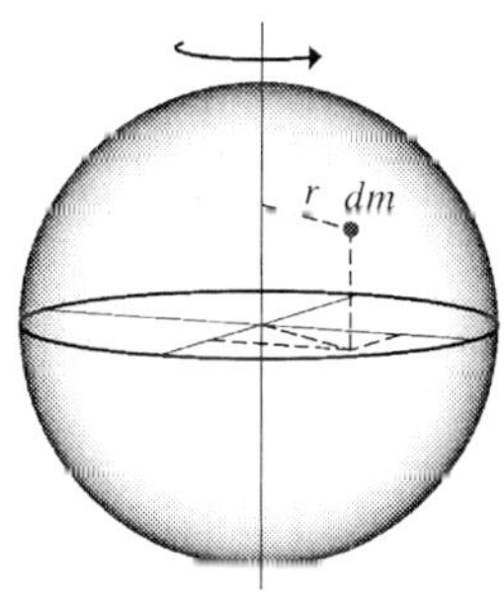

Introduza um sistema de coordenadas em que o eixo de rotação seja o eixo $\mathscr{O}z$ e que o centro de massa seja a origem, e indique por Q a esfera de raio R nesse sistema.

A distância de um ponto $(x,y,z) \in Q$ ao eixo de rotação é $r(x,y,z) = \sqrt{x^2+y^2}$, e daí que o momento de inércia é dado por

$$I = \iiint_Q (x^2+y^2)\delta_0 \, dxdydz$$

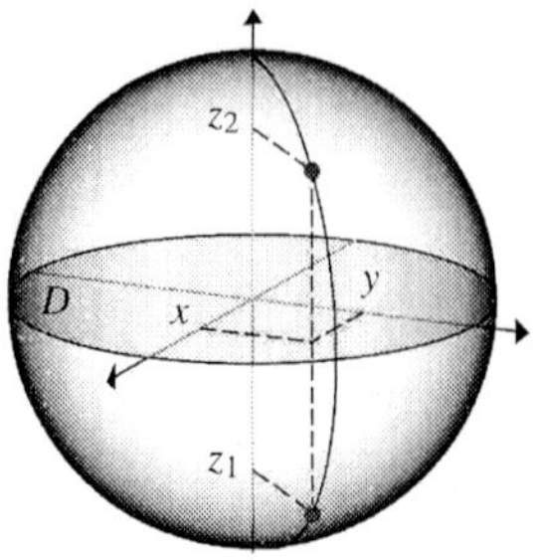

Para o calculo da integral, primeiro indique por $D = \{(x,y) \in \mathbb{R}^2;\ x^2 + y^2 \leq R^2\}$ o disco no plano do equador. Isolando z da inequação $x^2+y^2+z^2 \leq R^2$, conclui-se que a Terra é uma região do tipo R_{xy} que pode ser descrita na forma

$$Q = \{(x,y,z) \in \mathbb{R}^3;\ (x,y) \in D \text{ e } z_1(x,y) \leq z \leq z_2(x,y)\}$$

onde $z_1(x,y) = -\sqrt{R^2-x^2-y^2}$ e $z_2(x,y) = \sqrt{R^2-x^2-y^2}$. Assim, o momento de inércia é dado por

$$I = \iint_D \left(\int_{z_1(x,y)}^{z_2(x,y)} (x^2+y^2)\,dz \right) \delta_0\,dxdy = \iint_D (x^2+y^2)2\sqrt{R^2-x^2-y^2}\,\delta_0\,dxdy$$

A integral pode ser calculada em coordenadas polares, uma vez que, nessas coordenadas, D é o retângulo $\widehat{D} = \{(r,\theta) \in \mathbb{R}^2;\ 0 < \theta < 2\pi \text{ e } 0 < r < R\}$. Usando essa mudança, obtém-se que

$$I = \int_0^{2\pi} \left(\int_0^R r^2 2\sqrt{R^2-r^2}\, r\,\delta_0\,dr \right) d\theta = 2\pi\delta_0 \int_0^R r^2\sqrt{R^2-r^2}\,2\,r\,dr$$

Finalmente, usando a substituição $u = R^2 - r^2$, segue-se que

$$I = 2\pi\delta_0 \int_0^{R^2} (R^2-u)u^{1/2}\,du = 2\pi\delta_0 \int_0^{R^2} (R^2u^{1/2} - u^{3/2})\,du$$

$$= 2\pi\delta_0 \left(R^2\frac{2}{3}u^{3/2} - \frac{2}{5}u^{5/2} \right)\Big|_0^{R^2} = \frac{8}{15}\pi\delta_0 R^5$$

Ótimo! Agora é fácil agora calcular a energia cinética, pois

$$K = \frac{1}{2}I\omega^2 = \frac{4}{15}\pi\delta_0 R^5\omega^2$$

onde ω é a velocidade angular da Terra, igual a $2\pi/24$ rad/h. □

Vale medir essa energia em Joules, para se ter uma ideia de sua magnitude. Para isso, transformando todas as medidas para o sistema internacional de metro, quilo e segundo, obtém-se $R = 6,38 \times 10^6$ m, $\delta_0 = 5,2 \times 10^3$ kg/m^3 e $\omega = 72,72 \times 10^{-6}$ rad/s. Substituindo na expressão da energia cinética, segue-se que essa energia é da ordem de

$$K \approx 2,44 \times 10^{29} \text{ J}$$

Para se avaliar esse número, a energia de uma bomba atômica é cerca de 10^7 J. Assim, dez vezes, cem vezes, mil vezes ou um milhão de vezes a energia da bomba atômica é da ordem de 10×10^7 J, $10^2 \times 10^7$ J, $10^3 \times 10^7$ J ou $10^4 \times 10^7$ J, respectivamente. Pois então, K é mais do que $10^{22} \times 10^7$ J!

Exercícios

1) Denote por $(\overline{x}, \overline{y}, \overline{z})$ o centro de massa do sólido Q, de densidade 1, limitado pelo paraboloide $z = x^2 + y^2$, pelo cilindro $x^2 + y^2 = 4x$ e pelo plano $z = 0$, conforme a figura. Se necessário, use que $\cos^4(t) = \frac{1}{8}(\cos(4t) + 4\cos(2t) + 3)$.

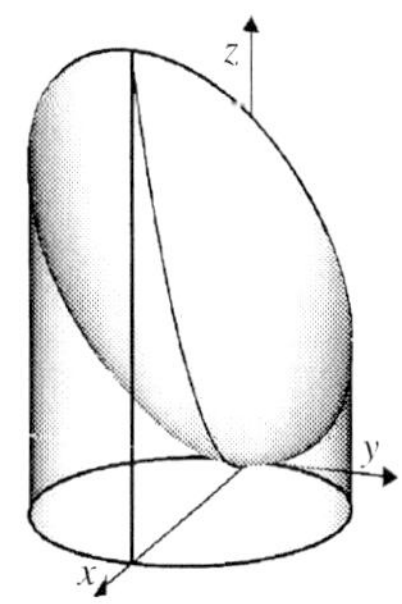

C E a) Em coordenadas cartesianas, tem-se que $Q = \{(x,y,z); x^2 + y^2 \leq 4x \text{ e } 0 \leq z \leq x^2 + y^2\}$.

C E b) Em coordenadas cilíndricas, o sólido corresponde à região $\widehat{Q} = \{(r,\theta,z);\ 0 \leq \theta \leq 2\pi,\ 0 \leq r \leq 4\cos(\theta) \text{ e } 0 \leq z \leq r^2\}$.

C E c) A massa de Q é maior do que 25π.

C E d) Tem-se necessariamente que $\overline{z} < 16$.

C E e) Tem-se necessariamente que $\overline{y} = 0$.

2) Considere o cilindro $Q = \{(x,y,z);\ x^2 + y^2 \leq 3^2 \text{ e } 0 \leq z \leq 4\}$, com densidade δ_0, e o problema de calcular a força gravitacional com que ele atrai uma partícula de massa m_0 situada no ponto $P_0 = (0,0,0)$. Denote por G a constante de gravitação e por $dF(P)$ a força com que a massa $dm = \delta_0\, dxdydz$ do ponto $P = (x,y,z)$ atrai a partícula. Por simetria, as componentes horizontais de $dF(x,y,z)$ e $dF(-x,-y,z)$ se cancelam, restando apenas as componentes verticais dessas forças.

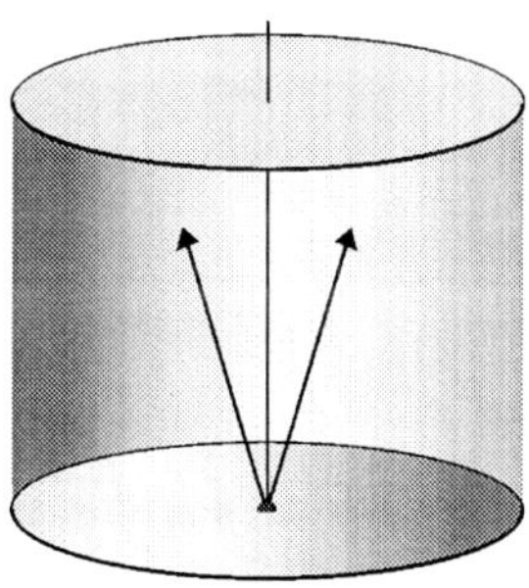

a) Use as leis de gravitação para determinar $dF(P)$.

b) Use um argumento infinitesimal para obter a componente vertical F_v da força $F = (0,0,F_v)$ com que o cilindro atrai a partícula.

c) Calcule a integral $\int_0^4 \frac{z\,dz}{(r^2+z^2)^{3/2}}$.

d) Calcule F_v usando os itens anteriores e coordenadas polares.

e) Seja $d > 0$ tal que $F_v = GMm_0/d^2$, onde $M = \pi 3^2 4\delta_0$ é a massa de Q. Verifique se d é menor, igual ou maior do que a distância entre a partícula e o centro de massa do cilindro.

3) Em estudos de formação das cordilheiras, é usual calcular o trabalho W necessário para formá-las supondo que toda a massa estivesse inicialmente no nível do solo. Esse cálculo pode ser feito para o Monte Fuji no Japão, que é aproximadamente um cone reto com base de raio $R = 2 \times 10^4$ m, altura de $H = 4 \times 10^3$ m e densidade média de $\delta_0 = 3 \times 10^3$ kg/m^3. Para o cálculo, basta

lembrar que o trabalho realizado para se deslocar uma partícula de massa m do solo até uma altura h é mgh, onde g é a aceleração da gravidade em $\mathrm{m/s^2}$.

a) Indicando por Q a região ocupada pelo Monte Fuji, obtenha a expressão do trabalho W em termos de uma integral tripla sobre Q, justificando a resposta.

b) Para ser usada adiante, obtenha a função f cujo gráfico é a lateral do cone de raio da base R, altura H, eixo ao longo de $\mathcal{O}z$ e vértice na origem.

c) Use a função f para descrever a região Q em coordenadas cartesianas.

d) Use o item anterior e coordenadas polares para calcular o trabalho W.

e) Decida se o número obtido acima, dado em joules, é menor ou maior do que 57 megatons $\approx 2,4 \times 10^{17}$ joules, que é a energia da maior bomba de hidrogênio já testada até hoje.

4) Suponha que, do hemisfério sólido $x^2+y^2+z^2 \leq R_2^2$ e $z \geq 0$, seja retirado o cilindro sólido $x^2+y^2 \leq R_1^2$, onde $0 \leq R_1 \leq R_2$, conforme figura. Seja Q o sólido resultante com densidade δ_0.

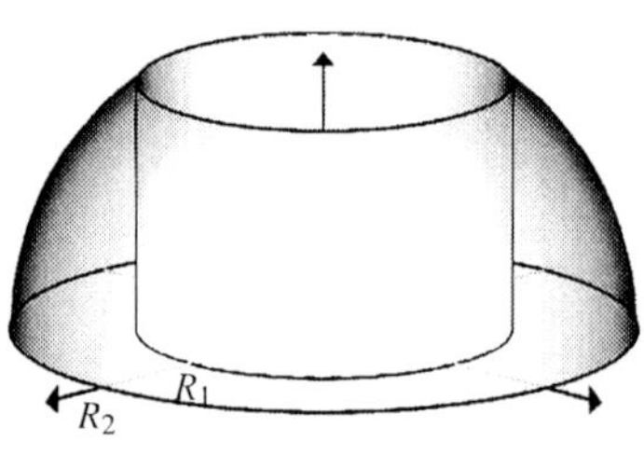

a) Obtenha a altura H de Q em termos dos raios R_1 e R_2.

b) Descreva Q em coordenadas cartesianas.

c) Calcule a massa M de Q usando o item anterior e coordenadas polares.

d) Verifique que M pode ser expresso apenas em termos da altura H.

e) Calcule a coordenada $\overline{z}$ do centro de massa de Q, e verifique que também $\overline{z}$ pode ser expresso apenas em termos de H.

9. Mudança de variáveis em 3D

Coordenadas cilíndricas

Além das cartesianas, outras duas coordenadas são importantes para as integrais triplas: as coordenadas cilíndricas, que fazem um paralelo interessante com as coordenadas polares, e as coordenadas esféricas, que são importantes, por exemplo, no estudo de gravitação.

Volume de paralelepípedos

A versão 3D da mudança de variável faz uso do cálculo do volume de um paralelepípedo. Do caso 2D já conhecido, espera-se que o volume seja dado em termos de um determinante, mas agora o determinante de uma matriz 3×3.

E, com efeito, considere o paralelepípedo gerado pelos vetores $Q = (a, b, c)$, $P_1 = (x_1, y_1, z_1)$ e $P_2 = (x_2, y_2, z_2)$, como ilustra a figura, cuja base é o paralelogramo gerado por P_1 e P_2.

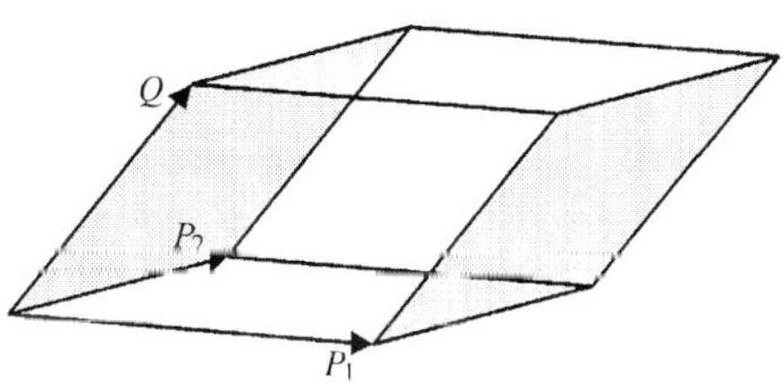

Considere ainda a matriz

$$M = \begin{bmatrix} a & b & c \\ x_1 & y_1 & z_1 \\ x_2 & y_2 & z_2 \end{bmatrix}$$

e indique por M_{ij} a matriz 2×2 obtida de M retirando-se a i-ésima linha e a j-ésima coluna. Então, desenvolvendo o determinante de M em relação à primeira linha, obtém-se

$$\begin{aligned} \det M &= a \det M_{11} - b \det M_{12} + c \det M_{13} \\ &= \langle (a,b,c), (\det M_{11}, -\det M_{12}, \det M_{13}) \rangle = \langle Q, P_1 \times P_2 \rangle \end{aligned} \tag{9.1}$$

onde $P_1 \times P_2$ é o produto vetorial entre P_1 e P_2. Explicitamente esse produto é

$$P_1 \times P_2 = (y_1z_2 - y_2z_1, x_2z_1 - x_1z_2, x_1y_2 - x_2y_1)$$

Substituindo Q por P_1 na igualdade (9.1), conclui-se que $\langle P_1, P_1 \times P_2 \rangle = 0$, pois é igual ao determinante de uma matriz com duas linhas iguais. Da mesma forma $\langle P_2, P_1 \times P_2 \rangle = 0$, e, portanto, o produto vetorial é ortogonal tanto a P_1 quanto a P_2. Outra propriedade do produto vetorial é o resultado do próximo lema, onde vale lembrar a identidade

$$\langle P_1, P_2 \rangle = \|P_1\| \|P_2\| \cos(\alpha) \tag{9.2}$$

em que α é o ângulo entre os dois vetores.

Lema 9.1 A norma $\|P_1 \times P_2\|$ é a área do paralelogramo gerado por P_1 e P_2.
■

Demonstração. O paralelogramo tem base $\|P_1\|$ e altura $h = \|P_2\| \operatorname{sen}(\alpha)$. Veja a figura a seguir. Daí se segue que a sua área é $A = \|P_1\| \|P_2\| \operatorname{sen}(\alpha)$. Essa área pode ser expressa em termos das coordenadas de P_1 e P_2 como segue. Da identidade (9.2) obtém-se que

$$\begin{aligned} A^2 &= \|P_1\|^2 \|P_2\|^2 \operatorname{sen}^2(\alpha) \\ &= \|P_1\|^2 \|P_2\|^2 (1 - \cos^2(\alpha)) \\ &= \|P_1\|^2 \|P_2\|^2 - \|P_1\|^2 \|P_2\|^2 \cos^2(\alpha) \\ &= \|P_1\|^2 \|P_2\|^2 - \langle P_1, P_2 \rangle^2 \end{aligned}$$

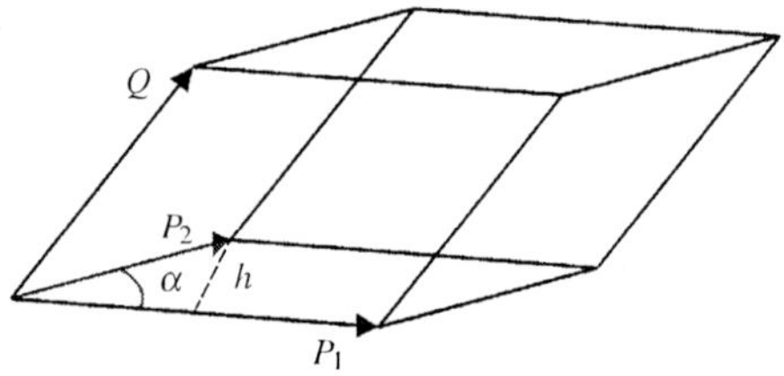

Usando as coordenadas, cancelando e agrupando termos, o resultado segue da surpreendente igualdade

$$\begin{aligned} A^2 &= (x_1^2 + y_1^2 + z_1^2)(x_2^2 + y_2^2 + z_2^2) - (x_1x_2 + y_1y_2 + z_1z_2)^2 \\ &= (y_1z_2 - y_2z_1)^2 + (x_2z_1 - x_1z_2)^2 + (x_1y_2 - x_2y_1)^2 = \|P_1 \times P_2\|^2 \end{aligned}$$ □

Agora é fácil calcular o volume. Como $P_1 \times P_2$ é ortogonal tanto a P_1 como a P_2, a altura do paralelepípedo é o tamanho da projeção de Q sobre $P_1 \times P_2$.

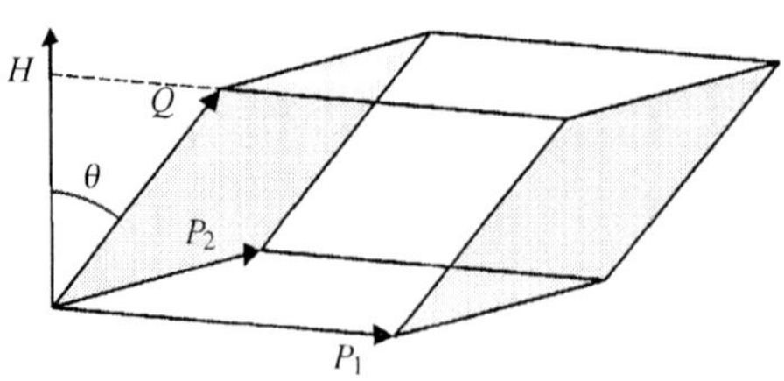

Daí se segue que a altura é $H = \|Q\| |\cos(\theta)|$, onde θ é o ângulo entre Q e $P_1 \times P_2$. Veja a figura.

Ora! Como a área da base é $\|P_1 \times P_2\|$, basta usar novamente as igualdades (9.1) e (9.2) para obter que o volume do paralelepípedo é dado por

$$V = \|P_1 \times P_2\| \|Q\| |\cos(\theta)| = |\langle Q, P_1 \times P_2 \rangle| = |\det M|$$

Resumindo, o volume do paralelepípedo gerado por Q, P_1 e P_2 é o módulo do determinante da matriz cujas linhas são as coordenadas desses três vetores.

Coordenadas cilíndricas

As coordenadas cilíndricas correspondem a introduzir as coordenadas polares no plano $\mathcal{O}xy$ e manter a coordenada z inalterada, como ilustrado a seguir.

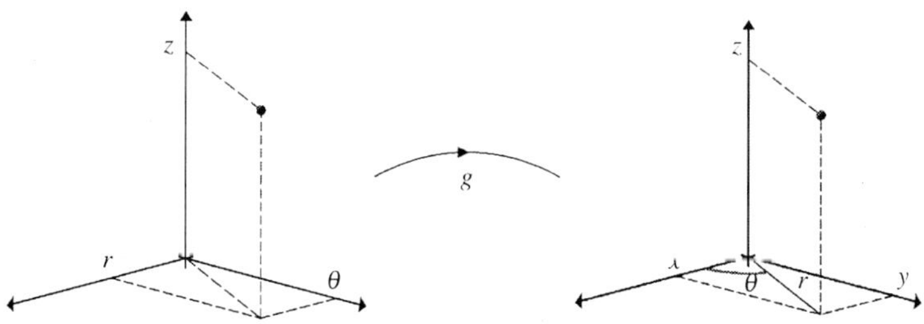

Assim, como antes, a relação entre (x, y, z) e (r, θ, z) é dada por

$$x = r\cos(\theta), \; y = r\,\mathrm{sen}(\theta) \; \text{ e } \; z = z$$

Para que seja de fato uma mudança de coordenada, a função

$$g(r, \theta, z) = (x(r, \theta, z), y(r, \theta, z), z(r, \theta, z)) = (r\cos(\theta), r\,\mathrm{sen}(\theta), z)$$

deve ser bijetiva e, além disso, ter inversa contínua. Como no caso das coordenadas polares, é usual escolher $\widehat{Q} = \{(r, \theta, z); r > 0, \; 0 < \theta < 2\pi \; \text{e} \; z \in \mathbb{R}\}$ para o domínio e $Q = g(\widehat{Q})$ para o contradomínio. Neste caso, a imagem Q exclui o semi-plano $S_0 = \{(x, 0, z); \; x \geq 0 \; \text{e} \; z \in \mathbb{R}\}$, exclusão que garante que a cada $(r, \theta, z) \in \widehat{Q}$ corresponde um único $(x, y, z) \in Q$, e vice-versa. Além disso, a passagem de uma coordenada para a outra se faz continuamente.

■ **Exemplo 9.1** Sejam $\mathscr{C}$ o cilindro de raio r_0 e altura h_0 e S_0 o semiplano como acima. Descreva o conjunto $\mathscr{C}_0 = \mathscr{C} \backslash S_0$ (o cilindro menos o semiplano) em coordenadas cilíndricas. ■

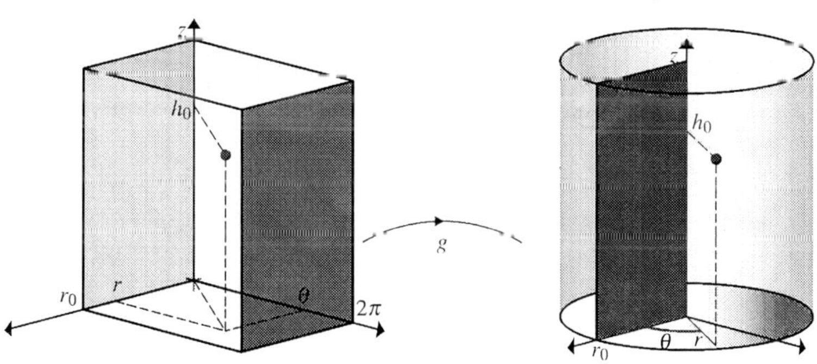

Solução. A necessidade de excluir o semiplano S_0 é para que o conjunto $\mathscr{C}_0$ esteja na imagem Q da mudança $g(r,\theta,z)$. A figura acima ilustra a situação.

Da figura não é difícil ver que, se (r,θ,z) são as coordenadas cilíndricas de um ponto $(x,y,z) \in \mathscr{C}_0$, então (r,θ,z) está no paralelepípedo $\widehat{\mathscr{C}_0}$, onde

$$\widehat{\mathscr{C}_0} = \{(r,\theta,z);\ 0 < \theta < 2\pi,\ 0 < r \leq r_0 \text{ e } 0 \leq z \leq h_0\}$$

Assim, $\mathscr{C}_0 = g(\widehat{\mathscr{C}_0})$. □

Esse exemplo ilustra o porquê do nome de coordenadas cilíndricas: elas descrevem um cilindro em termos de um paralelepípedo; e isso será útil para simplificar as integrais.

Uma maneira de conhecer melhor as coordenadas cilíndricas é por meio das curvas coordenadas. Uma dessas curvas corresponde, por exemplo, a fixar ambas as coordenadas $\theta = \theta_0$ e $z = z_0$ e considerar a curva na variável r

$$r \mapsto g(r,\theta_0,z_0) = (r\cos(\theta_0), r\,\mathrm{sen}(\theta_0), z_0)$$

A imagem dessa curva é um raio que parte do ponto $(0,0,z_0)$, é paralelo ao plano $\mathscr{O}xy$ e forma um ângulo θ_0 com o eixo $\mathscr{O}x$, conforme a figura a seguir.

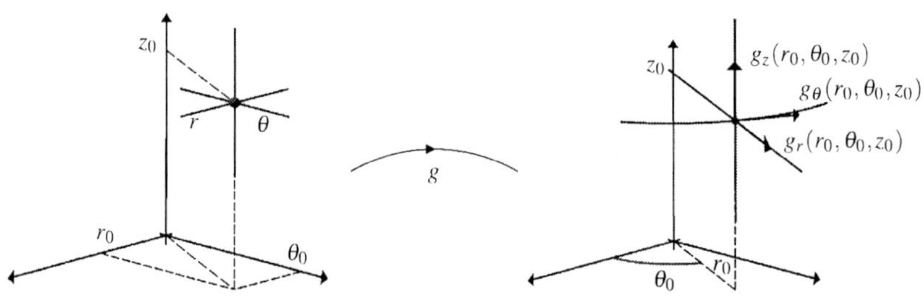

Em um ponto $r_0 > 0$, o vetor velocidade desta curva é dado por

$$\begin{aligned}
g_r(r_0,\theta_0,z_0) &= \lim_{\Delta r \to 0} \frac{g(r_0+\Delta r,\theta_0,z_0) - g(r_0,\theta_0,z_0)}{\Delta r} \qquad (9.3)\\
&= \lim_{\Delta r \to 0} \left(\frac{x(r_0+\Delta r,\theta_0,z_0) - x(r_0,\theta_0,z_0)}{\Delta r}, \right.\\
&\qquad \frac{y(r_0+\Delta r,\theta_0,z_0) - y(r_0,\theta_0,z_0)}{\Delta r},\\
&\qquad \left. \frac{z(r_0+\Delta r,\theta_0,z_0) - z(r_0,\theta_0,z_0)}{\Delta r} \right)\\
&= (x_r(r_0,\theta_0,z_0), y_r(r_0,\theta_0,z_0), z_r(r_0,\theta_0,z_0)) = (\cos(\theta_0), \mathrm{sen}(\theta_0), 0)
\end{aligned}$$

onde $g_r = (x_r, y_r, z_r)$ denota o vetor formado pelas derivadas parciais de cada uma das coordenadas de g. Veja a interpretação geométrica de g_r na figura acima.

Analogamente, para a variável θ, obtém-se

$$g_\theta(r_0,\theta_0,z_0) = \lim_{\Delta\theta\to 0} \frac{g(r_0,\theta_0+\Delta\theta,z_0)-g(r_0,\theta_0,z_0)}{\Delta\theta} \tag{9.4}$$

$$= (-r_0\operatorname{sen}(\theta_0), r_0\cos(\theta_0), 0)$$

e, para a variável z,

$$g_z(r_0,\theta_0,z_0) = \lim_{\Delta z\to 0} \frac{g(r_0,\theta_0,z_0+\Delta z)-g(r_0,\theta_0,z_0)}{\Delta z} = (0,0,1) \tag{9.5}$$

As curvas coordenadas e seus respectivos vetores velocidades serão usados na comparação entre volumes, a ser vista na próxima seção.

Comparação entre volumes

Como anteriormente, um passo importante é a comparação entre o volume de um pequeno paralelepípedo $\widehat{R} = [r, r+\Delta r] \times [\theta, \theta+\Delta\theta] \times [z, z+\Delta z]$ com o volume da sua imagem $R = g(\widehat{R})$ pelas coordenadas cilíndricas. A figura abaixo ilustra os pontos $\widehat{P_0} = (r,\theta,z)$, $\widehat{P_1} = (r+\Delta r,\theta,z)$, $\widehat{P_2} = (r,\theta+\Delta\theta,z)$ e $\widehat{P_3} = (r,\theta,z+\Delta z)$ juntamente com as suas imagens $P_i = g(\widehat{P_i})$, $i = 0,1,2,3$.

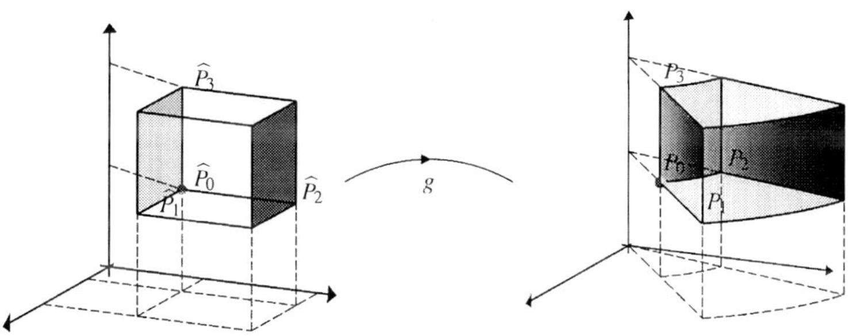

Com o auxilio da figura, o volume de R pode ser aproximado pelo volume do paralelepípedo gerado pelos vetores $P_1 - P_0$, $P_2 - P_0$ e $P_3 - P_0$, isto é, por

$$g(r+\Delta r,\theta,z)-g(r,\theta,z), \quad g(r,\theta+\Delta\theta,z)-g(r,\theta,z) \quad \text{e} \quad g(r,\theta,z+\Delta z)-g(r,\theta,z)$$

Por outro lado, usando as igualdades de (9.3) a (9.5), esses vetores podem ser aproximados por

$$g(r+\Delta r,\theta,z)-g(r,\theta,z) \approx g_r(r,\theta,z)\Delta r = (x_r(r,\theta,z),\ y_r(r,\theta,z),\ z_r(r,\theta,z))\Delta r$$

$$g(r,\theta+\Delta\theta,z)-g(r,\theta,z) \approx g_\theta(r,\theta,z)\Delta\theta = (x_\theta(r,\theta,z),\ y_\theta(r,\theta,z),\ z_\theta(r,\theta,z))\Delta\theta$$

$$g(r,\theta,z+\Delta z)-g(r,\theta,z) \approx g_z(r,\theta,z)\Delta z = (x_z(r,\theta,z),\ y_z(r,\theta,z),\ z_z(r,\theta,z))\Delta z$$

Daqui e do volume de paralelepípedos obtido anteriormente, segue-se que

$$\begin{aligned}\text{volume de } R &\approx \left|\det\begin{bmatrix} x_r(r,\theta,z)\Delta r & y_r(r,\theta,z)\Delta r & z_r(r,\theta,z)\Delta r \\ x_\theta(r,\theta,z)\Delta\theta & y_\theta(r,\theta,z)\Delta\theta & z_\theta(r,\theta,z)\Delta\theta \\ x_z(r,\theta,z)\Delta z & y_z(r,\theta,z)\Delta z & z_z(r,\theta,z)\Delta z \end{bmatrix}\right| \\ &= \left|\det\begin{bmatrix} x_r(r,\theta,z) & y_r(r,\theta,z) & z_r(r,\theta,z) \\ x_\theta(r,\theta,z) & y_\theta(r,\theta,z) & z_\theta(r,\theta,z) \\ x_z(r,\theta,z) & y_z(r,\theta,z) & z_z(r,\theta,z) \end{bmatrix}\right| \Delta r\Delta\theta\Delta z \\ &= |J_g(r,\theta,z)|\,\Delta r\Delta\theta\Delta z = |J_g(r,\theta,z)| \text{ volume de } \widehat{R}\end{aligned}$$

onde o determinante $J_g(r,\theta,z)$ é o jacobiano da mudança de coordenadas g.

Essa é a comparação procurada: o volume da imagem é aproximadamente o volume do domínio vezes o jacobiano. Essa comparação é fundamental para a fórmula de mudança de variáveis, a ser obtida na próxima seção.

Lembrando das expressões $x(r,\theta,z) = r\cos(\theta)$, $y(r,\theta,z) = r\,\text{sen}(\theta)$ e $z(r,\theta,z) = z$, não é difícil perceber que o jacobiano das coordenadas cilíndricas é dado por $J_g(r,\theta,z) = r$. Esse valor é natural uma vez que, de $\widehat{R}$ para R, a altura permanece a mesma, e a mudança é apenas nas base desses dois sólidos, bases que estão relacionadas pelas coordenadas polares.

Fórmula de mudança de variáveis

Como motivação, suponha que um tronco de árvore seja modelado pelo cilindro $\mathscr{C}$ de raio $r_0 = 0,2$ m, altura $h_0 = 2$ m e densidade

$$\delta(x,y,z) = \frac{1.140}{\sqrt{x^2+y^2+1}} \text{ kg/m}^3$$

A densidade é independente da altura z do tronco, o que é uma hipótese razoável. Além disso, o que também é razoável, o tronco é mais denso no centro do que na borda. De fato, ao longo do eixo do tronco, a densidade é $\delta(0,0,z) = 1.140$ kg/m^3. Já na borda, em que o raio é $\sqrt{x^2+y^2} = 0,2$, a densidade é $\delta(x,y,z) = 1140/1,2 = 950$ kg/m^3.

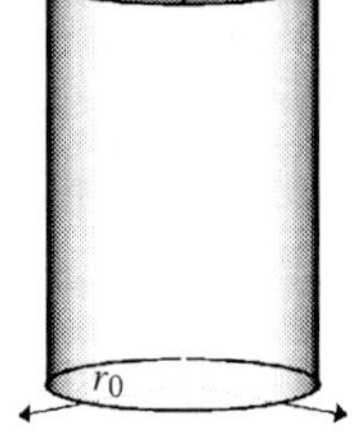

Como a densidade da água é de 1.000 kg/m^3, o tronco é mais denso do que a água no centro, e menos denso na borda. Esse fato sugere uma pergunta interessante: se colocado na água, o tronco afunda ou flutua? A pergunta pode ser respondida por meio da densidade média do tronco, para o que é necessário calcular a sua massa, dada pela integral

$$M = \iiint_{\mathscr{C}} \delta(x,y,z)\,dxdydz$$

Para esse cálculo, considere a mudança de coordenadas cilíndricas $g\colon \widehat{\mathscr{C}} \to \mathscr{C}$ definida no paralelepípedo

$$\widehat{\mathscr{C}} = \{(r,\theta,z); 0 < r \le r_0,\ 0 < \theta < 2\pi \text{ e } 0 \le z \le h_0\}$$

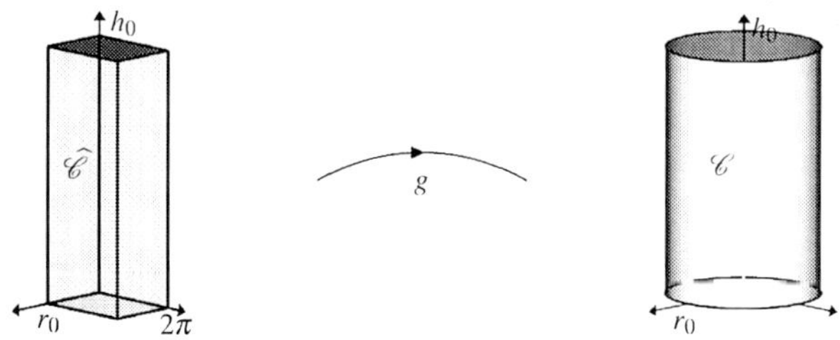

A rigor, e de acordo com o **Exemplo 9.1** acima, a imagem $g(\widehat{\mathscr{C}})$ não é todo o cilindro $\mathscr{C}$, pois exclui o semiplano $S_0 = \{(x,0); x \ge 0 \text{ e } z \in \mathbb{R}\}$. No entanto, por ser apenas um plano, S_0 pode ser excluído sem prejuízo para o cálculo da massa.

A pergunta agora é: como escolher uma densidade $\widehat{\delta}(r,\theta,z)$ de modo que, com ela, $\widehat{\mathscr{C}}$ tenha a mesma massa de $\mathscr{C}$? De outra forma, como escolher $\widehat{\delta}$ de modo que

$$\iiint_{\widehat{\mathscr{C}}} \widehat{\delta}(r,\theta,z)\,drd\theta dz = \iiint_{\mathscr{C}} \delta(x,y,z)\,dxdydz\ ?$$

Já se têm todas as ferramentas para responder a essa pergunta! Com efeito, dado um ponto $(r,\theta,z) \in \widehat{\mathscr{C}}$ e um pequeno paralelepípedo $\widehat{R} = [r, r+\Delta r] \times [\theta, \theta+\Delta\theta] \times [z, z+\Delta z]$, indique por $g(r,\theta,z) = (x,y,z) \in \mathscr{C}$ a imagem do ponto e por $R = g(\widehat{R})$ a imagem do paralelepípedo. Já se sabe que a relação entre os volumes de $\widehat{R}$ e R é dada por

$$\text{volume de } R \approx |J_g(r,\theta,z)|\Delta r \Delta\theta \Delta z$$

Multiplicando pela densidade $\delta(x,y,z)$, lembrando que $(x,y,z) = g(r,\theta,z)$ e indicando por $\widehat{\delta}(r,\theta,z) = \delta(g(r,\theta,z))|J_g(r,\theta,z)|$, obtém-se que

$$\begin{aligned}\delta(x,y,z)\text{volume de } R &\approx \delta(x,y,z)|J_g(r,\theta,z)|\Delta r\Delta\theta\Delta z\\ &= \delta(g(r,\theta,z))|J_g(r,\theta,z)|\Delta r\Delta\theta\Delta z = \widehat{\delta}(r,\theta,z)\Delta r\Delta\theta\Delta z\end{aligned}$$

Ora! Com essa escolha de $\widehat{\delta}$, a massa de $\widehat{R}$ é aproximadamente igual à massa de R, aproximação tão melhor quanto menor forem Δr, $\Delta\theta$ e Δz. Essa é a escolha de $\widehat{\delta}$ que faz com que as massas de $\widehat{R}$ e de R sejam próximas.

Usando as somas de Riemann, não é difícil concluir que é também essa escolha que faz com que as integrais sejam iguais, isto é,

$$\begin{aligned}\iiint_{\mathscr{C}} \delta(x,y,z)\,dxdydz &= \iiint_{\widehat{\mathscr{C}}} \widehat{\delta}(r,\theta,z)\,drd\theta dz \\ &= \iiint_{\widehat{\mathscr{C}}} \delta(g(r,\theta,z))|J_g(r,\theta,z)|\,drd\theta dz\end{aligned}$$

Esta é a fórmula de mudança de variáveis para as integrais triplas, fórmula que será usada ao longo de todo o restante do curso.

Bem, mas a função $\widehat{\delta}$ é simpática? Sim, pois $\sqrt{x^2+y^2} = r$, e, portanto,

$$\begin{aligned}\widehat{\delta}(r,\theta,z) = \delta(g(r,\theta,z))|J_g(r,\theta,z)| &= 1.140\,\frac{r}{r+1} \\ = 1.140\,\frac{r+1-1}{r+1} &= 1.140\left(1-\frac{1}{r+1}\right)\end{aligned}$$

onde usou-se que $|J_g(r,\theta,r)| = r$. Como $\widehat{\mathscr{C}}$ é um paralelepípedo, segue-se que

$$\begin{aligned}\iiint_{\mathscr{C}} \delta(x,y,z)\,dxdydz &= \iiint_{\widehat{\mathscr{C}}} \delta(g(r,\theta,z))|J_g(r,\theta,z)|\,drd\theta dz \\ &= 1.140\int_0^{2\pi}\int_0^{r_0}\left(\int_0^{h_0}\left(1-\frac{1}{r+1}\right)dz\right)drd\theta \\ &= 1.140\,h_0\,2\pi\int_0^{r_0}\left(1-\frac{1}{r+1}\right)dr \\ &= 1.140\,h_0\,2\pi(r_0-\ln(r_0+1)) \approx 80,61\,\pi\ \text{kg}\end{aligned}$$

Em números decimais a massa do tronco é $M = 253,26$ kg, o que parece ser um valor alto. No entanto, como o volume é $V = \pi r_0^2 h_0 \approx 0,08\pi$, a densidade média do tronco é

$$\delta_M = M/V \approx 1.007,67\ \text{kg/m}^3$$

Assim, o tronco tem densidade média ligeiramente maior do que a da água. Se colocado na água, ele afunda, mas muito devagar!

Coordenadas esféricas

É surpreendente que uma integral sobre uma esfera possa ser transformada em outra sobre um paralelepípedo, e essa é a mágica desta seção. Outra mágica é explicar como Arquimedes calculou o volume da esfera, e isso sem integrais!

Coordenadas esféricas

As coordenadas de navegação sobre a superfície da Terra são bem conhecidas. Elas medem a latitude e a longitude de um determinado ponto, medidas em graus a partir do Equador e de Greenwich, respectivamente.

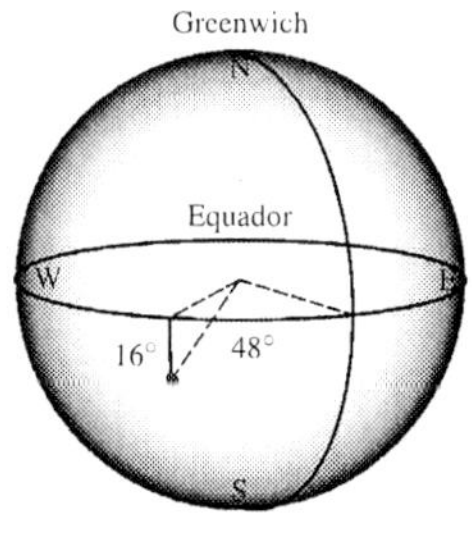

Por exemplo, as coordenadas de Brasília são, aproximadamente, 16° de latitude sul e 48° de longitude oeste. Veja a figura ao lado.

A terceira coordenada é a altitude, medida a partir do nível do mar, e que, no caso de Brasília, é de cerca de 1.100 m.

As coordenadas esféricas são basicamente as mesmas da navegação, mas adaptadas para localizar pontos do espaço, e não só sobre a superfície da Terra. Assim é que a altitude ρ é medida a partir da origem do sistema de coordenadas, e não do nível do mar. Também a latitude ϕ é medida a partir do polo norte, e não do Equador. Outra diferença é que, em razão das funções trigonométricas, a latitude e a longitude θ são medidas em radianos, e não em graus.

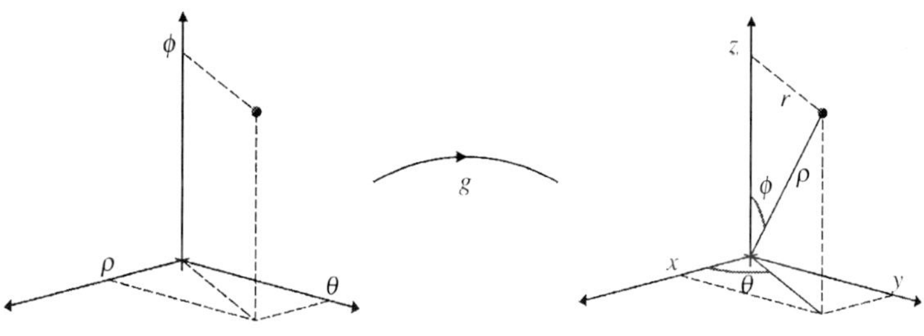

A figura acima ilustra a relação entre as coordenadas (x, y, z) e (ρ, θ, ϕ).

Para obter as equações que relacionam essas coordenadas, primeiro lembre-se de que as coordenadas cilíndricas (r, θ, z) são dadas por

$$x = r\cos(\theta), \quad y = r\operatorname{sen}(\theta) \quad \text{e} \quad z = z$$

Usando essas coordenadas e a figura acima, percebe-se que r é o cateto oposto ao ângulo ϕ, e, portanto, $r = \rho\operatorname{sen}(\phi)$. Também a coordenada z é o cateto adjacente a este ângulo, e, portanto, $z = \rho\cos(\phi)$. A partir dessas igualdades, conclui-se que

$$x = \rho\operatorname{sen}(\phi)\cos(\theta), \quad y = \rho\operatorname{sen}(\phi)\operatorname{sen}(\theta) \quad \text{e} \quad z = \rho\cos(\phi)$$

Essas são as expressões de (x, y, z) em termos de (ρ, θ, ϕ).

Para que seja de fato uma mudança de coordenada, os valores de (x, y, z) e (ρ, θ, ϕ) devem ser escolhidos de modo que

$$\begin{aligned} g(\rho,\theta,\phi) &= (x(\rho,\theta,\phi), y(\rho,\theta,\phi), z(\rho,\theta,\phi)) \\ &= (\rho\operatorname{sen}(\phi)\cos(\theta), \rho\operatorname{sen}(\phi)\operatorname{sen}(\theta), \rho\cos(\phi)) \end{aligned}$$

seja uma função bijetiva e, além disso, tenha inversa contínua. É usual escolher $\widehat{Q} = \{(\rho,\theta,\phi);\ \rho > 0,\ 0 < \theta < 2\pi \ \text{ e } \ 0 < \phi < \pi\}$ para o domínio e $Q = g(\widehat{Q})$ para o contradomínio. Neste caso Q exclui o semiplano $S_0 = \{(x,0,z); x \geq 0 \ \text{ e } \ z \in \mathbb{R}\}$, exclusão que garante que a cada $(\rho,\theta,\phi) \in \widehat{Q}$ corresponde um único $(x,y,z) \in Q$, e vice-versa, correspondência que é contínua nos dois sentidos.

■ **Exemplo 9.2** Seja $\mathscr{E}$ a esfera de raio R e S_0 o semiplano como acima. Descreva $\mathscr{E}_0 = \mathscr{E} \setminus S_0$ (a esfera menos o semi-plano) em coordenadas esféricas. ■

Solução. A necessidade de excluir o semiplano S_0 é para que o conjunto $\mathscr{E}_0$ esteja na imagem Q da mudança $g(\rho,\theta,\phi)$. A figura a seguir ilustra a situação.

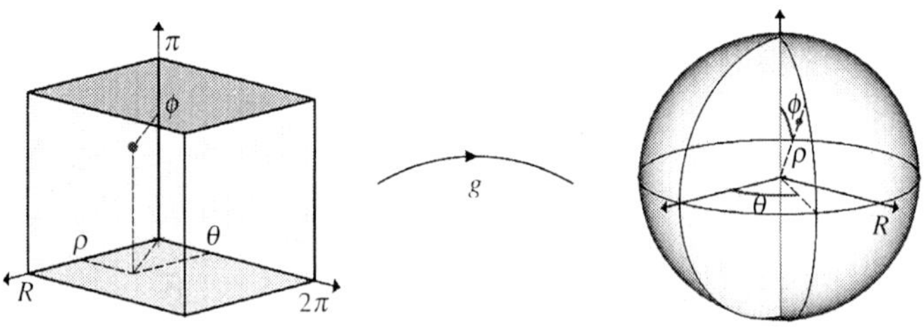

Não é difícil ver que, se (ρ,θ,ϕ) são as coordenadas esféricas de $(x,y,z) \in \mathscr{E}_0$, então $(\rho,\theta,\phi) \in \widehat{\mathscr{E}_0} = \{(\rho,\theta,\phi);\ 0 < \theta < 2\pi, 0 < \rho \leq R \text{ e } 0 < \phi < \pi\}$. Assim, em coordenadas esféricas, $\mathscr{E}_0$ é o paralelepípedo $\widehat{\mathscr{E}_0}$ no sistema $\mathscr{O}_{\rho\theta\phi}$.

Essa é a mágica das coordenadas esféricas: elas descrevem uma esfera em termos de um paralelepípedo; e isso será útil para simplificar as integrais. □

Também aqui as curvas coordenadas desempenham um papel importante. Por exemplo, fixadas as coordenadas $\theta = \theta_0$ e $\phi = \phi_0$, obtém-se a curva

$$\rho \mapsto g(\rho,\theta_0,\phi_0) = (\rho\operatorname{sen}(\phi_0)\cos(\theta_0), \rho\operatorname{sen}(\phi_0)\operatorname{sen}(\theta_0), \rho\cos(\phi_0))$$

na variável ρ. A imagem dessa curva é um raio que parte da origem com latitude ϕ_0 e longitude θ_0, conforme ilustra a figura abaixo.

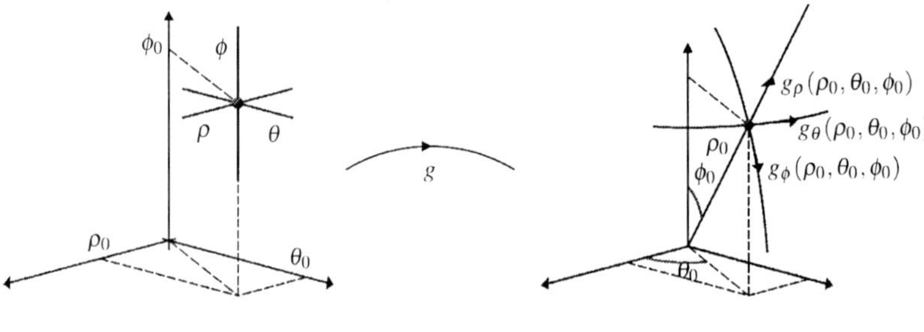

Como anteriormente, o vetor velocidade dessa curva em um ponto ρ_0 é

$$\begin{aligned} g_\rho(\rho_0,\theta_0,\phi_0) &= \lim_{\Delta\rho\to 0} \frac{g(\rho_0+\Delta\rho,\theta_0,\phi_0)-g(\rho_0,\theta_0,\phi_0)}{\Delta\rho} \qquad (9.6)\\ &= (x_\rho(\rho_0,\theta_0,\phi_0), y_\rho(\rho_0,\theta_0,\phi_0), z_\rho(\rho_0,\theta_0,\phi_0))\\ &= (\operatorname{sen}(\phi_0)\cos(\theta_0), \operatorname{sen}(\phi_0)\operatorname{sen}(\theta_0), \cos(\phi_0)) \end{aligned}$$

onde $g_\rho = (x_\rho, y_\rho, z_\rho)$ denota o vetor formado pelas derivadas parciais de cada uma das coordenadas da função g. O vetor g_ρ está indicado na figura acima. A figura também ilustra as outras derivadas g_θ e g_ϕ, que são dadas por

$$g_\theta(\rho_0,\theta_0,\phi_0) = (-\rho\operatorname{sen}(\phi_0)\operatorname{sen}(\theta_0), \rho\operatorname{sen}(\phi_0)\cos(\theta_0), 0)$$

$$g_\phi(\rho_0,\theta_0,\phi_0) = (\rho\cos(\phi_0)\cos(\theta_0), \rho\cos(\phi_0)\operatorname{sen}(\theta_0), -\rho\operatorname{sen}(\phi_0))$$

As curvas coordenadas e seus respectivos vetores velocidades serão usados na comparação entre volumes, a ser vista na próxima seção.

Comparação entre volumes

Como antes, um passo importante é a comparação entre o volume de um pequeno paralelepípedo $\widehat{R} = [\rho,\rho+\Delta\rho]\times[\theta,\theta+\Delta\theta]\times[\phi,\phi+\Delta\phi]$ com o volume da sua imagem $R = g(\widehat{R})$ pelas coordenadas esféricas, como ilustra a próxima figura.

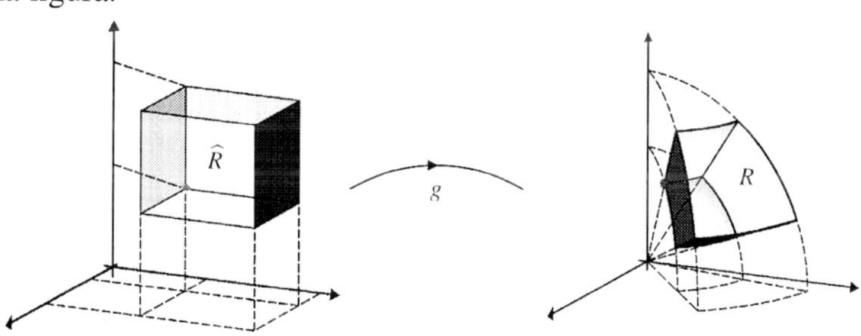

A comparação entre esses volumes é feita por meio do jacobiano $J_g(\rho,\theta,\phi)$, que é o determinante da matriz cujas linhas são os vetores velocidades g_θ, g_ρ e g_ϕ. Calculando, obtém-se que

$$\begin{aligned} J_g(\rho,\theta,\phi) &= \det\begin{bmatrix} -\rho\operatorname{sen}(\phi)\operatorname{sen}(\theta) & \rho\operatorname{sen}(\phi)\cos(\theta) & 0\\ \operatorname{sen}(\phi)\cos(\theta) & \operatorname{sen}(\phi)\operatorname{sen}(\theta) & \cos(\phi)\\ \rho\cos(\phi)\cos(\theta) & \rho\cos(\phi)\operatorname{sen}(\theta) & \rho\operatorname{sen}(\phi) \end{bmatrix}\\ &= \rho^2\operatorname{sen}\phi \end{aligned}$$

Como antes, a comparação entre os volumes de $\widehat{R}$ e R é dada por

$$\text{Volume de } R \approx |J_g(\rho,\theta,\phi)| \text{Volume de } \widehat{R} \tag{9.7}$$

O jacobiano pode também ser calculado com um argumento geométrico. De acordo com a figura a seguir, que ilustra três lados da região R, é claro que o segmento entre $g(\rho,\theta,\phi)$ e $g(\rho+\Delta\rho,\theta,\phi)$ tem comprimento $\Delta\rho$; o arco entre $g(\rho,\theta,\phi)$ e $g(\rho,\theta,\phi+\Delta\phi)$ tem raio ρ e ângulo central $\Delta\phi$, e seu comprimento é $\rho\Delta\phi$; finalmente, o arco entre $g(\rho,\theta,\phi)$ e $g(\rho,\theta+\Delta\theta,\phi)$ tem raio $r=\rho\,\text{sen}(\phi)$ e ângulo central $\Delta\theta$, e seu comprimento é $r\Delta\theta = \rho\,\text{sen}(\phi)\Delta\theta$.

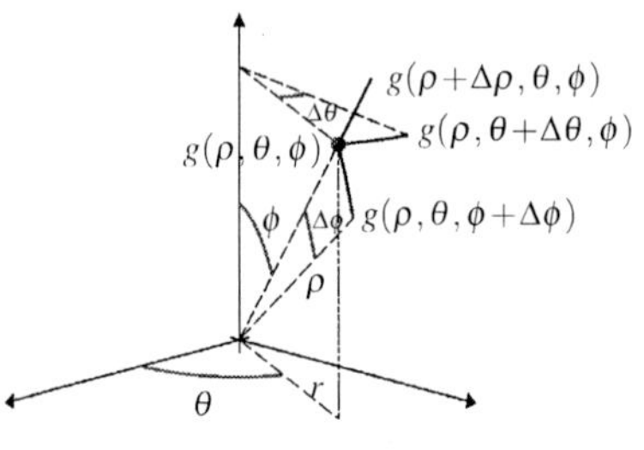

Como essas curvas são duas a duas ortogonais, segue-se que o volume de R é aproximadamente igual ao produto desses três comprimentos, isto é,

$$\begin{aligned}\text{Volume de } R &\approx (\Delta\rho)(\rho\Delta\phi)(\rho\,\text{sen}(\phi)\Delta\theta)\\ &= \rho^2\,\text{sen}(\phi)\Delta\rho\Delta\theta\Delta\phi\\ &= J_g(\rho,\theta,\phi)\text{Volume de } \widehat{R}\end{aligned}$$

e $J_g(\rho,\theta,\phi)$ é mesmo o fator de comparação entre esses dois volumes.

Fórmula de mudança de variáveis

O volume V de uma esfera de raio $R>0$ é bem conhecido. Se a esfera tiver densidade constante δ_0, então a sua massa é simplesmente o produto $M=\delta_0 V$.

Esse fato pode ser usado para se fazer um "Teste de São Tomé": será que, se calculada usando as coordenadas esféricas, obtém-se o mesmo valor para a massa da esfera homogênea?

Para responder a essa pergunta, deve-se calcular a integral

$$M = \iiint_{\mathscr{E}} \delta_0\, dxdydz$$

usando coordenadas esféricas, onde $\mathscr{E}$ é a esfera de raio $R>0$.

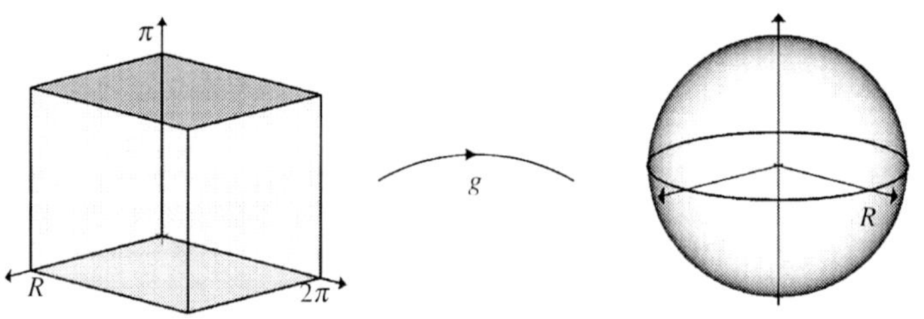

Para isso, considere a mudança de coordenadas esféricas $g\colon \widehat{\mathscr{E}} \to \mathscr{E}$ definida no paralelepípedo $\widehat{\mathscr{E}} = \{(\rho,\theta,\phi); 0<\rho\le R,\ 0<\theta<2\pi \text{ e } 0<\phi<\pi\}$.

Rigorosamente falando, e de acordo com o **Exemplo 9.2**, a imagem $g(\widehat{\mathscr{E}})$ não é toda a esfera $\mathscr{E}$, pois exclui o semiplano $S_0 = \{(x,0,z); x \geq 0 \text{ e } z \in \mathbb{R}\}$. No entanto, por ser apenas um plano, S_0 pode ser excluído sem prejuízo para o cálculo da integral.

Como anteriormente, a pergunta agora é a seguinte: como escolher uma densidade $\widehat{\delta}(\rho,\theta,\phi)$ de modo que, com essa densidade, $\widehat{\mathscr{E}}$ tenha a mesma massa de $\mathscr{E}$? Dito de outra maneira, como escolher $\widehat{\delta}$ de modo que

$$\iiint_{\widehat{\mathscr{E}}} \widehat{\delta}(\rho,\theta,\phi)\, d\rho d\theta d\phi = \iiint_{\mathscr{E}} \delta_0\, dxdydz\ ?$$

Usando uma notação infinitesimal, pode-se argumentar como sempre: dado um ponto $(x,y,z) = g(\rho,\theta,\phi) \in \mathscr{E}$, a relação entre um elemento de volume $d\rho d\theta d\phi$ em torno do ponto (ρ,θ,ϕ) e o correspondente elemento de volume $dxdydz$ em torno de (x,y,z) é $dxdydz = |J_g(r,\theta,z)|\, d\rho d\theta d\phi$.

Multiplicando por δ_0, e indicando por $\widehat{\delta}(\rho,\theta,\phi) = \delta_0 |J_g(\rho,\theta,\phi)|$, obtém-se que a massa infinitesimal $\delta_0\, dxdydz$ pode ser descrita em termos das coordenadas esféricas como

$$\delta_0\, dxdydz = \delta_0 |J_g(\rho,\theta,\phi)|\, d\rho d\theta d\phi = \widehat{\delta}(\rho,\theta,\phi)\, d\rho d\theta d\phi$$

Somando essas massas infinitesimais (somas de Riemann!), obtém-se que

$$\iiint_{\mathscr{E}} \delta_0\, dxdydz = \iiint_{\widehat{\mathscr{E}}} \widehat{\delta}(\rho,\theta,\phi)\, d\rho d\theta d\phi = \iiint_{\widehat{\mathscr{E}}} \delta_0 |J_g(\rho,\theta,\phi)|\, d\rho d\theta d\phi$$

e, portanto, é essa a escolha de $\widehat{\delta}$ que faz com que as massas de $\mathscr{E}$ e de $\widehat{\mathscr{E}}$ sejam iguais. A igualdade acima é a fórmula de mudança de variáveis no caso particular em que a função δ é constate. É claro que, no caso geral, em que $\delta = \delta(x,y,z)$ depende das variáveis (x,y,z), a fórmula é dada por

$$\iiint_{\mathscr{E}} \delta(x,y,z)\, dxdydz = \iiint_{\widehat{\mathscr{E}}} \delta(g(\rho,\theta,\phi))|J(\rho,\theta,\phi)|\, d\rho d\theta d\phi$$

Voltando ao caso em que $\delta(x,y,z) = \delta_0$, como ficam os cálculos? Bem, como $\widehat{\mathscr{E}}$ é um paralelepípedo, basta notar que

$$\begin{aligned}
\iiint_{\mathscr{E}} \delta_0\, dxdydz &= \iiint_{\widehat{\mathscr{E}}} \delta_0 |J_g(\rho,\theta,\phi)|\, d\rho d\theta d\phi \\
&= \delta_0 \int_0^{2\pi} \int_0^{\pi} \left(\int_0^R \rho^2 \operatorname{sen}(\phi) d\rho \right) d\phi d\theta \\
&= \delta_0\, 2\pi \frac{R^3}{3} \int_0^{\pi} \operatorname{sen}(\phi) d\phi = \delta_0 \frac{4}{3} \pi R^3
\end{aligned}$$

Surpresa! O valor de $4\pi R^3/3$ é exatamente o volume da esfera. Assim, usando coordenadas esféricas, obtém-se que a massa da esfera homogênea é mesmo $M = \delta_0 V$, como esperado. Não deixa de ser curioso que essa massa é a mesma do paralelepípedo $\widehat{\mathscr{E}}$ com densidade variável $\widehat{\delta}(\rho, \theta, \phi) = \delta_0 \rho^2 \operatorname{sen}(\phi)$.

Nem sempre a integral é sobre um paralelepípedo, como anteriormente, mas ainda assim as coordenadas esféricas facilitam muito os cálculos. Esse é o conteúdo do próximo exemplo.

■ **Exemplo 9.3** Calcule o volume do sólido Q que é interior à esfera $x^2 + y^2 + z^2 = 2Rz$ e ao cone $z = \sqrt{x^2 + y^2}$. ■

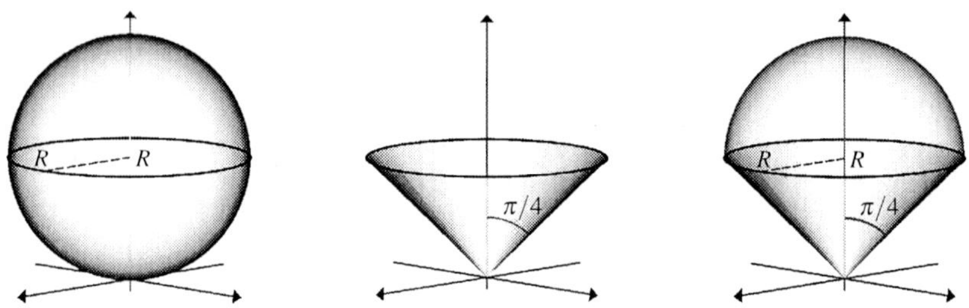

Solução. A equação da esfera escreve-se como $x^2 + y^2 + z^2 - 2Rz + R^2 = R^2$ e, completando quadrados, é igual a $x^2 + y^2 + (z - R)^2 = R^2$. Assim, a esfera tem raio R e centro no ponto $(0, 0, R)$, como ilustra a figura anterior.

Como $\rho^2 = x^2 + y^2 + z^2$ e $z = \rho\cos(\phi)$, a equação da esfera em coordenadas esféricas é $\rho^2 = 2R\rho\cos(\phi)$, ou, ainda, $\rho = 2R\cos(\phi)$.

Lembrando que r é o cateto oposto ao ângulo ϕ, segue-se que $r = \sqrt{x^2 + y^2} = \rho \operatorname{sen}(\phi)$. Assim, a equação do cone $z = \sqrt{x^2 + y^2}$ em coordenadas esféricas é $\rho\cos(\phi) = \rho\operatorname{sen}(\phi)$, ou, ainda $\cos(\phi) = \operatorname{sen}(\phi)$. Como $0 < \phi < \pi$, segue-se que necessariamente $\phi = \pi/4$.

Como não há restrições em θ, o sólido em coordenadas esféricas é

$$\widehat{Q} = \{(\rho, \theta, \phi);\ 0 < \theta < 2\pi,\ 0 < \phi < \pi/4 \text{ e } 0 < \rho < 2R\cos(\phi)\}$$

As próximas figuras ilustram tanto $\widehat{Q}$ quanto Q.

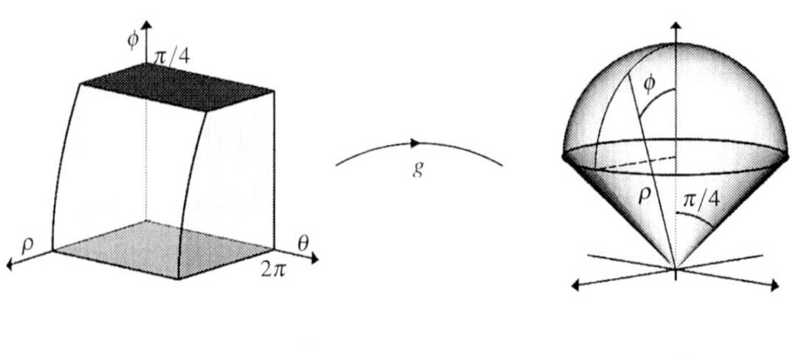

Agora é fácil calcular o volume de Q, que é dado por

$$\begin{aligned}
\iiint_Q dxdydz &= \iiint_{\widehat{Q}} \rho^2 \operatorname{sen}(\phi)\, d\rho d\theta d\phi \\
&= \int_0^{2\pi}\int_0^{\pi/4}\left(\int_0^{2R\cos(\phi)} \rho^2 \operatorname{sen}(\phi) d\rho\right) d\phi d\theta \\
&= 2\pi \frac{(2R)^3}{3}\int_0^{\pi/4} \cos^3(\phi)\operatorname{sen}(\phi)\, d\phi \\
&= 2\pi \frac{(2R)^3}{3}\left(-\frac{\cos^4(\phi)}{4}\right)\Big|_0^{\pi/4} = \pi R^3
\end{aligned}$$

□

Este resultado é curioso porque $\pi R^3 = \pi R^2 \times R$ é o volume do cilindro $\mathscr{C}$ de raio R e altura também R. Consultando as figuras anteriores, isso significa que, se do volume do cilindro $\mathscr{C}$ for retirado o volume do cone, então o que sobra é exatamente o volume de um hemisfério de raio R.

Esta conclusão é de fato verdadeira, e está relacionada ao método pelo qual Arquimedes primeiro calculou o volume da esfera, sem usar integrais triplas!

Veja as figuras a seguir. A da esquerda ilustra o cilindro, o hemisfério e o cone juntos. A do meio ilustra o hemisfério e a da direita o cilindro menos o cone. As figuras ilustram ainda seções transversais na altura h tanto do hemisfério quanto do cilindro menos o cone. O que Arquimedes percebeu, e é surpreendente, é que essas seções transversais têm a mesma área.

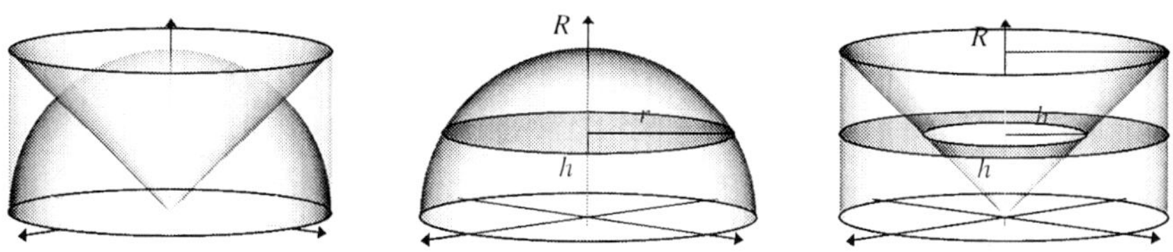

De fato, com a notação acima e usando Pitágoras, o raio da seção transversal do hemisfério é tal que $r^2 = R^2 - h^2$. Logo, a área dessa seção é $\pi r^2 = \pi(R^2 - h^2)$.

Por outro lado, na seção transversal da direita, o disco maior tem raio R. Por semelhança de triângulos, o disco menor tem raio igual à altura h. Como a área desta seção transversal é a diferença entre as áreas desses dois discos, segue-se que a área é $\pi R^2 - \pi h^2 = \pi(R^2 - h^2)$, que é a área da seção transversal do hemisfério.

Como os dois sólidos têm seções transversais de mesma área, Arquimedes concluiu que eles têm o mesmo volume. Como os volumes do cilindro e do cone já eram conhecidos, Arquimedes obteve pela primeira vez que o volume do hemisfério é igual ao volume do cilindro menos o do cone, isto é, igual a $\pi R^2 \times R - \pi R^2 \times R/3 = (2/3)\pi R^3$.

A conclusão de que áreas de seções transversais iguais implicam em volumes iguais ficou conhecida posteriormente como o Princípio de Cavalieri, mas foi usada mesmo antes de Arquimedes por Eudoxo e Demócrito no cálculo do volume do cone. É um princípio interessante que é usado até hoje para o cálculo de volume de prismas e outras figuras geométricas.

Outras aplicações da integral

Agora é hora de ilustrar a variedade de situações em que as integrais, duplas e triplas, podem ser aplicadas.

Segunda lei de Kepler

As coordenadas polares podem ser usadas para deduzir a 2ª lei de Kepler, segundo a qual o raio que liga a Terra ao Sol varre áreas iguais em tempos iguais.

A lei é uma conclusão sobre a velocidade da Terra ao longo de sua órbita: ela aumenta à medida que a Terra se aproxima do Sol, e isso de forma que a área varrida permaneça constante em intervalos iguais de tempo. Veja a figura.

Como a força gravitacional $F(P)$ é central, o movimento de rotação da terra em torno do Sol conserva a quantidade de movimento angular (veja a **Seção 8**), e essa conservação é o fato fundamental para a demonstração da lei de Kepler.

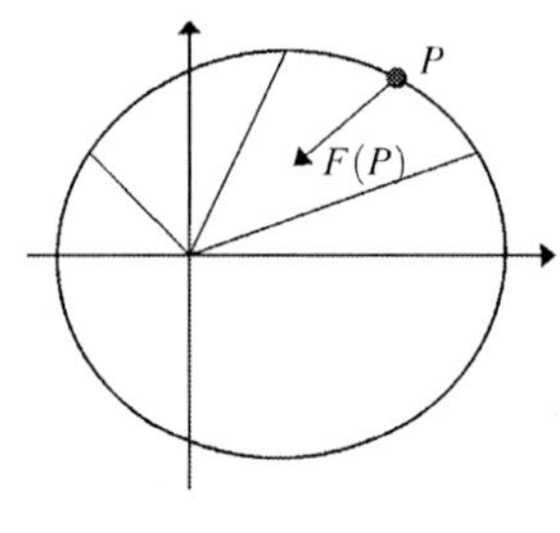

Considere então um sistema de coordenadas $\mathcal{O}xy$ em que o Sol está na origem, e indique por $P(x,y)$ a posição da Terra nesse sistema.

A área varrida pode ser calculada usando coordenadas polares, e essa é a ligação dessas coordenadas com a lei de Kepler. Indique então por α o ângulo do ponto $P = (x,y)$ e por $r = r(\alpha)$ o raio correspondente. Veja a figura a seguir.

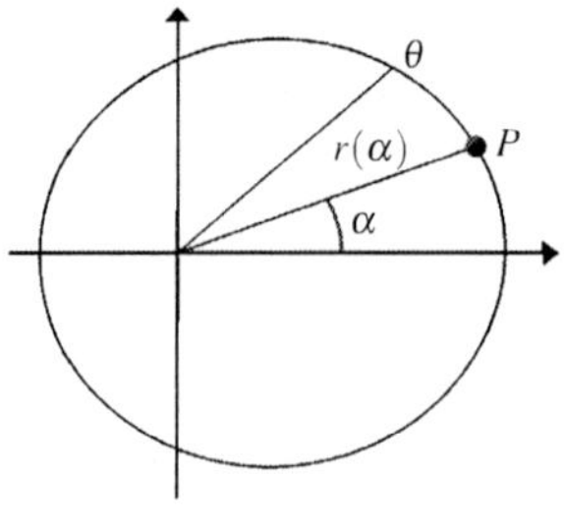

Fixado um ângulo θ, indique por D a região varrida pelo raio entre os ângulos $\alpha = 0$ e $\alpha = \theta$, conforme ilustra a figura. Em coordenadas polares, essa região é descrita por

$$\widehat{D} = \{(r,\alpha);\ 0 < \alpha < \theta \ \text{ e } \ 0 < r < r(\alpha)\}$$

e daí se segue que a área de D é dada por

$$\mathscr{A}(\theta) = \iint_D dxdy = \iint_{\widehat{D}} r\,dr\,d\alpha = \int_0^\theta \left(\int_0^{r(\alpha)} r\,dr \right) d\alpha = \int_0^\theta \frac{1}{2} r^2(\alpha)\,d\alpha$$

A integral não pode ser calculada, pois não se conhece a função $r(\alpha)$. No entanto, do teorema fundamental do Cálculo, pode-se calcular a derivada

$$\mathscr{A}'(\theta) = \frac{1}{2} r^2(\theta)$$

Ótimo, já se têm boas informações, mas é preciso dar mais um passo. Isso porque a lei de Kepler refere-se à área varrida em intervalos de tempo, e não entre ângulos, como acima. Mas isso é fácil: certamente $\theta = \theta(t)$ é função do tempo, e a área varrida até o tempo t é

$$A(t) = \mathscr{A}(\theta(t)) = \int_0^{\theta(t)} \frac{1}{2} r^2(\alpha)\,d\alpha$$

Novamente, não se pode continuar esses cálculos, mas pode-se derivar $A(t)$. De fato, sendo uma composta $\mathscr{A}(\theta(t))$, da regra da cadeia segue-se que

$$A'(t) = \mathscr{A}'(\theta(t))\theta'(t) = \frac{1}{2} r^2(\theta(t))\theta'(t) = \frac{1}{2m}[m r^2(\theta(t))]\theta'(t)$$

onde m denota a massa da Terra. Essa igualdade é interessante: $r(\theta(t))$ é a distância entre os planetas no tempo t e, portanto, $m r^2(\theta(t))$ é o momento de inércia correspondente. Além disso, $\theta'(t)$ é a velocidade angular no tempo t. Ora! O produto $m r^2(\theta(t))\theta'(t)$, entre o momento de inércia e a velocidade angular, é a quantidade de movimento angular, quantidade que se conserva segundo o que foi visto na **Seção 8**. Isso significa que o produto

$$m r^2(\theta(t))\theta'(t) = L$$

não depende de t. Essa é uma conclusão interessante. Não se conhece a função $A(t)$; no entanto, pode-se calcular a derivada e concluir que $A'(t) = L/2m$ é constante. Desta conclusão, e usando de novo o teorema fundamental do Cálculo, a área varrida entre os instante $t_1 < t_2$ é dada por

$$A(t_2) - A(t_1) = \int_{t_1}^{t_2} A'(t)\,dt = \frac{L}{2m}(t_2 - t_1)$$

Isso significa que a área varrida entre dois instantes é proporcional ao intervalo de tempo. É clara agora a lei de Kepler: o raio varre áreas iguais em intervalos iguais de tempo.

Acima, o passo importante foi concluir que a derivada da função $A(t)$ é constante, o que foi possível graças às coordenadas polares e à conservação da quantidade de movimento angular (e ao teorema fundamental do Cálculo!).

Outra observação é que a própria conservação da quantidade de movimento angular já indica como a velocidade da Terra se comporta ao longo da órbita. Isso porque, como o produto $mr^2(\theta(t))\theta'(t) = L$ é constante, se a distância $r(\theta(t))$ diminui, então a velocidade $\theta'(t)$ aumenta de forma a manter o produto constante. O que a lei de Kepler diz de interessante é que os aumentos e as diminuições ocorrem de forma a conservar a área em intervalos fixos de tempo.

Energia potencial de um reservatório

Os exemplos de coordenadas cilíndricas vistos até aqui introduziram as coordenadas polares no plano $\mathscr{O}xy$ e consideram z como função de r e θ. Nesses exemplos os domínios eram na forma $R_{r\theta}$, e claro que são importantes.

No entanto, vale considerar outras situações, em que z é variável independente, por exemplo. É o caso de um reservatório na forma de um hemisfério de raio R e abastecido de água até a altura H. Veja as próximas figuras. A região Q ocupada pela água pode ser descrita por

$$Q = \{(x,y,z);\ x^2+y^2+z^2 \leq R^2 \ \text{ e } \ 0 \leq z \leq H\}$$

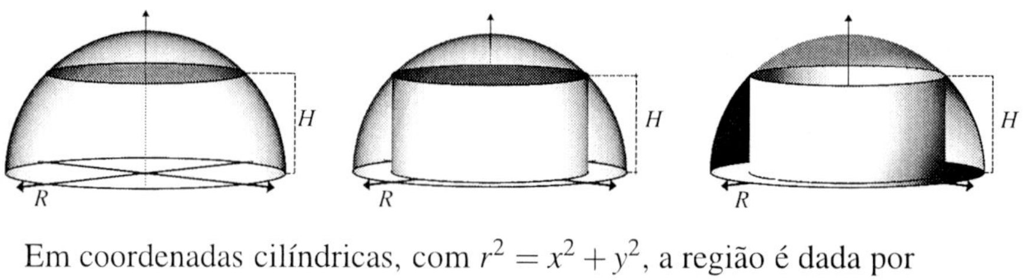

Em coordenadas cilíndricas, com $r^2 = x^2+y^2$, a região é dada por

$$\widehat{Q} = \{(r,\theta,z);\ r^2+z^2 \leq R^2 \ \text{ e } \ 0 \leq z \leq H\}$$

Acima, a figura da esquerda ilustra a região Q. De lá se percebe que, na forma $R_{r\theta}$, $\widehat{Q}$ é a união de duas regiões: uma em que z é limitado por H (figura do meio) e outra em que z é limitado pela função $\sqrt{R^2-r^2}$ (figura da direita).

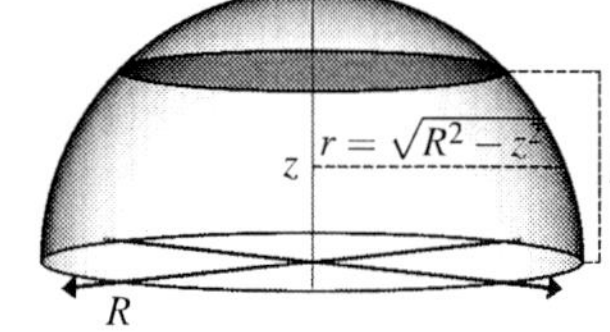

No entanto, $\widehat{Q}$ é uma região na forma $R_{\theta z}$, em que r pode ser visto como função de θ e z em toda a região. De fato, isolando r da desigualdade $r^2+z^2 \leq R^2$, obtém-se que

$$\widehat{Q} = \{(r,\theta,z); 0 < \theta < 2\pi,\ 0 \leq z \leq H \ \text{ e } \ 0 < r \leq \sqrt{R^2-z^2}\}$$

que é uma descrição pronta para a integração. Veja a figura acima. Por exemplo, o volume de Q é dado por

$$V = \iiint_Q dxdydz = \iiint_{\widehat{Q}} r\,drd\theta dz = \int_0^{2\pi}\int_0^H \left(\int_0^{\sqrt{R^2-z^2}} r\,dr\right) dzd\theta$$

$$= \frac{1}{2}\int_0^{2\pi}\left(\int_0^H (R^2-z^2)dz\right) d\theta = \frac{1}{2}\int_0^{2\pi}\left(R^2H - \frac{H^3}{3}\right) d\theta = \frac{\pi}{3}H(3R^2-H^2)$$

Como verificação, o volume de Q se anula se H for nulo, que é o caso em que o reservatório está vazio. Também, se o reservatório estiver cheiro, isto é, se $H = R$, então o volume é igual ao volume de um hemisfério, como esperado!

Considere agora o problema de calcular a energia potencial armazenada no reservatório, cálculo que pode ser feito como nos outros casos, primeiro fazendo um cálculo local, usando partições, e, depois, somando todos os resultados locais, por meio das somas de Riemann.

Para o cálculo local, deve-se lembrar que, se uma partícula de massa m está a uma altura h do solo, então a sua energia potencial é mgh, onde g é a aceleração da gravidade.

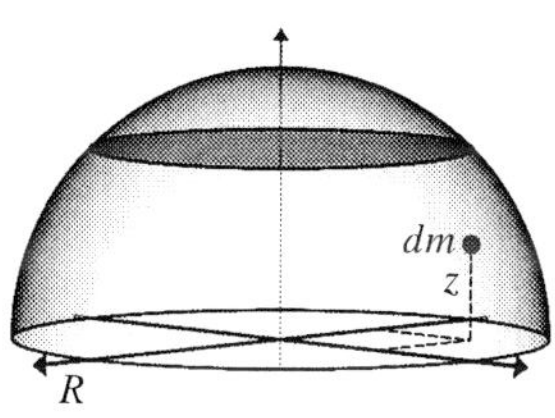

Considerando cada ponto (x,y,z) do reservatório como uma partícula de volume infinitesimal $dxdydz$ (usando partições), a massa do ponto é $dm = \delta_0 dxdydz$, onde δ_0 é a densidade da água.

Como o ponto (x,y,z) está a uma altura z do solo (o plano $\mathcal{O}xy$), a sua energia potencial é

$$dE = dm\,g\,z = g\,z\,\delta_0\,dxdydz$$

Somando-se todas essas energias infinitesimais (somas de Riemann), obtém-se que a energia total do reservatório é dada por

$$E = \iiint_Q g\,z\,\delta_0\,dxdydz = \iiint_{\widehat{Q}} g\,z\,\delta_0\,r\,drd\theta dz$$

$$= g\,\delta_0 \int_0^{2\pi}\int_0^H \left(\int_0^{\sqrt{R^2-z^2}} z\,r\,dr\right) dzd\theta = g\,\delta_0 \frac{1}{2}\int_0^{2\pi}\left(\int_0^H (R^2z-z^3)dz\right) d\theta$$

$$= g\,\delta_0 \frac{1}{2}\int_0^{2\pi}\left(R^2\frac{H^2}{2}-\frac{H^4}{4}\right) d\theta = \frac{\pi}{4}g\,\delta_0 H^2(2R^2-H^2)$$

Novamente, como verificação, a energia potencial é nula se o reservatório estiver vazio ($H = 0$). Também, não é difícil ver que $E = E(H)$ é uma função crescente da variável H, alcançando o valor máximo quando o reservatório estiver cheio ($H = R$), como esperado!

Uma boa pergunta é a seguinte: se toda a massa do reservatório estivesse concentrada em uma única partícula, a que altura essa partícula deveria estar para ter a mesma energia potencial do reservatório? Ora! Se a partícula estiver a uma altura h_0, a sua energia potencial é Mgh_0, onde $M = \delta_0 V$ é a massa do reservatório. Para que essa energia seja igual à do reservatório, deve-se ter

$$Mgh_0 = E = \iiint_Q g\, z\, \delta_0 \, dxdydz$$

Isolando h_0 e cancelando g, obtém-se que

$$h_0 = \frac{\iiint_Q z\, \delta_0 \, dxdydz}{\iiint_Q \delta_0 \, dxdydz}$$

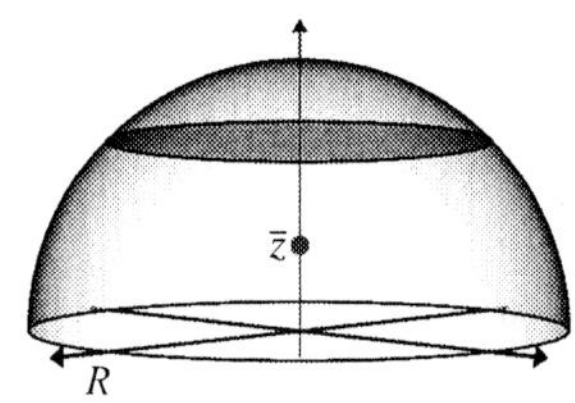

Surpresa! A expressão de h_0 é a da coordenada z do centro de massa. Assim, $h_0 = \bar{z}$.

Resumindo, a energia potencial do reservatório pode ser calculada concentrando toda a massa no seu centro de massa. Muito elegante!

Calculando, obtém-se que a expressão de h_0 é um pouco complicada:

$$h_0 = \frac{3}{4} H \frac{2R^2 - H^2}{3R^2 - H^2}$$

No entanto, como verificação, se o reservatório estiver cheio, com $H = R$, esse valor é $h_0 = 3R/8$, que coincide como o centro de massa de um hemisfério homogêneo. Muito bom.

Potencial gravitacional

O potencial gravitacional entre duas partículas é diretamente proporcional ao produto das massas e inversamente proporcional à distância entre elas. Por exemplo, se uma partícula está na origem, a outra em $P = (x, y, z)$ e as massas são m_1 e m_2, então o potencial é

$$V(P) = \frac{Gm_1 m_2}{\|P\|} = \frac{Gm_1 m_2}{\sqrt{x^2 + y^2 + z^2}}$$

onde G é a constante gravitacional. Calculando o gradiente de $V(P)$ obtém-se

$$\nabla V(P) = -\frac{Gm_1 m_2}{(x^2 + y^2 + z^2)^{3/2}}(x, y, z) = -\frac{Gm_1 m_2}{\|P\|^3} P \tag{9.8}$$

Assim, ∇V é a força gravitacional, e daí a importância do potencial.

No entanto, no cálculo do potencial entre dois corpos que não são partículas, como calcular a distância entre eles? No caso dos planetas, com simetria esférica, Newton mostrou que basta calcular a distância entre os centros de massa, e essa é a situação a ser estudada a seguir.

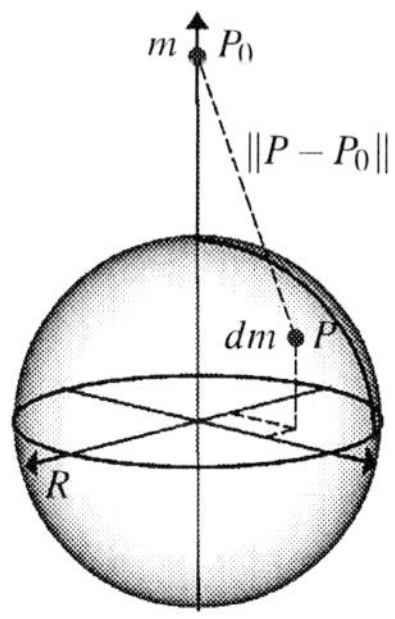

Suponha, então, que a Terra seja uma esfera de densidade δ_0 e raio R, e considere o problema de calcular o potencial gravitacional entre a Terra e um satélite de massa m e a uma altura H do centro de massa da Terra, com $H > R$.

É claro que cada ponto da Terra está a uma distância diferente do satélite, e o potencial gravitacional deve ser calculado considerando essas diferenças. Veja a figura ao lado.

Introduza coordenadas $\mathcal{O}xyz$ com o centro de massa da Terra na origem e o satélite em $P_0 = (0,0,H)$, e indique por Q a região ocupada pela Terra.

Usando uma linguagem abreviada, um elemento de volume $dxdydz$ em torno do ponto $P = (x,y,z) \in Q$ tem massa $dm = \delta_0 dxdydz$ e está a uma distância $\|P - P_0\| = \sqrt{x^2+y^2+(z-H)^2}$ do satélite. Segue-se que o potencial gravitacional gerado por esse ponto é

$$dV(P) = \frac{Gmdm}{\|P-P_0\|} = \frac{Gm\delta_0 dxdydz}{\sqrt{x^2+y^2+(z-H)^2}}$$

A grande vantagem da integral está em que, por meio das somas de Riemann, ela é capaz de somar todos esses potenciais infinitesimais $dV's$, resultando no potencial total entre a Terra e o satélite, que é dado por

$$V = \iiint_Q \frac{Gm\delta_0}{\sqrt{x^2+y^2+(z-H)^2}}\,dxdydz$$

Mais ainda, pode-se usar coordenadas esféricas para o cálculo do potencial: a Terra é a região $\hat{Q} = \{(\rho,\theta,\phi);\ 0 < \rho < R, 0 < \theta < 2\pi \ \text{ e } \ 0 < \phi < \pi\}$ em coordenadas esféricas, onde $x^2+y^2+z^2 = \rho^2$ e $z = \rho\cos(\phi)$. Daí se segue que

$$x^2+y^2+(z-H)^2 = x^2+y^2+z^2-2Hz+H^2 = \rho^2-2H\rho\cos(\phi)+H^2$$

Finalmente, usando a expressão do jacobiano $J(\rho,\theta,\phi) = \rho^2\operatorname{sen}(\phi)$ em coordenadas esféricas, segue-se que o potencial é dado por

$$V = \iiint_{\hat{Q}} \frac{Gm\delta_0\rho^2\operatorname{sen}(\phi)}{\sqrt{\rho^2-2H\rho\cos(\phi)+H^2}}\,d\rho d\theta d\phi$$

O cálculo desta integral pode ser feito notando que $-\cos(\phi)$ aparece no denominador, e a sua derivada $\text{sen}(\phi)$ aparece no numerador. Isso sugere calcular primeiro a integral em ϕ usando a mudança $u(\phi) = \rho^2 - 2H\rho\cos(\phi) + H^2$. Então $du = 2H\rho\,\text{sen}(\phi)\,d\phi$ e, além disso, $u(0) = \rho^2 - 2H\rho + H^2 = (\rho - H)^2$ e $u(\pi) = \rho^2 + 2H\rho + H^2 = (\rho + H)^2$. Daí se segue que

$$\begin{aligned}
\int_0^{\pi} \frac{Gm\delta_0\rho^2\,\text{sen}(\phi)}{\sqrt{\rho^2 - 2H\rho\cos(\phi) + H^2}}\,d\phi &= \frac{Gm\delta_0}{2H}\int_{u(0)}^{u(\pi)} \rho\, u^{-1/2}\,du \\
&= \frac{Gm\delta_0}{2H}\rho\, 2u^{1/2}\Big|_{(\rho-H)^2}^{(\rho+H)^2} \\
&= \frac{Gm\delta_0}{H}\rho(|\rho + H| - |\rho - H|) = \frac{Gm\delta_0}{H}2\rho^2
\end{aligned}$$

onde foi usado que $|\rho - H| = H - \rho$, pois $\rho < H$.

Pronto, essa foi a parte difícil! Daqui em diante o cálculo é trivial:

$$\begin{aligned}
V &= \iiint_{\widehat{Q}} \frac{Gm\delta_0\rho^2\,\text{sen}(\phi)}{\sqrt{\rho^2 - 2H\rho\cos(\phi) + H^2}}\,d\rho\, d\theta\, d\phi \\
&= \int_0^{2\pi}\int_0^{R}\left(\int_0^{\pi} \frac{Gm\delta_0\rho^2\,\text{sen}(\phi)}{\sqrt{\rho^2 - 2H\rho\cos(\phi) + H^2}}\,d\phi\right) d\rho\, d\theta \\
&= \int_0^{2\pi}\left(\int_0^{R}\frac{Gm\delta_0}{H}2\rho^2\,d\rho\right) d\theta = \frac{Gm}{H}\delta_0 2\frac{R^3}{3}\int_0^{2\pi} d\theta = \frac{Gm}{H}\delta_0\frac{4}{3}\pi R^3
\end{aligned}$$

Incrível! Nessa igualdade, $\frac{4}{3}\pi R^3$ é o volume e $M = \delta_0\frac{4}{3}\pi R^3$ é a massa da Terra. Assim, o potencial é igual a $V = GmM/H$, que é o mesmo entre duas partículas de massas m e M a uma distância H uma da outra. Foi isso o que Newton demonstrou, que o potencial pode ser calculado usando as distâncias entre os centros de massa. O impressionante é que ele fez isso sem as integrais!

Para a força gravitacional, é claro que $V = V(H)$ é uma função da altura H do satélite, e, por simetria, se o satélite estiver em $P = (x, y, z)$, o potencial é

$$V = V(P) = \frac{GMm}{\|P\|} = \frac{GMm}{\sqrt{x^2 + y^2 + z^2}}$$

Calculando o gradiente como em (9.8), obtém-se que $\nabla V(P) = -\frac{GMm}{\|P\|^3}P$ é a expressão da força gravitacional entre a Terra e o satélite. Assim, também a força pode ser calculada a partir da distância entre os centros de massa.

Exercícios

1) Considere a ampulheta dada pela rotação da função $y(z) = \cos(z) + 1 + h$ em torno do eixo $\mathcal{O}z$, com $0 \le z \le 2\pi$ e $h > 0$, de modo que a areia passa do compartimento superior para o inferior através de um orifício de raio h. Suponha que a areia ocupe todo o compartimento superior no instante $t = 0$, e que o volume de areia que passa pelo orifício até o instante $t > 0$ seja igual a $\pi^2 t h^2$. Indique por $T = T(h)$ o tempo que a areia leva para passar de um compartimento para o outro, e por (r, θ, z) as coordenadas cilíndricas da ampulheta. Julgue os itens a seguir.

C | E a) A coordenada r está em um intervalo que depende apenas de z.

C | E b) Em coordenadas cilíndricas, a ampulheta corresponde a um sólido de base quadrada.

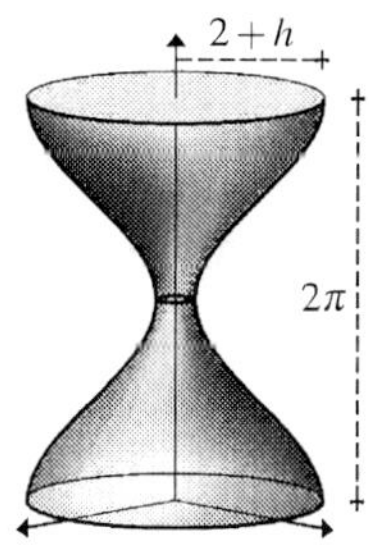

C | E c) Em termos de h, o volume da areia é igual a $\pi^2(9/2 + 4h + h^2)$

C | E d) $T(1)$ é maior do que 4.

C | E e) Se $T(h) = 3$, então $h > 2$.

2) Considere uma antena parabólica com 2 m de raio e 2 m de altura, cuja forma é a de rotação de uma parábola em torno do eixo $\mathcal{O}z$, conforme ilustra a figura a seguir. Suponha que a antena esteja inclinada em 45°, de modo que a vertical fique representada pelo vetor $N = (0, -1, 1)$. Nesse caso, a antena pode acumular água da chuva, e indique por Q a maior região que pode ser ocupada pela água.

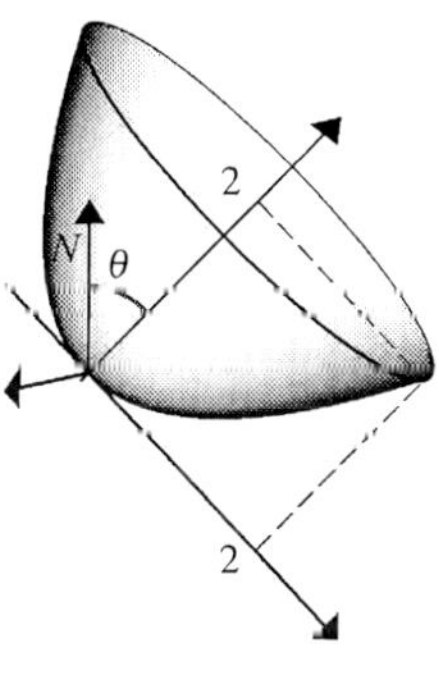

a) Determine o domínio e a função $f\colon D \to \mathbb{R}$ de modo que a antena possa ser descrita como o gráfico de f.

b) Determine a equação do plano que é ortogonal a N e que passa pelo ponto $(0, 2, 2)$.

c) Descreva Q em coordenadas cartesianas.

d) Descreva Q em coordenadas cilíndricas.

e) Calcule o volume de Q.

3) A atmosfera alcança cerca de 100×10^3 m e tem massa aproximada de $5,1 \times 10^{18}$ kg. Suponha a Terra esférica de raio R m e denote por Q a região da atmosfera situada entre o nível do solo e um altura de h_0 m. Suponha ainda que

a densidade nessa região, em kg/m^3 e na altura de h m, possa ser aproximada pela função $\delta(h) = a - b(R+h)$, em que a e b são constantes apropriadas.

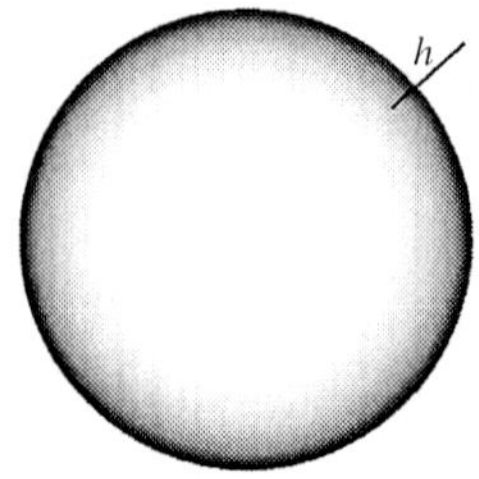

a) Obtenha a expressão da região Q em coordenadas cartesianas.

b) Obtenha a expressão da região Q em coordenadas esféricas.

c) Calcule a massa M de Q em termos das constantes a, b, R e h_0.

d) Suponha agora $R = 6.370 \times 10^3$ e $h_0 = 3 \times 10^3$. Então as constantes $a = 619,09$ e $b = 9,7 \times 10^{-5}$ fornecem um bom modelo para a densidade. Verificar que, neste caso, M é maior do que $1,5 \times 10^{18}$.

e) Nas condições acima verifique que, apesar de a altura de Q ser de 3% da altura total, essa região concentra mais de 30% da massa da atmosfera.

4) O campo elétrico $E(P)$ gerado por uma bola uniforme de raio R com carga total q é dado por $E(P) = \dfrac{q}{4\pi\varepsilon_0 R^3}P$ se $\|P\| \le R$ e por $E(P) = \dfrac{q}{4\pi\varepsilon_0 \|P\|^3}P$ se $\|P\| > R$, onde $P = (x,y,z)$ é um ponto genérico de $\mathbb{R}^3$. A energia potencial U correspondente a esse campo, que é o trabalho requerido para agrupar as cargas, pode ser calculada por meio da integral

$$U = \frac{\varepsilon_0}{2}\iiint_{\mathbb{R}^3} \|E(x,y,z)\|^2\,dxdydz$$

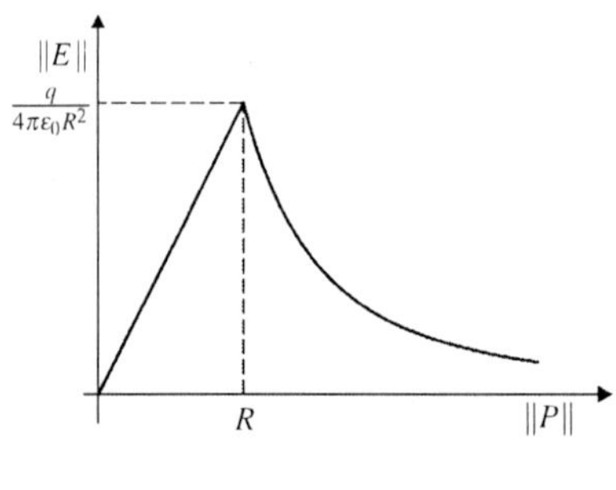

a) Encontre a expressão de $\|E(P)\|^2$ nos casos em que $\|P\| \le R$ e $\|P\| > R$.

b) Expresse o resultado acima em coordenadas esféricas.

c) Calcule $\frac{\varepsilon_0}{2}\iiint_{B_R} \|E(x,y,z)\|^2\,dxdydz$, onde B_R é a bola de raio R.

d) Calcule $\frac{\varepsilon_0}{2}\iiint_{Q_a} \|E(x,y,z)\|^2\,dxdydz$ onde $Q_a = \{P \in \mathbb{R}^3;\ R < \|P\| < a\}$. Em seguida, passando o limite com $a \to \infty$, calcule a energia total U.

e) A energia de um sistema de duas cargas de magnitude $q/2$ separadas por uma distância d é $q^2/16\pi\varepsilon_0 d$. Determine d para que a energia deste sistema seja igual à energia U.

Green, Gauss, Stokes

10. Integrais de linha

Integrais de linha - I

Depois das derivadas parciais e das integrais múltiplas, o próximo passo é estudar a relação entre esses dois conceitos. No caso de uma variável, essa relação é o Teorema Fundamental Cálculo; no caso de várias variáveis, recebe os nomes de Teorema de Green, de Gauss ou de Stokes.

Lembrando: teorema fundamental do Cálculo

De início vale lembrar alguns conceitos bem familiares.

Para calcular a integral de uma função $f\colon [a,b] \to \mathbb{R}$, basta determinar uma primitiva, isto é, uma função $F(t)$ tal que $F'(t) = f(t)$ $\forall\, t \in (a,b)$. Nesse caso, segundo o Teorema Fundamental do Cálculo, a integral é dada por

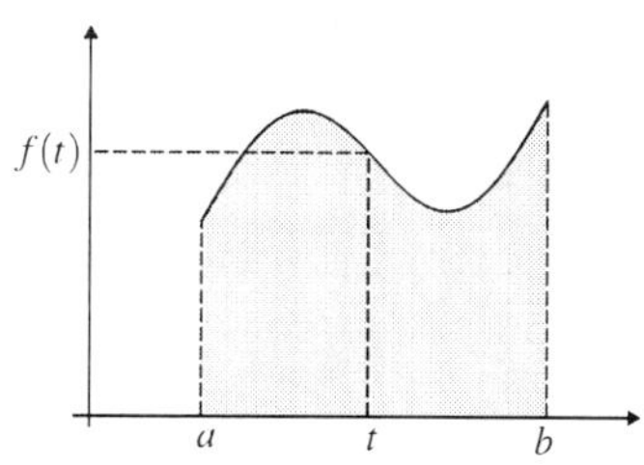

$$\int_a^b f(t)\,dt = F(b) - F(a)$$

O conjunto $\{a,b\}$ dos pontos extremos é dito o bordo do intervalo, e é comum a notação $\partial[a,b] = \{a,b\}$ para indicar esse bordo.O curioso da igualdade acima é que a integral depende do valor da função f ao longo de todo o intervalo $[a,b]$, enquanto que a diferença $F(b) - F(a)$ depende apenas dos valores da função F sobre o bordo do intervalo. É mesmo interessante!

A pergunta agora é bem natural: haveria um análogo do Teorema Fundamental para o caso de funções de duas variáveis?

Considere então $D \subset \mathbb{R}^2$ e $f\colon D \to \mathbb{R}$ uma função dada. Como se aumentou uma dimensão no domínio, aumentou-se também uma dimensão no bordo ∂D, que agora passa a ser uma curva no plano $\mathscr{O}xy$, como ilustra a figura abaixo.

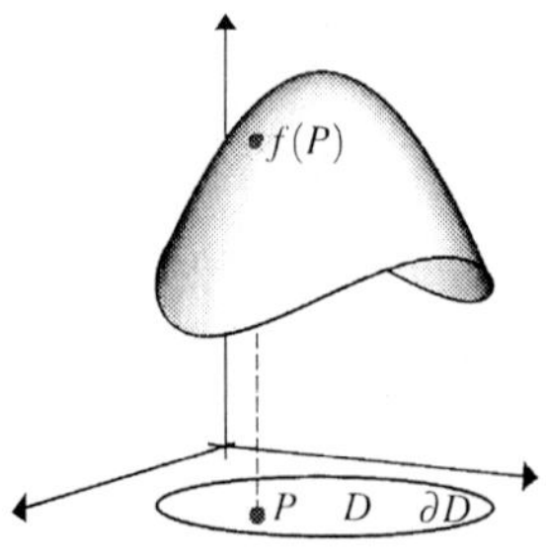

O análogo do Teorema Fundamental seria relacionar a integral dupla $\iint_Q f(x,y)\,dxdy$ com a soma dos valores de uma outra função F definida apenas no bordo ∂D do domínio.

Ora! A soma dos valores de uma função definida em um conjunto é igual à integral da função sobre o conjunto. Assim, o primeiro passo para se generalizar o Teorema Fundamental é estudar integrais de funções definidas sobre curvas.

Essas são as integrais de linha estudadas a seguir.

Integrais de linha de 1ª espécie

Como motivação, considere o problema de calcular a massa de um fio que corresponda ao intervalo $[a,b]$ e com densidade linear $\widehat{\delta}\colon [a,b] \to \mathbb{R}$ conhecida.

Como sempre, a ideia é dividir o intervalo $[a,b]$ com uma partição $\mathscr{P} = \{a = t_0 < t_1 \cdots < t_n = b\}$. Aproximando a densidade em $[t_{i-1}, t_i]$ pelo valor de $\widehat{\delta}(t_{i-1})$, a massa desse intervalo é aproximadamente $\widehat{\delta}(t_{i-1})\Delta t_i$, onde $\Delta t_i = t_i - t_{i-1}$ é o comprimento do intervalo. Somando essas aproximações, obtém-se a soma de Riemann $\sum_{i=1}^{n} \widehat{\delta}(t_{i-1})\Delta t_i$, que é uma aproximação para a massa do fio, aproximação tão melhor quanto menor forem os Δt_i.

É claro, então, que a massa do fio é dada por

$$\int_a^b \widehat{\delta}(t)\,dt = \lim_{\|\mathscr{P}\| \to 0} \sum_{i=1}^{n} \widehat{\delta}(t_{i-1})\Delta t_i$$

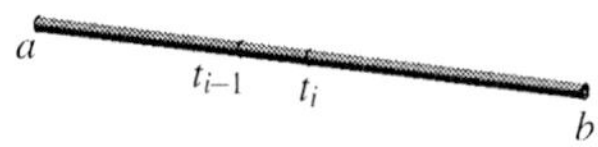

Ótimo. Isso resolve o problema no caso em que o fio é reto. Mas suponha agora que, como ilustrado a seguir, o fio corresponda à imagem de uma parametrização $P(t) = (x(t), y(t), z(t))$, com $t \in [a,b]$ e densidade conhecida $\delta(P(t))$ no ponto $P(t)$. Então, como calcular a massa desse fio?

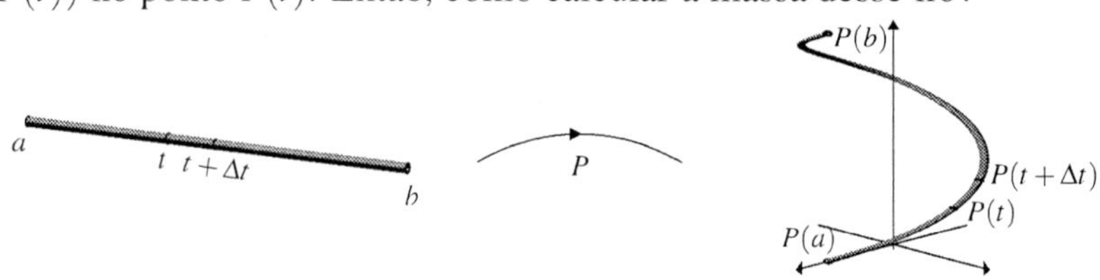

Como já se sabe calcular a massa no caso de um intervalo, a pergunta pode ser reformulada assim: como obter uma densidade $\widehat{\delta}$ no intervalo $[a,b]$ de modo que, com essa densidade, o intervalo tenha a mesma massa do fio?

Ora, essa é uma pergunta familiar, e o segredo da resposta está em comparar tamanhos no domínio e na imagem. De fato, supondo que a parametrização tenha vetor velocidade

$$\lim_{\Delta t \to 0} \frac{P(t+\Delta t) - P(t)}{\Delta t} = P'(t)$$

obtém-se a aproximação $P(t+\Delta t) - P(t) \approx P'(t)\Delta t$ para Δt é pequeno. Assim, o comprimento do fio entre $P(t)$ e $P(t+\Delta t)$ pode ser aproximado por

$$\|P(t+\Delta t) - P(t)\| \approx \|P'(t)\|\Delta t$$

Pronto! Aí está a comparação procurada: o comprimento entre $P(t)$ e $P(t+\Delta t)$ é, aproximadamente, o comprimento de $[t, t+\Delta t]$ multiplicado pelo fator $\|P'(t)\|$. Assim, para as integrais de linha, esse fator desempenha um papel semelhante ao que o jacobiano desempenha para as mudanças de coordenadas.

Voltando ao cálculo da massa, divida o intervalo $[a,b]$ com uma partição $\mathscr{P} = \{a = t_0 < t_1 \cdots < t_n = b\}$ e suponha que a densidade entre $P(t_{i-1})$ e $P(t_i)$ seja aproximada por $\delta(P(t_{i-1}))$. Então, como $t_i = t_{i-1} + \Delta t_i$, o comprimento do fio entre $P(t_{i-1})$ e $P(t_i)$ é aproximadamente

$$\|P(t_i) - P(t_{i-1})\| \approx \|P'(t_{i-1})\|\Delta t_i$$

Multiplicando pela densidade, a massa entre $P(t_{i-1})$ e $P(t_i)$ é aproximadamente

$$\delta(P(t_{i-1}))\|P'(t_{i-1})\|\Delta t_i = \widehat{\delta}(t_{i-1})\Delta t_i$$

onde foi usada a notação $\widehat{\delta}(t) = \delta(P(t))\|P'(t)\|$. Ora, $\widehat{\delta}(t_{i-1})\Delta t_i$ é a massa do intervalo $[t_{i-1}, t_i]$ se for escolhida a densidade $\widehat{\delta}$ em $[a,b]$. Assim, essa é a escolha que faz com que, localmente, as massas do domínio e da imagem sejam aproximadamente iguais. É também a escolha que faz com que as massas totais sejam as mesmas! De fato, as massas totais, do fio e do intervalo, podem ser aproximadas pelas somas de Riemann

$$\sum_{i=1}^{n} \delta(P(t_{i-1}))\|P'(t_{i-1})\|\Delta t_i = \sum_{i-1}^{n} \widehat{\delta}(t_{i-1})\Delta t_i$$

aproximações tão melhores quanto menores forem os Δt_i. Passando o limite com $\|\mathscr{P}\| \to 0$, é claro, então, que as massas são dadas por

$$\int_a^b \delta(P(t))\|P'(t)\|\,dt = \int_a^b \widehat{\delta}(t)\,dt$$

▪ **Exemplo 10.1** Calcule a massa do fio de parametrização $P(t) = (\cos(t), \operatorname{sen}(t), t)$ com densidade $\delta(P(t)) = \|P(t)\|^2$, $t \in [0, 2\pi]$. ▪

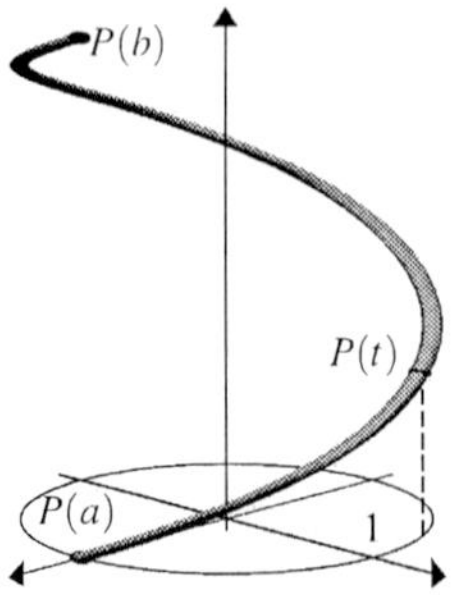

Solução. O fio está ilustrado ao lado, e de lá se percebe que a sua projeção sobre o plano $\mathscr{O}xy$ é um círculo de raio 1. A componente vertical é o próprio parâmetro t, que alcança a altura 2π ao longo do eixo $\mathscr{O}z$. Em razão desta forma, o fio é conhecido como uma *hélice*.

A massa é fácil de calcular, pois $P'(t) = (-\operatorname{sen}(t), \cos(t), 1)$ tem norma constante $\|P'(t)\| = \sqrt{2}$. Além disso, como $\delta(P(t)) = \|P(t)\|^2 = 1 + t^2$, segue-se que

$$M = \int_0^{2\pi} \delta(P(t))\|P'(t)\|\,dt = \int_0^{2\pi} (1+t^2)\sqrt{2}\,dt$$

$$= \sqrt{2}\left(2\pi + \frac{(2\pi)^3}{3}\right) = \frac{2\pi\sqrt{2}}{3}\left(3+4\pi^2\right) \qquad \square$$

Com densidade 1 a massa coincide com o comprimento, que é dado por $\int_a^b \|P'(\tau)\|\,d\tau$. Em particular, o comprimento entre $P(a)$ e $P(t)$ é dado por

$$s(t) = \int_a^t \|P'(\tau)\|\,d\tau$$

A figura anterior ilustra essa igualdade. A derivada desta função é

$$\frac{d}{dt}s(t) = \|P'(t)\|$$

e usa-se a notação $ds = \|P'(t)\|\,dt$, que é o elemento comprimento de arco do caminho. Essa notação significa que uma pequena variação dt no comprimento do domínio provoca uma variação $ds = \|P'(t)\|\,dt$ no comprimento da imagem.

Em geral, dada uma parametrização $P(t) = (x(t), y(t), z(t))$, com $t \in [a,b]$, indica-se por C a sua imagem, e diz-se que C é o caminho de parametrização $P(t)$. Uma boa comparação está em supor que C representa uma estrada e $P(t)$ uma maneira particular de percorrer essa estrada.

Em vários argumentos é importante que o elemento comprimento de arco $ds = \|P'(t)\|\,dt$ esteja definido e não se anule. Nesse caso, segundo a próxima definição, a parametrização é dita regular.

Definição 10.1 A parametrização $P(t) = (x(t), y(t), z(t))$, $t \in [a,b]$, do caminho C é dita regular se tem vetor velocidade $P'(t) = (x'(t), y'(t), z'(t))$ contínuo e, além disso, $\|P'(t)\|$ não se anula para todo $t \in [a,b]$.

Se $P(t)$ é uma parametrização regular de um caminho C, usa-se a notação

$$\int_C f\,ds = \int_a^b f(P(t))\|P'(t)\|\,dt$$

para indicar a integral de f sobre C, integral que é dita a integral de linha de $1^{\underline{a}}$ espécie de f sobre C. Por exemplo, se f for a densidade, então a integral é a massa. Mas a integral pode ter outros significados, como se verá a seguir.

■ **Exemplo 10.2** Calcule o centro de massa do fio do **Exemplo 10.1**. ■

Solução. O primeiro passo é, a partir de um comprimento infinitesimal $ds = \|P'(t)\|\,dt$ em torno do ponto $P(t)$, determinar a massa infinitesimal

$$\delta\,ds = \delta(P(t))\|P'(t)\|\,dt$$

O próximo passo é determinar o momento de massa desse ponto em relação aos três planos coordenados. Por exemplo, para o momento de massa em relação ao plano $\mathcal{O}yz$, deve-se calcular a distância x do ponto $P(t) = (\cos(t), \text{sen}(t), t)$ a este plano. Mas é claro que essa distância é dada por $x = x(t) = \cos(t)$. Multiplicando essa distância pela massa $\delta\,ds$, obtém-se que o momento de massa do ponto $P(t)$ em relação ao plano $\mathcal{O}yz$ é dado por

$$x\delta\,ds = x(t)\delta(P(t))\|P'(t)\|\,dt$$

O último passo é somar todos esses momentos ao longo de C. A rigor essa soma deveria ser feita por meio das somas de Riemann. Mas esses passos já são conhecidos, e é claro que a soma de todos os momentos é dada pela integral

$$\int_C x\delta\,ds = \int_0^{2\pi} x(t)\delta(P(t))\|P'(t)\|\,dt$$

Ótimo. Essa é outra interpretação das integrais de linha de $1^{\underline{a}}$ espécie: podem ser usadas para calcular o momento de massa do caminho em relação a um dos planos coordenados. Serve também para calcular as coordenadas do centro de massa, que, no caso da coordenada $\overline{x}$, é dado por

$$\overline{x} = \frac{\int_C x\delta\,ds}{\int_C \delta\,ds}$$

onde a massa $\int_C \delta\,ds$ foi calculada no **Exemplo 10.1**. A outra integral, dada por

$$\int_C x\delta\,ds = \int_0^{2\pi} x(t)\delta(P(t))\|P'(t)\|\,dt = \int_0^{2\pi} \cos(t)(1+t^2)\sqrt{2}\,dt$$

é um pouco trabalhosa de calcular, em razão do fator t^2. Mas ela pode ser calculada usando integração por partes, e é igual a $\int_C x\delta\, ds = 4\pi\sqrt{2}$. Juntando as peças do quebra-cabeça e simplificando, obtém-se que

$$\overline{x} = \frac{6}{3+4\pi^2} \approx 0,1412$$

As outras coordenadas são calculadas de forma análoga, e são dadas por

$$\overline{y} = \frac{-6\pi}{3+4\pi^2} \approx -0,4437 \text{ e } \overline{z} = \frac{3\pi(1+2\pi^2)}{3+4\pi^2} \approx 4,6014$$

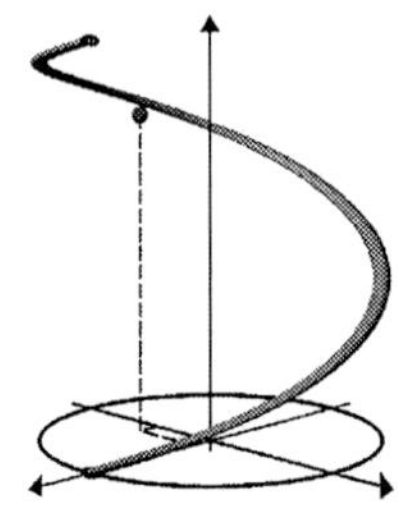

A figura ao lado ilustra essas coordenadas, e parece estranho que $\overline{z}$ seja tão alto. Mas isso se deve a que a densidade é maior em pontos afastados da origem, deslocando o centro de massa para cima. □

▪ **Exemplo 10.3** Calcule o comprimento da curva de equação $x^{2/3} + y^{2/3} = a^{2/3}$. ▪

Solução. A curva está ilustrada na figura abaixo, e é conhecida como uma hipocicloide. O comprimento pode ser calculado das maneiras indicadas a seguir.

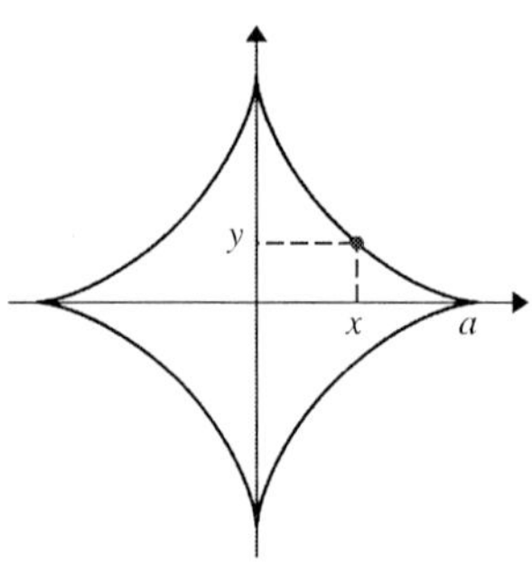

Solução 1. Indique por C a parte da hipocicloide que está no primeiro quadrante. Por simetria, o comprimento total é quatro vezes o comprimento de C. Além disso, C é o gráfico da função

$$y = f(x) = (a^{2/3} - x^{2/3})^{3/2} \quad \text{com} \quad x \in [0,a]$$

gráfico parametrizado por $P(x) = (x, f(x))$, com $x \in [0,a]$. Veja a figura ao lado.

O vetor velocidade é $P'(x) = (1, f'(x))$ e, portanto, o comprimento de C é

$$\int_C ds = \int_0^a \|P'(x)\| dx = \int_0^a \sqrt{1+f'(x)^2}\, dx$$

igualdade que é bem conhecida nos cursos de Cálculo em uma variável.

Em geral, e em razão da raiz no integrando, o cálculo do comprimento de curvas não é muito simples. No entanto, para a hipocicloide, os cálculo ficam fáceis. De fato, como $f'(x) = -(a^{2/3} - x^{2/3})^{1/2} x^{-1/3}$, segue-se que

$$1 + f'(x)^2 = 1 + (a^{2/3} - x^{2/3})x^{-2/3} = a^{2/3}x^{-2/3} = (a^{1/3}x^{-1/3})^2$$

É fácil então extrair a raiz e obter que

$$\int_C ds = \int_0^a \sqrt{1+f'(x)^2}\,dx = \int_0^a a^{1/3}x^{-1/3}\,dx = \frac{3}{2}a$$

Esse é o comprimento de $1/4$ da hipocicloide. O comprimento total é $6a$.

Solução 2. Com a mudança $u = x^{1/3}$ e $v = y^{1/3}$, a equação da hipocicloide

$$(a^{1/3})^2 = a^{2/3} = x^{2/3} + y^{2/3} = (x^{1/3})^2 + (y^{1/3})^2 = u^2 + v^2$$

transforma-se na equação de um círculo de raio $a^{1/3}$, círculo que pode ser parametrizado por $u(t) = a^{1/3}\cos(t)$ e $v(t) = a^{1/3}\,\mathrm{sen}(t)$ com $t \in [0, 2\pi]$. Voltando às variáveis x e y, obtém-se que a hipocicloide pode ser parametrizada por

$$P(t) = \left(a\cos^3(t),\ a\,\mathrm{sen}^3(t)\right),\quad t \in [0, 2\pi]$$

Essa parametrização é curiosa porque, apesar da hipocicloide ter "bicos", ou pontos onde não tem reta tangente, a parametrização é derivável em todos os pontos $t \in [0, 2\pi]$. No entanto, *não* é uma parametrização regular, pois

$$\begin{aligned} P'(t) &= \left(-3a\cos^2(t)\,\mathrm{sen}(t), 3a\,\mathrm{sen}^2(t)\cos(t)\right) \\ &= 3a\,\mathrm{sen}(t)\cos(t)\,(-\cos(t), \mathrm{sen}(t)) \end{aligned}$$

é tal quadrante $\|P'(t)\| = 3a|\,\mathrm{sen}(t)\cos(t)|$ se anula nos pontos $t \in [0, 2\pi]$ que são múltiplos de $\pi/2$. Vale então restringir a hipocicloide ao primeiro quadrante, e considerar valores de $t \in (0, \pi/2)$. Nesse intervalo, o comprimento é

$$\int_0^{\pi/2} \|P'(t)\|\,dt = 3a\int_0^{\pi/2} \mathrm{sen}(t)\cos(t)\,dt = a\frac{3}{2}\,\mathrm{sen}^2(t)\Big|_0^{\pi/2} = \frac{3}{2}a$$

que é o mesmo valor obtido na solução anterior. □

Esse exemplo ilustra a importância de verificar se a parametrização é de fato regular. Do contrário, um cálculo desatento poderia concluir que o comprimento seria

$$\int_0^{2\pi} \|P'(t)\|\,dt = 3a\int_0^{2\pi} \mathrm{sen}(t)\cos(t)\,dt = a\frac{3}{2}\,\mathrm{sen}^2(t)\Big|_0^{2\pi} = 0$$

o que não faz sentido!

Integrais de linha - II

Além do comprimento e da massa, as integrais de linha podem ser usadas para calcular o trabalho de uma força ao longo de uma trajetória, ou a diferença de potencial gerado por um campo elétrico ao longo de um circuito. Mas, antes, vale estudar algumas propriedades básicas dessas integrais.

Lembrando: mudança de variáveis em integrais simples

Em uma parametrização regular $P\colon [a,b] \to \mathbb{R}^3$, o comprimento de arco compara pequenos tamanhos dt do domínio como os respectivos tamanhos $ds = \|P'(t)\|dt$ da imagem. Assim, o comprimento de arco desempenha um papel semelhante ao do jacobiano $dxdy = |J(r,\theta)|drd\theta$ em coordenadas polares.

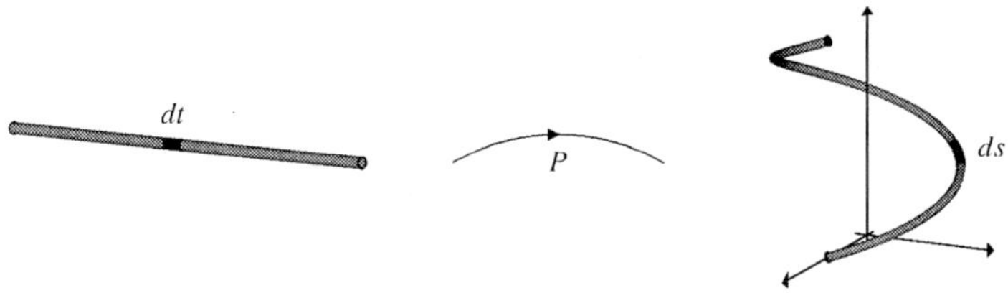

No entanto, chama a atenção um fato curioso. Todas as comparações de tamanho envolvem números positivos. Afinal, tamanhos são sempre positivos. Mas isso não acontece na mudança de variáveis das integrais simples! De fato, com uma mudança $x = g(t)$, usa-se a comparação $dx = g'(t)dt$ sem a menor cerimônia, mesmo que $g'(t)$ seja negativa.

O que explica essa curiosidade é o fato da integral simples ser orientada, no sentido de que $\int_b^a f(x)\,dx = -\int_a^b f(x)\,dx$. Veja os detalhes no lema a seguir.

Lema 10.1 Sejam $f\colon [a,b] \to \mathbb{R}$ uma função contínua e $g\colon [c,d] \to [a,b]$ uma função de classe C^1 tal que $g'(t) \neq 0$ para todo $t \in [c,d]$. Então

$$\int_a^b f(x)\,dx = \int_c^d f(g(t))|g'(t)|\,dt$$

■

Demonstração. Como $g'(t)$ não se anula, ela também não muda de sinal. Assim, ou $g'(t) > 0$ ou $g'(t) < 0$ ao longo de todo o intervalo $[c,d]$.

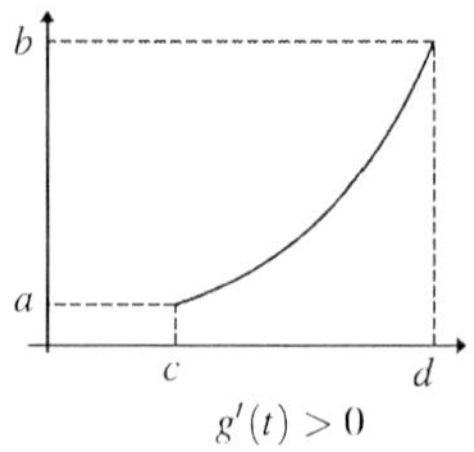

$g'(t) > 0$

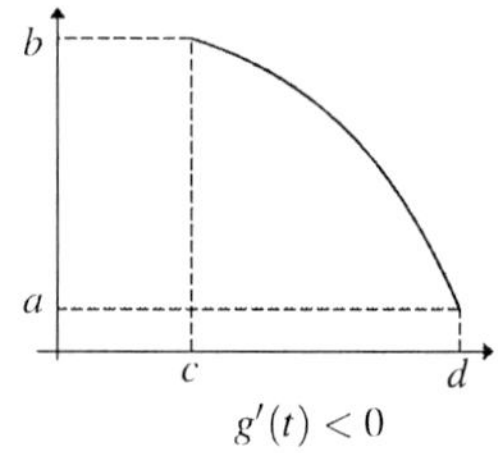

$g'(t) < 0$

No caso em que $g'(t) > 0$ não tem muito o que fazer, pois $|g'(t)| = g'(t)$ e g preserva a orientação, no sentido de que, quanto t percorre o intervalo $[c, d]$ de c para d, a imagem $x = g(t)$ percorre o intervalo $[a, b]$ de a para b.

Assim, $a = g(c)$ e $b = g(d)$, e, usando a mudança em integrais simples já vista anteriormente, segue-se que

$$\int_a^b f(x)\,dx = \int_c^d f(g(t))g'(t)\,dt = \int_c^d f(g(t))|g'(t)|\,dt$$

No caso em que $g'(t) < 0$, tem-se que $|g'(t)| = -g'(t)$, e a função g inverte a orientação dos intervalos, no sentido de que, quando t percorre o intervalo $[c, d]$ de c para d, a imagem $x = g(t)$ percorre o intervalo $[a, b]$ de b para a. Veja a figura acima. Assim, $a = g(d)$ e $b = g(c)$, e usando mais uma vez a mudança já vista anteriormente, obtém-se que

$$\begin{aligned}\int_a^b f(x)\,dx &= \int_d^c f(g(t))g'(t)\,dt - -\int_c^d f(g(t))g'(t)\,dt \\ &= \int_c^d f(g(t))(-g'(t))\,dt = \int_c^d f(g(t))|g'(t)|\,dt\end{aligned}$$

Resumindo, a igualdade $\int_a^b f(x)\,dx = \int_c^d f(g(t))|g'(t)|\,dt$ vale em qualquer caso. Assim, se mantidas as orientações dos intervalos, pode-se usar a comparação $dx = |g'(t)|\,dt$, que inclui o módulo como nos outros casos. □

Reparametrização de caminhos

Um caminho pode ser parametrizado de diferentes maneiras, da mesma forma que uma estrada pode ser percorrida de várias maneiras. Então, para medir o comprimento da estrada, deve-se fazer o percurso, mas é claro que o comprimento não depende da forma particular em que o percurso é feito.

É isso que será mostrado a seguir.

Por exemplo, considere o caminho C correspondente ao semicírculo superior de equação $x^2 + y^2 = R^2$ com $y \geq 0$. Como C é o gráfico da função $f(x) = \sqrt{R^2 - x^2}$, é claro que ele pode ser parametrizado por $P(x) = (x, f(x))$, com $x \in [-R, R]$.

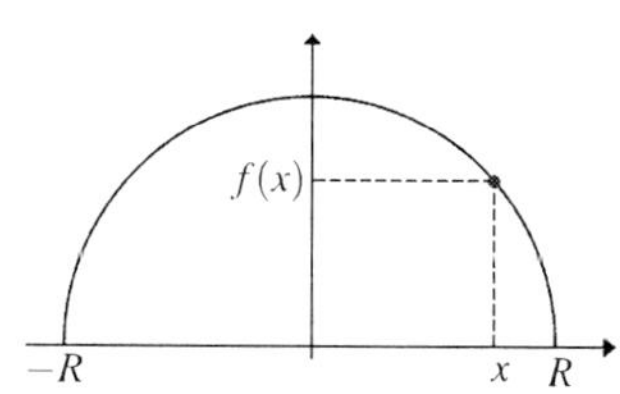

O vetor velocidade é então $P'(x) = (1, f'(x))$ e, calculando, obtém-se que

$$ds = \|P'(x)\|\,dx = \frac{R}{\sqrt{R^2 - x^2}}\,dx$$

que não é fácil de ser integrado. Mas C pode ser reparametrizado de forma a que o novo elemento comprimento de arco seja muito fácil de ser integrado.

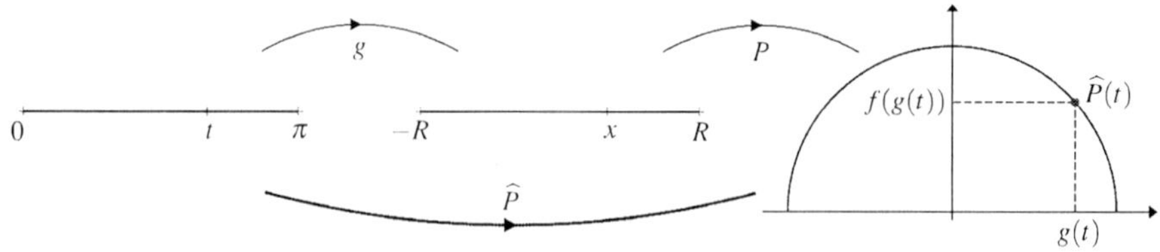

De fato, seja $g\colon [0,\pi] \to [-R,R]$ a mudança $g(t) = R\cos(t)$. É uma mudança que inverte a orientação dos intervalos, pois a derivada $g'(t) = -R\,\mathrm{sen}(t)$ é negativa para todo $t \in (0,\pi)$. Apesar disso, é uma mudança conveniente, pois permite definir uma nova parametrização $\widehat{P}$ de C dada pela composta

$$\widehat{P}(t) = P(g(t)) = \left(g(t), \sqrt{R^2 - g(t)^2}\right) = (R\cos(t), R\,\mathrm{sen}(t))$$

Surpresa! A composta $\widehat{P}$ é a parametrização de C em coordenadas polares. Pela regra da cadeia, o vetor velocidade desta nova parametrização é

$$\widehat{P}'(t) = P'(g(t))g'(t) = (1, f'(g(t)))g'(t) = (-R\,\mathrm{sen}(t), R\cos(t))$$

e, portanto, $\|\widehat{P}'(t)\| = R$. Assim, como esperado, o comprimento de C é

$$\int_C ds = \int_0^\pi \|\widehat{P}'(t)\|\,dt = \int_0^\pi R\,dt = \pi R$$

Desses cálculos vem uma pergunta interessante. O comprimento é calculado usando uma parametrização. Mas, se o caminho admite várias parametrizações, qual delas usar para calcular o comprimento? De acordo com o resultado abaixo, pode-se usar qualquer uma: todas levam ao mesmo comprimento.

Teorema 10.1 — Independência da parametrização. Suponha duas parametrizações regulares $P\colon [a,b] \to \mathbb{R}^2$ e $\widehat{P}\colon [c,d] \to \mathbb{R}^2$ do caminho C e $f\colon C \to \mathbb{R}$ uma função contínua. Então

$$\int_c^d f(\widehat{P}(t))\|\widehat{P}'(t)\|\,dt = \int_a^b f(P(x))\|P'(x)\|\,dx$$

Demonstração. Escolhendo-se uma mudança de coordenadas apropriada $g\colon [c,d] \to [a,b]$, pode-se supor que $\widehat{P}(t) = P(g(t))$, como ilustra a figura anterior. Então, pela regra da cadeia, $\widehat{P}'(t) = P'(g(t))g'(t)$, e daí que $\|\widehat{P}'(t)\| = \|P'(g(t))\|\,|g'(t)|$. Usando agora o **Lema 10.1** com a mudança $x = g(t)$, tem-se que $dx = |g'(t)|\,dt$, e, portanto,

$$\begin{aligned}\int_a^b f(P(x))\|P'(x)\|\,dx &= \int_c^d f(P(g(t)))\|P'(g(t))\|\,|g'(t)|\,dt \\ &= \int_c^d f(\widehat{P}(t))\|\widehat{P}'(t)\|\,dt\end{aligned}$$

□

■ **Exemplo 10.4** Calcule o centro de massa do semicírculo de equação $x^2+y^2=R^2$, com $y \geq 0$, e com densidade constante δ_0. ■

Solução. Indicando por C o caminho, o comprimento πR de C já foi calculado acima. Como a densidade é constante, a massa é $M=\pi R\delta_0$.

Por simetria é claro que $\overline{x}=0$. Para $\overline{y}$, escolhendo a parametrização $\widehat{P}(t)=(R\cos(t),R\,\mathrm{sen}(t))$, com $t\in[0,\pi]$, tem-se que $\|\widehat{P}'(t)\|=R$. Logo

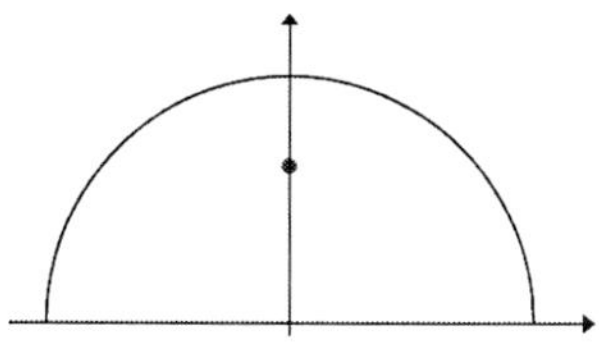

$$\int_C y\delta_0\,ds=\int_0^{\pi} R\,\mathrm{sen}(t)\delta_0 R\,dt=2R^2\delta_0$$

e, portanto, $\overline{y}=\frac{1}{M}\int_C y\delta_0\,ds=2R/\pi$. A figura ao lado ilustra o ponto $(\overline{x},\overline{y})$. □

Como um exercício, vale repetir esses cálculos usando a parametrização $P(x)=(x,\sqrt{R^2-x^2})$ de C.

Componente tangencial da força

Para ser usado logo a seguir, considere o problema de calcular a componente tangencial de uma força que atua no deslocamento de uma partícula. Esses cálculos já foram feitos antes, mas vale lembrá-los rapidamente.

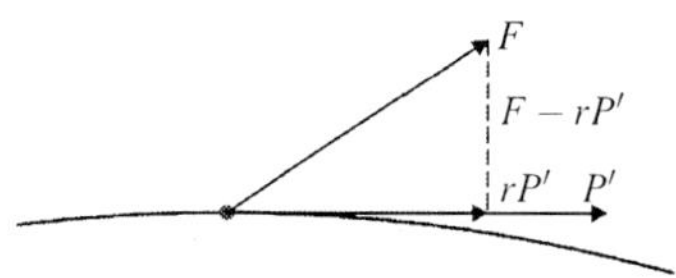

De acordo com a figura, a projeção ortogonal da força F sobre o vetor P' é o vetor rP', onde r deve ser escolhido de modo que $F-rP'$ seja ortogonal a P'. Para isso, basta notar que esses vetores são ortogonais se, e só se,

$$0=\langle F-rP',P'\rangle=\langle F,P'\rangle-r\langle P',P'\rangle$$

Usando que $\langle P',P'\rangle=\|P'\|^2$ e isolando r, obtém-se que $r=\frac{\langle F,P'\rangle}{\|P'\|^2}$. Assim,

$$rP'=\frac{\langle F,P'\rangle}{\|P'\|^2}P'=\left\langle F,\frac{P'}{\|P'\|}\right\rangle\frac{P'}{\|P'\|}$$

Esta é a componente tangencial da força. Como $\frac{P'}{\|P'\|}$ é unitário, a intensidade da componente é $\|rP'\|=|\langle F,\frac{P'}{\|P'\|}\rangle|$. Outro aspecto importante é o sinal do número $\langle F,\frac{P'}{\|P'\|}\rangle$, que é o mesmo sinal de r. Ele indica o sentido da componente em relação ao vetor velocidade: se positivo, a componente tem o mesmo sentido de P'; se negativo, tem sentido contrário. Veja as figuras a seguir

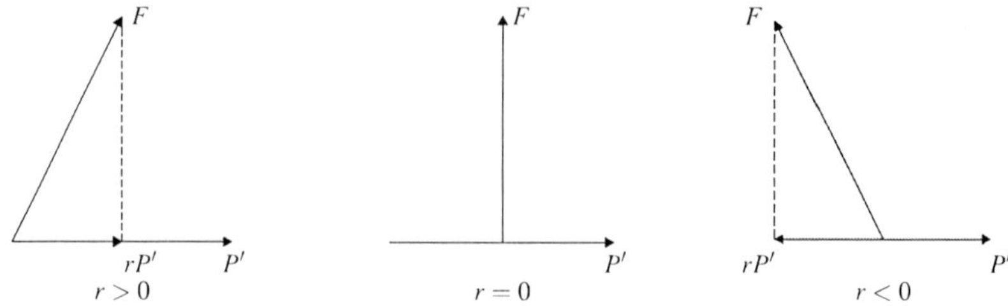

Integrais de linha de 2ª espécie

Suponha que uma partícula se desloca em linha reta de um ponto a até um ponto b sujeita a uma força $\widehat{F}$ que só depende da posição t da partícula. A força é positiva se tem o sentido do deslocamento, e negativa caso contrário. Veja a figura a seguir.

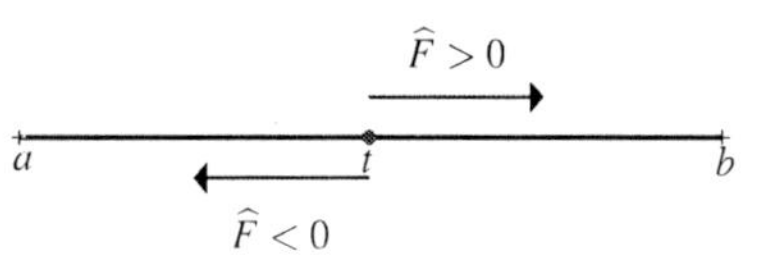

Se $\widehat{F}$ é constante, então o trabalho W_{ab} realizado por $\widehat{F}$ ao longo do deslocamento é

$$W_{ab} = \text{força} \times \text{deslocamento} = \widehat{F}(b-a)$$

Se $\widehat{F} = \widehat{F}(t)$ não é constante, divida o intervalo $[a,b]$ com uma partição $\mathscr{P} = \{a = t_0 < t_1 \cdots < t_n = b\}$ e suponha que a força entre os pontos t_{i-1} e t_i seja aproximada por $\widehat{F}(t_{i-1})$. Então, o trabalho entre t_{i-1} e t_i pode ser aproximado por $\Delta W_i \approx \widehat{F}(t_{i-1})\Delta t_i$, e o trabalho total pode ser aproximado pela soma de Riemann $W_{ab} \approx \sum_{i=1}^{n} \widehat{F}(t_{i-1})\Delta t_i$, aproximação tão melhor quanto menor forem os Δt_i. O trabalho total é dado então por

$$W_{ab} = \int_a^b \widehat{F}(t)\,dt$$

Ótimo. Isso resolve o problema no caso em que a trajetória é reta. Mas suponha que, como ilustrado a seguir, a trajetória seja o caminho C de parametrização $P(t) = (x(t), y(t), z(t))$, com $t \in [a,b]$, e que se conheça a força $F(P(t))$ no ponto $P(t)$. Como calcular o trabalho nesse caso?

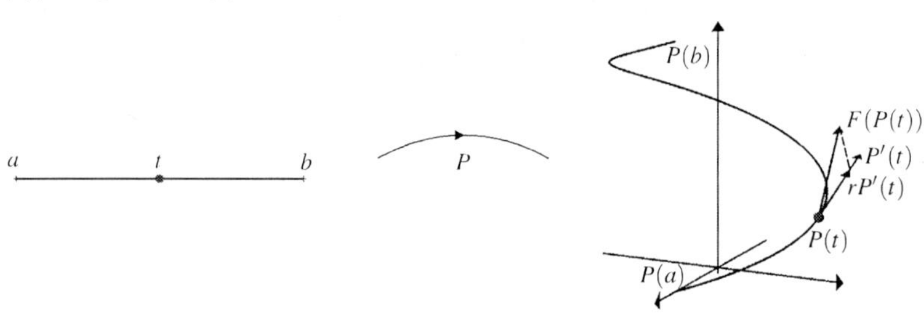

Como já se sabe calcular o trabalho no caso de um intervalo, a pergunta pode ser reformulada assim: como obter uma força $\widehat{F}$ em $[a,b]$ de modo que o trabalho realizado por essa força seja igual ao trabalho realizado por F ao longo de C?

Ora, essa é uma pergunta familiar, e já não há mais segredo em respondê-la! De fato, o primeiro passo é localizar os cálculos em torno de um pequeno intervalo $[t, t+\Delta t]$ e supor que a força seja constante e igual a $F(P(t))$ ao longo do trecho entre $P(t)$ e $P(t+\Delta t)$.

Como apenas a componente tangencial realiza trabalho, deve-se projetar a força sobre o tangente, além de considerar o sentido da projeção. Procedendo assim, e já considerando o sentido, a intensidade da força tangente é dada por

$$F_T(P(t)) = \left\langle F(P(t)), \frac{P'(t)}{\|P'(t)\|} \right\rangle$$

Como o deslocamento entre $P(t)$ e $P(t+\Delta t)$ é aproximadamente $\|P'(t)\|\Delta t$, o trabalho ΔW realizado pela força entre esses dois pontos é aproximadamente

$$\begin{aligned}\Delta W \approx F_T(P(t))\|P'(t)\|\Delta t &= \left\langle F(P(t)), \frac{P'(t)}{\|P'(t)\|} \right\rangle \|P'(t)\|\Delta t \\ &= \langle F(P(t)), P'(t) \rangle \Delta t = \widehat{F}(t)\Delta t\end{aligned}$$

onde foi usada a notação $\widehat{F}(t) = \langle F(P(t)), P'(t)\rangle$. Ora, com essa escolha, o produto $\widehat{F}(t)\Delta t$ é o trabalho realizado por $\widehat{F}$ no intervalo $[t, t+\Delta t]$. Assim, essa é a escolha que faz com que, localmente, os trabalhos no domínio e na imagem sejam aproximadamente iguais. Usando partições e somas de Riemann, não é difícil ver que essa também é a escolha que faz com que os trabalhos totais sejam os mesmos, trabalhos que são dados por

$$W = \int_a^b \langle F(P(t)), P'(t)\rangle\, dt = \int_a^b \widehat{F}(t)\, dt$$

Em geral, se F é um campo de vetores (força, velocidade, ...), diz-se que

$$\int_C \langle F, T\rangle\, ds = \int_a^b \langle F(P(t)), \frac{P'(t)}{\|P'(t)\|}\rangle \|P'(t)\|\, dt = \int_a^b \langle F(P(t)), P'(t)\rangle\, dt$$

é a integral de linha de 2^a espécie de F sobre C, onde $T = \frac{P'(t)}{\|P'(t)\|}$ é o vetor tangente unitário. Outra notação é usando as componentes $F = (L, M, N)$. Nesse caso, uma vez que $\langle F(P(t)), P'(t)\rangle = L(P(t))x'(t) + M(P(t))y'(t) + N(P(t))z'(t)$, é comum a notação

$$\begin{aligned}\int_C \langle F, T\rangle\, ds &= \int_a^b [L(P(t))x'(t) + M(P(t))y'(t) + N(P(t))z'(t)]\, dt \\ &= \int_C L dx + M dy + N dz\end{aligned}$$

■ **Exemplo 10.5** Calcule o trabalho da força gravitacional ao se deslocar uma partícula de massa m ao longo de $P(t) = (\cos(t), \text{sen}(t), t)$, com $t \in [0, 2\pi]$. ■

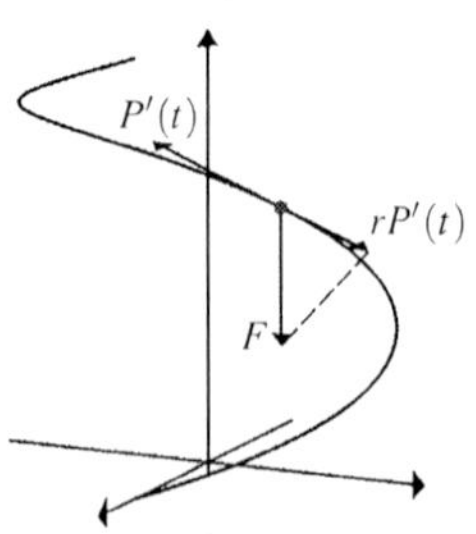

Solução. Indicando por F a força gravitacional que age sobre a partícula, é claro que $\|F\| = mg$, onde g é a aceleração da gravidade. É claro também que F tem a direção e sentido do vetor $(0,0,-1)$, e, portanto, a sua expressão é $F(P) = (0,0,-mg)$. Veja a figura ao lado.

Como $P'(t) = (-\text{sen}(t), \cos(t), 1)$ e $\langle F(P(t)), P'(t)\rangle = -mg$, usando a expressão do trabalho W obtida anteriormente, segue-se que

$$W = \int_0^{2\pi} \langle F(P(t)), P'(t)\rangle\, dt = \int_0^{2\pi} -mg\, dt = -mg2\pi \qquad \square$$

Esse resultado concorda com o fato de que, se uma partícula de massa m é deslocada de uma altura h, então o trabalho realizado pela força gravitacional é $W = -mgh$. O curioso desse resultado é que o trabalho não depende da trajetória da partícula, mas apenas das posições inicial e final.

Adiante será visto que a força gravitacional é um caso particular de forças conservativas, forças que desempenham um papel central na física newtoniana.

O exemplo a seguir aborda o caso de parametrização regular por partes.

■ **Exemplo 10.6** Calcule $\int_C xydx + zdy + ydz$, onde C é o triângulo de vértices $(1,0,0)$, $(0,1,0)$ e $(0,0,1)$ com orientação anti-horária se visto de cima. ■

Solução. A primeira observação é que, com a notação de componentes introduzida acima, deve-se calcular a integral

$$\int_C \langle F, T\rangle\, ds = \int_C xydx + zdy + ydz$$

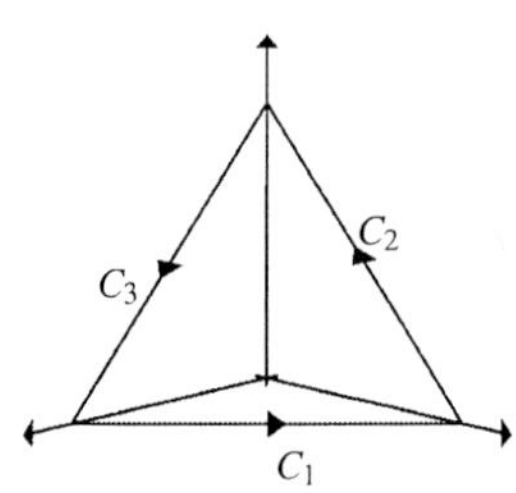

onde o campo de vetores é $F(x,y,z) = (xy, z, y)$. A segunda observação é que, com a notação da figura, o caminho é uma justaposição $C = C_1 \cup C_2 \cup C_3$, onde cada C_i tem uma parametrização regular. A integral é então definida como a soma

$$\int_C \langle F, T\rangle\, ds = \int_{C_1} \langle F, T\rangle\, ds + \int_{C_2} \langle F, T\rangle\, ds + \int_{C_3} \langle F, T\rangle\, ds$$

Começando com a integral em C_1, como esse caminho é um segmento de reta que parte de $(1,0,0)$ e chega a $(0,1,0)$, ele pode ser parametrizado por

$$P_1(t) = (1-t)(1,0,0) + t(0,1,0) = (1-t, t, 0) \text{ com } t \in [0,1]$$

Assim, $F(P_1(t)) = F(1-t,t,0) = ((1-t)t,0,t)$ e $P_1'(t) = (-1,1,0)$. Logo,

$$\int_{C_1} \langle F,T\rangle\, ds = \int_0^1 \langle F(P_1(t)), P_1'(t)\rangle\, dt = \int_0^1 -(1-t)t\, dt = -\frac{1}{6}$$

Procedendo de maneira análoga nos outros dois casos, obtém-se que

$$\int_{C_2} \langle F,T\rangle\, ds = \int_0^1 (1-2t)\, dt = 0 \quad \text{e} \quad \int_{C_3} \langle F,T\rangle\, ds = \int_0^1 0\, dt = 0$$

de onde se segue que

$$\int_{C} \langle F,T\rangle\, ds = \int_{C_1} \langle F,T\rangle\, ds + \int_{C_2} \langle F,T\rangle\, ds + \int_{C_3} \langle F,T\rangle\, ds = -\frac{1}{6} \qquad \square$$

Independência do caminho

O trabalho realizado pela força gravitacional depende dos pontos inicial e final, mas não da trajetória entre os pontos, propriedade que é conhecida como a *independência do caminho*. A pergunta natural agora é saber se existem, e como encontrar, outras forças com essa propriedade.

Caminho inverso

Antes da independência do caminho, entretanto, vale destacar uma propriedade importante das integrais de linha de 2ª espécie. Ao contrário das de 1ª espécie, as de 2ª dependem da orientação do caminho, como explicado a seguir.

O sentido de percurso de um caminho C de parametrização $P\colon [a,b] \to \mathbb{R}^3$ é aquele que parte de $P(a)$ e chega a $P(b)$. Assim, a orientação do caminho é a mesma do intervalo $[a,b]$. O caminho de orientação contrária é indicado por $-C$, e é dito o caminho inverso.

Uma forma de parametrizar o caminho inverso é, primeiro, inverter a orientação de $[a,b]$, passando para $[-b,-a]$. De fato, se a variável τ percorre $[-b,-a]$ de $-b$ para $-a$, $t = -\tau$ percorre $[a,b]$ no sentido inverso, de b para a.

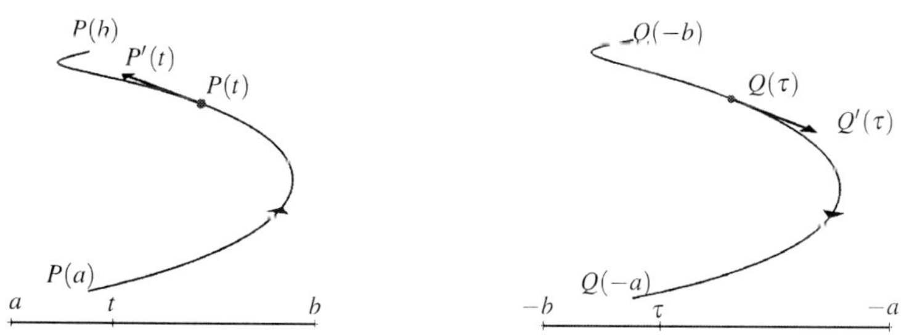

Explorando esse fato, o caminho $-C$ pode ser parametrizado por $Q\colon [-b,-a] \to \mathbb{R}^3$, onde $Q(\tau) = P(-\tau)$. O ponto inicial de $-C$ é então $Q(-b) = P(b)$ e o ponto final é $Q(-a) = P(a)$, invertendo de fato o sentido de percurso. Além disso, pela regra da cadeia, $Q'(\tau) = -P'(-\tau)$, o que significa que o vetor velocidade de $Q(\tau)$ tem sentido oposto ao de $P(t)$, como esperado!

Com essa notação pode-se agora demonstrar o

Teorema 10.2 Se F é um campo de vetores contínuo, C é um caminho de parametrização regular $P\colon [a,b] \to \mathbb{R}^3$ e $-C$ é o caminho inverso, então

$$\int_{-C} \langle F, T \rangle \, ds = -\int_C \langle F, T \rangle \, ds$$

Demonstração. Essa é fácil. Basta usar a mudança $\tau = -t$ para obter que

$$\begin{aligned}
\int_{-C} \langle F, T \rangle \, ds &= \int_{-b}^{-a} \langle F(Q(\tau)), Q'(\tau) \rangle \, d\tau = \int_{-b}^{-a} \langle F(P(-\tau)), -P'(-\tau) \rangle \, d\tau \\
&= \int_b^a \langle F(P(t)), P'(t) \rangle \, dt = -\int_a^b \langle F(P(t)), P'(t) \rangle \, dt \\
&= -\int_C \langle F, T \rangle \, ds
\end{aligned}$$

□

■ **Exemplo 10.7** Seja C a hélice de parametrização $P(t) = (\cos(t), \operatorname{sen}(t), t)$ com $t \in [0, 2\pi]$. Comparar o trabalho realizado pela força gravitacional $F = (0, 0, -mg)$ ao longo de C e $-C$ ■

Solução. Como visto anteriormente, ao longo de C o trabalho é

$$W_C = \int_C \langle F, T \rangle \, ds = \int_0^{2\pi} \langle F(P(t)), P'(t) \rangle \, dt = \int_0^{2\pi} (-mg)(1) dt = -mg2\pi$$

A parametrização de $-C$ é $Q(\tau) = P(-\tau) = (\cos(-\tau), \operatorname{sen}(-\tau), -\tau)$, com $\tau \in [-2\pi, 0]$. Daí se segue que o trabalho ao longo de $-C$ é

$$W_{-C} = \int_{-C} \langle F, T \rangle \, ds = \int_{-2\pi}^{0} \langle F(Q(\tau)), Q'(\tau) \rangle \, d\tau = \int_{-2\pi}^{0} (-mg)(-1) d\tau = mg2\pi$$

o que mostra que, de fato, um valor tem sinal contrário ao do outro. □

Independência do caminho

Considere o problema de calcular o trabalho realizado pela força gravitacional ao se colocar um satélite em órbita. Indique por m a massa do satélite e por H a altura da órbita em relação ao solo.

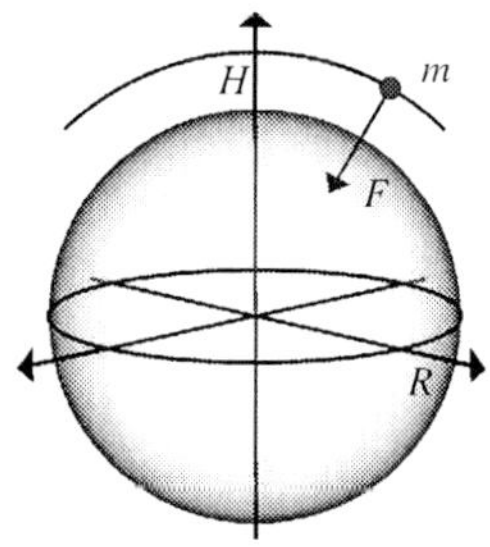

Introduza um sistema de eixos $\mathscr{O}xyz$ em que a origem está no centro de massa da Terra, e indique por $P = (x,y,z)$ a posição do satélite nesse sistema. Indicando por G a constante de gravitação e por M a massa da Terra, a força gravitacional é

$$F(P) = \frac{GMm}{\|P\|^2}\frac{-P}{\|P\|} = -\frac{GMm}{(x^2+y^2+z^2)^{3/2}}(x,y,z)$$

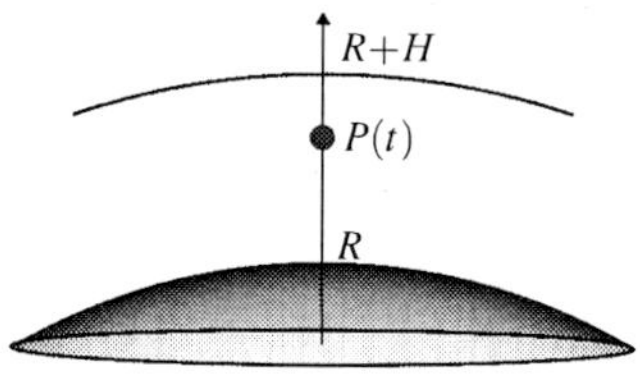

Em relação ao tralho realizado por F, de início e simplificadamente, suponha que a trajetória C do satélite possa ser parametrizada por $P(t) = (0,0,R+t)$ com $t \in [0,H]$, onde R é o raio da Terra.

Isso significa que o satélite subiu em linha reta ao longo do eixo $\mathscr{O}z$, partindo do solo $P(0) = (0,0,R)$ e alcançando o ponto $P(H) = (0,0,R+H)$ de altura H em relação ao solo. Nesse caso

$$F(P(t)) = -\frac{GMm}{(R+t)^3}(0,0,R+t)\,,\ P'(t) = (0,0,1)\ \text{ e }\ \langle F(P(t)),P'(t)\rangle = -\frac{GMm}{(R+t)^2}$$

Daí se segue que o trabalho é dado por

$$W = \int_C \langle F,T\rangle\, ds = \int_0^H \langle F(P(t)),P'(t)\rangle\, dt$$

$$= \int_0^H -\frac{GMm}{(R+t)^2}\,dt = \frac{GMm}{R+t}\bigg|_0^H = GMm\left(\frac{1}{R+H} - \frac{1}{R}\right)$$

Bem, já é um primeiro cálculo. Mas quase certamente C não é um caminho tão simples quanto essa reta, e fica a dúvida se esses cálculos são válidos. Nesse sentido, a observação importante é que a força F tem a seguinte propriedade: a derivada parcial $f_x(P)$ da função

$$f(P) = \frac{GMm}{\|P\|} = GMm(x^2+y^2+z^2)^{-1/2} \tag{10.1}$$

é dada por

$$f_x(P) = -\frac{GMmx}{(x^2+y^2+z^2)^{3/2}}$$

e analogamente para $f_y(P)$ e $f_z(P)$. Comparando com a força, percebe-se que

$$F(P) = (f_x(P), f_y(P), f_z(P)) = \nabla f(P)$$

A força é então uma força gradiente, e f é uma função potencial para F. É esse fato que faz com que F tenha a propriedade da *independência do caminho*.

Com efeito, suponha que a trajetória C seja um *qualquer* caminho de parametrização regular $P\colon [a,b] \to \mathbb{R}^3$ com $\|P(a)\| = R$ e $\|P(b)\| = R+H$. Assim, a única hipótese é que o satélite partiu do solo e alcançou a altura H. Então, como $F = \nabla f$, da regra da cadeia segue-se que

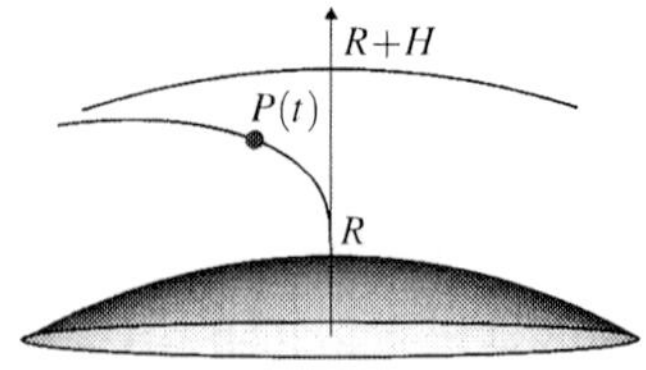

$$\frac{d}{dt} f(P(t)) = \langle \nabla f(P(t)), P'(t) \rangle = \langle F(P(t)), P'(t) \rangle \tag{10.2}$$

Daí se segue que o trabalho é dado por

$$\begin{aligned} W &= \int_C \langle F, T \rangle\, ds = \int_a^b \langle F(P(t)), P'(t) \rangle\, dt = \int_a^b \frac{d}{dt} f(P(t))\, dt \\ &= f(P(t))\Big|_a^b = f(P(b)) - f(P(a)) = \frac{GMm}{\|P(b)\|} - \frac{GMm}{\|P(a)\|} \\ &= GMm \left(\frac{1}{R+H} - \frac{1}{R} \right) \end{aligned}$$

que é o mesmo resultado anterior. Como C é um qualquer caminho que liga $P(a)$ a $P(b)$, o trabalho depende apenas destes pontos inicial e final, mas não da trajetória. Este fato é válido para campos gradientes em geral. Veja abaixo.

Teorema 10.3 — fundamental das curvas. Suponha $F : Q \to \mathbb{R}^3$ campo de vetores com $F = \nabla f$ para alguma função $f\colon Q \to \mathbb{R}$ de classe C^1. Então, para todo caminho $C \subset Q$ de parametrização regular $P\colon [a,b] \to \mathbb{R}^3$, tem-se

$$\int_C \langle F, T \rangle\, ds = f(P(b)) - f(P(a))$$

Demonstração. Basta usar a regra da cadeia como feito acima:

$$\begin{aligned} \int_C \langle F, T \rangle\, ds &= \int_a^b \langle F(P(t)), P'(t) \rangle\, dt = \int_a^b \frac{d}{dt} f(P(t))\, dt \\ &= f(P(t))\Big|_a^b = f(P(b)) - f(P(a)) \end{aligned}$$

□

Condição necessária para campo gradiente

Ótimo! Os campos gradientes são fáceis de lidar. Mas resta a pergunta: dado um campo de coordenadas $F(P) = (L(P), M(P), N(P))$, como saber se ele é um gradiente? E, se for, como determinar a função potencial? Essas perguntas estão respondidas parcialmente a seguir.

> **Teorema 10.4** Sejam $Q \subset \mathbb{R}^3$ uma região aberta e $F: Q \to \mathbb{R}^3$ um campo de coordenadas $F = (L, M, N)$ de classe C^1. Uma condição necessária para F ser gradiente é que $L_y = M_x$, $L_z = N_x$ e $M_z = N_y$.

Demonstração. Para o campo F ser gradiente, deve existir uma função f com a propriedade de que $\nabla f = (f_x, f_y, f_z) = (L, M, N)$. Deve-se ter, então, que

$$f_x(P) = L(P)\,, \quad f_y(P) = M(P)\,, \quad \text{e} \quad f_z(P) = N(P) \quad \forall\, P \in Q$$

Nesse caso, como F é de classe C^1, as coordenadas L, M e N têm derivadas parciais contínuas, o que significa que f tem derivadas parciais segundas contínuas, e, portanto, essas derivadas comutam! Assim, é necessário que

$$L_y(P) = (f_x)_y(P) = (f_y)_x(P) = M_x(P)$$

e de forma análoga para os outros casos. Isto demonstra o teorema $\square$

Esse critério é necessário, mas não suficiente. O problema está em que, além da condição necessária, é também importante que o domínio do campo tenha uma geometria adequada. Essa questão será retomada mais adiante.

Bem, de qualquer maneira, já se tem um critério necessário para que o campo seja gradiente. A próxima etapa é, caso esse critério seja satisfeito, verificar se é possível obter a função potencial. Essa etapa é melhor ilustrada com um exemplo, como a seguir.

■ **Exemplo 10.8** Verifique que $F(x,y,z) = (y\,\text{sen}(z) + x, x\,\text{sen}(z) + y, xy\cos(z) + 1)$, com $(x,y,z) \in \mathbb{R}^3$, é campo gradiente, e obtenha uma função potencial. ■

Solução. Indique por $F = (L, M, N)$ as coordenadas do campo. Então

$$L_y(P) = \text{sen}(z) = M_x(P)\,, \quad L_z(P) = y\cos(x) = N_x(P) \quad \text{e} \quad M_z(P) = x\cos(z) = N_y(P)$$

e, portanto, as condições necessárias para ser campo gradiente são satisfeitas.

Em relação à função potencial, deve-se obter uma função f tal que $f_x = L$, $f_y = M$ e $f_z = N$. Então, integrando a igualdade $f_x = L$ na variável x, obtém-se

$$\begin{aligned} f(x,y,z) &= \int f_x(x,y,z)\,dx = \int L(x,y,z)\,dx \\ &= \int [y\,\text{sen}(z) + x]\,dx = xy\,\text{sen}(z) + \frac{1}{2}x^2 + g(y,z) \end{aligned}$$

onde $g(y,z)$ é a constante de integração em relação x, mas pode depender de y e z. Resumindo, o candidato à função potencial é

$$f(x,y,z) = xy\,\text{sen}(z) + \frac{1}{2}x^2 + g(y,z)$$

e o problema está reduzido a encontrar a função g de duas variáveis. Para isso, o próximo passo é calcular f_y e usar a igualdade $f_y = M$. De fato, como

$$f_y(x,y,z) = x\,\text{sen}(z) + g_y(y,z) \quad \text{e} \quad M(x,y,z) = x\,\text{sen}(z) + y$$

deve-se ter que $g_y(y,z) = y$. Integrando em y, obtém-se que $g(y,z) = \frac{1}{2}y^2 + h(z)$, onde $h(z)$ é a constante de integração com respeito a y. Assim, o candidato é

$$f(x,y,z) = xy\,\text{sen}(z) + \frac{1}{2}x^2 + \frac{1}{2}y^2 + h(z)$$

e resta apenas determinar a função $h(z)$. Mas esse passo é fácil de adivinhar: deve-se derivar f com respeito a z e usar a igualdade $f_z = N$. Como

$$f_z(x,y,z) = xy\cos(z) + h'(z) \quad \text{e} \quad N(x,y,z) = xy\cos(z) + 1$$

deve-se ter $h'(z) = 1$, e, portanto, $h(z) = z + c$, onde c é uma constante de integração (essa é uma constante de verdade!). Daí se segue finalmente que

$$f(x,y,z) = xy\,\text{sen}(z) + \frac{1}{2}x^2 + \frac{1}{2}y^2 + z + c$$

deve ser uma função potencial para o campo F. O último passo é verificar se $F(P) = \nabla f(P)$ para todo $P \in \mathbb{R}^3$, o que pode ser feito sem problemas. □

O próximo exemplo ilustra o fato de que, se as condições necessárias não são satisfeitas, os passos seguintes não podem ser dados.

■ **Exemplo 10.9** Mesmo exemplo anterior para o campo $F(x,y,z) = (y,z,x)$. ■

Solução. É fácil ver que $1 = L_y \neq M_x = 0$, e assim as condições necessárias não são satisfeitas. Nesse caso, os passos dados no exemplo anterior não funcionam. Por exemplo, se a igualdade $f_x = L = y$ for integrada em x, obtém-se que

$$f(x,y,z) = \int f_x(x,y,z)\,dx = \int L(x,y,z)\,dx = \int y\,dx = xy + g(y,z)$$

onde $g(y,z)$ é a constante de integração em relação à variável x. O passo seguinte seria calcular f_y e usar a igualdade $f_y = M$. Mas, então, como

$$f_y(x,y,z) = x + g_y(y,z) \quad \text{e} \quad M(x,y,z) = z$$

deveria-se ter $g_y(y,z) = z - x$, o que não é possível, pois g não depende de x. Assim, sem as condições necessárias, os passos seguintes não funcionam! □

■ **Exemplo 10.10** Obter uma função potencial para a força gravitacional

$$F(P) = \frac{GMm}{\|P\|^2}\frac{-P}{\|P\|} = -\frac{GMm}{(x^2+y^2+z^2)^{3/2}}(x,y,z)$$

■

Solução. Já foi visto que F é um campo gradiente, e a questão é saber como a função potencial em (10.1) foi obtida. Para isso, seguindo os passos indicados anteriormente e usando a substituição $u = x^2 + y^2 + z^2$, obtém-se que

$$f(x,y,z) = \int \left(-\frac{GMmx}{(x^2+y^2+z^2)^{3/2}}\right) dx = -GMm\int \frac{1}{2}u^{-3/2}\,du$$

$$= GMmu^{-1/2} + g(y,z) = \frac{GMm}{(x^2+y^2+z^2)^{1/2}} + g(y,z)$$

Agora é fácil verificar que $g(y,z)$ é independente de y e de z, e isso explica como a função potencial para o campo F foi obtida. □

Forças conservativas

Conforme o **Teorema 10.3**, as integrais de campos gradientes são independentes do caminho. Esse fato está ligado aos campos conservativos, como a seguir.

De início vale lembrar o exemplo da partícula de massa m que é levada da superfície da Terra até uma altura h. Foi visto que o trabalho realizado pela força gravitacional é $-mgh$, sendo negativo porque o deslocamento é em sentido contrário ao da força. Já a energia potencial é mgh, com sinal contrário ao do trabalho, porque é a energia adquirida durante o trajeto. Essa relação entre trabalho e energia potencial, de sinais contrários, é verdadeira em geral, e será usada logo a seguir.

Suponha agora que F seja a resultante das forças que atuam sobre uma partícula, e que $F = \nabla f$ seja o gradiente de uma função f de classe C^1. Suponha ainda que a partícula tenha massa m e que se desloque ao longo do caminho C de parametrização regular $P(t) = (x(t), y(t), z(t))$, com $t \in [a,b]$. Então, o trabalho realizado por F ao longo de C é

$$W = \int_a^b \langle F(P(t)), P'(t)\rangle\,dt = \int_a^b \frac{d}{dt}f(P(t))\,dt = f(P(b)) - f(P(a))$$

e f é dita uma função potencial para o campo F. A função de sinal contrário, $p = -f$, é dita a função energia potencial e, com essa notação, o trabalho é

$$W = p(P(a)) - p(P(b)) \tag{10.3}$$

Assim, W é a diferença entre a energia potencial inicial e a final, nesta ordem.

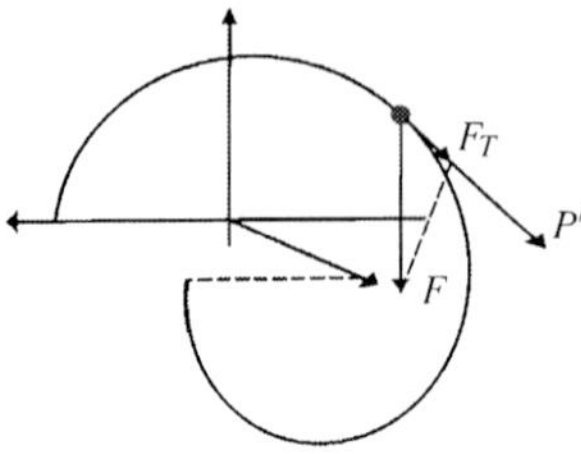

O trabalho pode ser calculado de outra forma. De fato, com F é a resultante das forças, das leis de Newton segue-se que $F(P(t)) = mP''(t)$, pois $P''(t)$ e a aceleração da partícula. Assim, o trabalho é

$$W = \int_a^b \langle F(P(t)), P'(t)\rangle\, dt = \int_a^b \langle mP''(t), P'(t)\rangle\, dt$$

onde $\langle mP''(t), P'(t)\rangle$ é a derivada da energia cinética! Caramba, outra integral da derivada? É verdade, como a velocidade escalar da partícula é $\|P'(t)\|$ e a energia cinética é $\frac{1}{2}m\|P'(t)\|^2$, da regra da cadeia em uma variável obtém-se

$$\begin{aligned}\frac{d}{dt}\frac{1}{2}m\|P'(t)\|^2 &= \frac{d}{dt}\frac{1}{2}m(x'(t)^2 + y'(t)^2 + z'(t)^2)\\ &= \frac{1}{2}m(2x'(t)x''(t) + 2y'(t)y''(t) + 2z'(t)z''(t)) = \langle mP''(t), P'(t)\rangle\end{aligned}$$

Daí se segue que o trabalho é igual a

$$\begin{aligned}W = \int_a^b \langle mP''(t), P'(t)\rangle\, dt &= \int_a^b \frac{d}{dt}\frac{1}{2}m\|P'(t)\|^2\, dt\\ &= \frac{1}{2}m\|P'(b)\|^2 - \frac{1}{2}m\|P'(a)\|^2 \qquad (10.4)\end{aligned}$$

Assim, W é a diferença entre a energia cinética final e a inicial, nesta ordem.

De (10.3) e (10.4) segue-se que

$$W = p(P(a)) - p(P(b)) = \frac{1}{2}m\|P'(b)\|^2 - \frac{1}{2}m\|P'(a)\|^2$$

e, reorganizando os termos, obtém-se que

$$\frac{1}{2}m\|P'(a)\|^2 + p(P(a)) = \frac{1}{2}m\|P'(b)\|^2 + p(P(b))$$

Isso mostra que a energia total da partícula (cinética mais potencial) é conservada ao longo da trajetória, e a força é dita conservativa.

Conclui-se então que as forças gradientes são conservativas. Pode-se mostrar que a recíproca é também verdadeira: toda força conservativa é necessariamente um gradiente. Esta é uma caracterização extremamente poderosa da conservação da energia, e é surpreendente que seja uma consequência direta da regra da cadeia!

Exercícios

1) A figura a seguir ilustra uma espira retangular no plano $\mathscr{O}yz$, de lados a e b e com um de seus vértices no ponto $(0, y_0, 0)$, na qual circula uma corrente I_2 no sentido horário. Nesse caso, o campo magnético $B(x,y,z) = \frac{\mu_0 I_1}{2\pi}\left(\frac{-y}{x^2+y^2}, \frac{x}{x^2+y^2}, 0\right)$ exerce uma força $F_i = I_2 \int_{C_i} T_i \times B\,ds$ em cada um dos lados C_i da espira, $i = 1,2,3,4$, em que T_i é o vetor unitário tangente a C_i com a orientação dada pelo sentido da corrente. Com base nessas informações, julgue os itens a seguir.

| C | E | a) No plano $\mathscr{O}yz$ o campo magnético depende apenas de y.

| C | E | b) A força F_3 é diretamente proporcional à $y_0 + a$.

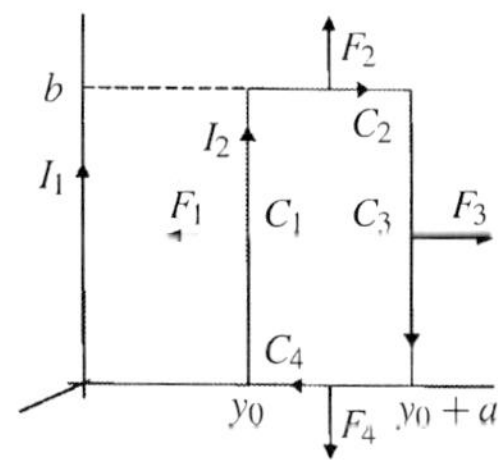

| C | E | c) $F_2 = \frac{\mu_0 I_1 I_2}{2\pi}(0, 0, \ln(1 + \frac{a}{y_0}))$.

| C | E | d) A soma $F_2 + F_4$ depende do sentido de I_2.

| C | E | e) A soma $F_1 + F_3$ depende do sentido de I_2.

2) Suponha que uma cerca foi construída ao longo da curva C de parametrização $P(\theta) = (30\cos^3(\theta), 30\,\mathrm{sen}^3(\theta))$ com $\theta \in [0, \pi/2]$. Suponha ainda que a altura da cerca no ponto (x,y) seja dada por $A(x,y) = 1 + y/3$. Veja a figura.

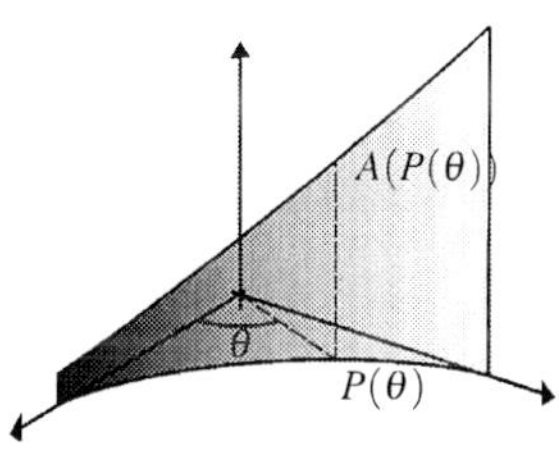

a) Calcule o elemento comprimento de arco ds da curva.

b) Calcule o comprimento da curva C.

c) Justifique o fato de que a integral $\int_C A\,ds$ fornece a área de um dos lados da cerca.

d) Calcule a integral do item anterior.

e) Use os itens anteriores para calcular a altura média da cerca.

3) Para $a > 0$, a curva C definida por $r(\theta) = a(1 + \cos(\theta))$ em coordenadas polares, com $\theta \in [0, 2\pi]$, é conhecida como um cardioide, e pode ser parametrizada na forma $P(\theta) = (x(\theta), y(\theta))$.

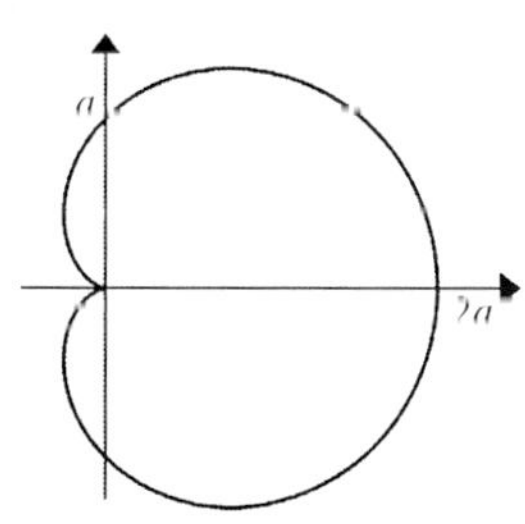

a) Obtenha a parametrização $P(\theta)$ em termos das funções $r(\theta)$, $\cos(\theta)$ e $\mathrm{sen}(\theta)$

b) Expresse o vetor velocidade $P'(\theta)$ em termos das funções $r(\theta)$, $r'(\theta)$, $\cos(\theta)$ e $\mathrm{sen}(\theta)$.

c) Verifique que o elemento comprimento de arco da curva pode ser expresso em termos apenas das funções $r(\theta)$ e $r'(\theta)$.

d) Use a identidade $2\cos^2(\frac{\theta}{2}) = 1 + \cos(\theta)$ para obter uma primitiva da função $\sqrt{1+\cos(\theta)}$ em um intervalo em que $\cos(\frac{\theta}{2})$ não muda de sinal.

e) Use os itens anteriores para calcular o comprimento da curva C.

4) Suponha que um arame tenha a forma correspondente à interseção da esfera $x^2 + y^2 + z^2 = 1$ com o plano $x + y + z = 0$, como ilustrado a seguir.

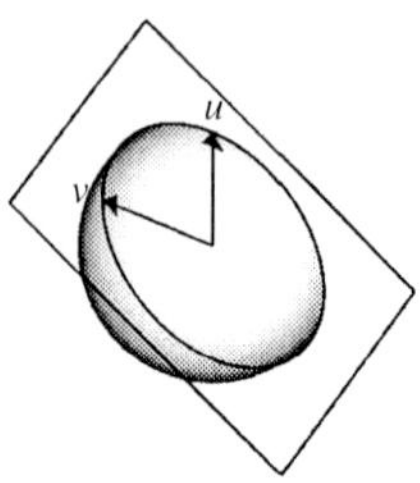

a) Justifique a afirmação de que a forma do arame corresponde a um círculo unitário de centro na origem.

b) Verifique que os vetores $u = \frac{1}{\sqrt{2}}(-1,0,1)$ e $v = \frac{1}{\sqrt{6}}(1,-2,1)$ são unitários, ortogonais e pertencem ao plano.

c) Verifique que o vetor $w = au + bv$ está no plano para quaisquer $a, b \in \mathbb{R}$. Em seguida, calcule a norma $\|w\|$ em termos de a e b.

d) Use os itens anteriores para obter uma parametrização $P(\theta)$, $\theta \in [0, 2\pi]$, da curva correspondente à forma do arame.

e) Calcule a massa M do arame supondo densidade linear $\delta(x,y,z) = x^2$.

11. Teorema de Green

Integral da circulação

Além do trabalho, outra interpretação da integral de linha é a circulação, que é uma medida da tendência de girar de um fluido. É uma medida importante em dinâmica dos fluidos, na qual desempenha um papel central. É importante também para o teorema de Green a ser visto adiante.

Circulação no plano

Considere um canal, longo e estreito, e indique por F o campo de velocidades na superfície da água. Devido ao atrito com as laterais, a velocidade é maior no centro e diminui à medida que se aproxima das bordas. Usando o sistema de eixos da figura, o campo F pode ser modelado por

$$F(x,y) = \left(0, \frac{1}{|x|+1}\right)$$

Como esperado, esse campo é paralelo ao eixo $\mathcal{O}y$ e seu módulo diminui à medida que $|x|$ aumenta, isto é, à medida que se aproxima da borda.

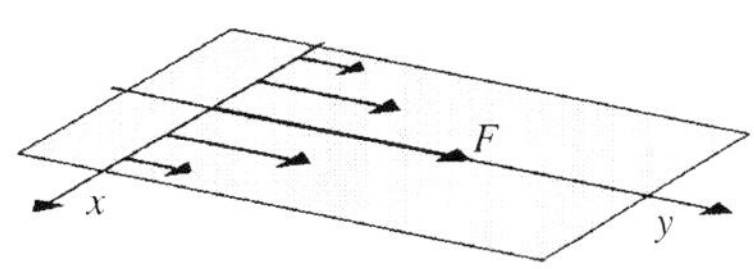

Suponha agora que um anel flutuante e de raio 1 seja colocado no ponto de coordenadas $(2,0)$, e indique por C o caminho correspondente ao anel. Considere uma parametrização anti-horária $P(t) = (2+\cos(t), \operatorname{sen}(t))$ de C e indique por $T(t) = P'(t)/\|P'(t)\|$ o vetor unitário tangente.

Então, como ilustra a figura abaixo, a velocidade da água é maior do lado esquerdo do anel. Com isso, além de seguir o fluxo da água, o anel apresenta um movimento de rotação, e rotação no sentido horário. O problema é como medir esse movimento de rotação.

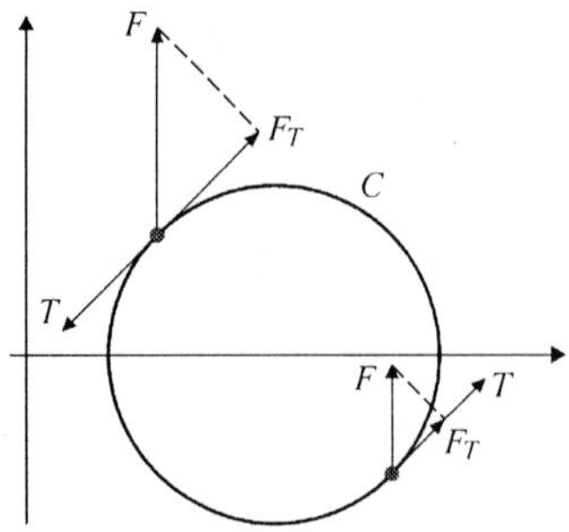

Ora! Exatamente como no caso do trabalho, o que provoca o movimento de rotação são as componentes tangenciais do campo, componentes que estão ilustradas ao lado com a notação F_T.

Assim, uma maneira de medir o movimento de rotação é somar todas as componentes tangenciais, soma que é dada pela integral de linha

$$\int_C \langle F, T \rangle \, ds$$

O que se espera é que essa integral seja negativa, representando o fato de que as componentes tangenciais de F são maiores no sentido contrário ao do vetor tangente T. Dito de outra forma, a integral deve ser negativa porque o sentido de rotação é oposto ao da parametrização.

Essa expectativa pode ser verificada como a seguir. Por conveniência, pode-se supor que $t \in [-\pi, \pi]$. Além disso, como $2 + \cos(t) > 0$, segue-se que

$$|2 + \cos(t)| + 1 = 2 + \cos(t) + 1 = \cos(t) + 3$$

Destas observações, e das expressões de F e $P(t)$ dadas acima, obtém-se que

$$\begin{aligned}
\int_C \langle F, T \rangle \, ds &= \int_{-\pi}^{\pi} \langle F(P(t)), P'(t) \rangle \, dt = \int_{-\pi}^{\pi} \frac{\cos(t)}{|2 + \cos(t)| + 1} \, dt \\
&= \int_{-\pi}^{\pi} \frac{\cos(t)}{\cos(t) + 3} \, dt = \int_{-\pi}^{\pi} \frac{\cos(t) + 3 - 3}{\cos(t) + 3} \, dt \\
&= \int_{-\pi}^{\pi} \left(1 - \frac{3}{\cos(t) + 3} \right) dt = 2\pi - 3 \int_{-\pi}^{\pi} \frac{1}{\cos(t) + 3} \, dt
\end{aligned}$$

onde a última integral é delicada, mas pode ser calculada com a substituição $t = 2\arctan(u)$. Desta substituição, e das identidades trigonométricas, segue-se

$$\int_{-\pi}^{\pi} \frac{1}{\cos(t) + 3} \, dt = \int_{-\infty}^{\infty} \frac{1}{2 + u^2} \, du = \frac{\sqrt{2}}{2} \pi$$

Finalmente, dos cálculos acima obtém-se

$$\int_C \langle F, T \rangle \, ds = 2\pi - 3 \frac{\sqrt{2}}{2} \pi \approx -0,12\pi$$

o que confirma a expectativa de que a integral é mesmo negativa.

Essa integral é dita a circulação do campo F ao longo de C, e o seu significado é exatamente esse: ela mede a tendência de o fluido apresentar movimento de rotação. O módulo da circulação é uma medida da intensidade do movimento, e o seu sinal indica o sentido da rotação. Se negativo, a tendência é a de girar em sentido contrário ao da parametrização.

Já se a circulação for positiva, a tendência é a de girar no mesmo sentido da parametrização. Por exemplo, se o anel for colocado no ponto $(-2,0)$, do outro lado do canal, então o sentido de rotação fica alterado.

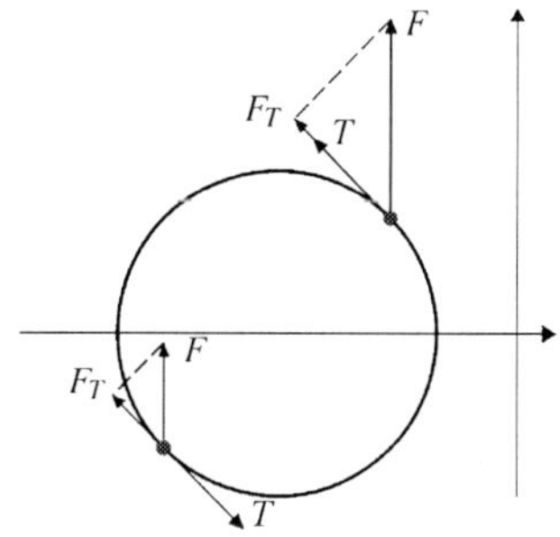

Isso porque, agora, as componentes tangenciais da velocidade são maiores na direção do vetor tangente, ao contrário da situação anterior. Assim, a soma das componentes tangenciais agora deve ser positiva. Veja a figura.

Em geral, a circulação é calculada ao longo de um caminho fechado e simples, como descrito a seguir.

Um caminho C no plano, de parametrização regular $P\colon [a,b] \to \mathbb{R}^2$ com $P(t) = (x(t), y(t))$, é dito *fechado* se o ponto inicial coincide com o final, isto é, se $P(a) = P(b)$. Nesse caso $P(a)$ é dito um ponto múltiplo, pois ele é a imagem de dois valores distintos do parâmetro t ($t = a$ e $t = b$).

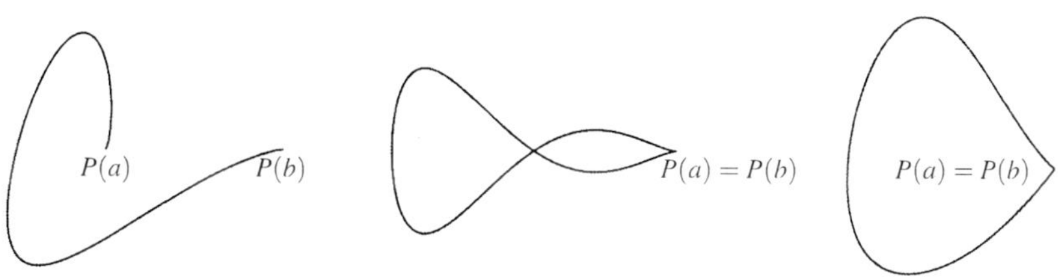

não fechado | fechado não simples | fechado simples

Um caminho fechado pode ter mais do que um ponto múltiplo, como ilustra a figura do meio. Esses pontos múltiplos extras são mais delicados de ser estudados. Por exemplo, não se pode definir a reta tangente ao caminho nesses pontos, pois existe mais de uma direção tangente. Consideram-se então apenas os caminhos fechados *simples*, que são aqueles em que o único ponto múltiplo é o ponto inicial.

Finalmente, para um caminho fechado e simples C, define-se a circulação do campo F ao longo de C como sendo a integral

$$\oint_C \langle F, T \rangle \, ds$$

onde o "o" da integral é para enfatizar que o caminho é fechado. Se nada for dito sobre a orientação, assume-se que ela é a positiva, no sentido anti-horário.

Exemplo 11.1 Calcule a circulação do campo $F(x,y) = (L_0, M_0)$ ao longo do círculo C de centro em (x_0, y_0) e raio r_0. ∎

Solução. O campo F é constante e não deve apresentar tendência de rotação. Assim, a circulação ao longo de qualquer círculo deve ser igual a zero.

E, com efeito, C pode ser parametrizado no sentido anti-horário por $P(t) = (x_0 + r_0\cos(t), y_0 + r_0\operatorname{sen}(t))$, com $t \in [0, 2\pi]$. Daí se segue que $\langle F(P(t)), P'(t)\rangle = -L_0 r_0 \operatorname{sen}(t) + M_0 r\cos(t)$, e, portanto,

$$\begin{aligned}\oint_C \langle F, T\rangle\, ds &= \int_0^{2\pi} \langle F(P(t)), P'(t)\rangle\, dt \\ &= -L_0 r_0 \int_0^{2\pi} \operatorname{sen}(t)\, dt + M_0 r_0 \int_0^{2\pi} \cos(t)\, dt = 0\end{aligned}$$

o que confirma a expectativa inicial, de que a circulação seria nula. □

Densidade de circulação

A circulação tem uma propriedade curiosa, em que somar e subtrair uma mesma quantidade pode causar uma grande diferença!

De fato, considere um domínio $D \subset \mathbb{R}^2$ com o bordo ∂D orientado no sentido anti-horário. Considere ainda um campo contínuo de vetores F, cuja circulação sobre o bordo é dada por

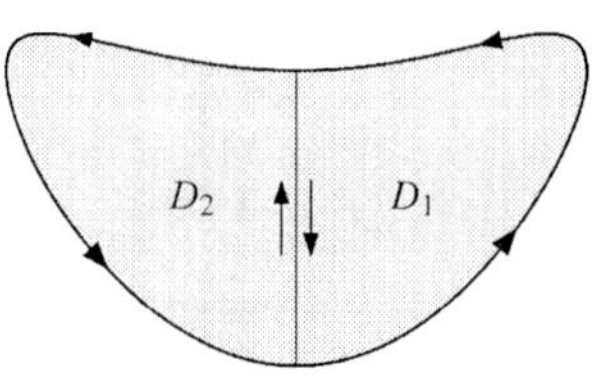

$$\oint_{\partial D} \langle F, T\rangle\, ds$$

Suponha agora que D seja dividido nos domínios $D = D_1 \cup D_2$, como na figura, com ambos os bordos ∂D_1 e ∂D_2 de orientação anti-horária.

Ora! Esses bordos têm uma parte em comum e, nessa parte, a orientação de ∂D_1 é contrária à orientação de ∂D_2. Veja de novo a figura. Daí que, ao longo dessa parte comum, as integrais têm sinais contrários e se cancelam quando somadas, restando apenas a integral sobre o bordo ∂D. Isso significa que

$$\oint_{\partial D_1} \langle F, T\rangle\, ds + \oint_{\partial D_2} \langle F, T\rangle\, ds = \oint_{\partial D} \langle F, T\rangle\, ds$$

De outra forma, se um domínio for dividido em duas partes e for calculada a circulação em cada uma dessas partes, então a soma dessas duas circulações é igual à circulação no domínio original. Pois muito bem: esse mesmo raciocínio pode ser aplicado em cada uma das duas partes, que podem elas próprias ser divididas em duas outras, e assim por diante...

A conclusão é que o domínio original pode ser dividido em um número grande de pequenos domínios, e a soma das circulações nesses pequenos domínios é igual à circulação no domínio original. E o que é melhor: a circulação em pequenos domínios pode ser calculada de forma aproximada, como indicado a seguir.

Para a aproximação é necessário supor que $F(x,y) = (L(x,y), M(x,y))$ seja de classe C^1, isto é, que as funções L e M tenham derivadas parciais contínuas.

Com essa hipótese, escolha um ponto interior $(x,y) \in D$ e Δx e Δy pequenos de forma que o retângulo $R = [x, x+\Delta x] \times [y, y+\Delta y] \subset D$. O bordo de R é a união $\partial R = \cup_{i=1}^{4} C_i$, onde os caminhos C_i estão ilustrados ao lado. O objetivo é calcular uma aproximação para a circulação

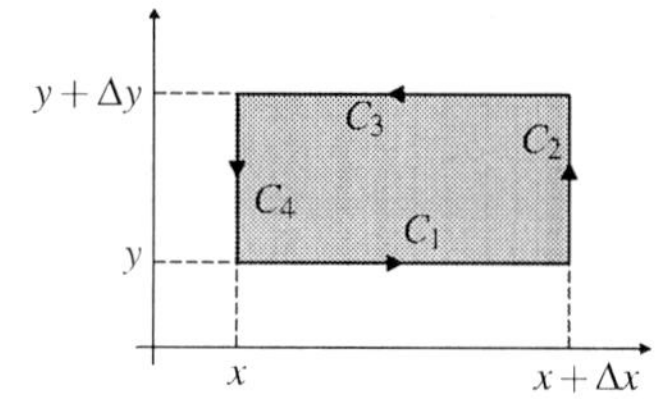

$$\oint_{\partial R} \langle F, T \rangle \, ds = \sum_{i=1}^{4} \int_{C_i} \langle F, T \rangle \, ds$$

Começando com C_1, e de acordo com a figura, ele pode ser parametrizado por $P_1(t) = (x + t\Delta x, y)$ com $t \in [0,1]$. Daí se segue que $P_1'(t) = (\Delta x, 0)$ e, lembrando das coordenadas $F(x,y) = (L(x,y), M(x,y))$, obtém-se

$$\langle F(P_1(t)), P_1'(t) \rangle = L(P_1(t))\Delta x = L(x + t\Delta x, y)\Delta x$$

Como $t\Delta x$ é pequeno, pode-se usar a aproximação $L(x + t\Delta x, y) \approx L(x,y)$ e concluir que a integral sobre C_1 pode ser aproximada por

$$\int_{C_1} \langle F, T \rangle \, ds = \int_0^1 \langle F(P_1(t)), P_1'(t) \rangle \, dt = \int_0^1 L(x + t\Delta x, y)\Delta x \, dt$$
$$\approx \int_0^1 L(x,y)\Delta x \, dt = L(x,y)\Delta x$$

Um argumento semelhante pode ser usado em C_3, mas tendo cuidado com a orientação. De fato, devido à orientação, a parametrização $P_3(t) = (x + t\Delta x, y + \Delta y)$, com $t \in [0,1]$, é do caminho inverso $-C_3$, e não de C_3. Mas, tendo esse cuidado, pode-se continuar usando essa parametrização, cujo vetor velocidade é $P_3'(t) = (\Delta x, 0)$. Assim, como antes, tem-se que

$$\langle F(P_3(t)), P_3'(t) \rangle = L(P_3(t))\Delta x = L(x + t\Delta x, y + \Delta y)\Delta x$$

e, usando a aproximação $L(x + t\Delta x, y + \Delta y) \approx L(x, y + \Delta y)$, obtém-se

$$\begin{aligned}\int_{C_3} \langle F,T\rangle\, ds &= -\int_{-C_3} \langle F,T\rangle\, ds = -\int_0^1 \langle F(P_3(t)), P_3'(t)\rangle\, dt \\ &= -\int_0^1 L(x+t\Delta x, y+\Delta y)\Delta x\, dt \\ &\approx -\int_0^1 L(x, y+\Delta y)\Delta x\, dt = -L(x,y+\Delta y)\Delta x\end{aligned}$$

Resumindo, até agora já se tem que

$$\int_{C_1\cup C_3} \langle F,T\rangle\, ds \approx -[L(x,y+\Delta y) - L(x,y)]\Delta x \tag{11.1}$$

e a intenção é passar o limite com $\Delta x \to 0$ e $\Delta y \to 0$. Mas, nesse caso, a conclusão seria que a integral sobre um ponto é igual a zero! Isso é verdade, sem dúvida, mas não chega a ser emocionante!

Procurando outras ideias, pode-se comparar a quantidade em (11.1) com a área do retângulo R. Ambas as quantidades diminuem, mas pode-se comparar o tamanho relativo entre elas. E, de fato, fazendo isso, acontece uma mágica: dividindo os dois dados de (11.1) pela área $\Delta x\Delta y$ do retângulo R, obtém-se que

$$\frac{1}{\Delta x\Delta y}\int_{C_1\cup C3} \langle F,T\rangle\, ds \approx -\frac{[L(x,y+\Delta y) - L(x,y)]\Delta x}{\Delta x\Delta y} = -\frac{L(x,y+\Delta y) - L(x,y)}{\Delta y}$$

onde o lado direito é o quociente de Newton da função L em relação à variável y. Que descoberta fantástica: as derivadas parciais aparecendo no meio das integrais de linha! Agora sim, pode-se passar o limite para obter que

$$\lim_{\Delta x,\Delta y\to 0} \frac{1}{\Delta x\Delta y}\int_{C_1\cup C3} \langle F,T\rangle\, ds = \lim_{\Delta x,\ \Delta y\to 0} -\frac{L(x,y+\Delta y) - L(x,y)}{\Delta y} = -L_y(x,y)$$

Ótimo, é mesmo uma igualdade surpreendente, e encoraja usar os mesmos argumentos para o cálculo sobre os outros caminhos. Os argumentos são de fato análogos e, lembrando que o campo tem coordenadas $F(x,y) = (L(x,y), M(x,y))$, não é difícil concluir que

$$\lim_{\Delta x,\Delta y\to 0} \frac{1}{\Delta x\Delta y}\int_{C2\cup C4} \langle F,T\rangle\, ds = \lim_{\Delta x,\ \Delta y\to 0} \frac{M(x+\Delta x,y) - M(x,y)}{\Delta x} = M_x(x,y)$$

Assim, como a integral em ∂R é a soma das integrais nos C_i's, segue-se que

$$\lim_{\Delta x,\Delta y\to 0} \frac{1}{\Delta x\Delta y}\oint_{\partial R} \langle F,T\rangle\, ds = M_x(x,y) - L_y(x,y) \tag{11.2}$$

Essa igualdade é interessante. O lado esquerdo, uma circulação por unidade de área, é uma densidade de circulação. Além disso, como se está passando ao limite, é a densidade de circulação "no ponto (x,y)". A igualdade em (11.2) diz, então, que essa densidade de circulação no ponto pode ser calculada por meio das derivadas parciais das coordenadas do campo.

Supondo Δx e Δy pequenos, a igualde em (11.2) pode ser reescrita como

$$\oint_{\partial R} \langle F,T\rangle\, ds \approx [M_x(x,y) - L_y(x,y)]\Delta x\Delta y \tag{11.3}$$

igualdade que facilita o estudo do sinal da circulação. Por exemplo, é claro de (11.3) que o campo constante $F(x,y) = (L_0, M_0)$ tem circulação nula em todos os pontos. O próximo exemplo ilustra mais uma vez o uso de (11.3).

■ **Exemplo 11.2** Estude o sinal da circulação do campo $F(x,y) = \left(0, \frac{1}{|x|+1}\right)$ ■

Solução. A circulação desse campo foi estudada no início da seção usando a definição de circulação. Agora, esse estudo pode ser feito muito mais facilmente por meio da aproximação em (11.3).

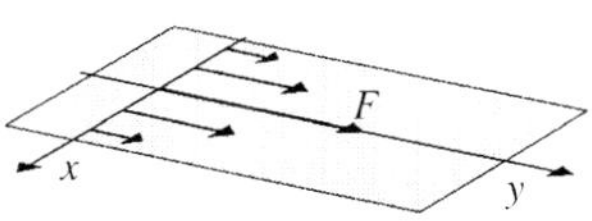

Basta notar que, indicando por $F(x,y) = (L(x,y), M(x,y))$ as coordenadas do campo, então $L(x,y)$ é identicamente nula. Já a coordenada $M(x,y)$ pode ser escrita como

$$M(x,y) = \begin{cases} \dfrac{1}{-x+1}, & \text{se } x < 0 \\[2ex] \dfrac{1}{x+1}, & \text{se } x > 0 \end{cases} \qquad \text{e, portanto, } M_x(x,y) = \begin{cases} \dfrac{1}{(-x+1)^2}, & \text{se } x < 0 \\[2ex] \dfrac{-1}{(x+1)^2}, & \text{se } x > 0 \end{cases}$$

Daí se segue que, se $x > 0$, então $M_x(x,y) - L_y(x,y) < 0$, e o campo apresenta tendência de girar no sentido horário. Analogamente, se $x < 0$, então $M_x(x,y) - L_y(x,y) > 0$, e o campo apresenta tendência de girar no sentido anti-horário. Compare com o início da seção. □

Teorema de Green

Ótimo, já se sabe calcular de forma aproximada a circulação em pequenos domínios. Esse é o conteúdo de (11.3). Mas qual a relação desse cálculo com a circulação em todo o bordo ∂D do domínio D, como foi proposto inicialmente?

A conclusão a que se chegou no início da seção anterior é que o domínio original poderia ser dividido em um número arbitrariamente grande de pequenos domínios, e a soma das circulações nesses pequenos domínios seria igual à circulação no domínio original. A circulação nos pequenos domínios já foi calculada em (11.3), e resta apenas somar todas essas circulações.

Considere então uma partição

$$R_{ij} = [x_{i-1}, x_i] \times [y_{j-1}, y_j], \ i = 1, 2, \dots m, \ j = 1, 2, \dots n$$

do domínio D, como ilustrado na figura a seguir, e indique por $\Delta x_i = x_i - x_{i-1}$ e $\Delta y_j = y_j - y_{j-1}$. Com essa notação, e usando novamente (11.3), a circulação em ∂R_{ij} pode ser aproximada por

$$\oint_{\partial R_{ij}} \langle F, T \rangle \, ds \approx [M_x(x_{i-1}, y_{j-1}) - L_y(x_{i-1}, y_{j-1})] \Delta x_i \Delta y_j$$

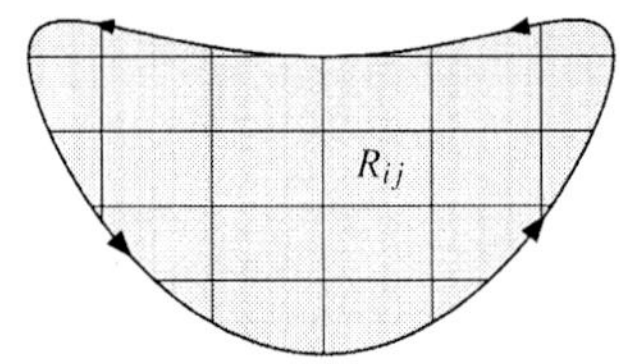

aproximação tão melhor quanto menor forem Δx_i e Δy_j. A soma de todas essas circulações é igual à circulação no bordo de D, de onde se segue a surpreendente aproximação

$$\oint_{\partial D} \langle F, T \rangle \, ds = \sum_{j=1}^{n} \sum_{i=1}^{m} \oint_{\partial R_{ij}} \langle F, T \rangle \, ds$$

$$\approx \sum_{j=1}^{n} \sum_{i=1}^{m} [M_x(x_{i-1}, y_{j-1}) - L_y(x_{i-1}, y_{j-1})] \Delta x_i \Delta y_j$$

Olhando com cuidado essa aproximação, descobre-se que ela é mesmo surpreendente: o lado direito é uma soma de Riemann da função $M_x - L_y$. Essa aproximação é uma mistura explosiva de integrais de linha, de derivadas parciais, de somas de Riemann e, claro: de integrais duplas! De fato, passando ao limite com a norma da partição tendendo a zero, deve-se ter que

$$\oint_{\partial D} \langle F, T \rangle \, ds = \iint_D (M_x - L_y) \, dx dy$$

Essa igualdade é conhecida como o *Teorema de Green* e é verdadeira para uma grande variedade de situações. Ele será estudado em detalhes adiante.

Antes, porém, vale observar que o teorema pode ser enunciado em termos apenas das coordenadas do campo. Para isso basta lembrar que a integral de linha é também indicada por

$$\oint_{\partial D} \langle F, T \rangle \, ds = \oint_{\partial D} L dx + M dy$$

Com essa notação o teorema de Green escreve-se como

$$\oint_{\partial D} L dx + M dy = \iint_D (M_x - L_y) \, dx dy \tag{11.4}$$

onde fica mais claro o papel de cada uma das coordenadas L e M.

■ **Exemplo 11.3** Use o teorema de Green para mostrar que, se F é um campos conservativos de classe C^1, o trabalho realizado por F ao longo de um caminho fechado simples é zero. ■

Solução. Essa é outra boa notícia: o teorema de Green foi motivado usando campos de velocidades, mas, como será visto adiante, ele vale também para outros campos, inclusive para campos de força. Assim, por Green, se C é um caminho fechado simples, então o trabalho realizado por F ao longo de C é

$$W = \oint_C \langle F, T \rangle\, ds = \iint_D (M_x - L_y)\, dxdy$$

onde D é a região limitada pelo caminho C.

Por outro lado, sendo conservativo, o campo $F = (L, M)$ é um gradiente, e, portanto, existe uma função f tal que $L = f_x$ e $M = f_y$. Mas então, lembrando que as derivadas parciais mistas de f comutam, isto é, $f_{xy} = f_{yx}$, segue-se que $M_x - L_y = (f_y)_x - (f_x)_y = f_{yx} - f_{xy} = 0$. Basta agora usar a expressão do trabalho dada acima para concluir que ele é zero. □

■ **Exemplo 11.4** Calcule a área da região limitada pelo caminho fechado simples C de parametrização $P(t) = (-2\,\mathrm{sen}(t), (1 - \cos(t))\cos(t))$ com $t \in [0, 2\pi]$. ■

Solução. Indique por D a região limitada pelo caminho C, que está ilustrada a seguir. Da figura é claro que D é da forma R_x, mas não deve ser fácil descrevê-la nessa forma. Assim, deve-se evitar as integrais iteradas.

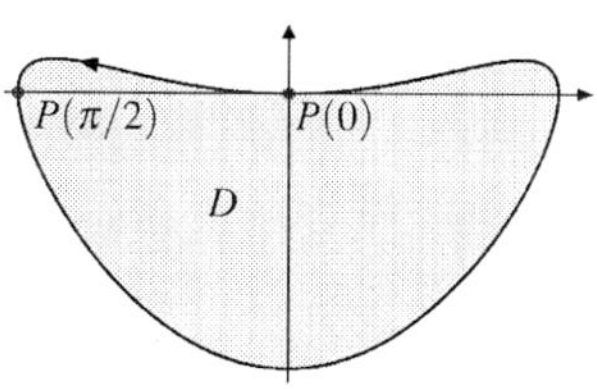

A ideia é então usar o teorema de Green. Para isso, deve-se verificar se a parametrização de C está no sentido correto. Calculando, obtém-se, por exemplo, que $P(0) = (0, 0)$ e $P(\pi/2) = (-2, 0)$, o que significa que a parametrização está mesmo se deslocando no sentido anti-horário.

Em seguida, em vista de (11.4), deve-se procurar um campo $F = (L, M)$ tal que $M_x - L_y$ seja constante e igual a 1. Ora! Um campo muito simples que satisfaz essa condição é $L(x, y) = -y/2$ e $M(x, y) = x/2$. Assim, de (11.4) segue-se que

$$\oint_C -\frac{y}{2}dx + \frac{x}{2}dy = \iint_D \left[\left(\frac{x}{2}\right)_x - \left(-\frac{y}{2}\right)_y \right] dxdy = \iint_D 1\, dxdy = \text{área de D}$$

Caramba! Outra bonita aplicação das integrais de linha. Via o teorema de Green, elas podem ser usadas para calcular áreas. Muito interessante.

Finalmente, para a integral de linha, basta lembrar que $P(t) = (x(t), y(t))$ é dada por $x(t) = -2\,\mathrm{sen}(t)$ e $y(t) = (1-\cos(t))\cos(t)$. Simplificando, obtém-se que $-y(t)x'(t) + x(t)y'(t) = 2\cos(t)^3 - 4\cos(t) + 2$, e, portanto,

$$\begin{aligned}\text{área de D} &= \oint_C -\frac{y}{2}\,dx + \frac{x}{2}\,dy = \frac{1}{2}\int_0^{2\pi} (-y(t)x'(t) + x(t)y'(t))\,dt \\ &= \frac{1}{2}\int_0^{2\pi} (2\cos(t)^3 - 4\cos(t) + 2)\,dt = 2\pi\end{aligned}$$

□

Teorema de Green - I

O teorema de Green foi introduzido na seção anterior usando como motivação a densidade de circulação do campo de velocidades de um fluido. No entanto, o teorema vale em uma generalidade bem maior, e o objetivo agora é buscar condições mais precisas sob as quais ele pode ser usado.

Lembrando: domínios R_x e R_y

Os domínios R_x e R_y foram introduzidos na **Parte 2**, **Seção 6**, como forma de generalizar as integrais em retângulos. Eles desempenham um papel importante no contexto do teorema de Green, e vale lembrar como eles são caracterizados.

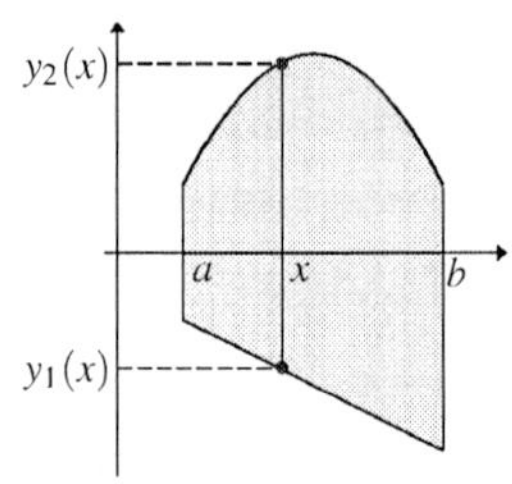

Um domínio $D \subset \mathbb{R}^2$ é da forma R_x se for limitado acima e abaixo por gráficos de funções deriváveis na variável x. De outra forma, indicando as funções por $y_1(x)$ e $y_2(x)$, com $x \in [a,b]$, o domínio D é da forma R_x se puder ser descrito na forma (veja a figura ao lado)

$$D = \{(x,y) \in \mathbb{R}^2;\ a \le x \le b \ \text{ e } \ y_1(x) \le y \le y_2(x)\}$$

Esses domínios são os mais populares porque, em geral, se escolhe x como variável independente. No entanto, não há nada de particular com a variável x. Dependendo do caso, é mais conveniente escolher y como a variável independente, o que dá origem aos domínios na forma R_y.

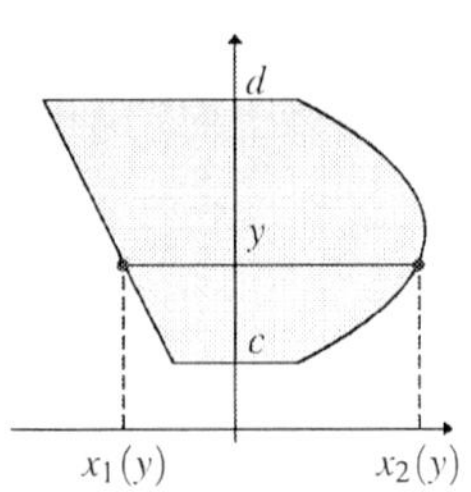

Assim, um domínio $D \subset \mathbb{R}^2$ é da forma R_y se for limitado à esquerda e à direita por gráficos de funções deriváveis na variável y. De outra forma, e indicando as funções por $x_1(y)$ e $x_2(y)$, com $y \in [c,d]$, D é da forma R_y se puder ser descrito como (veja a figura ao lado)

$$D = \{(x,y) \in \mathbb{R}^2;\ c \le y \le d \ \text{ e } \ x_1(y) \le x \le x_2(y)\}$$

Alguns domínios, como um disco, por exemplo, são tanto da forma R_x quanto R_y. Esses domínios recebem um nome especial, segundo a definição a seguir.

Definição 11.1 Um domínio $D \in \mathbb{R}^2$ é simples se for tanto R_x quanto R_y.

A importância dos domínios simples é que as integrais sobre eles podem ser calculadas iteradamente primeiro na variável y e depois na variável x, ou, então, invertendo essa ordem. Essas duas formas de calcular uma mesma integral serão importantes logo a seguir.

Exemplo 11.5 Verifique que $D = \{(x,y);\ x^2 + y^2 \le R^2 \text{ e } y \ge 0\}$ é simples.

Solução. O domínio é a parte superior do disco de raio R, e as figuras seguintes ilustram as duas formas possíveis em que ele pode ser descrito.

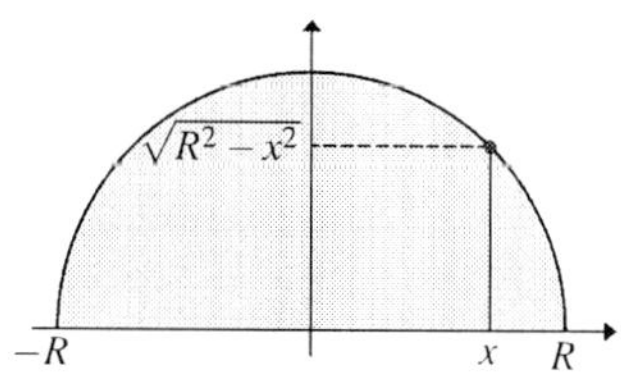

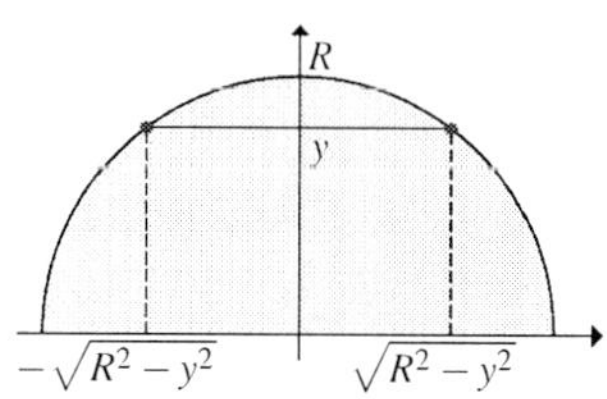

A figura da esquerda ilustra a forma R_x, com o domínio descrito como

$$D = \{(x,y);\ -R \le x \le R \ \text{ e } \ 0 \le y \le \sqrt{R^2 - x^2}\}$$

Já a figura da direita ilustra a forma R_y, com o domínio descrito como

$$D = \{(x,y);\ 0 \le y \le R \ \text{ e } \ -\sqrt{R^2 - y^2} \le x \le \sqrt{R^2 - y^2}\} \qquad \square$$

Teorema de Green – Caso geral

Como motivação, considere o domínio do exemplo acima, que é um domínio simples. Considere ainda $F(x,y) = (L(x,y), M(x,y))$ um qualquer campo de classe C^1. Em particular, não é necessário que F seja o campo de velocidades.

Com a orientação positiva, o bordo de D é a união $\partial D = C_1 \cup C_2$ dos caminhos C_1 e C_2 ilustrados na figura ao lado. Para esses caminhos, as parametrizações $P_1(x) = (x, 0)$ e $P_2(x) = (x, \sqrt{R^2 - x^2})$, com $x \in [-R, R]$, têm em comum o fato de que o parâmetro x é também a coordenada x do caminho.

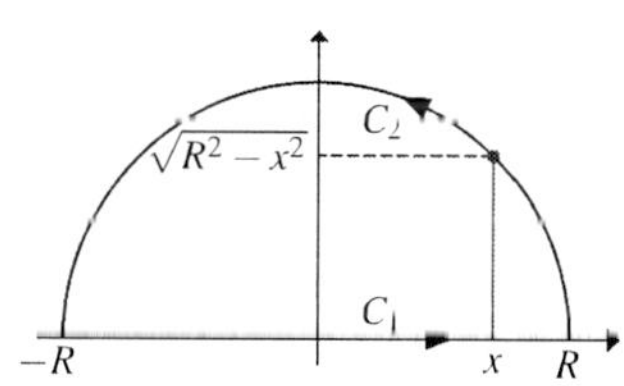

A coincidência entre o parâmetro x e a coordenada x do caminho será explorado a seguir. Mas, antes, é importante notar que, se $P_1(x)$ é de fato uma parametrização de C_1, $P_2(x)$ é uma parametrização de $-C_2$. Isso porque o início da parametrização é o ponto $P_2(-R) = (-R, 0)$, que é o final do caminho C_2. Veja a figura acima novamente.

Feitas essas considerações, a integral da primeira componente do campo F sobre o bordo ∂D pode ser calculada como segue:

$$\begin{aligned}\oint_{\partial D} L\,dx &= \int_{C_1} L\,dx + \int_{C_2} L\,dx = \int_{-R}^{R} L(x,0)\,dx - \int_{-R}^{R} L(x, \sqrt{R^2 - x^2})\,dx \\ &= -\int_{-R}^{R} \left[L(x, \sqrt{R^2 - x^2}) - L(x,0)\right] dx\end{aligned}$$

É curioso notar a diferença de significados para o "dx": na integral $\oint_{\partial D} L\,dx$ ele significa $dx = x'(t)dt$; mas como $t = x$, acaba-se por usar $dx = dt$, que é o significado usado na integral $\int_{-R}^{R} L(x,0)\,dx$. É nesse ponto que foi usado que o parâmetro x coincide com a coordenada x da parametrização, coincidência que se deve ao fato de o domínio ser R_x.

Bem, lembrando do teorema fundamental do Cálculo, pode-se escrever que

$$L(x, \sqrt{R^2 - x^2}) - L(x,0) = \int_0^{\sqrt{R^2 - x^2}} L_y(x,y)\,dy$$

e, substituindo essa igualdade na integral anterior, segue-se que

$$\oint_{\partial D} L\,dx = -\int_{-R}^{R} \left(\int_0^{\sqrt{R^2 - x^2}} L_y(x,y)\,dy \right) dx$$

Surpresa! Como D é da forma R_x, o lado direito é exatamente a integral de L_y sobre D. Fica então demonstrada a surpreendente igualdade

$$\oint_{\partial D} L\,dx = -\iint_D L_y(x,y)\,dxdy \tag{11.5}$$

que relaciona uma integral de linha sobre o bordo ∂D com uma integral dupla sobre todo o domínio D. O surpreendente é que o lado esquerdo depende apenas dos valores de L sobre o bordo, enquanto que o lado direito depende dos valores de L_y sobre todo o domínio. É mesmo surpreendente. Além disso, a igualdade vale para toda função L de classe C^1.

O próximo passo é calcular a integral de linha da segunda componente do campo $F = (L, M)$, mas agora explorando o fato de que D é da forma R_y.

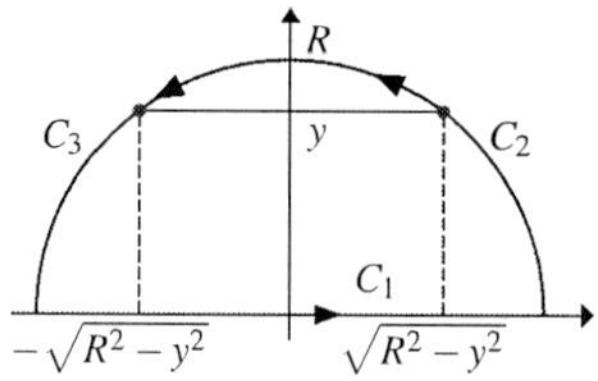

Para isso, decompõe-se o bordo de D na união $\partial D = C_1 \cup C_2 \cup C_3$ dos caminhos C_1, C_2 e C_3 ilustrados na figura. C_1 é o mesmo caminho anterior, mas o arco superior foi dividido em duas partes. Isso foi feito porque, como antes, as parametrizações

$$P_2(y) = (\sqrt{R^2 - y^2}, y) \quad \text{e} \quad P_3(y) = (-\sqrt{R^2 - y^2}, y) \quad \text{com} \quad y \in [0, R]$$

têm em comum o fato de que o parâmetro y é também a coordenada y do caminho, e esse fato será explorado a seguir. Mas, antes, é importante notar que, se $P_2(y)$ é de fato uma parametrização de C_2, $P_3(y)$ é uma parametrização de $-C_3$. Isso porque o início da parametrização é o ponto $P_3(0) = (-R, 0)$, que é o final de C_3. Veja a figura acima novamente.

Feitas essas considerações, e observando que a componente y da parametrização $P_1(x) = (x, 0)$ se anula, a integral da segunda componente do campo $F = (L, M)$ sobre o bordo ∂D pode ser calculada como segue:

$$\begin{aligned}
\oint_{\partial D} M\,dy &= \int_{C_1} M\,dy + \int_{C_2} M\,dy + \int_{C_3} M\,dy \\
&= \int_{-R}^{R} M(x,0)\cdot 0\,dx + \int_0^R M(\sqrt{R^2-y^2}, y)\,dy - \int_0^R M(-\sqrt{R^2-y^2}, y)\,dy \\
&= \int_0^R \left[M(\sqrt{R^2-y^2}, y) - M(-\sqrt{R^2-y^2}, y) \right] dy \\
&= \int_0^R \left(\int_{-\sqrt{R^2-y^2}}^{\sqrt{R^2-y^2}} M_x(x,y)\,dx \right) dy = \iint_D M_x\,dxdy
\end{aligned} \qquad (11.6)$$

onde foram usadas as mesmas observações e argumentos do primeiro cálculo.

Somando as igualdade em (11.5) e (11.6), obtém-se finalmente que

$$\oint_{\partial D} L\,dx + M\,dy = \iint_D [M_x - L_y]\,dxdy$$

que é o teorema de Green aplicado ao domínio D.

Não há nada de particular no domínio D, a não ser que ele é simples. Com efeito, com os mesmos argumentos pode-se demonstrar o teorema abaixo. Mas é importante não esquecer que a orientação correta do bordo ∂D é a positiva.

Teorema 11.1 — de Green. Supor $U \subset \mathbb{R}^2$ uma região aberta e $F = (L,M)$ um campo de classe C^1 em U. Se $\partial D \cup D \subset U$ e D é simples, então

$$\oint_{\partial D} L\,dx + M\,dy = \iint_D [M_x - L_y]\,dxdy$$

Campos irrotacionais

De início o teorema responde a uma pergunta interessante: quais são os campos que não apresentam tendência de rotação? De outra forma, quais são os campos $F = (L,M)$ para os quais a integral $\oint_C L\,dx + M\,dy$ se anula para todo caminho C fechado e simples? Ora! Segundo o teorema de Green, essa questão está ligada ao fato da quantidade $M_x - L_y$ ser identicamente nula. Isso sugere a

Definição 11.2 O campo $F = (L,M)$ de classe C_1 é irrotacional em uma região $U \subset \mathbb{R}^2$ se $M_x(x,y) - L_y(x,y) = 0$ para todo $(x,y) \in U$.

Do teorema de Green, se F é irrotacional, então

$$\oint_{\partial D} L\,dx + M\,dy = \iint_D [M_x - L_y]\,dxdy = 0$$

para todo domínio simples $D \subset U$, e, portanto, não há tendência de rotação.

Por exemplo, o campo constante $F = (L_0, M_0)$ é irrotacional. Mais geralmente, um campo conservativo é irrotacional. Com efeito, nas condições do teorema, supor que $F = (L,M)$ seja tal que $L = f_x$ e $M = f_y$ para alguma função potencial f. Nesse caso, as derivadas parciais mistas comutam, e, portanto,

$$M_x - L_y = (f_y)_x - (f_x)_y = f_{yx} - f_{xy} = 0$$

Assim, os campos conservativos são também irrotacionais. Mais adiante se verá que os campos irrotacionais são "quase" conservativos. Tem aí uma questão importante em relação ao domínio em que o campo está definido, questão que será melhor percebida no contexto da Lei de Ampère, a ser vista adiante.

Áreas de figuras planas

Não existe uma relação clara entre a área e o perímetro de uma figura plana. Existem figuras com perímetros grandes e áreas pequenas. Já as figuras de áreas grandes não podem ter perímetros muito pequenos.

A esse respeito, é bem famoso o problema de Dido: determinar a figura de maior área que pode ser obtida a partir de um perímetro de comprimento constante. Intuitivamente, a solução deve ser um círculo. Mas resolver matematicamente o problema é bem mais delicado.

Pois muito bem, apesar dessas questões, o Teorema de Green estabelece um relação clara entre a área e uma integral de linha sobre o bordo da figura.

Isso porque o teorema vale para qualquer campo de classe C^1, e existem campos $F = (L,M)$ para os quais $M_x - L_y = 1$. Por exemplo, escolhendo $L(x,y) = -y$ e $M(x,y) = 0$, segue-se que, se $D \subset \mathbb{R}^2$ é simples, então

$$\oint_{\partial D} -y\,dx = \oint_{\partial D} -y\,dx + 0\,dy = \iint_D [(0)_x - (-y)_y]\,dxdy = \iint_D dxdy \quad (11.7)$$

em que o lado direito é a área de D. Analogamente, escolhendo $L(x,y) = 0$ e $M(x,y) = x$, segue-se que, se $D \subset \mathbb{R}^2$ é um domínio simples, então

$$\oint_{\partial D} x\,dy = \oint_{\partial D} 0\,dx + x\,dy = \iint_D [(x)_x - (0)_y]\,dxdy = \iint_D dxdy \quad (11.8)$$

em que o lado direito é novamente a área de D. Pode-se ainda somar as duas últimas igualdades e dividir por dois para obter que

$$\frac{1}{2}\oint_{\partial D} -y\,dx + x\,dy = \frac{1}{2}\iint_D [(x)_x - (-y)_y]\,dxdy = \iint_D dxdy \quad (11.9)$$

Isso mostra que a área pode ser calculada de três maneiras diferentes, e, dependendo do caso, uma maneira pode ser mais fácil do que a outra.

■ **Exemplo 11.6** Use o teorema de Green para calcular a área limitada pela elipse $\dfrac{x^2}{a^2} + \dfrac{y^2}{b^2} = 1$, onde a e b são constantes positivas. ■

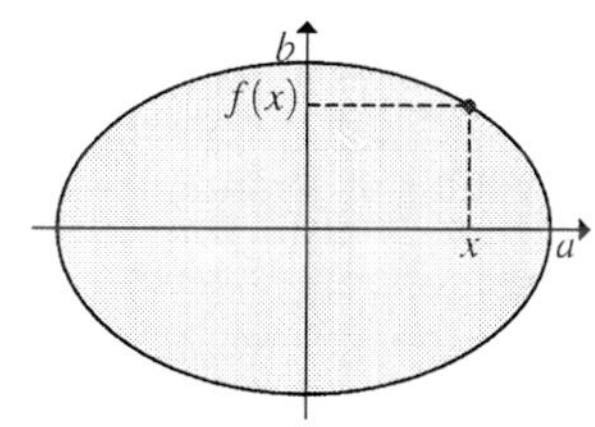

Solução. O cálculo dessa área por meio da integral da função $f(x) = \frac{b}{a}\sqrt{a^2 - x^2}$ exige uma artilharia pesada de mudança de variáveis e identidades trigonométricas. No entanto, por meio do teorema de Green, o cálculo é bem mais fácil.

Aliás, nesse exemplo pode-se comparar as três formas do cálculo da área. Assim, usando a parametrização anti-horária $\Gamma(t) = (a\cos(t), b\,\text{sen}(t))$ de ∂D, com $t \in [0, 2\pi]$, de (11.7), segue-se que

$$\iint_D dxdy = \oint_{\partial D} -y\,dx = \int_0^{2\pi} (-b\,\text{sen}(t))(-a\,\text{sen}(t))\,dt = ab\int_0^{2\pi} \text{sen}^2(t)\,dt$$

Já usando a igualdade em (11.8), obtém-se

$$\iint_D dxdy = \oint_{\partial D} x\,dy = \int_0^{2\pi} (a\cos(t))(b\cos(t))\,dt = ab\int_0^{2\pi} \cos^2(t)\,dt$$

Agora fica claro que a maneira mais fácil de calcular a área é por meio da igualdade em (11.9). De fato, usando aquela igualdade, segue-se que

$$\iint_D dxdy = \frac{1}{2}\oint_{\partial D} -ydx + xdy = \frac{ab}{2}\int_0^{2\pi}[\cos^2(t) + \operatorname{sen}^2(t)]\,dt$$

$$= \frac{ab}{2}\int_0^{2\pi} dt = \pi ab$$

que é o valor conhecido para a área da elipse. □

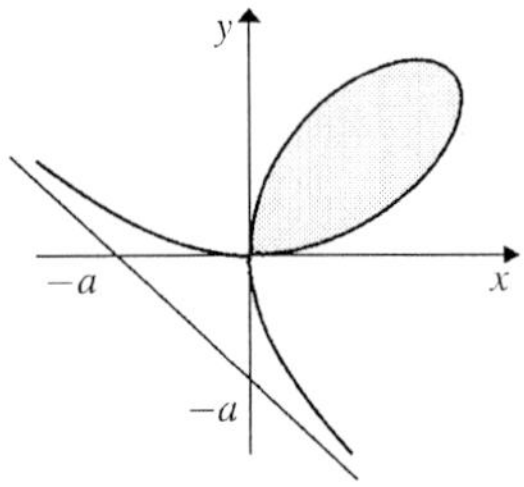

■ **Exemplo 11.7** Use o teorema de Green para calcular a área do laço do Fólio de Descartes $x^3 + y^3 = 3axy$, onde $a > 0$. ■

Solução. O nome da curva vem do formato de folha que ela descreve no primeiro quadrante, e é a área dessa folha que se quer calcular.

Novamente, calcular a área usando gráficos de funções não é uma boa ideia, e o teorema de Green parece mais indicado. Para isso, tentando $y = tx$ e substituindo na equação, obtém-se que $x^3 + t^3x^3 = 3atx^2$. Ótimo, porque daí

$$x = x(t) = \frac{3at}{1+t^3} \quad \text{e} \quad y = y(t) = tx(t) = \frac{3at^2}{1+t^3}$$

é uma parametrização do Fólio. Além disso, a partir dos sinais de $x(t)$ e $y(t)$, conclui-se que a folha corresponde aos valores de $t \in (0, \infty)$.

A área da folha pode agora ser calculada usando uma das três formas acima. A mais conveniente delas é a igualdade em (11.9), uma vez que

$$-y(t)x'(t) + x(t)y'(t) = [-tx(t)]x'(t) + x(t)[x(t) + tx'(t)] = x^2(t)$$

e a integral de $x^2(t)$ é fácil de ser calculada. De fato, indicando a região da folha por D, usando (11.9) e a igualdade acima, segue-se que a área de D é

$$\iint_D dxdy = \frac{1}{2}\oint_{\partial D} -ydx + xdy = \frac{1}{2}\int_0^{\infty}[-y(t)x'(t) + x(t)y'(t)]dt = \frac{1}{2}\int_0^{\infty} x^2(t)\,dt$$

Finalmente, usando a expressão de $x(t)$ e a substituição $u = 1 + t^3$, obtém-se

$$\iint_D dxdy = \frac{1}{2}\int_0^{\infty} x^2(t)\,dt = \frac{1}{2}\int_0^{\infty}\frac{9a^2t^2}{(1+t^3)^2}dt = \frac{1}{2}\int_1^{\infty} 3a^2u^{-2}\,du = \frac{3a^2}{2}$$

que é a área procurada. □

Teorema de Green e trabalho

Um dos lados da igualdade no teorema de Green é uma integral de linha que pode representar o cálculo do trabalho. O outro lado é uma integral dupla, que está relacionada com uma área. Assim, esse teorema pode ser usado para relacionar trabalho e área, semelhante ao que acontece no ciclo de Carnot. Para um exemplo, considere um motor de quatro tempos, com um cilindro, cujo funcionamento está ilustrado nas figuras seguintes.

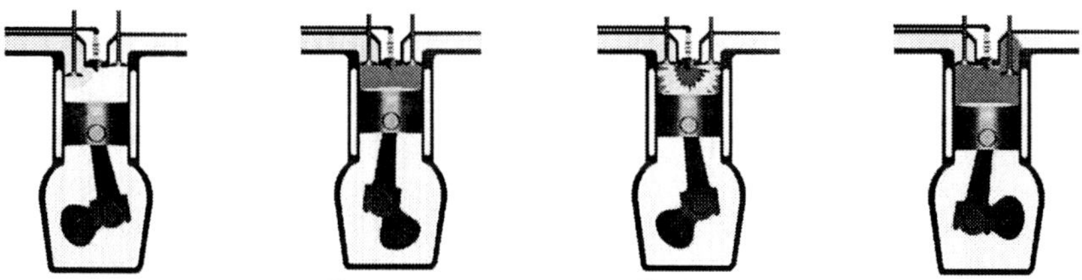

Admissão Compressão Explosão Exaustão

No primeiro tempo, de admissão, a válvula de admissão está aberta e o pistão desce aspirando uma mistura de ar e gasolina. No segundo tempo, de compressão, a válvula de admissão se fecha e o pistão sobe comprimindo a mistura. No ponto mais alto do movimento, a vela solta uma faísca que provoca a explosão da mistura, e o pistão desce com força realizando trabalho. No ponto mais baixo, a válvula de exaustão se abre, e o pistão sobe expulsando a mistura queimada. O movimento então se repete iniciando nova admissão.

O trabalho realizado está compreendido entre os tempos de compressão e explosão, e este é o trabalho a ser calculado adiante. Nos outros tempos o motor usa parte da energia acumulada para realizar os outros ciclos.

Para o cálculo deste trabalho, considere o sistema de eixos como na figura abaixo, em que $\mathscr{O}x$ está no ponto mais alto do pistão e $\mathscr{O}y$ está orientado para baixo. Considere ainda a seguinte notação:

- T = tempo entre o início da compressão e o final da explosão;
- A = área da superfície superior do pistao;
- $h(t)$ = altura do pistão no tempo $t \in [0,T]$;
- $v(t) = Ah(t)$ = volume no interior do pistão no tempo $t \in [0,T]$;
- $p(t)$ = pressão no interior do pistão no tempo $t \in [0,T]$.

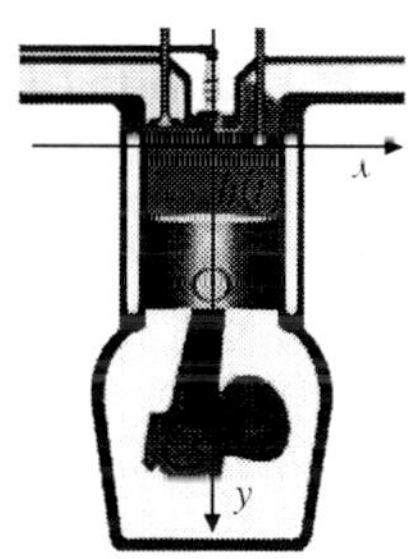

Nesse sistema, a posição do pistão é $P(t) = (0, h(t))$. Além disso, como a força é o produto da área pela pressão, a força exercida sobre o pistão é $F(P(t)) = (0, Ap(t))$. Lembrando que $v(t) = Ah(t)$, daí se segue que o trabalho realizado entre os ciclos de compressão e explosão é

$$W = \int_0^T \langle F(P(t)), P'(t) \rangle \, dt = \int_0^T Ap(t)h'(t)\, dt$$
$$= \int_0^T p(t)[Ah'(t)]\, dt = \int_0^T p(t)v'(t)\, dt$$

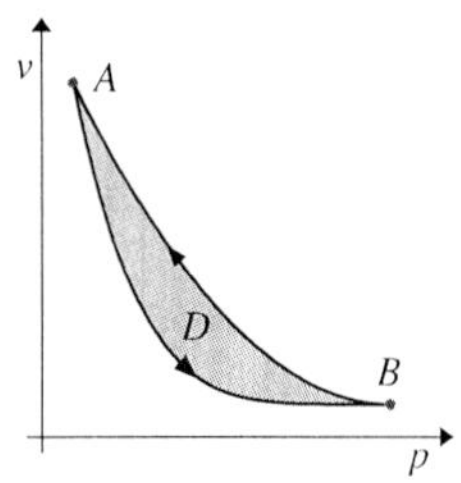

Por outro lado, no sistema de eixos $\mathcal{O}pv$, considere o caminho de parametrização $Q(t) = (p(t), v(t))$ com $t \in [0, T]$. Com a notação da figura, a partir do ponto A, início da compressão, o volume diminui e a pressão aumenta, até alcançar o ponto B onde ocorre a explosão.

A pressão então aumenta rapidamente e força o pistão a voltar ao ponto inicial. Assim, $Q(t)$ é um caminho fechado e simples, que limita uma região. Indicando por D essa região, tem-se então que $Q(t)$ é uma parametrização positiva do ∂D.

De (11.8), com (p, v) em lugar de (x, y), obtém-se a surpreendente igualdade

$$W = \int_0^T p(t)v'(t)\, dt = \int_{\partial D} p\, dv = \iint_D dp dv = \text{Área de D}$$

Em resumo, semelhante ao ciclo de Carnot, o trabalho realizado pelo motor é igual à área da região limitada pela curva $(p(t), v(t))$ no plano $\mathcal{O}pv$.

Teorema de Green - II

Uma das aplicações do Teorema de Green é no estudo da Lei de Ampère, que será detalhada a seguir. A partir dessa lei é possível obter uma expressão explícita para o campo magnético, e então estudar suas propriedades.

União de domínios simples

Para as aplicações é necessário generalizar um pouquinho as condições nas quais o teorema de Green pode ser aplicado.

Até agora o teorema garante que, se $D \subset \mathbb{R}^2$ é um domínio simples (da forma R_x e R_y) e $F = (L, M)$ é um campo de classe C^1, então vale a igualdade

$$\oint_{\partial D} L\, dx + M\, dy = \iint_D (M_x - L_y)\, dxdy$$

No entanto, agora que a igualdade foi demonstrada, pode-se concluir que ela vale também no caso em que D é a união de dois domínios simples.

Considere, por exemplo, o caso em que o domínio é como ilustrado ao lado. Ele é da forma R_y, mas não é da forma R_x, pois a função $y_2(x)$ não é derivável em $x = c$ e a função $y_1(x)$ não é derivável em $x = d$. Não sendo simultaneamente R_x e R_y, o domínio não é simples.

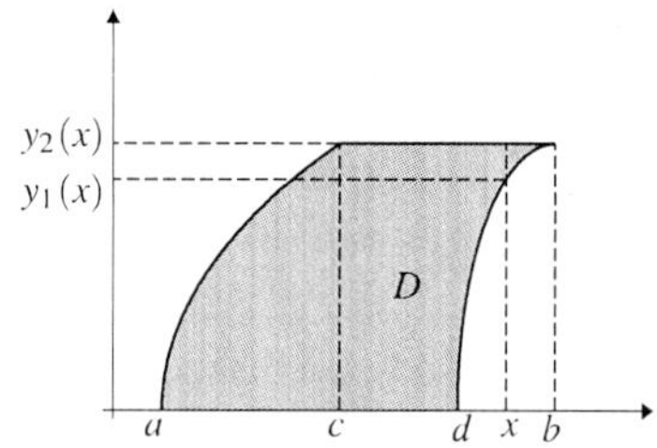

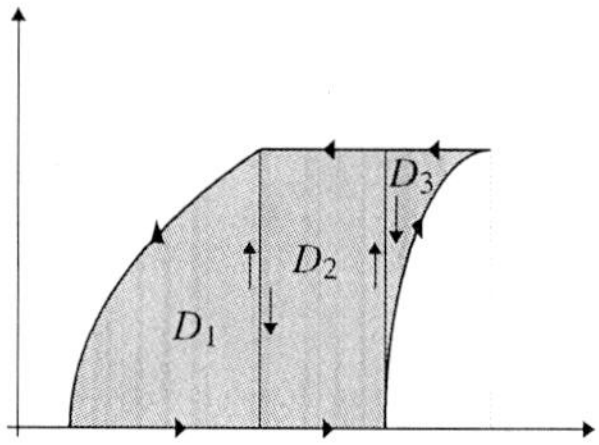

Mas D pode ser dividido nos domínios simples D_1, D_2 e D_3 ilustrados na figura ao lado. Com a orientação positiva, os bordos ∂D_1 e ∂D_2 têm uma parte em comum e, nessa parte, as orientações são contrárias. Da mesma forma com os bordos ∂D_2 e ∂D_3.

Assim, as correspondentes integrais se cancelam quando somadas. Logo,

$$\oint_{\partial D} L\,dx + M\,dy = \sum_{i-1}^{3} \oint_{\partial D_i} L\,dx + M\,dy$$

Aplicando Green nos domínios D_1, D_2 e D_3, que são simples, obtém-se

$$\begin{aligned}\oint_{\partial D} L\,dx + M\,dy &= \oint_{\partial D_1} L\,dx + M\,dy + \oint_{\partial D_2} L\,dx + M\,dy + \oint_{\partial D_3} L\,dx + M\,dy \\ &= \iint_{D_1} (M_x - L_y)\,dxdy + \iint_{D_2} (M_x - L_y)\,dxdy + \iint_{D_3} (M_x - L_y)\,dxdy \\ &= \iint_{D} (M_x - L_y)\,dxdy\end{aligned}$$

Isso mostra que o teorema vale se o domínio for união de domínios simples.

Um vez feita essa conclusão, pode-se dar um passo adiante e concluir que o teorema vale em domínios como o ilustrado na figura da esquerda a seguir. Esse domínio não é R_x, pois não é a região entre dois gráficos de funções na variável x. No entanto, como ilustra a figura da direita, ele pode ser dividido em quatro outros domínios nos quais vale o teorema, e o mesmo argumento usado anteriormente mostra que o teorema também vale para o domínio original.

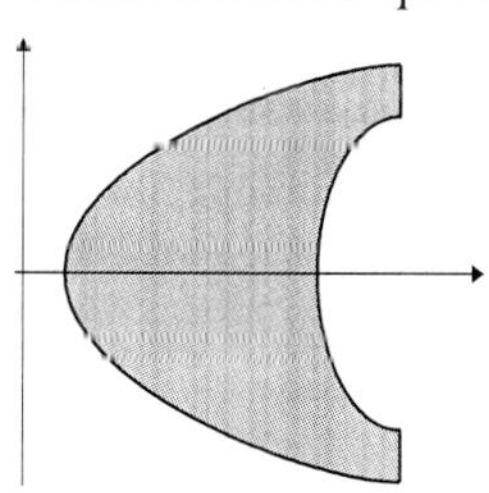

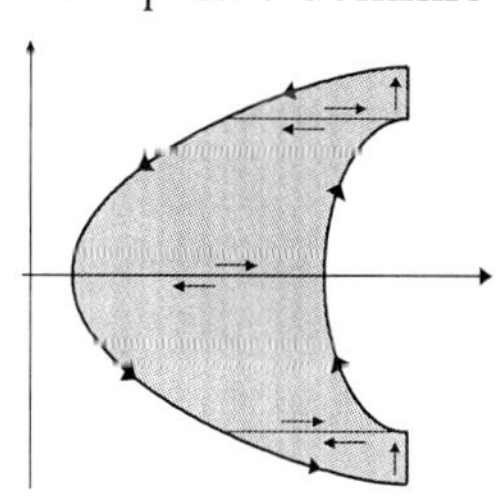

Ainda os mesmos argumentos podem ser usados para mostrar que o teorema vale em domínios como o ilustrado a seguir, com um "buraco" no seu interior. O domínio está ilustrado na figura da esquerda, e a da direita ilustra uma divisão em domínios onde vale o teorema.

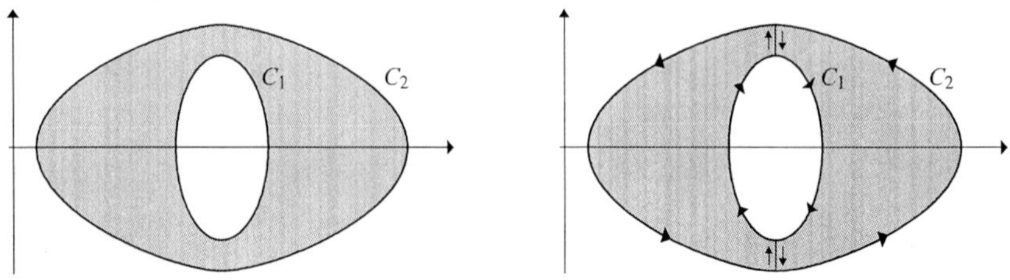

Em razão do "buraco", o bordo do domínio é a união das curvas C_1 e C_2 ilustradas acima, e vale observar um fato curioso: a orientação da curva C_2 é contrária à da curva C_1! Veja a figura da direita. Essa mudança é essencial para que o teorema de Green possa ser aplicado corretamente e, em geral, a definição de orientação positiva é aquela dada a seguir. Observe que o bordo do domínio ilustrado acima está orientado positivamente segundo essa definição.

Definição 11.3 — Regra da mão esquerda. O sentido positivo do bordo ∂D é aquele que deixa o domínio à esquerda de quem faz o percurso.

Lei de Ampère

Por volta de 1820, Oersted realizou uma experiência histórica, aproximando uma agulha imantada de um fio por onde passava uma corrente estacionária. Ele notou então, pela primeira vez, que essas correntes produzem campos magnéticos. Veja afigura ao lado, o sentido da corrente está indicado por uma seta, as linhas de força por um círculo e o campo magnético pelo vetor B.

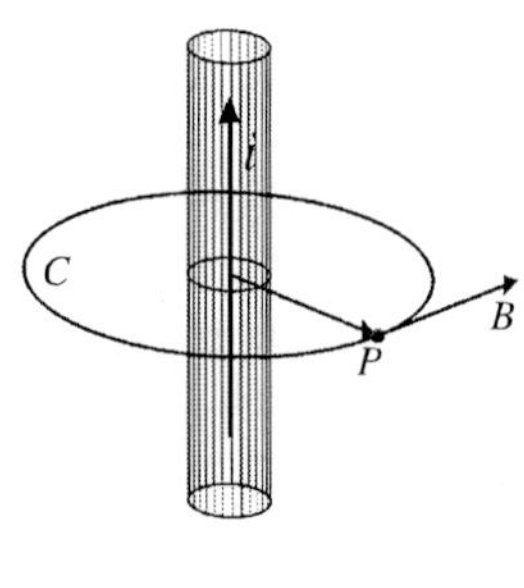

Assim, a direção e o sentido do campo podem ser determinados apenas com o uso da agulha imantada.

Para o estudo da intensidade são necessárias experiências mais elaboradas, e Ampère foi o primeiro a perceber a importância da circulação para esse estudo. Assim, supondo que a corrente está ao longo do eixo $\mathscr{O}z$, e indicando por C um círculo de centro na origem e raio r, a lei de Ampère afirma que

$$\oint_C \langle B, T \rangle \, ds = \mu_0 \, i \tag{11.10}$$

onde i é a intensidade da corrente e $\mu_0 = 4\pi \times 10^{-7}$ N/A^2 é a constante magnética. O curioso dessa lei é que a integral de linha é sobre um círculo de raio r e, em princípio, depende desse raio. Mas, segundo a lei, a integral de linha é constante, e independente do raio do círculo!

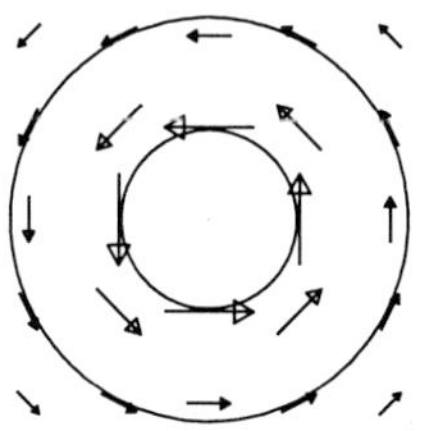

Esse comportamento pode ser explicado como segue. Se o raio do círculo é pequeno, o seu comprimento também é pequeno, mas a intensidade do campo é grande. Se o círculo aumenta, o seu comprimento também aumenta, mas a intensidade do campo diminui. Veja a figura ao lado.

Assim, a lei de Ampère afirma que um aumento no raio do círculo corresponde a uma diminuição da intensidade do campo, e isso de maneira a que a circulação permaneça constante.

Bem, após esses entretantos, pode-se passar ao cálculo da intensidade do campo. Indique por $P(t) = (r\cos(t), r\,\text{sen}(t))$, $t \in [0, 2\pi]$, uma parametrização positiva do círculo C e por $T(t) = P'(t)/\|P'(t)\|$ o vetor unitário tangente. Como B é tangente ao círculo, tem-se que $B(P(t)) = \|B(P(t))\|T(t)$. Além disso, por simetria, a intensidade de B é constante ao longo de C, isto é, $\|B(P(t))\| = k$ para todo $t \in [0, 2\pi]$. Segue-se que $B(P(t)) = kT(t)$, e, portanto,

$$\langle B(P(t)), T(t)\rangle = \langle kT(t), T(t)\rangle = k\langle T(t), T(t)\rangle = k$$

Mas então, da lei de Ampère,

$$\mu_0 i = \oint_C \langle B, T\rangle\, ds = \int_0^{2\pi} \langle B(P(t)), T(t)\rangle \|P'(t)\|\, dt = k\int_0^{2\pi} \|P'(t)\|\, dt = k2\pi r$$

de onde se segue que $\|B(P(t))\| = k = \mu_0 i/2\pi r$.

Ótimo, essa é a intensidade ao longo de C, onde $\|P(t)\| = r$. Em um ponto qualquer $P = (x, y)$, com $\|P\| \neq 0$, a intensidade é dada por

$$\|B(P)\| = \frac{\mu_0 i}{2\pi\|P\|} = \frac{\mu_0 i}{2\pi\sqrt{x^2 + y^2}}$$

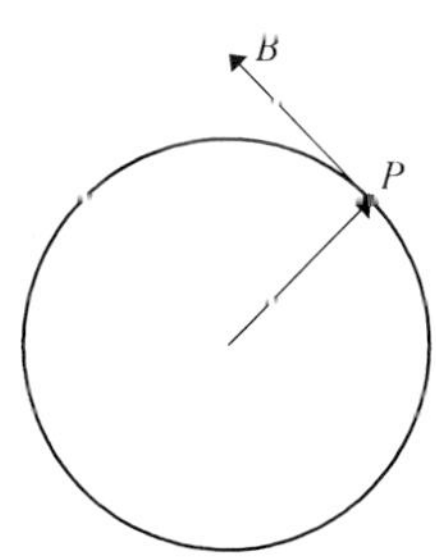

Resta ainda determinar a direção e sentido do campo. Mas essa é fácil! Da figura ao lado, basta girar o ponto $P = (x, y)$ de $\pi/2$ no sentido anti-horário para obter que a direção e o sentido do campo magnético são dados por $Q = (-y, x)$. Considerando o vetor unitário $U = Q/\|Q\|$, obtém-se finalmente que a expressão do campo B é dada por

$$B(P) = \|B(P)\|U = \frac{\mu_0 i}{2\pi\sqrt{x^2+y^2}}\left(\frac{-y}{\sqrt{x^2+y^2}}, \frac{x}{\sqrt{x^2+y^2}}\right)$$
$$= \frac{\mu_0 i}{2\pi}\left(\frac{-y}{x^2+y^2}, \frac{x}{x^2+y^2}\right)$$

Muito bom! Essa é uma expressão explícita para o campo e, como mostram as próximas seções, dela é possível tirar várias conclusões interessantes.

Campo gradiente × campo irrotacional

Um campo $F = (L, M)$ de classe C^1 é um campo gradiente se $L = f_x$ e $M = f_y$ para alguma função f, que é dita a função potencial para o campo. Como as derivadas parciais mistas comutam, se F é um campo gradiente então

$$M_x - L_y = (f_y)_x - (f_x)_y = f_{yx} - f_{xy} = 0$$

e, portanto, o campo é *irrotacional*, segundo a definição dada na seção anterior.

Assim, todo campo gradiente é também irrotacional. É natural então perguntar pela volta, se os campos irrotacionais são também campos gradientes. A resposta é *não*, e o contraexemplo é exatamente o campo magnético obtido anteriormente. De fato, indicando por

$$L(x,y) = \frac{\mu_0 i}{2\pi}\frac{-y}{x^2+y^2} \quad \text{e} \quad M(x,y) = \frac{\mu_0 i}{2\pi}\frac{x}{x^2+y^2}$$

as coordenadas do campo, o primeiro fato a notar é que o domínio de B é

$$D = \{(x,y) \in \mathbb{R}^2;\ (x,y) \neq (0,0)\}$$

que não inclui a origem $\mathscr{O}$, e, portanto, é um domínio com um "buraco" corresponde a este ponto. O segundo fato é que

$$L_y(x,y) = \frac{\mu_0 i}{2\pi}\frac{y^2-x^2}{(x^2+y^2)^2} = M_x(x,y)$$

de onde se segue que B é irrotacional, isto é, $M_x - L_y = 0$ no domínio D.

No entanto, B não é um campo gradiente, o que decorre da lei de Ampère em (11.10). De fato, o círculo C, de centro na origem e raio r, é um caminho fechado e simples. Logo, se B fosse um campo gradiente, a integral em (11.10) seria nula, uma contradição.

Segue-se que B é exemplo de um campo irrotacional que não é gradiente. Isso ocorre porque, em razão do buraco correspondente à origem, o domínio de B não é simplesmente conexo. Veja as definições a seguir.

Definição 11.4 Um domínio $D \subset \mathbb{R}^2$ é

i) conexo se quaisquer dois pontos de D podem ser ligados por um caminho inteiramente contido no domínio;

ii) simplesmente conexo se for conexo e, além disso, todo caminho fechado e simples em D contorna apenas pontos do domínio.

Intuitivamente, o domínio é conexo se tiver apenas uma parte, e é simplesmente conexo se, além de ser conexo, não tiver "buracos".

Por exemplo, o domínio $\{(x,y) \in \mathbb{R}^2; x^2+y^2 \leq 3^2 \text{ e } |y| \geq 1\}$ tem as partes $\{(x,y) \in \mathbb{R}^2; x^2+y^2 \leq 3^2 \text{ e } y \geq 1\}$ e $\{(x,y) \in \mathbb{R}^2; x^2+y^2 \leq 3^2 \text{ e } y \leq -1\}$, e, portanto, não é conexo (veja a figura da esquerda abaixo). Já o anel $\{(x,y) \in \mathbb{R}^2;\ 1 \leq x^2+y^2 \leq 3^2\}$ é conexo, mas não é simplesmente conexo, uma vez que o círculo $x^2+y^2 = 2^2$ está contido no anel mas contorna pontos que não estão no domínio (veja a figura do meio). Finalmente, a figura da direita ilustra um domínio que é simplesmente conexo.

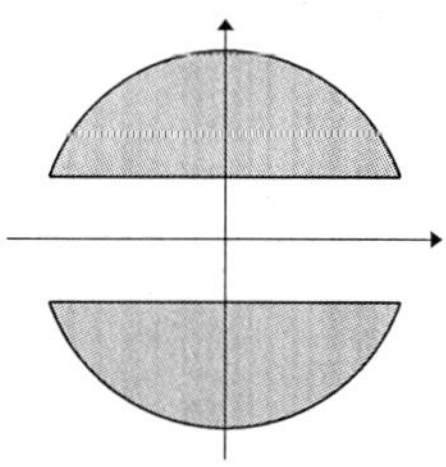

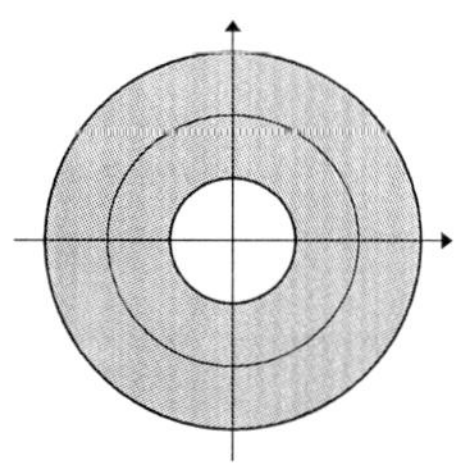

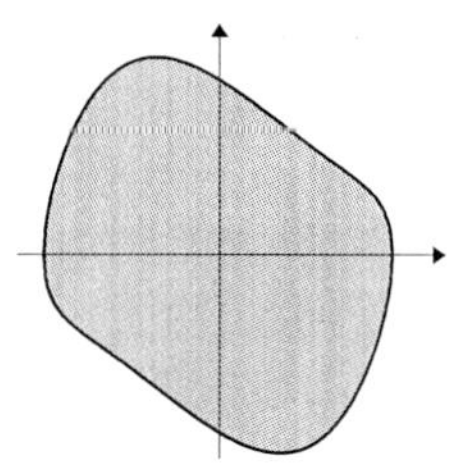

Para campos definidos em domínios simplesmente conexos vale o teorema a seguir, segundo o qual ser gradiente é sinônimo de ser irrotacional.

Teorema 11.2 Suponha $F = (L,M)$ um campo de classe C^1 em um domínio simplesmente conexo $D \subset \mathbb{R}^2$. Então F é um campo gradiente se, e somente se, F é um campo irrotacional.

Esse teorema esclarece a questão do campo magnético: ele é irrotacional e deixa de ser gradiente em virtude de seu domínio não ser simplesmente conexo.

■ **Exemplo 11.8** Verifique que, restrito a $D = \{(x,y) \in \mathbb{R}^2;\ y > 0\}$, o campo magnético é gradiente, e determine uma função potencial para este campo. ■

Solução. Já foi visto que B é irrotacional. Além disso, é claro que o novo domínio é simplesmente conexo, e, de acordo com o teorema acima, B é também um campo gradiente.

Para a função potencial, deve-se obter uma função $f(x,y)$ tal que $f_x = L$ e $f_y = M$, onde L e M são as coordenadas do campo. Usando a substituição

$u = x/y$ para integrar a igualdade $f_x = L$ na variável x, obtém-se que

$$f(x,y) = \int \frac{\mu_0 i}{2\pi}\frac{-y}{x^2+y^2}\,dx = -\frac{\mu_0 i}{2\pi}\int \frac{y}{y^2((x/y)^2+1)}\,dx = -\frac{\mu_0 i}{2\pi}\int \frac{1}{u^2+1}\,du$$

$$= -\frac{\mu_0 i}{2\pi}\arctan(u) + g(y) = -\frac{\mu_0 i}{2\pi}\arctan(x/y) + g(y)$$

onde $g(y)$ é a constante de integração em relação a x. Já se tem então que $f(x,y) = -\frac{\mu_0 i}{2\pi}\arctan(x/y) + g(y)$. Para determinar $g(y)$ basta notar que

$$f_y(x,y) = -\frac{\mu_0 i}{2\pi}\,\frac{1}{(x/y)^2+1}\,\frac{-x}{y^2} + g'(y) = \frac{\mu_0 i}{2\pi}\,\frac{x}{x^2+y^2} + g'(y) = M(x,y) + g'(y)$$

Como $f_y = M$, segue-se então que $g'(y) = 0$, e, portanto, $g(y) = k =$ constante. Assim, para qualquer constante k, $f(x,y) = -\frac{\mu_0 i}{2\pi}\arctan(x/y) + k$ é uma função potencial para o campo magnético restrito ao domínio $D = \{(x,y) \in \mathbb{R}^2;\ y > 0\}$. A restrição é mesmo essencial, uma vez que o y aparece no denominador, e, portanto, não pode se anular. □

Lei de Ampère ampliada

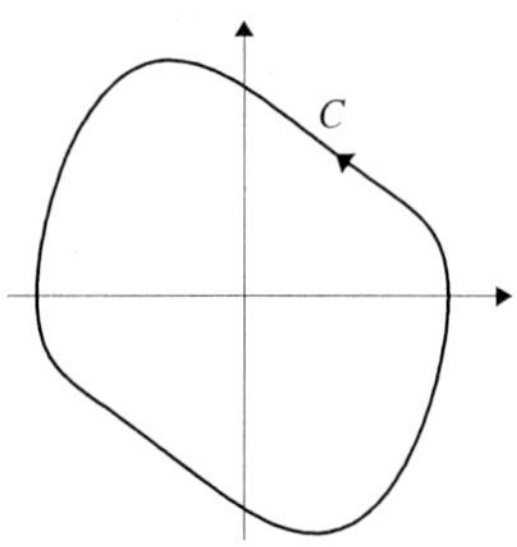

Do fato de que o campo magnético B é irrotacional podem ser deduzidas algumas propriedades importantes desse campo. Uma delas é a ampliação da lei de Ampère, no sentido indicado a seguir.

Considere um qualquer caminho fechado simples C, orientado no sentido anti-horário e com a origem em seu interior, como na figura.

O que se pretende é mostrar que, mesmo sem conhecer uma parametrização do caminho, ainda assim se tem que

$$\oint_C \langle B, T\rangle\,ds = \mu_0 i$$

Para isso não é possível aplicar Green na região limitada por C, pois essa região contém a origem, onde o campo magnético não está definido.

A ideia é muito simples, mas engenhosa: usar um argumento de excisão, retirando-se um pequeno disco em torno da origem. Por um lado, a excisão permite a aplicação do teorema de Green, o que é muito bom. Mas, por outro, cria uma região com um "buraco", como ilustrado na figura ao lado, e deve-se prestar atenção nesta novidade.

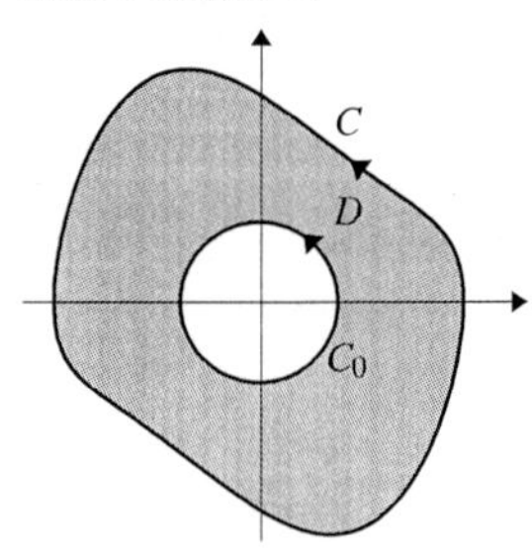

Indique então por C_0 um círculo orientado no sentido anti-horário, centrado na origem e de raio pequeno o suficiente para estar dentro da região limitada por C. Indique ainda por D a região entre C e C_0. Veja a figura acima.

Ora! O primeiro ponto é que o teorema de Green pode ser aplicado no domínio D, que é uma união de domínios simples, como visto no início da seção. O segundo ponto é que, com as orientações introduzidas acima e em vista da regra da mão esquerda, o bordo de D tem orientação $\partial D = C \cup (-C_0)$, com uma inversão na orientação de C_0. Veja de novo a figura acima.

Esclarecidos esses pontos, lembrando que o campo $B = (L, M)$ é irrotacional, isto é, que $M_x - L_y = 0$, e aplicando o teorema de Green em D, obtém-se

$$\begin{aligned} 0 &= \iint_D (M_x - L_y)\,dxdy = \oint_{\partial D} \langle B, T\rangle\,ds \\ &= \oint_C \langle B, T\rangle\,ds + \oint_{-C_0} \langle B, T\rangle\,ds \\ &= \oint_C \langle B, T\rangle\,ds - \oint_{C_0} \langle B, T\rangle\,ds \end{aligned}$$

Finalmente, da lei de Ampère em (11.10) e aplicada a C_0, segue-se que

$$\oint_C \langle B, T\rangle\,ds = \oint_{C_0} \langle B, T\rangle\,ds = \mu_0 i$$

Esta é a forma ampliada da lei de Ampère, em que C não precisa ser um círculo de centro na origem, mas pode ser *qualquer* curva fechada simples que inclui a origem em seu interior.

Teorema de Gauss em 2D

A circulação é calculada com a componente tangencial do campo. A componente normal é usada para o cálculo do fluxo. É o que se verá a seguir, incluindo o Teorema da Divergência, que é uma versão do Teorema de Green.

Integral do fluxo

Considere o movimento de um fluido em um canal de profundidade h, e suponha que o movimento seja estratificado no sentido de que a velocidade não dependa da coordenada z, mas apenas das coordenadas (x, y) da superfície do canal. O campo de velocidades do fluido é então função dessas coordenadas, e pode ser representado por $F(x, y) = (L(x, y), M(x, y))$.

O problema consiste em calcular o fluxo (volume por unidade de tempo) do campo F através de uma peneira colocada dentro do canal. As figuras abaixo ilustram a situação, em que a peneira está ao longo do caminho C e, em cada ponto, foi feita a escolha de um vetor $\mathbf{n}$ que é unitário e normal ao caminho. Esse vetor será estudado logo adiante.

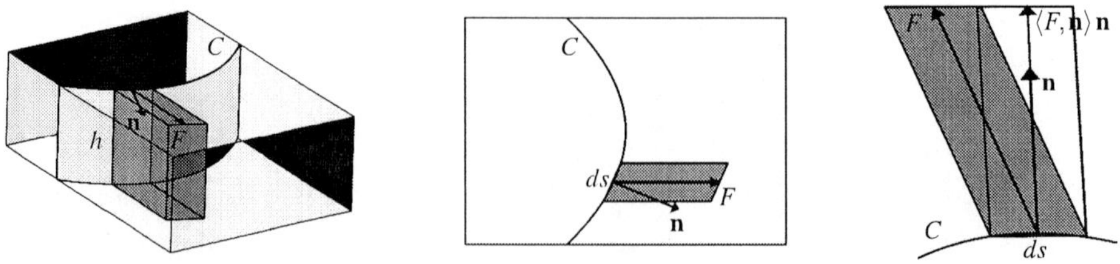

Escolhe-se um pequeno comprimento ds ao longo de C, o que delimita uma pequena área $dA = h\,ds$ da peneira, de base ds e altura h. Veja a figura da esquerda. Ora! O comprimento de F é a velocidade escalar das partículas. Assim, as partículas que no instante inicial estavam sobre ds, após uma unidade de tempo terão se deslocado de $\|F\|$ ao longo de F. Daí se segue que o volume de fluido por dA por unidade de tempo ocupa o sólido ilustrado na figura da esquerda, sólido em que a base é um paralelogramo (veja a figura do meio) e a profundidade é h.

O passo seguinte é calcular a área desse paralelogramo, cuja altura é o comprimento $|\langle F, \mathbf{n}\rangle|$ da projeção do campo F sobre o vetor $\mathbf{n}$. Veja a figura da direita. Se $\langle F, \mathbf{n}\rangle$ for positivo, como no exemplo, então a área do paralelogramo é $\langle F, \mathbf{n}\rangle\, ds$, e o volume de fluido por dA por unidade de tempo é $h\,\langle F, \mathbf{n}\rangle\, ds$. Esse volume é dito o fluxo por dA na direção $\mathbf{n}$.

Somando esses fluxos infinitesimais obtém-se que o fluxo total pela peneira é igual a $\int_C h\langle F, \mathbf{n}\rangle\, ds$. Como h é constante e a situação é essencialmente bidimensional, a integral

$$\int_C \langle F, \mathbf{n}\rangle\, ds$$

é dita o fluxo bidimensional de F através de C na direção $\mathbf{n}$. A novidade está em que, agora, a projeção do campo é feita sobre o normal, e não sobre o tangente como anteriormente.

Vale notar que o vetor unitário normal é fácil de ser obtido. De fato, se $P(t) = (x(t), y(t))$ é uma parametrização regular de C , basta girar o vetor unitário tangente

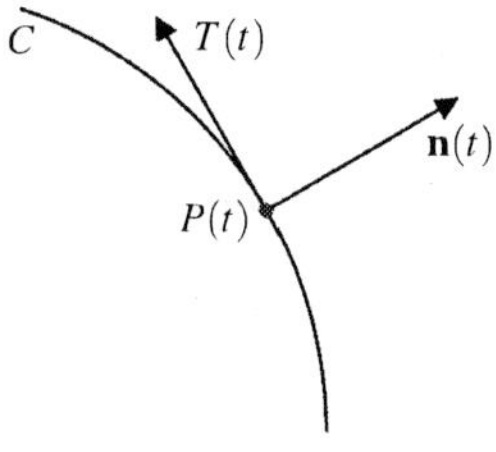

$$T(t) = \frac{P'(t)}{\|P'(t)\|} = \left(\frac{x'(t)}{\|P'(t)\|}, \frac{y'(t)}{\|P'(t)\|}\right)$$

de $\pi/2$ no sentido horário para obter que

$$\mathbf{n}(t) = \left(\frac{y'(t)}{\|P'(t)\|}, \frac{-x'(t)}{\|P'(t)\|} \right)$$

é um vetor unitário normal a C no ponto $P(t)$. É claro que também $-\mathbf{n}(t)$ é unitário normal, e escolher entre um e outro é equivalente a orientar o caminho.

■ **Exemplo 11.9** Seja C o segmento de reta que une o ponto $(1,0)$ ao ponto $(0,1)$, e $\mathbf{n}$ o vetor unitário normal que se obtém girando o tangente no sentido horário. Calcule o fluxo do campo $F(x,y) = (1,1)$ ao longo de C na direção $\mathbf{n}$. ■

Solução. Veja a figura a seguir. O caminho pode ser parametrizado por

$$P(t) = (1-t)(1,0) + t(0,1) = (1-t,t)$$

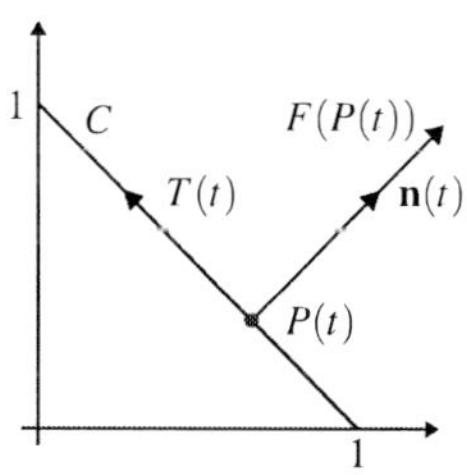

em que $P(0) = (1,0)$ e $P(1) = (0,1)$ são os pontos inicial e final. Girando o vetor tangente $P'(t) = (-1,1)$ de $\pi/2$ no sentido horário e normalizando, segue-se que

$$\mathbf{n}(t) = (\frac{1}{\sqrt{2}}, \frac{1}{\sqrt{2}})$$

Assim, $\langle F(P(t)), \mathbf{n}(t) \rangle = \langle (1,1), (1/\sqrt{2}, 1/\sqrt{2}) \rangle = 2/\sqrt{2}$, e, portanto,

$$\int_C \langle F, \mathbf{n} \rangle \, ds = \int_0^1 \langle F(P(t)), \mathbf{n}(t) \rangle \|P'(t)\| \, dt = \int_0^1 \frac{2}{\sqrt{2}} \sqrt{2} \, dt = 2$$ □

Neste exemplo o campo tem a mesma direção e sentido do vetor normal, e, portanto, é o maior valor que o fluxo pode ter. Assim, o fluxo deve diminuir se o caminho for mudado de posição, como no próximo exemplo.

■ **Exemplo 11.10** Mesmo exemplo anterior, mas supondo que C seja o segmento de reta que une os pontos $(\sqrt{2},0)$ e $(0,0)$, nesta ordem. ■

Solução. O caminho do exemplo anterior tem comprimento $\sqrt{2}$ e, se for deslizado sobre o eixo $\mathscr{O}x$ até ficar paralelo a esse eixo, coincide com o caminho desse exemplo. Veja a figura a seguir. Assim, o que se espera é que, agora, o fluxo seja menor que o do exemplo anterior.

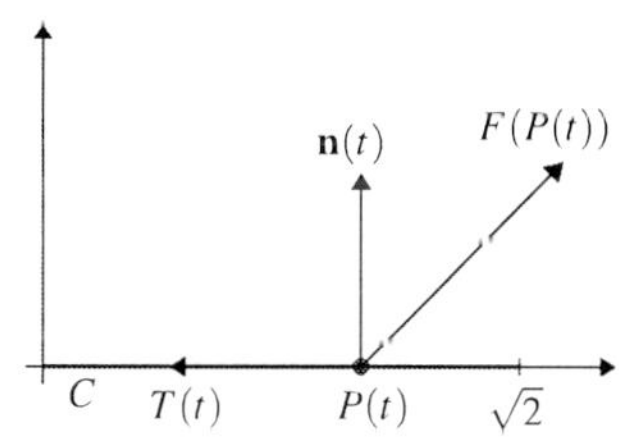

E, de fato, neste exemplo, C pode se parametrizado por

$$P(t) = (1-t)(\sqrt{2},0) + t(0,0) = ((1-t)\sqrt{2},0)$$

Logo, girando o vetor tangente $P'(t) = (-\sqrt{2}, 0)$ de $\pi/2$ no sentido horário e normalizando, obtém-se que $\mathbf{n}(t) = (0,1)$. Assim, $\langle F(P(t)), \mathbf{n}(t)\rangle = \langle (1,1),(0,1)\rangle = 1$, e, portanto,

$$\int_C \langle F, \mathbf{n}\rangle\, ds = \int_0^1 \langle F(P(t)), \mathbf{n}(t)\rangle \|P'(t)\|\, dt = \int_0^1 \sqrt{2}\, dt = \sqrt{2} \qquad \square$$

■ **Exemplo 11.11** Seja C o círculo $x^2 + y^2 = R^2$ e $\mathbf{n}$ a normal unitária exterior. Calcule o fluxo do campo $F(x,y) = (1,1)$ ao longo de C na direção $\mathbf{n}$. ■

Solução. Esse exemplo é interessante porque a quantidade $\langle F, \mathbf{n}\rangle$ muda de sinal ao longo do caminho.

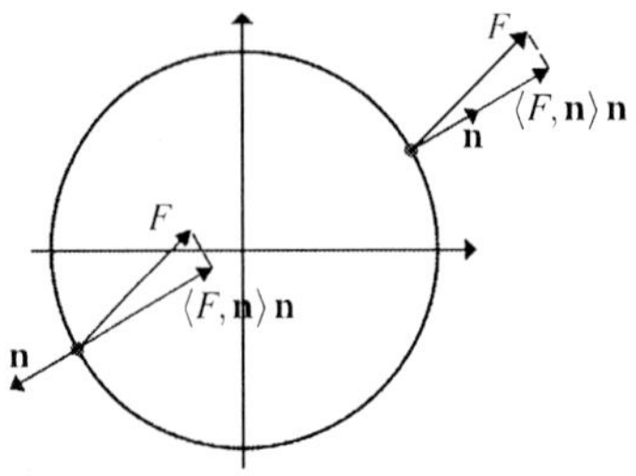

De fato, de acordo com a figura, na parte superior do círculo, o sinal de $\langle F, \mathbf{n}\rangle$ é positivo, pois a projeção de F sobre $\mathbf{n}$ tem o mesmo sentido de $\mathbf{n}$. Já na parte inferior, esse sinal muda, pois a projeção tem sentido contrário ao da normal. Mas, ainda assim, o fluxo é definido pala integral

$$\int_C \langle F, \mathbf{n}\rangle\, ds$$

que é uma soma algébrica de todos os fluxos infinitesimais $\langle F, \mathbf{n}\rangle\, ds$. Como esses fluxos podem mudar de sinal, a interpretação física é a seguinte: o fluxo total é um balanço "líquido" da quantidade de fluido que passa por C na direção $\mathbf{n}$ *menos* o que passa na direção de $-\mathbf{n}$.

Da simetria ilustrada na figura, o fluido que entra no disco pela parte de baixo é igual ao que sai pela parte de cima, e o que se espera é que o fluxo total seja zero. E, com efeito, a partir da parametrização $P(t) = (R\cos(t), R\,\mathrm{sen}(t))$, com $t \in [0, 2\pi]$, gira-se o tangente $P'(t) = (-R\,\mathrm{sen}(t), R\cos(t))$ de $\pi/2$ no sentido horário e normaliza-se para obter que $\mathbf{n}(t) = (\cos(t), \mathrm{sen}(t))$. Daí se segue que $\langle F(P(t)), \mathbf{n}(t)\rangle = \cos(t) + \mathrm{sen}(t)$ e, portanto,

$$\int_C \langle F, \mathbf{n}\rangle\, ds = \int_0^{2\pi} \langle F(P(t)), \mathbf{n}(t)\rangle \|P'(t)\|\, dt = \int_0^{2\pi} (\cos(t) + \mathrm{sen}(t)) R\, dt = 0 \qquad \square$$

Teorema de Gauss

Uma vez entendido o fluxo, que é uma integral de linha, o próximo passo é procurar relacioná-lo com uma integral dupla.

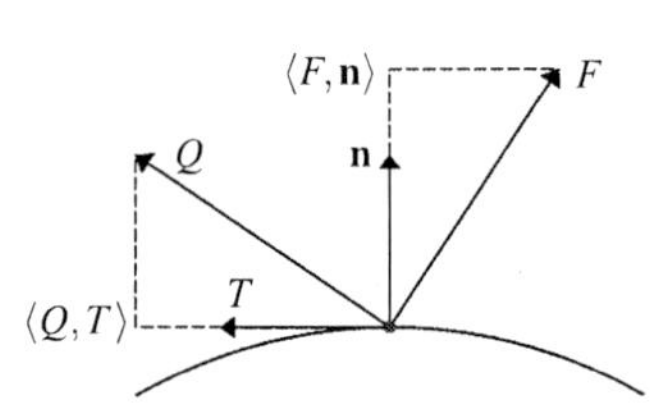

O motivo para essa procura está ilustrado na figura ao lado. Indique por $F = (L, M)$ as coordenadas do campo F e por $T = (a, b)$ as do vetor unitário tangente.

Então as coordenadas do unitário normal são $\mathbf{n} = (b, -a)$, e, portanto,

$$\begin{aligned}\langle F, \mathbf{n}\rangle &= \langle (L, M), (b, -a)\rangle = Lb + M(-a)\\ &= (-M)a + Lb = \langle(-M, L), (a, b)\rangle = \langle Q, T\rangle\end{aligned}$$

onde $Q = (-M, L)$ corresponde a girar F de $\pi/2$ no sentido anti-horário. Veja novamente a figura acima. Assim, projetar F sobre a normal é equivalente a projetar Q sobre o tangente.

Segue-se que, a menos das unidades de medida, o fluxo de F é igual à circulação de Q. Ora! Por Green, a circulação é igual à uma integral dupla. Logo, o fluxo também deve ser igual à uma integral dupla. Caramba! Que integral seria essa?

É fácil. Basta começar do início. Seja então $D \subset \mathbb{R}^2$ um domínio no qual vale o teorema de Green e $F = (L, M)$ um campo de classe C^1. Seja ainda $P(t) = (x(t), y(t))$, com $t \in [a, b]$, uma parametrização regular e positiva de ∂D. Da relação entre o unitário tangente $T(t)$ e o unitário normal $\mathbf{n}(t)$ segue-se que

$$\begin{aligned}\int_{\partial D} \langle F, \mathbf{n}\rangle\, ds &= \int_a^b \left(L(P(t))\frac{y'(t)}{\|P'(t)\|} + M(P(t))\frac{-x'(t)}{\|P'(t)\|}\right)\|P'(t)\|\, dt\\ &= \int_a^b \left(-M(P(t))x'(t) + L(P(t))y'(t)\right)\, dt = \int_{\partial D} -M\, dx + L\, dy\end{aligned}$$

o que confirma o que foi visto acima, de que o fluxo de $F = (L, M)$ é igual à circulação de $Q = (-M, L)$. Mas essa igualdade só é verdadeira se T e $\mathbf{n}$ estiverem relacionados como acima: T é o tangente de uma parametrização positiva de ∂D e $\mathbf{n}$ corresponde a girar T no sentido horário. Outra maneira de preservar essa relação é dizer que $\mathbf{n}$ é a normal unitária exterior ao domínio D. A figura abaixo ilustra a relação entre T e $\mathbf{n}$.

Agora, pode-se aplicar o teorema de Green ao campo Q para obter que

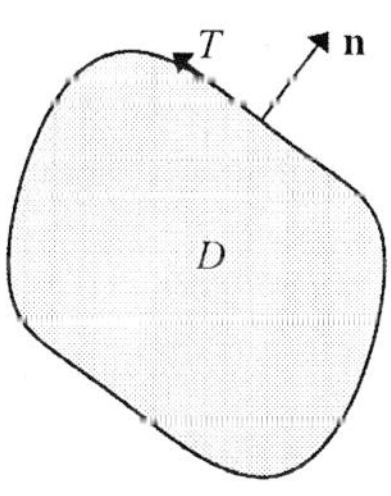

$$\begin{aligned}\int_{\partial D} \langle F, \mathbf{n}\rangle\, ds &= \int_{\partial D} -M\, dx + L\, dy\\ &= \iint_D (L_x - (-M)_y)\, dxdy\\ &= \iint_D (L_x + M_y)\, dxdy\end{aligned}$$

Muito bom. Essa é a relação que se estava procurando. O fluxo pelo bordo, na direção da normal exterior, corresponde a uma integral dupla sobre todo o domínio da função $L_x + M_y$. Essa função é famosa, e conhecida pelo nome de divergente. A notação usada é a seguinte:

$$\operatorname{div} F(x,y) = L_x(x,y) + M_y(x,y) = \text{ divergente de } F \text{ no ponto } (x,y)$$

Essa discussão está resumida no teorema a seguir, conhecido também como a forma normal do Teorema de Green, ou ainda como Teorema de Gauss.

Teorema 11.3 — de Gauss. Sejam $D \subset \mathbb{R}^2$ um domínio no qual vale o Teorema de Green, com ∂D orientado com a normal unitária exterior $\mathbf{n}$. Se F é um campo de classe C^1 em uma região que contém D, então

$$\int_{\partial D} \langle F, \mathbf{n} \rangle \, ds = \iint_D \operatorname{div} F \, dxdy$$

Densidade de fluxo

Para ser usado a seguir, vale lembrar que a média de uma função $f\colon D \to \mathbb{R}$ integrável é

$$M_f = \frac{1}{\text{área de} D} \iint_D f(x,y)\, dxdy$$

que é um valor entre o máximo e o mínimo da função. Veja a figura. Logo, se f for contínua, então a média está na sua imagem. Isso significa que

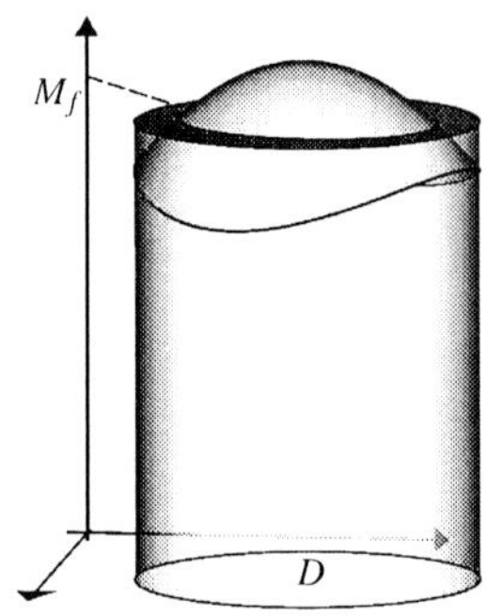

$$\frac{1}{\text{área de} D} \iint_D f(x,y)\, dxdy = f(x_1,y_1) \quad \text{para algum} \quad (x_1,y_1) \in D$$

Esse resultado é conhecido como o teorema da média para integrais.

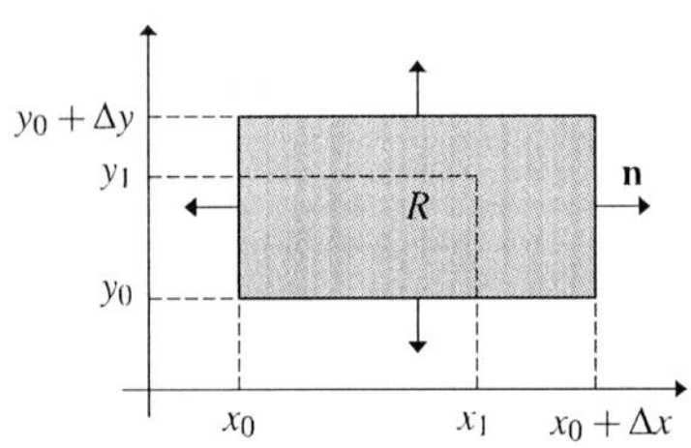

Voltando ao teorema de Gauss, o nome de "divergente" parece estranho, mas pode ser justificado com a densidade de fluxo. Para isso, considere um retângulo $R = [x_0, x_0 + \Delta x] \times [y_0, y_0 + \Delta y]$ dentro do domínio do campo F, com o ∂R orientado com a normal unitária exterior. Veja a figura.

O fluxo $\int_{\partial R} \langle F, \mathbf{n} \rangle \, ds$ é um balanço líquido entre o que sai menos o que entra. Assim, se o fluxo for positivo, então sai mais do que entra. Se negativo, então entra mais do que sai.

Mas, e no ponto (x_0, y_0), o que acontece? Não adianta calcular o limite do fluxo com $(\Delta x, \Delta y) \to (0,0)$, pois esse limite é zero. É aí, então, que entra em cena uma ideia nova, de comparar o fluxo com a área $\Delta x \Delta y$. Veja que ideia boa: usando o teorema da divergência e o teorema da média, obtém-se que

$$\frac{1}{\Delta x \Delta y} \int_{\partial R} \langle F, \mathbf{n} \rangle \, ds = \frac{1}{\Delta x \Delta y} \iint_R \operatorname{div} F \, dxdy = \operatorname{div} F(x_1, y_1)$$

para algum ponto $(x_1, y_1) \in R$. O lado esquerdo da igualdade é a densidade de fluxo (fluxo por unidade de área), a integral do meio é a média da função $\operatorname{div} F$ no retângulo R e o lado direito é o valor da média, igual a $\operatorname{div} F(x_1, y_1)$.

Consultando mais uma vez a figura acima, como $(x_1, y_1) \in R$, se $(\Delta x, \Delta y) \to (0,0)$ então $(x_1, y_1) \to (x_0, y_0)$, e, da última igualdade, segue-se que

$$\lim_{(\Delta x, \Delta y) \to (0,0)} \frac{1}{\Delta x \Delta y} \int_{\partial R} \langle F, \mathbf{n} \rangle \, ds = \lim_{(x_1, y_1) \to (x_0, y_0)} \operatorname{div} F(x_1, y_1) = \operatorname{div} F(x_0, y_0)$$

Esta é a interpretação física do divergente: é a densidade de fluxo no ponto (x_0, y_0). Em particular, em vizinhanças pequenas do ponto, o sinal do fluxo é o mesmo do divergente, e indica se está saindo ou entrando fluido em (x_0, y_0).

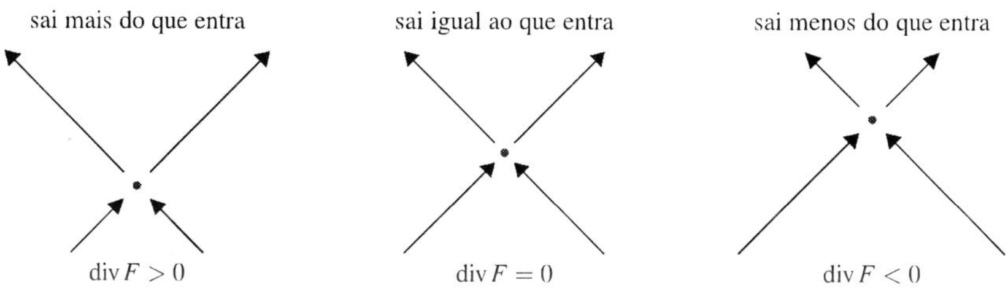

O próximo exemplo ilustra o fato de que a igualdade $\operatorname{div} F = 0$ pode ser usada como uma condição de equilíbrio em um problema de termodinâmica.

■ **Exemplo 11.12** Suponha que o semidisco $D = \{(x,y); x^2 + y^2 < 1 \text{ e } y > 0\}$ tenha temperatura $T(x,y) = \frac{20}{\pi} \arctan\left(\frac{2y}{1 - x^2 - y^2}\right)$. Justifique a afirmação de que a temperatura deve satisfazer à equação de Laplace

$$T_{xx}(x,y) + T_{yy}(x,y) = 0 \;\; \forall\, (x,y) \in D$$

■

Solução. Esse exemplo foi estudado na **Seção 4**, onde foram obtidas as curvas de nível (pontilhadas na próxima figura) e as linhas de fluxo do calor.

Como o gradiente $\nabla T(x,y)$ aponta na direção da maior temperatura, o calor flui na direção contrária, de $-\nabla T(x,y)$. De fato, o vetor fluxo de calor é dado por $F(x,y) = -k \nabla T(x,y)$, onde k é a condutividade térmica.

Ora! A temperatura é estacionária, no sentido de que não muda com o tempo, e isso apesar de haver fluxo de calor. Para isso é necessário que, em cada ponto, a quantidade de calor que entra seja igual à quantidade de calor que sai!

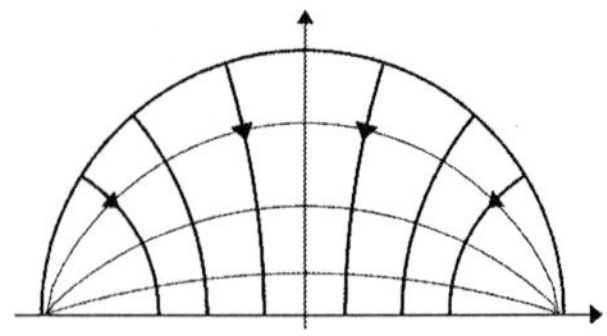

Assim, para a temperatura ser estacionária, é necessário que $\operatorname{div} F(x,y)=0$ para todo $(x,y) \in D$. Como $F(x,y) = -k(T_x(x,y), T_y(x,y))$, deve-se ter que

$$\begin{aligned} 0 = \operatorname{div} F(x,y) &= -k\left(\frac{\partial}{\partial x}T_x(x,y) + \frac{\partial}{\partial y}T_y(x,y)\right) \\ &= -k(T_{xx}(x,y) + T_{yy}(x,y)) \ \ \forall\ (x,y) \in D \end{aligned}$$

Com um pouquinho de paciência, essa justificativa pode ser verificada diretamente, calculando as derivadas T_{xx} e T_{yy}. Calcula-se as derivadas primeiras

$$T_x(x,y) = \frac{80}{\pi} \frac{yx}{((x+1)^2 + y^2)((x-1)^2 + y^2))}$$

$$T_y(x,y) = \frac{40}{\pi} \frac{y^2 - x^2 + 1}{((x+1)^2 + y^2)((x-1)^2 + y^2)}$$

e, em seguida, as derivadas segundas

$$T_{xx}(x,y) = -\frac{80}{\pi} \frac{y(3x^4 + 2x^2y^2 - y^4 - 2x^2 - 2y^2 - 1)}{((x+1)^2 + y^2)^2((x-1)^2 + y^2)^2} = -T_{yy}(x,y)$$

Desses cálculos segue-se que, de fato, T satisfaz à equação de Laplace. □

Lei de Gauss

A figura ilustra um fio infinito ao longo de $\mathcal{O}z$ com uma densidade uniforme de carga $\delta_0 > 0$. Ilustra ainda o campo elétrico E em um ponto P do plano $\mathcal{O}xy$, campo que, experimentalmente, tem a mesma direção e sentido do ponto P.

Para o estudo da intensidade, entretanto, é necessário um melhor entendimento, e Gauss foi um dos pioneiros a aprofundar esse conhecimento. Assim, indicando por C um círculo de centro na origem e raio r e por $\mathbf{n}$ a normal unitária exterior, a lei de Gauss afirma que

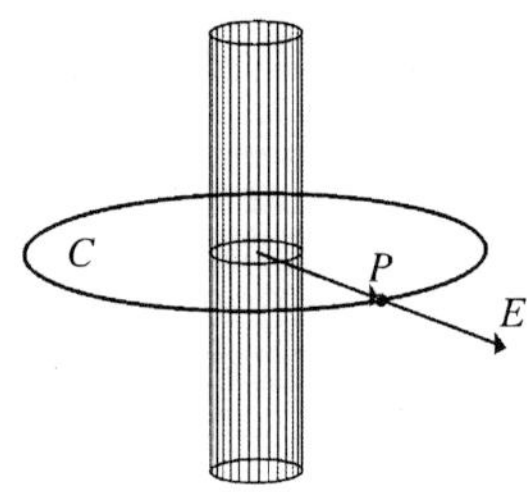

$$\oint_C \langle E, \mathbf{n} \rangle \, ds = \frac{1}{\varepsilon_0} \delta_0 \qquad (11.11)$$

onde $\varepsilon_0 \approx 8,85418782 \times 10^{-12}$ A s²/kg m³ é a constante de permissividade do vácuo. O curioso é que a integral é sobre um círculo de raio r e, em princípio, depende desse raio. Mas, segundo a lei, a integral é independente do raio!

Esse comportamento é análogo ao do campo magnético, e pode ser explicado da mesma forma. Se o raio é pequeno, o comprimento do círculo também é pequeno, mas a intensidade do campo é grande.

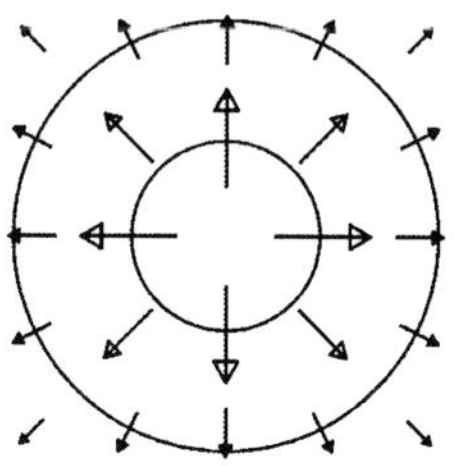

Se o círculo aumenta, o seu comprimento também aumenta, mas a intensidade do campo diminui. Assim, a lei de Gauss afirma que um aumento no raio corresponde a uma diminuição da intensidade do campo, e isso de maneira a que o fluxo permaneça constante. Veja a figura ao lado.

Para o cálculo da intensidade, indique por $P(t)$, $t \in [0,2\pi]$, uma parametrização positiva de C e por $\mathbf{n}(t)$ o vetor unitário normal e exterior. Como E é também normal e exterior, tem-se que $E(P(t)) = \|E(P(t))\|\,\mathbf{n}(t)$. Além disso, por simetria, a intensidade de E é constante ao longo de C, isto é, $\|E(P(t))\| = k$ para todo $t \in [0,2\pi]$. Segue-se que $E(P(t)) = k\,\mathbf{n}(t)$, e, portanto, $\langle E(P(t)),\mathbf{n}(t)\rangle = \langle k\,\mathbf{n}(t),\mathbf{n}(t)\rangle = k$. Mas então, da lei de Gauss,

$$\frac{1}{\varepsilon_0}\delta_0 = \oint_C \langle E,\mathbf{n}\rangle\, ds = \int_0^{2\pi} \langle E(P(t)),\mathbf{n}(t)\rangle \|P'(t)\|\, dt$$
$$= k\int_0^{2\pi} \|P'(t)\|\, dt = k2\pi r$$

de onde segue-se $\|E(P(t))\| = k = \delta_0/2\pi\varepsilon_0 r$. Ótimo, essa é a intensidade ao longo de C, onde $\|P(t)\| = r$. Em um ponto $P = (x,y) \neq (0,0)$, a intensidade é

$$\|E(P)\| = \frac{\delta_0}{2\pi\varepsilon_0\|P\|} = \frac{\delta_0}{2\pi\varepsilon_0\sqrt{x^2+y^2}}$$

Além disso, $E(P)$ tem a mesma direção e sentido de $P = (x,y)$, direção e sentido que são dadas pelo vetor unitário

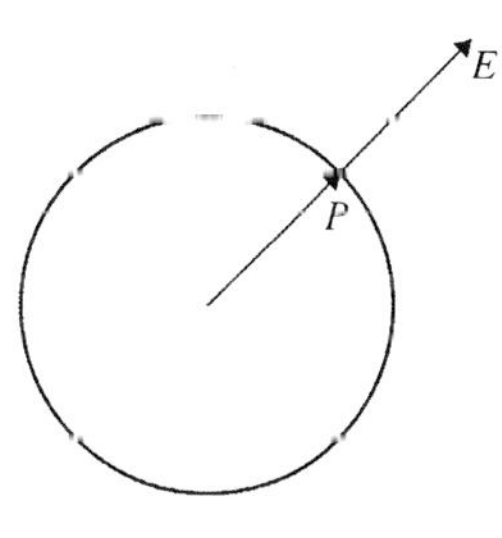

$$U = \frac{P}{\|P\|} = \left(\frac{x}{\sqrt{x^2+y^2}}, \frac{y}{\sqrt{x^2+y^2}}\right)$$

Segue-se então que o campo é dado por

$$E(P) = \|E(P)\|U = \frac{\delta_0}{2\pi\varepsilon_0}\left(\frac{x}{x^2+y^2}, \frac{y}{x^2+y^2}\right)$$

Muito bom! Essa é uma expressão explícita para o campo e, como mostram as próximas seções, dela é possível tirar várias conclusões interessantes.

Lei de Gauss ampliada

Assim como o campo magnético é irrotacional, o campo elétrico é "incompressível", no sentido de que $\operatorname{div} E(P) = 0$ para todo $P \neq (0,0)$. Essa é uma propriedade importante e fácil de verificar: indicando por L e M as coordenadas de E, um cálculo simples mostra que

$$L_x(x,y) = \frac{\delta_0}{2\pi\varepsilon_0} \frac{y^2 - x^2}{(x^2+y^2)^2} = -M_y(x,y)$$

de onde se segue que $\operatorname{div} E(P) = L_x(P) + M_y(P) = 0 \ \forall\, P \neq (0,0)$. Essa propriedade pode ser usada para ampliar a lei de Gauss no sentido indicado a seguir.

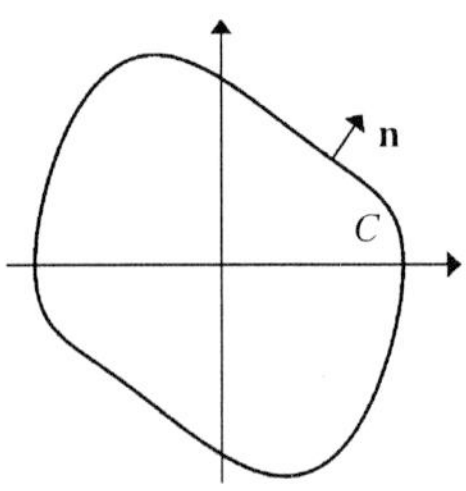

Considere um qualquer caminho fechado simples C, orientado com a normal unitária exterior e com a origem em seu interior, como na figura. O que se pretende é mostrar que, mesmo sem conhecer uma parametrização do caminho, ainda assim

$$\oint_C \langle E, \mathbf{n} \rangle \, ds = \frac{1}{\varepsilon_0} \delta_0$$

Para isso, não se pode aplicar o teorema de divergência na região limitada por C, pois ela contém a origem onde o campo elétrico não está definido.

Como no caso da lei de Ampère, a ideia é muito simples: usar um argumento de excisão, retirando-se um pequeno disco em torno da origem. Por um lado, a excisão permite a aplicação do teorema da divergência, o que é muito bom. Mas, por outro, cria uma região com um "buraco", como ilustrado na figura seguinte, e é necessário cuidar dessa novidade.

Indique então por C_0 um círculo orientado com a normal unitária exterior $\mathbf{n}_0$, centrado na origem e de raio pequeno o suficiente para estar dentro da região limitada por C. Indique ainda por D a região entre C e C_0. Veja a figura ao lado.

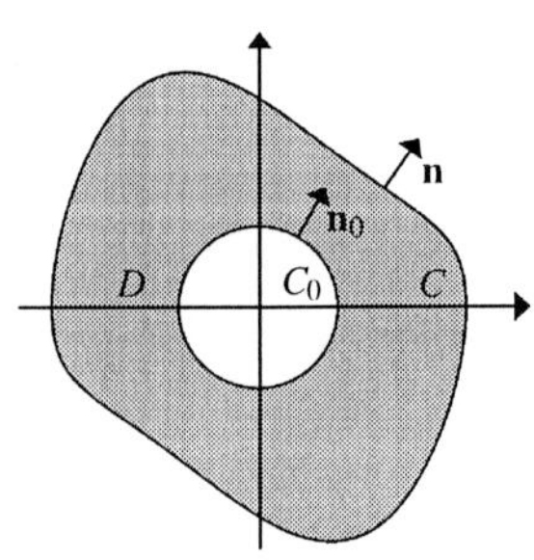

O primeiro ponto é que o teorema da divergência pode ser aplicado ao domínio D, pois é um domínio onde pode ser aplicado o teorema de Green.

O segundo ponto é sobre a normal unitária exterior $\widetilde{\mathbf{n}}$ ao bordo ∂D: tem-se que $\widetilde{\mathbf{n}} = \mathbf{n}$ em C, mas $\widetilde{\mathbf{n}} = -\mathbf{n}_0$ em C_0. Isso porque $\widetilde{\mathbf{n}}$ deve apontar para fora de D. Veja de novo a figura acima.

Esclarecidos esses pontos, lembrando que o campo elétrico é tal que $\operatorname{div} E \equiv 0$ e aplicando o teorema da divergência em D, obtém-se que

$$0 = \iint_D \operatorname{div} E\, dxdy = \oint_{\partial D} \langle E, \widetilde{\mathbf{n}} \rangle\, ds = \oint_C \langle E, \mathbf{n} \rangle\, ds + \oint_{C_0} \langle E, -\mathbf{n}_0 \rangle\, ds$$
$$= \oint_C \langle E, \mathbf{n} \rangle\, ds - \oint_{C_0} \langle E, \mathbf{n}_0 \rangle\, ds$$

Daqui, e da lei de Gauss como em (11.11) e aplicada a C_0, segue-se que

$$\oint_C \langle E, \mathbf{n} \rangle\, ds = \oint_{C_0} \langle E, \mathbf{n}_0 \rangle\, ds = \frac{1}{\varepsilon_0} \delta_0$$

Esta é a forma ampliada da lei de Gauss, onde C não precisa ser um círculo de centro na origem, mas pode ser *qualquer* curva fechada simples que inclui a origem em seu interior.

Exercícios

1) Considere o semiplano $D = \{P = (x, y) \in \mathbb{R}^2;\ x > 0\}$ e a região $R \subset D$ limitada pelas circunferências $\|P\| = 1$ e $\|P\| = 2$ e pelas retas $y = \pm x$. Conforme a figura, tem-se que $\partial R = \cup_{i=1}^4 C_i$ onde os caminhos C_i têm a orientação indicada. Considere ainda o campo elétrico $E(P) = \dfrac{\delta_0}{2\pi\varepsilon_0} \dfrac{P}{\|P\|^2}$. Se necessário, use que $\ln(2) \approx 7/10$ e $\arctan(2) \approx 11/10$, e julgue os itens a seguir.

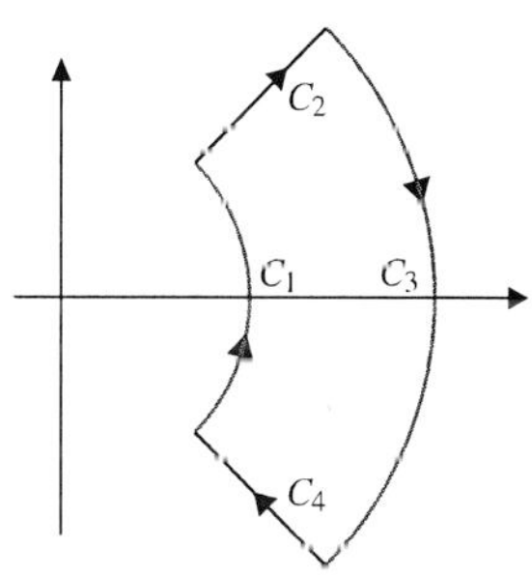

C | E a) Por considerações geométricas, conclui-se que o trabalho realizado por E ao longo do caminho C_3 é positivo.

C | E b) E é um campo conservativo em D.

C | E c) Tem-se que $E = \nabla f$ para alguma função $f \colon D \to \mathbb{R}$ cuja expressão envolve o logaritmo.

C | E d) $\int_{C_2} \langle E, T \rangle\, ds > \dfrac{\delta_0}{2\pi\varepsilon_0}$.

C | E e) As integrais $\int_{C_i} \langle E, T \rangle\, ds$, $i = 2, 4$, têm sinais iguais.

2) Indique por v o volume e por p a pressão no interior de um cilindro de um motor a 4 tempos. A figura a seguir ilustra o diagrama $v \times p$ ao longo de um ciclo: aspiração (1 a 2), compressão (2 a 3), explosão (3 a 4) e exaustão (4 a 1). O trabalho realizado ao longo desse ciclo é $W = \oint_C p\,dv$, onde C é a curva fechada de orientação indicada na figura, curva que limita as regiões R_1 e R_2.

a) Justifique a afirmação de que as regiões R_1 e R_2 satisfazem as condições do Teorema de Green.

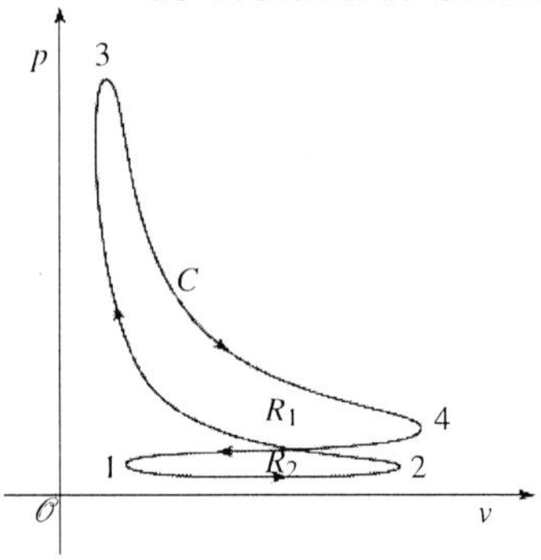

b) Enuncie o Teorema de Green na região R_1 para um campo genérico $F(v,p) = (L(v,p), M(v,p))$.

c) Calcule a integral $\oint_{\partial R_1} p\,dv$ em termos da área de R_1.

d) Repita o item anterior no caso da região R_2.

e) Use os itens anteriores para calcular o trabalho W em termos das áreas de R_1 e R_2.

3) Considere o problema de calcular a circulação ao longo da curva C do campo magnético $B(x,y) = (L(x,y), M(x,y)) = \left(\frac{-2y}{x^2+y^2}, \frac{2x}{x^2+y^2}\right)$, onde C é uma curva fechada simples e orientada no sentido positivo, conforme a figura. Para isso, indique por C_0 o círculo de centro na origem e raio $a > 0$, orientado também no sentido positivo, e por D a região entre C e C_0. Com essa notação, o campo B está bem definido e é de classe C^1 no domínio D.

a) Calcule, pela definição, a circulação de B ao longo de C_0.

b) Enuncie o Teorema de Green no domínio D, indicando a orientação do bordo ∂D.

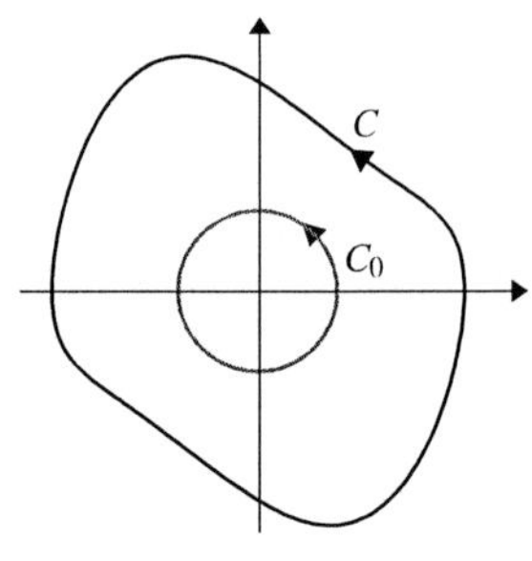

c) Calcule as derivadas parciais L_y e M_x.

d) Calcule $\int_{\partial D} \langle B, T \rangle\, ds$ usando os itens anteriores.

e) Use os itens anteriores para calcular $\int_C \langle B, T \rangle\, ds$.

4) Na figura, C_2 e C_1 são segmentos sobre as retas $y = x$ e $y = -x$, respectivamente, C_0 é um arco de círculo de raio 1 e C é uma curva qualquer ligando os pontos P_1 e P_2. Essas curvas limitam uma região D cujo bordo ∂D tem orientação positiva. Com essa notação, o problema é calcular a integral $\int_C \langle B, T \rangle\, ds$, em que $B(x,y) = \left(-3y/(x^2+y^2), 3x/(x^2+y^2)\right)$ é o campo magnético.

a) Parametrize $-C_0$ e calcule $\int_{-C_0} \langle B, T \rangle \, ds$ pela definição.

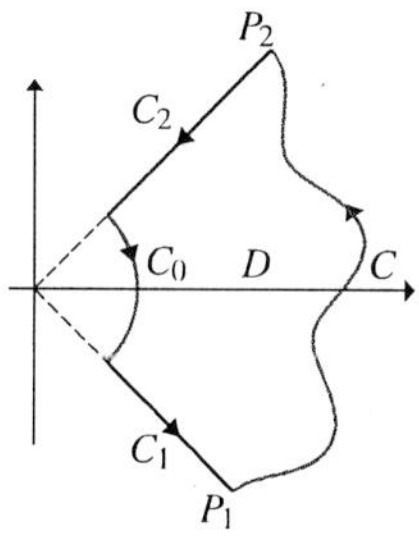

b) Justifique a afirmação de que $\int_{C_i} \langle B, T \rangle \, ds = 0$ para $i = 1, 2$.

c) Calcule as derivadas parciais de L e M, onde $B = (L, M)$.

d) Calcule $\int_{\partial D} \langle B, T \rangle \, ds$ usando o Teorema de Green.

e) Calcule $\int_{C} \langle B, T \rangle \, ds$ usando os itens anteriores.

12. Teorema de Stokes

Integral de superfície

As integrais de linha, a um parâmetro, medem comprimento, massa ou fluxo ao longo de curvas. As integrais de superfície são uma generalização dessas integrais para as superfícies. São integrais a dois parâmetros que, agora, medem área, massa ou fluxo através de superfícies.

Superfícies paramétricas

O primeiro exemplo de uma superfície é o gráfico de uma função diferenciável $f\colon D \to \mathbb{R}$, com $D \subset \mathbb{R}^2$, que é o conjunto $\mathbb{S} = \{(x,y,f(x,y)) \in \mathbb{R}^3; (x,y) \in D\}$. A superfície $\mathbb{S}$ pode ser descrita por meio da função vetorial $\varphi\colon D \to \mathbb{R}^3$, onde

$$\varphi(x,y) = (x,y,f(x,y))$$

Com essa notação, $\mathbb{S} = \varphi(D)$ é a imagem de D por φ, o que é uma maneira de descrever $\mathbb{S}$ por meio dos parâmetros x e y. Assim, φ é dita uma parametrização de $\mathbb{S}$, ou que $\mathbb{S}$ é uma superfície paramétrica.

Para $x = x_0$ fixo, a função $y \mapsto \varphi(x_0,y) = (x_0,y,f(x_0,y))$ descreve um caminho sobre a superfície $\mathbb{S}$, que é dito um caminho coordenado. A figura ao lado ilustra o caminho juntamente com o vetor velocidade no ponto y_0, que é o limite do quociente de Newton

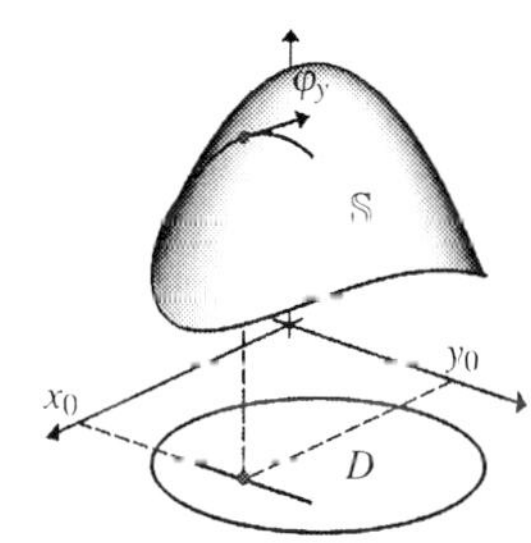

$$\varphi_y(x_0,y_0) = \lim_{\Delta y \to 0} \frac{\varphi(x_0,y_0+\Delta y) - \varphi(x_0,y_0)}{\Delta y} \tag{12.1}$$

$$= \lim_{\Delta y \to 0} \left(0, 1, \frac{f(x_0,y_0+\Delta y) - f(x_0,y_0)}{\Delta y}\right) = (0,1,f_y(x_0,y_0)).$$

Analogamente, para $y = y_0$ fixo, a função $x \mapsto \varphi(x, y_0) = (x, y_0, f(x, y_0))$ é também um caminho coordenado cujo vetor velocidade no ponto x_0 é

$$\varphi_x(x_0, y_0) = \lim_{\Delta x \to 0} \frac{\varphi(x_0 + \Delta x, y_0) - \varphi(x_0, y_0)}{\Delta x} = (1, 0, f_x(x_0, y_0)). \qquad (12.2)$$

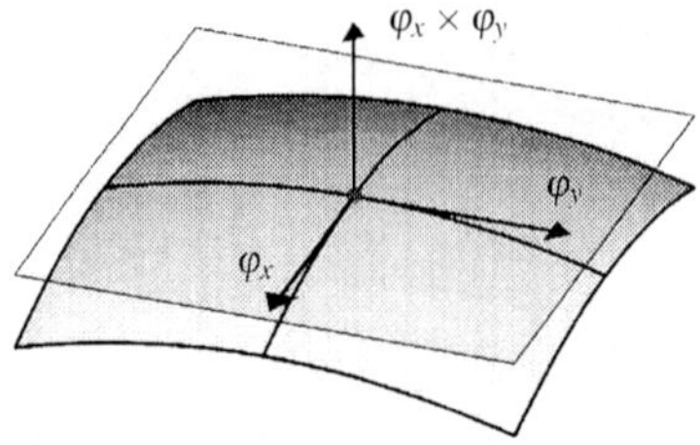

Tanto φ_x como φ_y são vetores do plano tangente, e, portanto, $\varphi_x \times \varphi_y$ é um vetor normal à superfície. Usando as expressões obtidas acima, segue-se que

$$\varphi_x \times \varphi_y = \det \begin{bmatrix} \mathbf{i} & \mathbf{j} & \mathbf{k} \\ 1 & 0 & f_x \\ 0 & 1 & f_y \end{bmatrix} = (-f_x, -f_y, 1)$$

Em particular a norma $\|\varphi_x \times \varphi_y\| = \sqrt{1 + f_x^2 + f_y^2}$ é sempre diferente de zero, o que será usada logo adiante.

Análogos aos caminhos no plano, que podem ou não ser gráficos de funções, também as superfícies podem ou não ser gráficos de funções. Por exemplo a esfera, que não é gráfico, pode ser parametrizada com as coordenadas esféricas. Para isso, considere o domínio $D = (0, 2\pi) \times (0, \pi)$ e a função vetorial $\varphi \colon D \to \mathbb{R}^3$ dada por

$$\varphi(\theta, \phi) = (R\,\text{sen}(\phi)\cos(\theta), R\,\text{sen}(\phi)\,\text{sen}(\theta), R\cos(\phi))$$

que são as coordenadas esféricas com raio constante $\rho = R$. Então a imagem $\mathbb{S} = \varphi(D)$ é a esfera menos o meridiano correspondente ao ângulo $\theta = 0$.

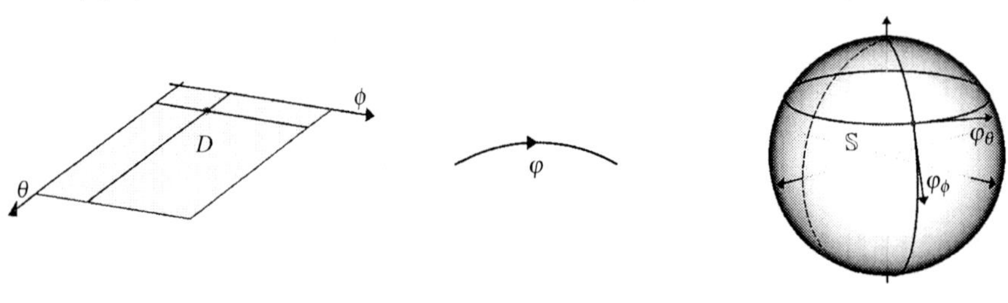

As figuras acima ilustram a esfera juntamente com alguns caminhos coordenados e seus respectivos vetores velocidades, que são dados por

$$\varphi_\theta(\theta, \phi) = (-R\,\text{sen}(\phi)\,\text{sen}(\theta), R\,\text{sen}(\phi)\cos(\theta), 0)$$
$$\varphi_\phi(\theta, \phi) = (R\cos(\phi)\cos(\theta), R\cos(\phi)\,\text{sen}(\theta), -R\,\text{sen}(\phi))$$

Calculando, obtém-se que $\varphi_\theta(\theta, \phi) \times \varphi_\phi(\theta, \phi) = -R\,\text{sen}(\phi)\varphi(\theta, \phi)$, onde $\text{sen}(\phi) > 0$ para $\phi \in (0, \pi)$ e $\||\varphi(\theta, \phi)\| = R$. Daí que que $\|\varphi_\theta \times \varphi_\phi\| = R^2\,\text{sen}(\phi)$. Em particular, $\|\varphi_\theta \times \varphi_\phi\|$ não se anula no domínio D.

Em geral, uma superfície paramétrica é aquela que pode ser descrita por meio de uma parametrização regular $\varphi(u,v) = (x(u,v), y(u,v), z(u,v))$ com $(u,v) \in D$. Veja a próxima definição.

Definição 12.1 A parametrização $\varphi\colon D \to \mathbb{R}^3$ de $\mathbb{S} = \varphi(D)$ é regular se

i) φ é diferenciável;

ii) $\|\varphi_u \times \varphi_v\|$ não se anula em D;

iii) $\varphi\colon D \to \mathbb{S}$ é injetiva e $\varphi^{-1}\colon \mathbb{S} \to D$ é contínua.

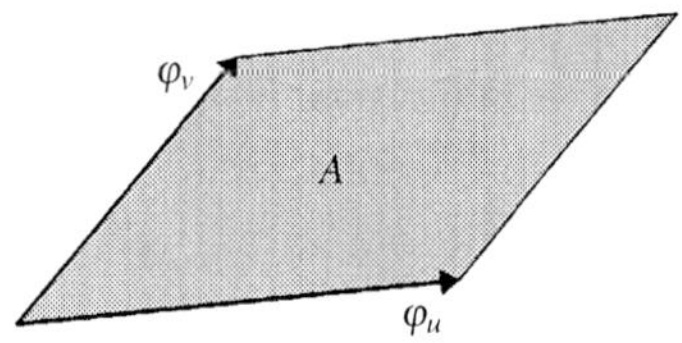

A condição de que $\|\varphi_u \times \varphi_v\|$ não se anule está relacionada com uma comparação entre áreas a ser vista a seguir. Vale lembrar que, segundo o que foi visto na **Seção 9**, $A = \|\varphi_u \times \varphi_v\|$ é a área do paralelogramo gerado por φ_u e φ_v, área que pode ser calculada diretamente a partir do vetor $\varphi_u \times \varphi_v$, ou então indiretamente pela fórmula $\|\varphi_v \times \varphi_v\| = \sqrt{\|\varphi_u\|^2\|\varphi_v\|^2 - \langle \varphi_u, \varphi_v\rangle^2}$.

Revendo os exemplos acima, do gráfico e da esfera, verifica-se que eles satisfazem as condições para ser parametrizações regulares. De fato, isso é claro para o caso de gráficos. Para o caso da esfera, é importante observar que a retirada de um meridiano é o que garante que a função inversa $\varphi^{-1}\colon \mathbb{S} \to D$ seja contínua.

Lembrando: comprimento de arco

Como guia para o que se vai fazer, vale lembrar o cáculo do comprimento de um caminho de parametrização $P(t) = (x(t), y(t))$, com $\|P'(t)\| \neq 0\ \forall t \in [a,b]$.

O primeiro passo é um cálculo local, comparando o comprimento do intervalo $[t, t+\Delta t]$ com o comprimento do caminho entre $P(t)$ e $P(t+\Delta t)$.

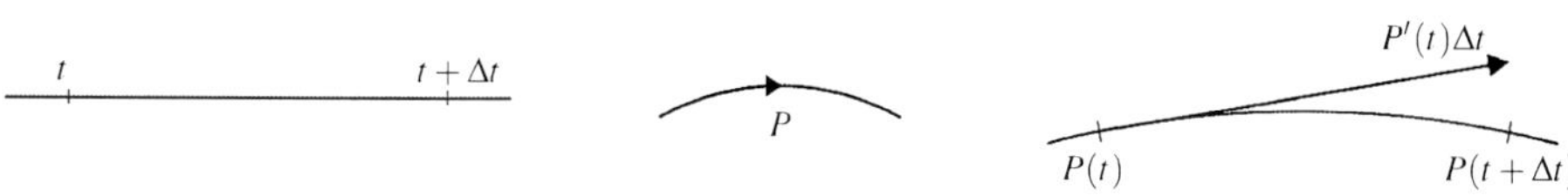

Usando a figura como guia, e lembrando da definição do vetor velocidade

$$\lim_{\Delta t \to 0} \frac{P(t+\Delta t) - P(t)}{\Delta t} = P'(t)$$

pode-se usar a aproximação $P(t+\Delta t) - P(t) \approx P'(t)\Delta t$ se Δt é pequeno. Assim, nesse caso, o comprimento entre $P(t)$ e $P(t+\Delta t)$ pode ser aproximado por

$$\|P(t+\Delta t) - P(t)\| \approx \|P'(t)\|\Delta t$$

Feito o cálculo local, o passo seguinte é a globalização por meio das somas de Riemann. Escolhe-se então uma partição $[a,b] = \cup I_i$, onde cada $I_i = [t_i, t_i + \Delta t_i]$ é um pequeno intervalo. O comprimento de cada imagem pode então ser aproximado por $\|P(t_i + \Delta t_i) - P(t_i)\| \approx \|P'(t_i)\| \, \Delta t_i$, e o comprimento total por

$$\text{comprimento de } C \approx \sum \|P(t_i + \Delta t_i) - P(t_i)\| \approx \sum \|P'(t_i)\| \, \Delta t_i$$

aproximação tão melhor quanto menor forem os Δt_i. O lado direito dessa aproximação é uma soma de Riemann e, passando ao limite com a norma da partição tendendo a zero, obtém-se

$$\text{comprimento de } C = \int_a^b \|P'(t)\| \, dt$$

Essa integral é denotada por $\int_C ds$, e $ds = \|P'(t)\| \, dt$ é o elemento comprimento de arco. Assim, se $P\colon [a,b] \to \mathbb{R}^2$ é parametrização regular de $C = P([a,b])$, então

$$\int_C ds = \int_a^b \|P'(t)\| \, dt$$

Área de superfície

Usando a estrutura acima como modelo, o primeiro passo para se calcular a área de uma superfície é fazer um cálculo local, comparando a área de um pequeno retângulo $\widehat{R}$ do domínio com a área da imagem $R = \varphi(\widehat{R})$.

Considere então uma parametrização regular $\varphi\colon D \to \mathbb{R}^3$ de $\mathbb{S} = \varphi(D)$. Considere ainda um ponto $(x,y) \in D$ e Δx e Δy pequenos o suficiente para que o retângulo $\widehat{R} = [x, x + \Delta x] \times [y, y + \Delta y]$ esteja contido em D, e indique a imagem por $R = \varphi(\widehat{R})$.

Usando a figura abaixo como guia, e lembrando-se das definições dos vetores velocidades dadas em (12.1) e (12.2), para Δx e Δy pequenos, tem-se que

$$\varphi(x + \Delta x, y) - \varphi(x,y) \approx \varphi_x(x,y)\Delta x \quad \text{e} \quad \varphi(x, y + \Delta y) - \varphi(x,y) \approx \varphi_y(x,y)\Delta y$$

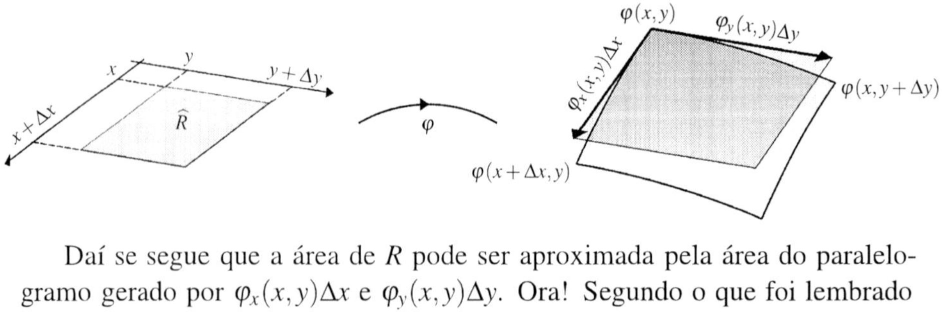

Daí se segue que a área de R pode ser aproximada pela área do paralelogramo gerado por $\varphi_x(x,y)\Delta x$ e $\varphi_y(x,y)\Delta y$. Ora! Segundo o que foi lembrado acima, a área desse paralelogramo é o módulo do produto vetorial entre os dois vetores. Assim

$$\begin{aligned}\text{área de } R &\approx \|(\varphi_x(x,y)\Delta x) \times (\varphi_y(x,y)\Delta y)\| \qquad (12.3)\\ &= \|\varphi_x(x,y) \times \varphi_y(x,y)\|\, \Delta x\Delta y = \|\varphi_x(x,y) \times \varphi_y(x,y)\| \text{ área de } \widehat{R}\end{aligned}$$

Surpresa! $\|\varphi_x \times \varphi_y\|$ é o fator de comparação entre as áreas. Assim, esse fator desempenha um papel semelhante ao do $\|P'(t)\|$ no caso de caminhos.

Essa semelhança é ainda maior no caso de gráficos. Com efeito, se $P(x) = (x, g(x))$ parametriza o gráfico da função $g(x)$, então $\|P'(x)\| = \sqrt{1+g'(x)^2}$. Analogamente, se $\varphi(x,y) = (x,y,f(x,y))$ parametriza o gráfico da função $f(x,y)$, então já foi visto que, nesse caso, $\|\varphi_x \times \varphi_y\| = \sqrt{1+f_x^2+f_y^2}$, que é uma generalização natural da expressão de $\|P'(x)\|$.

A comparação pode ser levada adiante. Nos dois casos, a partir do cálculo local, os resultados podem ser globalizados por meio das somas de Riemann. De fato, escolhendo-se uma partição $D = \cup\widehat{R}_{ij}$ do domínio D, onde cada $\widehat{R}_{ij} = [x_i, x_i + \Delta x_i] \times [y_j, y_j + \Delta y_j]$ é um pequeno retângulo, de (12.3) obtém-se que a área de $R_{ij} = \varphi(\widehat{R}_{ij})$ pode ser aproximada por

$$\text{área de } R_{ij} \approx \|\varphi_x(x_i,y_j) \times \varphi_y(x_i,y_j)\|\, \Delta x_i \Delta y_j$$

Como $\mathbb{S} = \varphi(D) = \varphi(\cup\widehat{R}_{ij}) = \cup\varphi(\widehat{R}_{ij}) = \cup R_{ij}$, segue-se que

$$\text{área de } \mathbb{S} = \sum\sum \text{área de } R_{ij} \approx \sum\sum \|\varphi_x(x_i,y_j) \times \varphi_y(x_i,y_j)\|\, \Delta x_i \Delta y_j$$

é uma aproximação para a área de $\mathbb{S}$, aproximação tão melhor quanto menores forem os Δx_i e Δy_j. Como o lado direito dessa aproximação é uma soma de Riemann da função $\|\varphi_x \times \varphi_y\|$, passando ao limite com a norma da partição tendendo a zero, deve-se ter que

$$\text{área de } \mathbb{S} = \iint_D \|\varphi_x(x,y) \times \varphi_y(x,y)\|\, dxdy$$

Usa-se a notação $\iint_{\mathbb{S}} dS$ para indicar a área, e $dS = \|\varphi_x \times \varphi_y\|\, dxdy$ é dito o elemento de área da superfície. Assim, por definição, se $\varphi\colon D \to \mathbb{R}^3$ é uma parametrização regular de $\mathbb{S}$, então

$$\iint_{\mathbb{S}} dS = \iint_D \|\varphi_x(x,y) \times \varphi_y(x,y)\|\, dxdy$$

■ **Exemplo 12.1** Calcule a área do gráfico da funçao $f(x,y) = \frac{H}{R}\sqrt{x^2+y^2}$ definida no disco raio R. ■

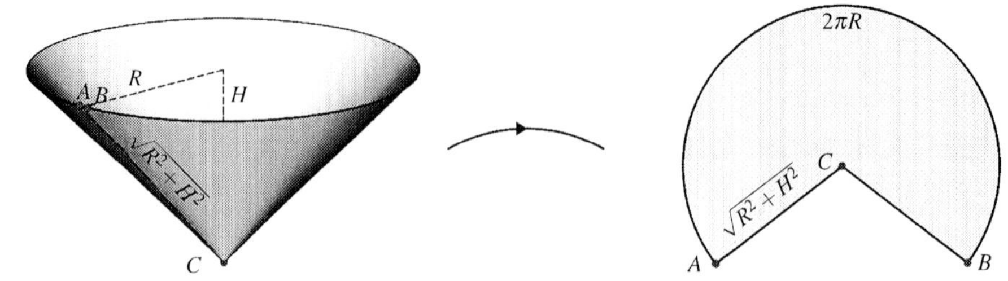

Solução. O gráfico de f é um cone, conforme a figura do lado esquerdo acima.

Esse exemplo é interessante porque permite comparar os resultados obtidos de duas maneiras: usando integrais de superfície e planificando o cone.

Para planificar, basta cortar ao longo de $\overline{AC}$, como indicado na figura da esquerda, para então transformar o cone no setor circular da figura da direita, e isso sem alterar sua área.

Na figura da esquerda, o círculo de raio R começa no ponto A, termina no ponto B e tem comprimento $2\pi R$. Além disso, por Pitágoras, o segmento $\overline{AC}$ tem comprimento $\sqrt{R^2+H^2}$. Estes são os mesmos comprimentos na figura da direita: $\sqrt{R^2+H^2}$ para o segmento $\overline{AC}$ e $2\pi R$ para o arco $\widehat{AB}$. Ora, por proporcionalidade,

$$\frac{\text{área do setor circular}}{\text{comprimento } 2\pi R \text{ do arco } \widehat{AB}} = \frac{\text{área do disco}}{\text{comprimento do círculo}} = \frac{\pi(R^2+h^2)}{2\pi\sqrt{R^2+h^2}}$$

de onde se segue que a área procurada é $\pi R\sqrt{R^2+H^2}$.

Para usar integrais, o primeiro passo é calcular as derivadas parciais

$$f_x(x,y) = \frac{H}{R}\frac{x}{\sqrt{x^2+y^2}} \quad \text{e} \quad f_y(x,y) = \frac{H}{R}\frac{y}{\sqrt{x^2+y^2}}$$

e, em seguida, o elemento de área

$$dS = \sqrt{1+f_x^2+f_y^2}\,dxdy = \sqrt{1+H^2/R^2}\,dxdy = \frac{1}{R}\sqrt{R^2+H^2}\,dxdy$$

Daí se segue que a área do cone é igual a

$$\iint_{\mathbb{S}} dS = \iint_D \frac{1}{R}\sqrt{R^2+H^2}\,dxdy = \frac{1}{R}\sqrt{R^2+H^2}\iint_D dxdy$$

$$= \frac{1}{R}\sqrt{R^2+H^2}\,\pi R^2 = \pi R\sqrt{R^2+H^2}$$

que é o mesmo valor obtido com a planificação. Essa comparação funciona como uma âncora, para esclarecer e dar segurança ao que se está fazendo. □

■ **Exemplo 12.2** Calcule a área da esfera de raio R. ■

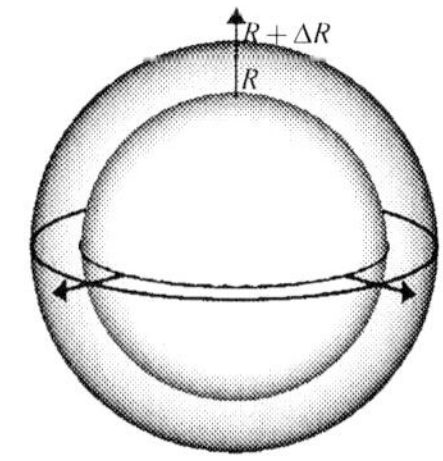

Solução. A área da esfera pode ser justificada com um raciocínio simples, que não chega a ser uma demonstração, mas dá uma boa ideia do que está acontecendo. Para isso, considere a concha esférica entre os raios R e $R+\Delta R$, conforme ilustra a figura ao lado.

Apesar de não ser plana, a concha tem a propriedade interessante de que, em cada ponto, a sua altura é constante e igual a ΔR.

Pode-se então imaginar uma área plana $A(R,\Delta R)$, que dependa tanto de R como de ΔR, que fosse a "área da base" do volume da concha. Nesse caso, o volume seria "área da base vezes altura", isto é, $A(R,\Delta R)\Delta R$, e é claro que $A(R,\Delta R)$ deve aproximar a área da esfera.

Por outro lado, o volume da concha é $V(R+\Delta R)-V(R)$, onde $V(R)=\frac{4}{3}\pi R^3$ é o volume da esfera de raio R. Logo, deve-se ter que $A(R,\Delta R)\Delta R = V(R+\Delta R)-V(R)$, e, dividindo por ΔR, obtém-se

$$A(R,\Delta R) = \frac{V(R+\Delta R)-V(R)}{\Delta R}$$

Assim, a "área da base" é o quociente de Newton de $V(R)$! Tomando o limite com $\Delta R \to 0$, a área da esfera deve ser igual à derivada $A(R)=V'(R)=4\pi R^2$.

Esse valor está mesmo correto, conforme os cálculos com as integrais de superfície. De fato, se parametrizado pelas coordenadas esférica $\varphi\colon D \to \mathbb{R}^3$, onde $D=(0,2\pi)\times(0,\pi)$, o elemento de área da é $dS = R^2\,\mathrm{sen}(\phi)\,d\theta d\phi$, conforme o que já foi visto. Daí que a área da esfera de raio R é dada por

$$\begin{aligned}\iint_{\mathbb{S}} dS &= \iint_D R^2\,\mathrm{sen}(\phi)\,d\theta d\phi \\ &= R^2\int_0^{2\pi}\left(\int_0^{\pi}\mathrm{sen}(\phi)\,d\phi\right)d\theta = R^2\int_0^{2\pi}2\,d\theta = 4\pi R^2\end{aligned}$$ □

■ **Exemplo 12.3** Calcule a área do gráfico da função $f(x,y)=\frac{1}{2}(x^2+y^2)$ definida no disco de raio R. ■

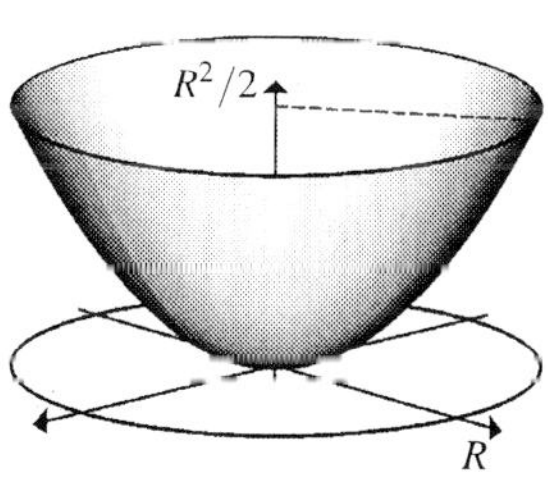

Solução. O gráfico de f é um paraboloide, conforme ilustra a figura ao lado.

Este exemplo é interessante porque, agora, não se tem um valor esperado, e o jeito é confiar nas integrais de superfície.

De fato, um valor esperado só pode ser obtido em casos muito simples. Na maioria das vezes, a integral de superfície é o único cálculo possível, e isso quando ela pode ser calculada!

No caso do exemplo, entretanto, os cálculos são bem simples: calculam-se as derivadas parciais $f_x(x,y) = x$ e $f_y(x,y) = y$ e o elemento de área, dado por

$$dS = \sqrt{1 + f_x^2 + f_y^2}\,dxdy = \sqrt{1 + x^2 + y^2}\,dxdy$$

Em seguida, usando coordenadas polares e a substituição $u = 1 + r^2$, obtém-se

$$\iint_{\mathbb{S}} dS = \iint_D \sqrt{1+x^2+y^2}\,dxdy = \iint_{\widehat{D}} \sqrt{1+r^2}\,r\,drd\theta$$

$$= 2\pi \int_0^R \sqrt{1+r^2}\,r\,dr = \pi \int_1^{1+R^2} u^{1/2}\,du = \frac{2\pi}{3}((1+R^2)^{3/2} - 1) \quad \square$$

Esse valor para a área não é tão simples quanto os anteriores, e valem algumas verificações. A mais óbvia delas é que, se $R = 0$, então a área é também zero, o que é pelo menos um bom começo!

Outra verificação possível é comparar a área do paraboloide com a área do cone de mesmo raio e altura. Da figura a seguir é claro que a área do paraboloide deve ser maior do que a do cone.

E, de fato, do **Exemplo 12.1**, a área do cone de raio R e altura $H = R^2/2$ é $A_c(R) = \frac{\pi}{2}(4+R^2)^{1/2}$. Assim, indicando por $A_p(R)$ a área do paraboloide, o que se quer é verificar se

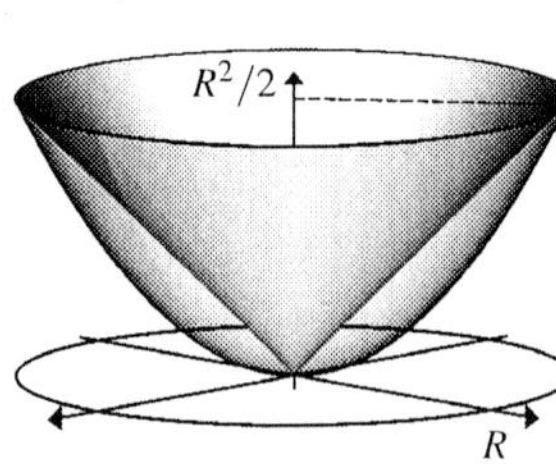

$$q(R) = \frac{A_p(R)}{A_c(R)} = \frac{4((R^2+1)^{3/2} - 1)}{3R^2(R^2+4)^{1/2}}$$

tem a propriedade de que $q(R) > 1$ para todo $R > 0$.

Para isso, dos limites $\lim_{R\to 0} q(R) = 1$ e $\lim_{R\to\infty} q(R) = 4/3$, e de que $q'(R) > 0$, obtém-se que o gráfico de $q(R)$ é como ilustrado abaixo.

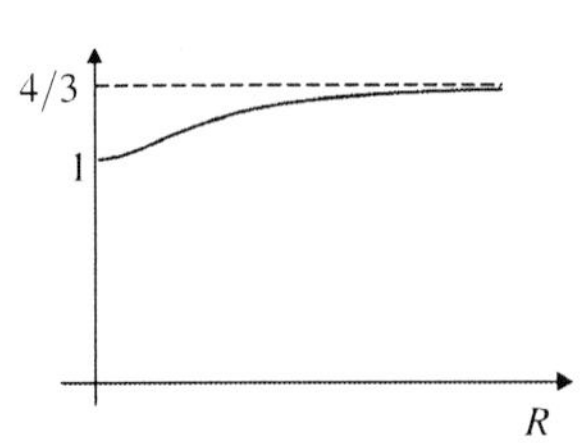

Do gráfico segue-se que $q(R) > 1$, como esperado. Segue-se ainda um fato curioso: o limite $\lim_{R\to\infty} q(R) = 4/3$ significa que, com o crescimento de R, as áreas $A_p(R)$ e $A_c(R)$ crescem de maneira proporcional, o que não é nada intuitivo!

Integral do fluxo

A integral do fluxo para curvas, estudada na **Seção 11**, pode ser generalizada para superfícies. Além do interessante por si mesma, ela é o primeiro passo para se generalizar os teoremas de Green e de Gauss para o espaço.

Orientação de superfícies

A integral do fluxo é calculada sobre superfícies orientadas, conforme a seguir.

Assim como os caminhos, também as superfícies podem ser orientadas com o vetor normal. Para isso, se $\varphi\colon D \to \mathbb{R}^3$ é uma parametrização regular da superfície $\mathbb{S} = \varphi(D)$, então tanto φ_x como φ_y são vetores do plano tangente, e, portanto, $\varphi_x \times \varphi_y$ é um vetor normal à superfície.

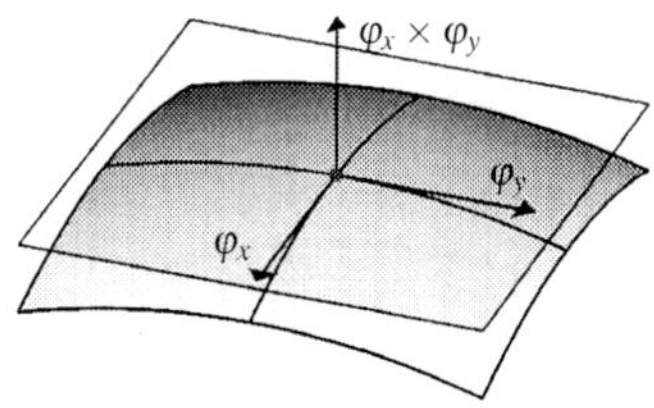

Além disso, por hipótese, a norma $\|\varphi_x \times \varphi_y\|$ não se anula em D. Logo,

$$\mathbf{n} = \frac{\varphi_x \times \varphi_y}{\|\varphi_x \times \varphi_y\|}$$

é um vetor unitário e normal à $\mathbb{S}$. Assim, em cada ponto $\varphi(x,y)$ de $\mathbb{S}$, fica definido um vetor unitário normal $\mathbf{n} = \mathbf{n}(\varphi(x,y))$, que varia continuamente sobre a superfície. É claro que também $-\mathbf{n}$ é um vetor unitário normal, e escolher entre um e outro é, por definição, orientar a superfície. Em particular, toda superfície paramétrica pode ser orientada com a escolha de um vetor unitário normal, e elas são ditas superfícies orientáveis.

No caso em que a superfície é o gráfico da função $f\colon D \to \mathbb{R}$, com parametrização $\varphi(x,y) = (x,y,f(x,y))$, já foi visto que $\varphi_x \times \varphi_y = (-f_x, -f_y, 1)$ tem componente z positiva. Logo, nesse caso, se for escolhida a normal $\mathbf{n} = \varphi_x \times \varphi_y / \|\varphi_x \times \varphi_y\|$, ela aponta para cima independentemente da concavidade do gráfico, como ilustram as figuras a seguir.

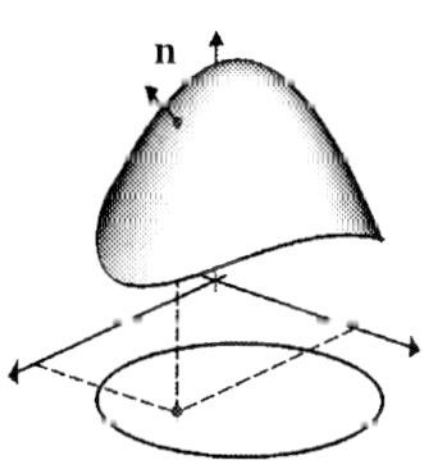

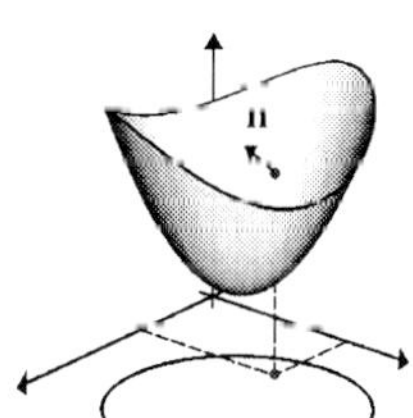

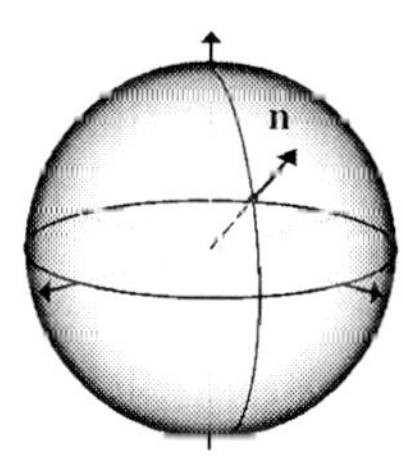

No caso da esfera, com parametrização $\varphi(\theta,\phi)$ em coordenadas esféricas, o cálculo do produto $\varphi_\theta \times \varphi_\phi$ é um pouco longo. No entanto, esse cálculo não é necessário, uma vez que, na esfera, o vetor normal é um múltiplo do vetor posição. Assim, um vetor unitário normal à esfera é dado por $\mathbf{n} = \varphi(\theta,\phi)/\|\varphi(\theta,\phi)\|$. Veja a figura da direita acima.

Intuitivamente, orientar uma superfície é semelhante a decidir qual é o lado direito de um tecido, em contraposição ao lado do avesso. A diferença está em que o lado direito já está pre-determinado no tecido, enquanto que nas superfícies pode-se escolher qualquer lado como sendo o "direito". Isso porque, supostamente, tecido e superfícies têm dois lados.

Feita essa analogia, soa estranho o fato de que existem superfícies que só têm um lado! É verdade, e são ditas superfícies não orientáveis, pois não se pode escolher qual lado é o direito. Um exemplo famoso dessas superfícies é a faixa de Möbius, que pode ser construída como a seguir.

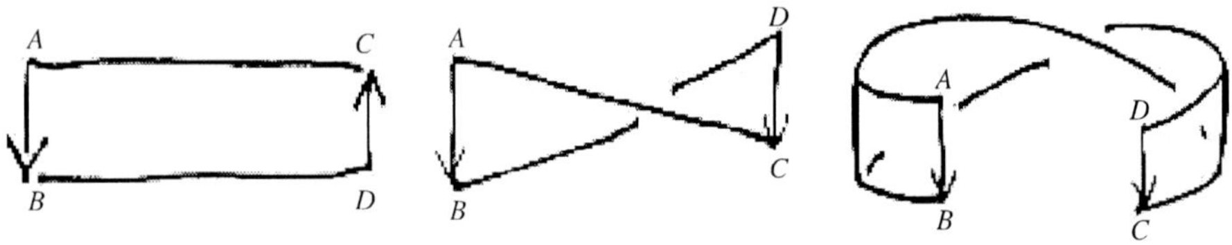

Nomeiam-se os quatro cantos de uma faixa longa e estreita, como na figura da esquerda. Em seguida, aplica-se uma torção como na figura do meio, fazendo com que os pontos C e D troquem de posição. Finalmente, juntam-se as pontas como indicado na figura da direita, com o ponto A coincidindo com o D e o ponto B com o C. Pronto, tem-se em mãos uma bonita faixa de Möbius!

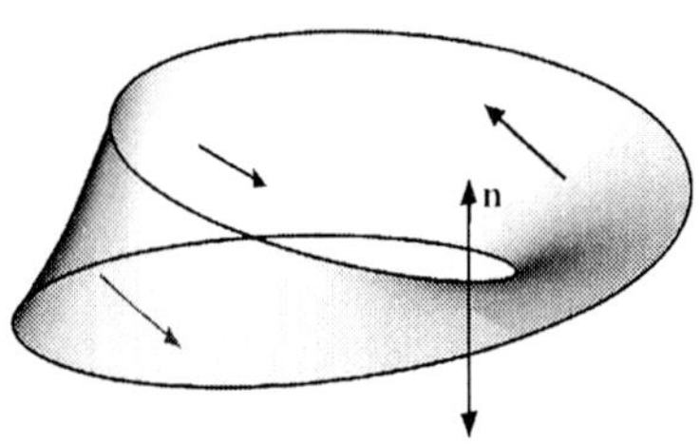

A figura ao lado ilustra a faixa pronta, e não parece que tenha algo de tão misterioso assim. Mas agora acontece uma mágica. Tentando orientar a faixa, escolhe-se de início um vetor **n** como indicado na figura. Este seria o lado direito da faixa, o lado de cima, e deveria estar bem separado do lado de baixo, que é o avesso.

No entanto, como ilustra a figura, movendo-se continuamente o vetor **n** ao longo da faixa, até dar uma volta completa, chega-se ao ponto de partida, mas do lado do avesso! Isso mostra que o lado direito não está bem separado do avesso, ou, então, que a faixa não tem dois lados. Seja como for, matematicamente não se pode escolher um vetor normal **n** que varie continuamente ao longo de toda a faixa. Por esse motivo a faixa é dita não orientável.

O mistério da faixa de Möbius foi explorado pelo artista gráfico Escher, que fez a ilustração à esquesda da figura abaixo. Acompanhando a formiga que está na parte de cima, ela caminha suavemente sobre a faixa até completar uma volta, e aí ela está na parte de baixo! Assim, a formiga faz o mesmo papel do vetor **n** na figura anterior.

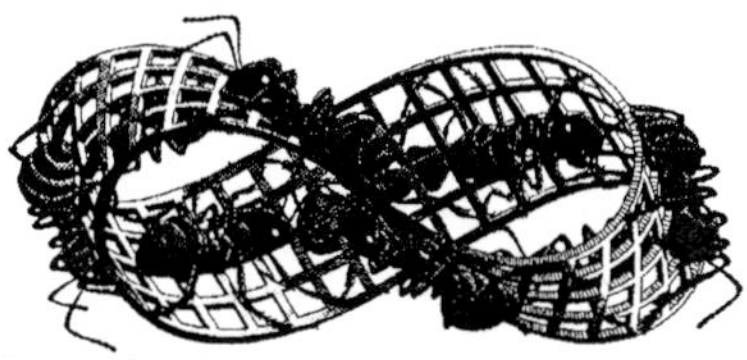

Outra superfície não orientável famosa é a garrafa de Klein, ilustrada à direita acima. Como a esfera, a garrafa de Klein é uma superfície fechada e sem borda. No entanto, ao contrário da esfera, não se pode separar o lado de dentro do lado de fora da garrafa. Outro fato estranho é que, topologicamente, a garrafa de Klein pode ser obtida pela colagem de duas faixas de Möbius!

Integral do fluxo

Suponha $U \subset \mathbb{R}^3$ uma região com fluido em movimento, e denote por $F(P,t)$ e $\delta(P,t)$ a velocidade e a densidade do fluido no ponto $P = (x,y,z) \in U$ e no tempo t. Denote ainda por $\mathbb{S} \subset U$ uma superfície orientável de orientação $\mathbf{n}$ (orientável, nada de coisas estranhas!).

O que se pretende é calcular o volume de fluido por $\mathbb{S}$ por unidade de tempo e na direção $\mathbf{n}$, isto é, calcular o fluxo por $\mathbb{S}$ na direção $\mathbf{n}$.

É natural começar com um estudo local. Para isso, fixado o tempo t, escolhe-se um ponto $P \in \mathbb{S}$ e um elemento de área dS em torno de P, como na figura abaixo. O vetor F pode variar ao longo de dS. No entanto, se dS for suficientemente pequeno, F pode ser considerado aproximadamente constante sobre essa parte da superfície. Esta é a vantagem do cálculo local, que permite aproximações por constantes. Apesar de serem apenas aproximações, elas melhoram à medida que o elemento de área diminui, e esse é o segredo.

Supondo então que a velocidade F seja constante em dS, as partículas do fluido que ali estão têm todas a mesma velocidade. Em particular elas têm a mesma velocidade escalar, que é o comprimento $\|F\|$ do vetor F. Assim, esse comprimento corresponde ao deslocamento das partículas em uma unidade de tempo.

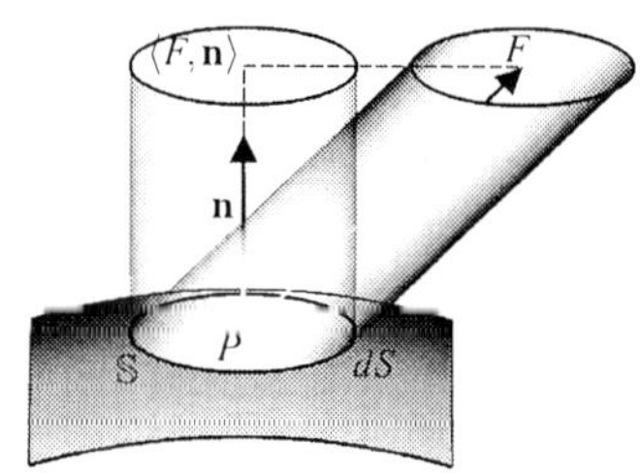

Como é o mesmo deslocamento para todas as partículas, isso significa que, em uma unidade de tempo, o elemento de área dS é deslocado ao longo do vetor F até alcançar a ponta deste vetor. Logo, o volume de fluido por dS por unidade de tempo é o volume do cilindro inclinado visto acima.

Ótimo, o problema está reduzido ao cálculo do volume do cilindro inclinado. Como já se tem a área dS da base, basta calcular a altura, que está relacionada com a projeção $\langle F, \mathbf{n}\rangle \mathbf{n}$ de F sobre $\mathbf{n}$. Como $\mathbf{n}$ é unitário, supondo que $\langle F, \mathbf{n}\rangle$ seja positivo como na figura anterior, segue-se que a altura do cilindro inclinado é $\|\langle F, \mathbf{n}\rangle \mathbf{n}\| = |\langle F, \mathbf{n}\rangle| = \langle F, \mathbf{n}\rangle$. Assim, finalmente, o volume do cilindro inclinado é igual ao volume do cilindro reto, isto é, é igual a $\langle F, \mathbf{n}\rangle dS$.

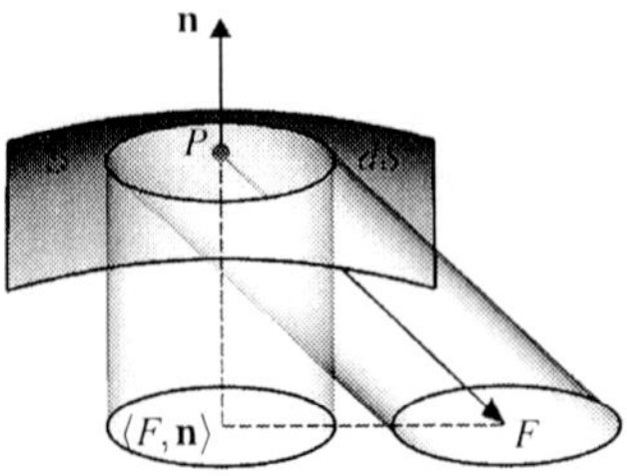

No caso em que $\langle F, \mathbf{n}\rangle$ é negativo, a projeção $\langle F, \mathbf{n}\rangle \mathbf{n}$ é um múltiplo negativo de $\mathbf{n}$, como ilustra a figura ao lado. Nesse caso, a altura do cilindro inclinado é $|\langle F, \mathbf{n}\rangle|$, e o fluxo por dS é $|\langle F, \mathbf{n}\rangle| dS$. Mas agora o fluxo é na direção contrária à de $\mathbf{n}$. Assim, o sinal de $\langle F, \mathbf{n}\rangle dS$ indica se o fluxo é na direção de $\mathbf{n}$ ou na direção contrária, conforme o sinal seja positivo ou negativo.

Feito o cálculo local, é hora de globalizar os resultados por meio das somas de Riemann. Esse passo é conhecido, e não é difícil concluir que o fluxo de F através da superfície $\mathbb{S}$ e na direção $\mathbf{n}$ é dado pela integral de superfície

$$\iint_{\mathbb{S}} \langle F, \mathbf{n}\rangle \, dS$$

integral que é a soma algébrica de todos os fluxos $\langle F, \mathbf{n}\rangle \, dS$, já incluídos aí os sinais. Como os fluxos podem mudar de sinal, a integral é um fluxo "líquido", no sentido que mede o que passou por $\mathbb{S}$ na direção $\mathbf{n}$ *menos* o que passou na direção contrária.

Além do fluxo (volume por unidade de tempo), pode-se calcular também o fluxo de massa, isto é, a quantidade de massa que passa por $\mathbb{S}$ por unidade de tempo e na direção $\mathbf{n}$. Para isso, como a massa é o produto da densidade vezes o volume, basta multiplicar o volume $\langle F, \mathbf{n}\rangle \, dS$ pela densidade δ para obter que

$$\delta \langle F, \mathbf{n}\rangle \, dS = \langle \delta F, \mathbf{n}\rangle \, dS = \text{massa por } dS \text{ por unidade de tempo na direção } \mathbf{n}$$

Assim, como acima, segue-se que o fluxo de massa por $\mathbb{S}$ na direção $\mathbf{n}$ é

$$\iint_{\mathbb{S}} \langle \delta F, \mathbf{n}\rangle \, dS$$

Uma última observação é que tanto o campo F como a densidade δ mudam com o tempo, e os cálculos anteriores foram feitos para um tempo fixo. Para indicar a dependência no tempo, vale denotar por $F(\cdot, t)$ e $\delta(\cdot, t)$ o campo e a densidade no tempo t. Com essa notação, o fluxo e o fluxo de massa através de $\mathbb{S}$ na direção $\mathbf{n}$ são dados, respectivamente, por

$$\iint_{\mathbb{S}} \langle F(\cdot, t), \mathbf{n}\rangle \, dS \quad \text{e} \quad \iint_{\mathbb{S}} \langle \delta(\cdot, t) F(\cdot, t), \mathbf{n}\rangle \, dS \tag{12.4}$$

■ **Exemplo 12.4** Seja $\mathbb{S}$ o gráfico da função $f(x,y) = 6-2x^2-3y^2$ definida em $D = \{(x,y) \in \mathbb{R}^2;\ 6-2x^2-3y^2 \geq 0\}$ e F o campo $F(x,y,z) = (x,y,-2z-x^2)$. Calcule o fluxo de F através de $\mathbb{S}$ e na direção da normal exterior. ■

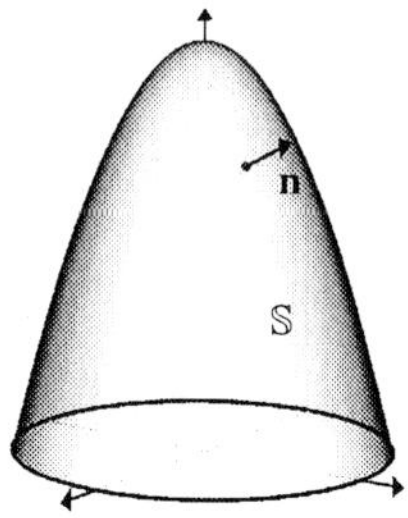

Solução. A figura ilustra o gráfico de f juntamente com a normal exterior. O domínio D é limitado pela elipse $6-2x^2-3y^2 = 0$, isto é, $x^2/3+y^2/2 = 1$, e pode ser escrito como

$$D = \left\{(x,y) \in \mathbb{R}^2;\ \left(\frac{x}{\sqrt{3}}\right)^2 + \left(\frac{y}{\sqrt{2}}\right)^2 \leq 1\right\} \quad (12.5)$$

Assim, $\mathbb{S}$ pode ser parametrizado por $\varphi: D \to \mathbb{R}^3$ com $\varphi(x,y) = (x,y,f(x,y))$, onde $\varphi_x(x,y) \times \varphi_y(x,y) = (-f_x(x,y), -f_y(x,y), 1) = (4x, 6y, 1)$ tem componente z positiva. Isso significa que o vetor unitário normal exterior é $\mathbf{n} = (-f_x, -f_y, 1)/\sqrt{f_x^2+f_y^2+1}$ e $dS = \sqrt{f_x^2+f_y^2+1}\,dxdy$ é o elemento de área. Daí que o fluxo de F através de $\mathbb{S}$ é

$$\begin{aligned}
\iint_{\mathbb{S}} \langle F, \mathbf{n}\rangle\, dS &= \iint_D \langle F(\varphi(x,y)), \mathbf{n}(\varphi(x,y))\rangle\ \|\sqrt{f_x^2+f_y^2+1}\|\, dxdy \quad (12.6)\\
&= \iint_D \langle (x,y,-2f(x,y)-x^2), (4x,6y,1)\rangle\, dxdy\\
&= \iint_D \left(8x^2+12y^2-12-x^2\right)\, dxdy
\end{aligned}$$

Para o cálculo da integral, lembrando da expressão do domínio D em (12.5), é natural usar a adaptação de coordenadas polares $x/\sqrt{3} = r\cos(\theta)$ e $y/\sqrt{2} = r\,\mathrm{sen}(\theta)$ no domínio $\widehat{D} = \{(r,\theta) \in \mathbb{R}^2;\ r \in (0,1) \text{ e } \theta \in (0,2\pi)\}$. Então, a mudança é $x = \sqrt{3}r\cos(\theta)$ e $y = \sqrt{2}r\,\mathrm{sen}(\theta)$ com jacobiano $J(r,\theta) = \sqrt{6}r$. Além disso, vale dividir a integral em duas partes, uma das quais é

$$\begin{aligned}
\iint_D \left(8x^2+12y^2-12\right)\, dxdy &= \iint_{\widehat{D}} (24r^2\cos^2(\theta)+24r^2\,\mathrm{sen}^2(\theta)-12)\sqrt{6}\,r\,drd\theta\\
&= \sqrt{6}\,12\iint_{\widehat{D}} (2r^2-1)\,r\,drd\theta\\
&= 2\pi\sqrt{6}\,12\int_0^1 (2r^3-r)\,dr = 0 \quad (12.7)
\end{aligned}$$

Daqui já se conclui que o fluxo é dado pela integral $\iint_D -x^2\,dxdy$, e, portanto, é um valor negativo. Isso significa que, no balanço líquido, passa mais fluido na direção contrária à da normal **n**. Esse exemplo será retomado logo adiante, em conexão com a conservação da massa. □

Lei de conservação da massa

A linguagem desenvolvida até aqui, de derivadas e integrais, pode ser usada para estudar fenômenos nas mais diversas áreas, desde a termodinâmica até o eletromagnetismo. Para ilustrar, será visto como usar a integral do fluxo para caracterizar uma das principais leis da natureza: a lei da conservação da massa.

Será usada a notação acima, em que $U \subset \mathbb{R}^3$ contém um fluido com velocidade $F(P,t)$ e densidade $\delta(P,t)$ no ponto P e no tempo t.

A massa contida em uma região $Q \subset U$ e no tempo t é dada pela integral

$$M(t) = \iiint_Q \delta(x,y,z,t)\,dxdydz$$

e a variação dessa massa ao longo do tempo é medida pela derivada $M'(t)$, derivada que é calculada por meio do quociente de Newton

$$\begin{aligned}\frac{M(t+\Delta t)-M(t)}{\Delta t} &= \frac{1}{\Delta t}\left(\iiint_Q \delta(x,y,z,t+\Delta t)\,dxdydz - \iiint_Q \delta(x,y,z,t)\,dxdydz\right)\\ &= \iiint_Q \frac{\delta(x,y,z,t+\Delta t)-\delta(x,y,z,t)}{\Delta t}\,dxdydz\end{aligned}$$

Supondo que a densidade tenha derivada parcial δ_t contínua, pode-se passar o limite com $\Delta t \to 0$ na igualdade anterior para obter que

$$M'(t) = \iiint_Q \delta_t(x,y,z,t)\,dxdydz \tag{12.8}$$

Esse procedimento, de calcular a derivada em relação a um parâmetro diferente das variáveis de integração, é conhecido como derivação sob o sinal de integral, e será usado em várias situações a seguir.

Ótimo, já se sabe medir a variação da massa contida em uma região $Q \subset U$. Mas como essa massa pode variar? Ora, se a massa for conservada, a única forma é entrando ou saindo massa através do bordo ∂Q. Não tem outro jeito!

De fato, a variação da massa em Q deve ser igual ao balanço "líquido" do que entra menos o que sai pelo bordo ∂Q. Mas esse balanço líquido é exatamente o fluxo de massa, de modo que a lei de conservação de massa escreve-se como

Variação da massa em $Q \subset U$ = fluxo de massa pelo bordo ∂Q

Não há nada de novo nessa lei, que parece bastante clara por si só. O fantástico é que, com a linguagem desenvolvida até aqui, essa lei pode ser traduzida em uma equação matemática!

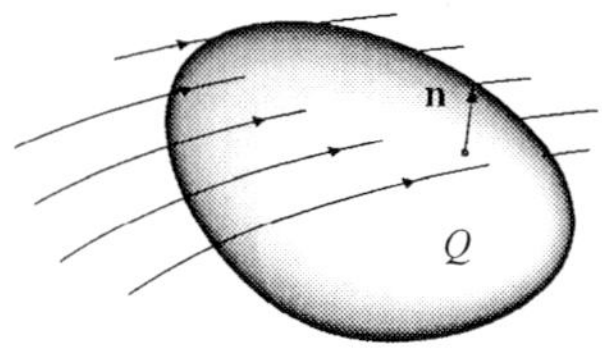

Para isso falta apenas um detalhe, que é a orientação do bordo ∂Q. Entre as duas orientações possíveis, a interior e a exterior, é usual escolher a normal unitária exterior **n**, como ilustra a figura.

Com essa escolha, de (12.4) e (12.8) segue-se que a lei de conservação de massa escreve-se como

$$\iiint_Q \delta_t(x,y,z,t)\,dxdydz = -\iint_{\partial Q} \langle \delta(\cdot,t)F(\cdot,t),\mathbf{n}\rangle\, dS \quad \forall\ Q \subset U \tag{12.9}$$

Pronto! O lado esquerdo é a variação da massa e o direito o fluxo de massa pelo bordo. O sinal de menos é devido à escolha da orientação **n**: se a variação da massa for positiva é porque está entrando massa na região; nesse caso, o fluxo de massa na direção **n** é negativo, e daí o sinal de menos do lado direito. Analogamente para o caso em que a variação da massa for negativa.

No caso em que $\delta(x,y,z,t) = \delta_0$ é constante, a equação (12.9) tem uma interpretação ainda mais intuitiva. Isso porque o lado esquerdo de (12.9) se anula, e a conservação equivale a dizer que o que entra de massa pelo bordo ∂Q de qualquer região $Q \subset U$ é igual ao que sai! Assim, com densidade constante, a conservação da massa escreve-se como

$$\iint_{\partial Q} \langle F(\cdot,t),\mathbf{n}\rangle\, dS = 0 \quad \forall\ Q \subset U \text{ e todo } t \geq 0$$

■ **Exemplo 12.5** Suponha o fluido de velocidade $F(x,y,z) = (x,y,-2z-x^2)$ e densidade $\delta_0 = 1$. Verifique se o fluxo de F através de ∂Q na direção da normal exterior **n** se anula, onde $Q = \{(x,y,z) \in \mathbb{R}^3;\ 0 \leq z \leq 6-2x^2-3y^2\}$. ■

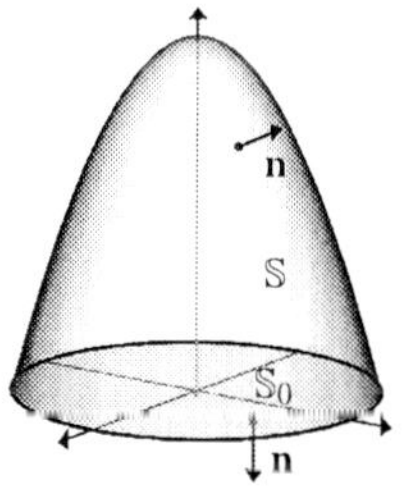

Solução. A figura ilustra a região Q juntamente com algumas ilustrações da normal exterior **n**. Ilustra ainda as duas superfícies $\mathbb{S}_0$ e $\mathbb{S}$ que formam o bordo $\partial Q = \mathbb{S}_0 \cup \mathbb{S}$, e, portanto,

$$\iint_{\partial Q} \langle F,\mathbf{n}\rangle\, dS = \iint_{\mathbb{S}} \langle F,\mathbf{n}\rangle\, dS + \iint_{\mathbb{S}_0} \langle F,\mathbf{n}\rangle\, dS$$

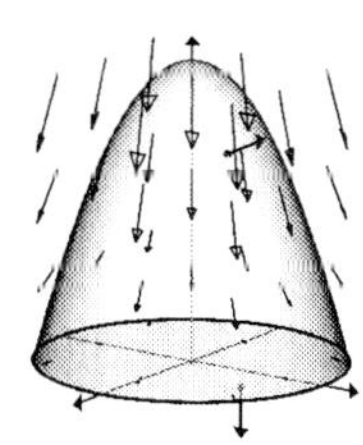

Antes dos cálculos vale ilustrar a região Q e alguns vetores do campo F, como na figura ao lado. De lá percebe-se que o fluxo através de $\mathbb{S}$ deve ser negativo, pois por ali está entrando fluido na região, e este é o sentido contrário ao da normal exterior. Já em $\mathbb{S}_0$ o fluxo deve ser positivo, pois por ali está saindo fluido, mesmo sentido da normal exterior.

Assim, para que o fluxo total seja nulo, o que entra em Q por $\mathbb{S}$ deve ser igual ao que sair por $\mathbb{S}_0$! Para os cálculos, revendo o **Exemplo 12.4**, tem-se que $\mathbb{S}$ é o gráfico de $f(x,y) = 6 - 2x^2 - 3y^2$ definida no domínio D limitado pela elipse $x^3/3 + y^2/2 = 1$ (veja (12.5)). De acordo com a equação (12.6), o fluxo de F através desta superfície e na direção $\mathbf{n}$ é dado por

$$\iint_{\mathbb{S}} \langle F, \mathbf{n} \rangle \, dS = \iint_D \left(8x^2 + 12y^2 - 12 - x^2\right) dxdy$$

Para a superfície $\mathbb{S}_0$, ela é o gráfico da função nula, e pode ser parametrizada por $\varphi\colon D \to \mathbb{R}^3$, onde $\varphi(x,y) = (x,y,0)$. Tem-se, então, que $\varphi_x \times \varphi_y = (0,0,1)$, de onde se segue que $dS = \|\varphi_x \times \varphi_y\| \, dxdy = dxdy$.

Além disso, voltando a ver as figuras, é claro que a normal unitária exterior em $\mathbb{S}_0$ é dada por $\mathbf{n} = -\varphi_x \times \varphi_y = (0,0,-1)$, com componente z negativa. Como $z = 0$ em $\mathbb{S}_0$, segue-se que o fluxo de F através desta superfície é

$$\iint_{\mathbb{S}_0} \langle F, \mathbf{n} \rangle \, dS = \iint_D \langle (x,y,-x^2), (0,0,-1) \rangle \, dxdy = \iint_D x^2 \, dxdy$$

Somando os fluxos, e de acordo com (12.7), segue-se finalmente que

$$\begin{aligned}\iint_{\partial Q} \langle F, \mathbf{n} \rangle \, dS &= \iint_{\mathbb{S}} \langle F, \mathbf{n} \rangle \, dS + \iint_{\mathbb{S}_0} \langle F, \mathbf{n} \rangle \, dS \\ &= \iint_D \left(8x^2 + 12y^2 - 12\right) dxdy = 0\end{aligned}$$

Surpresa! O fluxo total é nulo, de acordo com a conservação da massa. □

Apesar desses cálculos serem muito bons, ainda não se pode concluir que F conserva a massa. Para isso, seria necessário que o fluxo de F pelo bordo ∂Q de *qualquer* região $Q \subset \mathbb{R}^3$ fosse nulo, e isso não é uma tarefa fácil.

Essa dificuldade ilustra um problema com a equação (12.9). Apesar de refletir com fidelidade a conservação da massa, ela não é uma equação fácil de se manipular, pois envolve integrais, e integrais de diferentes dimensões. Por isso, mais adiante ela vai sofrer uma metamorfose e se transformar em uma equação equivalente, mas na forma diferencial, forma que é bem melhor de se trabalhar. Não percam os próximos capítulos desta incrível aventura!

Teorema de Stokes

O teorema de Stokes é uma generalização para $\mathbb{R}^3$ do teorema de Green, e também relaciona integrais de dimensões diferentes. Ele está relacionado tanto com a Lei de Ampère como com a Lei de Faraday, como será visto a seguir.

Lembrando: teorema de Green

Os mesmos argumentos usados para se chegar ao teorema de Green podem ser usados para se chegar ao de Stokes, e vale lembrar como Green foi obtido.

O teorema de Green foi introduzido na **Seção 11** e, resumidamente, o argumento é como segue. Para um domínio $D \subset \mathbb{R}^2$, em que o bordo ∂D tem orientação anti-horária, a circulação do campo F sobre o bordo ∂D é a integral

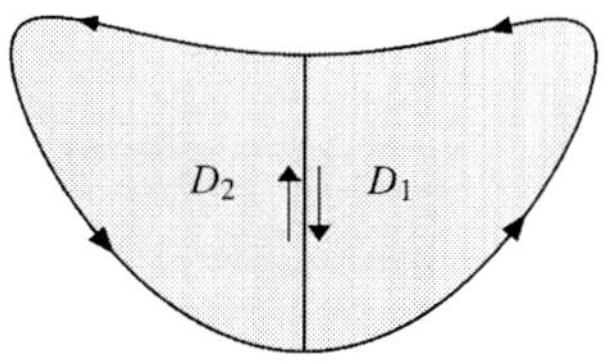

$$\oint_{\partial D} \langle F, T \rangle \, ds$$

Suponha que D seja dividido em $D = D_1 \cup D_2$, como ilustra a figura, em que os bordos ∂D_1 e ∂D_2 têm também orientações anti-horárias.

Então, na parte comum desses bordos, a orientação de ∂D_1 é contrária à de ∂D_2. Daí que, ao longo dessa parte comum, as integrais se cancelam quando somadas, e, portanto,

$$\oint_{\partial D} \langle F, T \rangle \, ds = \oint_{\partial D_1} \langle F, T \rangle \, ds + \oint_{\partial D_2} \langle F, T \rangle \, ds$$

Pelo mesmo argumento, tanto D_1 como D_2 podem ser divididos em outros tantos domínios menores. Assim, o domínio original pode ser dividido em um número arbitrariamente grande de pequenos domínios, e a soma das circulações nesses pequenos domínios é igual à circulação no domínio original.

Isso sugere fazer um cálculo local, para o que é necessário supor que as coordenadas do campo $F(x,y) = (L(x,y), M(x,y))$ têm derivadas parciais contínuas. Com essa hipótese, a circulação de F ao longo do bordo do retângulo $R = [x, x+\Delta x] \times [y, y+\Delta y]$ pode ser aproximada por (veja a **Seção 11**)

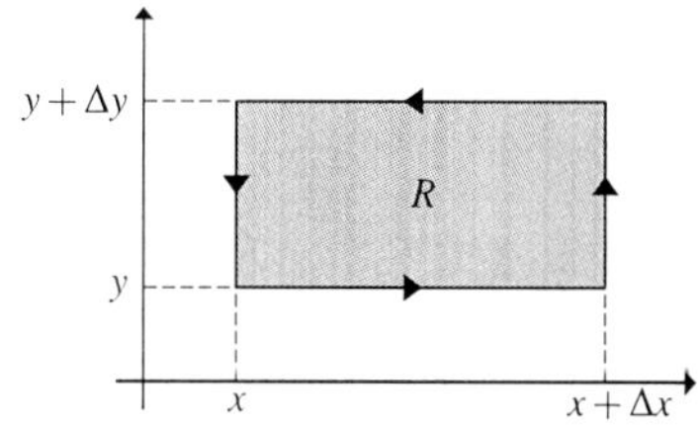

$$\oint_{\partial R} \langle F, T \rangle \, ds \approx [M_x(x,y) - L_y(x,y)] \Delta x \Delta y \tag{12.10}$$

aproximação tanto melhor quanto menores forem Δx e Δy. Feito o cálculo local, pode-se voltar ao cálculo da circulação de F ao longo de todo o bordo o ∂D. Para isso, considere uma partição

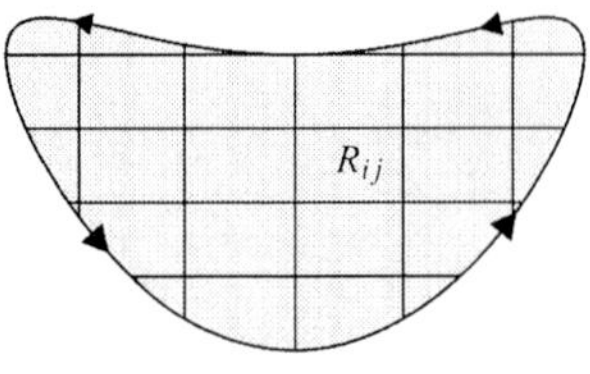

$$R_{ij} = [x_{i-1}, x_i] \times [y_{j-1}, y_j],\ i = 1,2,\ldots m,\ j = 1,2,\ldots n$$

de D, como ilustrado ao lado. Com a notação $\Delta x_i = x_i - x_{i-1}$ e $\Delta y_j = y_j - y_{j-1}$, de (12.10) segue-se que a circulação em ∂R_{ij} pode ser aproximada por

$$\oint_{\partial R_{ij}} \langle F, T\rangle\, ds \approx [M_x(x_{i-1}, y_{j-1}) - L_y(x_{i-1}, y_{j-1})]\Delta x_i \Delta y_j$$

Como a soma dessas circulações é igual à circulação no bordo ∂D, têm-se

$$\oint_{\partial D} \langle F, T\rangle\, ds = \sum_{j=1}^{n}\sum_{i=1}^{m} \oint_{\partial R_{ij}} \langle F, T\rangle\, ds$$

$$\approx \sum_{j=1}^{n}\sum_{i=1}^{m} [M_x(x_{i-1}, y_{j-1}) - L_y(x_{i-1}, y_{j-1})]\Delta x_i \Delta y_j$$

em que o lado direito é uma soma de Riemann da função $M_x - L_y$. Supondo que D seja uma união de domínios simples pode-se passar ao limite com a norma da partição tendendo a zero e obter a igualdade (veja a **Seção 11**)

$$\oint_{\partial D} \langle F, T\rangle\, ds = \iint_D (M_x - L_y)\, dxdy$$

que é o teorema de Green aplicado ao domínio D.

Versão vetorial

Antes de abordar o teorema de Stokes, vale reescrever Green em uma forma vetorial, pois isso ajudará a entender melhor a semelhança entre os teoremas.

O primeiro passo é supor que o domínio D seja uma superfície orientada contida no espaço $\mathbb{R}^3$, como ilustra a figura abaixo.

A orientação é dada pela normal $\mathbf{n} = (0,0,1)$, que está relacionada com a orientação do bordo ∂D pela regra da mão direita: se os dedos apontam na direção da orientação do bordo, então o polegar aponta na direção da normal.

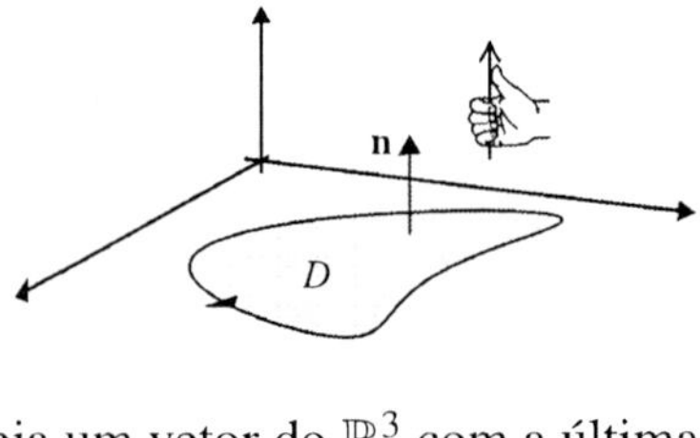

O segundo passo é supor que também F seja um vetor do $\mathbb{R}^3$ com a última coordenada nula, isto é, supor que $F(x,y) = (L(x,y), M(x,y), 0)$. Então, pode-se definir o produto vetorial entre o "vetor gradiente" $\nabla = (\frac{\partial}{\partial x}, \frac{\partial}{\partial y}, \frac{\partial}{\partial x})$ e F por

$$\nabla \times F = \det \begin{bmatrix} \mathbf{i} & \mathbf{j} & \mathbf{k} \\ \frac{\partial}{\partial x} & \frac{\partial}{\partial y} & \frac{\partial}{\partial z} \\ L & M & 0 \end{bmatrix} = (0_y - M_z, L_z - 0_x, M_x - L_y) = (0, 0, M_x - L_y)$$

Este vetor é famoso, conhecido como o rotacional de F. A notação é que $\operatorname{rot} F = \nabla \times F = (0, 0, M_x - L_y)$, e o curioso é que o produto escalar

$$\langle \operatorname{rot} F, \mathbf{n} \rangle = \langle (0, 0, M_x - L_y), (0, 0, 1) \rangle = M_x - L_y$$

é exatamente a função que aparece no teorema de Green!

Segue-se que, com essa notação, o teorema de Green escreve-se como

$$\oint_{\partial D} \langle F, T \rangle \, ds = \iint_D \langle \operatorname{rot} F, \mathbf{n} \rangle \, dx dy \tag{12.11}$$

que é a forma vetorial deste teorema.

Teorema de Stokes

Feitas essas preliminares, é fácil generalizar o teorema de Green para o espaço.

A diferença é que, agora, a superfície orientada não precisa ser um domínio plano, como no teorema de Green, mas pode ser o gráfico $\mathbb{S}$ de uma função $f\colon D \to \mathbb{R}$, onde $D \subset \mathbb{R}^2$. É como se o domínio pudesse ser "estufado", formando o gráfico da função.

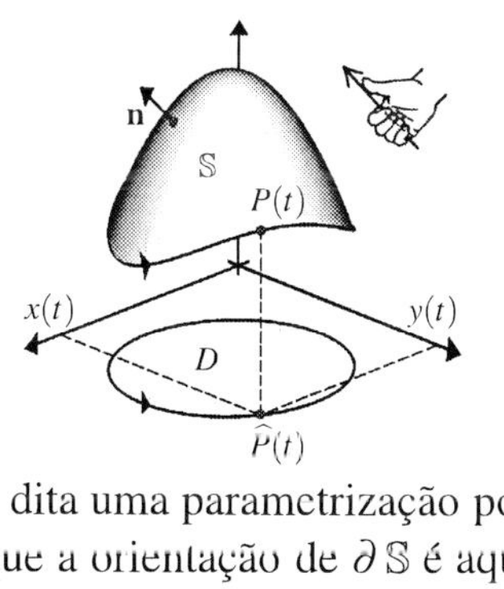

A figura ao lado ilustra a superfície $\mathbb{S}$ juntamente com o domínio D. Ilustra ainda uma parametrização positiva $\widehat{P}(t) = (x(t), y(t))$ do bordo ∂D, onde se pode supor que $t \in [a, b]$. Neste caso, por definição,

$$P(t) = (x(t), y(t), f(x(t), y(t))), \quad t \in [a, b]$$

é dita uma parametrização positiva do bordo $\partial\,\mathbb{S}$ da superfície $\mathbb{S}$. Isso significa que a orientação de $\partial\,\mathbb{S}$ é aquela induzida pela orientação de ∂D. Além disso, indicando por $\varphi(x, y) = (x, y, f(x, y))$ uma parametrização de $\mathbb{S}$, então

$$\mathbf{n} = \frac{\varphi_x \times \varphi_y}{\|\varphi_x \times \varphi_y\|} = \frac{(-f_x, -f_y, 1)}{\sqrt{f_x^2 + f_y^2 + 1}}$$

é uma orientação de $\mathbb{S}$ compatível com a orientação do bordo $\partial\,\mathbb{S}$. Veja a figura.

Agora em relação ao campo F. Ele é suposto ser um vetor de $\mathbb{R}^3$, em que as três coordenadas podem ser não nulas. Além disso, cada coordenada depende das três variáveis (x,y,z). Assim, o campo é suposto ser da forma

$$F(x,y,z) = (L(x,y,z), M(x,y,z), N(x,y,z))$$

em que as funções L, M e N têm derivadas parciais contínuas. Nesse caso, o rotacional de F ainda é definido como antes, isto é, definido por

$$\operatorname{rot} F = \det \begin{bmatrix} \mathbf{i} & \mathbf{j} & \mathbf{k} \\ \frac{\partial}{\partial x} & \frac{\partial}{\partial y} & \frac{\partial}{\partial z} \\ L & M & N \end{bmatrix} = (N_y - M_z, L_z - N_x, M_x - L_y)$$

A diferença é que, agora, as três coordenadas podem ser não nulas.

Com as hipóteses corretas sobre a superfície e o campo, o próximo passo é fazer um cálculo local análogo àquele em (12.10). Considere então um ponto $(x,y) \in D$ e escolha Δx e Δy pequenos para que o retângulo $\widehat{R} = [x, x+\Delta x] \times [y, y+\Delta y]$ esteja contido em D. Indique por R a parte de $\mathbb{S}$ correspondente ao retângulo $\widehat{R}$, como ilustra a figura.

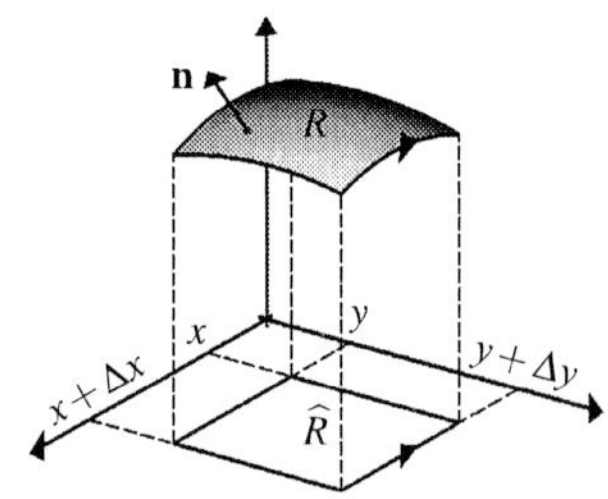

O bordo $\partial\widehat{R}$ é a união das linhas que delimitam o retângulo $\widehat{R}$, e o bordo ∂R é a correspondente imagem de $\partial\widehat{R}$ sobre $\mathbb{S}$, ambos com orientação positiva. Com essa notação, e de forma análoga ao que se fez em (12.10), mostra-se que

$$\oint_{\partial R} \langle F, T \rangle \, ds \approx \langle \operatorname{rot} F, \mathbf{n} \rangle \, dS \tag{12.12}$$

onde $dS = \|\varphi_x \times \varphi_y\| \Delta x \Delta y$ é a área de R, e tanto $\operatorname{rot} F$ como $\mathbf{n}$ são avaliados no ponto $(x, y, f(x,y))$. Esta equação é exatamente a versão 3D da equação (12.10) pois, como visto em (12.11), tem-se que $\langle \operatorname{rot} F, \mathbf{n} \rangle = M_x - L_y$ no caso 2D.

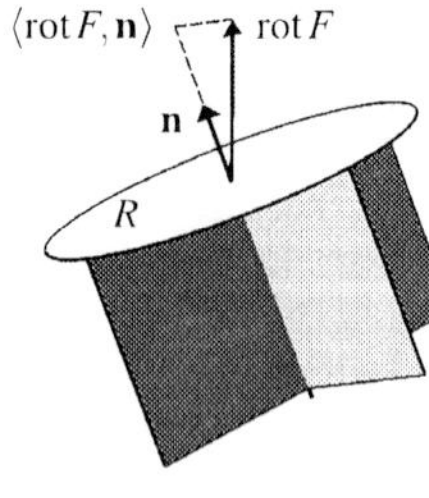

Da equação (12.12) segue uma bonita interpretação física do vetor $\operatorname{rot} F$. Suponha que F seja o vetor velocidade de um fluido em movimento, e coloque dentro do fluido um "medidor de rotacional", que é um pequeno disco R com normal $\mathbf{n}$ onde foi afixado um conjunto de pás, como ilustra a figura ao lado.

O $\operatorname{rot} F$ depende do campo e não pode ser alterado, enquanto que se pode escolher qualquer direção para $\mathbf{n}$. Para uma dada direção, o lado esquerdo de (12.12) mede a tendência de o medidor girar em torno de **n**, e girar com intensidade tanto maior quanto maior for esse número. Pelo lado direito de (12.12), essa intensidade depende da projeção $\langle \text{rot} F, \mathbf{n} \rangle$ do vetor $\text{rot} F$ sobre **n**.

Ora! A projeção é máxima quando **n** tem a mesma direção do $\text{rot} F$. Assim, o $\text{rot} F$ aponta na direção em que o fluido tem a maior intensidade de rotação.

Por exemplo, se o medidor de rotacional for colocado em um canal, com vetor velocidade estratificado $F(x,y) = (L(x,y), M(x,y), 0)$, então a velocidade de rotação é máxima quando **n** for paralelo ao vetor $\text{rot} F = (0, 0, M_x - L_y)$, isto é, quanto **n** for vertical.

O teorema de Stokes é agora uma consequência natural dessas observações. Com efeito, ele é obtido seguindo os mesmos passos do teorema de Green: a partir do cálculo local em (12.12), usam-se as somas de Riemann para globalizar o resultado. Veja o enunciado a seguir.

Teorema 12.1 — de Stokes. Suponha F campo de classe C^1 definido em uma região aberta $U \subset \mathbb{R}^3$. Suponha ainda que $\mathbb{S} \subset U$ seja o gráfico de uma função $f\colon D \to \mathbb{R}$, onde $D \subset \mathbb{R}^2$ é um domínio no qual vale o teorema de Green e f é de classe C^1. Então, com a orientação positiva de $\partial \mathbb{S}$ e a normal unitária **n** compatível com essa orientação, tem-se que

$$\oint_{\partial \mathbb{S}} \langle F, T \rangle \, ds = \iint_{\mathbb{S}} \langle \text{rot} F, \mathbf{n} \rangle \, dS$$

Comparando Stokes com a forma vetorial do teorema de Green em (12.11) percebe-se que este último é caso particular do primeiro. De fato, o teorema de Green é exatamente o de Stokes no caso em que a superfície $\mathbb{S}$ e o campo F são planos, isto é, no caso em f é a função identicamente nula e $F = (L, M, 0)$.

■ **Exemplo 12.6** Verifique o teorema de Stokes no caso em que $\mathbb{S}$ é o gráfico da função $f(x,y) = 1 - x - y$ definida no domínio $D = \{(x,y);\ x^2 + y^2 \leq 1\}$ e $F(x,y,z) = (-y^3, x^3, z^3)$. ■

Solução. Como D é o disco de raio 1, o bordo ∂D pode ser parametrizado positivamente por $\widehat{P}(t) = (\cos(t), \text{sen}(t))$, com $t \in [0, 2\pi]$. Veja a figura ao lado. Como $\mathbb{S}$ é o gráfico de f, o bordo $\partial \mathbb{S}$ pode ser parametrizado positivamente por

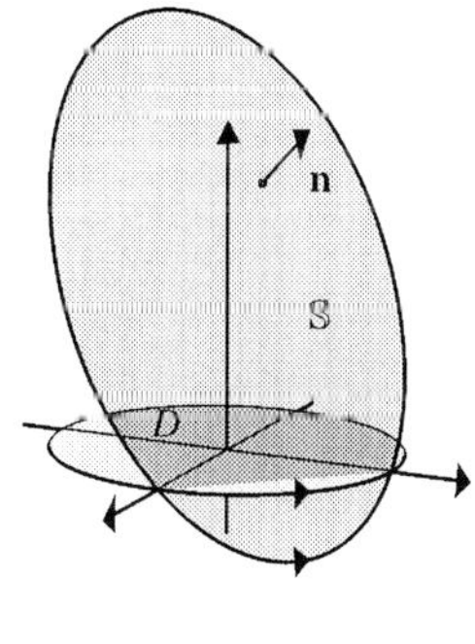

$$\begin{aligned} P(t) &= (\cos(t), \text{sen}(t), f(\cos(t), \text{sen}(t))) \\ &= (\cos(t), \text{sen}(t), z(t)), \quad \text{com } t \in [0, 2\pi]. \end{aligned}$$

onde $z(t) = 1 - \cos(t) - \operatorname{sen}(t)$. Assim, indicando por L, M e N as coordenadas de F, tem-se que

$$\begin{aligned}
\oint_{\partial\mathbb{S}} \langle F, T\rangle\, ds &= \oint_{\partial\mathbb{S}} L dx + M dy + N dz \\
&= \int_0^{2\pi} [-\operatorname{sen}^3(t)(-\operatorname{sen}(t)) + \cos^3(t)\cos(t) + z^3(t)z'(t)]\, dt \\
&= \int_0^{2\pi} [\operatorname{sen}^4(t) + \cos^4(t)]\, dt + \frac{1}{4} z^4(t)\Big|_0^{2\pi} \\
&= \int_0^{2\pi} [\operatorname{sen}^4(t) + \cos^4(t)]\, dt
\end{aligned}$$

onde foi usado que $z(0) = z(2\pi)$. Finalmente, das identidades trigonométricas

$$\operatorname{sen}^4(t) = \frac{1}{8}(3 - 4\cos(2t) + \cos(4t)) \quad \text{e} \quad \cos^4(t) = \frac{1}{8}(3 + 4\cos(2t) + \cos(4t))$$

segue-se que $\int_0^{2\pi} \operatorname{sen}^4(t)\, dt = \int_0^{2\pi} \cos^4(t)\, dt = \frac{3}{4}\pi$. Logo,

$$\oint_{\partial\mathbb{S}} \langle F, T\rangle\, ds = \frac{3}{4}\pi + \frac{3}{4}\pi = \frac{3}{2}\pi$$

o que conclui o cálculo da integral de linha do teorema.

Para o cálculo da integral de superfície, escolhe-se a parametrização natural de $\mathbb{S}$ dada por $\varphi\colon D \to \mathbb{R}^3$, $\varphi(x,y) = (x, y, f(x,y))$. Um cálculo rápido mostra que

$$\varphi_x \times \varphi_y = (-f_x, -f_y, 1) = (1, 1, 1)$$

de onde se segue que

$$dS = \|\varphi_x \times \varphi_y\|\, dxdy = \sqrt{3}\, dxdy \quad \text{e} \quad \mathbf{n} = \frac{\varphi_x \times \varphi_y}{\|\varphi_x \times \varphi_y\|} = \left(\frac{1}{\sqrt{3}}, \frac{1}{\sqrt{3}}, \frac{1}{\sqrt{3}}\right).$$

Além disso, o rotacional do campo é dado por

$$\operatorname{rot} F = \det \begin{bmatrix} \mathbf{i} & \mathbf{j} & \mathbf{k} \\ \frac{\partial}{\partial x} & \frac{\partial}{\partial y} & \frac{\partial}{\partial z} \\ -y^3 & x^3 & z^3 \end{bmatrix} = (0, 0, 3x^2 + 3y^2)$$

Destes cálculos e das coordenadas polares segue-se que

$$\begin{aligned}
\iint_{\mathbb{S}} \langle \operatorname{rot} F, \mathbf{n}\rangle\, dS &= \iint_D \left\langle (0, 0, 3x^2 + 3y^2), \left(\frac{1}{\sqrt{3}}, \frac{1}{\sqrt{3}}, \frac{1}{\sqrt{3}}\right)\right\rangle \sqrt{3}\, dxdy \\
&= \iint_D (3x^2 + 3y^2)\, dxdy = 3\int_0^{2\pi}\int_0^1 r^2 r\, dr d\theta = 3 \cdot 2\pi \cdot \frac{1}{4} = \frac{3}{2}\pi
\end{aligned}$$

o que conclui a verificação do teorema de Stokes. □

Campo gradiente × campo irrotacional

Conforme o **Teorema 10.3** da **Seção 10**, se $F\colon U \to \mathbb{R}^3$ é um campo gradiente, isto é, se $F = \nabla f$ para alguma função $f\colon U \to \mathbb{R}$, então

$$\int_C \langle F, T\rangle\, ds = f(P(b)) - f(P(a))$$

para toda curva $C \subset U$ de parametrização regular $P\colon [a,b] \to \mathbb{R}^3$. Essa propriedade é conhecida como a independência do caminho, pois a integral de linha só depende dos pontos inicial $P(a)$ e final $P(b)$. Em particular, se o campo for gradiente, então $\oint_C \langle F, T\rangle\, ds = 0$ para toda curva fechada e simples $C \subset U$.

Na mesma **Seção 10**, foi vista uma condição necessária para o campo $F = (L, M, N)$ ser gradiente. Comparando com a definição do $\operatorname{rot} F$, aquela condição é exatamente que

$$\operatorname{rot} F = (N_y - M_z, L_z - N_x, M_x - L_y) \equiv (0,0,0)$$

Em particular, os campos gradientes são também irrotacionais, no sentido de que $\operatorname{rot} F \equiv 0$. Já a implicação contrária, que os campos irrotacionais são também gradientes, não é verdadeira em geral. Para isso, conforme visto na **Seção 11** para o caso 2D, é necessário que o domínio do campo seja simplesmente conexo. No caso 3D a definição é como abaixo.

Definição 12.2 Uma região $U \subset \mathbb{R}^3$ é

i) conexa se quaisquer dois pontos de U podem ser ligados por um caminho inteiramente contido na região;

ii) simplesmente conexa se for conexa e, além disso, todo caminho fechado e simples em U é o bordo $\partial\,\mathbb{S}$ de uma superfície $\mathbb{S}$ toda contida em U.

Suponha agora que F seja irrotacional e definido em uma região simplesmente conexa U. Então, para todo caminho fechado e simples C em U, tem-se que $C = \partial\,\mathbb{S}$ para alguma superfície $\mathbb{S} \subset U$. Logo, como $\operatorname{rot} F$ se anula em U, pelo teorema de Stokes segue-se que

$$\oint_C \langle F, T\rangle\, ds = \oint_{\partial\mathbb{S}} \langle F, T\rangle\, ds = \iint_{\mathbb{S}} \langle \operatorname{rot} F, \mathbf{n}\rangle\, dS = 0$$

o que é uma condição necessária para o campo ser gradiente. De fato, usando Stokes, pode-se demonstrar o teorema a seguir, segundo o qual ser gradiente é sinônimo de ser irrotacional.

> **Teorema 12.2** Suponha F campo de classe C^1 em uma região simplesmente conexa $U \subset \mathbb{R}^3$. Então F é gradiente se, e somente se, F é irrotacional.

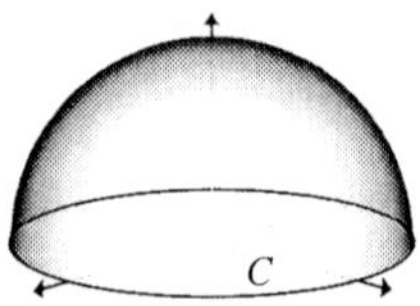

Por exemplo, já foi visto que o campo magnético

$$B(x,y,z) = \frac{\mu_0 i}{2\pi}\left(\frac{-y}{x^2+y^2}, \frac{x}{x^2+y^2}, 0\right)$$

é irrotacional, mas não é gradiente. Isso porque o seu domínio é a região $U = \{(x,y,z);\ x^2+y^2 > 0\}$, que exclui todo o eixo $\mathscr{O}z$, e, portanto, não é simplesmente conexa. De fato, qualquer superfície $\mathbb{S}$ cujo bordo é o círculo $C = \{(x,y);\ x^2+y^2 = 1\}$ cruza necessariamente o eixo $\mathscr{O}z$, e, portanto, $\mathbb{S} \not\subset U$.

Já o campo elétrico

$$E(x,y,z) = \frac{K}{(x^2+y^2+z^2)^{3/2}}(x,y,z)$$

é irrotacional e também gradiente, conforme o **Exemplo 10.10** da **Seção 10**. Isso porque o seu domínio $U = \{(x,y,z);\ x^2+y^2+z^2 \neq 0\}$ exclui apenas a origem, e, portanto, é simplesmente conexo.

Lei de Faraday

Sejam $E(P,t)$ e $B(P,t)$, respectivamente, os campos elétrico e magnético no ponto $P = (x,y,z)$ e no tempo t gerados por um eletroímã.

Seja ainda $\mathbb{S}$ uma qualquer superfície de bordo $\partial\mathbb{S}$, como ilustra a figura. Então, para um tempo fixo t, tem-se que

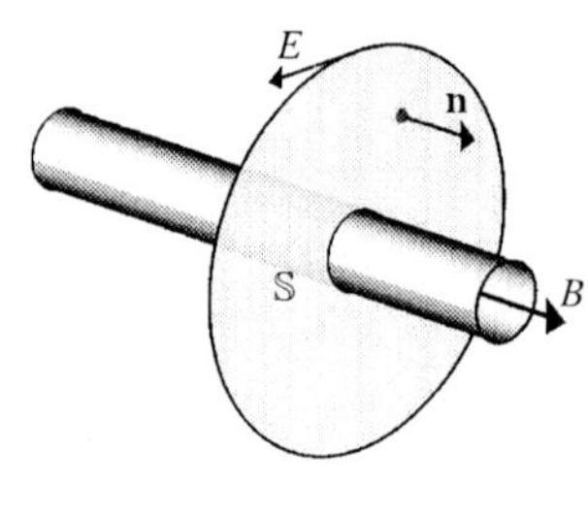

$$\oint_{\partial\mathbb{S}} \langle E(\cdot,t), T\rangle\, ds = \text{voltagem sobre } \partial\mathbb{S} \text{ e}$$

$$\iint_{\mathbb{S}} \langle B(\cdot,t), \mathbf{n}\rangle\, dS = \text{fluxo magnético através de } \mathbb{S}$$

onde as notações $E(\cdot,t)$ e $B(\cdot,t)$ são usadas para enfatizar a dependência no tempo desses campos. Com essa notação, a lei de Faraday afirma que

$$\oint_{\partial\mathbb{S}} \langle E(\cdot,t), T\rangle\, ds = -\frac{d}{dt}\iint_{\mathbb{S}} \langle B(\cdot,t), \mathbf{n}\rangle\, dS$$

igualdade que é válida para todas as superfícies $\mathbb{S} \subset \mathbb{R}^3$.

Em palavras, a voltagem sobre $\partial\mathbb{S}$ é igual ao negativo da variação no tempo do fluxo magnético através de $\mathbb{S}$. Essa lei é também conhecida como a lei de indução eletromagnética, sendo a base de funcionamento de transformadores, alternadores, dínamos, indutores, e muitos tipos de motores elétricos, geradores e solenoides.

No entanto, na forma integral em que está enunciada, é de difícil manipulação. Isso porque os termos envolvem integrais de diferentes dimensões, e não se pode comparar os integrandos. Aí é que entra o teorema de Stokes, que permite comparar os integrandos e expressar essa lei em termos de derivadas parciais, e nessa forma ela é bem mais fácil de ser trabalhada.

Para isso, o primeiro passo é usar a derivação sob o sinal de integral (ver **Seção 12**) para obter

$$\frac{d}{dt}\iint_{\mathbb{S}}\langle B(\cdot,t),\mathbf{n}\rangle\,dS=\iint_{\mathbb{S}}\left\langle \frac{\partial}{\partial t}B(\cdot,t),\mathbf{n}\right\rangle dS=\iint_{\mathbb{S}}\langle B_t(\cdot,t),\mathbf{n}\rangle\,dS$$

O segundo passo é usar o teorema de Stokes para obter

$$\oint_{\partial\mathbb{S}}\langle E(\cdot,t),T\rangle\,ds=\iint_{\mathbb{S}}\langle \operatorname{rot}E(\cdot,t),\mathbf{n}\rangle\,dS$$

Usando agora essas igualdades e a lei de Faraday, segue-se que

$$\begin{aligned}\iint_{\mathbb{S}}\langle \operatorname{rot}E(\cdot,t),\mathbf{n}\rangle\,dS&=\oint_{\partial\mathbb{S}}\langle E(\cdot,t),T\rangle\,ds\\&=-\frac{d}{dt}\iint_{\mathbb{S}}\langle B(\cdot,t),\mathbf{n}\rangle\,dS=-\iint_{\mathbb{S}}\langle B_t(\cdot,t),\mathbf{n}\rangle\,dS\end{aligned}$$

Agora sim, a igualdade é entre integrais de mesma dimensão, e pode-se comparar os integrandos. Para isso, a igualdade pode ser escrita como

$$\iint_{\mathbb{S}}\langle \operatorname{rot}E(\cdot,t)+B_t(\cdot,t),\mathbf{n}\rangle\,dS=\iint_{\mathbb{S}}\langle \operatorname{rot}E(\cdot,t),\mathbf{n}\rangle\,dS+\iint_{\mathbb{S}}\langle B_t(\cdot,t),\mathbf{n}\rangle\,dS=0$$

Como a igualdade é válida para toda $\mathbb{S}\subset\mathbb{R}^3$, daí segue-se que

$$\operatorname{rot}E(\cdot,t)+B_t(\cdot,t)=0$$

que é a forma diferencial da lei de Faraday.

Abreviadamente, a lei é escrita na forma $\operatorname{rot}E+B_t=0$, ou ainda $\nabla\times E=-\frac{\partial}{\partial t}B$, e é uma das quatro equações de Maxwell.

Exercícios

1) Seja Q o sólido limitado pelo plano $2x+2y+z=1$ e pelo paraboloide $z=3-x^2-y^2$. Conforme a figura, o bordo ∂Q é a união das superfícies $\mathbb{S}_1$ e $\mathbb{S}_2$, correspondentes ao plano e ao paraboloide, respectivamente. Indique por $C=\mathbb{S}_1\cap\mathbb{S}_2$, por $\mathbf{n}$ a normal exterior ao bordo ∂Q e considere o problema de calcular $\iint_{\mathbb{S}_2}\langle \text{rot} F,\mathbf{n}\rangle\, dS$, onde $F(x,y,z)=(x^3,3x+y^2,3y+z^2)$.

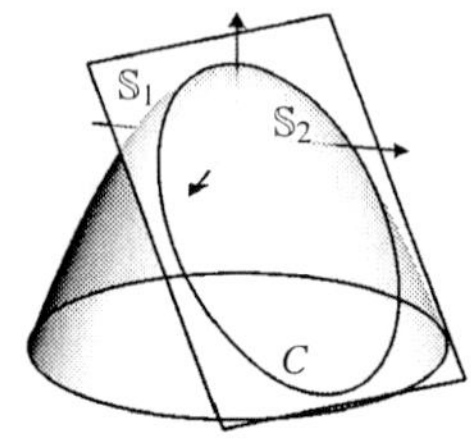

C | E a) Em $\mathbb{S}_1$, $\mathbf{n}$ induz a uma orientação horária em C.

C | E b) Em $\mathbb{S}_1$, $\langle \text{rot} F,\mathbf{n}\rangle$ é positivo.

C | E c) $\iint_{\mathbb{S}_1}\langle \text{rot} F,\mathbf{n}\rangle\, dS > 2\iint_{\mathbb{S}_1} dS$.

C | E d) Em $\mathbb{S}_2$, $\mathbf{n}$ induz a uma orientação horária em C.

C | E e) $\iint_{\mathbb{S}_2}\langle \text{rot} F,\mathbf{n}\rangle\, dS > 2\iint_{\mathbb{S}_1} dS$.

2) Considere um resistor cilíndrico $C=\{(x,y,z)\in\mathbb{R}^3; x^2+z^2\le a^2 \text{ e } 0\le y\le L\}$ de resistência R, cujo bordo $\partial C=\mathbb{S}_1\cup\mathbb{S}_2\cup\mathbb{S}_3$ é a união das superfícies indicadas na figura. Se uma corrente estacionária I passa por C na direção positiva de $\mathscr{O}y$, o campo elétrico E, o campo magnético B e o vetor de Poynting S em um ponto $P=(x,y,z)\in C$ são dados por

$$E(P)=\frac{IR}{L}(0,1,0),\ B(P)=\frac{\mu I}{2\pi a^2}(z,0,-x) \text{ e } S(P)=\frac{1}{\mu}E(P)\times B(P).$$

O fluxo de S por ∂C é a energia eletromagnética que passa por ∂C por unidade de tempo, e o cálculo desta energia ilustra a definição “Um resistor é o que transforma toda energia eletromagnética em calor”. Veja os itens a seguir.

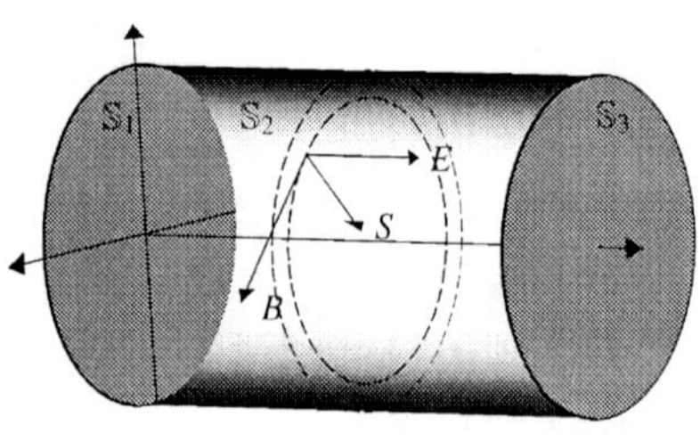

a) Obtenha as coordenadas do vetor de Poynting.

b) Obtenha uma parametrização $\varphi: D\to\mathbb{R}^3$ de $\mathbb{S}_2$, incluindo o seu domínio.

c) Calcule o fluxo de S por $\mathbb{S}_2$ na direção da normal unitária exterior.

d) Calcule o fluxo de S por ∂C na direção da normal unitária exterior.

e) Interprete o resultado do item anterior em termos da lei de aquecimento de Joule, segundo a qual a energia térmica que sai do resistor por unidade de tempo é RI^2.

3) A figura ilustra a superfície $\mathbb{S}$ de parametrização $\varphi(r,\theta)=(r\cos(\theta), r\,\text{sen}(\theta),\theta)$, com $(r,\theta)\in D=[0,1]\times[0,\pi/2]$. Considere o bordo $\partial\mathbb{S}=\cup_{i=1}^4 C_i$ com a orientação indicada e o campo $F(x,y,z)=(z,x,y)$. A superfície $\mathbb{S}$ não é gráfico

de uma função, pois inclui um segmento ao longo de $\mathcal{O}z$. Assim, o teorema de Stokes pode não ser aplicável nesse caso, e a questão é verificar se o teorema se aplica ou não.

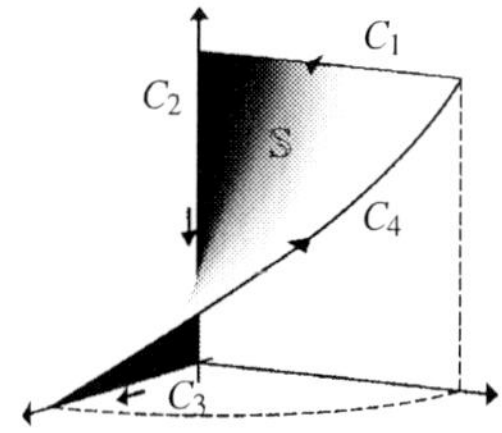

a) Use um argumento geométrico para calcular $\int_{C_1} \langle F, T \rangle ds$, e repita o mesmo argumento para os caminhos C_2 e C_3.

b) Parametrize o caminho C_4 e calcule $\int_{C_4} \langle F, T \rangle ds$ em seguida.

c) Calcule o elemento de área dS e o vetor $\mathbf{n}$ que é unitário, normal a $\mathbb{S}$ e compatível com o sentido positivo do bordo $\partial\mathbb{S}$.

d) Calcule o fluxo do rotacional de F através de $\mathbb{S}$ na direção $\mathbf{n}$.

e) Decida se o teorema de Stokes se aplica neste caso.

4) A figura ilustra o experimento do anel saltante de Thomson, em que o anel corresponde ao bordo $\partial\mathbb{S}$ do disco $\mathbb{S}$ de equação $x^2 + y^2 \leq 1$ e $z = 0$. Escolha a orientação $\mathbf{n} = (0, 0, 1)$ de $\mathbb{S}$ e indique por T o vetor unitário tangente a $\partial\mathbb{S}$ compatível com $\mathbf{n}$. Se o anel for submetido a um campo magnético alternado $B(P,t) = (L(P,t),\ M(P,t),\ N(P,t))$, ele exerce sobre o anel a força $F = I \oint_{\partial\mathbb{S}} (T \times B)\, ds$, onde I é a corrente induzida no anel.

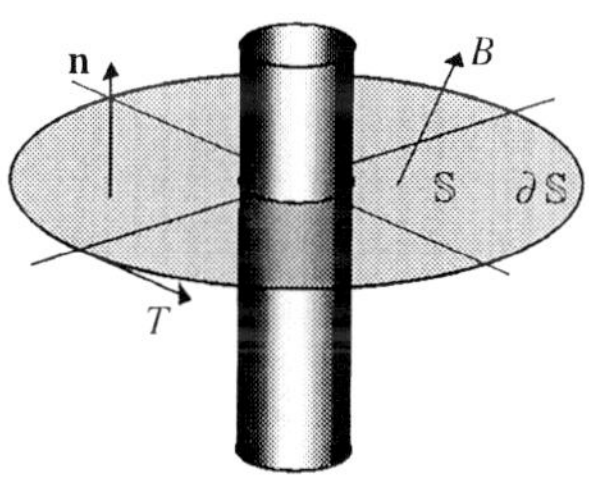

a) Obtenha uma parametrização positiva $P(\theta)$ de $\partial\mathbb{S}$, descreva o vetor $T = T(\theta)$ nessa parametrização e calcule $T \times B$ em termos das componentes desses vetores.

b) Calcule a componente vertical da integral $\oint_{\partial\mathbb{S}} (T \times B)\, ds$ supondo que, sobre o anel, $L(x,y,z,t) = ax\,\mathrm{sen}(\omega t)$ e $M(x,y,z,t) = ay\,\mathrm{sen}(\omega t)$, onde $a > 0$ é constante.

c) O campo B induz um campo elétrico E que, por sua vez, gera a força eletromotriz $V(t) = \oint_{\partial\mathbb{S}} \langle E(\cdot,t), T \rangle ds$ sobre o anel. Use Stokes e a lei de Faraday $\mathrm{rot}E = -B_t$ para expressar $V(t)$ em termos de uma integral de superfície envolvendo o campo B.

d) Calcule $V(t)$ supondo $N(x,y,z,t) = k\,\mathrm{sen}(\omega t)$, onde $k > 0$ é constante.

e) Calcule a corrente $I(t)$ usando as igualdades $V(t) = \ell I'(t)$ e $I(0) = 0$, onde ℓ é a indutância do anel. Finalmente, daqui e de b), conclua que a força F sobre o anel tem componente vertical positiva, o que provoca o salto do anel.

13. Teorema de Gauss

Teorema de Gauss em 3D

O teorema de Gauss em $\mathbb{R}^2$ foi estudado na **Seção 11**, e pode ser generalizado para o $\mathbb{R}^3$. Além de interessante por si mesma, essa generalização permite demonstrar a lei de Gauss para campos em $\mathbb{R}^3$, além de um estudo detalhado de leis de conservação.

Densidade de fluxo

O teorema de Gauss começa, como tudo em Cálculo, com um estudo local. No caso, com o cálculo do fluxo pelo bordo de uma pequena região em torno de um ponto. Para isso, considere um campo de classe C^1, de coordenadas $F = (L, M, N)$ e definido em uma região $U \subset \mathbb{R}^3$. Escolha um ponto $P_0 = (x_0, y_0, z_0)$ interior a U e um paralelepípedo $R = [x_0, x_0 + \Delta x] \times [y_0, y_0 + \Delta y] \times [z_0, z_0 + \Delta z]$, onde Δx, Δy e Δz são pequenos o suficiente para que $R \subset U$.

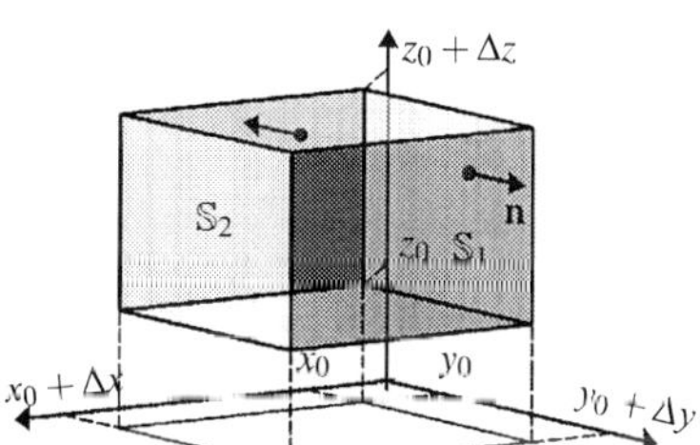

A figura ilustra o paralelepípedo juntamente com as seis superfícies que compõem o bordo $\partial R = \cup_{i=1}^{6} \mathbb{S}_i$. Por exemplo, $\mathbb{S}_1$ pode ser parametrizada por $\varphi(x,z) = (x, y_0 + \Delta y, z)$, tem área $\iint_{\mathbb{S}_1} dS = \Delta x \Delta z$ e normal unitária exterior constante e igual a $\mathbf{n} = (0,1,0)$.

Logo, ainda em $\mathbb{S}_1$, tem-se $\langle F, \mathbf{n} \rangle = M$ e pode-se usar a aproximação $M(x, y_0 + \Delta y, z) \approx M(x_0, y_0 + \Delta y, z_0)$ para todo $(x, y_0 + \Delta y, z) \in \mathbb{S}_1$. Com essas hipóteses, o fluxo de F por $\mathbb{S}_1$ e na direção $\mathbf{n}$ pode ser aproximado por

$$\iint_{\mathbb{S}_1} \langle F, \mathbf{n} \rangle \, dS = \iint_{\mathbb{S}_1} M \, dS \approx M(x_0, y_0 + \Delta y, z_0) \iint_{\mathbb{S}_1} dS = M(x_0, y_0 + \Delta y, z_0) \Delta x \Delta z$$

A situação é semelhante em $\mathbb{S}_2$, que pode ser parametrizada por $\varphi(x,z) = (x, y_0, z)$, tem a mesma área de $\mathbb{S}_1$ e normal unitária exterior constante e igual a $\mathbf{n} = (0,-1,0)$. Logo, $\langle F, \mathbf{n}\rangle = -M$ e, usando a aproximação $M(x,y_0,z) \approx M(x_0,y_0,z_0)$, obtém-se que

$$\iint_{\mathbb{S}_2} \langle F, \mathbf{n}\rangle \, dS = \iint_{\mathbb{S}_2} -M \, dS \approx -M(x_0,y_0,z_0) \iint_{\mathbb{S}_2} dS = -M(x_0,y_0,z_0)\Delta x \Delta z$$

A soma desses fluxos resulta em

$$\iint_{\mathbb{S}_1 \cup \mathbb{S}_2} \langle F, \mathbf{n}\rangle \, dS \approx [M(x_0, y_0 + \Delta y, z_0) - M(x_0,y_0,z_0)]\Delta x \Delta z$$

Ótimo, é uma boa aproximação, e a intenção agora é passar o limite com Δx, Δy e Δz tendendo a zero. Mas, procedendo desta forma, chega-se à conclusão de que $0 = 0$, o que é uma igualdade justa, mas não chega a ser interessante.

Aí é que entra uma das grandes ideias do Cálculo, a de comparar tamanhos, mesmo que sejam tamanhos pequenos. Veja como funciona: o volume $\Delta x \Delta y \Delta z$ tende a zero, assim como o fluxo $\iint_{\mathbb{S}_1 \cup \mathbb{S}_2} \langle F, \mathbf{n}\rangle \, dS$, e, portanto, ambos são pequenos. Mas qual a relação de tamanho entre eles? Essa sim é uma pergunta interessante, pois a relação é dada pelo quociente

$$\begin{aligned} \frac{1}{\Delta x \Delta y \Delta z} \iint_{\mathbb{S}_1 \cup \mathbb{S}_2} \langle F, \mathbf{n}\rangle \, dS &\approx \frac{[M(x_0, y_0 + \Delta y, z_0) - M(x_0,y_0,z_0)]\Delta x \Delta z}{\Delta x \Delta y \Delta z} \\ &= \frac{M(x_0, y_0 + \Delta y, z_0) - M(x_0,y_0,z_0)}{\Delta y} \end{aligned}$$

Não!! Que ideia incrível. O lado direito é o quociente de Newton da função M na variável y, cujo limite com Δx, Δy e $\Delta z \to 0$ é a derivada parcial. Assim

$$\lim_{\Delta x, \Delta y, \Delta z \to 0} \frac{1}{\Delta x \Delta y \Delta z} \iint_{\mathbb{S}_1 \cup \mathbb{S}_2} \langle F, \mathbf{n}\rangle \, dS = M_y(x_0,y_0,z_0)$$

o que é uma igualdade no mínimo surpreendente!

Falta calcular o fluxo de F por outras quatro superfícies. O argumento é basicamente o mesmo, mas é tão interessante que vale repetir.

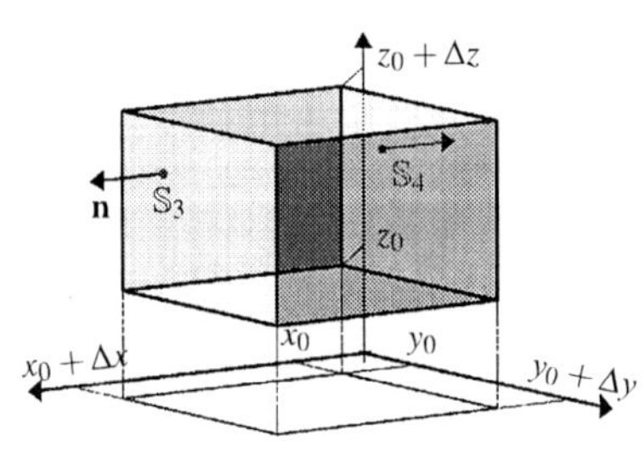

De acordo com a figura, $\mathbb{S}_3$ pode ser parametrizada por $\varphi(y,z) = (x_0 + \Delta x, y, z)$, tem área $\iint_{\mathbb{S}_3} dS = \Delta y \Delta z$ e normal unitária exterior constante e igual a $\mathbf{n} = (1,0,0)$.

Logo, $\langle F,\mathbf{n}\rangle = L$ em $\mathbb{S}_3$ e, para $(x_0+\Delta x, y, z) \in \mathbb{S}_3$, pode-se usar a aproximação $L(x_0+\Delta x,y,z) \approx L(x_0+\Delta x,y_0,z_0)$. Assim, como antes, o fluxo de F por $\mathbb{S}_3$ e na direção $\mathbf{n}$ pode ser aproximado por

$$\iint_{\mathbb{S}_3} \langle F,\mathbf{n}\rangle\, dS \approx L(x_0+\Delta x,y_0,z_0)\Delta y\Delta z$$

A situação é semelhante em $\mathbb{S}_4$, que tem parametrização $\varphi(y,z) = (x_0,y,z)$, mesma área de $\mathbb{S}_3$ e normal unitária exterior constante e igual a $\mathbf{n} = (-1,0,0)$. Logo, $\langle F,\mathbf{n}\rangle = -L$ e, aproximando $L(x_0,y,z) \approx L(x_0,y_0,z_0)$, obtém-se que

$$\iint_{\mathbb{S}_4} \langle F,\mathbf{n}\rangle\, dS \approx -L(x_0,y_0,z_0)\Delta y\Delta z$$

A soma desses fluxos, já dividida pelo volume, resulta em

$$\frac{1}{\Delta x\Delta y\Delta z}\iint_{\mathbb{S}_3\cup\mathbb{S}_4} \langle F,\mathbf{n}\rangle\, dS \approx \frac{L(x_0+\Delta x,y_0,z_0)-L(x_0,y_0,z_0)}{\Delta x}$$

onde o lado direito tende a $L_x(x_0,y_0,z_0)$ quando Δx, Δy e $\Delta z \to 0$.

Agora é claro que, para as superfícies $\mathbb{S}_5$ (a tampa) e $\mathbb{S}_6$ (o fundo), obtém-se

$$\frac{1}{\Delta x\Delta y\Delta z}\iint_{\mathbb{S}_5\cup\mathbb{S}_6} \langle F,\mathbf{n}\rangle\, dS \approx \frac{N(x_0,y_0,z_0+\Delta z)-N(x_0,y_0,z_0)}{\Delta z}$$

Finalmente, somando-se os fluxos em todas as seis superfícies do bordo ∂R, dividindo pelo volume e passando ao limite, obtém-se

$$\begin{aligned}\lim_{\Delta x,\Delta y,\Delta z\to 0}\frac{1}{\Delta x\Delta y\Delta z}\iint_{\partial R} \langle F,\mathbf{n}\rangle\, dS &= L_x(x_0,y_0,z_0)+M_y(x_0,y_0,z_0)+N_z(x_0,y_0,z_0)\\ &= \operatorname{div} F(x_0,y_0,z_0) \qquad (13.1)\end{aligned}$$

onde $\operatorname{div} F = L_x + M_y + N_z$ é a generalização natural do divergente em $\mathbb{R}^2$. Também a interpretação física é a mesma: $\operatorname{div} F$ é a densidade de fluxo (fluxo por volume) no ponto $P_0 = (x_0,y_0,z_0)$. Em particular, em pequenas vizinhanças, o sinal do fluxo é o mesmo do divergente, e indica se está saindo ou entrando fluido no ponto P_0.

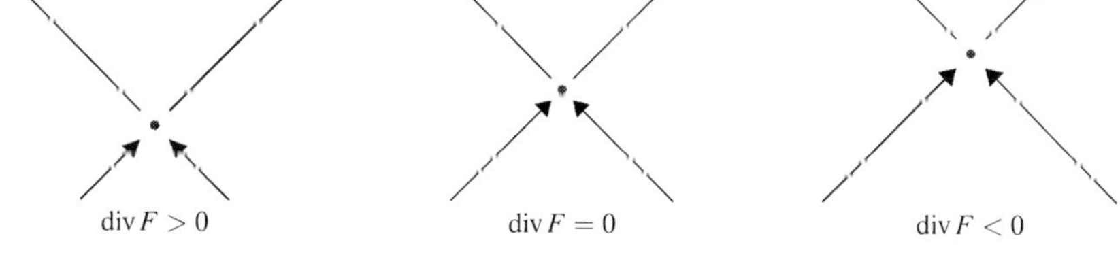

Outra interpretação interessante é a seguinte: para Δx, Δy e Δz pequenos, de (13.1) segue-se que $\frac{1}{\Delta x \Delta y \Delta z} \iint_{\partial R} \langle F, \mathbf{n} \rangle \, dS \approx \operatorname{div} F(x_0, y_0, z_0)$, ou ainda,

$$\iint_{\partial R} \langle F, \mathbf{n} \rangle \, dS \approx \operatorname{div} F(x_0, y_0, z_0) \Delta x \Delta y \Delta z \tag{13.2}$$

Assim, localmente, $\operatorname{div} F$ é o fator de comparação entre o fluxo e o volume.

Teorema de Gauss

A notação a seguir é a mesma usada anteriormente, em que $F = (L, M, N)$ é um campo de classe C^1 definido em uma região aberta $U \subset \mathbb{R}^3$. Dada uma outra região $Q \subset U$, indique por $\mathbf{n}$ a normal unitária exterior a Q. De forma análoga ao que foi feito no plano, procura-se agora relacionar a integral de superfície

$$\iint_{\partial Q} \langle F, \mathbf{n} \rangle \, dS$$

com uma integral tripla sobre toda a região Q.

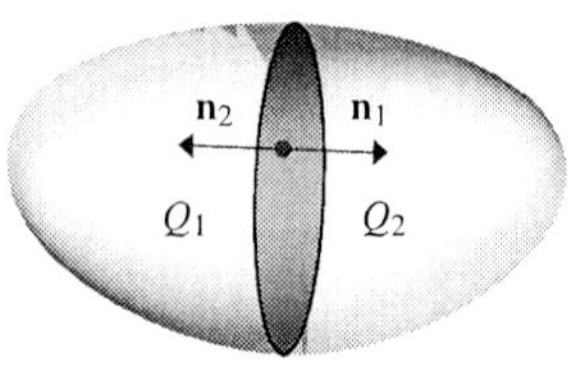

O que motiva essa procura é a possibilidade de localizar o fluxo. De fato, suponha que a região Q seja dividida em duas outras regiões $Q = Q_1 \cup Q_2$, e indique por $\mathbf{n}_i$ a normal unitária exterior ao bordo ∂Q_i, com $i = 1, 2$.

Como ilustra a figura, na parte comum entre os bordos, as normais têm a mesma direção, mas sentidos opostos. Logo, os fluxos nessas partes comuns têm sinais contrários e se cancelam quando somados. Isso significa que

$$\iint_{\partial Q} \langle F, \mathbf{n} \rangle \, dS = \iint_{\partial Q_1} \langle F, \mathbf{n} \rangle \, dS + \iint_{\partial Q_2} \langle F, \mathbf{n} \rangle \, dS$$

O mesmo argumento pode ser aplicado tanto a Q_1 como a Q_2, que podem ser divididos em outras tantas regiões menores. Assim, o fluxo pelo bordo da região original pode ser calculado somando-se os fluxos pelos bordos de um número grande de pequenas regiões. Isso é o que significa localizar o fluxo.

E, o que é melhor, o fluxo local já foi calculado em (13.2). Com efeito, para $i = 1, 2, \ldots m$, $j = 1, 2, \ldots n$ e $k = 1, 2, \ldots p$, considere uma partição

$$R_{ijk} = [x_{i-1}, x_i] \times [y_{j-1}, y_j] \times [z_{k-1}, z_k],$$

da região Q. Com a notação $\Delta x_i = x_i - x_{i-1}$, $\Delta y_j = y_j - y_{j-1}$ e $\Delta z_k = z_k - z_{k-1}$, de (13.2) segue-se que o fluxo por ∂R_{ijk} pode ser aproximado por

$$\iint_{\partial R_{ijk}} \langle F, \mathbf{n} \rangle \, dS \approx \operatorname{div} F(x_{i-1}, y_{j-1}, z_{k-1}) \Delta x_i \Delta y_j \Delta z_k$$

aproximação tão melhor quanto menores forem Δx_i, Δy_j e Δz_k. Como a soma de todos esses fluxos é igual ao fluxo no bordo ∂Q, segue-se que

$$\begin{aligned} \iint_{\partial Q} \langle F, \mathbf{n} \rangle \, dS &= \sum_{k=1}^{p} \sum_{j=1}^{n} \sum_{i=1}^{m} \iint_{\partial R_{ijk}} \langle F, \mathbf{n} \rangle \, dS \\ &\approx \sum_{k=1}^{p} \sum_{j=1}^{n} \sum_{i=1}^{m} \operatorname{div} F(x_{i-1}, y_{j-1}, z_{k-1}) \Delta x_i \Delta y_j \Delta z_k \qquad (13.3) \end{aligned}$$

em que o lado direito é uma soma de Riemann da função $\operatorname{div} F$.

Ótimo. Agora falta apenas o último passo, o de passar o limite com a norma da partição tendendo a zero. Para isso, é necessário uma condição técnica semelhante àquela usada na demonstração do teorema de Green na **Seção 11**: a condição do domínio ser simples (veja a **Seção 6** para a definição de domínios R_{xy}, R_{xz} e R_{yz})

Definição 13.1 Uma região $Q \subset \mathbb{R}^3$ é simples se for R_{xy}, R_{xz} e R_{yz}.

Com a hipótese extra de regiões simples, pode-se passar ao limite com a norma da partição tendendo a zero na aproximação em (13.3) para obter o teorema abaixo, também conhecido como Teorema da Divergência.

Teorema 13.1 — de Gauss. Suponha $F : U \to \mathbb{R}^3$ um campo de classe C^1 em uma região aberta $U \subset \mathbb{R}^3$. Se $Q \subset U$ é uma união de regiões simples com o bordo $\partial Q \subset U$ orientado com a normal unitária exterior $\mathbf{n}$, então

$$\iint_{\partial Q} \langle F, \mathbf{n} \rangle \, dS = \iiint_Q \operatorname{div} F \, dx dy dz$$

■ **Exemplo 13.1** Calcule o fluxo de F através do bordo ∂Q da região Q e na direção da normal unitária exterior $\mathbf{n}$, onde o campo é dado por $F(x,y,z) = (x, y, -2z - x^2)$ e a região é

$$Q = \{(x,y,z) \in \mathbb{R}^3;\ 0 \leq z \leq 6 - 2x^2 - 3y^2\}$$ ■

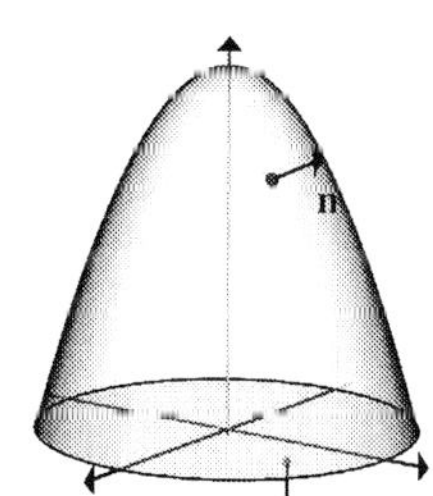

Solução. O exemplo foi estudado na **Seção 12**, onde o fluxo foi calculado pela definição. Foi um cálculo longo, e o ponto era ilustrar a definição do fluxo.

Mas agora, com o teorema de Gauss, o exemplo é trivial! Basta notar que

$$\operatorname{div} F(x,y,z) = x_x + y_y + (-2z - x^2)_z = 1 + 1 - 2 = 0$$

Assim, usando o teorema de Gauss, segue-se que $\iint_{\partial Q} \langle F, \mathbf{n} \rangle \, dS = 0$. $\square$

Esse exemplo ilustra um fato interessante. Na **Seção 12** foi visto que, no caso em que o fluido tem velocidade F e densidade constante, então a conservação da massa é equivalente a que $\iint_{\partial Q} \langle F, \mathbf{n} \rangle \, dS = 0$ para toda região Q contida no fluido. Ora! Pelo teorema de Gauss, essa condição é satisfeita caso o divergente seja identicamente nulo. Assim, $\operatorname{div} F \equiv 0$ é uma condição para a conservação da massa. Essa questão é importante e será retomada nas próximas seções.

Teorema fundamental em 1D, 2D e 3D

No teorema da divergência, a relação entre integrais de dimensões diferentes parece ser uma novidade. Mas uma relação deste tipo já era conhecida desde o primeiro curso de Cálculo. De fato, tanto em $\mathbb{R}^2$ quanto em $\mathbb{R}^3$, o teorema da divergência é a generalização natural do Teorema Fundamental do Cálculo.

Veja como essa afirmação pode ser justificada com os argumentos a seguir. Com as hipóteses corretas, o teorema da divergência em $\mathbb{R}^3$ afirma que

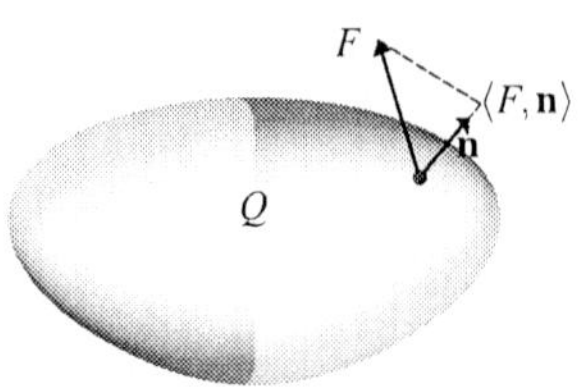

$$\begin{aligned} \iint_{\partial Q} \langle F, \mathbf{n} \rangle \, dS &= \text{Fluxo pelo bordo} \\ &= \text{Integral do divergente} \\ &= \iiint_Q \operatorname{div} F \, dxdydz \end{aligned}$$

A mesma afirmação é feita em $\mathbb{R}^2$, isto é,

$$\begin{aligned} \int_{\partial D} \langle F, \mathbf{n} \rangle \, ds &= \text{Fluxo pelo bordo} \\ &= \text{Integral do divergente} \\ &= \iint_D \operatorname{div} F \, dxdy \end{aligned}$$

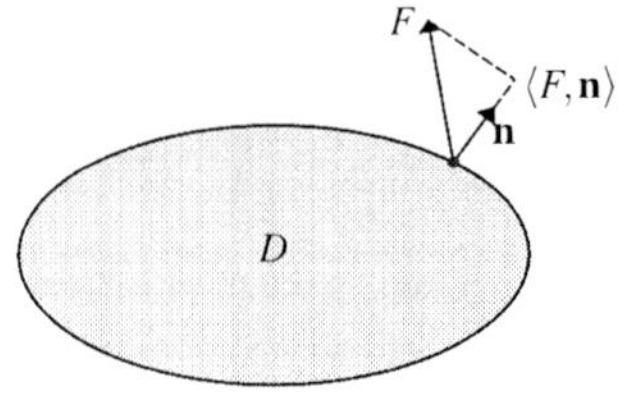

E em $\mathbb{R}$, como seria? Bem, como o divergente é a soma das derivadas das componentes e o campo F é unidimensional, deve-se ter que $\operatorname{div} F(x) = F'(x)$. Além disso, o bordo de um intervalo $I = [a,b]$ é o conjunto $\partial I = \{a, b\}$, formado por apenas dois elementos.

Como a situação é unidimensional, pode-se inferir que as normais exteriores são dadas por $\mathbf{n}(a) = -1$ e $\mathbf{n}(b) = 1$. Veja a figura ao lado.

Daí segue-se que o fluxo pelo bordo e a integral do divergente são dados por

$$\langle F(b), \mathbf{n}(b)\rangle + \langle F(a), \mathbf{n}(a)\rangle = F(b) - F(a) \quad \text{e} \quad \int_I \operatorname{div} F\, dx = \int_a^b F'(x)\, dx$$

Usando então a afirmação do teorema da divergência, obtém-se que

$$\begin{aligned} F(b) - F(a) &= \text{Fluxo pelo bordo} \\ &= \text{Integral do divergente} = \int_a^b F'(x)\, dx \end{aligned}$$

que é o Teorema Fundamental do Cálculo aplicado ao intervalo $I = [a, b]$.

Integração por partes

Como um teorema é a generalização do outro, o que se faz em $\mathbb{R}$ com o teorema fundamental pode ser feito em $\mathbb{R}^2$ ou $\mathbb{R}^3$ com o teorema da divergência.

A integração por partes é um bom exemplo. Suponha então $g, h\colon [a, b] \to \mathbb{R}$ funções com derivadas segundas contínuas. Então, a derivada do produto hg' é

$$(h(x)g'(x))' = h'(x)g'(x) + h(x)g''(x)$$

Do teorema fundamental obtém-se, então, que

$$\begin{aligned} h(x)g'(x)\Big|_a^b &= h(b)g'(b) - h(a)g'(a) \\ &= \int_a^b (h(x)g'(x))'\, dx = \int_a^b [h'(x)g'(x) + h(x)g''(x)]\, dx \end{aligned} \tag{13.4}$$

de onde se segue a conhecida fórmula de integração por partes

$$\int_a^b h'(x)g'(x)\, dx = h(x)g'(x)\Big|_a^b - \int_a^b h(x)g''(x)\, dx$$

Resumindo, a integração por partes é uma consequência direta do teorema fundamental.

O mesmo raciocínio pode ser aplicado em $\mathbb{R}^3$. Suponha então $u, v\colon Q \to \mathbb{R}$ funções com derivadas parciais segundas contínuas, onde $Q \subset \mathbb{R}^3$ é uma região onde vale o teorema da divergência. O análogo do produto hg' é agora o campo $F = u\nabla v = (uv_x, uv_y, uv_z)$, cujo divergente é dado por

$$\operatorname{div} F = (uv_x)_x + (uv_y)_y + (uv_z)_z = \langle \nabla u, \nabla v\rangle + u\Delta v$$

onde $\Delta v = v_{xx} + v_{yy} + v_{zz}$ é o operador de Laplace. Veja a semelhança com a derivada de hg': o produto escalar $\langle \nabla u, \nabla v \rangle$ faz o papel da derivada $h'g'$, enquanto que o produto $u\Delta v$ faz o papel da derivada hg''. Muito bom, e agora é que entra o teorema da divergência, integrando a derivada $\operatorname{div} F$. Veja a semelhança com a igualdade em (13.4):

$$\begin{aligned} \iint_{\partial Q} \langle u\nabla v, \mathbf{n} \rangle \, dS &= \iint_{\partial Q} \langle F, \mathbf{n} \rangle \, dS \qquad (13.5) \\ &= \iiint_Q \operatorname{div} F \, dxdydz = \iiint_Q (\langle \nabla u, \nabla v \rangle + u\Delta v) \, dxdydz \end{aligned}$$

A semelhança está inclusive no fato de que o lado esquerdo, tanto de (13.4) como de (13.5), representar o fluxo do campo pela fronteira da região!

A igualdade em (13.5) é conhecida como a 1ª Identidade de Green, sendo famosa nas áreas de termodinâmica e dinâmica dos fluidos.

Equação do calor estacionária

Para ilustrar a 1ª Identidade de Green em termodinâmica, indique por $u\colon Q \to \mathbb{R}$ a temperatura estacionária do sólido $Q \subset \mathbb{R}^3$. A temperatura é estacionária no sentido de que u não depende do tempo, mas apenas do ponto $(x, y, z) \in Q$.

Neste caso, se k denota a condutividade térmica de Q, então o vetor fluxo de calor é $F = -k\nabla u = -k(u_x, y_y, u_z)$, vetor que fornece a direção, o sentido e a intensidade do fluxo de calor no interior de Q. Este fato segue de que o gradiente tem a direção e sentido de maior crescimento da função, enquanto que o calor flui na direção contrária, de maior decrescimento.

Ora! Como a temperatura é estacionária, o que entra de calor em cada ponto é necessariamente igual ao que sai, o que significa que $\operatorname{div} F \equiv 0$ em Q. Como o divergente é dado por $\operatorname{div} F = -k(u_{xx} + u_{yy} + u_{zz}) = -k\Delta u$, obtém-se que a temperatura satisfaz à equação

$$-k\Delta u = -k(u_{xx} + u_{yy} + u_{zz}) \equiv 0 \ \text{ em } \ Q$$

conhecida como a equação do calor estacionária. É conhecida também como a equação de Laplace, e modela vários outros fenômenos de difusão.

Jundo com a identidade de Green, a equação do calor dá informações sobre a função u. De fato, de (13.5) com $u = v$ e supondo que $\Delta u \equiv 0$, segue-se que

$$\iint_{\partial Q} \langle u\nabla u, \mathbf{n} \rangle \, dS = \iiint_Q \|\nabla u\|^2 \, dxdydz \qquad (13.6)$$

onde foi usado que $\langle \nabla u, \nabla u \rangle = \|\nabla u\|^2$. Essa igualdade é interessante. Ela diz que a temperatura no interior de Q (o lado direito de (13.6)) é inteiramente determinada pela temperatura no bordo ∂Q (o lado esquerdo de (13.6)).

Agora podem ser considerados dois problemas. O primeiro, conhecido como o problema de Dirichlet, supõe que Q, inicialmente a uma temperatura arbitrária, seja mantido com o bordo ∂Q a 0°C até alcançar a temperatura estacionária. Nesse momento, qual seria a temperatura no interior de Q?

Fácil! O lado esquerdo de (13.6) seria nulo, pois u se anula em ∂Q, e, portanto, o direito também seria nulo. Daí se segue que $\|\nabla u\|^2 \equiv 0$, isto é, $u_x = u_y = u_z = 0$ em Q. Assim, a temperatura não dependeria nem de x, nem de y e nem de z, isto é, seria constante. Sendo constante em Q e nula no bordo, a temperatura seria identicamente nula em todo o sólido. Resumindo, se ∂Q é mantido a 0°C, então a sua temperatura estacionária é $u \equiv 0$.

Outro problema, conhecido como de Neumann, supõe que Q, inicialmente a uma temperatura arbitrária, seja isolado termicamente do ambiente. Então, depois de alcançar o estado estacionário, qual temperatura no interior de Q?

O problema agora é um pouquinho mais elaborado, e requer que a condição de isolamento térmico seja traduzida em termos de uma condição matemática.

Mas isso é fácil: estar isolado termicamente significa que não há fluxo de calor pelo bordo; assim, como o vetor fluxo é $F = -k\nabla u$, para não haver fluxo pelo bordo, a projeção $\langle F, \mathbf{n}\rangle = -k\langle \nabla u, \mathbf{n}\rangle$ deve se anular em ∂Q. Assim, o isolamento térmico equivale a que $\langle \nabla u, \mathbf{n}\rangle \equiv 0$ em ∂Q.

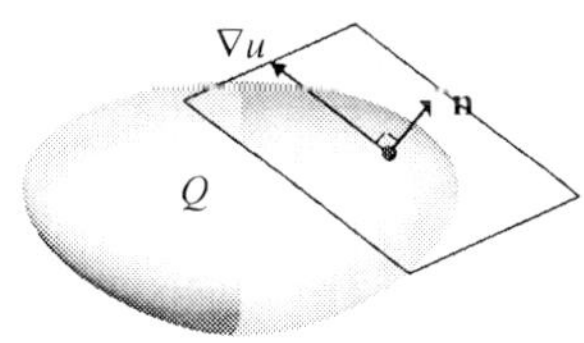

Pronto! No caso do isolamento térmico, com $\langle u\nabla u, \mathbf{n}\rangle = u\langle \nabla u, \mathbf{n}\rangle \equiv 0$, o lado esquerdo de (13.6) se anula. Daí, como no problema de Dirichlet, a temperatura é constante. A diferença é que, agora, não se sabe o valor dessa constante, pois não se sabe o valor da temperatura em algum ponto específico.

Esses exemplos são muito simples. No problema de Dirichlet, a conclusão de que a temperatura estacionária é a temperatura nula poderia ter sido inferida apenas da situação física, e o mesmo é verdade para o problema de Neumann.

Assim, o importante não são os resultados em si, mas o fato de que a linguagem desenvolvida até aqui seja capaz de lidar com problemas como esses. É claro que a mesma linguagem é capaz de abordar problemas mais elaborados.

Leis de conservação

O Cálculo é versátil e pode ser aplicado em Mecânica, Termodinâmica, Eletromagnetismos etc. Os exemplos a seguir ilustram essa versatilidade e, ao mesmo tempo, enfatizam o poder de síntese do Cálculo, que é capaz de abordar problemas tão diversos com poucos conceitos fundamentais.

Conservação da massa

A versão integral da lei de conservação da massa foi introduzida na **Seção 12** como forma de ilustrar a importância da integral do fluxo. Agora será visto como, a partir da versão integral, chega-se a uma versão diferencial dessa lei, versão que é mais fácil de ser manipulada.

Vale lembrar a notação usada anteriormente, em que $U \subset \mathbb{R}^3$ é uma região com um fluido em movimento, $F(P,t)$ é a velocidade e $\delta(P,t)$ é a densidade do fluido no ponto $P=(x,y,z)$ e no tempo t. Supõe-se, ainda, que essas funções sejam de classe C^1 em todas as suas variáveis.

Com essa notação, a massa contida em uma região $Q \subset U$ e no tempo t é

$$M(t) = \iiint_Q \delta(x,y,z,t)\,dxdydz$$

e a derivada $M'(t)$ é a taxa de variação dessa massa ao longo do tempo. Usando a derivada sob o sinal de integral (ver **Seção 12**), obtém-se que

$$M'(t) = \iiint_Q \delta_t(x,y,z,t)\,dxdydz \qquad (13.7)$$

Por outro lado, supondo a conservação, a variação da massa em Q é o balanço "líquido" entre o que sai e o que entra de massa por ∂Q, isto é, igual ao fluxo de massa por ∂Q.

Com a normal unitária exterior $\mathbf{n}$, como na figura, tem-se que $\langle F,\mathbf{n}\rangle\,dS$ é o volume e $\delta\langle F,\mathbf{n}\rangle\,dS = \langle \delta F,\mathbf{n}\rangle\,dS$ é a massa de fluido por dS por unidade de tempo e na direção $\mathbf{n}$. Daí se segue que o fluxo de massa por ∂Q na direção $\mathbf{n}$ é (ver **Seção 12**)

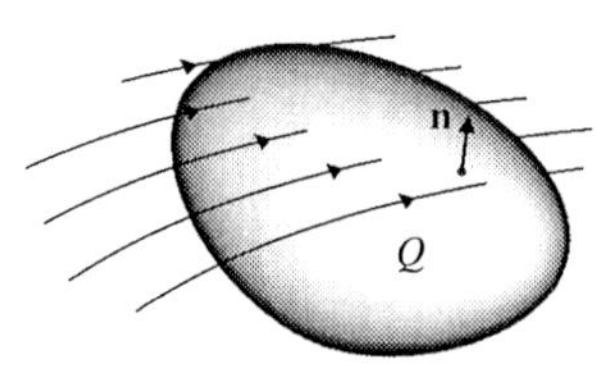

$$\iint_{\partial Q} \langle \delta F,\mathbf{n}\rangle\,dS$$

De (13.7), e omitindo a dependência nas variáveis x, y, z e t por simplicidade, a lei de conservação da massa pode então ser escrita como

$$\iiint_Q \delta_t\,dxdydz = -\iint_{\partial Q} \langle \delta F,\mathbf{n}\rangle\,dS \quad \text{para todo } Q \subset U \qquad (13.8)$$

em que o sinal de menos é devido à escolha de $\mathbf{n}$: se $M'(t)$ for positiva, é porque está entrando massa em Q e, nesse caso, o fluxo de massa na direção $\mathbf{n}$ é negativo, e daí o sinal de menos.

A equação (13.8) expressa com clareza a conservação da massa. No entanto, por envolver integrais de dimensões diferentes, é de difícil manipulação.

Por exemplo, não se pode comparar os integrandos da equação. Aí é que entra o teorema da divergência, que transforma a integral de superfície em uma integral de volume, e isso permite comparar os integrandos.

Com efeito, de (13.8) e do teorema de Gauss segue-se que

$$\iiint_Q \delta_t \, dxdydz = -\iint_{\partial Q} \langle \delta F, \mathbf{n} \rangle \, dS = -\iiint_Q \operatorname{div}(\delta F) \, dxdydz \quad \forall \, Q \subset U$$

onde a primeira e a última integral são sobre o mesmo domínio. Daí que

$$\iiint_Q [\delta_t + \operatorname{div}(\delta F)] \, dxdydz = 0 \quad \forall \, Q \subset U$$

Como a igualdade é válida para toda região $Q \subset U$, a única possibilidade é o integrando ser identicamente nulo em todo o domínio, isto é

$$\delta_t + \operatorname{div}(\delta F) \equiv 0 \quad \text{em } U \tag{13.9}$$

Esta é a forma diferencial da lei de conservação da massa, que envolve apenas as derivadas parciais das funções F e δ. Nesta forma a lei é conhecida como a *Equação de Continuidade* e, juntamente com as equações de Navier-Stokes, governam o movimento do fluido.

A equação (13.9) é mais fácil de manipular do que (13.8). No entanto, apenas olhando para (13.9), não é claro qual o seu significado físico. A boa notícia é que os passos acima são reversíveis, e, portanto, as equações (13.8) e (13.9) são equivalentes. Assim, fica-se com o melhor dos mundos possíveis: o significado físico em (13.8) e a facilidade de manipulação em (13.9).

As variáveis x, y e z são mantidas fixas no cálculo de δ_t, e t é mantida fixa no cálculo do $\operatorname{div}(\delta F)$. Como $\delta F = \delta(L, M, N) = (\delta L, \delta M, \delta N)$, segue-se que

$$\begin{aligned} \operatorname{div}(\delta F) &= (\delta L)_x + (\delta M)_y + (\delta N)_z \\ &= \delta_x L + \delta_y M + \delta_z N + \delta(L_x + M_y + N_z) = \langle \nabla \delta, F \rangle + \delta \operatorname{div} F \end{aligned}$$

Com esse cálculo a equação (13.9) escreve-se de forma mais explícita como

$$\delta_t + \langle \nabla \delta, F \rangle + \delta \operatorname{div} F \equiv 0 \quad \text{em } U$$

Percebe-se agora que, em razão dos termos envolvendo a densidade, a condição $\operatorname{div} F \equiv 0$ não garante a conservação da massa. E mesmo que a densidade seja constante no tempo, ainda resta o termo envolvendo o $\nabla \delta$. Assim, a con dição $\operatorname{div} F \equiv 0$ garante a conservação da massa apenas no caso em que $\delta = \delta_0$ é constante nas quatro variáveis (x, y, z, t).

O mesmo argumento pode ser usado para estudar a conservação da carga elétrica. Basta supor que $U \subset \mathbb{R}^3$ seja uma região com uma distribuição de carga de densidade δ e o correspondente campo densidade de corrente J. Nesse caso a equação (13.8), com J no lugar de δF, significa que a variação da quantidade de carga em uma região $Q \subset U$ é igual à quantidade de carga que passa por ∂Q na direção $-\mathbf{n}$. A forma integral da conservação da carga é então equivalente à forma diferencial $\delta_t + \operatorname{div} J \equiv 0$. Em particular, se $\delta = \delta_0$ é constante nas quatro variáveis x, y, z e t, então a conservação da carga elétrica é equivalente à condição $\operatorname{div} J \equiv 0$.

Teoria analítica do calor

Teoria Analítica do Calor é o título de um famoso livro de Fourier publicado em 1822. Foi ali que Fourier deduziu a equação do calor, além de ter introduzido as séries de Fourier como ferramenta para resolvê-la.

A solução foge ao alcance deste texto, mas a dedução da equação do calor usa a lei de conservação da energia térmica, e está próxima do que se fez aqui.

Considere então um sólido $U \subset \mathbb{R}^3$ com densidade constante δ_0, condutividade térmica k, calor específico c e indique por $T(P,t)$ a temperatura do ponto $P = (x,y,z)$ no tempo t.

Como sempre, escolha $P_0 = (x_0, y_0, z_0)$ interior a U e um pequeno paralelepípedo $R = [x_0, x_0 + \Delta x] \times [y_0, y_0 + \Delta y] \times [z_0, z_0 + \Delta z]$ de forma que $R \subset U$.

O próximo passo é calcular uma aproximação para a quantidade de energia térmica Δq contida em R no tempo t. Para isso, vale lembrar que o calor específico é a quantidade de energia térmica necessária para aumentar em 1°C a temperatura de 1g do material. Ora! Medindo a variação da temperatura a partir do 0°C, o paralelepípedo R sofreu uma variação de temperatura $\Delta T \approx T(P_0,t)$. Como R tem massa $\Delta m = \delta_0 \Delta x \Delta y \Delta z$, segue-se que

$$\Delta q = c\,\Delta m\,\Delta T \approx c\,\delta_0 \Delta x \Delta y \Delta z\, T(P_0,t)$$

Dividindo pelo volume, obtém-se que $\Delta q / \Delta x \Delta y \Delta z$ é a densidade de energia térmica em R. Assim, passando ao limite com Δx, Δy e $\Delta z \to 0$, segue-se que

$$d(P_0,t) = c\,\delta_0\, T(P_0,t) = \text{densidade de energia térmica no ponto } P_0 \text{ no tempo } t$$

Ótimo, já se tem a densidade, e com isso se pode calcular a energia térmica $q(t)$ contida em uma região $Q \subset U$ e no tempo t. De fato, essa energia é

$$q(t) = \iiint_Q d(x,y,z,t)\, dxdydz$$

Semelhante ao caso da massa, e derivando sob o sinal de integral, segue-se que $q'(t)$ é a taxa de variação da energia térmica em Q ao longo do tempo, e é dada por

$$q'(t) = \iiint_Q d_t(x,y,z,t)\,dxdydz \tag{13.10}$$

Mas então, supondo a conservação da energia térmica, a única forma de $q(t)$ variar é passando energia térmica pelo bordo ∂Q. Não tem outro jeito! Como visto na **Seção 13**, a energia térmica que passa pelo bordo está relacionada com o vetor fluxo de calor $J(P,t) = -k\nabla T(P,t)$, vetor que fornece a direção, o sentido e a intensidade do fluxo de energia térmica no interior de U. De fato, o fluxo de J por ∂Q no tempo t e na direção da normal unitária exterior $\mathbf{n}$ é

$$\iint_{\partial Q} \langle J(\cdot,t),\mathbf{n}\rangle\, dS$$

Finalmente, omitindo a dependência nas variáveis x, y, z e t por simplicidade, a conservação da energia térmica escreve-se como

$$\iiint_Q d_t\,dxdydz = -\iint_{\partial Q} \langle J,\mathbf{n}\rangle\, dS \tag{13.11}$$

que é análoga à equação (13.8). Essa analogia enfatiza a capacidade de síntese do Cálculo, que descreve fenômenos tão distintos com uma mesma linguagem.

E as analogias não param por aí. Seguindo os mesmos passos do caso da massa, é claro que a forma integral em (13.11) é equivalente à forma diferencial

$$d_t + \operatorname{div} J \equiv 0 \;\text{ em }\; U \tag{13.12}$$

Esta equação pode ser escrita em termos da temperatura da seguinte forma. A expressão da densidade é $d = c\,\delta_0 T$, e, portanto, $d_t = c\,\delta_0 T_t$. Como $J = -k\nabla T = -k(T_x, T_y, T_z)$, segue-se que

$$\operatorname{div} J = -k((T_x)_x + (T_y)_y + (T_z)_z) = -k(T_{xx} + T_{yy} + T_{zz}) = -k\Delta T$$

Substituindo essas igualdades em (13.12), obtém-se que $c\,\delta_0 T_t - k\Delta T \equiv 0$. Equivalentemente, a equação em (13.12) escreve-se como

$$T_t = \sigma\Delta T \tag{13.13}$$

onde $\sigma = k/c\,\delta_0$ é a difusibilidade térmica do material. Essa igualdade é a equação do calor, e modela também muitos outro fenômenos de difusão.

Ela está de acordo com a temperatura estacionária estudada na **Seção 13**, uma vez que nesse caso a temperatura é constante ao longo do tempo, isto é,

$T_t \equiv 0$. Ora! Para não variar no tempo, o que sai de calor em cada ponto é igual ao que entra, e a medida do que sai menos o que entra é exatamente o divergente $\operatorname{div}(k\nabla T) = k\Delta T$.

Agora, no caso não estacionário, a leitura da equação (13.13) é a seguinte: a diferença entre o que sai menos o que entra (a quantidade $k\Delta T$) é o que provoca a variação da temperatura no tempo (a quantidade T_t). Muito bom.

Lei de Gauss

Apesar de não ser uma lei de conservação, o estudo da lei de Gauss tem muito em comum com os raciocínios usados até aqui, e vale ver essas semelhanças de perto. Vale também por ser uma bonita aplicação do teorema de Gauss!

O estudo começa do início, supondo que $E(P)$ seja o campo elétrico gerado por uma carga pontual q situada na origem. Da lei de Coulomb segue-se que

$$E(P) = \frac{Kq}{\|P\|^2}\frac{P}{\|P\|}$$

onde a constante de Coulomb no sistema internacional é $K \approx 9 \times 10^9$ Nm^2/C^2.

A lei de Gauss é sobre o fluxo de E pelo bordo ∂Q de uma região $Q \subset \mathbb{R}^3$. Considerando de início que a região é a bola $B = \{P \in \mathbb{R}^3;\ \|P\| \leq r\}$, centrada na origem e de raio r, o seu bordo é a esfera $\partial B = \{P \in \mathbb{R}^3;\ \|P\| = r\}$.

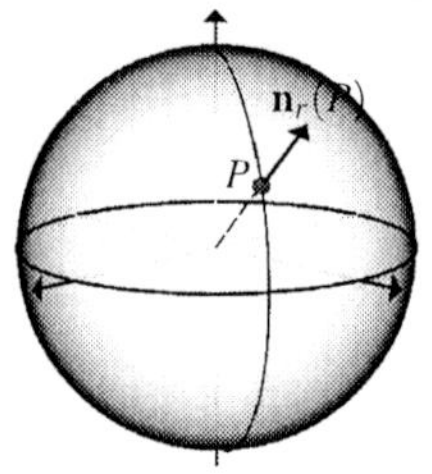

Nesse caso, no ponto $P \in \partial B$, a normal unitária exterior ao ∂Q é dada por $\mathbf{n}_r(P) = P/\|P\|$. Veja a figura. Daí se segue que o produto escalar

$$\langle E(P), \mathbf{n}_r(P)\rangle = \frac{Kq}{\|P\|^2}\left\langle \frac{P}{\|P\|}, \frac{P}{\|P\|}\right\rangle = \frac{Kq}{r^2}$$

é constante em ∂B, pois $\|P\| = r$. Como a área de ∂B é igual a $4\pi r^2$, tem-se

$$\iint_{\partial B} \langle E, \mathbf{n}_r\rangle\, dS = \frac{Kq}{r^2}\iint_{\partial B} dS = \frac{Kq}{r^2}4\pi r^2 = 4\pi Kq$$

Resumindo, o fluxo de E por ∂B na direção $\mathbf{n}_r$ é um múltiplo da carga no interior de B. O estranho é que esse fluxo não depende do raio da bola B! Estranho, mas pode ser explicado como no caso bidimensional: se o raio é pequeno, a área da bola é também pequena, mas a intensidade do campo é grande; à medida que o raio aumenta, a área da bola também aumenta, mas a intensidade do campo diminui. E o que se viu é que o aumento de um corresponde à diminuição do outro de tal maneira que o fluxo permanece constante.

A pergunta agora é qual seria o fluxo se a região não fosse uma bola. Nesse caso o produto $\langle E, \mathbf{n} \rangle$ não seria constante, e os cálculos seriam mais delicados. É aí que entra uma ideia interessante já usada na **Seção 11**: a ideia da excisão.

Neste sentido o primeiro fato a se notar é que E não está definido na origem. O segundo é que, fora da origem, o $\operatorname{div} E$ se anula. Com efeito, se as coordenadas do campo são $E = (L, M, N)$, tem-se $L(x,y,z) = Kqx/(x^2+y^2+z^2)^{3/2}$, e um cálculo simples mostra que

$$
\begin{aligned}
L_x(x,y,z) &= Kq\, \frac{(x^2+y^2+z^2)^{3/2} - 3(x^2+y^2+z^2)^{1/2}x^2}{(x^2+y^2+z^2)^3} \\
&= Kq\, \frac{(x^2+y^2+z^2) - 3x^2}{(x^2+y^2+z^2)^{5/2}}
\end{aligned}
$$

Analogamente, $M_y(x,y,z) = Kq\, \frac{(x^2+y^2+z^2)-3y^2}{(x^2+y^2+z^2)^{5/2}}$ e $N_z(x,y,z) = Kq\, \frac{(x^2+y^2+z^2)-3z^2}{(x^2+y^2+z^2)^{5/2}}$, e é claro agora que $\operatorname{div} E = L_x + M_y + N_z$ se anula fora da origem.

Considere então uma região $Q \subset \mathbb{R}^3$ com a origem em seu interior, e indique por $\mathbf{n}$ a normal unitária exterior ao bordo ∂Q. Para aplicar o teorema de Gauss, é necessário excluir a origem, pois o campo não está definido nesse ponto.

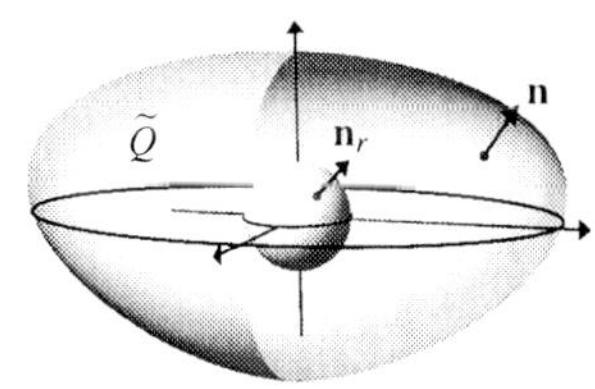

Aí é que entra a excisão, que consiste em retirar uma pequena bola B de centro na origem e raio r pequeno para que $B \subset Q$. Veja a figura acima.

A vantagem desse procedimento é que, indicando por $\widetilde{Q}$ a região entre Q e B, o campo E está bem definido nessa região. A desvantagem é que, agora, o bordo de $\widetilde{Q}$ inclui os bordos ∂Q e ∂B, e deve-se prestar muita atenção às respectivas orientações. Então, ∂Q já está orientada com a normal $\mathbf{n}$, e escolha a orientação da normal exterior $\mathbf{n}_r$ em ∂B. Com essas escolhas, a normal exterior $\widetilde{\mathbf{n}}$ ao bordo $\partial \widetilde{Q}$ é tal que $\widetilde{\mathbf{n}} = \mathbf{n}$ em ∂Q e $\widetilde{\mathbf{n}} = -\mathbf{n}_r$ em ∂B. Resumidamente, a orientação de $\partial \widetilde{Q}$ pode ser escrita como $\partial \widetilde{Q} = \partial Q \cup (-\partial B)$. Veja de novo a figura acima.

Como $\operatorname{div} E \equiv 0$ em $\widetilde{Q}$, do teorema de Gauss e dos cálculos acima obtém-se

$$
\begin{aligned}
0 &= \iiint_{\widetilde{Q}} \operatorname{div} E \, dxdydz = \iint_{\partial \widetilde{Q}} \langle E, \widetilde{\mathbf{n}} \rangle \, dS \\
&= \iint_{\partial Q} \langle E, \mathbf{n} \rangle \, dS + \iint_{\partial B} \langle E, -\mathbf{n}_r \rangle \, dS = \iint_{\partial Q} \langle E, \mathbf{n} \rangle \, dS - 4\pi Kq
\end{aligned}
$$

de onde se segue finalmente que

$$
\iint_{\partial Q} \langle E, \mathbf{n} \rangle \, dS = 4\pi Kq
$$

Essa é a lei de Gauss para o campo E gerado por uma carga pontual q: o fluxo do campo por ∂Q é um múltiplo da carga que está no interior de Q. O interessante é que o fluxo é o mesmo para *qualquer* região que inclui a carga em seu interior.

A lei pode ser ampliada por meio de uma pergunta simples. E se tivesse duas cargas q_1 e q_2 no interior de Q, como seria o fluxo do campo resultante? Simples! Como o campo resultante é a soma dos campos gerados por q_1 e q_2, e o fluxo resultante é a soma dos respectivos fluxos, o fluxo resultante seria $4\pi K(q_1 + q_2)$. O mesmo raciocínio se aplica no caso de três ou mais cargas, isto é, para um número finito qualquer de cargas no interior da região.

Ótimo. E para uma distribuição contínua de cargas no espaço, como seria? Simples também, pois já se sabe como passar do caso discreto para o caso contínuo. Basta usar as incríveis somas de Riemann! Divide-se a região em um número grande de pequenos paralelepípedos, e cada paralelepípedo funciona como se fosse uma carga pontual; depois, somam-se todos os fluxos desses pequenos paralelepípedos e passa-se ao limite com a norma da partição tendendo a zero. É um procedimento bem conhecido a essa altura.

O resultado é como segue. Se E é o campo elétrico gerado por uma distribuição contínua de cargas no espaço com densidade de carga δ, então

$$\iint_{\partial Q} \langle E, \mathbf{n} \rangle \, dS = 4\pi K \iiint_Q \delta(x,y,z) \, dxdydz \tag{13.14}$$

pois a integral tripla é a soma das cargas no interior da região Q. Que igualdade bonita e fácil de entender a partir do caso pontual! É interessante notar que não se tem uma expressão explícita para o campo e, no entanto, a igualdade vale para qualquer região $Q \subset \mathbb{R}^3$.

A equação (13.14) é a forma integral da lei de Gauss. Como nos casos das leis de conservação, vale perguntar pela forma diferencial dessa lei. Para isso, o argumento é o de sempre. De (13.14) e do teorema da divergência, tem-se que

$$\iiint_Q \operatorname{div} E \, dxdydz = \iint_{\partial Q} \langle E, \mathbf{n} \rangle \, dS = 4\pi K \iiint_Q \delta(x,y,z) \, dxdydz$$

onde a primeira e a última integral são sobre o mesmo domínio Q. Logo,

$$\iiint_Q (\operatorname{div} E - 4\pi K\delta) \, dxdydz = 0 \ \forall \ \ Q \subset \mathbb{R}^3$$

de onde se segue que a forma diferencial da lei de Gauss é

$$\operatorname{div} E = 4\pi K\delta$$

o que é mais uma das quatro equações de Maxwell.

Túnel de vento

As mesmas ideias usadas até aqui se aplicam ao cálculo da força de arrasto em um túnel de vento. Isso porque a força é a variação da quantidade de movimento, variação que, de alguma forma, é semelhante à variação da quantidade de massa estudada nas seções anteriores.

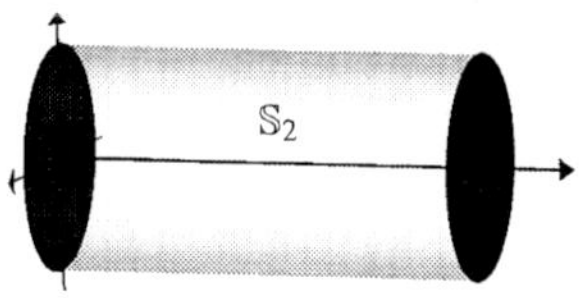

Considere, então, que uma corrente de ar, de densidade constante δ_0, escoa por um túnel correspondente à região

$$Q = \{(x,y,z);\ x^2+z^2 \le R^2 \text{ e } 0 \le y \le L\}$$

O ar entra pela superfície $\mathbb{S}_1$, percorre a lateral $\mathbb{S}_2$ e sai pela superfície $\mathbb{S}_3$, sendo que essas três superfícies formam o bordo $\partial Q = \mathbb{S}_1 \cup \mathbb{S}_2 \cup \mathbb{S}_3$ do túnel.

Pode-se supor que a velocidade do ar F seja estacionária e paralela ao eixo $\mathscr{O}y$, isto é, que $F(x,y,z) = (0, M(x,y,z), 0)$. Além disso, em $\mathbb{S}_1$ pode-se supor que a velocidade seja constante, por exemplo, $M(x,0,z) = M_0$.

Devido ao atrito, a corrente gera uma força de arrasto $\mathscr{F}$ contrária ao movimento do ar, e o que se pretende é calcular essa força. Nesse sentido são importantes duas observações. A primeira é que, em relação à conservação da massa de ar, a equação (13.8) escreve-se como

$$\iiint_Q \delta_t\, dxdydz + \iint_{\partial Q} \langle \delta F, \mathbf{n} \rangle\, dS = 0 \tag{13.15}$$

onde $\mathbf{n}$ é a normal unitária exterior ao bordo ∂Q. Essa igualdade pode ser lida assim: o lado esquerdo é a soma da variação em Q mais a variação pelo bordo ∂Q, sendo essa a variação total da massa em Q; o lado direito afirma que essa variação total é nula. Essa interpretação será usada a seguir.

Como a densidade é constante e F é ortogonal a $\mathbb{S}_2$, de (13.15) segue-se que

$$\iint_{\mathbb{S}_1} \langle \delta_0 F, \mathbf{n} \rangle\, dS + \iint_{\mathbb{S}_3} \langle \delta_0 F, \mathbf{n} \rangle\, dS = \iint_{\mathbb{S}_1} -\delta_0 M\, dS + \iint_{\mathbb{S}_3} \delta_0 M\, dS = 0$$

onde foi usado que $\mathbf{n} = (0,-1,0)$ em $\mathbb{S}_1$ e $\mathbf{n} = (0,1,0)$ em $\mathbb{S}_3$. Daí obtém-se

$$\iint_{\mathbb{S}_1} \delta_0 M\, dS = \iint_{\mathbb{S}_3} \delta_0 M\, dS \tag{13.16}$$

o que significa apenas que o que entra de ar em $\mathbb{S}_1$ é igual ao que sai em $\mathbb{S}_3$.

A segunda observação é em relação à quantidade de movimento, igual ao produto da massa pela velocidade. Usando uma notação infinitesimal, em cada elemento de volume $dxdydz$ de Q, a massa é $\delta_0\,dxdydz$ e a quantidade de movimento é $F\delta_0\,dxdydz$. Assim, a quantidade de movimento em Q é o vetor

$$\iiint_Q F\delta_0\,dxdydz = \left(0, \iiint_Q M\delta_0\,dxdydz,\ 0\right)$$

Já no bordo, em cada elemento de área dS passa o volume $\langle F,\mathbf{n}\rangle\,dS$ e a massa $\delta_0\langle F,\mathbf{n}\rangle\,dS$, que induz a quantidade de movimento $F\delta_0\langle F,\mathbf{n}\rangle\,dS$. Assim, a variação líquida da quantidade de movimento por ∂Q e na direção $\mathbf{n}$ é

$$\iint_{\partial Q} F\delta_0\langle F,\mathbf{n}\rangle\,dS = \left(0, \iint_{\mathbb{S}_1} -\delta_0 M^2\,dS + \iint_{\mathbb{S}_3} \delta_0 M^2\,dS,\ 0\right)$$

onde foi usado de novo que F é ortogonal a $\mathbb{S}_2$ e as expressões de $\mathbf{n}$ em $\mathbb{S}_1$ e em $\mathbb{S}_3$.

Ora! Análogo ao caso da massa em (13.15), a variação total da quantidade de movimento (variação em Q mais a variação por ∂Q) é

$$\mathscr{F} = \frac{d}{dt}\iiint_Q F\delta_0\,dxdydz + \iint_{\partial Q} F\delta_0\langle F,\mathbf{n}\rangle\,dS$$

que é exatamente a força de arrasto. Finalmente, como F é estacionária, os termos envolvendo a derivada d/dt se anulam, e, portanto

$$\mathscr{F} = \left(0, \iint_{\mathbb{S}_1} -\delta_0 M^2\,dS + \iint_{\mathbb{S}_3} \delta_0 M^2\,dS,\ 0\right)$$

Essa expressão pode ser simplificada usando a equação (13.16). De fato, daquela equação e de que M é constante em $\mathbb{S}_1$, segue-se que

$$\iint_{\mathbb{S}_1} \delta_0 M^2\,dS = M_0 \iint_{\mathbb{S}_1} \delta_0 M\,dS = M_0 \iint_{\mathbb{S}_3} \delta_0 M\,dS = \iint_{\mathbb{S}_3} \delta_0 M M_0\,dS$$

Substituindo essa igualdade na expressão da força, obtém-se que

$$\mathscr{F} = \left(0, \iint_{\mathbb{S}_3} \delta_0 M(M - M_0)\,dS,\ 0\right)$$

Assim, a força pode ser calculada usando-se apenas a velocidade de entrada e a de saída, velocidades que podem ser obtidas experimentalmente.

A figura ao lado ilustra o caso em que a velocidade de entrada é M_0 e a de saída é

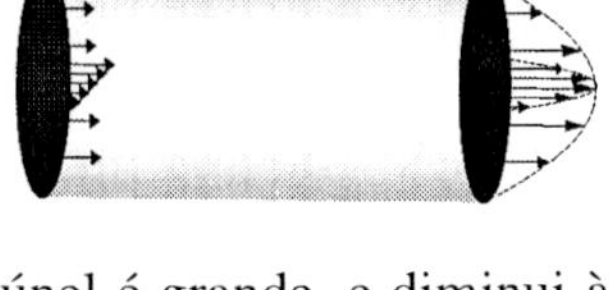

$$M(x,L,z) = \frac{2M_0}{R^2}(R^2 - x^2 - z^2)$$

Veja que, na saída, a velocidade no centro do túnel é grande, e diminui à medida que o ponto se afasta do centro. Neste caso, um cálculo fácil mostra que a equação (13.16), da conservação da massa, é satisfeita, e a força é

$$\mathscr{F} = (0, \frac{1}{3}\pi R^2 \delta_0 M_0^2, 0)$$

Exercícios

1) Suponha que um reservatório, na forma de um hemisfério de raio R, esteja abastecido de água até a altura H. Denote por $Q \subset \mathbb{R}^3$ a região ocupada pela água e por V o seu volume. Para o cálculo de V, considere o campo $F(x,y,z) = (x,y,z)$ e denote por $\mathbf{n}$ a normal unitária exterior a Q. Observe que $\partial Q = \mathbb{S}_1 \cup \mathbb{S}_2 \cup \mathbb{S}_3$, em que $\mathbb{S}_1$ é a superfície de cima, $\mathbb{S}_2$ é a superfície lateral e $\mathbb{S}_3$ é o fundo da região Q, conforme ilustra a figura abaixo. Julgue os itens a seguir

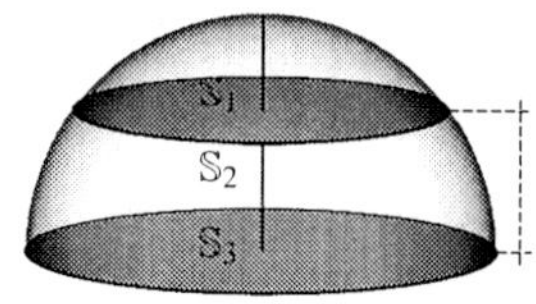

[C|E] a) Em $\mathbb{S}_3$, a projeção ortogonal de F sobre $\mathbf{n}$ é nula.

[C|E] b) $\mathbb{S}_1$ é um disco de raio $\sqrt{R^2+H^2}$.

[C|E] c) $\iint_{\mathbb{S}_1} \langle F, \mathbf{n} \rangle \, dS = R \times$ área de $\mathbb{S}_1$.

[C|E] d) Usando coordenadas esféricas, obtém-se que a área de $\mathbb{S}_2$ é $2\pi HR$.

[C|E] e) Do Teorema da Divergência segue-se que o volume é dado por $V = \frac{1}{3}(R \times \text{área de } \mathbb{S}_1 + H \times \text{área de } \mathbb{S}_2)$.

2) As ondas de certas antenas se propagam segundo o vetor de Poynting médio

$$F(x,y,z) = K \frac{x^2+y^2}{(x^2+y^2+z^2)^{5/2}}(x,y,z), \quad K = \text{constante}$$

Para uma superfície fechada $\mathbb{S}$ que contém a antena em seu interior, a potência média radiada através de $\mathbb{S}$ é o fluxo de F na direção da normal exterior. Suponha que a antena esteja na origem do sistema $\mathscr{O}xyz$, indique por $\mathbb{S}_a$ a esfera de raio $a > 0$ e centro na origem e por Q_a o sólido compreendido entre $\mathbb{S}$ e $\mathbb{S}_a$, de modo que ∂Q_a é a união das superfícies $\mathbb{S}$ e $\mathbb{S}_a$. Veja a figura abaixo.

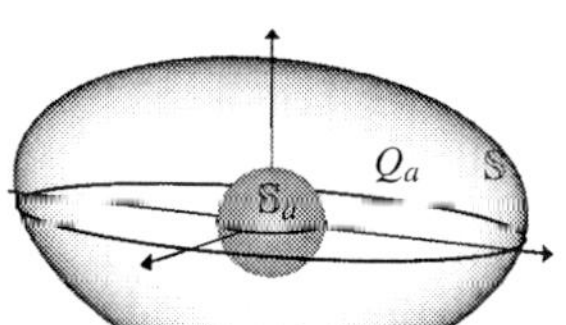

a) Obtenha a parametrização $\varphi: D \to \mathbb{R}^3$ e o elemento de área dS de $\mathbb{S}_a$ em coordenadas esférias.

b) Expresse, em coordenadas esféricas, os vetores de Poynting médio e o normal unitário exterior $\mathbf{n}_a$ à esfera $\mathbb{S}_a$.

c) Usando os itens acima, calcule o fluxo de F através de $\mathbb{S}_a$ na direção $\mathbf{n}_a$.

d) Pode-se mostrar que $\operatorname{div} F \equiv 0$ fora da origem. Use essa informação para calcular o fluxo de F através do bordo ∂Q_a.

e) Conclua que a potência média radiada pela antena é independente de $\mathbb{S}$.

3) O ângulo sólido Ω subtendido por uma superfície $\mathbb{S}$ a partir de um vértice P_0 é o conjunto de todos os raios que partem de P_0 e passam por $\mathbb{S}$. Se $\mathbb{S}_a$ indica a interseção de Ω com a esfera de raio a e centro em P_0, então a medida de Ω é

$$|\Omega| = \frac{1}{a^2} \text{ área de } \mathbb{S}_a$$

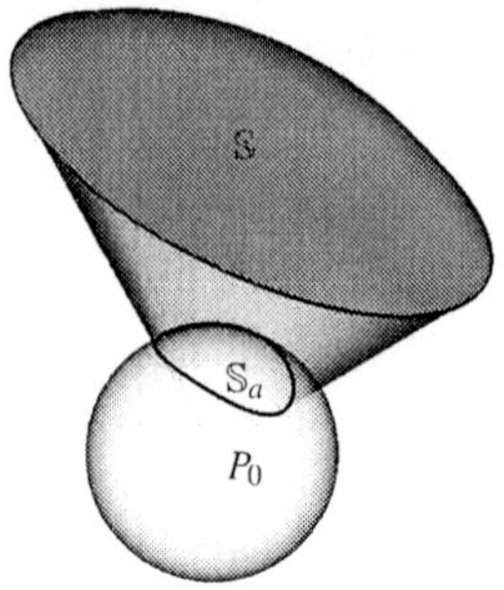

Indique por Q a parte de Ω que está entre $\mathbb{S}$ e $\mathbb{S}_a$, e por $\mathbf{n}$ a normal unitária exterior a Q. Sem perda de generalidade, suponha que $P_0 = (0,0,0)$.

a) Calcule o divergente do campo $F(P) = P/\|P\|^3$.

b) Obtenha a expressão de $\mathbf{n}(P)$ em um ponto $P \in \mathbb{S}_a$.

c) Use os itens anteriores e o teorema da divergência para calcular a área de $\mathbb{S}_a$ em termos de uma integral sobre $\mathbb{S}$.

d) Conclua que $|\Omega|$ não depende do raio a.

e) Calcule a medida do ângulo sólido subtendido pela superfície triangular de vértices em $(2,0,0)$, $(0,3,0)$ e $(0,0,2)$.

4) Considere um sistema $\mathcal{O}xyz$ em que z mede a profundidade de um líquido de densidade constante δ_0. Suponha que o sólido Q, limitado pela esfera $x^2+y^2+z^2=1$ e pelo cone $z=\sqrt{x^2+y^2}$, esteja imerso nesse líquido, e indique por $\mathbf{n} = (\mathbf{n_1}, \mathbf{n_2}, \mathbf{n_3})$ a normal unitária exterior ao ∂Q. Nesse caso, a intensidade da pressão exercida pelo líquido no ponto (x,y,z) é $p(x,y,z) = \delta_0 g z$, onde g é a aceleração da gravidade. Além disso, como a pressão atua na direção normal, a força exercida pelo líquido sobre o elemento de área dS do bordo é $dF = -p\mathbf{n}dS = (-p\mathbf{n_1}\,dS, -p\mathbf{n_2}\,dS, -p\mathbf{n_3}\,dS)$. A força total $F = (F_1, F_2, F_3)$ é então a soma de todas as forças infinitesimais dF.

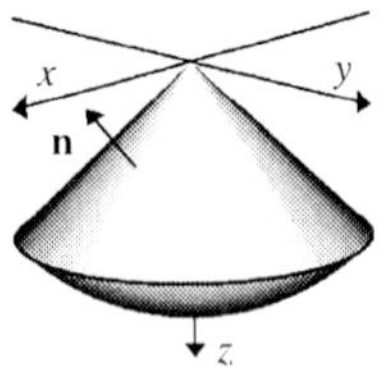

a) Descreva o sólido Q em coordenadas esféricas.

b) Calcule a massa M e o peso $W = Mg$ do volume do líquido deslocado por Q.

c) Use um argumento infinitesimal para expressar as componentes de F em termos de integrais de superfícies sobre o ∂Q.

d) Observando que $-p\mathbf{n_1} = \langle R_1, \mathbf{n}\rangle$ onde $R_1 = (-p,0,0)$, e analogamente para $-p\mathbf{n_2}$ e $-p\mathbf{n_3}$, use o item anterior e o teorema de Gauss para expressar F em termos de integrais sobre Q.

e) Expresse F apenas em termos das quantidades obtidas no item b).

IV

Respostas dos exercícios

Parte I

Capítulo 1

1) a) Certo.
   b) Certo.
   c) Errado.
   d) Errado.
   e) Errado.

2) a) Basta notar $\mathbf{n} = (a, b, c)$ é um vetor ortogonal ao plano
   b) $x - x_0 = ka$; $y - y_0 = kb$; e $z - z_0 = kc$
   c) $k = -\dfrac{ax_0 + by_0 + cz_0 + d}{a^2 + b^2 + c^2}$
   d) $\|P - P_0\|^2 = k^2(a^2 + b^2 + c^2)$
   e) $\dfrac{|ax_0 + by_0 + cz_0 + d)|}{\sqrt{a^2 + b^2 + c^2}}$

3) a) $P_0 \in \mathscr{P} \Rightarrow$ $x_0^2 + y_0^2 = 2z_0 \Rightarrow$ $\|P - F\|^2 = x_0^2 + y_0^2 + (z_0 - 1)^2$ $= (z_0 + 1)^2 = \|P_0 - Q_0\|^2$
   b) O triângulo FP_0Q_0 é isósceles
   c) $P(t) = P_0 + tN, t \in \mathbb{R}$, onde $N = (x_0/2, y_0/2, -1)$
   d) N é paralelo a $F - Q_0 = (-x_0, -y_0, 2)$
   e) $a = P_0\widehat{Q_0}F$, $b = P_0\widehat{F}Q_0$ e $P_0\widehat{F}Q_0 = P_0\widehat{Q_0}F \Rightarrow a = b$

4) a) $h = \|Q\| \operatorname{sen}(\theta)$
   b) $A^2 = \|P\|^2\|Q\|^2(1 - \cos^2(\theta))$
   c) $A^2 = (a^2 + b^2)(c^2 + d^2) - (ac + bd)^2$
   d) $A = \left|\det\begin{pmatrix} a & b \\ c & d \end{pmatrix}\right|$
   e) área $= 5/2$

Capítulo 2

1) a) Certo.
   b) Certo.
   c) Errado.
   d) Errado.

e) Certo.

2) a) São as retas $xy = 0$ e as hipérboles $xy = \pm 1$ e $xy = \pm 4$.

b) São gráficos de $g(x) = h(x) = |x|$.

c) $x^2 + y^2 - 2|xy| \geq 0 \Rightarrow f(x,y) \leq \sqrt{x^2+y^2}/\sqrt{2}$

d) $\forall\, \varepsilon > 0,\ \exists\, \delta > 0;$ $0 < ||P - P_0|| < \delta \Rightarrow |f(P) - L| < \varepsilon$

e) $\forall\, \varepsilon > 0, \exists\, \delta = \sqrt{2}\varepsilon;$ $0 < ||P - P_0|| < \delta \Rightarrow |f(P) - f(P_0)| < \varepsilon \Rightarrow$ f é contínua em P_0.

3) a) $\lim_{(x,y)\to(0,y_0)} T(x,y) = 15.$

b) $y = \sqrt{3}x/3$ e $y = x$, respectivamente.

c) limites distintos ao longo das curvas de nível.

d) $U(x,y) = \left(\frac{y}{\sqrt{x^2+y^2}}, \frac{-x}{\sqrt{x^2+y^2}}\right)$

e) $\langle U(x,y), (x,y)\rangle = 0\ \forall\,(x,y) \in D.$

4) a) $x^2 + (y + 1/K)^2 = 1 + 1/K^2$ com $y > 0$ e $K = \tan(\pi k/20)$.

b) $x^2 + (y+1)^2 = 2$ com $y > 0$

c) considere isotermas distintas.

d) o limite existe e é igual a 10.

e) o limite existe e é igual a 0.

Capítulo 3

1) a) Certo.

b) Errado.

c) Certo.

d) Certo.

e) Errado.

2) a) $g(s,t) = 4\pi^2 s/t^2$

b) Derivadas parciais contínuas.

c) $g(s,t) = g(s_0,t_0) + (\frac{4\pi^2}{t_0^2})(s - s_0) - (\frac{8\pi^2 s_0}{t_0^3})(t - t_0)$

d) $|g(s,t) - g(s_0,t_0)| \leq \frac{1}{100} g(s_0,t_0)$

e) Erro percentual máximo $\leq 0,2\%$.

3) a) $F(P) = -\frac{GMm}{\|P\|^2}\frac{P}{\|P\|}$

b) $f_x(x,y,z) = \frac{-ax}{(x^2+y^2+z^2)^{3/2}}$; analogamente para f_y e f_z

c) $a = GMm$

d) $f_{xx}(x,y,x) = \frac{a(2x^2-y^2-z^2)}{(x^2+y^2+z^2)^{5/2}}$, analogamente para f_{yy} e f_{zz}.

e) Basta somar as três derivadas.

4) a) É a hipérbole $x^2 - y^2 = 1$, as retas $y = \pm x$ e a hipérbole $y^2 - x^2 = 1$.

b) $g(x,y) = \int 2y\,dx = 2xy + d(y)$

c) $2x + d'(y) = g_y(x,y) = -f_x(x,y) = 2x \Rightarrow d'(y) = 0 \Rightarrow d(y) = d_0$

d) É a hipérbole $2xy = 1$.

e) Notar que $\langle \nabla g, \nabla f \rangle = g_x f_x + g_y f_y = f_y f_x - f_x f_y = 0$.

Capítulo 4

1) a) Certo.
   b) Errado.
   c) Errado.
   d) Errado.
   e) Certo.

2) a) $f_x(P) = \frac{-2Kx}{\|P\|^2}$ e $f_y(P) = \frac{-2Ky}{\|P\|^2}$
   b) $\|E(P)\| = \frac{2K}{\|P\|}$ e $U(P) = \frac{P}{\|P\|}$
   c) São os arcos $x^2 + y^2 = e^{-C/K}$ com $y > 0$ e $C \neq 0$.
   d) $\mathscr{E}'(t) = \langle mP''(t) - E(P(t)), P'(t) \rangle = 0$
   e) $\mathscr{E}(t)$ e $f(P(t))$ constantes $\Rightarrow$ $\|P'(t)\|$ também constante.

3) a) $\|\nabla f(P)\| \leq \sqrt{6^2 + 8^2} = 10$
   b) $g(1) - g(0) = f(P_2) - f(P_1)$
   c) $g'(t) = \langle \nabla f(P(t)), P_2 - P_1 \rangle$
   d) $\|f(P_1) - f(P_2)\| \leq 10\|P_1 - P_2\|$ $\forall\, P_1, P_2 \in D$
   e) $\|f(P_1) - f(P_2)\| \leq 10\|P_1 - P_2\| \leq 10 \times 2R$ $\forall\, P_1, P_2 \in D \Rightarrow L = 20R$

4) a) $g_x(x,y) = (1-y)xf(x)$, $g_y(x,y) = -\int_0^x tf(t)\,dt$, $h_x(x,y) = -y(1-x)f(x)$ e $h_y(x,y) = \int_x^1 (1-t)f(t)\,dt$
   b) $\frac{d}{dx} g(x,x) = (1-x)xf(x) - \int_0^x tf(t)\,dt$
   c) $\frac{d}{dx} h(x,x) = -(1-x)xf(x) + \int_x^1 (1-t)f(t)\,dt$ e $u'(x) = \int_x^1 f(t)\,dt - \int_0^1 tf(t)\,dt$
   d) $u''(x) = -f(x)$ com $u(0) = u(1) = 0$
   e) $u(1-x) = \int_0^{1-x} xtf(t)\,dt + \int_{1-x}^1 (1-x)(1-t)f(t)\,dt = \int_x^1 x(1-s)f(s)\,ds + \int_0^x (1-x)sf(s)\,ds = u(x)$

Capítulo 5

1) a) Certo.
   b) Errado.
   c) Errado.
   d) Certo.
   e) Errado.

2) a) $z = c\sqrt{1 - \frac{x^2}{a^2} - \frac{y^2}{b^2}}$
   b) $V(x,y) = 8cxy\sqrt{1 - \frac{x^2}{a^2} - \frac{y^2}{b^2}}$
   c) $V(x,y) \geq 0$ e V se anula sobre o bordo ∂D.
   d) O único pt. crítico é $(\frac{a}{\sqrt{3}}, \frac{b}{\sqrt{3}})$.
   e) Único pt. crítico $\Rightarrow$ ponto de máximo; os lados são $\frac{2a}{\sqrt{3}}$, $\frac{2b}{\sqrt{3}}$ e $\frac{2c}{\sqrt{3}}$.

3) a) $A(s,\theta) = s\,\mathrm{sen}(\theta)(s\cos(\theta) + L - 2s)$.

b) É o retângulo de lados $L/2$ e $\pi/2$.

c) $A(s,\theta) \leq A(L/2,\pi/4) = L^2/8$.

d) O único ponto crítico é $(\frac{L}{3}, \frac{\pi}{3})$.

e) $s = L/3$ e $\theta = \pi/3$

4) a) C é fechado e limitado e f é contínua.

b) $\nabla f(x,y) = (8ky^2, 16kxy)$ e $\nabla g(x,y) = (2x/a^2, 2y/b^2)$.

c) $8ky^2 = \frac{\lambda 2x}{a^2}$, $16kxy = \frac{\lambda 2y}{b^2}$ e $\frac{x^2}{a^2} + \frac{y^2}{b^2} = 1$

d) Tem o ponto $(x_0, y_0) = \left(\sqrt{\frac{1}{3}}\, a, \sqrt{\frac{2}{3}}\, b\right)$.

e) $f(a,0) = f(0,b) = 0$ e $f(x_0,y_0) > 0 \Rightarrow (x_0,y_0)$ é máx. absoluto $\Rightarrow$ as dimensões são $l = 2x_0$ e $h = 2y_0$.

Parte II

Capítulo 6

1) a) Errado.

b) Errado.

c) Certo.

d) Certo.

e) Errado.

2) a) $0 \leq \delta(x,y) \leq 2$

b) $D = \{(x,y); 0 \leq x \leq \sqrt{\pi}$ e $x \leq y \leq \sqrt{\pi}\}$

c) $D = \{(x,y); 0 \leq y \leq \sqrt{\pi}$ e $0 \leq x \leq y\}$

d) $M = 2$

e) $\delta_0 = M/A = 2\frac{2}{\pi} \in (0,2)$

3) a) $h(y,\varepsilon) = \frac{-1}{(1+y)^2} + \frac{\varepsilon}{(\varepsilon+y)^2}$

b) $H(\varepsilon,\delta) = \frac{1}{2} - \frac{1}{1+\delta} + \frac{\varepsilon}{\varepsilon+\delta} - \frac{\varepsilon}{\varepsilon+1}$

c) $\lim_{\varepsilon\to 0} H(\varepsilon,\varepsilon) = 0$

d) $\lim_{\varepsilon\to 0} H(\varepsilon,2\varepsilon) = -1/6$

e) f não é integrável em D.

4) a) $A = (-2,0)$, $B = (-\sqrt{3},-1)$, $C = (3,-1)$ e $D = (4,0)$.

b) $D_1 = \{(x,y); -2 \leq x \leq -\sqrt{3}$ e $-\sqrt{4-x^2} \leq y \leq \sqrt{4-x^2}\}$,
$D_2 = \{(x,y); -\sqrt{3} \leq x \leq 0$ e $-1 \leq y \leq \sqrt{4-x^2}\}$,
$D_3 = \{(x,y); 0 \leq x \leq 3$ e $-1 \leq y \leq \sqrt{4-x}\}$ e
$D_4 = \{(x,y); 3 \leq x \leq 4$ e $-\sqrt{4-x} \leq y \leq \sqrt{4-x}\}$

c) $A = \frac{4}{3}\pi + \frac{1}{2}\sqrt{3} + 9$

d) $D = \{(x,y); -1 \leq y \leq 2$ e $-\sqrt{4-y^2} \leq x \leq 4-y^2\}$

e) Os resultados são iguais.

Capítulo 7

1) a) Certo.

b) Errado.

c) Errado.

d) Certo.

e) Errado.

2) a) O ponto mais baixo é $(1,1)$ e o mais alto é $(3/2,18)$.

b) $a = 1$ e $b = 18$.

c) $\widehat{D} = \{(u,v); 1 \leq u \leq 3$ e $1 \leq v \leq 2\}$

d) $M = \iint_{\widehat{D}} v \frac{3u^2}{v}\, du dv = 26$

e) $1 \leq \overline{y} = \frac{1089}{130} \leq 18$

3) a) $r^2(t)\theta'(t) = K \neq 0 \Rightarrow \theta'(t) \neq 0 \Rightarrow \theta(t)$ estritamente monótona.

b) $A(\alpha) = \frac{1}{2}\int_0^{\alpha} r^2(\theta)\, d\theta$

c) $A(\theta(t)) = \frac{1}{2}\int_0^{\theta(t)} r^2(\theta)\, d\theta$

d) $A'(t) = \frac{d}{d\alpha}A(\alpha)\Big|_{\alpha=\theta(t)} \times \theta'(t)$
$= \frac{1}{2}r^2(\theta(t))\theta'(t)$
$= \frac{1}{2}r^2(t)\theta'(t) = \frac{K}{2}$

e) Entre os instantes t_1 e t_2, a área varrida é $A(t_2) - A(t_1) = \int_{t_1}^{t_2} A'(t)\, dt = \frac{1}{2}K(t_2 - t_1)$

4) a) $V = \iint_D p(x,y)\, dxdy$, onde D é a região limitada pela elipse.

b) $V = \iint_{\widehat{D}} H \cos\left(\frac{\pi}{2}\sqrt{u^2+v^2}\right) ab\, dudv$, onde $\widehat{D}$ é o disco de raio 1.

c) $V = 4abH(1 - 2/\pi)$

d) $A = \pi ab$

e) Altura média $= \frac{4H}{\pi}(1 - \frac{2}{\pi})$

Capítulo 8

1) a) Certo.

b) Errado.

c) Errado.

d) Certo.

e) Certo.

2) a) $dF(P) = \frac{Gm_0 dm}{\|P\|^2}\frac{P}{\|P\|}$

b) $F_v = \iiint_Q \frac{Gm_0\delta_0 z\, dxdydz}{(x^2+y^2+z^2)^{3/2}}$

c) $\int_0^4 \frac{z dz}{(r^2+z^2)^{3/2}} = \frac{1}{r} - \frac{1}{\sqrt{r^2+4^2}}$

d) $F_v = 4\pi G m_0 \delta_0$

e) $d = 3 > 2 =$ distância da partícula ao centro de massa.

3) a) $h = z$ e $dW = gzdm \Rightarrow$
$W = \iiint_Q gz\delta_0\, dxdydz$

b) $f(x,y) = \frac{H}{R}\sqrt{x^2+y^2}$, com $x^2 + y^2 \leq R^2$

c) $Q = \{(x,y,z) \in \mathbb{R}^3;\ x^2+y^2 \leq R^2$ e $0 \leq z \leq \frac{H}{R}(R - \sqrt{x^2+y^2})\}$

d) $W = \frac{1}{12} g\pi H^2 R^2 \delta_0$

e) $W = 16\pi g \times 10^{17} > 2,4 \times 10^{17}$

4) a) $H = \sqrt{R_2^2 - R_1^2}$

b) $Q = \{(x,y,z);\ R_1^2 \leq x^2+y^2 \leq R_2^2$ e $0 \leq z \leq \sqrt{R_2^2 - x^2 - y^2}\}$

c) $M = \delta_0 2\pi(R_2^2 - R_1^2)^{3/2}/3$

d) $M = \delta_0 2\pi H^3/3$

e) $\overline{z} = 3H/8$

Capítulo 9

1) a) Certo.

b) Certo.

c) Errado.

d) Certo.

e) Errado.

2) a) $D = \{(x,y);\ x^2+y^2 \le 2^2\}$ e $f(x,y) = \frac{1}{2}(x^2+y^2)$

b) $z = y$

c) $Q = \{(x,y,z);\ x^2+(y-1)^2 \le 1$ e $f(x,y) \le z \le y\}$

d) $Q = \{(r,\theta,z);\ 0 \le \theta \le \pi,\ 0 \le r \le 2\,\mathrm{sen}(\theta)$ e $\frac{1}{2}r^2 \le z \le r\,\mathrm{sen}(\theta)\}$

e) $V = \frac{\pi}{4}$

3) a) $Q = \{(x,y,z);\ R^2 \le x^2+y^2+z^2 \le (R+h_0)^2\}$

b) $\widehat{Q} = \{(\rho,\theta,\phi);\ 0 \le \theta \le 2\pi,\ 0 \le \phi \le \pi$ e $R \le \rho \le R+h_0\}$

c) $M = 4\pi\left[\frac{a}{3}\rho^3 - \frac{b}{4}\rho^4\right]\Big|_R^{R+h_0}$

d) $M \approx 1{,}6 \times 10^{18}$

e) $100 \times \frac{1{,}6}{5{,}1} > 30$

4) a) $\|E(P)\|^2 = \left(\frac{q}{4\pi\varepsilon_0}\right)^2 \frac{\|P\|^2}{R^6}$ se $\|P\| \le R$, e $\|E(P)\|^2 = \left(\frac{q}{4\pi\varepsilon_0}\right)^2 \frac{1}{\|P\|^4}$ se $\|P\| > R$

b) $\|E(P)\|^2 = \left(\frac{q}{4\pi\varepsilon_0}\right)^2 \frac{\rho^2}{R^6}$ se $\|P\| \le R$, e $\|E(P)\|^2 = = \left(\frac{q}{4\pi\varepsilon_0}\right)^2 \frac{1}{\rho^4}$ se $\|P\| > R$

c) $\frac{\varepsilon_0}{2} \iiint_{B_R} \|E(x,y,z)\|^2\, dxdydz = = \frac{1}{2}\frac{q^2}{4\pi\varepsilon_0}\frac{1}{5R}$

d) $\frac{\varepsilon_0}{2} \iiint_{Q_a} \|E(x,y,z)\|^2\, dxdydz = = \frac{1}{2}\frac{q^2}{4\pi\varepsilon_0}\left(\frac{1}{R} - \frac{1}{a}\right)$ e $U = \frac{3}{5}\frac{q^2}{4\pi\varepsilon_0}\frac{1}{R}$

e) $d = \frac{5}{12}R$

Parte III

Capítulo 10

1) a) Certo.

b) Errado.

c) Certo.

d) Errado.

e) Certo.

2) a) $ds = \|P'(\theta)\|d\theta = 90\cos(\theta)\,\mathrm{sen}(\theta)d\theta$

b) $\int_C ds = 45$

c) $\int_C A\,ds =$ soma das áreas infinitesimais $A(x,y)\,ds$.

d) $\int_C A\,ds = 225$

e) altura média $= 5$.

3) a) $P(\theta) = (r(\theta)\cos(\theta), r(\theta)\,\mathrm{sen}(\theta))$

b) $P'(\theta) = r'(\theta)(\cos(\theta), \mathrm{sen}(\theta)) + r(\theta)(-\mathrm{sen}(\theta), \cos(\theta))$

c) $ds = \sqrt{r(\theta)^2 + r'(\theta)^2}\,d\theta$

d) $\int \sqrt{1+\cos(\theta)}\,d\theta = \pm 2\sqrt{2}\,\mathrm{sen}(\frac{\theta}{2}) + c$, conforme o sinal de $\cos(\frac{\theta}{2})$.

e) Comprimento $= 8a$.

4) a) O plano passa pela origem.

b) $\|u\| = \|v\| = 1$, $\langle u,v\rangle = 0$ e a soma das coordenadas de u e de v se anula.

c) w é combinação linear de vetores do plano, e $\|w\| = \sqrt{a^2+b^2}$.

d) $P(\theta) = \cos(\theta)\,u + \mathrm{sen}(\theta)\,v$

e) $M = 2\pi/3$

Capítulo 11

1) a) Errado.
b) Certo.
c) Certo.
d) Errado.
e) Errado.

2) a) São uniões de regiões simples.
b) $\oint_{\partial R_1} L\,dv + M\,dp =$
$= -\iint_{R_1}(M_v - L_p)\,dv\,dp$
c) $\oint_{\partial R_1} p\,dv =$ área de R_1.
d) $\oint_{\partial R_2} p\,dv = -$ área de R_2.
e) $W =$ área de $R_1 -$ área de R_2.

3) a) $\int_{C_0}\langle B,T\rangle\,ds = 4\pi$
b) $\int_{\partial D}\langle B,T\rangle\,ds = \iint_D (M_x - L_y)\,dxdy$ com $\partial D = C \cup -C_0$
c) $M_x(x,y) = L_y(x,y) = \frac{2(y^2-x^2)}{(x^2+y^2)^2}$
d) $\int_{\partial D}\langle B,T\rangle\,ds = 0$
e) $\int_C\langle B,T\rangle\,ds = 4\pi$

4) a) $P(t) = (\cos(t),\text{sen}(t)),\ t \in [-\frac{\pi}{4},\frac{\pi}{4}]$ e $\int_{-C_0}\langle B,T\rangle\,ds = 3\pi/2$
b) $\langle B,T\rangle = 0$ em $C_i,\ i = 1,2$
c) $L_x(x,y) = -M_y(x,y) = \frac{6xy}{(x^2+y^2)^2}$
e
$L_y(x,y) - M_x(x,y) - \frac{-3(x^2-y^2)}{(x^2+y^2)^2}$
d) $\int_{\partial D}\langle B,T\rangle\,ds = 0$
e) $\int_C\langle B,T\rangle\,ds = 3\pi/2$

Capítulo 12

1) a) Certo.
b) Errado.
c) Errado.
d) Errado.
e) Certo.

2) a) $S(P) = -\frac{I^2R}{2\pi a^2 L}(x,0,z)$
b) $D = \{(\theta,y); 0 < \theta < 2\pi$ e $0 \le y \le L\}$ e
$\varphi(\theta,y) = (a\cos(\theta), y, a\,\text{sen}(\theta))$
c) $\iint_{\mathbb{S}_2}\langle S,\mathbf{n}\rangle\,dS = -RI^2$
d) $\iint_{\partial C}\langle S,\mathbf{n}\rangle\,dS = -RI^2$
e) Energia térmica que sai = energia eletromagnética que entra.

3) a) $\langle F,T\rangle = 0$ em C_1, C_2 e C_3
b) $P(\theta) = \varphi(1,\theta),\ \theta \in [0,\pi/2]$ e $\int_{C_4}\langle F,T\rangle ds = \pi/4$
c) $\varphi_r \times \varphi_\theta = (\text{sen}(\theta), -\cos(\theta), r)$,
$dS = \|\varphi_r \times \varphi_\theta\|\,dr\,d\theta$
e $\mathbf{n} = \frac{\varphi_r\times\varphi_\theta}{\|\varphi_r\times\varphi_\theta\|}$
d) $\iint_{\mathbb{S}}\langle \text{rot}F,\mathbf{n}\rangle dS = \pi/4$
e) Aplica-se, uma vez que $\int_{\partial\mathbb{S}}\langle F,T\rangle ds = \pi/4$
$= \iint_{\mathbb{S}}\langle \text{rot}F,\mathbf{n}\rangle\,dS$

4) a) $P(\theta) = (\cos(\theta),\text{sen}(\theta),0)$,
$T(\theta) = (-\text{sen}(\theta),\cos(\theta),0)$ e
$T \times B = (N\cos(\theta), N\,\text{sen}(\theta),$
$-M\,\text{sen}(\theta) - L\cos(\theta))$
b) $-a2\pi\,\text{sen}(\omega t)$
c) $V(t) = \iint_{\mathbb{S}}\langle -B_t,\mathbf{n}\rangle\,dS$

d) $V(t) = -k\omega\pi\cos(\omega t)$

e) $I(t) = -\frac{1}{\ell}k\pi\,\text{sen}(\omega t)$ e $F_v = \frac{1}{\ell}2ak\pi^2\,\text{sen}^2(\omega t)$

Capítulo 13

1) a) Certo.

b) Errado.

c) Errado.

d) Certo.

e) Errado.

2) a) $\varphi(\rho,\theta) = (a\,\text{sen}(\phi)\cos(\theta), a\,\text{sen}(\phi)\,\text{sen}(\theta), a\cos(\phi))$ e $dS = a^2\,\text{sen}(\phi)d\theta d\phi$

b) $\widehat{F}(\rho,\theta,\phi) = \frac{K\,\text{sen}^2(\phi)}{\rho^2}\mathbf{n}_a$ com $\mathbf{n}_a = (\text{sen}(\phi)\cos(\theta), \text{sen}(\phi)\,\text{sen}(\theta), \cos(\phi))$

c) $\iint_{\mathbb{S}_a}\langle F,\mathbf{n}_a\rangle\,dS = K\pi 8/3$

d) $\iint_{\partial Q_a}\langle F,\mathbf{n}\rangle\,dS = $
$= \iiint_{Q_a}\text{div}F\,dxdydz = 0$

e) $\iint_{\mathbb{S}}\langle F,\mathbf{n}\rangle\,dS = K\pi 8/3$ independe de $\mathbb{S}$.

3) a) $\text{div}\,F \equiv 0$

b) $\mathbf{n}(P) = -P/a$

c) área de $\mathbb{S}_a = a^2\iint_{\mathbb{S}}\langle F,\mathbf{n}\rangle\,dS$

d) $|\Omega| = \iint_{\mathbb{S}}\langle F,\mathbf{n}\rangle\,dS$ é independente de a.

e) $4\pi/8$

4) a) $\widehat{Q} = \{(\rho,\theta,\phi);\ 0<\rho<1,\ 0<\theta<2\pi \text{ e } 0<\phi<\pi/4\}$

b) $V = \frac{2}{3}\pi\left(1-\frac{\sqrt{2}}{2}\right)$, $M = \delta_0 V$ e $W = Mg$

c) $F = \left(\iint_{\partial Q} -p\mathbf{n_1}\,dS, \iint_{\partial Q} -p\mathbf{n_2}\,dS, \iint_{\partial Q} -p\mathbf{n_3}\,dS\right)$

d) $F = \left(0,0,\iiint_Q -\delta_0 g\,dxdydz\right)$

e) $F = (0,0,-W)$

Referências bibliográficas

ANTON, H. *Cálculo, um novo horizonte*, Vol. 2. 6.ed. Porto Alegre: Bookman, 2000. ISBN 8573076526.

APOSTOL, T. *Calculus*, Vol. 1. Rio de Janeiro: Editorial Reverte, 1979. ISBN 9788429150155.

ÁVILA, G.,*Cálculo das funções de uma variável*. Rio de Janeiro:LTC, 2004. ISBN 9788521613992.

BORTOLOSSI, H. *Cálculo diferencial a várias variáveis*. Rio de Janeiro: PUC Rio, 2002. (Coleção Matmídia). ISBN 9788515024421.

BOYER, C. *The History of the Calculus and its conceptual development*. New York: Dover Publications, 2012. (Dover Books on Mathematics). ISBN 9780486175386.

CARMO, M. do. *Differential geometry of curves and surfaces*. Revised and updated second edition. New Jersey: Dover Publications, 2016. (Dover Books on Mathematics), ISBN 9780486806990.

FIGUEIREDO, D. de. *Análise de Fourier e equações diferenciais Parciais*. São Paulo: IMPA, 1997. (Coleção Projeto Euclides). ISBN 9788524401206.

HILBERT, D.; COHN-VOSSEN, S. *Geometry and the imagination*. New York: AMS Chelsea Pub., 1999. (AMS Chelsea Publishing Series). ISBN 9780821819982

KAPLAN, W.; LEWIS, D. *Calculus and linear algebra: vector spaces, many-variable calculus, and differential equations.* Ann Arbor: Wiley, 1970 (Calculus and Linear Algebra).

LIMA, E. *Curso de análise* Vol. 2. Rio de Janeiro: Instituto de Matemática Pura e Aplicada, CNPq, 1992. (Projeto Euclides).

MARSDEN, J.; TROMBA, A. *Vector calculus.* New York: Macmillan Learning, 2012. ISBN 9781429224048.

MARSDEN, J.; WEINSTEIN, A. *Calculus III.* New York: Springer New York, 2012. (Undergraduate Texts in Mathematics). ISBN 9781461250289.

NUSSENZVEIG, H. *Curso de física básica: eletromagnetismo.* São Paulo: Edgard Blucher, 2001. ISBN 9788521201342.

SCHEY, H. *Div, grad, curl and all that, an informal text on vector calculus.* 3 ed. New York: W W Norton and Company, 1996.

SIMMONS, G. *Cálculo com geometria analítica, Vol. 2.* 1 ed. São Paulo: McGrawHill, 1987.

SPIVAK, M. *Calculus on manifolds: a modern approach to classical theorems of advanced calculus.* Boca Raton: Avalon Publishing, 1971. ISBN 9780813346120.

STEWART, J.; CASTRO, H., *Cálculo*, Vol.2. 6 ed. São Paulo: Cengage Learning, 2009. ISBN 9788522106615,

SWOKOWSKI, W. *Calculus with analytic geometry*, Boston: Prindle, Weber & Schmidt, 1979. (Wadsworth international student edition). ISBN 9780871502681.

SWOKOWSKI, W. *Calculus.* São Paulo: Brooks/Cole, 2000. (Advantag Series). ISBN 9780534435387.

TIKHOMIROV, V. *Stories about maxima and minima.* Providence: American Mathematical Society, 1990. (Mathematical world). ISBN 9780821801659.

WEIR, M. et al. *Thomas' Calculus.* Boston: Pearson Education, Limited, 2004. ISBN 9780321226426.

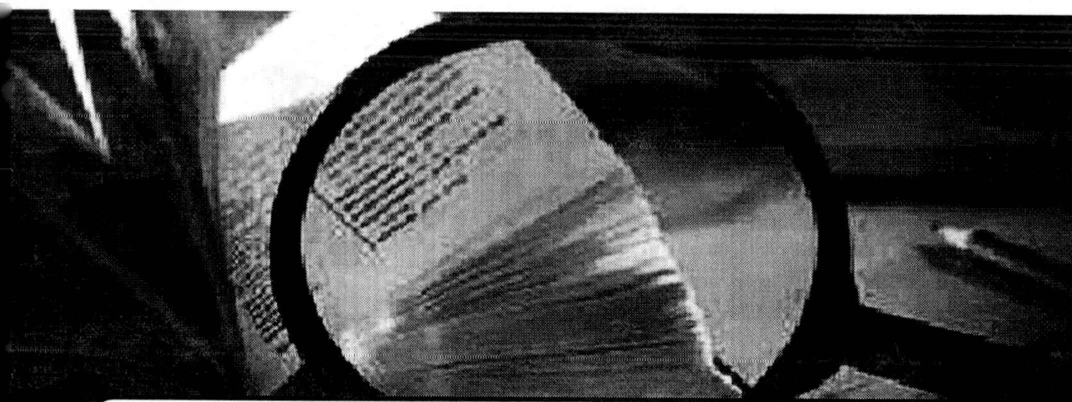

Índice remissivo

A

C

D

E

F

N

O

P

W

ANOTAÇÕES

Impressão e acabamento
Gráfica da Editora Ciência Moderna Ltda.
Tel: (21) 2201-6662